石油和化工行业"十四五"规划教材

  "十二五"普通高等教育本科国家级规划教材

  普通高等教育"十一五"国家级规划教材

国家级精品资源共享课程教材

INSTRUMENTAL ANALYSIS

仪器分析
第四版

董慧茹 主编　王志华　杨屹　等参编

化学工业出版社
·北京·

内容简介

本书是"十二五"普通高等教育本科国家级规划教材。全书共分十五章，内容包括光谱分析法（原子发射、原子吸收及原子荧光、X射线荧光、紫外-可见吸收光谱、分子发光光谱、红外与拉曼光谱、核磁共振光谱）、质谱分析法、电分析化学法（电位、电导、电解与库仑、伏安与极谱）、色谱分析法（气相色谱、高效液相色谱、高效毛细管电泳、色谱-质谱联用）、电子显微分析技术、电子能谱法和热分析法等。介绍了这些常用分析方法的基本原理、仪器结构、方法特点及应用范围等。

本书可作为高等理工院校化学、应用化学、石油化工、材料、制药、能源及环境工程等专业的仪器分析课程教材，也可供其他相关专业师生、有关的科技及分析工作者参考。

图书在版编目（CIP）数据

仪器分析/董慧茹主编.—4版.—北京：化学工业出版社，2022.7（2024.6重印）

"十二五"普通高等教育本科国家级规划教材　普通高等教育"十一五"国家级规划教材　国家级精品资源共享课程教材

ISBN 978-7-122-41042-9

Ⅰ.①仪… Ⅱ.①董… Ⅲ.①仪器分析-高等学校-教材 Ⅳ.①O657

中国版本图书馆CIP数据核字（2022）第048234号

责任编辑：赵玉清
文字编辑：周　倜
责任校对：宋　夏
装帧设计：李子姮

出版发行：化学工业出版社
　　　　（北京市东城区青年湖南街13号　邮政编码100011）
印　　装：大厂聚鑫印刷有限责任公司
880mm×1230mm　1/16　印张31　字数860千字
2024年6月北京第4版第4次印刷

购书咨询：010-64518888
售后服务：010-64518899
网　　址：http://www.cip.com.cn
凡购买本书，如有缺损质量问题，本社销售中心负责调换。

定　价：79.90元　　　　　版权所有　违者必究

前言

《仪器分析》作为教育部"十一五"和"十二五"普通高等教育本科国家级规划教材，一直被用作应用化学、化学、能源化学等专业的专业基础课教材，在培养学生的综合分析技能、科研能力以及培养化学化工领域人才方面都起到了积极作用。另外，仪器分析课程分别获得2008年北京市高等学校精品课程，2009年国家级精品课程，并于2013年获得国家级精品资源共享课程。

近年来，随着科学技术的快速发展，与仪器分析相关的技术、方法及装置等也取得了长足的进步，为了使本书能与时俱进，满足当下对人才培养不断提高的要求，拓展学生的视野，培养学生的创新意识，本书的再版势在必行。

本次修订是在前三版的基础上，参考了国内外近年来出版的仪器分析教材，根据《仪器分析》教学大纲的新精神及新要求，对各章进行全面调整，对部分内容进行了更新、补充、修改和删减；重点阐述各种仪器分析方法的基本原理、仪器结构、实验方法和技术、实际应用及适用范围，注意归纳和比较，抽取共性，突出内在联系，培养学生自主学习和终身学习的意识，提高学生解决化学、化工、环境等领域相关复杂问题的分析能力。本次修订的特点及主要内容如下：

① 对原教材内容做了适当扩充。如增加了X射线荧光光谱法、化学发光分析法、电子显微分析技术、电子能谱法、热分析法、电分析化学法的理论基础、现代极谱分析法与伏安分析法等。修订后的教材，内容更加系统和全面，尤其是波谱分析部分，深入浅出地介绍了各种波谱法的基本原理、谱图与物质结构的关系，谱图的解析及在化学中的应用等，凸显了本书易懂易学且实用的特色，培养学生对波谱学习的兴趣，提高学生运用波谱法综合分析解决实际问题的能力。

② 对原书各章的排列顺序做了大幅度调整，对有些习惯性称谓进行了修订，以保持与国内外仪器分析教材相一致。另外，对书中一些比较陈旧的内容做了删减，一些不当之处做了必要的修订，使之更趋完善与合理。

③ 每章增加了章前兴趣引导和问题导向，明确了学习目标；在正文中补充了概念检查；在章后设置了总结、思考题、课后练习、简答题、计算题和谱图解析等。

为进一步帮助学生对所学知识的理解与运用，作为新形态课程教材，本书还提供了彩图、习题解答等数字资源，正版验证后（一书一码）即可获得（操作提示见封底）。

本次修订工作由杨屹（第三章、第四章）、王志华（第六章、第八章）、董慧茹（第一章、第二章、第五章、第七章、第九章、第十章、第十一章、第十二章）、洪崧（第十三章）、程斌（第十四章）、胡水（第十五章）完成，全书由董慧茹主编。

本教材的主要仪器图片由安捷伦科技（中国）有限公司提供并授权使用，还有部分图片由 Thermo Fisher Scientific 和梅特勒托利多公司提供授权使用，曹建平、程斌、洪崧等老师提供部分图片。此外，北京化工大学柯以侃教授对三版《仪器分析》提出了许多宝贵的意见和修改建议，在此一并致谢！

由于编者水平有限，教材不当之处，恳请读者批评指正。

编　者

2022 年 2 月

第一版前言

物理学和电子学的发展，促进了分析仪器及其分析方法的迅速发展和完善。根据高等学校工科分析化学课程教学指导小组工作会议对《分析化学课程教学基本要求》的精神及近年来仪器分析的新进展，针对现有的仪器分析类教材对一些现代仪器分析方法介绍不多的情况，为适应当前工科教学改革的需要，我们编写了适合工艺类专业（化学工程、化工工艺、高分子化工、精细化工、电化学工程、生物化学工程、高分子材料等）及应用化学专业使用的《仪器分析》教材。

本书共分10章，选材紧密结合石油化学工业实际，既有必要的理论，又重视实际应用，主要内容包括电化学分析法、色谱分析法、光谱分析法和质谱法，除对石油化工系统常用的仪器分析方法的基本原理、仪器结构、实验技术、方法特点及应用范围作了比较系统的阐述外，还有针对性地对一些新技术、新方法作了介绍，语言通俗易懂、深入浅出，注意保持一定的深度和广度。

全书由董慧茹主编，参与本书编写的有李宝瑛（第三章）、杨屹（第五章）、李增和（第六章）、罗云敬（第七章、第二章第五节）、王志华（第八章）、董慧茹（第一章、第二章、第四章、第九章、第十章）。

本书承柯以侃教授在百忙中审阅，并提出许多宝贵意见，编写过程中还得到北京化工大学化新教材建设基金的资助，在此一并表示衷心的感谢。

由于编者水平有限和时间仓促，书中错误和疏漏之处，恳请读者批评指正。

编　者
1999年9月

第二版前言

《仪器分析》第一版自 2000 年 3 月问世以来已历经 9 年，重印了 5 次。该书曾于 2002 年获第六届石油和化学工业优秀教材二等奖；本书第二版在 2006 年被教育部评为"普通高等教育'十一五'国家级规划教材"立项出版。本书除被北京化工大学用作化学化工类专业本科生基础课教材及应用化学专业的专业基础课教材外，还被许多兄弟院校用作教材或教学参考书。结合使用本教材进行教学的一些体会，并吸收兄弟院校对本书提出的宝贵意见和建议，我们对第一版作了修订。根据原作者的意见及授权，这次修订工作主要由杨屹（第五章、第六章）、王志华（第七章、第八章）和董慧茹（第一章、第二章、第三章、第四章、第九章、第十章）完成，全书仍由董慧茹主编，柯以侃主审。

这次修订主要进行了下述两方面工作。

① 对原书的内容做了必要的扩充。如增加了离子对色谱、高效毛细管电泳、原子质谱、导数分光光度法、漫反射紫外－可见光谱法、二维相关红外光谱法和二维核磁共振谱等新内容；在质谱一章对一些新型离子源（如快原子轰击源、电喷雾电离源、大气压化学电离源、大气压光致电离源、基质辅助激光解吸电离源）和新的联用技术（毛细管电泳－质谱联用）进行了介绍。为了保持本书简明这一特点，增加的内容也力求精练。

② 对原书的一些不当之处做了删减、修订和适当的调整。如对色谱分析法、原子发射光谱法、原子吸收及原子荧光光谱法等章节中的部分内容进行了调整和改编；对紫外－可见分光光度法一章中的一些陈旧内容（如光电比色法等）进行了删除，使之更趋合理。另外，对例题和习题做了重新审定，增删了部分例题和习题。

本书的第一版与第二版均由赵玉清担任责任编辑，对她为此所付出的辛勤劳动，在此表示衷心的感谢。由于我们的水平有限，这次修订仍难免有不能令人满意的地方，不当之处，恳请读者批评指正。

编　者

2009 年 12 月

第三版前言

《仪器分析》第一版于 2000 年 3 月出版，第二版于 2010 年 6 月出版，两个版本共印刷了 9 次，共计 27000 余册，在全国 200 多家书店销售，被 50 多所高校选作教学用书或教学参考书。

本书曾获第六届石油和化学工业优秀教材二等奖，被列为普通高等教育"十一五"国家级规划教材，2014 年被评为"十二五"普通高等教育本科国家级规划教材。仪器分析课程分别被评为 2008 年北京市高等学校精品课程、2009 年国家级精品课程，并于 2013 年被评为国家级精品资源共享课程。

教材从 2000 年 9 月至今，一直被用作北京化工大学应用化学专业本科生的专业基础课教材，本校化学工程与工艺、制药工程、环境工程、能源工程等专业本科生的基础课教材。经过 17 年的教学实践，教材受到了授课教师和学生的好评，收到了良好的教学效果。根据我们使用教材进行教学的体会，并结合兄弟院校提出的宝贵意见和建议，现对第二版教材进行修订。第三版修订主要进行了以下两方面的工作。

① 对第二版的内容做了适当的扩充。如增加了分子发光光谱法、衰减全反射傅里叶变换红外光谱法、激光拉曼光谱法、色谱-质谱/质谱联用技术、软电离源质谱的解析等新内容。在核磁共振光谱一章增加了 ^{13}C 门控去偶和反转门控去偶技术；在质谱一章的仪器部分增加了离子阱质量分析器与傅里叶变换离子回旋共振质量分析器；在色谱-质谱联用部分介绍了一些新型接口技术（如电喷雾接口、大气压化学电离接口）；在色谱一章的仪器部分介绍了蒸发光散射检测器等。

② 对第二版的一些不当之处做了必要的删减、修订和适当的调整，使之更趋完善与合理。另外，对例题和习题做了重新审定，增加了部分例题和习题。

第三版修订工作主要由杨屹（第五章、第六章）、王志华（第七章、第八章）和董慧茹（第一章、第二章、第三章、第四章、第九章、第十章、第十一章）完成，全书由董慧茹主编。

由于我们的水平有限，这次修订仍会有些不能令人满意的地方，不当之处，恳请读者批评指正。

编 者
2016 年 1 月

目录

第一章　绪论　　001

第一节　仪器分析的内容及方法　　001
　一、光学分析法　　003
　二、质谱分析法　　003
　三、电分析化学法　　003
　四、色谱分析法　　004
第二节　仪器分析的特点及局限性　　005
第三节　仪器分析的发展趋势　　005
总结　　006
思考题　　006
课后练习　　007

第二章　光谱分析法导论　　009

第一节　电磁波的性质　　009
　一、电磁波的波动性　　009
　二、电磁波的微粒性　　010
　三、电磁波谱　　011
第二节　原子光谱和分子光谱　　011
　一、原子光谱　　012
　二、分子光谱　　012
第三节　发射光谱和吸收光谱　　013
　一、发射光谱　　013
　二、吸收光谱　　014
第四节　光谱分析法分类及特点　　014
总结　　016
思考题　　016
课后练习　　016
计算题　　016

第三章　原子发射光谱法　　019

第一节　概述　　020
　一、发射光谱的分类及分析过程　　020
　二、原子发射光谱法发展概况　　021
　三、原子发射光谱法的特点　　021
第二节　原子发射光谱法的基本理论　　022
　一、原子发射光谱的产生　　022
　二、谱线强度及其影响因素　　024
第三节　原子发射光谱仪器　　025
　一、激发光源　　025
　二、分光系统　　028
　三、光谱记录及检测系统　　031
　四、光谱仪类型　　033
第四节　原子发射光谱分析及应用　　035
　一、光谱定性分析　　035
　二、光谱半定量分析　　037
　三、光谱定量分析　　037
　四、应用　　040
第五节　原子质谱法简介　　041

一、基本原理	041	思考题	044
二、质谱仪	041	课后练习	044
三、电感耦合等离子体质谱法	041	计算题	045
总结	043		

第四章　原子吸收及原子荧光光谱法　　047

第一节　概述	048	四、电离干扰	062
第二节　原子吸收光谱法的基本理论	049	第五节　定量分析方法及应用	062
一、共振线和吸收线	049	一、原子吸收分析的灵敏度和检出限	062
二、谱线轮廓和变宽因素	049	二、测量条件的选择	064
三、基态原子和激发态原子的玻耳兹曼分布	051	三、定量分析方法	066
		四、应用	067
四、原子吸收与原子浓度的关系	052	第六节　原子荧光光谱法简介	067
第三节　原子吸收分光光度计	053	一、原子荧光光谱法的基本原理	068
一、仪器主要部件的结构及工作原理	054	二、原子荧光光谱分析仪器	070
二、原子吸收分光光度计的主要类型	058	三、原子荧光光谱法的应用	070
第四节　干扰及其消除方法	059	总结	071
一、物理干扰	059	思考题	071
二、化学干扰	060	课后练习	072
三、光谱干扰	061	计算题	072

第五章　X射线荧光光谱法　　075

第一节　基本原理	076	二、能量色散型X射线荧光光谱仪	083
一、X射线的产生与X射线谱	076	三、X射线荧光光谱仪的主要组成部分	084
二、X射线荧光的产生及X射线荧光光谱	078	第四节　X射线荧光光谱法的特点及应用	086
三、X射线的散射、吸收及衍射	079	一、X射线荧光光谱法的特点	086
第二节　X射线荧光光谱分析方法	080	二、X射线荧光光谱法的应用	086
一、定性分析	080	总结	086
二、定量分析	081	思考题	087
第三节　X射线荧光光谱仪	083	课后练习	087
一、波长色散型X射线荧光光谱仪	083	计算题	087

第六章 紫外-可见吸收光谱法　　089

第一节 概述　　090
一、紫外-可见吸收光谱法分类　　090
二、光辐射的选择吸收　　091
三、紫外-可见吸收光谱法的特点　　091

第二节 紫外吸收光谱　　091
一、无机化合物的紫外吸收光谱　　091
二、有机化合物的紫外吸收光谱　　092

第三节 光的吸收定律　　099
一、朗伯-比尔定律　　099
二、吸光度的加和性　　100
三、偏离比尔定律的原因　　101

第四节 紫外-可见分光光度计　　102
一、仪器的分类　　102
二、仪器的主要组成部件　　102
三、仪器的主要类型　　104

第五节 显色反应及显色条件的选择　　105
一、显色反应的类型　　105
二、显色条件的选择　　106
三、显色剂　　107

第六节 吸光度测量条件的选择　　108
一、吸光度测量范围的选择　　108
二、入射光波长的选择　　109
三、参比溶液的选择　　109

第七节 紫外-可见吸收光谱的定量方法　　110
一、单组分的测定　　110
二、高含量组分的测定　　110
三、多组分的同时测定　　111
四、双波长吸收光谱法　　111
五、导数吸收光谱法　　112

第八节 漫反射紫外-可见光谱法简介　　113
一、漫反射紫外-可见光谱法的基本原理　　113
二、漫反射装置——积分球　　114
三、测试方法　　115
四、制样技术　　116
五、影响漫反射光谱测定的主要因素　　116
六、漫反射紫外-可见光谱法的应用　　116

总结　　118
思考题　　119
课后练习　　119
简答题　　120
计算题　　120

第七章 分子发光光谱法　　123

第一节 分子荧光和分子磷光光谱法　　124
一、分子荧光和分子磷光光谱法的基本原理　　124
二、分子荧光和分子磷光光谱仪　　130
三、分子荧光和分子磷光光谱法的应用　　131

第二节 化学发光分析法　　132
一、化学发光分析法的基本原理　　132
二、化学发光反应的类型　　133
三、化学发光分析仪　　134
四、化学发光分析法的特点及应用　　135

总结　　135
思考题　　136
课后练习　　136
简答题　　136

第八章 红外光谱法 — 139

第一节 概述 — 140
第二节 红外光谱法的基本原理 — 141
一、红外光谱的形成及产生条件 — 141
二、分子振动频率的计算公式 — 141
三、简正振动和振动类型 — 143
第三节 红外谱图的峰数、峰位与峰强 — 144
一、振动自由度与峰数 — 144
二、红外光谱的吸收强度及影响因素 — 144
三、特征基团吸收频率的分区及影响基团频率的因素 — 145
第四节 各类化合物的特征基团频率 — 148
一、烃类化合物 — 148
二、酚和醇 — 151
三、醚 — 151
四、羰基化合物 — 151
五、含氮化合物 — 155
六、有机卤化物 — 158
七、含 P、S、Si 和 B 的化合物 — 158
八、高分子化合物 — 160
九、无机化合物 — 160
第五节 红外光谱图解析 — 161
一、谱图解析步骤 — 161
二、谱图解析实例 — 163
第六节 红外光谱仪 — 167
一、色散型红外光谱仪 — 167
二、傅里叶变换红外光谱仪 — 168
第七节 试样的处理与制备 — 169
一、红外光谱法对试样的要求 — 169
二、制样方法 — 170
第八节 红外光谱法的应用 — 170
一、定性分析 — 170
二、定量分析 — 171
第九节 衰减全反射傅里叶变换红外光谱法简介 — 172
一、衰减全反射傅里叶变换红外光谱法的基本原理 — 172
二、衰减全反射的光路设置以及样品采集方法 — 175
三、衰减全反射傅里叶变换红外光谱法的特点 — 176
四、衰减全反射傅里叶变换红外光谱法的应用 — 176
第十节 激光拉曼光谱法简介 — 178
一、拉曼光谱法的基本原理 — 178
二、激光拉曼光谱仪 — 180
三、拉曼光谱法的制样技术 — 182
四、拉曼光谱法的应用 — 183
总结 — 183
思考题 — 184
课后练习 — 185
简答题 — 185
谱图解析 — 186

第九章 核磁共振光谱法 — 191

第一节 核磁共振的基本原理 — 193
一、原子核的磁性质 — 193
二、自旋核在磁场中的行为 — 194
三、核磁共振条件 — 195
四、弛豫过程 — 197
第二节 化学位移 — 198
一、化学位移的产生 — 198
二、化学位移的表示方法 — 200

三、影响化学位移的因素　　200
　　四、不同类型氢的化学位移　　204
第三节　自旋偶合与自旋裂分　　208
　　一、自旋偶合及自旋裂分的基本原理　　208
　　二、偶合常数与分子结构的关系　　209
　　三、自旋体系的分类　　210
第四节　核磁共振光谱法的应用　　217
　　一、定性分析　　217
　　二、定量分析　　220
第五节　解析复杂图谱的一些辅助方法　　222
　　一、使用强磁场的核磁共振仪　　222
　　二、位移试剂　　222
　　三、双共振技术　　223
第六节　核磁共振仪及实验技术　　224
　　一、连续波核磁共振仪　　224
　　二、脉冲傅里叶变换核磁共振仪　　225

　　三、实验技术　　226
第七节　^{13}C核磁共振光谱　　227
　　一、^{13}C核磁共振光谱　　227
　　二、^{13}C的化学位移　　227
　　三、影响^{13}C化学位移的主要因素　　227
　　四、^{13}C-NMR的测定方法　　230
　　五、^{13}C-NMR谱解析实例　　233
第八节　二维核磁共振谱简介　　235
　　一、概述　　235
　　二、几种常用的二维核磁共振谱　　237
总结　　241
思考题　　242
课后练习　　242
简答题　　243
谱图解析　　244

第十章　质谱分析法　　247

第一节　基本原理　　249
　　一、质谱的基本原理　　249
　　二、质谱的表示方法　　250
第二节　仪器　　250
　　一、质谱仪的基本结构　　251
　　二、真空系统　　251
　　三、进样系统　　251
　　四、离子源　　251
　　五、质量分析器　　256
　　六、离子检测器　　259
第三节　离子的类型　　260
　　一、分子离子　　260
　　二、准分子离子　　260
　　三、同位素离子　　261
　　四、碎片离子　　262
　　五、亚稳离子　　262

　　六、多电荷离子　　263
　　七、负离子　　263
第四节　离子的开裂规律　　263
　　一、开裂的表示方法　　263
　　二、影响离子开裂的因素　　264
　　三、离子的开裂类型　　265
第五节　常见有机化合物的EI质谱特征　　271
　　一、烷烃　　271
　　二、烯烃　　272
　　三、芳烃　　273
　　四、醇类　　274
　　五、酚和芳醇　　276
　　六、醚类　　277
　　七、醛类　　278
　　八、酮类　　279
　　九、羧酸　　280

十、酯类 280
十一、胺类 281
十二、酰胺 282
十三、腈类 283
十四、硝基化合物 283
十五、卤化物 284
十六、含硫化合物 284

第六节 质谱的解析 285
一、EI 质谱的解析 285
二、软电离源质谱的解析 289

第七节 质谱法的应用 294

一、质谱在有机结构分析中的应用 294
二、质谱在定量分析中的应用 296
三、串联质谱法及其应用 298

第八节 谱图综合解析 299
一、谱图综合解析步骤 300
二、谱图综合解析实例 300

总结 308
思考题 309
课后练习 309
简答题 309
谱图解析 310

第十一章 电分析化学法 319

第一节 电分析化学法的理论基础 321
一、化学电池 321
二、电极电位 322
三、液体接界电位及其消除 322
四、电极的极化与超电位 323

第二节 电位分析法 324
一、电位分析法的基本原理 324
二、参比电极 325
三、指示电极 327
四、直接电位法 334
五、电位滴定法 337
六、电位分析法的应用 339

第三节 电导分析法 340
一、电导分析的基本原理 340
二、电导的测量方法 341

三、电导分析方法及应用 341

第四节 电解与库仑分析法 343
一、电解分析法 343
二、库仑分析法 346

第五节 伏安与极谱分析法 350
一、基本原理 350
二、影响扩散电流和半波电位的因素 352
三、定量分析方法 354
四、现代极谱分析法 355
五、伏安分析法 357

总结 360
思考题 361
课后练习 361
计算题 362

第十二章 色谱分析法 365

第一节 概述 366
一、色谱法的进展 366
二、色谱法的分类 367

三、色谱法的特点 368

第二节 色谱法基本理论 368

一、色谱图及有关术语　368
　　二、色谱基本参数　369
　　三、塔板理论　371
　　四、速率理论　372
　　五、分离度　376

第三节　定性定量分析　376
　　一、定性分析　377
　　二、定量分析　378

第四节　气相色谱法　381
　　一、气相色谱仪　381
　　二、气相色谱固定相　388
　　三、气相色谱操作条件的选择　394
　　四、毛细管气相色谱法简介　395

第五节　高效液相色谱法　397
　　一、概述　397
　　二、高效液相色谱法的主要类型　398
　　三、高效液相色谱固定相及流动相　401
　　四、高效液相色谱仪　405

第六节　高效毛细管电泳　410
　　一、概述　410
　　二、毛细管电泳基本原理　411
　　三、毛细管电泳的分离模式　412
　　四、毛细管电泳仪　414
　　五、高效毛细管电泳的应用　416

第七节　色谱-质谱联用技术及应用　418
　　一、气相色谱-质谱联用（GC-MS）　418
　　二、液相色谱-质谱联用（LC-MS）　421
　　三、毛细管电泳-质谱联用（CE-MS）　424

总结　425
思考题　425
课后练习　426
计算题　427

第十三章　电子显微分析技术　429

第一节　电子显微分析技术概述　430

第二节　电子光学基础　431
　　一、分辨率极限与有效放大倍数　431
　　二、电磁透镜与透镜成像　431
　　三、电子与物质的相互作用　431

第三节　透射电子显微分析　432
　　一、基本原理　432
　　二、透射电子显微镜的基本结构　433
　　三、试样的制备方法　434

第四节　扫描电子显微分析　435
　　一、基本原理　435
　　二、仪器结构　437
　　三、试样的制备　438

第五节　扫描探针显微镜简介　439
　　一、扫描隧道显微镜　439
　　二、原子力显微镜　440
　　三、扫描探针显微镜的进展　440

总结　441
思考题　441
课后练习　441
简答题　441

第十四章　X射线光电子能谱法　443

第一节　X射线光电子能谱法的基本原理　444
　　一、光电效应与Einstein光电效应理论　444

二、电子结合能及化学位移　445
　　三、电子非弹性平均自由程与衰减常数　446
第二节　X射线光电子能谱分析方法　446
　　一、X射线光电子能谱图　446
　　二、定性分析方法　447
　　三、定量分析方法　448
第三节　X射线光电子能谱仪　449
　　一、X射线光电子能谱仪的构造　449
　　二、X射线光电子能谱仪的主要部件　449
第四节　X射线光电子能谱法的特点及应用　452
　　一、X射线光电子能谱法的特点　452
　　二、X射线光电子能谱法的应用　453
总结　454
思考题　454
课后练习　454
简答题　455

第十五章　热分析法　457

第一节　热分析法概述　458
　　一、热分析法的定义与分类　458
　　二、热分析法的基本原理　458
　　三、热分析仪器的组成　459
第二节　热重法　459
　　一、热重法的基本原理　459
　　二、热重分析仪　460
　　三、热重分析曲线　461
　　四、热重分析的影响因素　462
　　五、热重法的应用　463
第三节　差热分析法　464
　　一、差热分析法的基本原理　464
　　二、差热分析仪　464
　　三、差热分析曲线　465
　　四、差热分析的影响因素　465
　　五、差热分析法的应用　465
第四节　差示扫描量热法　466
　　一、差示扫描量热法的基本原理　466
　　二、差示扫描量热仪　467
　　三、差示扫描量热分析曲线　467
　　四、差示扫描量热分析的影响因素　468
　　五、差示扫描量热法的应用　468
总结　469
思考题　470
课后练习　470
简答题　470

附录　471

附录一　原子量表　471
附录二　标准电极电位表（18～25℃）　471
附录三　部分贝农（Beynon）表　473

参考文献　478

第一章 绪论

🌱 为什么要学习仪器分析？

仪器分析是化学、化工、制药、材料、环境及能源等专业的必修基础课之一，也是从事材料、环境、食品、医学及工业分析等科学研究必不可少的重要手段和工具。通过本课程的学习，可以掌握常用仪器分析方法的基本原理、仪器的基本结构及操作技术；还可以根据实际样品的分析需求，结合学到的各种仪器分析方法的特点、应用范围，选择或设计出适宜的分析方法，以达到科研和工程技术人才所必须具备的基本仪器分析素质与技能的目的。

👁 学习目标

- 了解仪器分析常用的分类方法。
- 熟悉光学分析法的分类及特点。
- 熟悉质谱法的特点及应用范围。
- 熟悉电分析化学法的分类及特点。
- 熟悉常用色谱分析法的特点及应用范围。
- 了解仪器分析方法的特点及不足之处。
- 了解仪器分析发展的主要趋势。

第一节 仪器分析的内容及方法

仪器分析（instrumental analysis）是以测量物质的物理性质或物理化学性质为基础来确定物质的化学组成、含量以及化学结构的一类分析方法，由于这类分析方法需要比较复杂且特殊的仪器设备，故称之为仪器分析。仪器分析于20世纪初发展起来，相对于化学分析法而言，它又有近代分析法之称。

仪器分析包括光谱、质谱、能谱、色谱及电分析化学等各分支领域，在各行业均有应用，与国计民生紧密相关。随着材料科学、光电技术、激光技术，以及计算机科学的发展，仪器分析发生了深刻的变化与进展，正在深刻改变分析化学和整个化学学科的面貌。因此，掌握仪器分析方法的基本理论和基本实验技能，已成为一切化学化工工作者必须具备的基本条件。

仪器分析包含的方法很多，其方法原理、仪器结构、操作技术、适用范围等差别很大，多数成为相对独立的分支学科。表1-1所示的常规仪器分析法的分类。按照测量过程中所观测的性质进行分类，可分为光学分析法、质谱分析法、电分析化学法、色谱分析法、热分析法、电子显微分析技术和电子能谱法等，其中以光谱分析法、电分析化学法、色谱分析法及质谱法的应用最为广泛。

表 1-1 常见仪器分析法的分类

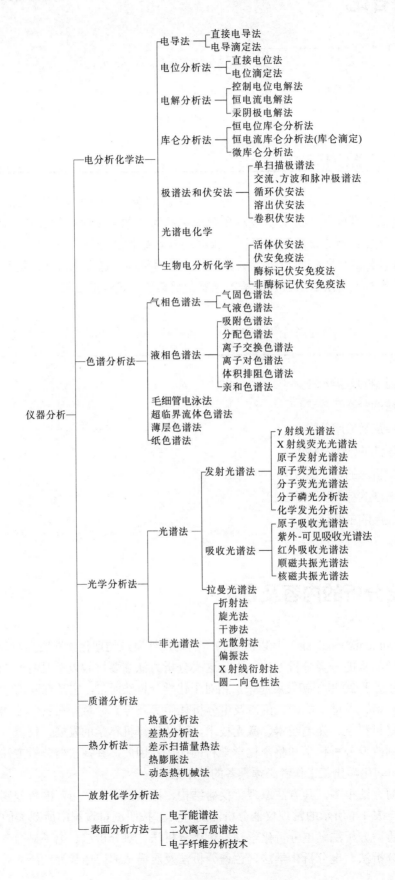

一、光学分析法

光学分析法是以物质发射的电磁波或电磁波与物质相互作用为基础，进行定性、定量和结构测定的分析方法。

光学分析法可以分为两大类，即光谱法和非光谱法。在光谱法中，测量的信号是物质内部能级跃迁所产生的发射、吸收或散射光谱的波长和强度；而非光谱法是基于物质和电磁波相互作用时，电磁波物理性质和方向的改变来进行测量的，它包括折射法、旋光法和X射线衍射法等。其中以光谱法最为重要，应用也最为广泛，其详细介绍见第二章光谱分析法导论。

二、质谱分析法

质谱分析法是一种物理分析方法。试样在离子源中被电离成带电的离子，在质量分析器中按离子质荷比（m/z）的大小进行分离，记录其质谱图。根据谱线的位置（m/z）和谱线的相对强度进行定性和定量分析。质谱分析的特点见表1-2。

表1-2 质谱分析的特点

定性基础		形成特征的分子离子和碎片离子	应用范围	有机	定性	很适用
定量基础		峰的强度∝浓度			定量	可以用
相对误差		0.1%～5%		无机	定性	适用
样品	形态	气体、液体、固体			定量	适用
	需要量	ng～μg	仪器名称			质谱仪
应用范围	适用对象	有机物、无机物、高聚物	测定时间			几秒～几分钟

三、电分析化学法

根据物质的电学及电化学性质建立起来的分析方法统称为电分析化学法。它通常是将电极与待测试样溶液构成一个化学电池，通过研究或测量化学电池的电学性质（如电极电位、电流、电导及电量等）或电学性质的突变等来确定试样的含量。根据所测量的电学性质，可将电分析化学法分为电导法、电位分析法、电解与库仑分析法、伏安与极谱法等。常用电分析化学法的特点及应用范围见表1-3。

表1-3 常用电分析化学法的特点及应用范围

方法类别			电导法	电位分析法	库仑分析法	极谱法
被测物理性质			电导	电极电位	电量	电流-电压
样品形态			溶液	溶液	液体、气体	溶液
应用范围	有机	定性	不适用	不适用	不适用	可以用
		定量	可以用	可以用	可以用	可以用
	无机	定性	不适用	可以用	不适用	可以用
		定量	很适用	很适用	很适用	很适用
仪器名称			电导仪	电位计	库仑分析仪	极谱仪
测定时间			2～5min	1～2min	2～5min	10min
相对误差			1%～5%	0.1%～0.5%	0.01%～1%	0.5%
检出限				10^{-8}～10^{-7} mol·L^{-1}	10^{-9}g	10^{-12}～10^{-6} mol·L^{-1}

四、色谱分析法

色谱分析是一种极有效的分离分析技术,它是利用待测混合物中各组分随着流动相流经色谱柱时,在流动相与固定相之间进行反复多次的分配,使得吸附能力、溶解能力或其他亲和作用性能不同的各组分,在移动速度上产生差异,从而达到分离。

色谱法有各种分类方法,若按两相所处状态分类,则用气体作为流动相的称为气相色谱或气体色谱;用液体作为流动相的称为液相色谱或液体色谱;用超临界流体为流动相的称为超临界流体色谱。若按分离过程的作用原理分类,可分为吸附色谱、分配色谱、离子交换色谱、离子对色谱以及体积排阻色谱等。若按固定相的外形分类,可分为柱色谱、薄层色谱和纸色谱等。

 概念检查 1.1
○ 简述光谱法与非光谱法的区别,每种方法各举两例,哪种方法应用最为广泛?

表 1-4 为常用色谱分析法的特点及应用范围。

表 1-4 常用色谱分析法的特点及应用范围

常用色谱法			气相色谱	高效液相色谱	体积排阻色谱	薄层色谱
定性基础			不同的保留时间	不同的保留时间	不同的保留时间	不同的移动位置或斑点的颜色
定量基础			峰面积∝浓度	峰面积∝浓度	峰面积∝浓度	斑点的大小和颜色的深浅
相对误差			0.5%~5%	0.5%~5%	1%~5%	1%~10%
样品	形态		气体、液体	溶液	溶液	溶液
	需要量		液体 μL 气体 mL	μL	≤2mL	0.1mg
应用范围	适用对象		多组分混合物	多组分高沸点物质	高分子化合物分子量分级	多组分高沸点物质
	不适用对象		不挥发物、高沸点物质	不能溶解的固体物质	分子量十分相近的组分	挥发物
	有机	定性	很适用	可以用	可以用	很适用
		定量	很适用	很适用	很适用	可以用
	无机	定性	可以用	可以用	不适用	很适用
		定量	可以用	可以用	不适用	可以用
仪器名称			气相色谱仪	高效液相色谱仪	凝胶渗透色谱仪	薄层板及定量测定仪
测定时间			几秒~几十分钟	几分钟~几十分钟	十几分钟~几小时	十几分钟~几小时

 概念检查 1.2
○ 常见的仪器分析方法有哪几类,它们各依据物质的哪些性质进行分析检测?

第二节　仪器分析的特点及局限性

仪器分析之所以近年来能获得迅速发展，得到广泛应用，是因为它具有以下特点。

（1）分析速度快　许多仪器配有连续自动进样装置，采用数字显示和电子计算机技术，可在短时间内分析几十个样品，适于批量分析。有的仪器可同时测定多种组分，如 Leeman Labs 公司的 PS 3000 扫描/直读联合 ICP 发射光谱仪，直读部分采用阵列式光电倍增管设计，扫描分析和直读分析共享同一光学系统，可同时测定 45 个元素。

（2）灵敏度高　相对灵敏度由 $10^{-4}\%$ 发展到 $10^{-7}\%$，甚至到 $10^{-12}\%$；绝对灵敏度由 1×10^{-6}g 发展到 1×10^{-12}g，甚至到 1×10^{-18}g，适合于微量、痕量和超痕量成分的测定。

（3）选择性好　很多仪器分析方法可以通过选择或调整测定条件，使共存的组分测定时，相互间不产生干扰。

（4）容易实现在线分析和遥控监测　在线分析以其独特的技术和显著的经济效益引起人们的关注与重视，现已研制出适用于不同生产过程的各种不同类型的在线分析仪器。例如中子水分计就是一种较先进的在线测水仪器，可在不破坏物料结构和不影响物料正常运行状态的基础上准确测量，并用于钢铁、水泥和造纸等工业流程的在线分析。

（5）用途广泛，能适应各种分析要求　除能进行定性及定量分析外。还能进行结构分析、物相分析、微区分析、价态分析和剥层分析等。

（6）其他特点　操作简便，样品用量少且常可进行不破坏样品的分析，并适用于复杂组成样品的分析。

各类仪器分析方法都有其独特的优势及应用范围，但也有其不足之处，仪器分析的局限性在于：

① 仪器设备复杂，价格较昂贵，对维护及环境要求较高。

② 仪器分析是一种相对分析方法，一般需用已知组成的标准物质来作对照，而标准物质的获得常常是限制仪器分析广泛应用的问题之一。

③ 与化学分析相比，多数仪器分析的相对误差较大，一般不适于常量和高含量成分的测定。

由此可见，仪器分析法和化学分析法是相辅相成的，在使用时应根据具体情况，取长补短，互相配合，充分发挥各种方法的特长，只有这样，才能更好地解决分析化学中的各种实际问题。

第三节　仪器分析的发展趋势

目前，仪器分析正处在一个变革时期，生命科学、环境科学以及新材料科学的发展，生物学、信息科学和计算机技术的引入，使仪器分析进入了一个崭新阶段，同时也对仪器分析提出了更新更高的要求。

现代仪器分析的任务已不只限于测定物质的组成及含量，而是要对物质的形态（氧化 - 还原态、配合态、结晶态）、结构（空间分布）、微区、薄层及化学和生物活性等作出瞬时追踪，进行无损和在线监测及过程控制等。

仪器分析已成为现代分析化学的主要组成部分，其发展趋势可归纳为下述五个方面。

（1）提高灵敏度　这是各种仪器分析方法长期以来所追求的目标之一。如：激光技术的引入，促进了诸如激光拉曼光谱、激光诱导荧光光谱、激光质谱等的开展，使得检测单个原子或单个分子成为可能；多元配合物、有机显色剂和各种增效试剂的研究与应用，使吸收光谱、荧光光谱、发光光谱、电化学及色谱等分析方法的灵敏度得到大幅度提高。

（2）解决复杂体系的分离问题及提高分析方法的选择性　复杂体系的分离和测定已成为分析化学家

所面临的艰巨任务。由液相色谱、气相色谱、超临界流体色谱和毛细管电泳等组成的色谱学是现代分离方法的主要组成部分并获得了迅速发展。应用色谱、光谱和质谱技术发展的各种联用、接口及样品引入技术成为当今研究的热点之一。关于提高方法选择性方面,各种选择性试剂、选择性检测技术以及化学计量学方法是当前研究工作的重要课题。

(3) 非破坏性检测及遥测　现今的许多物理和物理化学分析方法都已发展为非破坏性检测,这对于生产流程控制、自动分析及难于取样的(如生命过程等)分析都是极其重要的。遥测技术应用较多的是激光雷达、激光散射、共振荧光以及傅里叶变换红外光谱等。

(4) 自动化及智能化　微电子工业、大规模集成电路、微处理器和微型计算机的发展,使得仪器分析进入了自动化和智能化阶段。机器人是实现基本化学操作自动化的重要工具,专家系统是人工智能的最前沿。在仪器分析中,专家系统主要用作设计实验、进行谱图说明和结构解析等。现代分析仪器和机器人作为"硬件",化学计量学和各种计算机程序作为"软件",它们对仪器分析所带来的影响将是十分深远的。

(5) 扩展时空多维信息　现代仪器分析的发展已不只局限于将待测组分分离出来进行表征和测量,而是成为一门为物质提供尽可能多的化学信息的科学。随着人们对客观物质认识的深入,某些过去所不甚熟悉的领域,如多维、不稳态和边界条件等也被逐渐提到分析化学家的日程上来。例如现代核磁共振光谱、红外光谱、质谱等的发展,可提供有机物分子的精细结构、空间排列构型及瞬态变化等信息,为人们对化学反应历程及生命过程的认识提供了重要基础。

总之,仪器分析正在向快速、准确、自动、灵敏及适应特殊分析的方向迅速发展。仪器分析还将不断地汲取数学、物理、计算机科学以及生物学中的新思想、新概念、新方法和新技术,改进和完善现有的仪器分析方法,并建立起一批新的仪器分析方法。可以预料,仪器分析的发展和创新,将会深刻改变分析化学和整个化学学科的面貌,并将在生命科学以及医学的研究和发展中起着重要作用,成为生物大分子多维结构和功能研究、疾病诊断技术的有力工具。

总结

- 仪器分析是指使用仪器设备来获得物质的化学组成、含量、化学结构和状态等的一类分析方法。
- 仪器分析是从事现代科学研究以及国计民生各领域必不可少的重要手段和工具。当代仪器分析的主要特点是灵敏度高、分析快速、可实现非破坏性分析、易于实现自动化及应用范围广等。
- 仪器分析方法的种类繁多,根据它们测量的物理量、原理和本教材的特点,大致可将其内容归属为光谱分析法、质谱分析法、电分析化学法、色谱分析法、电子显微分析技术、电子能谱法和热分析法等。

思考题

1. 简述仪器分析与化学分析的主要区别,通过仪器分析可获得哪些有价值的信息?
2. 按照测量过程中所观测的物理或物理化学性质分类,常见的仪器分析方法可分为哪些主要类型?
3. 气相色谱与液相色谱法的主要区别是什么?它们各有什么优势与不足?
4. 仪器分析方法的突出优点有哪些?其不足之处是什么?
5. 仪器分析今后的发展趋势包括哪些方面?

课后练习

1. 下述分析方法中哪些属于仪器分析:(1)电分析化学法;(2)质量分析法;(3)质谱分析法;(4)容量分析法
2. 下述哪种电分析化学法,可用于样品中有机组分的定性分析:(1)电位分析法;(2)电导分析法;(3)库仑分析法;(4)极谱分析法
3. 对于高沸点、热不稳定的有机化合物的分离分析,最适宜的色谱分析方法是:(1)气相色谱法;(2)高效液相色谱法;(3)体积排阻色谱法;(4)离子交换色谱法
4. 仪器分析的突出优点是:(1)灵敏度高;(2)相对误差较大;(3)仪器设备复杂;(4)分析速度快
5. 仪器分析今后的发展趋势是:(1)提高灵敏度;(2)提高分析方法的选择性;(3)加大仪器设备的复杂性;(4)提高仪器自动化及智能化水平

第二章 光谱分析法导论

为什么要学习光谱分析法导论？

光谱分析法是以测定物质发射或吸收的电磁波的波长和强度为基础而建立起来的一类分析方法，包括发射、吸收、散射等光谱方法，在化学、化工、材料、制药及环境等众多领域有着广泛应用。通过本章的学习，可以掌握电磁波的性质，各电磁波谱区的名称、波长范围、能量大小及能级跃迁的类型，了解光谱分析法的分类及特点。这些知识的学习，是为后续各光谱方法的学习打下必要的基础。

学习目标

○ 掌握电磁波的波粒二象性。
○ 熟悉各电磁波谱区的名称、波长范围及能级跃迁的类型。
○ 熟悉原子光谱与分子光谱的产生机制及特点。
○ 掌握发射光谱与吸收光谱的产生机制及各自包含的光谱分析方法。
○ 了解实际分析工作中常用光谱分析方法的特点及应用范围。

光谱分析法是以测定物质发射或吸收的电磁波的波长和强度为基础而建立起来的一类分析方法。

光谱分析法的应用很广泛，涉及的内容也很多，本书从第三章至第九章介绍的内容都属于光谱法研究范畴，在对有关方法作较深入的研究之前，本章将先对电磁波的性质、原子光谱和分子光谱、发射光谱和吸收光谱以及光谱分析法的分类和特点作扼要介绍。

第一节 电磁波的性质

电磁波是一种以巨大速度通过空间传播的光量子流，它既具有粒子的性质，又具有波动的性质。也就是说，电磁波具有波粒二象性。

一、电磁波的波动性

电磁波是横波，可用电场强度向量 E 和磁场强度向量 H 来表征。这两个向量以相同的位相在两个互相垂直的平面内以正弦曲线振动，并同时垂直于传播方向（见图 2-1）；也就

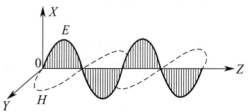

图 2-1 电磁波的传播

是说电磁波是在空间传播的变化的电场和磁场,当其穿过物质时,它可以和带有电荷和磁矩的任何物质相互作用,并产生能量交换。光谱分析就是建立在这种能量交换基础之上的。

电磁波的传播具有波动性质,可用速度 c、波长 λ、频率 ν 或波数 σ 等参数加以描述。

波长是指在波传播路径上具有相同振动位相的两点之间的距离,即相邻两个波峰或波谷之间的直线距离。由于各波谱区波长范围不同,需用不同单位表示。γ 射线、X 射线、紫外光和可见光常用 nm 表示,红外光常用 μm 和波数 cm^{-1} 表示,微波用 mm 和 m 表示。这些单位之间的换算关系为 $1m = 10^2 cm = 10^6 \mu m = 10^9 nm = 10^{12} pm$。

频率是指单位时间内电磁波振动的次数,即单位时间内通过传播方向某一点的波峰或波谷的数目,单位为赫兹(Hz)或 s^{-1}。频率与波长的关系为

$$\nu = c/\lambda \tag{2-1}$$

式中,c 为光速,其值为 $3.00 \times 10^{10} cm \cdot s^{-1}$。

波数为波长的倒数,单位为 cm^{-1},表示每厘米长度中波的数目。若波长以 μm 为单位,则波数与波长的换算关系为

$$\sigma(cm^{-1}) = \frac{1}{\lambda(cm)} = \frac{10^4}{\lambda(\mu m)} \tag{2-2}$$

电磁波的波动性,还表现在它具有散射、折射、反射、干涉和衍射等现象。散射是指入射光的光子与试样的粒子碰撞时,会改变其传播方向。折射现象是由于光在两种介质中传播速度不同引起的。衍射是光波绕过障碍物而弯曲地向它后面传播的现象,这些现象都可以用光的波动性来解释。

 概念检查2.1

○ 指出波长、频率、波数的定义,并指出波长与频率、波长与波数的关系。

例题 2-1 钠原子发射出波长为 589nm 的黄光,其频率是多少?

解:
$$1nm = 10^{-7} cm$$
$$589nm = 5.89 \times 10^{-5} cm$$
$$\nu = \frac{c}{\lambda} = \frac{3.00 \times 10^{10} cm \cdot s^{-1}}{5.89 \times 10^{-5} cm} = 5.09 \times 10^{14} s^{-1}$$

例题 2-2 波长 $\lambda = 4\mu m$ 的红外光,其波数为多少?

解:
$$\sigma(cm^{-1}) = \frac{10^4}{\lambda(\mu m)} = \frac{10^4}{4} = 2500$$

二、电磁波的微粒性

就电磁波的微粒性而言,其表现为光的能量不是均匀连续地分布在它所传播的空间,而是集中在被称为光子的微粒上。每个光子具有能量 E,其与频率及波长的关系为

$$E = h\nu = h\frac{c}{\lambda} \tag{2-3}$$

式中,h 是普朗克常数,其值为 $6.63 \times 10^{-34} J \cdot s$。

式（2-3）表现了电磁波的双重性，等式左边表示为粒子的性质，等式右边表示为波动的性质。光的吸收、发射和光电效应都是电磁波微粒性的具体表现，康普顿效应和黑体辐射等则只能用电磁波的微粒性来解释。

例题 2-3 波长为 200nm 的紫外光，其能量为多少？

解：
$$E = h\frac{c}{\lambda}$$
$$= \frac{6.63 \times 10^{-34} J \cdot s \times 3 \times 10^{10} cm \cdot s^{-1}}{2 \times 10^{-5} cm}$$
$$= 9.95 \times 10^{-19} J$$

电磁波能量的单位用焦耳表示的数值是相当小的，因此在 X 射线范围常用电子伏特表示，1J=6.24×10^{18}eV；在可见光范围常用 kJ·mol^{-1} 表示。上例的能量若以 kJ·mol^{-1} 表示，则为

$$E = 9.95 \times 10^{-19} \times 6.02 \times 10^{23} \times 10^{-3} = 599 kJ \cdot mol^{-1}$$

三、电磁波谱

将电磁波按其波长（或频率、能量）顺序排列成谱，称为电磁波谱，它是物质内部运动变化的客观反映。任一波长的光量子的能量 E 都与物质内能（原子的、分子的或原子核的）的变化 ΔE 相对应，即

$$\Delta E = E = h\nu = h\frac{c}{\lambda} \tag{2-4}$$

如果已知物质由一种状态过渡到另一种状态的能量差，便可按式（2-4）计算出相应的波长。表 2-1 所列出的即为各电磁波谱区的名称、波长范围、能量大小及相应的能级跃迁类型。

表 2-1 电磁波谱区

波谱区名称	波长范围	波数 /cm^{-1}	频率 /MHz	光子能量 /eV	跃迁能级类型
γ 射线	5～140pm	2×10^{10}～7×10^{7}	6×10^{14}～2×10^{12}	2.5×10^{6}～8.3×10^{3}	核能级
X 射线	10^{-3}～10nm	10^{10}～10^{6}	3×10^{14}～3×10^{10}	1.2×10^{6}～1.2×10^{2}	内层电子能级
远紫外光	10～200nm	10^{6}～5×10^{4}	3×10^{10}～1.5×10^{9}	125～6	原子及分子的价电子或成键电子能级
近紫外光	200～400nm	5×10^{4}～2.5×10^{4}	1.5×10^{9}～7.5×10^{8}	6～3.1	
可见光	400～780nm	2.5×10^{4}～1.3×10^{4}	7.5×10^{8}～4.0×10^{8}	3.1～1.7	
近红外光	0.75～2.5μm	1.3×10^{4}～4×10^{3}	4.0×10^{8}～1.2×10^{8}	1.7～0.5	分子振动能级
中红外光	2.5～50μm	4000～200	1.2×10^{8}～6.0×10^{6}	0.5～0.02	
远红外光	50～1000μm	200～10	6.0×10^{6}～10^{5}	2×10^{-2}～4×10^{-4}	分子转动能级
微波	0.1～100cm	10～0.01	10^{5}～10^{2}	4×10^{-4}～4×10^{-7}	
射频	1～1000m	10^{-2}～10^{-5}	10^{2}～0.1	4×10^{-7}～4×10^{-10}	核自旋能级

第二节 原子光谱和分子光谱

按产生光谱的基本粒子的不同可分为原子光谱和分子光谱，由于原子和分子结构不同，产生的光谱特征亦不同。

一、原子光谱

原子光谱（包括离子光谱）主要是由原子核外电子在不同能级间跃迁而产生的辐射或吸收，它的表现形式为线光谱。在光谱学中常常把原子所有各种可能的能级状态用图解的形式表示出来，并称其为原子能级图。图 2-2 为钾原子的部分能级图，纵坐标表示能量，并以基态原子的能量作为零，水平线表示实际存在的能级。

光谱是由电子在两个能级之间的跃迁产生，在能级图中用斜线表示，并标出相应的波长，单位为 nm。但是，并不是所有能级间都能产生辐射跃迁，能级之间的跃迁必须遵循光谱选择定则。

对于周期表中所有元素的原子，其价电子跃迁所引起的能量变化 ΔE 一般在 2～20eV 之间，按式（2-4）可以估算所有元素的原子光谱的波长多分布在紫外及可见光区，仅有少数落在近红外光区。

二、分子光谱

分子和原子一样有它的特征分子能级。分子内部运动可分为价电子运动、分子内原子在其平衡位置附近的振动和分子本身绕其重心的转动。因此，分子具有电子能级、振动能级和转动能级。双原子分子的能级示意如图 2-3 所示。

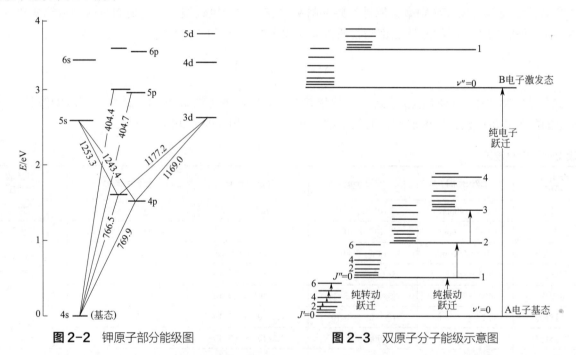

图 2-2 钾原子部分能级图　　　　图 2-3 双原子分子能级示意图

在辐射能作用下，分子内能级间的跃迁产生的光谱称为分子光谱，因涉及的能级变化比较复杂，分子光谱为复杂的带光谱。

分子在辐射能的作用下总的内能变化为

$$\Delta E = \Delta E_e + \Delta E_v + \Delta E_r \tag{2-5}$$

式中，ΔE_e 为外层电子跃迁所引起的内能变化；ΔE_v 为振动能级跃迁所引起的内能变化；ΔE_r 为转动能级跃迁所引起的内能变化。

由图 2-3 可知，电子能级、振动能级和转动能级的跃迁所需能量是不同的。对于多数分子，ΔE_e、ΔE_v 和 ΔE_r 的数值为：

ΔE_e 约为 $1.6 \times 10^{-19} \sim 3.2 \times 10^{-18}$ J；

ΔE_v 约为 $8.0 \times 10^{-21} \sim 1.6 \times 10^{-19}$ J；

ΔE_r 约为 $1.6 \times 10^{-23} \sim 8.0 \times 10^{-21}$ J。

由于分子具有三种不同的能级跃迁，因而可以产生三种不同的吸收光谱，即电子光谱、振动光谱和转动光谱。它们所对应的波长范围如下。

电子光谱——紫外、可见光区（E_e、E_v 和 E_r 均改变）；

振动光谱——近红外、中红外光区（E_v 及 E_r 改变）；

转动光谱——远红外、微波光区（仅 E_r 改变）。

分子除以上提到的三种运动外，分子中某些原子核能旋转，将旋转的原子核放在均匀的磁场中，自旋核在磁场中进行定向排列。原子核在磁场中的每一种取向，都相当于一个特殊能级，若其取向平行于磁场方向，为低能级；与磁场方向相反，为高能级。两个能级间能量差是十分小的，因此跃迁所吸收光的波长位于射频区，在磁场中由自旋核产生的吸收光谱即为核磁共振光谱。

第三节　发射光谱和吸收光谱

物质的原子光谱和分子光谱，依其获得方式的不同可分为发射光谱和吸收光谱。

一、发射光谱

在一般情况下，如果没有外能的作用，无论原子、离子或分子都不会自发产生光谱。如果预先给原子、离子或分子一些能量（如辐射能、热能、电能或化学能），使其由低能态或基态跃迁到较高能态，当其返回低能态或基态时，能量往往以辐射的形式发出，由此而产生的光谱称为发射光谱。通过测量物质发射光谱的波长和强度来进行定性和定量分析的方法，称为发射光谱法，其中应用最广的是原子发射光谱法。

在发射光谱中，物质可以通过不同的激发过程来获得能量，变为激发态，通常吸收电磁辐射而激发的原子或分子，倾向于在很短时间内（$10^{-9} \sim 10^{-7}$ s）返回到基态。在一般情况下，这一过程主要是通过激发态粒子与其他粒子碰撞，将激发能转变为热能来实现（称为无辐射跃迁）；但在某些情况下，这些激发态粒子可能先通过无辐射跃迁过渡到较低的激发态，然后再以辐射跃迁形式返回到基态，或者直接以辐射形式跃迁回基态，由此获得的光谱称为荧光（或磷光）光谱，它实际上也是一种发射光谱（二次发射）。

根据原子或分子的特征荧光（或磷光）光谱来研究物质的结构及其组成的方法称为荧光（或磷光）光谱分析法。分子荧光（或磷光）通常用紫外光激发，原子荧光用高强度锐线辐射源激发，X 射线荧光是用初级 X 射线激发（化学发光是通过化学反应提供能量激发）。物质的荧光波长可能比激发光波长长，或者相同，后者称为共振荧光。对于浓度较低的气态原子，将主要发射共振荧光，而处于溶液中的激发态分子，所发射的分子荧光（或磷光）的波长一般比激发光波长要长。

常见的发射光谱法有原子发射光谱法、原子荧光光谱法、X 射线荧光光谱法、分子荧光（或磷光）光谱法和化学发光光谱法等。

辐射与物质相互作用还可发生散射，这是分子吸收辐射能后被激发至基态中较高的振动能级，在返回比原振动能级稍高或稍低的振动能级时，重新以辐射的形式放出能量，这时不仅改变了辐射方向，而且也改变了辐射频率，这种散射称为拉曼散射，其相应的光谱称为拉曼光谱。拉曼光谱谱线与入射光谱线的波长之差，反映了散射物质分子的振动 - 转动能级的改变，因此利用拉曼散射可以在可见光区研究分子的振动和转动光谱。

二、吸收光谱

当辐射通过气态、液态或透明的固态物质时,物质的原子、离子或分子将吸收与其内能变化相对应的频率而由低能态或基态跃迁到较高的能态,这种因物质对辐射的选择性吸收而得到的原子或分子光谱,称为吸收光谱。利用物质的特征吸收光谱来研究物质的结构和测定其组成的方法,称为吸收光谱分析法。

分子吸收光谱一般用连续光源,其特征吸收波长与分子的电子能级、振动能级和转动能级有关,因此在不同波谱区辐射作用下可产生紫外、可见和红外吸收光谱。

原子吸收光谱一般用锐线光源,其特征吸收波长与原子的能级有关,一般位于紫外、可见和近红外光区。

核磁共振光谱,其特征吸收波长与原子核的核磁能级有关,由于核磁能级之间的能量差值很小,所以吸收波长位于能量最低的射频区。

一般物质的发射光谱较为复杂,吸收光谱次之,荧光光谱最简单,这些光谱在近代分析化学中都具有重要意义。物质的原子光谱,多采用发射、吸收及荧光的方法来获得,而物质的分子光谱则多采用吸收法及荧光(或磷光)法来得到。

 概念检查 2.2

○ 原子发射光谱法与原子荧光光谱法虽同属于发射光谱法,但两者之间还是有区别的,指出两者之间的不同之处是什么?

第四节　光谱分析法分类及特点

光谱分析法按产生光谱的基本微粒的不同分为原子光谱法和分子光谱法,根据辐射传递的情况又可分为发射光谱法和吸收光谱法。例如,原子发射光谱法、原子荧光光谱法、X 射线荧光光谱法、分子荧光(或磷光)光谱法等都属于发射光谱法;而原子吸收光谱法、紫外 - 可见吸收光谱法、红外吸收光谱法、核磁共振光谱法等则属于吸收光谱法。一些常见光谱分析方法及特点见表 2-2。

表 2-2　常见光谱分析法及特点

	方法		原子吸收光谱法	原子发射光谱法	X 射线荧光光谱法
	原理		利用待测元素的基态原子对其特征辐射的吸收	根据待测元素的气态原子或离子所发射的特征光谱	利用初级 X 射线激发待测元素的原子所产生的特征 X 射线
	定性基础		不同元素有不同波长位置的特征吸收	每种元素都有其特征的线光谱	不同元素有不同的特征 X 射线
	定量基础		吸光度∝浓度	谱线强度∝浓度	荧光强度∝浓度
	相对误差		0.1%～5%	1%～10%	1%～5%
样品	形态		溶液(固体)	固体、液体	固体、液体
	需要量		几毫升以上	mg	g
应用范围	适用对象		金属元素的极微量到半微量分析	金属元素的极微量到半微量分析	金属元素常量分析
	不适用对象		有机物	有机物	原子序数 5 以下的元素,有机物
	有机	定性	不适用	不适用	不适用
		定量	不适用	不适用	不适用
	无机	定性	(可以用)	很适用	很适用
		定量	很适用	可以用	很适用
仪器	名称		原子吸收分光光度计	发射光谱仪	X 射线荧光光谱仪
	测定时间		几分钟～十几分钟	摄谱 5～60min,直读 1min	5～60min

续表

方法		紫外-可见吸收光谱法	红外吸收光谱法
原理		根据物质的分子或离子团对紫外及可见光的特征吸收	根据物质分子对红外辐射的特征吸收
定性基础		每种物质都有其特征吸收光谱	各种官能团有其特定的波长吸收范围
定量基础		吸光度∝浓度	吸光度∝浓度
相对误差		1%～5%	1%～5%
样品	形态	溶液（固体）	气体、液体、固体
	需要量	几毫升	几毫克～几十毫克
应用范围	适用对象	金属元素及部分非金属元素的定量分析；芳烃、多环芳烃及杂环化合物等的定性及定量分析	有机官能团的定性及定量，芳环取代位置的确定，高聚物分析等
	不适用对象	紫外光区没有生色团的物质	
	有机 定性	可以用	很适用
	有机 定量	很适用	可以用
	无机 定性	可以用	可以用
	无机 定量	很适用	可以用
仪器	名称	紫外-可见分光光度计	红外光谱仪
	测定时间	几分钟	几分钟～十几分钟
方法		拉曼光谱法	核磁共振光谱法
原理		基于样品受单色光照射，由极化率改变所引起的拉曼位移	利用物质吸收射频辐射引起核自旋能级跃迁而产生的核磁共振光谱
定性基础		各种官能团都有其特征拉曼位移	不同化学环境的质子或 ^{13}C 等有不同的化学位移
定量基础		拉曼谱线的强度∝浓度	吸收峰的面积∝浓度
相对误差		2%～5%	2%～5%
样品	形态	气体、液体、固体	液体（固体）
	需要量	mg	mg
应用范围	适用对象	与红外互相补充，可进行结构分析以及定性及定量分析	结构分析以及有机物的定性及定量分析
	不适用对象	有荧光的物质	高黏稠物质
	有机 定性	可以用	很适用
	有机 定量	可以用	可以用
	无机 定性	不适用	不适用
	无机 定量	可以用	不适用
仪器	名称	激光拉曼光谱仪	核磁共振仪
	测定时间	几分钟～二十几分钟	几分钟～24h

总结

- 电磁波是一种以巨大速度通过空间传播的光量子流。γ射线、X射线、紫外光、可见光、红外光、微波等都是电磁波。所有这些电磁波在本质上完全相同,所不同的只是波长或频率范围的差别。如果按波长或频率的大小次序排列成一个谱,则称为电磁波谱。
- 无论何种电磁波均具有波动性和微粒性两种相互并存的性质,即波粒二象性。凡是与光传播有关的现象要用波动性解释,凡是与实物相互作用的现象可用微粒性解释。
- 光谱法的分类,按产生光谱基本粒子的不同,可分为原子光谱与分子光谱;按其获得方式不同,又可分为发射光谱与吸收光谱。物质的原子光谱,多采用发射、吸收及荧光的方法来获得,而物质的分子光谱则多采用吸收法及荧光法来得到。

思考题

1. 下列波长分别在电磁波的什么区域?

1cm,0.8μm,10μm,100nm,250nm,500nm,10nm

2. 下列波数分别在电磁波的什么区域?

983cm^{-1},3.0×10^4cm^{-1},5.0cm^{-1},8.7×10^4cm^{-1}

3. 按能量递增顺序排列下述电磁波区域:微波、X射线、可见光区、紫外光区、红外光区。

课后练习

1. 下述哪些现象,可以用电磁波的波动性来解释:(1)黑体辐射;(2)干涉;(3)衍射;(4)折射
2. 近紫外光区的波长范围为:(1)10~200nm;(2)400~780nm;(3)200~400nm;(4)0.75~2.5μm
3. 中红外光区的波数范围为:(1)10~0.01cm^{-1};(2)4000~200cm^{-1};(3)200~10cm^{-1};(4)$1.3 \times 10^4 \sim 4 \times 10^3$cm^{-1}
4. 下述哪种光谱分析方法,采用锐线光源:(1)紫外-可见吸收光谱法;(2)红外吸收光谱法;(3)核磁共振光谱法;(4)原子吸收光谱法
5. 在下述的光谱分析法中,哪些方法特别适用于无机物的定性分析:(1)原子发射光谱法;(2)原子吸收光谱法;(3)X射线荧光光谱法;(4)核磁共振光谱法

计算题

1. 计算波长为2.0×10^5cm的电磁波的周期及频率。
2. 波长为0.25nm的光子的能量是多少?
3. 频率为4.0×10^{15}s^{-1}的电磁波,其光子的能量是多少?
4. 波长为500nm的光线,其波数是多少?
5. 波数为2.5×10^{-5}cm^{-1}的光子,其能量是多少?

6. 一个原子与光作用时，可吸收 400nm 处的光线，则该原子吸收了多少能量？
7. 一个原子与光作用时，吸收了 5.0×10^{-19} J 的能量，则在该原子的吸收光谱上，其吸收峰的波数是多少？
8. 在图 2-4 描述的三种能级跃迁中，哪种跃迁将使最长波长的电磁波被吸收？哪种跃迁将使最高波数的电磁波被吸收？

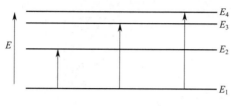

图 2-4　能级跃迁

9. 在图 2-4 中，假定 E_2 和 E_1 能级间的能量差为 6.0×10^{-18} J，则实现这一跃迁所需要的电磁波的波长是多少？

第三章　原子发射光谱法

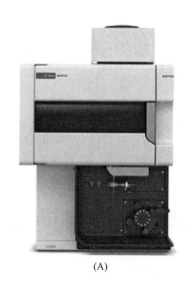
(A)

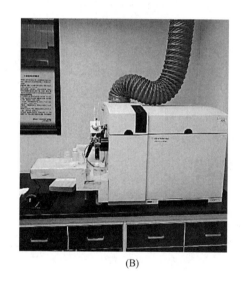
(B)

　　图（A）为电感耦合等离子体发射光谱仪，图（B）为电感耦合等离子体质谱仪，前者是用电感耦合等离子体作为原子发射光谱的激发光源，后者是用电感耦合等离子体作为原子质谱的离子源，两者都可用来对无机元素进行定性和定量分析。与前者相比，后者谱图简单，易于解释，能测定周期表中90%的元素，是目前公认的最强有力的元素分析技术，也是无机痕量分析的一种重要手段。[图片（A）来源：© Agilent Technologies, Inc. Reproduced with Permission, Courtesy of Agilent Technologies, Inc.]

❉ 为什么要学习原子发射光谱分析?

原子发射光谱分析（AES）是依据试样中原子受外能激发后所发射的特征光谱来进行元素定性与定量的分析方法。AES 灵敏度高、操作简单、分析快速，可同时测定多种元素，是无机元素定性分析的首选方法，在地质、冶金及机械等行业得到了广泛应用。本章系统地介绍了 AES 的基本原理、AES 仪器及定性和定量分析方法等。通过本章的学习，可以明了原子发射光谱的产生机制，熟悉原子发射光谱仪的基本组成及作用原理，掌握 AES 的定性及定量分析方法，最终达到能用 AES 对实际样品中无机组分进行分析检测之目的。

👁 学习目标

○ 掌握原子发射光谱法的基本原理。
○ 掌握原子发射光谱仪常用激发光源的类型、工作原理、特点及适用范围。
○ 了解原子发射光谱仪分光系统的作用及组成、色散元件的种类及分光原理。
○ 熟悉原子发射光谱仪常用的检测方法及光谱仪的主要类型。
○ 掌握 AES 常用的定性及定量分析方法。
○ 熟悉光谱的背景来源及扣除方法。
○ 了解 ICP-MS 的基本原理、仪器装置、干扰及其消除方法。
○ 熟悉 ICP-MS 的特点、定性及定量分析方法。

第一节 概述

原子发射光谱法（atomic emission spectrometry，AES）是依据试样中原子（或离子）受外能激发后发射的特征光谱来进行元素的定性与定量的分析方法。

一、发射光谱的分类及分析过程

发射光谱是指由热能或电能使物质的分子、原子或离子激发而产生的光谱。按光谱的形状可分为线光谱、带光谱和连续光谱三类。

（1）线光谱　线光谱是由物质的气态原子（或离子）被激发而产生的具有一定波长的不连续的线条，又称为原子（或离子）光谱。每个元素都具有其特征的线光谱。

（2）带光谱　带光谱是由气态的分子被激发而产生的，由一些波长非常靠近的光带和暗区相间而组成，也叫分子光谱。例如，在采用碳电极所摄得的发射光谱中可以观察到氰带，即为氰分子所产生的光谱。

（3）连续光谱　连续光谱是由固态或液态物质激发后产生的连续的、无法分辨出明显谱线的光谱。例如，经典发射光谱分析中炽热的碳电极所发射的光谱即为连续光谱。

原子发射光谱法的研究对象是被分析物质所发出的线光谱，利用待测物质的原子或离子所发射的特征光谱线的波长和强度来确定物质的元素种类及其含量。

发射光谱分析过程分为三步，即激发、分光和检测。第一步是利用激发光源使试样蒸发，解离成原子，或进一步电离成离子，最后使原子或离子得到激发，发射辐射；第二步是利用光谱仪把原子或离子所发射的辐射按波长展开，获得光谱；第三步是利用检测系统记录光谱，测量谱线波长、强度，根据谱线波长进行定性分析，根据谱线强度进行定量分析。

二、原子发射光谱法发展概况

原子发射光谱法是光学分析法中产生与发展最早的一种。早在1859年，德国学者基尔霍夫（G.R.Kirchhoff）和本生（R.W.Bunsen）把分光镜应用于化学分析，发现了光谱与物质组成之间的关系，确认和证实各种物质都具有其特征光谱，从而奠定了光谱定性分析的基础。

随着光谱仪器和光谱理论的发展，发射光谱分析进入了新的阶段。火焰、火花和弧光光源稳定性的提高，给定量分析的发展开辟了道路。20世纪20年代，格拉奇（W.Gerlach）提出了内标原理，奠定了定量分析的基础；30年代，罗马金（B.A.Lomakin）和赛伯（G.Schiebe）提出了定量分析的经验公式，棱镜光谱仪形成了系列，促进了定量分析的发展；40年代，棱镜光谱仪飞速发展，使发射光谱分析得到了广泛应用；50年代，光栅光谱仪基本上形成系列；60年代，电感耦合等离子体（ICP）光源的引入，大大推动了发射光谱分析的发展。

近几十年来，中阶梯光栅光谱仪、干涉光谱仪等仪器的出现，加之电子计算机的应用，使发射光谱分析进入了自动化阶段。

原子发射光谱法曾在原子结构理论的建立及元素周期表中某些元素的发现过程中起到重要作用，已经成为地矿、冶金、环境、食品、材料及生物等样品中元素定性、定量分析的最有效方法之一。

三、原子发射光谱法的特点

与其他分析方法相比，原子发射光谱法具有如下特点。

① 灵敏度高。一般光源灵敏度可达 $0.1 \sim 10\mu g \cdot g^{-1}$（或 $\mu g \cdot mL^{-1}$），ICP光源可达 $10^{-4} \sim 10^{-3}\mu g \cdot mL^{-1}$。

② 选择性好。每种元素的原子被激发后，都产生一组特征光谱，根据这些特征光谱，便可以准确无误地确定该元素的存在，所以发射光谱分析至今仍是元素定性分析的最好方法。

③ 准确度较高。发射光谱分析的相对误差一般为5%～10%，使用ICP光源，相对误差可达1%以下。

④ 能同时测定多种元素，分析速度快。

⑤ 试样消耗少。利用几毫克至几十毫克的试样便可完成光谱全分析。

原子发射光谱法的不足之处是：

① 应用只限于多数金属和少数非金属元素，对大多数非金属和少数金属不适用；

② 一般只能用于元素分析，而不能用于元素形态及分布特性等的分析；

③ 基体效应较大，必须采用组成与分析样品相匹配的参比试样；

④ 仪器较昂贵，难于普及。

第二节　原子发射光谱法的基本理论

一、原子发射光谱的产生

1. 光谱与光谱项

原子由原子核和核外电子所组成，原子中的每一个电子都具有一定的能量，并且电子在原子核外是按能量的高低分布的。电子能量的高低与电子在核外的运动状态有关，每个电子在核外的运动状态都可以用四个量子数来描述，即主量子数 n、轨道角量子数 l、磁量子数 m、自旋磁量子数 m_s。主量子数 n 描述电子在哪一个电子层上运动（$n=1, 2, 3, 4, \cdots$）；角量子数 l 描述电子云的形状（$l=0, 1, 2, 3, \cdots$，对应的电子云符号为 s，p，d，f，$\cdots$）；磁量子数 m 描述电子云在空间的伸展方向（$m=0, \pm 1, \pm 2, \cdots, \pm l$）；自旋磁量子数 m_s 描述电子自旋（$m_s=\pm 1/2$）。在原子光谱中主要是研究原子外层电子能级的跃迁，对于具有多个价电子的原子，则需考虑原子外层电子间的相互作用，此时整个原子的运动状态可用 n、L、S、J 四个量子数来描述，当 n、L、S、J 确定后，原子便处于某一确定的状态。在光谱学上，常用光谱项 $n^{2S+1}L_J$ 来表示原子所处的状态，即原子所处的能级。各量子数意义如下。

L 为总轨道角量子数，等于每个价电子轨道角量子数的矢量和。

$$\vec{L} = \sum \vec{l}_i$$

$L=l_1+l_2,\ l_1+l_2-1,\ \cdots,\ |l_1-l_2|$

$L=0, 1, 2, 3, \cdots$，对应于 S，P，D，F，$\cdots$

S 为总自旋角量子数，表示自旋和自旋之间的相互作用，即每个价电子自旋角量子数（$s_i=1/2$）的矢量和。

$$\vec{S} = \sum \vec{s}_i$$

当价电子数为偶数时，S 取 0 或正整数；价电子数为奇数时，S 取正的半整数。

J 为总角量子数，表示轨道和自旋之间的相互作用，是总轨道角量子数 L 和总自旋角量子数 S 的矢量和。

$$\vec{J} = \vec{L} + \vec{S}$$

J 的取值为 $L+S,\ L+S-1,\ L+S-2,\ \cdots,\ |L-S|$。

如果 $L \geq S$，则 J 共有 $2S+1$ 个值，如果 $L<S$，则 J 共有 $2L+1$ 个值。n 和 L 相同而 J 值不同的能级称为光谱支项，光谱项中的 $2S+1$ 称为光谱项的多重性，它是由于总自旋角量子数的不同，而使原子的一个能级分裂成为多个能量差别很小的能级。

将原子中的各种可能的能级（光谱项）及能级跃迁用图解的形式表示出来就是原子的能级图。图 3-1 是钠原子的能级图，其中横坐标表示实际存在的光谱项，纵坐标表示能量 E，左侧为电子伏特标度（eV），右侧为波数标度（cm^{-1}），基态的能量为 $E=0$。能级之间可能发生的跃迁用直线相连，所得谱线的波长标在线上。

2. 能级之间的跃迁

通常原子处于最稳定的基态，其能量最低。当原子受到外界热能或电能作用时，其外层电子获得能量，由基态跃迁到较高的能级状态即激发态，这一过程称为激发。当外加能量足够大时，会使价电子脱离原子核的束缚，使原子成为离子，这个过程称为电离。离子也可以被激发。

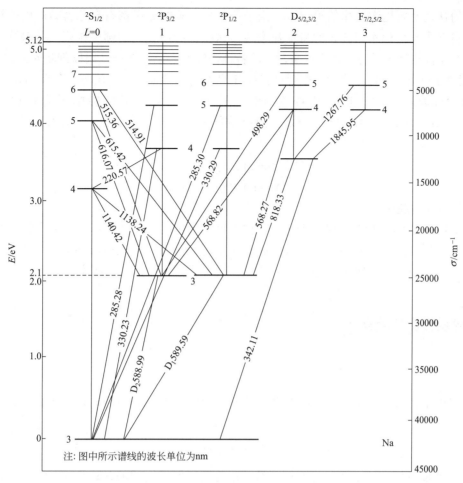

图 3-1　钠原子的能级图

处于激发态的原子不稳定，经过约 10^{-8}s 的短暂时间后，核外电子便会由激发态回到较低能态或基态。在此过程中将以电磁波的形式释放能量，产生光谱，每条谱线的波长取决于跃迁前后两个能级之间的能量差，即

$$\Delta E = E_2 - E_1 = h\nu = hc/\lambda \tag{3-1}$$

式中，E_1、E_2 为低能级及高能级的能量；h 为普朗克常数（$h=6.63\times10^{-34}$J·s）；c 为光速；λ 为波长。

电子由激发态直接返回到基态时所产生的谱线叫共振线。从第一激发态（能量最低的激发态）返回到基态时所产生的谱线称为第一共振线，也叫主共振线，通常是该元素光谱中最强的线，也是波长最长的线，在进行光谱定性分析时将其作为最灵敏线，在低含量元素的定量分析时作为分析线。当元素的含量逐渐减小以至于趋近于零时，所能观察到的最持久的线（最后线）常是第一共振线。

离子被激发后，其外层电子也可以发生跃迁而产生发射光谱，称为离子线。在原子谱线表中，用罗马数字Ⅰ表示原子线，Ⅱ表示一次电离的离子线，Ⅲ表示二次电离的离子线。例如 MgⅠ 285.21nm 为原子线，MgⅡ 280.27nm 为一次电离离子线。

由于原子的能级很多，原子在被激发后，其外层电子可产生不同的跃迁。但电子并不是在任何两个能级之间均能产生跃迁，必须满足一定的条件，即光谱选律。

① $\Delta L=\pm1$，跃迁只能在 S 项和 P 项之间，P 项与 S 项或 D 项之间，D 项与 P 项或 F 项之间发生等；

② $\Delta S=0$，单重态只能跃迁到单重态，三重态只能跃迁到三重态；

③ $\Delta J=0$、±1，但 $J=0$ 时，$\Delta J=0$ 的跃迁是禁止的。

由于电子的跃迁受到光谱选律的限制,又由于每一种元素的原子都有自己特有的电子构型,因而不同元素的原子将产生一系列不同波长的特征光谱线,这些谱线按一定的顺序排列,并保持一定的强度比例。因此,原子发射光谱分析将元素原子所发出的特征谱线作为定性依据,用以判断元素的存在。

例如,对 Na 原子而言,其基态结构为 $(1s)^2(2s)^2(2p)^6(3s)^1$,外层电子为 $(3s)^1$,$S=1/2$,$L=0$,$J=L+S=1/2$,故 Na 的基态对应的光谱项为 $3^2S_{1/2}$;而其第一激发态外层电子为 $(3p)^1$,$S=1/2$,$L=1$,$J=L+S=3/2$,$J=L+S-1=1/2$,故 Na 的第一激发态对应的光谱项为 $3^2P_{1/2}$、$3^2P_{3/2}$。因此钠原子最强的双重线,用光谱项表示为:

$$\text{Na } 588.996\text{nm } 3^2S_{1/2} \longleftarrow 3^2P_{3/2}$$
$$\text{Na } 589.593\text{nm } 3^2S_{1/2} \longleftarrow 3^2P_{1/2}$$

其跃迁均符合光谱选律。

对于每一个光谱支项,又包括 $2J+1$ 个状态,称为该支项的统计权重,它决定多重线中谱线的强度比。在无外磁场时,它们的能级是相同的;在有外磁场作用时,由于原子磁矩与外加磁场相互作用,分裂成不同的能级,共有 $2J+1$ 个。这种在外磁场作用下发生的光谱项分裂的现象叫塞曼效应。

二、谱线强度及其影响因素

1. 谱线强度

原子的外层电子在 i,j 两个能级之间跃迁,其发射谱线强度 I_{ij} 为单位时间、单位体积内光子发射的总能量。

$$I_{ij} = N_i A_{ij} h\nu_{ij} \tag{3-2}$$

式中,N_i 为单位体积内处于激发态的原子数;A_{ij} 为两个能级之间的跃迁概率,即单位时间、单位体积内一个激发态原子产生跃迁的次数;$h\nu_{ij}$ 为一个激发态原子跃迁一次所发射出的能量。

可见,原子由激发态 i 向基态或较低能级跃迁的谱线强度与激发态原子数 N_i 成正比。在热力学平衡条件下,各能级之间的原子数目符合玻耳兹曼(Boltzmann)分布定律,即

$$N_i = N_j (g_i/g_j) \exp\left[\frac{-(E_i - E_j)}{kT}\right] \tag{3-3}$$

式中,E_i、E_j 分别为 i、j 能态的激发能;N_i、N_j 分别为单位体积内 i、j 能态的原子数;g_i、g_j 分别为 i、j 能态的统计权重($g=2J+1$);k 为玻耳兹曼常数($k=1.381\times10^{-23}$ J·K^{-1});T 为激发温度。

当 j 为基态时,$E_j=0$,式(3-3)可表示为

$$N_i = N_0 (g_i/g_0) \exp\left(\frac{-E_i}{kT}\right) \tag{3-4}$$

式中,N_0、g_0 分别为单位体积内基态原子数及统计权重。

将式(3-4)代入式(3-2)可得

$$I = N_0 (g_i/g_0) \exp\left(\frac{-E_i}{kT}\right) A h\nu \tag{3-5}$$

在光谱分析中,需要知道的是试样中某元素原子的浓度与谱线强度的关系,考虑到激发态原子数目远比基态原子数目少,可用基态原子数来表示总原子数。另外,考虑到辐射过程中试样的蒸发、离解、激发、电离以及同种基态原子对谱线的自吸效应的影响,由式(3-5)可得谱线强度与原子浓度有如下关系

$$I = A h\nu \frac{(1-x)\beta}{1-x(1-\beta)} (g_i/g_0) \exp\left(\frac{-E_i}{kT}\right) \alpha \tau c^{bq} \tag{3-6}$$

式中，x 为气态原子的电离度；β 为气体分子的离解度；α 为样品蒸发的常数；τ 为原子在蒸气中平均停留时间；q 为与化学反应有关的常数，无化学反应时 $q=1$；b 为自吸系数，无自吸时 $b=1$。

在一定条件下，式（3-6）可表示为

$$I = ac^b \tag{3-7}$$

式中，a、b 为与实验条件有关的常数。在一定条件下，谱线强度只与试样中原子浓度有关，这一公式称为赛伯-罗马金（Schiebe-Lomakin）公式，是原子发射光谱分析的定量依据。

2. 影响谱线强度的因素

由式（3-6）可见，影响谱线强度的主要因素有以下几方面。

① 激发电位。由于谱线强度与激发电位成负指数关系，所以激发电位越高，谱线强度越小，这是因为随着激发电位的增高，处于该激发态的原子数迅速减少的缘故。

② 跃迁概率。跃迁概率是指电子在某两个能级之间每秒跃迁的可能性大小，它与激发态寿命成反比，即原子处于激发态的时间越长，跃迁概率越小，产生的谱线强度越弱。

③ 统计权重。统计权重亦称简并度，指能级在外加磁场的作用下，可分裂成 $2J+1$ 个能级，谱线强度与统计权重成正比。当由两个不同 J 值的高能级向同一低能级跃迁时，产生的谱线强度也是不同的。

④ 激发温度。从式（3-5）可见，光源的激发温度越高，I 越大，但实际上，温度升高，一方面使原子易于激发，另一方面增加了电离，致使元素的离子数不断增多而使原子数不断减少，导致原子线强度减弱，所以实验中应选择适当的激发温度。

⑤ 基态原子数。谱线强度与进入光源的基态原子数成正比，一般而言，试样中被测元素的含量越大，发出的谱线强度越强。

第三节　原子发射光谱仪器

在进行原子发射光谱分析时，待测样品要经过蒸发、离解、激发等过程而发射出特征光谱，再经过分光、检测而进行定性、定量分析。原子发射光谱仪器主要由激发光源、分光系统及检测系统三部分组成。

一、激发光源

光源的作用是提供足够的能量，使试样蒸发、解离并激发，产生光谱。光源的特性在很大程度上影响分析方法的灵敏度、准确度及精密度。理想的光源应满足高灵敏度、高稳定性、背景小、线性范围宽、结构简单、操作方便、使用安全等要求。目前常用的激发光源有直流电弧、交流电弧、电火花及等离子体等。

1. 直流电弧

直流电弧是光谱分析中常用的光源，其电路如图 3-2 所示。图中 E 为直流电源，通常为 220～380V；R 为镇流电阻，用来调节和稳定电流；电流一般为 5～30A；L 为电感，用于减小电流波动；G 为分析间隙。直流电弧通常用石墨或金属作为电极材料。

当采用电弧或电火花光源时，需要将试样处理后装在电极上进行摄谱。当试样为导电性良好的固体金属或合金时可将样品表面进行处理，除去表面的氧化物或污物，加工成电极，与辅助电极配合，进行摄谱。这种用分析样品自身做成的电极称为自电极，而辅助电极则是配合自电极或支持电极产生放电效果的电极，通常用石墨作为电极材料，制成外径为 6mm 的柱体。如果固体试样量少或者不导电时，可将其粉碎后装在支持电极上，与辅助电极配合摄谱。支持电极的材料为石墨，在电极头上钻有小孔，以盛放试样，常用的石墨电极如图 3-3 所示。

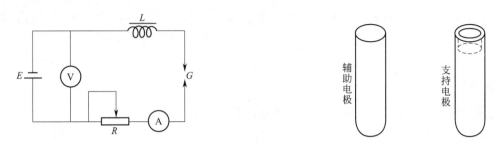

图 3-2　直流电弧电路　　　　　　　　图 3-3　常用的石墨电极

对于液体试样，可将其滴于平头电极上蒸干后摄谱；当试样为有机物时，先将其炭化、灰化，然后将灰化产物置于支持电极中进行摄谱。这些电极也可用于交流电弧和电火花光源。

直流电弧的点燃可用带有绝缘把的石墨棒等把上下电极短路再拉开而引燃，称为点弧和拉弧，也可以用高频引燃装置来引燃。

直流电弧工作时，阴极释放的电子不断轰击阳极，使阳极表面出现阳极斑，阳极斑温度可达 3800K，而阴极温度一般在 3000K，因此通常将样品放在阳极，以利于试样蒸发。在电弧燃烧过程中，电弧温度可达 4000～7000K，一般产生原子线。

直流电弧设备简单，电极温度较高，蒸发能力强，灵敏度高，检出限低，但电弧温度较低，激发能力较差，因此适用于易激发、熔点较高的元素的定性分析。由于其弧焰较厚，产生的谱线容易发生自吸和自蚀，故不适于高含量元素的分析。而且直流电弧的稳定性较差，不适于定量分析。

2. 交流电弧

在光谱分析中，常使用低压交流电弧，其线路由两部分组成，见图 3-4。

Ⅰ 为低压电弧电路，由交流电源（220V）、可变电阻 R_1、电感线圈 L_2、放电间隙 G_2 与旁路电容 C_2 组成。Ⅱ 为高频引燃电路，由电阻 R_2、变压器 T_1、放电盘 G_1、高压振荡电容 C_1 及电感 L_1 组成。Ⅰ、Ⅱ 两个电路借助于 L_1、L_2（变压器 T_2）耦合起来。

低压交流电弧由于交流电压和极性随时间而发生周期性变化，不能像直流电弧那样点燃后可持续放电，需要利用高频引燃装置，借助高频高压电流，不断击穿电极间的气体，造成电离，引燃电弧，产生电弧放电，当电压降至不能维持放电时，下半周高频引燃又起作用，使电弧重新被点燃，如此反复，维持放电。

交流电弧电流具有脉冲性，其电流密度比直流电弧大，弧温较高，激发能力较强，甚至可产生一些离子线。但交流电弧放电的间歇性使电极温度比直流电弧略低，因而蒸发能力较差，适用于金属和合金中低含量元素的分析。由于交流电弧的电极上无高温斑点，温度分布较均匀，蒸发和激发的稳定性比直流电弧好，分析的精密度较高，有利于定量分析。

3. 电火花

当施加于两个电极间的电压达到击穿电压时，在两极间尖端迅速放电产生电火花，电火花可分为高压电火花和低压电火花。高压电火花电路与低压交流电弧的引燃电路相似，见图 3-5，但高压电火花电路放电功率较大。

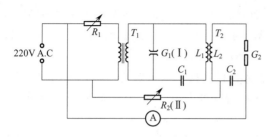

图 3-4　低压交流电弧电路

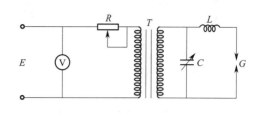

图 3-5　高压电火花电路

220V 交流电压经可调电阻 R、变压器 T 产生 10kV 左右的高压，并向电容器 C 充电，当电容器两端的充电电压达到分析间隙的击穿电压时，G 被击穿产生火花放电。

由于瞬间通过分析间隙的电流密度很大，因此火花瞬间温度很高，可达 10000K 以上，激发能力很强，可产生离子线。但由于放电时间短，停熄时间长，所以电极温度低，蒸发能力差，因此电火花适于测定激发电位较高、熔点低、易挥发的高含量样品。电火花光源的稳定性要比电弧好得多，故分析结果的再现性较好，可用于定量分析。

4. 电感耦合等离子体光源

等离子体是指电离度大于 0.1% 的气体，它是由离子、电子及中性粒子组成的呈电中性的集合体，能够导电。20 世纪 60 年代初期最先由美英学者研究用于发射光谱光源，到 1975 年有了第一台商品化的 ICP 光谱仪。目前，ICP 已成为商品化仪器的主要光源。

电感耦合等离子体（inductively coupled plasma，ICP）光源由高频发生器、等离子炬管以及雾化器三部分组成。图 3-6 是 ICP 的示意图。

高频发生器的作用是通过感应线圈产生高频磁场，提供等离子体能量，感应线圈一般是 2～3 匝铜管，内通冷却水。

等离子炬管由三层同心石英玻璃管组成，三层石英管均通以氩气，外层以切线方向通入冷却用氩气，用于稳定等离子炬且冷却管壁以防烧毁，第二层炬管内通入工作氩气，用以点燃等离子体，内层以氩气作为载气，将试样气溶胶引入等离子体中。

将高频发生器与石英管外层的高频线圈接通后，在石英管内产生一个轴向高频磁场。如果利用电火花引燃第二层炬管中的气体，则会产生气体电离，当电离产生的电子和离子足够多时，会产生一股垂直于管轴方向的环形涡电流，使气体温度高达 10000K，在管口形成火炬状的等离子炬焰，试样气溶胶在此获得足够能量，产生特征光谱。

使用 ICP 光源时，通常需要制成溶液后进样。可以通过气动雾化、超声雾化和电热蒸发的方式将试样引入 ICP 光源。

气动雾化器是将试样溶液通过高压气流转变成极细的单个雾状微粒（气溶胶），再由载气带入激发光源。图 3-7 是两种气动雾化器的示意图。图 3-7（a）为同心雾化器，溶液试样被吸入毛细管，在高压气流作用下，在毛细管口以雾滴形式喷出；图 3-7（b）为交叉形雾化器，溶液试样用蠕动泵引入，高压气流在溶液引入的垂直方向喷出。

超声雾化器是根据超声波振动的空化作用将溶液雾化成气溶胶，由载

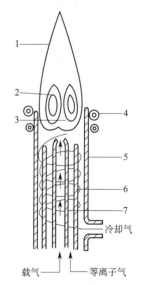

图 3-6　ICP 光源示意图
1—炬焰；2—焰核；3—中心通道；
4—感应线圈；5—外管；
6—中间管；7—内管

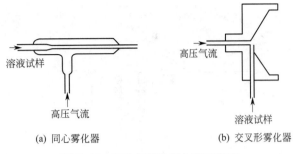

(a) 同心雾化器　　(b) 交叉形雾化器

图 3-7　两种典型的雾化器示意图

气带入激发光源。与气动雾化器相比，超声雾化器具有雾化效率高，产生的气溶胶密度高、颗粒细且均匀，不易堵塞等特点。其不足之处是结构复杂，价格高，记忆效应也较气动雾化器大。

将固体试样直接引入 ICP 光源，可省去试样溶解、分离或富集等化学处理，减少污染来源和试样损失。但固体进样技术存在着取样的不均匀性、基体效应严重、难以配制均匀可靠的固体标样等问题，严重影响了测定的准确度和精密度。

这里介绍一种固体进样技术——激光熔融法。激光熔融法也称激光烧蚀法，是将激光光束聚焦形成足够的能量直接照射到固体试样表面，被激光照射的样品微区迅速融化及蒸发，再由惰性气体带入等离子体炬管中。该方法可用于粉末状和块状导体或非导体的分析。由于激光束聚焦的特性，可以对固体进行微区分析或表面分析。

ICP 光源具有很高的温度，因而激发和电离能力强，能激发很难激发的元素，可产生离子线，灵敏度高、检出限低，适于微量及痕量分析。由于高频电流的趋肤效应（是指高频电流在导体表面的集聚现象），使等离子体炬形成一个环状的中心通道，因而气溶胶能顺利地进入等离子体内，保证等离子体具有较高的稳定性，使分析的精密度和准确度都很高。ICP 光源的背景发射和自吸效应小，可用于高含量元素的分析，定量分析的线性范围在 4～6 个数量级。此外，ICP 光源不用电极，避免了由电极污染带来的干扰；但设备较复杂，氩气消耗量大，维持费用较高。

二、分光系统

分光系统的作用是将由激发光源发出的含有不同波长的复合光分解成按波序排列的单色光。

（一）光路系统

光路系统由照明、准光、色散及投影 4 部分组成。以棱镜为色散元件和以光栅为色散元件的光路示意图分别见图 3-8 和图 3-9。

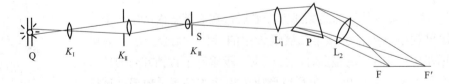

图 3-8　棱镜光谱仪光路示意图

Q—光源；$K_Ⅰ$、$K_Ⅱ$、$K_Ⅲ$—照明透镜；S—狭缝；L_1—准光镜；
L_2—成像物镜；P—色散棱镜；FF'—感光板或焦面

（1）照明系统　一般由三个透镜（$K_Ⅰ$、$K_Ⅱ$、$K_Ⅲ$）组成，将光源发出的光有效、均匀地照射到狭缝 S 上。

（2）准光系统　由狭缝 S 和准光镜 L_1 组成。准光镜把由狭缝射出的光变成平行光束，投射到色散元件上。

（3）色散系统　由色散元件棱镜 P 或光栅 G 构成。

（4）投影系统　不同波长的光由成像物镜 L_2 或 O_2 分别聚焦在焦面 FF' 或 F 上。

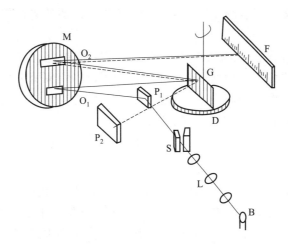

图 3-9 WPS-1 型平面光栅摄谱仪光路示意图
B—光源；L—照明系统；S—狭缝；P_1—反射镜；P_2—二级衍射反射镜；M—凹面反射镜；O_1—准光镜；
O_2—投影物镜；G—光栅；D—光栅台；F—相板

（二）色散元件

1. 棱镜

（1）分光原理　棱镜对光的色散基于光的折射现象，构成棱镜的光学材料对不同波长的光具有不同的折射率，在紫外区和可见区，折射率 n 与波长 λ 之间的关系可用科希公式来表示，即

$$n = A + B/\lambda^2 + C/\lambda^4 + \cdots \tag{3-8}$$

由式（3-8）可知，波长短的光折射率大，波长长的光折射率小。因此平行光经过棱镜色散后，按波长顺序被分解成不同波长的光。

（2）性能指标　棱镜的性能指标可用色散率和分辨率来表征。

① 色散率。色散率是指将不同波长的光分开的能力，可用角色散率、线色散率及倒线色散率表示。角色散率是指两条波长相差 $d\lambda$ 的谱线分开后两束光展开的角度 $d\theta$ 与 $d\lambda$ 的比值，用 $d\theta/d\lambda$ 表示；线色散率是指波长相差 $d\lambda$ 的两条谱线在焦面上被分开的距离 dl 与 $d\lambda$ 之比，用 $dl/d\lambda$ 表示；在实际工作中，色散效果常用倒线色散率 $d\lambda/dl$ 来表示，其物理意义是色散后单位长度焦面上所包含的波长范围，单位为 nm/mm，其数值越小，说明色散效果越好。

要增大色散能力，可通过增加棱镜数目、增大棱镜的顶角、改变棱镜材料及投影物镜焦距等手段来实现，但同时要考虑成本增加以及光强度减小等因素，一般棱镜数目不超过三个，棱镜顶角采用 60°。

② 分辨率。分辨率是指能正确分辨出紧邻两条谱线的能力，可用能被正确分辨的两条谱线波长的平均值 λ 与其波长差 $\Delta\lambda$ 之比来表示，即

$$R = \lambda/\Delta\lambda \tag{3-9}$$

R 越大，分辨能力越强，一般光谱仪的分辨率在 5000～60000 之间。

2. 光栅

光栅分为透射光栅和反射光栅。反射光栅依据光栅基面的形状不同，分为平面反射光栅和凹面反射光栅。依据制作工艺的不同，可分为刻划光栅、复制光栅和全息光栅等。刻划光栅是通过真空蒸发镀膜的方法将金属铝镀在玻璃平面上，用金刚石在铝膜上刻出许多等间隔、等宽度的平行刻痕而制成。刻划

光栅制作精度要求高，工艺复杂。复制光栅是用刻划技术制作的原始光栅作为母光栅复制而成，工艺简单，可大批量制作。

(1) 分光原理　光栅是利用光的单缝衍射和多缝干涉现象来进行分光的。

单色平行光入射到光栅平面上，根据多束光干涉的原理，当相邻两束光的光程差等于入射光波长的整数倍时，在衍射角方向上，两束光满足干涉加强的条件，产生亮条纹，当光程差等于波长的半整数倍时，两束光互相抵消，产生暗条纹。因此产生亮条纹的条件为

$$d(\sin\alpha + \sin\theta) = m\lambda \tag{3-10}$$

$$m=0, \pm 1, \pm 2, \cdots$$

式（3-10）称为光栅公式。其中 α 为入射角，θ 为衍射角，d 为相邻两刻痕间的距离，称为光栅常数，m 为光谱级次。当衍射线与入射线在光栅平面法线的同侧时，θ 角取正号，两条线位于法线异侧时，θ 角取负号。对于一束复合光，m 相同时，如果 λ 不同，则 θ 不同，即不同波长的光其衍射方向不同，这就是光栅的分光原理。

(2) 几种典型的光栅

① 闪耀光栅。对于光栅平面与刻痕槽面平行的理想光栅，光强最大的方向在镜面反射方向，即 $m=0$ 的零级光谱上，此时 $\theta=-\alpha$，或 $\theta=\alpha=0$，但零级光谱是不色散的，不能用于光谱分析，而色散越来越大的一级、二级光谱，强度却越来越小，这十分不利于光栅的应用。

在闪耀光栅中（图3-10），将光栅平面与刻痕槽面形成一个角度 γ，这个角度称为闪耀角。在闪耀光栅中，各级谱线的位置仍由光栅方程决定。闪耀角决定了将在非零级处实现光线的镜面反射，即光强的最大值从零级光谱移到某一级光谱上。

与光强最强的衍射角对应的方向称为光栅的闪耀方向，相应的波长称为闪耀波长。

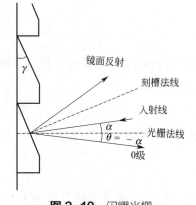

图 3-10　闪耀光栅

② 中阶梯光栅。中阶梯光栅与普通的闪耀光栅相似，不同之处在于，它具有高精度的宽平刻槽（图3-11），刻槽为直角阶梯形状，宽度比高度大几倍，光栅刻线较少，闪耀角较大（60°～70°），适用的光谱级次较高（40～120级），且具有比普通闪耀光栅高得多的线色散率和分辨率。

③ 凹面光栅。凹面光栅是将刻痕刻在凹面反射镜上。Rowland 发现在曲率半径为 R 的凹面反射光栅上存在一个直径为 R 的圆，不同波长的光都成像在圆上，即在圆上形成一个光谱带，这个圆称为罗兰圆，如图3-12所示。

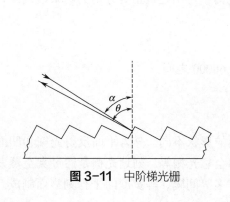

图 3-11　中阶梯光栅

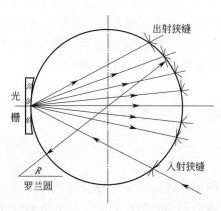

图 3-12　罗兰圆与凹面光栅

凹面光栅既有色散作用，又能通过凹面反射镜将色散后的光聚焦，在圆的焦面上设置一系列出口狭缝，则可同时获得各种波长的单色光。

（3）光学指标　光栅的光学指标也可以用色散率和分辨率来表征。

① 色散率。色散率用角色散率和线色散率来表示，角色散率可由光栅公式微分求得

$$d\theta/d\lambda = m/(d\cos\theta) \tag{3-11}$$

式中，d 为刻痕间距；θ 为衍射角；m 为光谱级次。

角色散率与光谱级次成正比，与光栅常数及 $\cos\theta$ 成反比。一般而言，衍射角不大，因此 $\cos\theta$ 的变化也不大，所以角色散率可近似地看做一个常数。

线色散率与角色散率及投影物镜焦距有关

$$dl/d\lambda = mf/(d\cos\theta) = mn_r f/\cos\theta \tag{3-12}$$

式中，n_r 为单位距离光栅刻线数，条·mm^{-1}；f 为物镜焦距。

可见，线色散率与光谱级次、单位距离光栅刻线数及物镜焦距成正比。增加单位距离内的刻线数以及物镜焦距 f，利用较高的光谱级次，均可提高线色散率，但高级次的光谱强度较弱，故常用一级或二级而不用更高的级次。

② 分辨率。光栅光谱仪的理论分辨率 R 为

$$R = \lambda/\Delta\lambda = mN \tag{3-13}$$

式中，m 为光谱级次；N 为光栅总刻线数。

若要获得高分辨率，可采用大块的光栅，以增加总刻线数。

三、光谱记录及检测系统

光谱记录及检测系统的作用是接收、记录并测定光谱。常用的记录及检测方法有摄谱法和光电直读法。

1. 摄谱法

摄谱法用感光板记录光谱。将感光板置于摄谱仪焦面上，再将从光学系统输出的不同波长的辐射能在感光板上转换为黑的影像，然后通过映谱仪和测微光度计来进行定性、定量分析，是早期常用的记录和显示光谱的方法。用于记录并显示光谱的感光板主要由片基和感光层组成。感光物质卤化银、支持剂明胶和增感剂构成了感光层，均匀涂布在片基上，片基的材料通常为玻璃或醋酸纤维。改变增感剂，则可制得不同感色范围及灵敏度的各种型号的感光板。

摄谱时，卤化银在不同波长光的作用下形成潜影中心。在显影剂的作用下，包含有潜影中心的卤化银晶体迅速还原成金属银，形成明晰的像，再利用定影剂除去未还原的卤化银，即可得到具有一定波长和黑度的光谱线。利用映谱仪将底片放大 20 倍，可进行定性分析；用测微光度计测定谱线黑度，可进行定量分析。

所谓黑度，是指感光板上谱线变黑的程度，将一束光照在谱板上，谱线处光透过率的倒数的对数即为黑度。

$$S = \lg(1/T) = \lg(I_0/I) \tag{3-14}$$

式中，S 为黑度；T 为谱线处光透过率；I_0 为透过未受光作用部分的光强度；I 为透过谱线处的光强度。

由感光板上谱线的黑度并不能直接得到待测元素的发光强度，需要通过乳剂特性曲线来反映黑度 S 与曝光量 H 之间的关系，进而得到黑度 S 与光强 I 的关系。乳剂特性曲线如图 3-13 所示，其纵坐标为黑度 S，横坐标为曝光量的对数 $\lg H$。

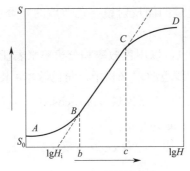

图 3-13 乳剂特性曲线

乳剂特性曲线可分为三部分，AB、CD 分别为曝光不足及曝光过度部分，BC 为正常曝光部分。定量分析中常利用曲线的 BC 段。BC 段为直线，黑度 S 与曝光量的对数值 $\lg H$ 之间的关系可用下式表示

$$S = r(\lg H - \lg H_i) \tag{3-15}$$

式中，r 为 BC 段直线的斜率，称为感光板的反衬度，表示曝光量改变时黑度变化的快慢。BC 部分延长线在横坐标上的截距为 $\lg H_i$，H_i 称为感光板乳剂的惰延量，可用来表示感光板的灵敏度，H_i 越大，灵敏度越低。AB 段与纵轴交点处的黑度 S_0 称为雾翳黑度，BC 段在横轴上的投影 bc 称为感光板乳剂的展度，决定了可进行定量分析的浓度范围。

对于一定的感光板，$r\lg H_i$ 为一定值，用 i 表示，则式（3-15）可写为

$$S = r\lg H - i \tag{3-16}$$

由于曝光量 H 等于感光板上得到的照度 E 与曝光时间 t 的乘积，而照度 E 又与谱线强度 I 成正比，故式（3-16）可表示为

$$S = r\lg It - i \tag{3-17}$$

因此，用 $\lg I$ 代替 $\lg H$ 作图，可得到形状相同的乳剂特性曲线。

2. 光电直读法

光电直读法是利用光电测量的方法直接测定谱线波长和强度。目前常用的光电转换元件包括光电倍增管和固体成像器件。

（1）光电倍增管　光电倍增管（photoelectric multiplier tube，PMT）是利用次级电子发射原理放大光电流的光电管，由光阴极、阳极及若干个打拿极组成（图 3-14），阴极电位最低，各打拿极电位依次升高，阳极最高。在光阴极和打拿极上都涂以光敏材料，阴极在光照下产生电子，电子在电场作用下，加速而撞击到第一打拿极上，产生 2~5 倍的次级电子，这些电子再与下一个打拿极撞击，产生更多的次级电子，经过多次放大，最后聚集在阳极上的电子数可达阴极发射电子数的 $10^5 \sim 10^8$ 倍。

（2）光电二极管阵列　光电二极管阵列（photodiode arrays，PDA）检测器由数十万个硅光电二极管线性排列构成。每个二极管由 p 型硅区所组成，由绝缘二氧化硅包围而与其邻近的二极管绝缘，所有的二极管都连接到一个共同的 n 型层上（图 3-15）。每个二极管开始都加有反向的偏置电压，这样便形成了一个耗尽层，使 p-n 节的传导性几乎为零。当辐射照到 n 区，就会产生电子-空穴对，空穴通过耗尽层到达 p 区而湮灭，于是电导增加，增加的程度与辐射功率成正比。测量在二极管阵列上再次建立反向偏置电压所需的电荷量，便可得到光强度的积分值。

（3）电荷耦合器件　电荷耦合器件（charge coupled device，CCD）为二维阵列，每个像素都由一个很薄的导电电极和放在 p 型硅基片顶上的一层薄的绝缘氧化物构成（图 3-16）。通过加在金属电极上的正电压进行反向偏置，在电极下面的硅片中产生一个耗尽区电势阱。当光照射到 CCD 的光敏像素上，光子

穿过电极及氧化层，进入 p 型硅基片，基片中处于价带的电子吸收光子能量而跃入导带，形成电子空穴对，在外加电场作用下落入势阱中，形成电荷包，积累电荷的量是输入光强和积分时间的函数。通过将一定规则变化的电压加到 CCD 各电极上，会使半导体表面形成一系列深浅不同的势阱，电荷包便可沿着势阱的移动方向连续移动，进入输出二极管并被送入前置放大器，实现电荷、电压的线性变换，完成电荷包上的信号检测。根据输出的先后顺序可以判断出电荷来自哪一个光敏元，并根据输出电压的大小判断该光敏元受光照射的强度。

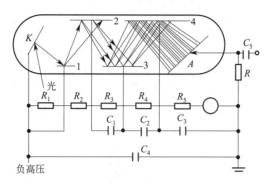

图 3-14 光电倍增管工作原理示意图

K—光阴极；$1 \sim 4$—打拿极；A—阳极；R—电阻；$C_1 \sim C_5$—电容

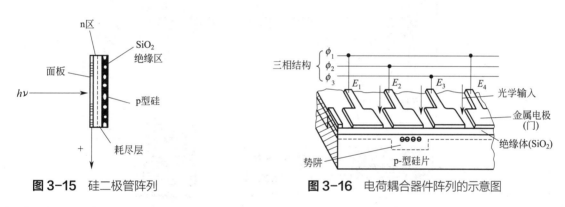

图 3-15 硅二极管阵列　　　　　　**图 3-16** 电荷耦合器件阵列的示意图

在原子发射光谱中采用 CCD 检测器可实现多谱线同时检测，借助计算机系统快速处理光谱信息的能力，可极大地提高发射光谱分析的速度。

 概念检查 3.1

○ 原子发射光谱仪由哪几部分组成？各组成部分的主要作用是什么？

四、光谱仪类型

1. 摄谱仪

摄谱仪是用棱镜或光栅为色散元件，用感光板记录光谱的原子发射光谱仪。如前述图 3-9 为 WPS-1 型平面光栅摄谱仪光路示意图。

光栅摄谱仪的优点是能在感光板上同时记录整个波长范围的光谱，并可长期保存，价格低廉。缺点是操作较繁琐、费时。

2. 光电直读光谱仪

光电直读光谱仪与摄谱仪的不同之处在于色散系统采用凹面光栅作为色散元件，具有一个或多个出射狭缝，并以光电倍增管来代替感光板作为检测器。

光电直读光谱仪分为单道扫描式和多道固定狭缝式，单道扫描式光谱仪只有一个出射狭缝，通过转动光栅或其他装置实现狭缝在光谱仪焦面上的扫描，在不同时间内依次检测不同波长的谱线。而多道固定狭缝式光谱仪则是在光谱仪的焦面上按分析线波长位置安装多个固定的出射狭缝和光电倍增管，同时接收多个元素的谱线。单道扫描式光电直读光谱仪适用于分析样品数量少、组成多变的单元素分析以及多元素顺序测定，而多道固定狭缝式更适于样品数量大、种类固定、要求分析速度快的多元素同时测定。目前常用的是多道固定狭缝式光电直读光谱仪。图 3-17 为多道光谱仪的示意图。

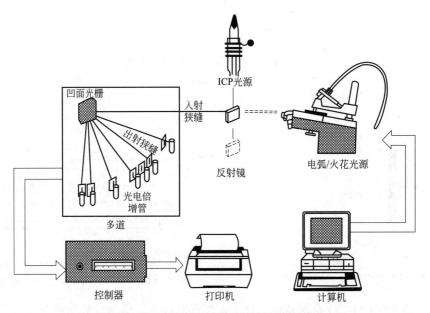

图 3-17 多道固定狭缝式光电直读光谱仪

如图 3-17 所示，以 ICP 作为光源，从光源发出的光由透镜聚焦后，经入射狭缝投影到凹面光栅上，光栅将光色散、聚焦在焦面上，在焦面上安装了多个出射狭缝，每一狭缝可使一条固定波长的光通过，投影到狭缝后的光电倍增管上进行检测，经计算机处理后打印出数据。除进样外全部过程均由计算机程序控制。

光电直读光谱仪分析速度快，准确度高，适用于较宽的波长范围，可用同一分析条件对样品中多种含量范围差别很大的元素同时进行测定，线性范围宽，但由于受出射狭缝数目和位置的限制，灵活性较差，而且实验条件要求严格、仪器较昂贵，限制了其普及应用。

3. 全谱直读光谱仪

目前的全谱直读光谱仪主要采用 ICP 作光源，中阶梯光栅作色散元件，CCD 作检测器，可同时进行多谱线检测。图 3-18 为全谱直读等离子体发射光谱仪的示意图。

该仪器采用光栅与棱镜形成交叉色散，采用两套成像光学系统，一套检测紫外区，另一套检测可见光区，从而可获得所有元素 165～800nm 的谱线进行分析检测。

全谱直读光谱仪克服了多道直读光谱仪谱线少和单道扫描光谱仪速度慢的缺点，测定每一个元素可以同时选用多条谱线,在 1min 内可完成几十个元素的定性、定量测定。

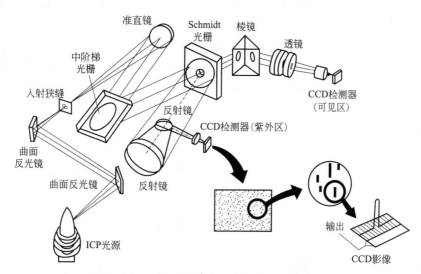

图 3-18　全谱直读等离子体发射光谱仪示意图

第四节　原子发射光谱分析及应用

一、光谱定性分析

对于不同元素的原子,由于它们的结构不同,其能级的能量也不同,因此发射谱线的波长也不同,可根据元素原子所发出的特征谱线的波长来确认某一元素的存在,这就是光谱定性分析。

1. 元素的灵敏线、共振线、分析线、最后线

① 灵敏线。每种元素都有一条或几条信号很强的谱线,这样的谱线称为灵敏线。
② 共振线。是指电子由激发态跃迁至基态所发射的谱线。
③ 第一共振线。也称主共振线,是指电子从第一激发态跃迁至基态所发射的谱线。通常也是最灵敏线、最后线。
④ 分析线。用来判断某种元素是否存在及其含量的谱线称为分析线。常采用灵敏线作为分析线。
⑤ 最后线。当被测元素浓度逐渐降低时,其谱线强度逐渐减小,最后仍然存在的谱线称为最后线。最后线一般也是灵敏线。

每种元素的特征谱线多少不一,有些元素的特征谱线可多达上千条。在实际定性分析中,要确定某种元素是否存在,只需检出两条以上不受干扰的灵敏线即可。

2. 定性分析方法

摄谱法采用的定性分析方法有标准样品光谱比较法和铁谱比较法等,其中最常用的是铁谱比较法。

（1）标准样品光谱比较法　为了确定某几种元素是否存在于待测样品之中,可采用标准样品光谱比较法,即将待测元素的纯物质或化合物与试样并列摄于同一块感光板上,通过映谱仪将谱线放大 20 倍后进行对比,如果试样的谱线与标准样品的谱线出现在同一波长位置,说明试样中含有这种元素。该方法

用于鉴定少数几种元素时较为简便,但不适于样品的全分析。

(2)铁谱比较法　铁的光谱线比较多,在210～660nm的波长范围内有4000多条谱线,而且每一条谱线的波长均经过精确的测量,因此铁光谱可以作为波长标尺来使用。

以铁光谱为基础,制成元素标准光谱图。标准光谱图中摄有铁光谱,在铁谱的上方标有其他元素的谱线位置、波长、谱线性质(原子线或离子线)以及谱线强度的级别。一般谱线强度分为10级,级数越大,谱线强度越强。图3-19为铁标准谱的一部分。

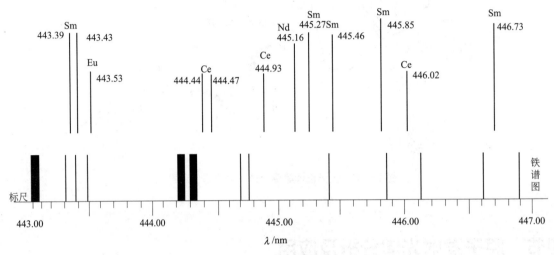

图 3-19　铁标准谱

定性分析时,将试样与纯铁并列摄谱,得到的光谱图在映谱仪上放大20倍后,与标准光谱图相比较,使谱板上的铁谱与标准光谱图的铁谱谱线相重合,然后检查试样中的元素谱线,如果试样光谱中某一条谱线与标准谱上标出的某元素的谱线相重合,则说明这种元素有可能存在。如果该元素的其他几条灵敏线也存在,则可确认这种元素存在。例如,谱板上的一谱线与标准谱图上Sm的443.39nm这条线相重合,该谱线就可能是Sm的443.39nm谱线,如果谱板上的443.43nm、445.27nm等Sm线也出现,则一般可断定试样中存在Sm,如图3-20(b)所示。但如果Sm的443.39nm线出现在试样光谱中,而Sm的443.43nm却没有出现,且Sm的443.43nm线要比443.39nm线灵敏,则在试样光谱中出现的443.39nm线不是Sm线,而是其他元素的谱线对Sm的干扰,如图3-20(c)所示。

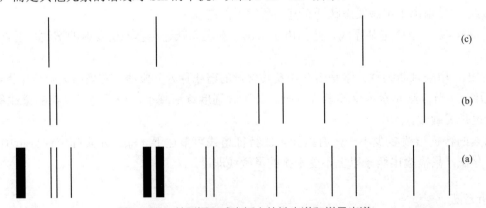

图 3-20　并列摄于感光板上的铁光谱和样品光谱
(a)铁光谱;(b)样品光谱;(c)另一样品的光谱

除摄谱法之外,单道扫描式ICP光电直读光谱仪和全谱直读ICP光谱仪也可以通过与仪器配套的计算机进行快速定性分析。

二、光谱半定量分析

摄谱法是目前光谱半定量分析的重要手段，它可迅速给出试样中待测元素的大致含量，其误差范围允许在 30% ~ 200% 之间。常用的半定量方法有谱线强度比较法和谱线呈现法等。

1. 谱线强度比较法

待测元素的含量越高，则谱线的黑度越强。采用谱线强度比较法进行半定量分析时，将待测试样与被测元素的标准系列在相同条件下并列摄谱，在映谱仪上用目视法比较待测试样与标准物质的分析线的黑度，黑度相同时含量也相等，据此可估测待测物质的含量。该方法只有在标准样品与试样组成相似时，才能获得较准确的结果。

2. 谱线呈现法

当试样中某种元素的含量逐渐增加时，谱线强度随之增加，当含量增加到一定程度时，一些弱线也相继出现。因此，可以将一系列已知含量的标准样品摄谱，确定某些谱线刚出现时所对应的浓度，制成谱线呈现表，如表 3-1 所示，据此来测定待测试样中元素的含量。该方法不需要采用标准样品，测定速度较快，但方法受试样组成变化的影响较大。

表 3-1 铅的谱线呈现表

铅的含量 /%	谱线显现情况 λ/nm			
	1	2	3	4
0.001	283.31 清晰	261.42 很弱	280.20 很弱	
0.003	283.31 增强	261.42 增强	280.20 清晰	
0.01	280.20 增强	266.32 极弱	287.33 很弱	
0.03	280.20 较强	266.32 清晰	287.33 清晰	
0.1	280.20 更强	266.32 增强	287.33 增强	
0.3	239.39 较宽	257.73 不清		
1	240.20 模糊	244.38 模糊	244.62 模糊	241.17 模糊
3	322.06 模糊	233.24 模糊		
10	242.66 模糊	239.96 模糊		
30	311.39 显现	369.75 显现		

三、光谱定量分析

光谱定量分析就是根据样品中被测元素的谱线强度来确定该元素的准确含量。

（一）光谱定量分析的基本关系式

元素的谱线强度与元素含量的关系是光谱定量分析的依据。各种元素的特征谱线强度与其浓度之间，在一定条件下都存在确定关系，这种关系可用赛伯 - 罗马金公式来表示，即

$$I = ac^b \tag{3-18}$$

式中，I 为谱线强度；c 为被测元素浓度；a 和 b 为与实验条件有关的常数。

若对式（3-18）取对数，则得

$$\lg I = b\lg c + \lg a \tag{3-19}$$

式（3-19）即为光谱定量分析的基本关系式。以 $\lg I$ 对 $\lg c$ 作图，在一定的浓度范围内为直线。

（二）内标法光谱定量分析原理

在光谱定量基本关系式（3-19）中，只有在固定的条件下，系数 a、b 才是常数，而在实际工作中，试样的组成、光源的工作条件等很难严格控制恒定不变，因此根据谱线强度的绝对值来进行定量分析很难获得准确的结果。实际分析中常采用内标法来消除工作条件变化对测定结果的影响。

内标法是在被测元素的谱线中选择一条谱线作为分析线，再选择其他元素的一条谱线作为内标线，两条线组成分析线对。提供内标线的元素称为内标元素，内标元素可以是试样的基体元素，也可以是另外加入的一定量的其他元素，内标元素应满足以下要求：

① 外加的内标元素必须是样品中没有的或含量极微的元素；
② 内标元素与待测元素的挥发性质必须十分相近；
③ 分析线和内标线的激发电位必须十分相近；
④ 分析线对的两条谱线波长之差应较小。

内标法的原理如下所述。

设被测元素和内标元素含量分别为 c 和 c_0，分析线和内标线强度分别为 I 和 I_0，根据式（3-19）可得

$$\lg I = b\lg c + \lg a \tag{3-20}$$

$$\lg I_0 = b_0\lg c_0 + \lg a_0 \tag{3-21}$$

因内标元素的含量是固定的，两式相减得

$$\lg R = b\lg c + \lg a' \tag{3-22}$$

式中，$R=I/I_0$ 为分析线对的相对强度；$a'=a/a_0 c_0^{b_0}$ 为新的常数。

式（3-22）是内标法定量关系式。

（三）光谱定量分析方法

1. 标准曲线法

标准曲线法是光谱定量分析中常用的一种方法。配制三个或三个以上不同浓度的待测元素的标样，与试样在相同条件下进行激发。按光谱定量分析关系式（3-19）绘制 $\lg I$-$\lg c$ 标准曲线，或按内标法定量关系式（3-22）绘制 $\lg R$-$\lg c$ 标准曲线。由标准曲线求得被测元素含量。

（1）摄谱法　将标样与待测试样在同一块感光板上摄谱，测得一系列黑度值，由乳剂特性曲线求出 $\lg I$，再用分析线对强度比 $\lg R$ 对 $\lg c$ 绘制标准曲线，由标准曲线求得被测元素含量。

如果分析线和内标线的黑度都落在感光板乳剂特性曲线的直线部分，则可用分析线对的黑度差 ΔS 对被测元素浓度的对数 $\lg c$ 绘制标准曲线。

标准曲线法中，将标准试样和待测试样摄于同一感光板上，避免了分析过程中的误差，准确度较高，但由于制作标准曲线时，所需时间较长，因而不适于快速分析。

（2）光电直读法　光电直读法与摄谱法的主要区别在于检测方法的不同，光电直读法以光电倍增管作为检测器，谱线强度直接用光电倍增管转变成电信号加以测量。来自分光系统的强度 I 作用到光电倍增管上，产生光电流 i，光电流与光强度成正比。光电倍增管产生的光电流向积分电容器充电，充电后电容器上的电压 V 与光电流 i 成正比

$$V \propto i \propto I \quad (3\text{-}23)$$

由于 $I=ac^b$，所以

$$V = a'c^b \quad (3\text{-}24)$$

取对数

$$\lg V = b\lg c + \lg a' \quad (3\text{-}25)$$

式（3-25）为光电直读法的定量关系式。利用标样绘制标准曲线，再测定试样中该元素同一分析线的电压值，则可由标准曲线求出待测元素的含量。这一过程可以由计算机来自动完成。

ICP 光电直读光谱仪光源稳定性好，一般可以不用内标，但在试液黏度较大时，会使试样导入不稳定，也采用内标法。ICP 光电直读光谱仪上带有内标通道，可自动进行内标法测定。在相同条件下激发试样与标样，测定分析线的电压 V 与内标线的电压 V_r，绘制 $\lg(V/V_r)$–$\lg c$ 标准曲线，由标准曲线求出被测元素的含量。

2. 标准加入法

在找不到合适的基体配制标样，而且待测元素浓度较低时，可采用标准加入法。假设样品中待测元素浓度为 c_x，取几份样品溶液，分别加入不同浓度（c_i）的待测元素，在相同条件下激发，获得光谱。用分析线与内标线的强度比 R 对 c_i 作图，可得一直线，将直线外推，与横轴交点处所对应的浓度的绝对值即为样品中待测元素的浓度 c_x，其原理可推导如下。

由公式（3-22）可得

$$R = a'c^b \quad (3\text{-}26)$$

当被测元素浓度很低时，自吸可以忽略，故 $b=1$，则有

$$R = a'c \quad (3\text{-}27)$$

当样品中加入已知浓度 c_i 后，有

$$R = a'(c_x + c_i) \quad (3\text{-}28)$$

在直线外推至与横轴交点处，$R=0$，则 $c_x=-c_i$，即交点处浓度的绝对值为待测元素浓度。

标准加入法较为简单，适用于小批量、低浓度试样的分析，使用该方法时，加入已知含量被测元素的试样不能少于三个，且加入的含量范围应与测定元素的含量在同一数量级。

概念检查 3.2

○ AES 定性及定量分析的依据是什么？常用的定性与定量分析方法有哪几种？

（四）光谱背景的产生及扣除方法

在光谱分析中，由于各种原因产生的光谱背景会影响分析结果的准确度以及方法的灵敏度，特别是对于微量及痕量分析而言，其影响更为严重，因此必须设法扣除背景。

1. 背景的来源

（1）分子辐射　在放电过程中，试样与周围的空气作用生成化合物，辐射出分子的带光谱，例如 CN

带、CaO 谱带等。

（2）连续辐射　由炽热的电极头或带入弧焰中的固体质点等发射出连续光谱。

（3）离子与电子的复合　离子与自由电子结合成中性原子称为离子的复合，所产生的光谱为连续光谱。这种背景在电火花及 ICP 光源中较为明显，因为这两种光源中离子浓度较大。

（4）谱线的扩散　在分析线附近有很强的扩散性谱线存在时会产生背景，例如有 Zn、Al、Mg、Sb、Bi、Cd、Pd 等元素存在时。

2. 背景扣除方法

扣除背景时，不能用黑度直接相减，而是要用强度相减。先测得谱线黑度 S_{L+B}（分析线与背景的黑度之和）及背景黑度 S_B，再由乳剂特性曲线查出 $\lg I_{L+B}$ 及 $\lg I_B$，计算出 I_{L+B} 与 I_B，二者相减，得谱线的实际强度 I_L。

对于光电直读光谱法来说，可以利用仪器本身自动校正背景的装置来扣除背景。

（五）光谱添加剂

在光谱定量分析时，往往要在试样中加入一些物质以改善分析条件，加入的物质称为光谱添加剂，按其作用可将其分为载体和缓冲剂。

载体的作用主要有以下两方面。

① 影响蒸发过程。例如加入卤化物载体，使试样中被分析元素从难挥发的氧化物转变成易挥发的卤化物，使其提前蒸发，提高分析的灵敏度。

② 控制激发条件。例如，加入低电离电位及中等电离电位的氧化物载体，可改变试样的蒸发及激发温度，降低待测元素的电离度，增强原子线强度。

缓冲剂的作用在于：

① 稳定光源的蒸发、激发温度，通常使用低电离电位和低沸点的物质，如氯化钠、碳酸钠等。

② 稀释试样，减小试样组成的影响，常采用一些谱线较为简单的炭粉或二氧化硅等纯净物质。

目前载体与缓冲剂并无严格界限，很难截然分开，二者常常结合使用。实践中要根据分析的对象及要求，通过实验来选择合适的光谱添加剂。

四、应用

原子发射光谱法具有不经分离即可同时进行多种元素快速定性定量分析的特点，是分析化学中重要的元素成分分析手段之一，在科学研究领域及机械、电子、食品工业、钢铁冶金、矿产资源开发、环境监测、生化临床分析、材料分析等方面得到广泛应用。

在环境监测方面，原子发射光谱法可对冶金、皮革鞣制、化工及各类电镀厂等工业废水中的砷、镉、铜、汞、磷、硫、锌等进行监测；亦可用于天然水污染监测。ICP-AES 可用于土壤、大气颗粒物、海洋沉积物等环境样品中多种元素的测定。在生化临床分析方面，ICP-AES 可用于测定尿毒症病人血清、糖尿病人血液、人体组织（如骨骼、脑脊液及汗液等）中的微量元素。在材料分析方面，原子发射光谱法被广泛用于各种材料（如激光材料、半导体材料、高纯稀土、化学试剂、各种合金材料等）中多种杂质成分的测定。目前，原子发射光谱法已成为各种物料元素分析普遍采用的重要方法之一。

第五节　原子质谱法简介

按分析对象分类，质谱法（mass spectrometry）可分为原子质谱法（atomic mass spectrometry）和分子质谱法（molecular mass spectrometry）。本节介绍原子质谱法，分子质谱法（也称有机质谱法，通常简称为质谱法）将在第十章讨论。

原子质谱法也称无机质谱法（inorganic mass spectrometry），是将单质离子按质荷比不同而进行分离和检测的方法，广泛用于试样中元素的识别及浓度测定。

一、基本原理

原子质谱分析包括以下步骤：①原子化；②将原子化的原子的大部分转化为离子流，一般为单电荷正离子；③离子按质量-电荷比（质荷比，m/z）分离；④计数各种离子的数目或测定由试样形成的离子轰击传感器时产生的离子电流。

具有同位素的元素，由于各同位素的原子量不同，在原子质谱图中，可出现不同质荷比的同位素峰。

二、质谱仪

质谱仪的作用是使待测原子电离成离子，并通过适当的方式实现按质荷比分离，检测其强度，进行定性和定量分析。原子质谱和分子质谱的仪器结构基本相似，由进样系统、离子源、质量分析器、检测器和真空系统组成，其中离子源、质量分析器和检测器是质谱仪的核心。

1. 离子源

离子源的作用是提供能量使原子电离成离子。由于无机物难于气化及电离，因此，有机质谱中的离子源难以产生无机离子。原子质谱仪的离子源包括高频火花离子源、电感耦合等离子体电离源、辉光放电离子源等，其中电感耦合等离子体电离源是目前原子质谱中应用最广泛的离子源。

2. 质量分析器

质量分析器的作用是将离子源中形成的离子按质荷比的大小分开。常用的有单聚焦质量分析器、双聚焦质量分析器、四极杆质量分析器、飞行时间质量分析器等。具体内容见第十章。

3. 检测器

检测器的作用是将经质量分析器分离的离子流加以接收和记录。最常用的有法拉第杯、电子倍增器等。具体内容将在第十章叙述。

三、电感耦合等离子体质谱法

电感耦合等离子体质谱法（inductively coupled plasma-mass spectrometry，ICP-MS）以电感耦合等离子体（ICP）作为离子源，电离温度很高，可以进行超痕量元素的质谱分析，自20世纪80年代以来，发展迅速，已成为元素分析中的重要技术之一。

1. 仪器装置

在 ICP-MS 中，待测元素在处于高温、大气压下的 ICP 炬焰中原子化和电离，在导入真空状态下的质谱仪时，需要一个接口。图 3-21 是 ICP-MS 进样接口的示意图。带有水冷夹套的金属板制成的取样锥与 ICP 炬管口距离约为 1cm，中央有一个直径约 0.75～1.2cm 的采样孔，其中心对准炬管的中心通道。炽热的等离子体气体喷射到取样锥上，通过小孔进入一个由机械泵维持压力为 100Pa 的真空区域。在此区域，气体迅速膨胀并冷却，其中一部分将通过截取锥的小孔进入一个压力与质量分析器相同的空腔。在空腔内，正离子与负离子和分子分离被加速，进入离子光学系统，用离子镜聚焦，形成一个方向的离子束，进入质量分析器，离子束经质量分析器分离后，用离子检测器检测。

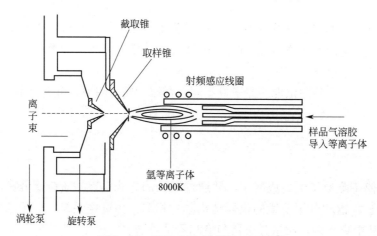

图 3-21　ICP-MS 进样接口示意图

2. 干扰及其消除方法

ICP-MS 的谱图非常简单，图 3-22 为铈的 ICP-MS 图谱，主要由铈的同位素峰和简单的光谱背景峰组成。而同一试样如果采用 ICP-AES 分析，则可看到铈的十几条强线和几百条弱线，而且光谱背景十分复杂。

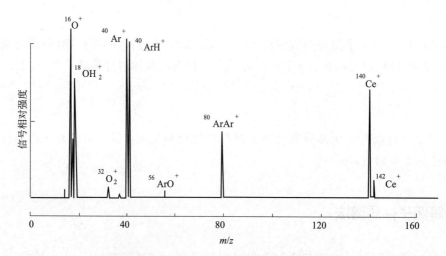

图 3-22　10μg·mL^{-1}Ce 溶液的 ICP 质谱图

ICP-MS 法的干扰不十分严重，但仍有一些因素会产生干扰。

（1）同质量离子的干扰　当两种不同元素具有几乎相同质量的同位素时，会产生质谱峰的重叠。例如，铟有 $^{113}In^+$ 和 $^{115}In^+$ 两个稳定的同位素，前者与 $^{113}Cd^+$ 重叠，后者与 $^{115}Sn^+$ 重叠。使用高分辨率的质谱仪可以减少或消除其干扰。

（2）多原子离子的干扰　在测量过程中由于引入氩和水，会产生 Ar^+、ArH^+、OH^+、OH_2^+、O^+、N^+ 等离子，在选择同位素进行测定时，要尽量避开这些离子的干扰。

（3）氧化物和氢氧化物离子的干扰　由分析物、基体组分、溶剂和等离子气体等形成的氧化物和氢氧化物是 ICP-MS 中的重要干扰因素，分析物和基体组分元素会形成 MO^+ 和 MOH^+ 离子，有可能会与某些分析物离子峰重叠。氧化物的形成与实验条件有关，例如进样流速、取样锥和截取锥的间距、取样孔大小、等离子体气体成分以及氧和溶剂的去除效率等。通过控制实验条件可减小或消除干扰。

（4）试样制备时引起的干扰　在溶解试样时，使用盐酸或高氯酸，会生成 Cl^+、ClO^+、$ArCl^+$ 等离子，使用硫酸时，可生成 S^+、SO^+、SO_2^+ 等离子，有可能会干扰某些元素的测定。因此在制备样品时，尽量使用硝酸溶解。

3. 分析方法

（1）定性和半定量分析　ICP-MS 谱图简单，易于解释，可以根据质荷比来进行多元素快速定性分析。

（2）定量分析　ICP-MS 检出的离子流强度与离子数目成正比，通过离子流强度的测量可进行定量分析。最常用的定量方法是标准曲线法，用离子流强度对浓度作标准曲线。为克服仪器的不稳定性和基体效应，可采用内标法。内标元素通常选用质量在原子量范围的中心部分且很少自然存在于试样中的 ^{115}In、^{113}In 和 ^{103}Rh。

更为精确的方法是同位素稀释质谱法（isotop dilution mass spectrometry，IDMS），往试样中加入已知量的添加同位素的标准溶液，添加同位素一般为分析元素所有同位素中天然丰度较低的稳定同位素，经富集后加入试样。由于添加同位素的加入，使得被测元素被稀释，因此称为同位素稀释法。通过测定添加同位素与参比同位素（通常是被测元素的丰度最高的同位素）的信号强度比来进行定量分析。

4. 特点及应用

ICP-MS 具有以下特点。

（1）分析灵敏度高，优于其他无机分析方法。大部分元素的检出限可达 $10^{-15} \sim 10^{-12} g \cdot mL^{-1}$。
（2）可同时进行多元素分析，并可以测定同位素，分析速度快。
（3）准确度与精密度高，相对标准偏差可达 0.5%。
（4）测定线性范围宽，可达 4～6 个数量级。
（5）谱线简单，容易辨认，干扰小。

目前，ICP-MS 能测定周期表中约 90% 的元素，已成为公认的最强有力的元素分析技术，被广泛用于环境、地质、冶金、核工业、半导体工业、材料、化工、生物医药、考古、食品安全等诸多领域。ICP-MS 作为无机痕量分析的一种重要手段，将会发挥越来越大的作用。

总结

○ 原子发射光谱法是依据每种元素的原子（或离子）在热激发或电激发下，发射特征的电磁辐射，根据特征谱线的波长及强度对元素进行定性和定量的分析方法。

○ 原子发射光谱法主要包括三个过程，第一个过程是由光源提供能量使试样蒸发，形成气态原子，并进一步使气态原子激发而产生光辐射；第二个过程是利用单色器将光源发出的复合光分解成按波长顺序排列的光谱；第三个过程是用检测器检测光谱中谱线的波长和强度。

○ 原子发射光谱仪是由光源、分光系统及记录检测系统三部分组成。根据接收光辐射的方式不同，光谱仪分为：

```
                          ┌ 摄谱仪（用感光板接收）──根据色散元件不同──┬ 棱镜摄谱仪
光谱仪 ──根据接收光辐射─── ┤ 光电直读光谱仪（用PMT、PDA、CCD接收）     └ 光栅摄谱仪
         的方式不同         └ 看谱仪（用眼睛接收）
```

○ 光谱定性分析分为简项分析和全分析。简项分析是指对指定元素的分析，可利用"元素标准光谱图"进行比较，只要试样的光谱中出现某元素的2~3条灵敏线，即可确认试样中该元素的存在。对于全分析，首先应观察全谱，找出强度最大的谱线，以确定试样中的主要成分，然后从短波向长波方向查找试样中出现的谱线，并与"元素标准光谱图"对照，根据出现的灵敏线，便可得出可靠的分析结果。

○ 光谱定量分析常用的方法有标准曲线法（包括摄谱法和光电直读法）、标准加入法等。

思考题

1. 原子发射光谱是怎样产生的？为什么原子发射光谱是线光谱？
2. 影响原子发射光谱谱线强度的因素有哪些？
3. 试比较原子发射光谱仪中几种常用激发光源的工作原理、特性及适用范围。
4. 摄谱法与光电直读法有何不同？
5. 影响感光板反衬度及灵敏度的因素是什么？
6. 摄谱仪、多道光电直读光谱仪与全谱直读光谱仪有何不同？
7. 何谓元素的灵敏线、共振线、分析线和最后线？它们之间有何联系？如何选择分析线？
8. 原子发射光谱定性分析的依据是什么？常用的定性方法有哪些？如何进行？
9. 原子发射光谱定量分析的依据是什么？常用的定量方法有哪几种？如何进行？
10. 光谱定量分析为什么要采用内标法？内标元素和分析线对应具备哪些条件？
11. 光谱定量分析为什么要扣除背景？如何扣除？
12. 在光谱定量分析中，常用的添加剂有哪几种？它们的主要作用是什么？
13. 原子质谱分析的基本原理是什么？
14. 原子质谱仪与有机质谱仪的主要不同之处是什么？
15. 简述电感耦合等离子体质谱法的干扰来源及消除方法。

课后练习

1. 原子发射光谱的产生是由于：（1）原子的内层电子在不同能级间的跃迁；（2）原子的次外层电子在不同能级间的跃迁；（3）原子的外层电子在不同能级间的跃迁；（4）原子核的自旋能级跃迁
2. 下述哪些跃迁完全符合光谱选律，能产生强谱线：（1）$3^1S_0 \rightarrow 3^1P_1$；（2）$3^1S_0 \rightarrow 3\,^1D_2$；（3）$3^3P_2 \rightarrow 3^3D_3$；

(4) $4^1S_1 \rightarrow 4^3P_1$

3. 若对某矿石样品进行定性分析，一般选用下述哪种光源为好：（1）交流电弧；（2）电感耦合等离子体；（3）直流电弧；（4）电火花

4. 在原子发射光谱仪的分光系统中，常用的色散元件是：（1）透镜；（2）棱镜；（3）凹面反射镜；（4）光栅

5. 用光电直读法对无机元素进行定性及定量分析时，下述哪种光电转换元件可实现多谱线同时检测：（1）光电管；（2）光电倍增管；（3）光电二极管阵列；（4）电荷耦合器件

6. 在原子发射光谱定量分析中，如果找不到合适的基体配制标样，而且待测元素的浓度较低，最适宜的定量方法是：（1）谱线强度比较法；（2）谱线呈现法；（3）标准加入法；（4）标准曲线法

7. 在发射光谱定量分析时，往往要在试样中加入一些炭粉或二氧化硅等纯净物质，其作用是：（1）改变试样的蒸发温度；（2）稀释试样，减小试样组成的影响；（3）改变试样的激发温度；（4）降低待测试样的电离度

8. 在原子发射光谱定量分析中，选择激发电位相近的分析线对是为了：（1）减少基体效应；（2）提高激发概率；（3）消除弧温的影响；（4）降低光谱背景

9. 下述哪些电离源，可作为原子质谱仪的离子源：（1）高频火花离子源；（2）电喷雾电离源；（3）基质辅助激光解吸电离源；（4）电感耦合等离子体电离源

计算题

1. 已知钠原子的基态光谱项为 $3\ ^2S_{1/2}$，第一激发态为 $3\ ^2P_{1/2}$ 和 $3\ ^2P_{3/2}$，测得波长分别为 589.59nm 和 589.00nm 的两条谱线，求两条谱线对应的激发能是多少？激发态的统计权重是多少？

2. 已知锌原子基态的电子组态为 $1s^2\,2s^2\,2p^6\,3s^2\,3p^6\,3d^{10}\,4s^2$，测定锌的发射光谱，发现在 213.86nm 处有条强光谱线，在 307.59nm 处有条弱光谱线，它们是哪些能级跃迁产生的？用光谱项表示，并写出推求过程。为什么 213.86nm 谱线的强度大于 307.59nm 谱线，说明其原因。

第四章　原子吸收及原子荧光光谱法

图为全自动火焰/石墨炉原子吸收分光光度计，可用来分析周期表中 70 多种元素，是无机元素定量分析的有效手段。由于其具有灵敏度高、谱线简单、线性范围宽等优势，因而在地质、冶金、材料、医药、环境、化学等各领域有着广泛应用。（图片来源：© Agilent Technologies, Inc. Reproduced with Permission, Courtesy of Agilent Technologies, Inc.）

为什么要学习原子吸收及原子荧光光谱分析？

原子吸收光谱分析（AAS）与原子荧光光谱分析（AFS）是原理完全不同的两种方法，前者是基于蒸气相中被测元素的基态原子对共振辐射的吸收来测定试样中该元素的含量，后者是通过测量被测元素的原子在辐射能激发下所发射的荧光强度来对该元素进行定量分析。两者都具有灵敏度高、操作简单、分析快速等特点，已成为无机元素定量分析的首选方法。通过本章的学习，可以了解和掌握 AAS 与 AFS 的基本原理和定量分析方法，初步掌握原子吸收分光光度计与原子荧光光谱仪的基本结构和使用方法，并能根据实际样品的分析需求，设计实验方案，选择 AAS 与 AFS 的最佳实验条件并能亲自动手进行分析检测。

学习目标

○ 掌握原子吸收光谱法的基本理论。
○ 掌握常用原子化器的种类、各组成部分的结构及作用，以及原子化过程等。
○ 了解原子吸收分光光度计的主要类型、特点及适用范围。
○ 熟悉原子吸收光谱分析的主要干扰来源及消除方法。
○ 掌握原子吸收光谱分析常用的定量方法。
○ 熟悉原子吸收测量条件选择的具体内容及方法。
○ 掌握原子荧光光谱分析的基本原理及仪器装置。
○ 了解原子荧光光谱分析的特点及应用。

第一节 概述

原子吸收光谱法（atomic absorption spectrometry，AAS）是 20 世纪 50 年代中期建立并逐渐发展起来的一种新型仪器分析方法，是基于蒸气相中被测元素的基态原子对其共振辐射的吸收强度来测定试样中被测元素含量的一种方法。

1955 年，澳大利亚物理学家瓦尔西（A.Walsh）发表的"原子吸收光谱在化学分析中的应用"奠定了原子吸收光谱法的理论基础。随后，Hilger、Varian Techtron 及 Perkin-Elmer 公司先后推出原子吸收光谱商品仪器，发展了瓦尔西的设计思想。1961 年，苏联的里沃夫（L'vov）提出了电热原子化原子吸收分析，大大提高了分析的灵敏度。

1965 年，威尼斯（J.B.Willis）将氧化亚氮-乙炔高温火焰成功地应用于火焰原子吸收光谱法中，使测定元素由近 30 个增加到 70 个之多，扩大了火焰原子吸收光谱法的应用范围。随后出现的"间接"原子吸收光谱法不仅使得共振吸收线位于真空紫外区的一些非金属元素（如卤素、硫、磷）以及测定灵敏度很低的难熔元素（铈、镨、钕、镧、铌、钨、锆、铀、硼等）得以有效地进行测定，而且也可以用来测定维生素 B_{12}、五氯代苯酚、葡萄糖、核糖核酸酶等许多有机化合物，拓展了原子吸收光谱法的应用领域。

近年来，塞曼效应和自吸效应扣除背景技术的发展，使在很高的背景下亦可顺利地实现原子吸收测定。基体改进技术、平台及探针技术以及在此基础上发展起来的稳定温度平台石墨炉技术（STPF）的应用，实现了对许多复杂组成试样的有效原子吸收测定。

原子吸收技术的发展，推动了原子吸收仪器的不断更新和完善。近年来，使用连续光源和中阶梯光栅，结合使用光导摄像管、二极管阵列多元素分析检测器，设计出了微机控制的原子吸收分光光度计，为解决多元素同时测定开辟了新的前景。微机的引入，简化了仪器结构，提高了仪器自动化程度，改善了测定精度，提高了测定准确度，使原子吸收光谱法的面貌发生了重大变化。

原子吸收光谱法具有以下优点。

① 检出限低，灵敏度高。火焰原子吸收法的检出限可达到 ng·mL^{-1} 级，石墨炉原子吸收法的检出限可达到 $10^{-14} \sim 10^{-12}$g。

② 准确度好。火焰原子吸收法的相对误差小于 1%，其准确度接近于经典化学方法。石墨炉原子吸收法的准确度约为 3%～5%。

③ 选择性好。在大多数情况下，共存元素对被测元素不产生干扰。

④ 分析速度快。如 P-E5000 型自动原子吸收光谱仪在 35min 内能连续测定 50 个试样中的 6 种元素。

⑤ 应用范围广。可测定的元素达 70 多个，不仅可以测定金属元素，也可以用间接原子吸收法测定非金属元素和有机化合物。

⑥ 仪器比较简单，操作方便。

原子吸收光谱法的不足之处是，多元素同时测定尚有困难，有一些元素的测定灵敏度还不能令人满意。

第二节　原子吸收光谱法的基本理论

一、共振线和吸收线

一个原子可具有多种能态，在正常状态下，原子处在最低能态，这个能态称为基态。基态原子受外界能量激发，其外层电子可能跃迁到不同能态，因此可能有不同的激发态。电子从基态跃迁到能量最低的激发态（称为第一激发态）时要吸收一定频率的辐射，它再跃回基态时，则发射出同样频率的辐射，对应的谱线称为共振发射线，简称共振线。电子从基态跃迁至第一激发态所产生的吸收谱线称为共振吸收线，也简称共振线。

各种元素的共振线因其原子结构不同而各有其特征性，这种从基态到第一激发态的跃迁最易发生，因此对大多数元素来说，共振线是指元素所有谱线中最灵敏的谱线。在原子吸收光谱法中，就是利用处于基态的待测原子蒸气对从光源发射的共振发射线的吸收来进行分析的。

二、谱线轮廓和变宽因素

从能级跃迁的观点看，吸收线与发射线应该是一条严格的几何线，但实际上谱线是有一定的宽度。人们把谱线的强度按频率的分布称之为谱线轮廓。若在各种频率 ν 下测定吸收系数 K_ν，以 K_ν 为纵坐标，ν 为横坐标绘出一条关系曲线，称为吸收曲线（图 4-1）。曲线极大值对应的频率 ν_0 称为中心频率，其数值决定于原子跃迁能级间的能量差，即 $\nu_0 = \Delta E/h$；中心频率处的 K_0 称为峰值吸收系数。在峰值吸收系数一半（$K_0/2$）处吸收曲线呈现的宽度称为半宽，用 $\Delta\nu$ 表示。吸收曲线的形状就是谱线轮廓。谱线轮廓可

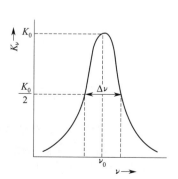

图 4-1　原子吸收光谱轮廓图

用半宽和中心频率来描述，谱线变宽效应可用 $\Delta \nu$ 和 K_0 的变化来描述。

原子吸收谱线的半宽受多种因素的影响，下面简要讨论几种较重要的变宽因素。

1. 自然宽度

在无外界因素影响时，谱线仍有一定的宽度，这种宽度称为自然宽度，以 $\Delta \nu_N$ 表示，其大小与产生跃迁的激发态原子的平均寿命有关，可表示为

$$\Delta \nu_N = \frac{1}{\Delta \tau} \tag{4-1}$$

由式（4-1）可见，谱线的自然宽度 $\Delta \nu_N$ 与激发态原子的平均寿命 $\Delta \tau$ 成反比。自然宽度是谱线的固有宽度，约为 10^{-5} nm 数量级，与其他变宽效应相比，其值甚微，可以忽略。

2. 多普勒变宽

多普勒变宽（Doppler broadening）是由原子在空间作无规则热运动引起，又称热变宽，它是影响原子吸收谱线宽度的主要因素。从物理学的多普勒效应可知，无规则热运动的发光原子，若运动方向朝向检测器，则检测器接收到的光的频率较静止原子所发的光的频率高；反之，若运动方向背向检测器，则检测器接收到的光的频率较静止原子所发出光的频率低。所以检测器接收到的频率为（$\nu+d\nu$）和（$\nu-d\nu$）之间的各种频率，导致谱线变宽。多普勒变宽可用下式表示

$$\Delta \nu_D = 7.16 \times 10^{-7} \nu_0 \sqrt{\frac{T}{A}} \tag{4-2}$$

式中，$\Delta \nu_D$ 表示多普勒变宽；ν_0 为中心频率；T 为热力学温度；A 为被测元素的原子量。

由式（4-2）可见，多普勒变宽随温度升高和原子量的减小而增大。对于大多数元素而言，多普勒变宽约为 10^{-3} nm 数量级。

3. 压力变宽

压力变宽又称碰撞变宽，是由于气体压力的存在而引起原子间的相互碰撞，碰撞的结果导致激发态原子的寿命缩短，谱线变宽；主要包括罗仑兹变宽（Lorentz broadening）和霍尔兹马克变宽（Holtsmark broadening）。

罗仑兹变宽是吸收原子与外来气体中其他原子或分子碰撞产生的，以 $\Delta \nu_L$ 表示，可描述为

$$\Delta \nu_L = 2 N_A \sigma_L^2 p \sqrt{\frac{2}{\pi RT}\left(\frac{1}{A}+\frac{1}{M}\right)} \tag{4-3}$$

式中，p 为外部压力；σ_L 为罗仑兹碰撞有效截面积；N_A 为阿伏加德罗常数；A 和 M 分别为待测元素和外来气体的原子量；R 为气体常数；T 为热力学温度。

由式（4-3）可知，$\Delta \nu_L$ 与压力成正比，与 $T^{1/2}$ 成反比，而且不同外来气体对 $\Delta \nu_L$ 有不同影响，当气体压力较大时，谱线轮廓变得不对称，中心波长发生位移。

罗仑兹变宽与多普勒变宽有相同的数量级，也可达 10^{-3} nm。

霍尔兹马克变宽又称共振变宽，它是由辐射原子与同类原子之间发生非弹性碰撞引起，只有当被测元素的浓度较高时，同种原子的碰撞才显示出来。由于在火焰气体中待测元素的蒸气是极为稀薄的，因此霍尔兹马克变宽可不予考虑。

4. 自吸变宽

光源辐射共振线被光源周围较冷的同种原子所吸收的现象称为"自吸"，严重的谱线自吸收就是谱线的"自蚀"，自吸现象使谱线强度降低，同时导致谱线轮廓变宽。自吸变宽的原因是因为在谱线中心波长处自吸收最强，两翼的自吸较弱，使中心波长处辐射强度相对有较大降低。这样，从谱线半宽的定义来看，就好像谱线变宽了，其实自吸现象并没有引起谱线频率的改变，所以自吸变宽不是真正的谱线变宽。

研究结果证明，当使用火焰原子化法时，罗仑兹变宽是主要的，其他因素次要。当采用真空或低压炉原子化法时，则多普勒变宽占主要地位。

概念检查 4.1

○ 表征谱线轮廓的物理量有哪些？引起谱线变宽的因素有哪些？其中哪些是主要影响因素？

三、基态原子和激发态原子的玻耳兹曼分布

原子吸收光谱法是基于测量蒸气中基态原子对其共振线的吸收程度来进行定量分析的一种仪器分析方法。按照热力学理论，在热平衡状态下，基态原子和激发态原子的分布符合玻耳兹曼（Boltzmann）分配定律，即

$$\frac{N_i}{N_0} = \frac{g_i}{g_0} \exp[-(E_i - E_0)/(kT)] \tag{4-4}$$

式中，N_i 和 N_0 分别表示激发态和基态的原子数；k 是 Boltzmann 常数；g_i 和 g_0 分别是激发态和基态的统计权重，它表示能级的简并度；E_i 和 E_0 分别为激发态和基态的能量；T 是热力学温度。

对共振线来说，电子是从基态（$E_0=0$）跃迁到第一激发态，于是式（4-4）可写为

$$\frac{N_i}{N_0} = \frac{g_i}{g_0} \exp[-E_i/(kT)] \tag{4-5}$$

在原子光谱中，对一定波长的谱线，g_i、g_0、E_i 均为已知。若知道火焰的温度，就可以计算出 N_i/N_0 的值。表 4-1 列出了一些共振线的 N_i/N_0 值。

由表 4-1 中数据可见，N_i/N_0 的比值都很小，即蒸气中激发态原子数远小于基态原子数，两者相比，N_i 可以忽略不计。因此，可以用蒸气中的原子总数 N 代替基态原子数 N_0。

表 4-1 某些元素共振激发态与基态原子数之比

元素	谱线 λ/nm	E_i/eV	g_i/g_0	N_i/N_0		
				2000K	2500K	3000K
Na	589.0	2.104	2	0.99×10^{-5}	1.44×10^{-4}	5.83×10^{-4}
Sr	460.7	2.690	3	4.99×10^{-7}	1.13×10^{-5}	9.07×10^{-5}
Ca	422.7	2.932	3	1.22×10^{-7}	3.65×10^{-6}	3.55×10^{-5}
Fe	372.0	3.332		2.29×10^{-9}	1.04×10^{-7}	1.31×10^{-6}
Ag	328.1	3.778	2	6.03×10^{-10}	4.84×10^{-8}	8.99×10^{-7}
Cu	324.8	3.817	2	4.82×10^{-10}	4.04×10^{-8}	6.65×10^{-7}
Mg	285.2	4.346	3	3.35×10^{-11}	5.20×10^{-9}	1.50×10^{-7}
Pb	283.3	4.375	3	2.83×10^{-11}	4.55×10^{-9}	1.34×10^{-7}
Zn	213.9	5.795	3	7.45×10^{-15}	6.22×10^{-12}	5.50×10^{-10}

四、原子吸收与原子浓度的关系

1. 积分吸收

在原子吸收分析中，吸收介质是气态自由原子（基态原子），若吸收池固定，吸收值 A 与基态原子的浓度成正比，这就是原子吸收分析的定量基础。

现设吸收层中的基态原子数是 N_0，当入射辐射通过吸收层时，其中一部分原子吸收了 ν_0 的辐射，一部分吸收了 ν_1，ν_2，ν_3，…的辐射，虽然它们之间的吸收比例随吸收线轮廓而异，但却都参加了吸光，所以总的吸收值是由 N_0 个基态原子产生的，总的吸收值就是吸收线的轮廓内吸收系数的积分面积，称为"积分吸收"。根据经典爱因斯坦理论，谱线的积分吸收与单位体积原子蒸气中基态原子数关系为

$$\int K_\nu d\nu = \frac{\pi e^2}{mc} f N_0 = k N_0 \tag{4-6}$$

式中，K_ν 为吸收系数；e 为电子电荷；m 为电子质量；c 为光速；f 为振子强度；N_0 为单位体积原子蒸气中基态原子数目。在一般原子吸收光谱分析条件下处于激发态的原子数很少，基态原子数可近似地认为等于吸收原子数。

2. 峰值吸收

积分吸收公式是原子吸收分析的定量理论基础，若积分吸收为可测，即可求得样品中的待测元素浓度。但是，要测定一条半宽度为千分之几纳米的吸收线轮廓以求出它的积分吸收，要求单色器的分辨率达 5×10^5 以上，在目前的技术条件下，这是难以做到的。因此，这种直接计算法尚不能使用。

1955 年，瓦尔西提出了峰值吸收测量法。在温度不太高的稳定火焰条件下，峰值吸收系数与火焰中待测元素的原子浓度亦存在线性关系。吸收线中心波长处的吸收系数 K_0 为峰值吸收系数，简称峰值吸收。

峰值吸收是积分吸收和吸收线半宽的函数。从吸收线轮廓可以看出，若 $\Delta \nu$ 越小，吸收线两边愈向中心频率靠近，因而 K_0 越大，即 K_0 与 $\Delta \nu$ 成反比；若 K_0 增大，则积分面积也增大，可见 K_0 与积分吸收成正比。于是可写出下式

$$\frac{K_0}{2} = \frac{b}{\Delta \nu} \int K_\nu d\nu \tag{4-7}$$

式中，K_0 是峰值吸收；b 是常数，其值取决于谱线变宽因素。

将式（4-6）代入式（4-7），则

$$K_0 = \frac{2 b \pi e^2}{\Delta \nu m c} f N_0 \tag{4-8}$$

当多普勒变宽是唯一变宽因素时

$$b = \sqrt{\frac{\ln 2}{\pi}} \tag{4-9}$$

当罗仑兹变宽是唯一变宽因素时

$$b = \frac{1}{2\sqrt{\pi}} \tag{4-10}$$

实际上，谱线变宽因素不是唯一的，往往是某一因素为主，另一因素属次，所以 b 介于二者之间。

由式（4-8）可见，峰值吸收与原子浓度成正比，只要能测出 K_0，就可得到 N_0。瓦尔西还提出用锐线光源来测量峰值吸收，从而解决了原子吸收的实用测量问题。

锐线光源是发射线半宽度远小于吸收线半宽度的光源,并且发射线与吸收线的中心频率一致,也就是说,由锐线光源发射的辐射为被测元素的共振线。

假设从锐线光源发射的强度为 I_0、频率为 ν 的共振线,通过长度为 L 的被测元素原子蒸气时,根据吸收定律,其透过光的强度 I 为

$$I = I_0 \exp(-K_\nu L) \tag{4-11}$$

即

$$\ln \frac{I_0}{I} = K_\nu L \tag{4-12}$$

在通常原子吸收分析条件下,若吸收线轮廓仅取决于多普勒变宽,则

$$K_0 = \frac{2}{\Delta\nu} \sqrt{\frac{\ln 2}{\pi}} \frac{\pi e^2}{mc} f N_0 \tag{4-13}$$

对于中心吸收,由式(4-12)可得

$$A = \lg \frac{I_0}{I} = 0.434 K_0 L \tag{4-14}$$

将式(4-13)带入式(4-14),得到

$$A = 0.434 \frac{2}{\Delta\nu} \sqrt{\frac{\ln 2}{\pi}} \frac{\pi e^2}{mc} f L N_0 \tag{4-15}$$

在一定的实验条件下,试样中待测元素的浓度 c 与原子化器中基态原子的浓度 N_0 有恒定的比例关系,式(4-15)的其他有关参数又均为常数,因此可将式(4-15)改写为

$$A = kc \tag{4-16}$$

式中,k 为常数。

式(4-16)表明,吸光度与试样中待测元素的浓度成正比,这就是原子吸收光谱法定量分析的基本关系式。

第三节　原子吸收分光光度计

原子吸收光谱分析所用的仪器通常称为原子吸收分光光度计(atomic absorption spectrophotometer)。目前商品仪器型号很多,无论哪种类型的原子吸收分光光度计,基本上都是由光源、原子化器、单色器及检测器等 4 个主要部分组成,如图 4-2 所示。

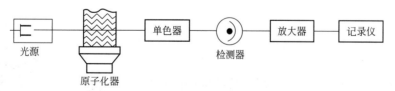

图 4-2　原子吸收分光光度计基本结构示意图

由光源发射的待测元素共振线,通过原子化器,被原子化器中的基态原子吸收,再射入单色器中进行分光后,被检测器接收和放大,由数字显示器或记录仪等进行读数。

一、仪器主要部件的结构及工作原理

（一）光源

光源的作用是发射被测元素的特征共振辐射。对光源的基本要求是：发射的共振辐射的半宽度要明显小于吸收线的半宽度，辐射强度大，背景低，稳定性好，噪声小，使用寿命长等。最常见的光源有空心阴极灯和无极放电灯，其他光源还有蒸气放电灯、高频放电灯以及激光光源灯。

1. 空心阴极灯（HCL）

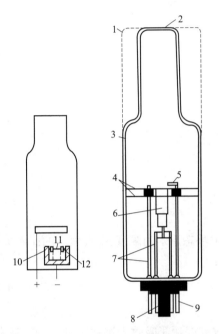

图 4-3 空心阴极灯结构示意图
1—紫外玻璃光窗；2—石英窗口；3—玻璃套；4—云母片；5—阳极；6—阴极；7—支架；8—管座；9—连接管脚；10,12—阴极位降区；11—负辉光区

空心阴极灯又称元素灯，其结构如图4-3所示。它有一个由被测元素材料制成的空心阴极和一个由钛、锆、钽或其他材料制作的阳极。阴极和阳极封闭在带有光学窗口的硬质玻璃管内。管内充有几百帕低压的惰性气体氖或氩，其作用是载带电流、使阴极产生溅射及激发原子发射特征的锐线光谱。云母屏蔽片的作用是使放电限制在阴极腔内，同时使阴极定位。

空心阴极灯放电是一种特殊形式的低压辉光放电，放电集中在阴极腔内。当在两极之间施加几百伏电压时，便产生辉光放电。阴极发射的电子在电场作用下，高速飞向阳极，途中与载气原子碰撞并使之电离，放出二次电子，使电子与正离子数目增加，以维持放电。正离子从电场获得动能，如果正离子的动能足以克服金属阴极表面的晶格能，当其撞击阴极表面时，就可以将金属原子从晶格中溅射出来。除溅射作用外，阴极受热也要导致阴极表面元素的热蒸发。溅射与蒸发出来的原子进入空腔内，再与电子、原子、离子等发生碰撞而被激发，发射出相应元素的特征共振辐射。

空心阴极灯的辐射强度与工作电流有关，使用灯电流过小，放电不稳定；灯电流过大，溅射作用增强，原子蒸气密度增大，谱线变宽，甚至引起自吸，导致测定灵敏度降低，灯寿命缩短。因此，在实际工作中，应选择合适的工作电流。

目前，国内生产的空心阴极灯可测元素达60余种。实际工作中希望能用一个灯进行多种元素的分析，即可免去换灯的麻烦，减少预热消耗的时间，又可降低原子吸收分析的成本。现已应用的多元素灯，一灯最多可测6～7种元素。使用多元素灯易产生干扰，使用前应先检查测定的波长附近有无单色器不能分开的非待测元素的谱线。

2. 无极放电灯（EDL）

无极放电灯亦称微波激发无极放电灯，其结构如图4-4所示。它是在石英管内放入少量金属或其卤化物，抽真空并充入几百帕压力的氩气后封闭，将其放入微波发生器的同步空腔谐振器中，微波便将灯内的充入气体原子激发，被激发的气体原子又使解离的气化金属或其卤化物激发而发射出待测金属元素

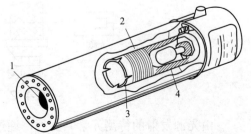

图 4-4 无极放电灯结构示意图
1—石英窗；2—射频线圈；3—陶瓷管；4—石英灯管

的特征光谱辐射。在无极放电灯中，经常首先观察到的是充入气体的发射光谱，然后随着金属或其卤化物的气化，再过渡到待测元素光谱。

此种光源的发射强度比空心阴极灯约强 100～1000 倍，且主要是共振线，光源寿命长，共振线强度大，特别适用于共振线在紫外区的易挥发元素的测定。目前已制成 Al、Ge、P、K、Rb、Ti、Tl、Zn、Cd、Hg、In、Sn、Pb、As、Sb、Bi、Se、Te 等 18 种元素的商品无极放电灯。

（二）原子化器及原子化法

原子化器的作用是使各种形式的试样解离出基态原子，并使其进入光源的辐射光程。样品的原子化是原子吸收光谱分析的一个关键，元素测定的灵敏度、准确性及干扰情况，在很大程度上取决于原子化的情况。因此要求原子化器有尽可能高的原子化效率，稳定性好，重现性好，背景和噪声小，装置简单。常用的原子化器有火焰原子化器和无火焰原子化器两类。使试样原子化的方法有火焰原子化法、无火焰原子化法和化学原子化法等。

1. 火焰原子化法

（1）火焰原子化器　火焰原子化包括两个步骤，首先将试样溶液变成细小的雾滴——雾化阶段，然后是使小雾滴接收火焰供给的能量形成基态原子——原子化阶段。火焰原子化器由雾化器、预混合室、燃烧器组成，其结构如图 4-5 所示。

雾化器的作用是使试样溶液雾化。对雾化器的要求是雾化效率高、雾滴细、喷雾稳定。预混合室的作用是使试液进一步雾化并与燃气均匀混合，以获得稳定的层流火焰。燃烧器的作用是产生火焰并使试样原子化。一个良好的燃烧器应具有原子化效率高、噪声小、火焰稳定等特点。根据构造不同燃烧器可分为两种，即预混合型（层流）燃烧器和全消耗型（紊流）燃烧器。前者通常是使试样、燃气和助燃气在进入火焰之前预先混合均匀，后者则使试样的雾滴、燃气和助燃气同时进入火焰而无预混合的过程。在原子吸收光谱分析中绝大多数均采用预混合型。

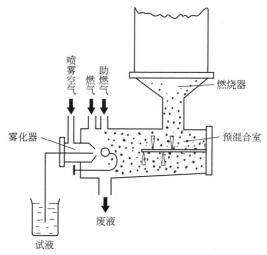

图 4-5　火焰原子化器示意图

按火焰提供方法不同，火焰原子化器又分为化学火焰原子化器和等离子体火焰原子化器。使用最广泛的是化学火焰原子化器，其常用的火焰包括如下几种。

① 空气 - 煤气（丙烷）火焰，火焰温度大约为 1900K，适用于分析生成的化合物易挥发、易解离的元素，如碱金属、Cd、Cu、Pb、Ag、Zn、Au 及 Hg 等。

② 空气 - 乙炔火焰，这种火焰温度比空气 - 煤气火焰高，是广泛使用的一种化学火焰，适于 30 多种元素的测定，此种火焰比较透明，可以得到较高的信噪比。

③ N_2O- 乙炔火焰，此种火焰燃烧速度低，火焰温度高，大约可测定 70 种元素，是目前广泛应用的高温化学火焰，该火焰几乎对所有能生成难熔氧化物的元素都有较好的灵敏度。

④ 空气 - 氢火焰，此种火焰是无色低温火焰，适于测定易电离的金属元素，尤其是测定 As、Se 和 Sn 等元素，特别适用于共振线位于远紫外区的元素。

化学火焰原子化器比较简单、重现性好，干扰少，灵敏度高，不足之处是火焰的原子化效率低，普通雾化器的效率仅为 10%～30%。

（2）火焰原子化过程　将分析样品引入火焰使其原子化是一个复杂的过程，这个过程包括雾粒的脱

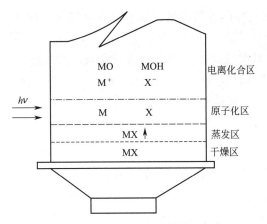

图 4-6 预混合型火焰结构示意图

溶剂、蒸发、解离（原子化）、激发、电离和化合等阶段。在这个过程中，除了产生大量的用于原子吸收测量的游离基态原子外，还会产生很少量的激发态原子、离子和分子等干扰。

图 4-6 是预混合型火焰结构示意图。

预混合型燃烧器的火焰属于层流火焰，其火焰结构由干燥区、蒸发区、原子化区和电离化合区组成。

① 干燥区。又称预热区。该区域温度不高，燃气与助燃气在此区域预热至着火温度，试样的气溶胶在这里干燥，并以固态颗粒状上升。

$$MX（雾滴）\xrightarrow[脱水]{干燥} MX（固态）$$

② 蒸发区。也称第一燃烧区。燃气与助燃气在此区进行不完全燃烧，固态颗粒的气溶胶蒸发。

$$MX（固态）\xrightarrow{蒸发} MX\uparrow（气态）$$

③ 原子化区。也称中间薄层区。该区温度最高，燃烧完全，被分析物质大部分分解为基态原子。该区有最适宜的原子化条件，是原子吸收的主要观测区。同时，也有少量原子化的基态原子被激发和被高温电离。

$$MX(气态) \xrightarrow[化合]{热解} M(待测的基态原子)+X$$

其中 M 可被激发为 M^*，也可电离为 $M^+ + e$。

④ 电离化合区。也称第二燃烧区。此区的温度低于原子化区，部分原子化的基态原子也在该区被电离，并与空气中的氧和火焰中的其他化学成分发生化学反应。另外，大部分原子在该区又重新生成分子，因此该区不适宜原子吸收测量。

火焰原子化是一个动态过程，自由原子在火焰区域内的空间分布是不均匀的。在不同区域的浓度直接取决于元素的性质和火焰的特性。在实际分析工作中，必须选择合适的火焰类型，恰当调节燃气和助燃气的比例，正确选择测量高度。

概念检查 4.2

○ 层流火焰分为几个区？各区有何特点？最适宜原子吸收测量的是哪一区？

2. 无火焰原子化法

（1）无火焰原子化器　无火焰原子化器中最常用的是石墨炉原子化器，也称电热原子化器。其基本结构由石墨炉电源、石墨炉体（包括电极、石英窗、保护气和水冷却系统）、石墨管组成，如图4-7所示。

用大电流（250～500A，10～25V）加热石墨管，最高温度可达3300K。常用的石墨管内径不超过8mm，长为30mm左右，管中央的上方开有进样口，以便用微量进样器将试样通过可卸式窗由进样口注入石墨管内。样品在石墨管内原子化。光源发出的光从石墨管的中间通过。在测定时先用小电流在100℃左右进行干燥，再在适当温度下灰化，最后加热到原子化温度。为防止试样及石墨管氧化，需通氩气加以保护。恒温循环水冷却系统保证原子化器结构在高温下不会损坏。

(2) 石墨炉原子化过程　与火焰原子化法不同，石墨炉原子化法采用直接进样和程序升温方式，样品需经干燥—灰化—原子化—净化四个阶段。

① 干燥阶段。干燥温度一般高于溶剂的沸点，干燥时间主要取决于样品体积。干燥的目的主要是除去试样中的溶剂，以免由于溶剂存在引起灰化和原子化过程飞溅。

② 灰化阶段。目的是尽可能除去试样中挥发的基体和有机物，保留被测元素。灰化温度取决于试样的基体及被测元素的性质，最高灰化温度以不使被测元素挥发为准。

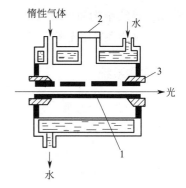

图 4-7　高温石墨炉原子化器示意图
1—石墨管；2—可卸式窗；3—石墨电极

③ 原子化阶段。目的是使待测元素的化合物蒸发气化，然后解离为基态原子。原子化温度随待测元素而异，原子化时间约为 3～10s。最佳原子化温度和时间可通过实验确定。在原子化过程中，应停止氩气通过，以延长原子在石墨炉中的停留时间。

④ 净化阶段。在一个样品测定结束后，用比原子化阶段稍高的温度加热，以除去样品残渣，净化石墨炉，消除记忆效应，以便下一个试样的分析。

石墨炉的升温程序是微机处理控制的，进样后原子化过程按程序自动进行。

石墨炉原子化法的优点是，原子化效率高；绝对灵敏度高，其绝对检出限可达 $10^{-14}\sim10^{-12}$g；进样量少，通常液体试样为 1～50μL，固体试样为 0.1～10mg；固体、液体均可直接进样；可分析元素范围广。缺点是基体效应、化学干扰较多，测量的重现性比火焰法差。

3. 化学原子化法

化学原子化法又称低温原子化法，指的是使用化学反应的方法，将样品溶液中的待测元素以气态原子或化合物的形式与反应液分离，引入分析区进行原子光谱测定。常用的有汞低温原子化法及氢化物原子化法。

(1) 汞低温原子化法　汞是唯一可采用这种方法测定的元素。室温时将试样中 Hg 离子用 $SnCl_2$ 或盐酸羟胺还原为 Hg，由于 Hg 的沸点低，常温下蒸气压非常高，易于汽化，所以可用载气将 Hg 蒸气带入气体吸收管中利用 AAS 进行测定。此种方法的灵敏度和准确度都很高，是测定痕量 Hg 的一种好方法。

(2) 氢化物原子化法　适用于 Ge、Sn、Pb、As、Sb、Bi、Se 和 Te 等元素的测定。这些元素在酸性条件下与强还原剂 $NaBH_4$ 或 KBH_4 反应生成气态氢化物。如 AsH_3、SnH_4、BiH_3 等，然后经载气送入石英管中，用火焰加热或电热原子化。

氢化物原子化法有如下优点：
① 还原效率高，可达 100%；
② 由于分析元素可全部转变为气体，而且原子蒸气全部通过吸收管，因此有很高的测定灵敏度；
③ 基体影响不明显；
④ 氢化物易解离，可以在较低的温度下进行原子化。

除上述介绍的三种原子化法外，还有阴极溅射原子化、等离子体原子化、激光原子化和电极放电原子化法等。

（三）分光系统——单色器

分光系统由入射狭缝、出射狭缝、反射镜和色散元件组成，其作用是将待测元素的吸收线与其他谱线分开。原子吸收所用的吸收线是锐线光源发出的共振线，谱线比较简单，因此对仪器的色散能力、分辨能力要求较低。谱线结构简单的元素，如 K、Na，可用干涉滤光片作单色器。一般元素可用棱镜或光栅分光。目前，商品仪器多采用光栅。

（四）检测系统

检测系统由检测器、放大器和显示装置等组成。检测器一般采用光电倍增管，其作用是将经过原子蒸气吸收和单色器分光后的微弱光信号转换为电信号。对于多元素同时测定的光谱仪，通常使用电荷注入检测器（CID）和电荷耦合检测器（CCD）。放大器是将检测器检出的低电流信号进一步放大的装置，分直流放大和交流放大两种，由于直流放大不能排除火焰中待测元素原子发射光谱的影响，故已趋淘汰，目前广泛采用的是交流选频放大和相敏放大器。

经放大器放大的电信号，再通过对数变换器，就可以分别采用表头、检流计、数字显示器或记录仪、打印机等进行读数。现代原子分光光度计中还设置了微机处理系统，既可设置测量参数，又能作为显示装置；可直接从测量系统采集数据，自动绘制标准曲线，快速处理大量数据，并可将分析结果打印出来。

二、原子吸收分光光度计的主要类型

原子吸收分光光度计按光束形式可分为单光束和双光束两类，按波道数目又有单道、双道和多道之分。目前普遍使用的是单道单光束和单道双光束原子吸收分光光度计。

1. 单道单光束原子吸收分光光度计

单道单光束原子吸收分光光度计的基本结构如图 4-8 所示。

来自光源的特征辐射通过原子化器，部分辐射被基态原子吸收，透过部分经分光系统，使所需的辐射进入检测器，将光信号变成电信号并经放大而读出。

单道单光束型仪器结构简单，体积较小，操作方便，价格低廉，能满足一般原子吸收的要求，是应用最广的仪器。其缺点是不能消除光源波动造成的影响，空心阴极灯要预热一段时间，待稳定后才能进行测定。

2. 单道双光束原子吸收分光光度计

单道双光束原子吸收分光光度计的基本结构如图 4-9 所示。仪器将来自光源的特征辐射经切光器分解成样品光束和参比光束，样品光束经原子化器被基态原子部分吸收，参比光束不通过原子化器，其光强不被减弱，两光束由半透明反射镜合为一束，经分光系统后进入检测器，然后在显示器或记录仪上给出两光束信号比。

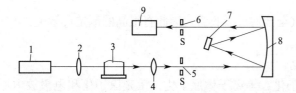

图 4-8　单道单光束原子吸收分光光度计基本结构

1—空心阴极灯；2,4—透镜；3—原子化器；5—入射狭缝；
6—出射狭缝；7—光栅；8—反射镜；9—检测器

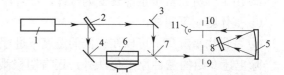

图 4-9　单道双光束原子吸收分光光度计基本结构

1—空心阴极灯；2—旋转反射镜；3～5—反射镜；6—原子化器；
7—半反射镜；8—光栅；9—入射狭缝；10—出射狭缝；11—检测器

单道双光束仪器在一定程度上消除了光源波动造成的影响，但由于参比光束不通过火焰，所以对火焰扰动、背景吸收等影响是不能抵偿的；双光束仪器的另一优点是空心阴极灯不需进行预热，点灯后即可开始测定；其缺点是光学系统复杂，入射光能量损失较大，约50%。

3. 双道双光束原子吸收分光光度计

双道双光束型仪器的基本结构如图4-10所示。

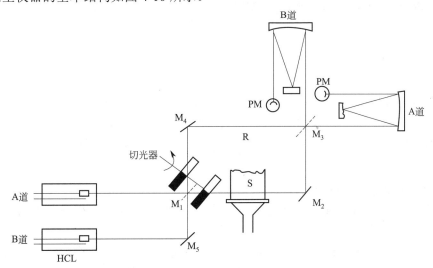

图 4-10 双道双光束型仪器基本结构
M_1,M_3—半透半反镜；M_2,M_4,M_5—反射镜；R—参比光束；S—样品光束；PM—检测器

双道双光束仪器有两个光源，两套独立的单色器和检测系统。从两个空心阴极灯发出的辐射被切光器分开为各自的测量光束和参比光束，并使二者相位相差180°，测量光束和参比光束分别被反射至合并器处会合，交替进入各自单色器。其检测系统可进行三种工作方式：A和B方式为单道双光束，A-B方式为背景扣除，A/B方式为内标运算。

多道原子吸收分光光度计可用来做多元素的同时测定。

目前生产的多元素同时分析原子吸收光谱仪，以高聚焦氙灯作为连续光源，以新型四面体中阶梯光栅取代普通光栅单色器获取二维光谱，以光谱响应的固体检测器替代光电倍增管，取得了同时检测多种元素的理想效果。

第四节 干扰及其消除方法

原子吸收光谱法早期被认为是无干扰或少干扰的一种分析方法，然而随着原子吸收光谱法的发展，大量事实证明原子吸收光谱法仍存在不容忽视的干扰问题，而且在某些情况下，干扰还很严重，影响了分析结果的准确度。

原子吸收光谱分析中，干扰效应按其性质和产生的原因可以分为四类：物理干扰、化学干扰、光谱干扰和电离干扰。

一、物理干扰

物理干扰是指试样在转移、蒸发和原子化过程中，由于试样任何物理特性（如黏度、表面张力、密度等）的变化而引起的原子吸收强度下降的效应。物理干扰是非选择性干扰，对试样各元素的影响基本相同。物理干扰主要发生在抽吸过程、雾化过程和蒸发过程中。

配制与待测试样具有相似组成的标准样品,是消除物理干扰的常用方法,在不知道试样组成或无法匹配试样时,可采用标准加入法或稀释法来减少或消除物理干扰。为了减小溶液物理性质对蒸发过程的影响,可仔细调节样品溶液的抽吸率,在预混室中使用撞击球或扰流器以产生尽可能多的细雾;或使用有机溶液来改善溶液的表面张力,使颗粒迅速蒸发。

二、化学干扰

化学干扰是待测元素的原子与共存组分发生化学反应生成热力学更稳定的化合物,从而影响待测元素化合物的解离及原子化。例如,磷酸、硫酸对钙、镁测定的干扰,是由于它们与钙、镁生成难挥发的化合物,使参与吸收的钙、镁的基态原子数减少。化学干扰是一种选择性干扰,它是原子吸收光谱法中的主要干扰来源。

消除化学干扰的方法主要有以下几种:

(1)提高原子化温度 可使难解离的化合物分解,减少化学干扰。如在高温火焰中,磷酸根不干扰钙的测定。

(2)加入释放剂 释放剂的作用是其能与干扰物质生成比待测元素更稳定的化合物,使待测元素释放出来。例如磷酸根干扰钙的测定,可在试液中加入 La、Sr 的盐类,它们与磷酸根生成比钙更稳定的磷酸盐,将钙释放出来。

(3)加入保护剂 保护剂的作用是它能与待测元素生成稳定且易分解的配合物,以防止待测元素与干扰组分生成难解离的化合物。保护剂一般是有机配合剂,常用的是 EDTA 和 8-羟基喹啉。例如磷酸根干扰钙的测定,可加入 EDTA 作保护剂,此时钙与 EDTA 生成既稳定又易分解的 Ca-EDTA 配合物,消除了磷酸根的干扰。

(4)加入基体改进剂 基体改进剂的加入,可提高待测物质的稳定性或降低待测元素的原子化温度,以消除干扰。例如,汞极易挥发,加入硫化物生成稳定性较高的硫化汞,灰化温度可提高到 300 ℃。

表 4-2 为常用的抑制干扰的试剂,表 4-3 为常见的基体改进剂。

表 4-2 用于抑制干扰的一些试剂

试剂	干扰成分	测定元素	试剂	干扰成分	测定元素
La	Al, Si, PO_4^{3-}, SO_4^{2-}	Mg	NH_4Cl	Al	Na, Cr
Sr	Al, Be, Fe, Se, NO_3^-, SO_4^{2-}, PO_4^{3-}	Mg, Ca, Sr	NH_4Cl	Sr, Ca, Ba, PO_4^{3-}, SO_4^{2-}	Mo
Mg	Al, Si, PO_4^{3-}, SO_4^{2-}	Ca	NH_4Cl	Fe, Mo, W, Mn	Cr
Ba	Al, Fe	Mg, K, Na	乙二醇	PO_4^{3-}	Ca
Ca	Al, F	Mg	甘露醇	PO_4^{3-}	Ca
Sr	Al, F	Mg	葡萄糖	PO_4^{3-}	Ca, Sr
Mg+$HClO_4$	Al, Si, PO_4^{3-}, SO_4^{2-}	Ca	水杨酸	Al	Ca
Sr+$HClO_4$	Al, P, B	Ca, Mg, Ba	乙酰丙酮	Al	Ca
Nd, Pr	Al, P, B	Sr	蔗糖	P, B	Ca, Sr
Nd, Sm, Y	Al, P, B	Ca, Sr	EDTA	Al	Mg, Ca
Fe	Si	Cu, Zn	8-羟基喹啉	Al	Mg, Ca
La	Al, P	Cr	$K_2S_2O_7$	Al, Fe, Ti	Cr
Y	Al, B	Cr	Na_2SO_4	可抑制 16 种元素的干扰	Cr
Ni	Al, Si	Mg	Na_2SO_4+$CuSO_4$	可抑制 Mg 等十几种元素的干扰	Cr
甘油, 高氯酸	Al, Fe, Th, 稀土, Si, B, Cr, Ti, PO_4^{3-}, SO_4^{2-}	Mg, Ca, Sr, Ba			

表 4-3 分析元素与基体改进剂

分析元素	基体改进剂	分析元素	基体改进剂	分析元素	基体改进剂	分析元素	基体改进剂
镉	硝酸镁	砷	镍	镓	抗坏血酸	汞	硫化铵
	Triton X-100		镁	锗	硝酸		硫化钠
	氢氧化铵		钯		氢氧化钠		盐酸+过氧化氢
	硫酸铵	铍	铝,钙	金	Triton X-100+Ni		柠檬酸
	焦硫酸铵		硝酸镁		硝酸铵	磷	镧
	镧	铋	镍	铟	O₂	硒	硝酸铵
	EDTA		EDTA, O₂	铁	硝酸铵		镍
	柠檬酸		钯	铅	硝酸铵		铜
	组氨酸	硼	钙,钡		磷酸二氢铵		钼
	乳酸		钙+镁		磷酸		铑
	硝酸	钙	硝酸		镧		高锰酸钾,重铬酸钾
	硝酸铵	铬	磷酸二氢铵		铂,钯,金	硅	钙
	硫酸铵	钴	抗坏血酸		抗坏血酸	银	EDTA
	磷酸二氢铵	铜	抗坏血酸		EDTA	碲	镍
	硫化铵		EDTA		硫脲		铂,钯
	磷酸铵		硫酸铵		草酸	铊	硝酸
	氟化铵		磷酸铵	锂	硫酸,磷酸		酒石酸+硫酸
	铂		硝酸铵	锰	硝酸铵	锡	抗坏血酸
锑	铜		蔗糖		EDTA	钒	钙、镁
	镍		硫脲		硫脲	锌	硝酸铵
	铂,钯		过氧化钠	汞	银		EDTA
	H₂		磷酸		钯		柠檬酸

三、光谱干扰

光谱干扰包括谱线干扰和背景干扰两种,主要来源于光源和原子化器,也与共存元素有关。

1. 谱线干扰

谱线干扰通常有以下两种情况。

(1) 吸收线重叠 当共存元素吸收线与待测元素分析线波长很接近时,两谱线重叠,由于共存元素产生吸收,会使测定结果偏高。这是原子吸收过程的真正光谱干扰,这种干扰很容易克服,只要另选分析线即可。

(2) 光谱通带内存在的非吸收线 这些非吸收线可能是待测元素的其他共振线与非共振线,也可能是光源中所含杂质的发射线等。这些多重发射线会干扰分析线测量,使灵敏度下降,标准曲线弯曲。消除这种干扰的方法:①减小狭缝宽度,使光谱通带小到足以遮去多重发射谱线;②降低灯电流,也可以减少多重发射;③若谱线间的波长差很小,则需另选分析线。

2. 背景干扰

背景干扰也是一种光谱干扰,分子吸收与光散射是形成背景干扰的两个主要因素。

(1) 分子吸收与光散射　分子吸收是指在原子化器中生成的分子对辐射的吸收，它是一种宽频率吸收，例如，碱金属的卤化物在紫外区的大部分波段均有吸收。光散射是指原子化过程中产生的固体微粒对光发生散射，使被散射的光偏离光路而不为检测器所检测，导致吸光度值偏高。

(2) 背景校正方法　背景干扰都是使吸光度值增加，产生正误差。石墨炉原子化法背景吸收干扰比火焰原子化法严重，有时不扣除背景就无法进行测量。

① 用邻近非共振线校正背景。背景吸收是宽带吸收。用分析线测量原子吸收与背景吸收的总吸光度，在分析线邻近选一条非共振线，非共振线不会产生共振吸收，此时测出的吸收为背景吸收，两次测量值相减即可得到校正背景之后的原子吸收的吸光度。例如，测定含 Ca 较多饲料中的 Pb，使用 Pb283.3nm 共振线为分析线，在此波段内 Ca 的分子有吸收，此时测得的吸光度为 Pb 的原子吸收与 Ca 的分子吸收之和。然后在 Pb283.3nm 附近选一非共振线 Pb280.2nm，此时 Pb 原子没有吸收，Ca 分子是宽带吸收，这时测得的 280.2nm 处的吸光度即为背景吸收，两者之差即为 Pb 扣除背景后的吸光度值。背景吸收随波长而改变，因此，非共振线校正背景法的准确度较差，只适用于分析线附近背景分布比较均匀的场合。

② 连续光源校正背景。目前生产的原子吸收光谱仪都配有连续光源自动扣除背景装置，多采用氘灯为连续光源，故亦称氘灯扣除背景法。仪器通过切光器可使锐线光源与氘灯连续光源交替进入原子化器，锐线光源测定的吸光度值为待测元素的原子吸收和背景吸收的总吸光度，再用连续光源在同一波长测定背景吸收，计算两次测定吸光度之差，即可使背景吸收得到校正。

③ 塞曼效应校正背景。塞曼效应是指谱线在磁场作用下发生分裂的现象。塞曼效应校正背景是基于磁场将简并的吸收线分裂为具有不同偏振方向的成分，利用这些分裂的偏振成分来区别被测元素和背景的吸收。塞曼效应校正背景分为两类：光源调制法和吸收线调制法。光源调制法是将强磁场加在光源上，吸收线调制法是将磁场加在原子化器上，后者应用较广。吸收线调制法有恒定磁场和可变磁场调制两种。以可变磁场调制为例，在原子化器上加一电磁铁，电磁铁只在原子化时激磁。偏振器固定不变，仅产生垂直于磁场方向的偏振光 $P_⊥$。激磁时测得背景吸收偏振光 $P_⊥$ 的吸光度；零磁场时，测得的是被测元素和背景的总吸光度，两次吸光度之差即为背景校正后的被测元素的净吸光度。

塞曼效应校正背景可在全波段进行，可校正吸光度高达 1.5～2.0 的背景（氘灯只能校正吸光度小于 1 的背景），背景校正的准确度高。缺点是校正曲线有返转现象，仪器的价格较贵。

四、电离干扰

在高温下原子会电离，使基态原子数减少，引起原子吸收信号降低，此种干扰称为电离干扰。电离干扰的程度与原子化温度及元素种类有关。

消除电离干扰最有效的方法是在试液中加入过量消电离剂，消电离剂是比待测元素电离电位低的其他元素，通常为碱金属元素。在相同条件下，消电离剂首先被电离，产生大量电子，而抑制了待测元素基态原子的电离。例如在测定 Sr 时加入过量 KCl 可有效抑制电离干扰。一般来说，加入元素的电离电位越低，所加入的量可以越少，加入量由实验确定，加入的量太大会影响吸收信号和产生杂散光。

第五节　定量分析方法及应用

一、原子吸收分析的灵敏度和检出限

灵敏度和检出限是评价分析方法和分析仪器的重要指标，IUPAC（国际纯粹和应用化学联合会）对此作了建议规定。

1. 灵敏度

1975 年 IUPAC 规定,灵敏度 S 的定义是分析标准函数的一次导数。分析标准函数为

$$X = f(c) \tag{4-17}$$

式中,X 为测量值;c 为待测元素的浓度或含量。则 S 为

$$S = \frac{dX}{dc} \tag{4-18}$$

由此可见,灵敏度就是分析校正曲线的斜率,S 大,即灵敏度高。

在原子吸收分析中,习惯于用能产生 1% 吸收(即吸光度值为 0.0044)时所对应的待测元素的浓度($\mu g \cdot mL^{-1}$)或质量(μg)来表示分析的灵敏度,称为 1% 吸收灵敏度,也叫特征灵敏度。在火焰原子吸收法中,特征灵敏度以特征浓度 S_c 表示,其计算公式为

$$S_c = \frac{c \times 0.0044}{A} \tag{4-19}$$

式中,S_c 为特征浓度,$\mu g \cdot mL^{-1}/1\%$ 吸收;c 为待测元素的浓度,$\mu g \cdot mL^{-1}$;A 为测得的吸光度值。

在无火焰原子吸收法中,特征灵敏度以特征质量 S_m 表示,计算公式为

$$S_m = \frac{cV \times 0.0044}{A} \tag{4-20}$$

式中,S_m 为特征质量,$\mu g/1\%$ 吸收;c 为待测元素的浓度,$\mu g \cdot mL^{-1}$;V 为试液的体积,mL;A 为吸光度。对分析工作来说,显然是特征浓度或特征质量愈小愈好,但这样表示的灵敏度的不足之处是,它并不能指出可测定的最低浓度及可能达到的精密度。

2. 检出限

IUPAC 推荐,检出限的定义是能产生吸收信号为三倍噪声水平所对应待测元素的浓度。也可以这样认为:在测定的实验条件下,某元素的吸收信号等于空白溶液的测量标准偏差 3 倍时的浓度。可用下式计算

$$D = \frac{c \times 3\sigma}{A} \tag{4-21}$$

式中,D 为检出限,$\mu g \cdot mL^{-1}$;c 为测试溶液的浓度,$\mu g \cdot mL^{-1}$;A 为测试溶液的平均吸光度;σ 为空白溶液的测量标准偏差,其计算式为

$$\sigma = \sqrt{\frac{\sum (A_i - \bar{A})^2}{n-1}} \tag{4-22}$$

式中,n 为测定次数($n \geq 10$);$\bar{A}$ 为空白溶液的平均吸光度;A_i 为空白溶液单次测量的吸光度。

检出限取决于仪器的稳定性,并随样品基体的类型和溶剂的种类不同而变化。信号的波动来源于光源、火焰及检测器的噪声,因而不同类型的仪器检出限可能相差很大。两种不同的元素虽然灵敏度可能相同,但由于每种元素的光源噪声、火焰噪声及检测器噪声各不相同,检出限也可能很不一样,所以检出限是仪器性能的一个重要指标。

待测元素的存在量只有达到或高于检出限,才能可靠地将有效分析信号与噪声信号区分开。"未检出"就是待测元素的量低于检出限。

二、测量条件的选择

在原子吸收光谱分析中,测量条件选择的是否恰当,对测定的准确度和灵敏度都会有较大的影响。因此,必须选择合适的测量条件,才能得到满意的分析结果。

1. 分析线的选择

从灵敏度的观点出发,通常选择元素的最灵敏线,也就是共振线作分析线。分析线应选用不受干扰而吸光度又适度的谱线,最灵敏线往往用于测定痕量元素,在测定浓度较高的试样时,可选用次灵敏线。这样能扩大测量浓度范围,减少试样不必要的稀释操作。

表 4-4 列出了常用的各元素分析线。

表 4-4 原子吸收光谱中常用的分析线

元 素	λ/nm	元 素	λ/nm	元 素	λ/nm
Ag	328.07,338.29	Hg	253.65	Ru	349.89,372.80
Al	309.27,308.22	Ho	410.38,405.39	Sb	217.58,206.83
As	193.64,197.20	In	303.94,325.61	Sc	391.18,402.04
Au	242.80,267.60	Ir	209.26,208.88	Se	196.09,703.99
B	249.68,249.77	K	766.49,769.90	Si	251.61,250.69
Ba	553.55,455.40	La	550.13,418.73	Sm	429.67,520.06
Be	234.86	Li	670.78,323.26	Sn	224.61,286.33
Bi	223.06,222.83	Lu	335.96,328.17	Sr	460.73,407.77
Ca	422.67,239.86	Mg	285.21,279.55	Ta	271.47,277.59
Cd	228.80,326.11	Mn	279.48,403.68	Tb	432.65,431.89
Ce	520.0,369.7	Mo	313.26,317.04	Te	214.28,225.90
Co	240.71,242.49	Na	589.00,330.30	Th	371.9,380.3
Cr	357.87,359.35	Nb	334.37,358.03	Ti	364.27,337.15
Cs	852.11,455.54	Nd	463.42,471.90	Tl	276.79,377.58
Cu	324.75,327.40	Ni	232.00,341.48	Tm	409.4
Dy	421.17,404.60	Os	290.91,305.87	U	351.46,358.49
Er	400.80,415.11	Pb	216.70,283.31	V	318.40,385.58
Eu	459.40,462.72	Pd	247.64,244.79	W	255.14,294.74
Fe	248.33,352.29	Pr	495.14,513.34	Y	410.24,412.83
Ga	287.42,294.42	Pt	265.95,306.47	Yb	398.80,346.44
Gd	368.41,407.87	Rb	780.02,794.76	Zn	213.86,307.59
Ge	265.16,275.46	Re	346.05,346.47	Zr	360.12,301.18
Hf	307.29,286.64	Rh	343.49,339.69		

2. 光谱通带宽度的选择

在实际工作中，通常根据谱线结构和待测共振线邻近是否有干扰线来决定狭缝宽度，由于不同类型仪器的单色器的倒线色散率不同，故不用具体的狭缝宽度，而用"单色器通带"表示缝宽。单色器通带是指通过单色器出射狭缝的光的波长范围。

单色器的光谱通带宽度取决于出射狭缝宽度和倒线色散率，可表示为

$$\Delta\lambda = DS \tag{4-23}$$

式中，$\Delta\lambda$ 为光谱通带宽度，nm；D 为分光器的倒线色散率，$nm \cdot mm^{-1}$；S 为狭缝宽度，mm。光谱通带宽度直接影响测定灵敏度和校正曲线的线性范围，对确定的仪器 D 是固定的，$\Delta\lambda$ 仅由 S 决定。理想的狭缝宽度需通过实验来确定，调节不同的狭缝宽度，测定标液吸光度随狭缝宽度的变化，以不引起吸光度减小的最大狭缝宽度为最佳狭缝宽度。

3. 空心阴极灯的工作电流

一般在保证稳定放电和合适的光强输出前提下，尽可能选用较低的工作电流。灯电流过大，灯丝发热量大，导致热变宽和压力变宽，并增加自吸收，使辐射的光强度降低，结果是灵敏度下降、校正曲线下弯、灯寿命缩短。最适宜的工作电流应通过实验确定，配制浓度合适的标液，以不同的灯电流测定相应的吸光度，找出吸光度值最大的最小灯电流作为工作电流。空心阴极灯一般需要预热 10～30min。

4. 进样量的选择

进样量的大小，也会影响原子吸收的测量过程。进样量过小，吸收信号太弱；进样量过大，在火焰原子化法中，对火焰会产生冷却效应，在石墨炉原子化法中，会增加除残的困难。在实际工作中，可通过实验选择合适的进样量。

5. 原子化条件的选择

（1）火焰原子化法

① 火焰的选择　不同的元素可选择不同种类的火焰，原则是使待测元素获得最大原子化效率。易原子化的元素用较低温火焰，反之就需要高温火焰。当火焰选定后，要选用合适的燃气和助燃气的比例；对于难原子化元素宜选用燃助比大于化学反应计量比的富焰；对于那些氧化物不十分稳定的元素可采用燃助比小于化学反应计量的贫焰或燃助比与化学反应计量关系相近的化学计量火焰。

② 燃烧器高度的选择　选择火焰燃烧器高度，要使来自空心阴极灯的辐射从自由原子浓度最大的火焰区域通过，以获得最高灵敏度。适宜的燃烧器高度需通过实验来确定，可在其他测试条件不变的情况下，喷雾待测元素的标准溶液，改变燃烧器高度，测其吸光度，绘制吸光度对燃烧器高度的关系曲线，找出最大吸光度值对应的燃烧器高度，即为最佳燃烧器高度。

③ 燃烧器角度的选择　在通常情况下其角度为 0°，即燃烧器缝口与光轴方向一致。在测高浓度试样时，可选择一定的角度，当角度为 90° 时，灵敏度仅为 0° 时的 1/20。

（2）无火焰原子化法

① 原子化器位置的调节　在光路调整好后，插入石墨管并进行位置调节，以光经过石墨管后光强损失最小为佳。

② 载气选择　可使用惰性气体氩或氮作载气，通常使用的是氩气。采用氮气作载气时要考虑高温原子化时产生 CN 带来的干扰。载气流量影响灵敏度和石墨管寿命，目前大多采用内外单独供气方式，外部

供气是不间断的，流量在 1～5L·min^{-1}；内部气体流量在 60～70mL·min^{-1}，在原子化期间，内气流的大小与测定元素有关，可通过实验确定。

③ 冷却水　为使石墨管温度迅速降至室温，通常使用水温为 20℃，流量为 1～2L·min^{-1} 的冷却水，可在 20～30s 冷却，水温不宜过低，流速不宜过大，以免在石墨锥体或石英窗上产生冷凝水。

④ 加热程序的选择

a. 干燥　干燥温度应比溶剂沸点略高，干燥时间视取样量和样品中含盐量来确定，一般取样 10～100μL 时，干燥时间为 15～60s。具体时间应通过实验确定。

b. 灰化　灰化温度和时间的选择原则是，在保证待测元素不挥发损失的条件下，尽量提高灰化温度以除去样品基体，减少干扰和背景吸收。灰化温度和灰化时间由实验确定，通过测定标液在不同灰化温度或灰化时间的吸光度 A，绘制 A-灰化温度或 A-灰化时间曲线找到最佳灰化温度和灰化时间。

c. 原子化　不同原子有不同的原子化温度，通常把产生最大吸收信号时的最低温度定为原子化温度，这有利于延长石墨管寿命。原子化时间的选择，应以保证完全原子化为准。原子化温度和时间应通过实验来确定。

⑤ 石墨管的清洗　为消除记忆效应，可在原子化完成后，一般在高于原子化温度的条件下，采用空烧的方法来清洗石墨管以除去残余的基体和待测元素。但时间宜短，一般为 3～5s，否则使石墨管寿命大为缩短。

三、定量分析方法

1. 标准曲线法

标准曲线法是最常见的基本分析方法。配制一组合适的标准溶液，在最佳测定条件下，由低浓度到高浓度依次测定它们的吸光度 A，以吸光度 A 对浓度 c 作图，得到标准曲线。

测定样品时的操作条件与绘制标准曲线时相同，测出未知样品的吸光度，从 A-c 曲线上找出被测元素的浓度。在测定样品时应随时对标准曲线进行校正，以减少喷雾效率变化与温度变化对测定的影响。

标准曲线法简便、快速，适合大批量样品分析，但仅适用于基体组成简单的样品。

2. 标准加入法

当试样组成复杂，无法配制与之匹配的标准样品或待测元素含量很低时，采用标准加入法是合适的，它能消除基体或干扰元素的影响。取几份体积相同的待测试液，其中一份不加被测元素，其余各份分别按比例加入不同量的待测元素的标准溶液，然后稀释至相同体积，设待测元素的浓度为 c_x，加入标准溶液后的浓度依次为 c_x+c_s、c_x+2c_s、c_x+3c_s、…，分别测定它们的吸光度 A，以 A 为纵坐标，以对应的加入待测元素的浓度为横坐标作图，得图 4-11 所示的直线。

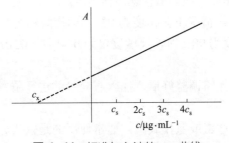

图 4-11　标准加入法的 A-c 曲线

如果待测试液不含被测元素,在正确校正背景之后,曲线应通过原点,如果不通过原点,说明含有被测元素。外延曲线与横坐标相交,交点至原点的距离所对应的浓度 c_x 即为所测试样中待测元素的浓度,如图4-11所示。

在使用标准加入法时,应粗略知道样品的浓度,加入标准液的浓度与样品浓度接近时才能得到较好的结果。标准加入法可消除基体效应带来的干扰,但不能消除背景吸收的干扰,只有在扣除背景吸收后方可使用。

3. 内标法

内标法是在一系列不同浓度的标准溶液中,分别加入一定量的内标元素。先测定标准溶液中待测元素与内标元素的吸光度之比,用吸光度之比对标准溶液中待测元素的浓度绘制标准曲线;然后在相同条件下,测定试液中待测元素与内标元素的吸光度之比,根据比值从标准曲线上查出试液中待测元素的浓度。内标法的关键是选择内标元素,要求内标元素与被测元素在试样基体内及在原子化过程中具有相似的物理及化学性质。常用的内标元素见表4-5。

表4-5 常用内标元素

待测元素	内标元素	待测元素	内标元素	待测元素	内标元素
Al	Cr	Cu	Cd,Mn	Na	Li
Au	Mn	Fe	Au,Mn	Ni	Cd
Ca	Sr	K	Li	Pb	Zn
Cd	Mn	Mg	Cd	Si	Cr,V
Co	Cd	Mn	Cd	V	Cr
Cr	Mn	Mo	Sr	Zn	Mn,Cd

内标法仅适用于双道及多道仪器,其优点是能消除物理干扰,还能消除实验条件波动而引起的误差。

除上述三种分析方法外,还有浓度直读法和示差法。若在标准曲线为直线的浓度范围内,用标准溶液将对应的吸光度校正为浓度读数,则在读数装置上可直接读出待测元素的浓度,这就是浓度直读法,该法无需绘制工作曲线,加快了分析速度。与可见紫外吸收光谱法类似,在有自动调零的原子吸收光谱仪上,可用示差法分析高含量的元素。

四、应用

原子吸收光谱法已广泛应用于地质、冶金、机械、石油化工、农业、食品、轻工、生物、医药、环境保护、材料科学等诸多领域。直接原子吸收法可用来测定周期表中70多种元素,间接原子吸收法可用来测定阴离子和有机化合物,该法还可用来测定同位素的组成、气相中自由原子的浓度、共振线的振子强度及气相中的原子扩散系数等。

第六节 原子荧光光谱法简介

原子荧光光谱法(atomic fluorescence spectrometry,AFS)是通过测量待测元素的原子蒸气在特定频率辐射能激发下所产生的荧光强度来测定元素含量的一种仪器分析方法。

原子荧光光谱法是一种新型的痕量分析技术，也是应用光谱学的一个重要研究和应用领域。与原子吸收、原子发射光谱及分子荧光光谱法相比，AFS 具有谱线简单、灵敏度高、光谱干扰少等优点，因而特别适用于痕量元素分析及多元素的同时测定。

原子荧光分析技术近年来有了较快的发展，并且已有多种类型的商品原子荧光光谱仪问世，它与原子吸收、原子发射光谱分析技术互相补充，在冶金、地质、环境监测、生物医学和材料科学等领域得到了日益广泛的应用。

一、原子荧光光谱法的基本原理

1. 原子荧光的类型

荧光是一种光致发光现象。原子吸收电磁辐射由基态跃迁至激发态，然后回到较低能态或基态，发射出一定波长的辐射，这便是原子荧光。根据产生机理，原子荧光可分为共振荧光、非共振荧光和敏化荧光三种类型，其中共振荧光的应用最多。

（1）共振荧光　基态原子核外层电子吸收了共振频率的光辐射后被激发，发射与共振频率相等的光辐射，即为共振原子荧光。如图 4-12（a）所示，其特征是原子被激发和发射所涉及的上下能级都相等。如锌原子吸收 213.86nm 的光，它发射荧光的波长也为 213.86nm。

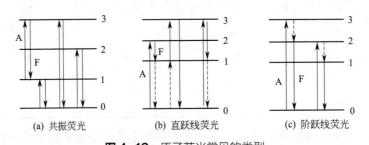

图 4-12　原子荧光常见的类型
0—原子基态；1，2，3—原子激发态；A—吸收，F—荧光，-----无辐射跃迁

（2）非共振荧光　当发射的荧光与激发光的频率不相同时，即为非共振荧光。非共振荧光又分为直跃线荧光和阶跃线荧光。

① 直跃线荧光。激发态原子跃迁回至高于基态的亚稳态时所发射的荧光称为直跃线荧光，如图 4-12（b）所示。如果荧光线激发能大于荧光能，即荧光线的波长大于激发线的波长称为斯托克斯（Stokes）荧光，图 4-12（b）左、右的直跃线荧光即为斯托克斯荧光。反斯托克斯（anti-Stokes）荧光是自由原子跃迁至某一能级，其获得的能量一部分是由光源激发能供给，另一部分是热能供给，然后返回低能级所发射的荧光为反斯托克斯荧光。其荧光能大于激发能，荧光线波长小于激发线波长。图 4-12（b）中间部位的荧光线即为反斯托克斯荧光。

② 阶跃线荧光。激发态原子先以非辐射形式去活化返回到较低能级，再以辐射形式返回到基态而发射的荧光称为阶跃线荧光，其荧光线波长大于激发线波长，如图 4-12（c）所示。

（3）敏化荧光　激发态原子通过碰撞将其激发能转移给另一个原子使其激发，后者再以辐射方式去活化而发射荧光，此种荧光称为敏化荧光。火焰原子化器中的原子浓度很低，主要以非辐射方式去活化，因此观察不到敏化荧光。

2. 原子荧光定量分析基本关系式

原子荧光强度 I_F 与吸收光的强度 I_A 成正比，即

$$I_F = \phi I_A \tag{4-24}$$

式中，ϕ 为荧光量子效率，其定义为

$$\phi = \frac{\phi_F}{\phi_A} \tag{4-25}$$

式中，ϕ_F 为单位时间发射的荧光光子数；ϕ_A 为单位时间吸收激发光的光子数。在一般情况下荧光量子效率小于 1。

根据朗伯-比尔定律，可得

$$I_F = \phi A I_0 (1 - e^{-\varepsilon L N}) \tag{4-26}$$

式中，I_0 为原子化器内单位面积上接收的光源辐射强度；A 为光源照射在检测系统的有效面积；ε 为峰值吸收系数；L 为吸收光程长；N 为单位体积内的基态原子数。

将式（4-26）的指数项按泰勒级数展开，高次项忽略，可得

$$I_F = \phi A I_0 \varepsilon L N \tag{4-27}$$

当实验条件一定时，试液中待测元素的浓度 c 与原子蒸气中单位体积内的基态原子数 N 成正比，即

$$N = ac \tag{4-28}$$

将式（4-28）代入式（4-27）得到

$$I_F = \phi A I_0 \varepsilon L a c \tag{4-29}$$

实验条件一定时，ϕ、A、I_0、ε、L 和 a 均可视为常数，则原子荧光强度与试液中待测元素的浓度成正比，即

$$I_F = Kc \tag{4-30}$$

式中，K 为常数。

式（4-30）为原子荧光光谱法定量分析的基本关系。由式（4-29）可知：
① 荧光强度随激发光源强度的增加而增大，因而用强光源可提高灵敏度，降低检出限；
② 延长吸收光程，可提高灵敏度；
③ 式（4-29）只有在待测元素浓度较低时才成立，高浓度时 I_F 与 c 的关系为非线性，所以原子荧光光谱法特别适用于痕量元素测定；
④ 量子效率 ϕ 随火焰温度和火焰组成而变化，因此必须严格控制这些因素。

3. 原子荧光的猝灭

处于激发态的原子寿命是十分短暂的，当它从高能级跃迁到低能级时将发射出荧光，也可能在原子化器中与其他分子、原子或电子发生非弹性碰撞而丧失其能量，在后一种情况下，荧光将减弱或完全不产生，这种现象称为荧光猝灭。

荧光猝灭有下述几种类型：
① 与自由原子碰撞　　　　M*+X ⟶ M+X
M* 为激发原子，M 和 X 为中性原子。
② 与分子碰撞　　　　　　M*+AB ⟶ M+AB
这是形成荧光猝灭的主要原因，AB 可能是火焰的燃烧产物。

③ 与电子碰撞 $M^*+e^- \longrightarrow M+e^-$

④ 与自由原子碰撞后，形成不同的激发态 $M^*+A \longrightarrow M^x+A$

M^* 和 M^x 为原子 M 的不同激发态。

⑤ 与分子碰撞后，形成不同的激发态 $M^*+AB \longrightarrow M^x+AB$

⑥ 化学猝灭反应 $M^*+AB \longrightarrow M+A+B$

A 和 B 为火焰中存在的分子或稳定的游离基。

上述荧光猝灭过程将导致荧光量子效率降低，荧光强度减弱，因而严重影响原子荧光分析。为了减小猝灭的影响，应当尽量降低原子化器中猝灭粒子的浓度，特别是猝灭截面大的粒子浓度。另外，还要注意减少原子蒸气中二氧化碳、氮和氧等气体的浓度。

二、原子荧光光谱分析仪器

原子荧光光谱仪的组成与原子吸收分光光度计相似，由激发光源、原子化器、分光系统及检测系统四部分组成。为了避免光源对原子荧光测定的影响，光源与检测器的位置一般成 90°，如图 4-13 所示。

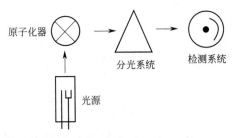

图 4-13 原子荧光光谱仪示意图

（1）激发光源　在原子荧光光谱仪中，最常采用的光源是空心阴极灯和无极放电灯，也可以使用连续光源，如氙弧灯。

（2）原子化器　除采用石英炉管原子化器，其他与原子吸收法基本相同。

（3）分光系统　原子荧光光谱简单，谱线干扰小，对单色器的分辨率要求不高。色散型原子荧光光谱仪中的色散元件为光栅或棱镜，无色散型原子荧光光谱仪的色散元件为滤光片。

（4）检测系统　在原子荧光光谱仪中，目前普遍使用的检测器仍以光电倍增管为主，对于无色散系统来说，为了消除日光的影响，必须采用光谱响应范围为 160～320nm 的日盲光电倍增管。

三、原子荧光光谱法的应用

原子荧光分析的定量方法常采用标准曲线法和标准加入法（详见原子吸收光谱分析定量方法一节），在低浓度范围内线性范围通常为 3～5 个数量级，优于原子吸收光谱法，再加上极高的灵敏度，因而原子荧光分析特别适合超纯物质、环境污染物、生物活性材料中痕量及超痕量元素的分析。

原子荧光光谱法的具体应用很多，如：锌、镉、锰等多元素的分析测定，酸雨中锌的测定，盐矿中硒、碲的测定，矿石中痕量锡的测定等。尤其是稀土元素的原子/离子荧光光谱分析可克服光谱干扰，因而 AFS 已成为稀土元素分析的有效方法之一，得到了广泛应用。此外，激光作为激发光源的原子荧光分析法进入 20 世纪 80 年代后取得了令人注目的成果，特别是 80 年代中期发展起来的电热原子化器-激光激发原子荧光光谱（ETA-LEAFS）法可以完成许多其他方法难以完成的分析任务，如：大气中的汞，南极冰雪试样中的铝和锌，土壤间气流中的金，海洋沉积物中金和钯的测定等。该法已为我国的环境监测、矿产资源勘探提供了许多有意义的数据。

总结

- 当一束具有待测元素特征谱线的光,通过待测原子蒸气时,蒸气中的基态原子将产生共振吸收,使得特征谱线的光强减弱,光强减弱的程度与待测元素的原子浓度成正比,据此可求试样中待测元素的含量。常用的定量方法有标准曲线法、标准加入法和内标法。
- 原子吸收分光光度计由光源、原子化系统、分光系统和检测系统组成。最常用的光源是空心阴极灯,它是由待测元素的金属或合金制成,能辐射出半宽度很窄的待测元素的共振发射线。原子化系统的作用是使试样中的待测元素转化为基态原子蒸气,包括火焰原子化法、无火焰原子化法和化学原子化法。分光系统的作用是将待测元素的共振线与邻近的谱线分开,主要由光栅或棱镜、反射镜和狭缝组成。检测系统主要由检测器、放大器、对数变换器和显示装置组成,其作用是将测量的光信号转变成电信号,放大并显示读数。
- 原子发射光谱法(AES)、原子吸收光谱法(AAS)和原子荧光光谱法(AFS)的比较:①AES是基于激发态原子的发射现象,AAS是基于基态原子对共振发射线的吸收现象,而AFS是基于基态原子对被辐射激发原子的再发射现象。因此,原子吸收线多限于一些以基态为低能级的共振吸收线,谱线数目比发射线少得多。由于原子荧光是在共振受激吸收后产生的,其谱线数目比吸收线更少。②AAS对原子化器温度的影响不敏感,而AES受激发温度的影响很灵敏。③AFS和AES的激发方式不同,AFS是受待测元素共振辐射能激发,而AES是受热能、电能等激发。AAS和AFS主要用于微量和痕量元素的定量分析,而AES主要用于无机元素的定性分析。

思考题

1. 原子吸收光谱分析的基本原理是什么?从原理上比较原子吸收光谱法与原子发射光谱法的异同点。
2. 何谓锐线光源?为什么原子吸收光谱分析要使用锐线光源?怎样获得锐线光源?
3. 何谓积分吸收?何谓峰值吸收?为什么原子吸收光谱分析采用峰值吸收,而不是积分吸收?
4. 简述原子吸收分光光度计的组成及各部分的作用原理。
5. 试比较火焰原子化器与石墨炉原子化器的构造、工作原理及优缺点。
6. 采用石墨炉原子化器进行测定时,为什么要通入惰性气体?
7. 原子吸收光谱分析中存在的干扰有哪些?这些干扰是怎样产生的?如何消除?
8. 原子吸收光谱分析的背景是怎样产生的?有何影响?如何进行背景校正?
9. 何谓原子吸收分析的灵敏度与检出限?它们之间有何关系?
10. 怎样选择原子吸收光谱分析的最佳实验条件?
11. 原子吸收光谱定量分析的依据是什么?常用的定量方法有哪些?如何进行?
12. 原子荧光是怎样产生的?有哪几种类型?
13. 何谓荧光猝灭?荧光猝灭有哪些类型?如何减小荧光猝灭的影响?
14. 简述原子荧光光谱仪的基本组成。
15. 简述原子吸收光谱法与原子荧光光谱法的特点及应用。

课后练习

1. 当使用火焰原子化法时，引起谱线变宽的主要因素是：（1）多普勒变宽；（2）罗仑兹变宽；（3）霍尔兹马克变宽；（4）自吸变宽
2. 在原子吸收分光光度计中光源的作用是：（1）提供试样蒸发和激发所需的能量；（2）产生紫外光；（3）发射待测元素的特征谱线；（4）产生具有足够强度的散射光
3. 在原子吸收光谱分析中，采用峰值吸收代替积分吸收的条件是：（1）发射线的半宽度大于吸收线半宽度，发射线的中心频率与吸收线中心频率重合；（2）发射线的半宽度小于吸收线半宽度，发射线的中心频率与吸收线中心频率重合；（3）发射线的中心频率小于吸收线的中心频率；（4）发射线轮廓与吸收线轮廓有显著位移
4. 在原子吸收光谱分析中，消除电离干扰最有效的方法是：（1）提高原子化温度；（2）加入释放剂；（3）加入过量消电离剂；（4）加入保护剂
5. 在原子吸收光谱分析中，能产生1%吸收的吸光度值是：（1）0.04；（2）0.44；（3）0.044；（4）0.0044
6. 在原子吸收光谱分析中，单色器的光谱通带宽度取决于：（1）入射狭缝的宽度；（2）入射狭缝宽度和倒线色散率；（3）出射狭缝的宽度；（4）出射狭缝宽度和倒线色散率
7. 当试样组成复杂，待测元素的含量又很低时，若采用原子吸收光谱法进行测量，最适宜的定量方法是：（1）标准曲线法；（2）标准加入法；（3）内标法；（4）归一化法
8. 在原子荧光光谱分析中，下述哪一种荧光应用得最多：（1）共振荧光；（2）直跃线荧光；（3）阶跃线荧光；（4）敏化荧光
9. 在原子荧光光谱仪中，为了避免光源对原子荧光测定的影响，光源与检测器的位置一般成：（1）30°；（2）45°；（3）90°（4）180°

计算题

1. 测得 3μg·mL^{-1} Ca 溶液的透光率为 48%，计算 Ca 的灵敏度。
2. 已知 Mg 的灵敏度为 0.005μg·mL^{-1}/1%，球墨铸铁试样中 Mg 的含量约为 0.01%，其最适宜的浓度测量范围是多少？若制备试液 25mL，应称取多少克试样？（最适宜的浓度约为灵敏度的 25 ~ 120 倍）
3. 测定一台原子吸收分光光度计的检出限，步骤如下：用蒸馏水配制 MgO 为 0.001μg·mL^{-1} 的水溶液，仪器采用 20 倍标尺扩大；分别喷雾纯蒸馏水及上述配制的溶液。测得的吸光度如下表，试计算 MgO 溶液的检出限。

测定次数	吸光度		测定次数	吸光度	
	纯蒸馏水	试样		纯蒸馏水	试样
1	0.001	0.019	6	−0.001	0.019
2	−0.001	0.019	7	−0.002	0.019
3	−0.002	0.020	8	+0.001	0.020
4	+0.002	0.019	9	+0.002	0.019
5	+0.001	0.019	10	−0.001	0.019

4. 用原子吸收法测定元素 M，样品的吸光度读数为 0.435。现于 9 份样品溶液中加入 15 份 100μg·mL^{-1}

M 的溶液，测得的吸光度为 0.835。问样品溶液中 M 的浓度是多少？

5. 用标准加入法测定样品溶液 Ca 的浓度，标准溶液的浓度为 $1\mu g \cdot mL^{-1}$ Ca，测得吸光度数据为：

20mL 样品稀释至 25mL	0.08
20mL 样品 +1mL 标准，稀释至 25mL	0.132
20mL 样品 +2mL 标准，稀释至 25mL	0.185

试计算样品溶液中 Ca 的浓度。

第五章　X射线荧光光谱法

(A)

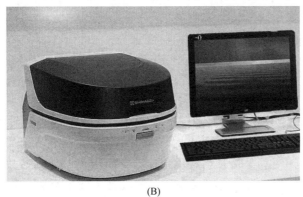

(B)

图（A）和图（B）分别为波长色散型和能量色散型X射线荧光光谱仪，前者是利用分光晶体对不同波长的X射线荧光进行分开并检测，后者是利用X射线荧光具有不同的能量，依靠半导体探测器将其分开并检测。两者都可以对元素周期表中原子序数5以上的所有元素进行定性和定量分析，定量范围宽，各种类型的样品均可分析，且不破坏试样，已广泛用于金属、合金、矿物、环境保护、外空探索等各领域。

为什么要学习 X 射线荧光光谱法？

X 射线荧光光谱法（XRF）与原子发射光谱法（AES）虽有某些相似之处，但由于 X 射线荧光来自原子内层电子的跃迁，而 AES 来自原子外层电子的跃迁，所以 XRF 基本不受化学键的影响，谱线简单，易于识别，已被广泛用于无机元素的定性及定量分析。通过本章的学习，可以初步掌握 X 射线荧光光谱法的基本原理，掌握 XRF 的定性和定量分析方法，熟悉 X 射线荧光光谱仪的基本结构、作用原理和仪器类型，了解 XRF 的特点及应用。

学习目标

- 初步掌握 X 射线荧光光谱法的基本原理。
- 掌握 XRF 的定性和定量分析方法。
- 熟悉 X 射线荧光光谱仪的主要类型，了解各部件的结构及作用原理。
- 熟悉定量分析的影响因素及样品的制备方法。
- 了解 XRF 的特点及应用。

第一节 基本原理

用初级 X 射线激发原子内层电子所产生的次级 X 射线叫 X 射线荧光，基于测量 X 射线荧光的波长及强度进行定性和定量的分析方法，称为 X 射线荧光光谱法（X-ray fluorescence spectrometry，简称 XRF）。

一、X 射线的产生与 X 射线谱

1. X 射线的产生

在具有高度真空的 X 射线管内，当由几万伏高电压（20～100kV）加速的一束电子流，高速撞击阳极金属（一般叫靶，有铜靶、铁靶、钨靶等）时，此时电子的能量大部分转变成热能，极少一部分转变成 X 射线辐射能，并以 X 射线形式辐射出来。X 射线管产生的射线是初级 X 射线。初级 X 射线由两部分组成：一部分为连续 X 射线，且具有一个与 X 射线管管电压有关的短波限；另一部分为特征 X 射线，它由数条波长分离的 X 射线组成，其波长与靶金属的原子序数有关。图 5-1 为钼的初级 X 射线光谱。

2. 连续 X 射线谱

连续 X 射线谱是由某一最短波长（短波限）开始的包括各种 X 射线波长所组成的光谱。连续 X 射线产生的机理可用量子理论来解释。从量子论的观点看，当一个电子突然改变速度时，它即辐射出一个光子，这个光子的能量为

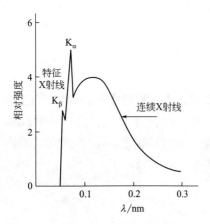

图 5-1 钼的初级 X 射线光谱（25kV）

$$E_X = h\nu = \frac{1}{2}mv_0^2 - \frac{1}{2}mv^2 \tag{5-1}$$

式中，v_0 和 v 分别为电子的初速度和终速度。

在 X 射线管中，当电子在高电压作用下由阴极飞出时，电场力迫使自由电子向阳极方向移动，此时电场的势能转变为电子的动能，电子被加速，电子所获得的总动能 E_e 为

$$E_e = \frac{1}{2}mv_0^2 = eU \tag{5-2}$$

式中，m 为电子质量；e 为电子电荷；U 为加速电压；v_0 为电子到达阳极表面的初速度。

当高速电子轰击靶面时，受到靶材料原子核库仑力的作用而被减速，由于各个电子轰击到阳极上的情况不完全相同，其中有些电子在一次碰撞中被制止，另外大多数电子则需碰撞多次才逐渐丧失其能量，故其减速的情况不尽相同，则它们可能得到的终速度 v 亦不相同，根据式（5-1）可知，当有大量的电子撞击到阳极上时，就可能辐射出各种频率的光子来，从而产生具有各种不同波长的电磁波，这就是连续 X 射线谱。

如果在一定的加速电压下，射向阳极的电子一次减速到 $v=0$，则将辐射出具有最大能量的 X 光子，即波长最短，这就是 X 射线谱出现短波限的原因。

若 eU 为一个高速电子的动能，$h\nu$ 为一个高速电子的能量全部转化为 X 射线光子的能量，则

$$eU = h\nu = h\frac{c}{\lambda_{\text{短波限}}} \tag{5-3}$$

$$\lambda_{\text{短波限}} = \frac{hc}{eU} = \frac{1240}{U}(\text{nm}) \tag{5-4}$$

由式（5-4）可知，连续 X 射线谱中的短波限只与 X 射线管的电压有关而和靶材料无关。连续 X 射线的总强度可用下式表示

$$I = AiZU^2 \tag{5-5}$$

式中，I 为连续 X 射线的总强度，即连续 X 射线谱曲线下包围的总面积；A 为比例常数；i 为 X 射线管管电流，mA；U 为 X 射线管管电压，kV；Z 为靶金属的原子序数。

初级 X 射线通常作为 X 射线荧光光谱法的激发光源，这是因为它的强度存在连续分布的形式，适合于周期表中所有元素的各个谱系的激发，但其强度大小会直接影响测定灵敏度。由式（5-5）可以看出，为提高连续 X 射线的强度，除使用尽可能大的管电压及管电流外，还应采用原子序数较大的金属靶（一般为钨靶）。

3. 特征 X 射线谱

在常规的 X 射线管中，当所加的管电压低时，只有连续 X 射线谱产生，当管电压超过随靶材料而定的某一临界值（激发电势）时，使高速运动的电子的动能足以激发靶原子的内层电子时，便产生几条具有一定波长、强度很大的谱线，叠加在连续 X 射线谱上，这些谱线的波长与激发它的电子速度无关，而只随 X 射线管中靶金属的原子序数而变化，是某种被轰击金属靶元素的特征，故称特征 X 射线。由特征 X 射线组成的光谱，称为特征 X 射线谱。

特征 X 射线是由原子内层电子被激发而产生的。因为电子的动能随 X 射线管管电压的增大而增大，当管电压达到激发电势时，进入靶金属原子内部的电子能将内层电子（K、L、M等）击出原子之外，在内层轨道上就出现一个电子空穴，此时整个原子处于不稳定状态。由于原子具有使其处于最低能量状态的属性，于是外层电子于 $10^{-7} \sim 10^{-14}$s 时间内跃迁到能量较低的内层轨道以填补电子空穴，并以 X 射线的形式释放出能量，此 X 射线即为特征 X 射线。特征 X 射线的产生机理如图 5-2 所示。

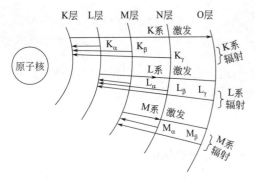

图 5-2 特征 X 射线的产生机理

由图 5-2 可见，所有外层电子都有可能跃迁到内层，以填补内层电子被击出原子后形成的空穴，同时辐射出以内层命名的系列特征 X 射线。例如，填补 K 层空穴所辐射出的特征 X 射线称为 K 系特征 X 射线，其中由 L 层跃迁到 K 层而辐射的 X 射线叫 K_α 特征 X 射线，由 M 层跃迁到 K 层而辐射的 X 射线叫 K_β 特征 X 射线。

特征 X 射线的波长可由普朗克公式求得

$$\lambda = \frac{hc}{E_j - E_i} = \frac{1240}{E_j - E_i} \tag{5-6}$$

式中，j 为原子的某一外层；i 为原子的某一内层。

例如，K_α 和 K_β 特征 X 射线的波长分别为

$$\lambda_{K_\alpha} = \frac{1240}{E_L - E_K} \text{(nm)} \tag{5-7}$$

$$\lambda_{K_\beta} = \frac{1240}{E_M - E_K} \text{(nm)} \tag{5-8}$$

不同元素，由于其原子结构不同，即各电子层能级的能量不同，它们的特征 X 射线的波长也各不相同。

原子序数小于 20 的元素，一般只有 K 系谱线。由于跃迁都是发生在内层电子之间，与价电子关系不大，因此，对于较重的元素而言，不论它是单质还是化合物，其 K 系、L 系谱线波长不变。

特征 X 射线的强度 I_K 取决于 X 射线管的管电流及管电压，对 K 系辐射

$$I_K = ci(U - U_K)^n \tag{5-9}$$

式中，c 为常数；n 为常数，其值为 1.5～1.7；U_K 为 K 系激发电压，kV。

可见，为提高 K 系特征 X 射线的强度，管电压 U 一般应为 U_K 的 3～5 倍。例如钼的 U_K 为 8.86kV，工作电压则应取 30～40kV。

二、X 射线荧光的产生及 X 射线荧光光谱

以初级 X 射线作为激发源来照射样品物质，使原子内层电子激发所产生的次级 X 射线称为 X 射线荧光。X 射线荧光产生的机理与特征 X 射线完全相同，二者的根本区别是激发源不同，前者是用初级 X 射线作为激发源，而后者是用高速电子作为激发源。因此，X 射线荧光也属于特征 X 射线，而没有连续谱线。在实际分析工作中，既可以用初级 X 射线中的连续 X 射线作为激发源，也可以采用初级 X 射线中的特征 X 射线作为激发源，两者相比后者的效率更高。例如可以采用金靶的 L 系谱线激发氯、硫元素，用铬靶的 K_α 线激发钛元素。原子的内层（如 K 层）电子被激发后出现一个空穴，L 层电子向 K 层跃迁时所释放的能量，也可能被原子内部吸收后激发出较外层的另一电子成为自由电子，称此电子为次级光电子或 Auger（俄歇）电子，这种现象称为 Auger 效应。原子在 X 射线激发的情况下，所发生的 Auger 效应和荧光辐射是两种互相竞争的过程，如图 5-3 所示。

当入射 X 射线使 K 层电子激发生成光电子后，L 层电子落入 K 层空穴，这时能量 $\Delta E = E_L - E_K$ 以辐射形式释放出来，产生 K_α X 射线，这就是 X 射线荧光。对一个原子来说，激发态原子在弛豫过程中释放的能量只能用于一种发射，或者发射 X 射线荧光，或者发射 Auger 电子。对于大量原子来说，两种过程存在一个概率问题。对于原子序数小于 11 的元素，激发态原子在弛豫过程中主要是发射 Auger 电子，而重元素则主要发射 X 射线荧光。Auger 电子产生的概率除与元素的原子序数有关外，还随对应的能级差

的缩小而增加。一般对于较重的元素，最内层（K 层）空穴的填充，以发射 X 射线荧光为主，Auger 效应不显著；当空穴外移时，Auger 效应愈来愈占优势。因此 X 射线荧光分析法多采用 K 系和 L 系荧光，其他系则较少采用。

图 5-4 为不锈钢的 X 射线荧光光谱图。

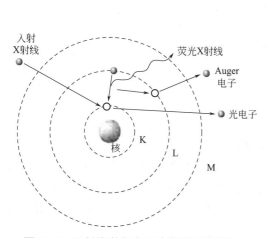

图 5-3 X 射线激发电子弛豫过程示意图

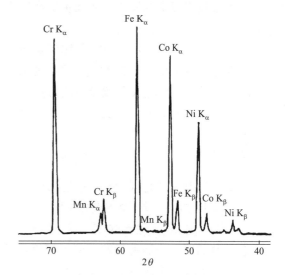

图 5-4 不锈钢的 X 射线荧光光谱

三、X 射线的散射、吸收及衍射

1. X 射线的散射

X 射线散射可分为相干散射和非相干散射。

（1）相干散射　当 X 射线照射到物质上时，X 射线便与物质中的原子相互作用，迫使原子中的电子和原子核跟随着 X 射线电磁波的周期性变化的电磁场而振动，由于原子核的质量比电子大得多，原子核的振动可忽略不计，因此主要是原子中的电子跟着一起周期振动，成了新的电磁波的波源，并以球面波方式向四面八方散射出波长和位相与入射 X 射线相同的电磁波，这种现象称为 X 射线相干散射，也称 Rayleigh（瑞利）散射或弹性碰撞。原子散射 X 射线的能力和原子中所含的电子数目有关，即原子序数越大的元素，其散射能力也越强。这种相干散射现象，是 X 射线在晶体中产生衍射现象的物理基础。

（2）非相干散射　当 X 射线与原子中束缚力较弱的电子作用后，产生非弹性碰撞。电子被撞向一边（叫反冲电子），而 X 射线光子也偏离了一个角度，此时光子有一部分能量传递给电子，变为电子的动能。因此，光子碰撞后的能量比碰撞前的能量小，相应地散射 X 射线的波长也比入射 X 射线的波长要长，这种波长变长，同时方向也改变的散射称为非相干散射，也称 Compton（康普顿）散射。元素的原子序数越小，则非相干散射越大。一些超轻元素，如 N、C、O 等元素的非相干散射是主要的，这也是轻元素不易分析的一个原因。

 概念检查 5.1

○ X 射线散射分为哪两种类型？它们是如何产生的？各有什么特点？

2. X射线的吸收

与其他电磁辐射一样，X射线也会被物质吸收。物质对X射线的吸收有两种情况。一种是散射吸收，它主要是由非相干散射引起；另一种是真吸收，是由于入射X射线引起物质原子内层电子的激发而产生的吸收，其吸收程度由物质的性质和量所决定。大多数元素的吸收都是以真吸收为主，散射吸收较少或可以忽略。

物质对X射线的吸收遵守朗伯-比尔定律。当入射X射线波长一定时，元素的原子序数越小，对X射线的吸收能力也越小，则X射线的穿透能力越强，所以，常用轻元素作为透射X射线的窗口。当元素一定时，物质对长波长的X射线吸收能力强，即X射线的穿透力小，所以，把长波长X射线称为软X射线，短波长X射线称为硬X射线。

3. X射线的衍射

X射线的衍射现象起因于相干散射线的干涉作用。当两个波长相等、相位差固定且振动于同一个平面内的相干散射波沿着同一个方向传播时，在不同的相位差条件下，这两种散射波或者相互加强（同相），或者相互减弱（异相），这一强度按空间周期性变化的现象称为干涉。按照光的干涉原理，只当光程差为波长的整数倍时，光波的振幅才能互相叠加使光的强度增强，这种由于大量原子散射波的叠加、互相干涉而产生最大程度加强的光束叫X射线的衍射线。产生X射线衍射线的条件是

$$n\lambda = 2d \sin\theta \tag{5-10}$$

式中，n为衍射级次，可以是0、1、2等整数，分别称零级、一级、二级、……衍射；θ为掠射角，即入射或衍射X射线与晶面间的夹角；d为晶面间距。

式（5-10）就是著名的Bragg（布拉格）方程。

因为$|\sin\theta| \leqslant 1$，所以当$n = 1$时，$\dfrac{\lambda}{2d} = |\sin\theta| \leqslant 1$，即$\lambda \leqslant 2d$。这表明，只有当入射X射线波长$\lambda \leqslant 2d$时，才能产生衍射。

由Bragg方程可知：

① 已知X射线波长λ测θ角，从而计算晶面间距d，这是X射线结构分析。

② 用已知d的晶体，测θ角，从而计算出特征辐射波长λ，进一步查出样品中所含元素，这是X射线荧光分析。

第二节　X射线荧光光谱分析方法

由于X射线荧光波长与被激发的元素性质相关，因此利用X射线荧光波长可以鉴别元素。与紫外-可见光区的分子荧光辐射一样，X射线荧光强度与产生荧光物质的含量成正比，据此可以对元素进行定量分析。这就是X射线荧光光谱分析法的理论基础。

一、定性分析

1. Moseley（莫塞莱）定律

荧光X射线的波长随着元素原子序数的增加有规律地向波长变短方向移动。Moseley根据谱线移动规

律，建立了 X 射线波长与元素原子序数关系的定律，即 Moseley 定律。其数学关系式为

$$\sqrt{\frac{1}{\lambda}} = K(Z - S) \tag{5-11}$$

式中，K、S 为常数，随不同谱线系列（K、L）而定；Z 是原子序数。

Moseley 定律是 X 射线荧光定性分析的基础，只要测出 X 射线荧光的波长，就可计算出原子序数，因而就可以确定元素的种类。现在除了超轻元素外，绝大部分元素的特征 X 射线波长都已精确测定，并已汇编成表，因此只要测出样品元素的波长，即可从表中查出对应的元素。

2. 定性分析方法

不同元素的 X 射线荧光具有各自的波长值，几乎与化合物状态无关。因此根据试样辐射的 X 射线荧光的波长就可以确定试样所含元素。

使用波长色散型 X 射线光谱仪时，根据待测元素选择合适的分析晶体，然后测出试样的 X 射线荧光光谱图，根据选用的分析晶体（d 已知）与实测的 2θ 角，按 Bragg 方程计算出波长，然后查谱线 -2θ 或 2θ- 谱线表，便可查出待测元素及特征 X 射线的名称。

这里谱线 -2θ 表按原子序数的增加排列，2θ- 谱线表按波长和 2θ 增加的顺序排列，均可直接查出谱线名称及相应元素。

例如，以 LiF（200）作为分析晶体时，在 44.59° 处出现一峰，查 2θ- 谱线表，可知此谱线为 Ir-K_α，据此可初步判断试样中含有 Ir 元素。

目前已开发出定性分析的计算机软件和专家系统，可自动对扫描谱图进行搜索和匹配，从 X 射线荧光光谱线数据库中进行配对，以确定出元素的名称和谱线的种类。

在能量色散谱中，可从能谱图上直接读出峰的能量，再查阅能量表即可。

二、定量分析

X 射线荧光光谱法定量分析的依据是 X 射线荧光的强度与被测元素的含量成正比。

1. 定量分析方法

（1）标准曲线法　配制一套标准样品，使其基体组成与样品一致或相近，测定分析线强度，作出强度与含量关系的标准曲线。再在同样的工作条件下，测定样品中待测元素的分析线强度，从标准曲线上查出待测元素的含量。

标准曲线法的特点是简便，但要求标准样品的主要成分与待测样品的成分一致。对于测定二元组分或杂质的含量，还能做到这一点。但对多组分样品中主要成分含量的测定，一般要用稀释法。即用稀释剂使标样与样品的稀释比例相同，得到的新样品中稀释剂成为主要成分，分析元素成为杂质，于是就可以用标准曲线法进行测定。

（2）内标法　在分析样品和标准样品中分别加入一定量的内标元素，然后测定各样品中分析线与内标线的强度 I_A 和 I_S，以 I_A/I_S 对分析元素的含量作图，得到内标法标准曲线；由标准曲线求得分析样品中待测元素的含量。

内标法中内标元素是关键。内标元素的选择原则：①样品中不含该内标元素；②内标元素与分析元素的激发、吸收等性质要尽量相似，它们的原子序数相近，一般在 $Z\pm 2$ 范围内选择，对于 $Z<23$ 的轻元素，可在 $Z\pm 1$ 的范围内选择；③两种元素之间没有相互作用。

内标法适用于测定不同种类样品中某一微量元素。内标法的优点是既可以补偿各类样品中的基体效应，又可以补偿因仪器性能漂移带来的影响。内标法的主要缺点是不适用于块状固体和薄膜等样品的分析检测。

(3) 增量法　增量法是一种标准加入法，适用于低含量样品（待测元素含量小于10%）的测定。先将样品分成若干份，其中一份不加待测元素，其他各份加入不同含量（约 1～3 倍）的待测元素，然后分别测定分析线强度，以加入含量为横坐标、强度为纵坐标绘制标准曲线。当待测元素含量较小时，标准曲线近似为一直线，将直线外推与横坐标相交，交点坐标的绝对值即为待测元素的含量。作图时，应对分析线的强度做背景校正。采用增量法时，若样品中待测元素的含量太高，可用稀释剂稀释，使待测元素含量降至3%左右再进行测定。

(4) 数学方法　上述方法是 X 射线荧光分析中的常用方法。为了提高定量分析的精度，已发展了直接数学计算方法，即用数学方法来校正基体效应。由于计算机的普及，这些复杂的数学处理方法已变得十分迅速而简便。这类方法主要有经验系数法和基本参数法，此外还有多重回归法及有效波长法等。

2. 定量分析的影响因素

X 射线荧光光谱分析的误差主要不是来源于仪器，而是来自样品。

(1) 基体效应　样品中除分析元素外的主量元素为基体。基体效应是指样品的基本化学组成、物理和化学状态的变化，对分析线强度的影响。X 射线荧光不仅由样品表面的原子所产生，也可由表面以下的原子所发射。因为无论入射的初级 X 射线或者是试样发出的 X 射线荧光，都有一部分要通过一定厚度的样品层。这一过程将产生基体对入射 X 射线及 X 射线荧光的吸收，导致 X 射线荧光的减弱。反之，基体在入射 X 射线的照射下也可能产生 X 射线荧光，若其波长恰好在分析元素短波长吸收限时，将引起分析元素附加的 X 射线荧光的发射而使 X 射线荧光的强度增强。因此，基体效应一般表现为吸收和激发效应。

基体效应的克服方法有：①稀释法，以轻元素为稀释物可减少基体效应；②薄膜样品法，将样品做得很薄，则吸收、激发效应可忽略；③内标法，在一定程度上也能消除基体效应。

(2) 粒度效应　X 射线荧光强度与颗粒大小有关。大颗粒吸收大；颗粒越细，被照射的总面积大，荧光强。另外，表面粗糙不匀也有影响。在分析时常需将样品磨细，粉末样品要压实，块状样品表面要抛光。

(3) 谱线干扰　在 K 系特征谱线中，Z 元素的 K_β 线有时与 Z+1、Z+2、Z+3 元素的 K_α 线靠近。例如，^{23}V 的 K_β 线与 ^{24}Cr 的 K_α 线、^{48}Cd 的 K_β 线与 ^{51}Sb 的 K_α 线之间部分重叠，As 的 K_α 线和 Pb 的 K_α 线重叠。另外，还有来自不同衍射级次的衍射线之间的干扰。

克服谱线干扰的方法有以下几种：①选择无干扰的谱线；②降低电压至干扰元素激发电压以下，防止产生干扰元素的谱线；③选择合适的分析晶体、计数管、准值器或脉冲分析器，提高分辨率；④在分析晶体与检测器间放置滤光片，滤去干扰谱线等。

3. 样品的制备

进行 X 射线荧光分析的样品可以是固态，也可以是液态。

①对于金属样品，成分不均匀的样品要重熔，快速冷却后车成圆片；②对于表面不平的样品，要打磨抛光；③对于粉末样品，要研磨至 300～400 目，然后压成圆片，也可以放入样品槽中测定；④对于固态样品，如果不能得到均匀平整的表面，则可以将样品用酸溶解，再沉淀成盐类进行测定；⑤对于液态样品，可以将其滴在滤纸上，用红外灯烤干水分后测定，也可以密封在样品槽中进行测定。总之，所测样品不能含有水、油和挥发性成分，更不能含有腐蚀性溶剂。

概念检查 5.2

○ X 射线荧光光谱法定量分析的依据是什么？常用的定量方法有哪几种？影响定量分析的因素有哪些？

第三节　X 射线荧光光谱仪

用于测量 X 射线荧光的仪器称为 X 射线荧光光谱仪。根据分光原理，X 射线荧光光谱仪分为波长色散型和能量色散型两种基本类型。

一、波长色散型 X 射线荧光光谱仪

波长色散型 X 射线荧光光谱仪由 X 射线发生器、样品室、分光装置、检测器及记录系统五部分组成，它们分别起激发、色散、检测和显示的作用，如图 5-5 所示。

由 X 射线管产生的初级 X 射线，照射在样品上，使样品原子内层电子激发而发射出含有多种波长的混合 X 射线荧光，此混合 X 射线荧光经准直器准直后以某一 θ 角照射到分析晶体上，晶体将入射光束按 Bragg 方程式进行色散，通常测量的是第一级光谱（$n = 1$），因其强度最大。检测器置于角度为 2θ 位置处，它正好对准入射角为 θ 的光线，将分析晶体与检测器同步转动，以这种方式进行扫描时，可得到以光强与 2θ 表示的荧光光谱图。

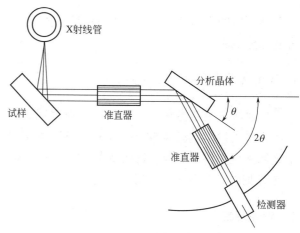

图 5-5　波长色散型 X 射线荧光光谱仪结构示意图

二、能量色散型 X 射线荧光光谱仪

能量色散型 X 射线荧光光谱仪不采用晶体分光系统，而是利用半导体检测器的高分辨率，并配以多道脉冲分析器，直接测量样品 X 射线荧光的能量，使仪器的结构小型化、轻便化。这是 20 世纪 60 年代末发展起来的一种新技术，其仪器结构如图 5-6 所示。

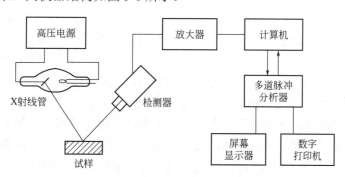

图 5-6　能量色散型 X 射线荧光光谱仪结构示意图

来自试样的 X 射线荧光依次被半导体检测器检测，得到一系列与光子能量成正比的脉冲，经放大器放大后送到多道脉冲幅度分析器（1000 道以上）。按脉冲幅度的大小分别统计脉冲数，脉冲幅度可以用光子的能量来标度，从而得到强度随光子能量分布的曲线，即能谱图。

与波长色散法相比，能量色散法的主要优点是：由于无需分光系统，检测器的位置可靠近样品，检测灵敏度可提高 2～3 个数量级，也不存在高级衍射谱线的干扰。可以一次同时测定样品中几乎所有的元素，分析物件不受限制。仪器操作简便，分析速度快，适合现场分析。主要的不足之处是对轻元素还不能使相邻元素的 K_α 谱线完全分开，检测器必须在液氮低温下保存和使用，连续光谱构成的背景较大。

三、X 射线荧光光谱仪的主要组成部分

与一般的光谱仪器相似，X 射线荧光光谱仪由 X 射线发生器、分光装置、样品室、检测器及记录系统五部分组成。

1. X 射线发生器

X 射线发生器由高压发生器及 X 射线管组成。高压发生器为 X 射线管提供 20～100kV 稳定的直流高压，最大输出电流为 50～100mA，稳定度应大于 ±0.05%。X 射线管实际上是一种高真空二极管，它由金属阳极和钨丝阴极密封在高真空的壳体中构成。由 X 射线管发出的一次 X 射线的连续光谱和特征光谱是 X 射线荧光分析中常用的激发源。

2. 分光装置

波长色散法是用分析晶体作为分光装置，主要是利用晶体的衍射作用，使不同波长的 X 射线荧光色散，然后选择被测元素的特征 X 射线荧光进行测定。晶体分光器有平面晶体分光器和凹面晶体分光器。下面以平面晶体分光器为例，介绍其分光原理。

将样品发射的、含有多种波长的 X 射线荧光经准直器准直后，以平行光束照射到已知晶面间距 d 的分析晶体上，如图 5-7 所示。分析晶体为某些物质的单晶，如 NaCl、LiF、石英等。通过转动分析晶体来改变掠射角，将分析晶体从 0° 逐渐转动到 90°，则混合 X 射线荧光中各种波长的 X 射线荧光将按 Bragg 方程（$n\lambda = 2d\sin\theta$）以从小到大的波长顺序依次发生衍射，其衍射方向应在与入射线成 2θ 角的方向上。在此方向上安装一个检测器，即在分析晶体转动的同时，也使检测器以 2θ

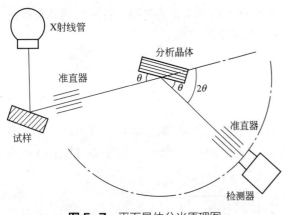

图 5-7 平面晶体分光原理图

角同步跟踪转动，则所有 X 射线荧光的衍射线依次被检测，把检测器信号放大后送入记录系统，便可得到以衍射线强度为纵坐标、以 2θ 角为横坐标的 X 射线荧光光谱图。

波长色散型仪器又根据分析晶体的聚焦方式分为非聚焦平面晶体式、半聚焦弯曲晶体式及全聚焦弯曲晶体式等类型。对于全聚焦式，分析晶体的曲率半径与聚焦圆半径相等，晶面与聚焦圆完全重合，聚焦完全。对于半聚焦式，聚焦圆半径为分析晶体曲率半径的一半，晶体中心与聚焦圆相切，聚焦不完全。

3. 检测器

X 射线检测器也称探测器。检测器的作用是将 X 射线光子的能量转化为电能，从而通过电子线路以脉冲形式测量并记录下来。常用的检测器有正比计数器、闪烁计数器和半导体计数器，前两者用于波长色散型仪器，后者用于能量色散型仪器。

（1）正比计数器　正比计数器由金属圆筒、金属丝和填充气体组成，如图 5-8 所示。作为阳极的金属丝一般为极细的钨丝，它与金属圆筒阴极之间应有良好的绝缘。筒中充有填充气体，填充气体由探测气体氩、氖等和猝灭气体甲烷、丙烷、丁烷等组成。常用的填充气体为 90% 的氩气与 10% 的甲烷气混合物。筒中的填充气体可以是密封的，也可以是流动的。

在一定的电压下，进入检测器的 X 射线光子轰击工作气体使之电离，产生的离子-电子对的数目与光子的能量成正比，与工作气体的电离电位成反比。作为工作气体的氩原子电离后，正离子被引向管壳，电子飞向中心阳极。电子在向阳极移动的过程中被高压加速，获得足够的能量，又可使其他氩原子电离。由初级电离的电子引起多级电离现象，在瞬间发生"雪崩"式放大，一个电子可以引发 $10^3 \sim 10^5$ 个电子。这种放电过程发生在 X 射线光子被吸收后大约 $0.1 \sim 0.2 \mu s$ 的时间内。在这样短的时间内，这种"雪崩"式的放电，使瞬间电流突然增大，并使高压突然减小而产生脉冲输出。在一定条件下，脉冲幅度（即脉冲高度）与入射 X 射线光子的能量成正比。

自脉冲开始至达到脉冲满幅度 90% 所需的时间称为脉冲的"上升时间"。两次可探测脉冲之间的最短时间间隔称为"分辨时间"。分辨时间也可粗略地称为"死时间"。在"死时间"内进入的 X 射线光子不能被测出。正比计数器的"死时间"约为 $0.2 \mu s$。

（2）闪烁计数器　闪烁即为瞬间发光。闪烁计数器由闪烁晶体和光电倍增管两部分组成。闪烁晶体通常为铊激活的碘化钠晶体，即 NaI（Tl）。闪烁晶体为一种荧光物质，它可将 X 射线光子转换成可见光。闪烁计数器的结构如图 5-9 所示。当 X 射线照射到闪烁晶体上时，闪烁晶体能瞬间发出可见光，产生的可见光再由光电倍增管转换为电脉冲信号，脉冲幅度的大小与入射 X 射线光子的能量成正比。所以，通过测量脉冲信号的电压幅度可知入射 X 射线的能量或波长。

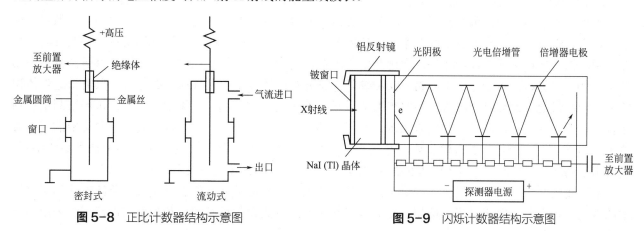

图 5-8　正比计数器结构示意图　　　　图 5-9　闪烁计数器结构示意图

（3）半导体计数器　半导体计数器是由掺有锂的硅（或锗）半导体做成，在其两面真空喷镀一层约 20nm 厚的金膜构成电极，在 n、p 区之间有一个 Li 漂移区。因为锂的离子半径小，很容易漂移穿过半导体，而且锂的电离能也较低，当入射的 X 射线撞击锂漂移区（激活区）时，在其运动途径中形成电子-空穴对。电子-空穴对在电场的作用下，分别移向 n 层和 p 层，形成电脉冲。脉冲幅度与 X 射线能量成正比。

4. 记录系统

记录系统由放大器、脉冲幅度分析器、记录和显示装置所组成。

放大器的作用是将来自检测器的脉冲电压信号放大，以便驱动脉冲幅度分析器进行工作。脉冲幅度分析器的作用是选取一定范围的脉冲幅度，将分析线脉冲从某些干扰线（如某些谱线的高次衍射线、杂质线）和散射线（本底）中分辨出来，以改善分析灵敏度和准确度。

第四节　X 射线荧光光谱法的特点及应用

X 射线荧光光谱分析是一种快速有效的元素分析方法，可用于原子序数大于 5 的金属和非金属元素的定性和定量分析。随着计算机技术的普及，X 射线荧光分析的应用范围不断扩大，已成为仪器分析中最重要的元素分析方法之一。

一、X 射线荧光光谱法的特点

①分析的元素范围广，从周期表中的 5 号元素硼到 92 号元素铀均可测定，并可进行多元素同时检测。②分析的含量范围宽，自微量至常量均可进行分析，精密度与准确度较高。③谱线比较简单，且谱线仅与元素的原子序数有关，与其化合物状态无关，谱线的特征性强，干扰线少，易于识别。④非破坏性分析，试样形式可多样化，可以是固体、糊状、液体或溶液，试样材料可以是金属、盐类、矿物、塑料、纤维等。⑤自动化程度高，分析速度快，已有高度自动化和程序控制的 X 射线荧光光谱仪。⑥不足之处是不能分析原子序数小于 5 的元素，灵敏度不够高，仪器价格较昂贵。

二、X 射线荧光光谱法的应用

X 射线荧光光谱法是基于测量 X 射线荧光的波长及强度进行定性和定量分析的方法，应用极为广泛。
①采矿和冶金工业：可对矿石、矿渣和岩心所含元素进行检测；可连续测定矿浆中的硅；测定各种不同合金的组成及电镀液中的铂和金等。②石油化学工业：可用于分析石油裂化催化剂中的铝、硅、铁、镍、钾、钙及轻稀土元素镧和镨等；通过测定悬浮在润滑油中的金属颗粒铁、铜、锌，以研究机械磨损情况。③环境分析：可测定水中的铬、镍和锌等污染元素；还可用于大气粉尘的分析，只需将适当体积的大气样品过滤，然后将过滤器直接放在 X 射线荧光光谱仪上进行测定。④食品分析：可用来测定植物和食物中的痕量元素；农产品中的杀虫剂；肥料中的磷等。⑤医药分析：可直接测定蛋白质中的硫；血清中的氯和锶，可对组织、骨骼、体液等进行元素分析。⑥其他领域：广泛用于文物和艺术品的鉴别；也可用于动态分析，例如，测定固体在固体中的扩散速度，以及固体在溶液中的溶解速度等。

X 射线荧光光谱法的应用主要取决于仪器技术和理论方法的发展。随着激发源、色散方法和探测技术的改进，以及与计算机技术的联用，X 射线荧光光谱法将成为各科研部门和各生产部门广泛采用的一种极为重要的分析手段。

> **总结**
>
> ○ 当用初级X射线照射物质时，除发生散射、衍射和吸收等现象外，原子内层电子还产生次级X射线，即X射线荧光。荧光的波长与元素的种类有关，据此可以进行定性分析；荧光的强度与元素的含量有关，据此可以进行定量分析。

- X射线荧光光谱法（XRF）与原子发射光谱法（AES）虽都被广泛用于无机元素的定性和定量分析，但由于X射线荧光来自原子内层电子的跃迁，而AES来自原子外层电子的跃迁，所以XRF基本不受化学键的影响，谱线简单，易于识别。
- X射线荧光光谱仪由X射线发生器、样品室、分光系统、检测器及记录系统五部分组成，它们分别起激发、色散、检测和显示的作用。根据分光原理，X射线荧光光谱仪分为波长色散型和能量色散型两种基本类型。波长色散型是用分析晶体作为分光装置，按波长顺序进行分离；能量色散型是以脉冲幅度分析器作为分光装置，按照光子能量的大小进行分离。
- XRF的特点是分析的元素范围广，从元素周期表中的5号元素硼到92号元素铀均可测定；分析的含量范围宽，自微量至常量均可进行分析；谱线的特征性强，谱线仅与元素的原子序数有关，与其化合物状态无关；非破坏性分析，自动化程度高，分析速度快。

思考题

1. 连续X射线和特征X射线的产生机理是什么？
2. X射线荧光是怎样产生的？为什么能用X射线荧光进行元素的定性与定量分析？
3. Bragg方程的物理意义是什么？
4. 简述波长色散型和能量色散型X射线荧光光谱仪在工作原理、仪器结构及应用方面的异同。
5. 试对几种X射线检测器的构造、工作原理及应用范围进行比较。

课后练习

1. X射线的波长范围为：（1）0.005～0.14nm；（2）0.001～10nm；（3）10～200nm；（4）200～400nm
2. X射线荧光与特征X射线的根本区别是：（1）两者的产生机理不同；（2）两者的分光系统不同；（3）两者的激发源不同；（4）两者的检测器不同
3. 与波长色散法相比，能量色散法的主要不足之处是：（1）存在高级衍射谱线的干扰；（2）检测器必须在液氮低温下保存和使用；（3）需配备分光系统；（4）连续光谱构成的背景较大
4. 用于能量色散型X射线荧光光谱仪的检测器是：（1）正比计数器；（2）闪烁计数器；（3）光电二极管阵列检测器；（4）半导体计数器
5. 若需鉴别古代壁画颜料中的无机元素，最适宜的鉴定方法是：（1）电感耦合等离子体发射光谱法；（2）电感耦合等离子体质谱法；（3）红外光谱法；（4）X射线荧光光谱法

计算题

1. 铬靶X射线管在75kV电压下，所产生的连续X射线的短波限是多少？
2. 以LiF（$2d = 0.4027$nm）作为分光晶体时，2θ角从10°～145°转动，可测定的波长范围为多少？

第六章　紫外－可见吸收光谱法

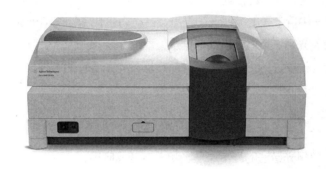

　　紫外－可见分光光度计，可用于有机和无机化合物的定性和定量分析。由于仪器的灵敏度高、重现性好、设备简单、操作方便、分析快速，因而特别适合样品中微量组分的定量分析，已成为分析实验室必备的基本仪器之一。该仪器也可用于有机化合物的结构分析，在结构分析方面是对红外光谱和拉曼光谱分析的补充。（图片来源：© Agilent Technologies, Inc. Reproduced with Permission, Courtesy of Agilent Technologies, Inc.）

为什么要学习紫外-可见吸收光谱法?

紫外-可见吸收光谱法是仪器分析中应用最广的分析方法之一。本章将系统介绍有机化合物紫外吸收光谱的产生机制及在结构分析中的应用,光的吸收定律及吸光度测量条件的选择,以及紫外-可见吸收光谱法的定量方法等。通过本章的学习,可明了有机化合物分子中价电子能级跃迁与分子结构的关系,以便通过紫外吸收光谱的解析,判断分子中是否含有芳香结构及共轭体系。另外,还可学会如何建立一个无机物的定量分析方法,包括显色反应、显色条件等的选择;并能较熟练地使用紫外-可见吸收光谱法进行实际样品的分析。

学习目标

- 了解无机化合物的电荷转移及配位场跃迁吸收光谱的产生机制及光谱特征。
- 掌握有机化合物分子中价电子能级跃迁的类型及各类有机化合物的紫外吸收光谱特征。
- 掌握紫外-可见吸收光谱法定量分析的依据及偏离比尔定律的原因。
- 熟悉紫外-可见分光光度计的主要组成部件及常见分光光度计的类型。
- 熟悉显色反应及显色条件的选择依据及实验方法。
- 掌握吸光度测量范围、入射光波长、参比溶液的选择原则及方法。
- 掌握紫外-可见吸收光谱法在有机物结构鉴定及定量分析中的应用。
- 了解漫反射紫外-可见光谱法的基本原理、测试方法及应用。

第一节 概述

紫外-可见吸收光谱法(ultraviolet-visible spectrophotometry)通常是指研究 200~800nm 光谱区域内物质对光辐射的吸收,它广泛用于有机和无机化合物的定性和定量分析。由于紫外光和可见光所具有的能量主要与物质中分子或原子的价电子的能级跃迁相适,可导致这些电子的跃迁,所以紫外-可见吸收光谱也有电子光谱之称。

一、紫外-可见吸收光谱法分类

紫外-可见吸收光谱法是指应用波长范围很窄的光(即较纯的单色光)与被测物质作用而建立的分析方法。

按所用光的波谱区域不同,可分为紫外吸收光谱法和可见吸收光谱法两种,合称为紫外-可见吸收光谱法或紫外-可见分光光度法。

紫外光是波长 10~400nm 的电磁辐射,它可分为远紫外光(10~200nm)和近紫外光(200~400nm)。远紫外光能被大气吸收,不易利用。所以,本章讨论的紫外光,仅指近紫外光。可见光区则是指其电磁辐射能被人的眼睛所感觉到的区域,即波长为 400nm 至 780nm 的光谱区。

二、光辐射的选择吸收

前面已经指出物质对光的吸收是物质与辐射能相互作用的一种形式,只有当入射光子的能量同吸光体的基态和激发态能量差相等时才会被吸收。由于吸光物质的分子(或离子)只有有限数量的、量子化的能级,所以物质对光的吸收是有选择性的。在日常生活中,看到各溶液呈现不同的颜色正是由于它们对可见光选择性吸收的结果。当一束白光(复合光)通过某一溶液时,某些波长的光被溶液选择性地吸收,另一些波长的光则透过,人们看到的是溶液透射光的颜色,也就是物质所吸收光的互补色,例如,MnO_4^-溶液呈紫红色,就是因为它吸收$500 \sim 560nm$的绿色光,而透过溶液的互补色即紫红色。

物质的颜色和被吸收光的颜色之间的关系,如表6-1所示。

表6-1 物质颜色和吸收光颜色的关系

物质颜色	吸收光		物质颜色	吸收光	
	颜 色	波长/nm		颜 色	波长/nm
黄绿	紫	400~450	紫	黄绿	560~580
黄	蓝	450~480	蓝	黄	580~600
橙	绿蓝	480~490	绿蓝	橙	600~650
红	蓝绿	490~500	蓝绿	红	650~750
紫红	绿	500~560			

三、紫外-可见吸收光谱法的特点

紫外-可见吸收光谱法是一种很好的、在仪器分析中应用最广泛的分析方法之一,具有如下优点。

① 灵敏度高。一般可测定μg量级或浓度为$10^{-5} \sim 10^{-4} mol \cdot L^{-1}$的物质。在某些条件下,甚至可测定ng量级或浓度为$10^{-8} mol \cdot L^{-1}$的物质。

② 选择性较好。一般可在多种组分共存的溶液中,不经分离而测定某种欲测定的组分。

③ 通用性强,应用广泛。不但可以进行定量分析,还可用于定性分析和有机化合物中官能团的鉴定。同时也可用于测定有关的物理化学常数。

④ 设备和操作简单,价格低廉,分析速度快。

⑤ 准确度较好。一般情况下,相对误差约为2%。因此,它适用于微量成分的测定,而不适用于中、高含量的组分。但采取适当技术措施,如示差分析法,可提高准确度,可测定高含量组分。

第二节 紫外吸收光谱

一、无机化合物的紫外吸收光谱

许多金属离子及非金属阴离子均可利用紫外光区进行定量测定,溶液中无机化合物的吸收主要有以下两种类型。

1. 电荷转移跃迁

某些分子同时具有电子给予体部分和电子接受体部分,在外来辐射激发下,电子可以从给予体外层轨道向接受体跃迁，这样产生的光谱称为电荷转移吸收光谱。金属配合物的电荷转移吸收光谱可分为：配位体→金属、金属→配位体、金属→金属间的电荷转移三种类型。一般来说，在配合物的电荷转移过程中，金属离子是电子接受体，配位体是电子给予体。

电荷转移就是一个电子由配位体的轨道跃迁到中心离子的相关轨道上去，这是配合物对紫外和可见光吸收的一个重要方式。

电荷转移的实质是配合物分子中的中心离子作为氧化剂，配位体作为还原剂的一种"内氧化还原"。当中心离子是很强的电子接受体或配位体是很强的电子给予体时，电荷转移跃迁的倾向就强，电荷转移跃迁所需吸收的能量就小，该配离子将对较长波长的光产生吸收。

电荷转移吸收光谱的摩尔吸收系数可达 $10^4 \sim 10^5$ 数量级。因此，电荷转移吸收光谱常用于微量组分的定量分析。

2. 配位场跃迁

配位场跃迁有 d-d 和 f-f 两种跃迁，元素周期表中第四、五周期的过渡金属元素分别具有 3d 和 4d 轨道，镧系和锕系元素分别具有 4f 和 5f 轨道，在配位体存在下，配位体场致使过渡金属元素 5 个能量相等的 d 轨道和镧系及锕系 7 个能量相等的 f 轨道分别裂分为几组能量不等的 d 轨道和 f 轨道。当这些配位离子吸收光能后，低能态的 d 电子或 f 电子便会跃迁到高能态的 d 轨道或 f 轨道，这两种跃迁分别称为 d-d 跃迁和 f-f 跃迁。由于这两种跃迁需在配体的配位场作用下才能发生，故称之为配位场跃迁。与电荷转移跃迁相比，配位场跃迁吸收光谱的摩尔吸收系数值较小，因而较少用于定量分析，但可用于研究无机配合物的结构及键合理论等。

二、有机化合物的紫外吸收光谱

（一）紫外吸收光谱的产生

紫外吸收光谱是由于分子中价电子的跃迁而产生的。因此，分子中价电子的分布和结合情况决定了这种吸收光谱。按分子轨道理论，在有机化合物分子中有几种不同性质的价电子：形成单键的 σ 电子；形成双键的 π 电子；未成键的 n 电子。当它们吸收一定能量 ΔE 后，这些价电子将跃迁到较高的能级（激发态），此时电子所占的轨道称为反键轨道，而这种特定的跃迁同分子结构有着密切关系，一般可将这些跃迁分成如下三类。

① 成键轨道与反键轨道之间的跃迁。包括饱和碳氢化合物中的 σ→σ* 跃迁（σ* 表示 σ 电子的反键轨道），以及不饱和键中的 π→π* 跃迁（π* 表示 π 电子的反键轨道）。

② 非键电子向反键轨道的跃迁。包括 n→σ* 跃迁及 n→π* 跃迁。

③ 电荷转移跃迁。有机化合物吸收光能后，除产生上述几种电子跃迁外，还可产生电荷转移跃迁和电荷转移吸收光谱。

由上述可见，有机化合物价电子可能产生的跃迁主要为 σ→σ*、n→σ*、n→π* 及 π→π*。各种跃迁所需能量是不同的，可用图 6-1 表示。由图 6-1 可见，各种跃迁所需能量大小为：σ→σ*>n→σ*>π→π*>n→π*。

一般说来，未成键的孤对电子较易激发，成键电子中 π 电子较相应的 σ 电子具有较高的能级，而反键电子却相反。因此，n→π* 跃迁所需的能量较低、所产生的吸收波长较长，n→σ* 及 π→π* 跃迁的吸收带出现在较短波段，而 σ→σ* 跃迁则出现在远紫外区（见图 6-2）。

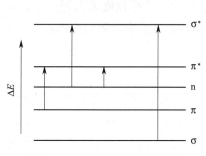

图 6-1 电子跃迁能级示意图

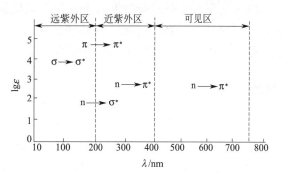

图 6-2 常见电子跃迁所处的波长范围及强度

（二）紫外吸收光谱与有机化合物分子结构的关系

有机化合物的紫外吸收光谱主要取决于分子中特定原子团的性质，而分子中电子结构不同的其他原子团的影响较小。分子中这些决定电子吸收带波长和强度的原子团及其相关的化学键被称为生色团（chromophore）。生色团并非有颜色，指的是在近紫外和可见光区有特征吸收的基团。常见的典型生色团有共轭双键与叁键、羰基、羧基、酰胺基、酯基、硝基、亚硝基、偶氮基及苯环等。生色团含有不饱和键（双键）或未共用的电子对，能产生 $\pi \to \pi^*$ 及 $n \to \pi^*$ 跃迁，某些基团本身在近紫外光区无吸收，但与生色团相连时能使生色团的 λ_{max} 向长波方向移动，同时吸收强度增加，此类基团称为助色团。通常助色团都含有孤对电子（n 电子），可借 n-π 轨道共轭而增加生色团的共轭程度，使 $\pi \to \pi^*$ 和 $n \to \pi^*$ 的跃迁能减小，从而产生助色效应（λ_{max} 红移）。常见的助色团有—Br、—Cl、—OH、OR、SH、SR、NH_2 和 NR_2 等。

1. 饱和烃

饱和单键碳氢化合物只有 σ 电子，σ 电子最不容易激发，跃迁时需要的能量高，因此它们的吸收峰都出现在远紫外区。远紫外区需在无氧或真空中进行测定，限于实验条件，在化学研究中价值较小。但是，当饱和单键碳氢化合物中的氢被氧、氮、卤素、硫等杂原子取代时，由于不成键 n 电子的存在，此时产生 $n \to \sigma^*$ 跃迁，使电子跃迁所需能量降低，吸收峰向长波方向移动，这种由于助色团的引入或溶剂极性的改变而使吸收峰向长波方向移动的现象，称之为红移；反之，则称为蓝移。例如甲烷一般跃迁的范围在 125～135nm（远紫外区），碘甲烷的 $\sigma \to \sigma^*$ 跃迁为 150～210nm，$n \to \sigma^*$ 跃迁为 259nm。

2. 不饱和脂肪烃

这类化合物有孤立双键的烯烃（如乙烯）和共轭双键的烯烃（如丁二烯），它们含有 π 键电子，吸收能量后产生 $\pi \to \pi^*$ 跃迁。对于只含有一个 C=C 双键的单烯化合物，其 $\pi \to \pi^*$ 跃迁落在 $\lambda < 200nm$ 的远紫外区。由此可见，只有一个双键的化合物，它们在近紫外区仍然是透明的。但单烯分子的双键上有助色团时，其 $\pi \to \pi^*$ 跃迁的吸收带会发生红移。

如果一个化合物的分子含有数个生色团，但并不紧靠，或者说不发生共轭作用，则这些化合物的吸收光谱将仍在远紫外区，但吸收强度增加。如果两个生色团很靠近，形成了一个共轭双键，由于两个双键相互作用，使原来生色团的吸收峰消失，在长波方向产生了新的吸收带。这是由于共轭基上含有的共轭 π 电子是流动的，属于整个共轭基的键上的全部原子。这些电子所受束缚小，降低了 π 电子从基态向激发态跃迁所需的能量，致使吸收光谱的波长增加，吸收强度也增加。能使吸收强度增加（ε_{max} 变大）的效应称为增色效应；反之，则称为减色效应。这种由共轭双键中 $\pi \to \pi^*$ 跃迁所产生的吸收带称为 K 吸收带 [源于德文 Konjugation（共轭作用）]。其特点是强度大，摩尔吸收系数大于 10^4，吸收峰位于

217～280nm 之间。K 吸收带的波长及强度与共轭体系的数目、位置、取代基的种类等有关。如共轭系统越多，跃迁所需能量越少，吸收峰的波长越长，以至由无色变为有色，吸收峰进入可见区，吸收强度也增加。据此可以考察具有共轭双键结构的染料、色素、维生素和激素等重要物质的性质。

3. 芳香烃

芳香族化合物为环状共轭体系。图 6-3 为苯在己烷溶剂中的紫外吸收光谱。苯在紫外区有三个吸收带，都是由共轭的 π → π* 跃迁产生的。在 185nm 处的吸收带最强，ε_{max} 为 68000，称为 E_1 吸收带。在 204nm 处有一较强吸收带，ε_{max} 为 8800，称为 E_2 吸收带。在 230～270nm 处（254nm 处 ε 为 200）有较弱的一系列吸收带，称为精细结构吸收带，亦称为 B 吸收带 [源于德文 Benzenoid（苯的）]，这是由于 π → π* 跃迁和苯环的振动重叠引起的，是苯环的特征吸收带。

当苯环上有取代基时，苯的三个吸收带均产生红移，但 F 取代例外。

例如，从乙酰苯的紫外吸收光谱（图 6-4）可以看出，由于乙酰苯中的羰基与苯环的双键共轭出现了很强的 K 吸收带（$\lg\varepsilon$>4）。另外，还出现一个称为 R 的吸收带 [得名于德文 Radikal（基团）]，这是由羰基的 n → π* 跃迁所致，R 吸收带的强度较弱（ε<100）。图 6-4 中 B 是苯环的 B 吸收带。

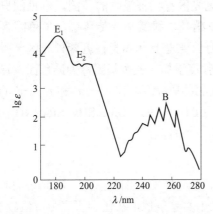 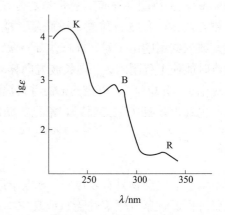

图 6-3 苯在己烷溶剂中的紫外吸收光谱　　　　图 6-4 乙酰苯的紫外吸收光谱

稠环芳烃（如萘、蒽等）均显示苯的三个吸收带，但共轭程度与苯相比，显著增大，所以三个吸收带产生明显红移，且吸收强度增加。

当苯环上的碳原子被氮原子取代后，则相应的氮杂环化合物（如吡啶、喹啉等）的吸收光谱与相应的碳环化合物相似，即吡啶与苯相似，喹啉与萘相似。此外，由于引入含有 n 电子的氮原子，这类化合物还能产生 n → π* 跃迁的 R 吸收带。

 概念检查 6.1

○ 在有机化合物的紫外吸收光谱中有哪几种类型的吸收带？它们产生的原因是什么？各有什么特点？

（三）溶剂对紫外吸收光谱的影响

有机化合物的分析与所采用的溶剂有密切关系。不同溶剂对吸收峰的波长和强度影响不同，尤其对波长影响较大。溶剂对溶质紫外吸收光谱的影响主要有以下几方面。

1. 不同极性的溶剂对溶质吸收峰位置的影响

影响的情况既与溶剂的介电常数有关又与溶质分子的电子跃迁性质有关。溶剂的极性越强，由 $\pi \rightarrow \pi^*$ 跃迁产生的谱带向长波方向移动越显著。这是因为发生 $\pi \rightarrow \pi^*$ 跃迁的分子激发态的极性总是大于基态，在极性溶剂作用下，激发态能量降低的程度大于基态，从而使实现基态到激发态跃迁所需能量变小，致使吸收带发生红移。

与此相反，所用溶剂的极性越强，则由 $n \rightarrow \pi^*$ 跃迁产生的谱带向短波方向移动越明显，即蓝移越大。发生 $n \rightarrow \pi^*$ 跃迁的分子都含有未成键 n 电子，这些电子会与极性溶剂形成氢键，其作用强度是极性较强的基态大于极性较弱的激发态。因而，基态能级比激发态能级的能量下降幅度大，实现 $n \rightarrow \pi^*$ 跃迁所需能量也相应增大，致使吸收谱带发生蓝移。

2. 溶剂对溶质吸收峰强度和精细结构的影响

通常极性溶剂如水、醇、酯和酮会使由振动效应产生的光谱精细结构消失而出现一个宽峰。例如，苯酚的精细结构在非极性溶剂庚烷中清晰可见，而在极性溶剂乙醇中则完全消失而呈现一宽峰。因此，若希望得到有特征的精细结构，则应在溶解度允许的范围内选择极性较小的溶剂。

3. 溶剂本身吸收带的影响

如果溶剂和溶质的吸收带有重叠，将妨碍溶质吸收带的观察。选择溶剂的原则是溶剂在所要测定的波段范围内无吸收或吸收极小。紫外吸收光谱中常用溶剂的使用范围见表 6-2。

4. 体系 pH 的影响

体系 pH 的改变对含有酸性和碱性基团有机物的紫外吸收光谱影响很大。例如，苯胺在酸性介质中可转化为苯胺阳离子，即

苯胺阳离子的 λ_{max} 值与苯的几乎相同。而苯胺的 λ_{max} 值却比苯的值大，这是因为苯胺分子中氮原子上未成键 n 电子与苯环上 π 电子发生的共轭作用降低了电子激发能，使 λ_{max} 向长波方向移动。苯胺阳离子中则不存在未成键 n 电子，不能产生 n-π 共轭，所以它与苯的 λ_{max} 几乎相同。

表 6-2 紫外吸收光谱中常用溶剂的使用范围

溶剂	使用范围 /nm	溶剂	使用范围 /nm	溶剂	使用范围 /nm
水	>210	二氯甲烷	>235	乙酸正丁酯	>260
乙醇	>210	己烷	>200	苯	>280
甲醇	>210	环己烷	>200	甲苯	>285
异丙醇	>210	甘油	>230	吡啶	>303
正丁醇	>210	氯仿	>245	丙酮	>330
96% 硫酸	>210	四氯化碳	>265	二硫化碳	>375
乙醚	>220	乙酸甲酯	>260		
二氧六环	>230	乙酸乙酯	>260		

（四）紫外吸收光谱法在有机化合物分析中的应用

紫外吸收光谱法在一定条件下与吸收物质的性质和结构有密切关系。因此，通过研究和测量吸收光谱的性质（波长和吸光度），可对许多有机化合物进行定性和定量分析。该法进行定量测定的原理和步骤

与可见吸收光谱法相同。此处侧重介绍紫外吸收光谱法在有机化合物定性分析方面的应用,包括化合物的鉴定、结构分析及化合物纯度的检测等。

1. 定性分析

通常采用对比法,即把未知试样的紫外吸收光谱图同标准物质的光谱图进行比较。在鉴定时,为消除溶剂效应,应将试样和标准物质以相同浓度配制在相同溶剂中,在相同条件下分别测定其吸收光谱。若两者的谱图相同(包括吸收曲线形状、吸收峰数目、λ_{max}、ε_{max} 或 $A_{1cm}^{1\%}$ 等),说明它们可能是同一化合物。为了进一步确证,有时还可换一种溶剂进行测定后再作比较。

应该指出,分子或离子对紫外光的吸收只是它们含有的生色团和助色团的特征,而不是整个分子或离子的特征。因此,只靠一个紫外光谱来对未知物进行定性是不可靠的,还要参照伍德沃德(Woodward)和斯科特(Scott)规则以及其他方法的结果。Woodward 和 Scott 规则都是经验规则,可用它们来计算最大吸收波长 λ_{max},并与实验值进行比较,以对物质进行定性。

(1) Woodward 规则　Woodward 提出计算共轭二烯烃、多烯烃及共轭烯酮类化合物的 $\pi \to \pi^*$ 跃迁最大吸收波长的经验规则,如表 6-3 和表 6-4 所示。该规则是以某一类化合物的基本吸收波长为基础,加入

表 6-3 计算二烯烃或多烯烃的最大吸收位置

种类	λ/nm	种类	λ/nm
母体是异环的二烯烃或无环多烯烃类型	基值 217	每个烷基取代基	5
		—OCOR	0
		—OR	6
母体是同环的二烯烃或这种类型的多烯烃①	基值 253	—SR	30
		—Cl,—Br	5
		—NR$_2$	60
增加一个共轭双键	30	溶剂校正值	0
环外双键	5		

① 当两种情形的二烯烃体系同时存在时,选择波长较长的为其母体系统,即选用基值为 253nm。

表 6-4 计算不饱和羰基化合物 $\pi \to \pi^*$ 的最大吸收位置

$\overset{\delta}{-C}=\overset{\gamma}{C}-\overset{\beta}{C}=\overset{\alpha}{C}-\underset{|}{C}=O$ X		λ/nm	$\overset{\delta}{-C}=\overset{\gamma}{C}-\overset{\beta}{C}=\overset{\alpha}{C}-\underset{|}{C}=O$ X		λ/nm
α,β-不饱和羰基化合物母体(无环、六元环或较大的环酮)		215	—OR		
				β	30
α,β 键在五元环内		−13		γ	17
当 X 为 H 时		−6		δ(或更高)	31
当 X 为 OH 或 OR 时		−22	—SR	β	85
每增加一个共轭双键		30	—Cl	α	15
同环二烯化合物		39		β	12
环外双键		5	—Br	α	25
每个取代烷基	α	10		β	30
	β	12	—NR$_2$	β	95
	γ(或更高)	18	溶剂校正		
			乙醇、甲醇		0
—OH	α	35	氯仿		1
	β	30	二氧六环		5
	γ(或更高)	50	乙醚		7
—OAc	$\alpha,\beta,\gamma,\delta$ 或更高	6	己烷,环己烷		11
—OR	α	35	水		−8

各种取代基对吸收波长所作的贡献，就是该化合物 $\pi \to \pi^*$ 跃迁的最大吸收波长。

例 6-1 计算化合物 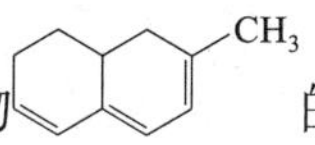 的 λ_{max}。

解：

基值	253nm
烷基取代（4×5）	20nm
环外双键	5nm
共轭系统的延长	30nm
	308nm

例 6-2 计算同分异构体（a）和（b）的 λ_{max}。

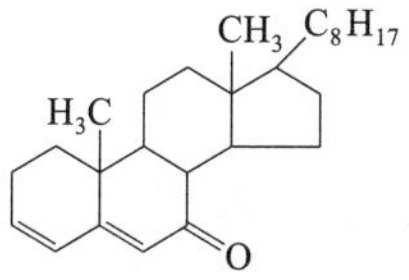

解：

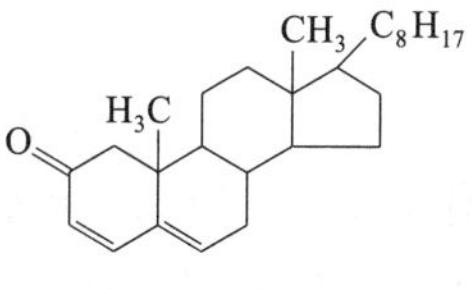

	（a）	（b）
基值	215nm	215nm
取代基 β	12nm	0
γ	0	18nm
δ	18nm	18nm
环外双键	5nm	5nm
共轭系统的延长	30nm	30nm
	280nm	286nm

（2）Scott 规则　Scott 规则类似于 Woodward 规则，用来计算芳香族羰基衍生物 E_2 带的吸收波长，该经验规则的计算方法见表 6-5 和表 6-6。

表 6-5 ArCOR 衍生物 E_2 带 λ_{max}^{EtOH} 的计算

ArCOR 发色团母体	λ/nm
R = 烷基或环残基　（R）	246
= 氢　（H）	250
= 羟基或烷氧基（OH 或 OR）	230

表 6-6 苯环上邻、间、对位被取代基取代的 λ 增值 $\Delta\lambda$　　　　单位：nm

取代基	邻位	间位	对位	取代基	邻位	间位	对位
R（烷基）	3	3	10	Br	2	2	15
OH，OR	7	7	25	NH_2	13	13	58
O	11	20	78	NHAc	20	20	45
Cl	0	0	10	NR_2	20	20	85

例 6-3

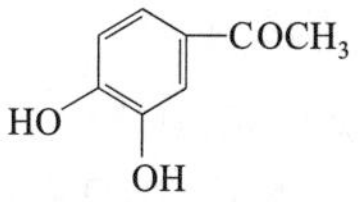

母体	246nm
间位 -OH	7nm
对位 -OH	25nm

计算值	278nm
实测值	279nm

例 6-4

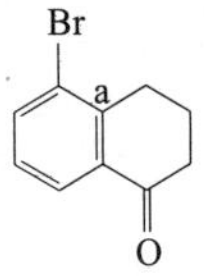

母体	246nm
邻位环残基（a）	3nm
间位 -Br	2nm
计算值	251nm
实测值	248nm

2. 结构分析

利用紫外吸收光谱鉴定有机化合物的基团，虽不如利用红外吸收光谱普遍和有效。但在鉴定共轭生色团或某些基团方面有其独到之处，可作为其他鉴定方法的有力补充。

（1）官能团的鉴定　根据吸收光谱进行初步判断的一般规律是：

① 某一化合物在 200～800nm 无吸收峰，说明此化合物可能是脂肪烃、脂环烃或它们的衍生物（氯化物、醇、醚等），也可能是单烯或孤立多烯等。

② 在 210～250nm 有强吸收带，表明含有共轭双键。若 ε 值在 10^4～2×10^4 之间，说明为共轭二烯或含有 α,β- 不饱和羰基结构的化合物；若在 260～350nm 有强吸收带，表明分子中可能含有 3～5 个共轭双键。

③ 在 250～300nm 有中等强度的吸收带，且在气态或非极性溶剂中呈现精细结构，表示有苯环存在。

④ 在 270～350nm 有一弱吸收带（ε_{max}=10～100），且在 200nm 以上无其他吸收，表明该化合物含有非共轭的 n 电子生色团，如饱和醛酮的羰基。

⑤ 若化合物有许多吸收峰，甚至延伸到可见光区，则可能为一长链共轭化合物或多环芳烃。

按上述规律进行初步判断后，能缩小该化合物的归属范围，然后采用前面介绍的对比法作进一步确定。此外，由于物质的紫外吸收光谱基本上是其分子中生色团及助色团的特征，不是整个分子的特征，推测分子结构时，往往还需和其他方法，如红外光谱、质谱、核磁共振光谱等配合才能得出确切结论。

（2）顺反异构体的确定　一般地讲，反式异构体比顺式异构体有较大的 λ_{max} 及 ε_{max}，这是因为，顺式异构体的位阻效应影响了平面性，使共轭程度降低，发生 λ_{max} 蓝移，ε_{max} 降低。据此可区分顺式和反式异构体。如 1,2- 二苯乙烯具有顺式和反式异构体，顺式的 λ_{max} 为 280nm，ε_{max} 为 10500，反式异构体的 λ_{max} 红移至 295nm，相应的摩尔吸收系数增至 27000。

（3）互变异构体的确定　紫外吸收光谱除应用于推测所含官能团外，还可对某些同分异构体进行判别。常见的互变异构体有酮 - 烯醇式、醇醛的环式 - 链式、酰胺的内酰胺 - 内酰亚胺式等。例如，乙酰乙酸乙酯具有下面酮 - 烯醇式互变异构体

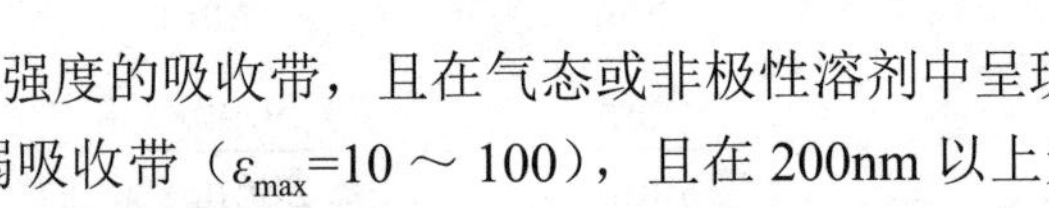

$$CH_3-\underset{酮式}{\overset{O}{C}-CH_2-\overset{O}{C}-OC_2H_5} \rightleftharpoons CH_3-\underset{烯醇式}{\overset{OH}{C}=CH-\overset{O}{C}-OC_2H_5}$$

这两种异构体的相对含量随溶剂的极性而变。在极性溶剂中测定时，在 272nm 出现一个弱吸收，说明该峰系由 n → π* 跃迁引起，可确定该化合物主要以酮式异构体形式存在。这是由于酮式异构体易与极性溶剂形成氢键，上述平衡向左移动，使酮式占优势。在非极性溶剂中进行测定时，在 243nm 有一强吸

收,这是由共轭的 π → π* 跃迁引起,表明此时主要以烯醇式存在。烯醇式在非极性溶剂中可形成分子内氢键而具有稳定性。

3. 化合物纯度的检测

如果某化合物在紫外区没有明显吸收,而其中的杂质却有较强的吸收,则可方便地检出该化合物中的痕量杂质。例如要检定甲醇或乙醇中的杂质苯,可利用苯在 254nm 处的 B 吸收带,在此波长处甲醇或乙醇几乎没有吸收。又如四氯化碳中是否含有杂质二硫化碳,可观察在 318nm 是否出现二硫化碳的特征吸收带。

如果某化合物在可见或紫外区有较强的吸收带,则可利用吸光系数检查它的纯度。例如纯菲的氯仿溶液在 296nm 处的 ε 值为 10230。用某法精制的菲,熔点 100℃,沸点 340℃,似乎已很纯,但用紫外吸收光谱检测,测得的 ε' 值为 9207,说明样品的纯度为 9207÷10230=90%,其余很可能是蒽等杂质。

第三节 光的吸收定律

紫外-可见吸收光谱法用于定量分析的基本方法是:用选定波长的光照射被测物质溶液,测量它的吸光度,再根据吸光度计算被测组分的含量。计算的理论依据是吸收定律,它是由朗伯定律(Lambert's law)和比尔定律(Beer's law)两个定律联合而成,因此又叫朗伯-比尔定律,也简称比尔定律。此外,吸收定律不但是紫外-可见吸收光谱法定量分析的理论依据,而且也同样适用于红外吸收光谱法和原子吸收光谱法。

一、朗伯-比尔定律

朗伯-比尔定律(Lambert-Beer law)是吸收光谱定量分析的基本定律。它表明在稀溶液中,被测物质对一定波长单色光的吸光度与该物质在溶液中的浓度和液层厚度的乘积成正比。可用下式表示

$$A=Kcb \tag{6-1}$$

式中,A 为吸光度;c 为被测物质在溶液中的浓度;b 为透光的液层厚度;K 为比例常数,它与入射光的波长、溶液的性质和温度有关。

1. 吸光度的意义

吸光度表示光束通过溶液时被吸收的程度,通常以 A 表示

$$A = \lg \frac{I_0}{I_t} \tag{6-2}$$

式中,I_0 及 I_t 分别表示入射光和透过光的强度。溶液所吸收光的强度越大,透过光的强度就越小,则吸光度 A 就越大。当入射光全部被吸收时,$I_t=0$,则 $A=\infty$;当入射光全部不被吸收时,$I_t=I_0$,则 $A=0$,所以,$0 \leqslant A \leqslant \infty$。

2. 透光率的意义

透光率也称为透射比或透过率,表示透过光占入射光的比例,也是物质吸光程度的一种量度,通常

以 T 表示，即

$$T = \frac{I_t}{I_0} \tag{6-3}$$

当入射光全部被吸收时，$I_t=0$，则 $T=0$；当入射光不被吸收时，$I_t=I_0$，则 $T=1$。所以，$0 \leqslant T \leqslant 1$。

在分光光度分析中，经常使用百分透光率这个术语。百分透光率被定义为 $100T$，其值在 $0 \sim 100$ 之间。

由式（6-2）及式（6-3）可得吸光度与透光率之间的关系为

$$A = \lg \frac{I_0}{I_t} = -\lg T \tag{6-4}$$

3. 比例系数 K 的意义及表示方法

由式（6-1）可得

$$K = \frac{A}{cb} \tag{6-5}$$

即 K 值表示单位浓度、单位液层厚度的吸光度，它是与吸光物质性质及入射光波长有关的常数，是吸光物质的重要特征值。

K 值的表示方法依赖于溶液浓度的表示方法，在液层厚度 b 以 cm 为单位时，系数 K 的名称、数值及单位均随溶液浓度单位而变。通常有以下三种表示方法：

① 浓度以 $g \cdot L^{-1}$ 为单位时，系数 K 称为质量吸收系数（或简称吸收系数），以 a 表示，单位为 $L \cdot g^{-1} \cdot cm^{-1}$；

② 浓度以 $mol \cdot L^{-1}$ 为单位时，则相应的系数称为摩尔吸收系数，以 ε 表示，单位为 $L \cdot mol^{-1} \cdot cm^{-1}$；

③ 对于不知道分子量的物质，浓度常采用质量百分数，其相应的系数称为百分吸收系数或比吸收系数，以 $A_{1cm}^{1\%}$ 表示。

a、ε 的关系是

$$\varepsilon = aM \tag{6-6}$$

$A_{1cm}^{1\%}$ 与 a 和 ε 的关系是

$$A_{1cm}^{1\%} = 10a = \frac{10\varepsilon}{M} \tag{6-7}$$

式中，M 为吸光物质的分子量。

在上述三种 K 值的表示方法中，以摩尔吸收系数 ε 用得最普遍。文献中所给某化合物的 ε 值，是指最大吸收波长所对应的摩尔吸收系数，也可用 ε_{max} 表示。根据 ε 值的大小可区分吸收峰的强弱：$\varepsilon > 10^4$ 为强吸收，$10^3 \sim 10^4$ 为较强吸收，$10^2 \sim 10^3$ 为较弱吸收，$\varepsilon < 10$ 为弱吸收。ε 值还可客观地衡量显色反应的灵敏度，ε 值越大，表示物质对某波长光的吸收能力越强，测定的灵敏度也就越高。

二、吸光度的加和性

如果溶液中含有 n 种彼此间不相互作用的组分，它们对某一波长的光都产生吸收。那么该溶液对该波长光总吸光度 $A_{总}$ 应等于溶液中 n 种组分的吸光度之和。也就是说，吸光度具有加和性，可表示为

$$\begin{aligned} A_{总} &= A_1 + A_2 + A_3 + \cdots + A_n \\ &= \varepsilon_1 c_1 b + \varepsilon_2 c_2 b + \varepsilon_3 c_3 b + \cdots + \varepsilon_n c_n b \\ &= (\varepsilon_1 c_1 + \varepsilon_2 c_2 + \varepsilon_3 c_3 + \cdots + \varepsilon_n c_n) b \end{aligned} \tag{6-8}$$

吸光度的加和性对多组分同时定量测定、校正干扰等都极为有用。

三、偏离比尔定律的原因

偏离比尔定律的原因较多,基本上可分为物理及化学两个方面。物理方面的原因主要是入射单色光不纯及杂散光等的影响,化学方面的原因主要是溶质的离解、缔合及互变异构反应等。

1. 入射光非单色性引起的偏离

光吸收定律成立的前提是入射光必须是严格的单色光。但目前仪器所提供的入射光实际上是由波长范围较窄的光带组成的复合光,非严格的单色光,这就有可能造成对比尔定律的偏离。

为讨论方便起见,假设入射光仅由两种波长 λ_1 和 λ_2 的光组成,比尔定律可分别适用于这两种波长。对辐射 λ_1,吸光度为 A',则

$$A' = \lg \frac{I_0'}{I_1}, \quad I_1 = I_0' \times 10^{-\varepsilon_1 bc} \tag{6-9}$$

对于 λ_2,吸光度为 A'',则 $A'' = \lg \frac{I_0''}{I_2}$,

$$I_2 = I_0'' \times 10^{-\varepsilon_2 bc} \tag{6-10}$$

当用这两种波长组成的混合光进行吸收测量时,透过空白溶液光束的强度为 $(I_0' + I_0'')$,透过被测溶液光束的强度为 $(I_1 + I_2)$。因此,所得吸光度值为

$$A = \lg \frac{I_0' + I_0''}{I_1 + I_2} \tag{6-11}$$

将式(6-9)和式(6-10)代入式(6-11),得

$$A = \lg \frac{I_0' + I_0''}{I_0' \times 10^{-\varepsilon_1 bc} + I_0'' \times 10^{-\varepsilon_2 bc}} \tag{6-12}$$

当 $\varepsilon_1 = \varepsilon_2$ 时,$A = \varepsilon bc$,A 与 c 呈线性关系。如果 $\varepsilon_1 \neq \varepsilon_2$,$A$ 与 c 则不呈线性关系。ε_1 与 ε_2 差别愈大,A 与 c 间线性关系的偏离也愈大。其他条件一定时,ε 随入射光波长而变化。

实验证明,由于入射光的非单色性所造成的比尔定律的偏离一般情况下是很小的,只要入射光所包含的波长范围在被测溶液的吸收曲线较平直部分,吸光物质的吸收系数没有大的差别,如图6-5所示,图6-5(a)为吸收曲线与选用谱带关系,图6-5(b)为工作曲线。谱带A和谱带B的波长宽度虽然相同,但由于在谱带B范围内,吸光物质的吸收系数差别较大,而在谱带A范围内差别很小,所以从谱带B得到的吸光度和浓度关系曲线弯曲,而由谱带A得到的仍为一直线。

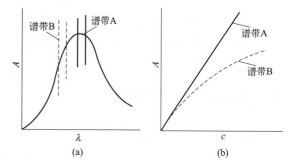

图6-5 入射光的非单色性对比尔定律的影响

2. 溶液本身引起的偏离

(1)化学因素引起的偏离 溶液中由吸光物质等构成的化学体系,常因条件的变化而形成新的化合物或改变吸光物质的浓度,如吸光组分的缔合、离解、互变异构、配合物的逐级形成及溶剂化等,破坏了吸光度与浓度的线性关系,导致偏离比尔定律。

例如，重铬酸钾在水溶液中存在如下平衡：

$$Cr_2O_7^{2-} + H_2O \underset{浓缩}{\overset{稀释}{\rightleftharpoons}} 2CrO_4^{2-} + 2H^+$$

（$\lambda_{最大}$=470nm） （$\lambda_{最大}$=450nm）

显然，$Cr_2O_7^{2-}$和CrO_4^{2-}的吸收曲线和吸收峰都不相同。当使用470nm为工作波长时，随着溶液浓度的增大，吸光度将急剧增高，此时对比尔定律会产生正偏离（工作曲线向上弯曲）；若以450nm为工作波长时，随着溶液浓度的增大，吸光度的增大幅度低于正常情况，对比尔定律产生负偏离（工作曲线向下弯曲）。因此，要避免这种误差，必须根据吸光物质的性质、溶液中化学平衡的知识，使吸光成分的浓度与物质的总浓度相等，或成比例地改变。例如，上例可控制溶液均在高酸度时测定，由于六价铬均以重铬酸根形式存在，就不会引起偏离。

（2）溶液折射率变化引起的偏离　若溶液浓度变化能显著改变溶液的折射率，则可观测到偏离比尔定律的现象，此时须对光吸收定律进行折射率（n）校正。

$$A = Kbcn/(n^2+2)^2 \tag{6-13}$$

一般来讲，在浓度小于0.01mol·L^{-1}时，n基本上为一常数，其影响可忽略不计。这是比尔定律只适用于稀溶液的原因之一。

（3）散射引起的偏离　溶液为胶体溶液、乳浊液或悬浊液时，在入射光通过溶液时，除一部分被吸光粒子吸收外，还有一部分被散射而损失，使透光度减小，实测吸光度增大，发生正偏差。

第四节　紫外-可见分光光度计

一、仪器的分类

紫外-可见分光光度计主要有以下几种基本类型。

按使用波长范围分为可见分光光度计（400～780nm）和紫外-可见分光光度计（200～1000nm）两类，其中，紫外-可见分光光度计包括近紫外、可见及近红外区；按光路分为单光束式和双光束式两类；按测量方式又分为单波长分光光度计和双波长分光光度计两类。20世纪80年代出现了多通道紫外-可见分光光度计，它与常规仪器的不同之处在于使用了一个光电二极管阵列检测器。

二、仪器的主要组成部件

紫外-可见分光光度计通常由光源、单色器、吸收池、检测器和记录显示系统五个部分组成。

1. 光源

光源的作用是提供强而稳定的可见或紫外连续入射光。一般分为可见光光源和紫外光源两类。

（1）可见光光源　最常用的可见光光源为钨丝灯（白炽灯）。钨丝灯可发射波长为320～2500nm范围的连续光谱，其中最适宜的使用范围为320～1000nm，除用作可见光源外，还可用作近红外光源。在可见光区内，钨丝灯的辐射强度与施加电压的4次方成正比，因此要严格稳定钨丝灯的电源电压。

卤钨灯的发光效率比钨灯高、寿命也长。在钨丝灯中加入适量卤素或卤化物可制成卤钨灯，例如加入纯碘制成碘钨灯，溴钨灯是加入溴化氢而得到。新的分光光度计多采用碘钨灯。

（2）紫外光源　紫外光源多为气体放电光源，如氢、氘、氙放电灯及汞灯等。其中以氢灯及氘灯应用最广泛，其发射光谱的波长范围为 160～500nm，最适宜的使用范围为 180～350nm。氘灯发射的光强度比同样的氢灯大 3～5 倍。氢灯可分为高压氢灯（2000～6000V）和低压氢灯（40～80V），后者较为常用。低压氢灯或氘灯的构造是：将一对电极密封在干燥的带石英窗的玻璃管内，抽真空后充入低压氢气或氘气。石英窗的使用是为了避免普通玻璃对紫外光的强烈吸收。

近年来，具有高强度和高单色性的激光已被开发用作紫外光源。已商品化的激光光源有氩离子激光器和可调谐染料激光器。

2. 单色器

将光源发出的连续光谱分解为单色光的装置称为单色器。单色器由色散元件、狭缝和准直镜等组成。

（1）色散元件　常用的色散元件有棱镜和光栅（其分光原理见第三章第三节）。棱镜可获得半宽度为 5～10nm 的单色光，光栅可获得半宽度小至 0.1nm 的单色光。早期仪器多采用棱镜，现在多使用光栅。

（2）准直镜　准直镜是以狭缝为焦点的聚焦镜，其作用是将进入色散元件的发散光变成平行光，又将色散后的单色平行光聚焦于出射狭缝。

（3）狭缝　狭缝为光的进、出口，包括入射狭缝和出射狭缝。入射狭缝起着限制杂散光进入的作用。狭缝宽度直接影响分光质量。狭缝过宽，单色光不纯；狭缝太窄，则光通量小，灵敏度降低。合适的狭缝宽度一般是在不引起吸光度减小情况下的最大狭缝宽度。

3. 吸收池

吸收池亦称比色皿，用于盛装吸收试液和决定透光液层厚度的器件。常用的吸收池材料有石英和玻璃两种，石英池可用于紫外、可见及近红外（<3μm）光区，普通硅酸盐玻璃池只能用于 350nm～2μm 的光谱区。常见吸收池为长方形，光程为 0.5～10cm。从用途上看，吸收池有液体池、气体池、微量池及流动池等。为了减少入射光的反射损失和造成光程差，在放置比色皿时，应注意使其透光面垂直于光束方向。指纹、油脂或比色皿壁上其他沉积物都会影响其透射特性。因此，在使用比色皿时，应特别注意保护两个光学面的光洁。

4. 检测器

常用的检测器有光电管、光电倍增管和光电二极管阵列检测器等一类光电转换器。对检测器的要求是：产生的光电流与照射于检测器上的光强度成正比，响应灵敏度高，响应速度快，噪声低，稳定性高，产生的电信号易于检测放大等。

（1）光电管　光电管是由一个阳极和一个光敏阴极组成的真空（或充少量惰性气体）二极管，阳极通常是一个镍环或镍片，阴极为一金属半圆柱体，其内表面涂有一层光敏物质，它多为碱金属或碱金属氧化物，受光照射时可以放出光电子。光电管的工作原理为：在两极间施加约 90V 的直流电压时，电路无电流通过。但当光线照射到阴极内表面上时，光子由阴极材料表面轰击出电子（即光电子），此光电子将会在电场作用下流向阳极，形成光电流，而且光电流的大小与照射到阴极上的光强度成正比。由于光电管有很高的内阻，所以产生的电流很容易放大。

（2）光电倍增管和光电二极管阵列检测器　光电倍增管和光电二极管阵列检测器的组成及其工作原理在第三章第三节中已经介绍，此处不再重复。

5. 记录显示系统

记录显示系统的作用是将检测器输出的电信号以吸收光谱的形式（或 A、T）显示出来。目前广泛采用屏幕显示，吸收光谱、操作条件和结果都可在屏幕上显示出来，利用微处理机进行仪器自动控制和结果处理，大大提高了仪器的精度、稳定性及自动化程度。

三、仪器的主要类型

1. 单光束分光光度计

单光束分光光度计是最简单的分光光度计，它只有一束单色光，轮流通过参比溶液和样品溶液，以进行吸光度的测定。其结构简单、价格便宜。

此类仪器的工作原理如图6-6所示。单光束分光光度计的操作程序为：先旋转单色器选择测定波长；机械调零；接通电源，进行暗电流补偿；打开光源，将参比溶液置入光路，调节狭缝宽度或光栏大小以改变光通量，或调节电子放大器的灵敏度，使透光率指100；测定溶液的吸光度。

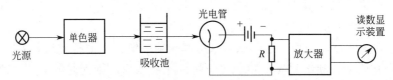

图6-6 单光束分光光度计原理图

单光束分光光度计在使用时要求配置电子稳压器（也可改用稳定的直流电源），并需注意每改变一次测定波长时，用参比溶液重调使透光率为100。

2. 双光束分光光度计

双光束分光光度计的光路设计基本上与单光束仪器相似，不同的是在单色器与吸收池之间加了一个斩光器。斩光器将均匀的单色光变成两束光，一束通过参比溶液，另一束通过样品溶液，然后由检测器进行测量，即可得到样品溶液的吸光度值。图6-7为双光束分光光度计的示意图。

双光束分光光度计能自动记录吸收光谱曲线。其特点是能连续改变波长，自动地比较样品及参比溶液的透光强度，自动消除因光源强度变化所引起的误差。

3. 双波长分光光度计

双波长分光光度计与单波长分光光度计的主要区别在于采用双单色器，以同时得到两束波长不同的单色辐射，见图6-8。

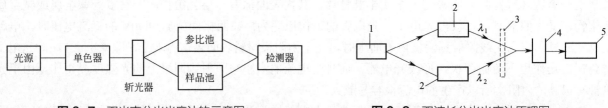

图6-7 双光束分光光度计的示意图　　　图6-8 双波长分光光度计原理图
1—光源；2—单色器；3—斩光器；4—吸收池；5—检测器

光源发出的光分成两束，分别经过两个可以自由转动的光栅单色器，得到两束具有不同波长 λ_1、λ_2 的单色光，借斩光器调节，使两束光以一定的时间间隔交替照射到装有试液的吸收池，由检测器显示出试液在波长 λ_1 和 λ_2 的吸光度差值 ΔA。

$$\Delta A = A_{\lambda_1} - A_{\lambda_2} = (\varepsilon_{\lambda_1} - \varepsilon_{\lambda_2})bc \tag{6-14}$$

由式（6-14）可知，ΔA 与吸光物质浓度 c 成正比，这是用双波长分光光度计进行定量分析的理论依据。

双波长分光光度计不用参比液池，仅用一个吸收池，消除了吸收池及参比池所引起的测量误差，提高了测量的准确度。

双波长分光光度计特别适合混合物和混浊样品的定量分析，可进行化学反应的动力学研究，并可获得导数光谱等。

4. 多通道分光光度计

多通道分光光度计是一种利用光电二极管阵列作检测器，由计算机控制的单光束紫外-可见分光光度计。由光源发出的辐射聚焦到样品池上，光通过样品池到达光栅，经分光后照射到光电二极管阵列检测器上。该检测器含有一个由几百个光电二极管构成的线性阵列，可覆盖 190～900nm 波长范围，由于全部波长同时被检测，而且光电二极管的响应又很快，因此可在极短的时间内（≤1s）给出整个光谱的全部信息。多通道分光光度计特别适用于样品中多组分的同时测定，也被用作高效液相色谱仪和毛细管电泳仪的检测器。

5. 光导纤维探头式分光光度计

光导纤维探头式分光光度计的探头是由两根相互隔离的光导纤维组成。钨灯发射的光由其中一根光导纤维传导至样品溶液，再经镀铝反射镜反射后，由另一根光导纤维传导，通过干涉滤光片后，由光敏器件接收转变为电信号。此类仪器的特点是不需要吸收池，直接将探头插入样品溶液中，在原位进行测定，不受外界光线的影响。光导纤维探头式分光光度计常用于环境和过程监测。

第五节　显色反应及显色条件的选择

在进行可见吸收光谱分析时，首先要把待测组分转变成有色化合物，然后进行光度测定。将待测组分转变成有色化合物的反应叫显色反应。与待测组分形成有色化合物的试剂叫显色剂。

一、显色反应的类型

常见的显色反应有配位反应、氧化还原反应、取代反应和缩合反应等。其中应用最广的为配位反应。同一种物质常有数种显色反应，其原理和灵敏度各不相同，选择时应考虑以下因素。

（1）选择性好　完全特效的显色剂实际上是不存在的，但是干扰较少或干扰易于除去的显色反应是可以找到的。

（2）灵敏度高　可见吸收光谱法一般用于微量组分的测定，因此，需要选择灵敏的显色反应。摩尔吸收系数 ε 的大小是显色反应灵敏度高低的重要标志，因此应当选择生成有色物质的 ε 较大的显色反应。一般来说，当 ε 值为 $10^4 \sim 10^5$ 时，可认为该反应灵敏度较高。

（3）对比度大　有色化合物与显色剂之间的颜色差别通常用对比度表示，它是有色化合物 MR 和显色剂 R 的最大吸收波长差 $\Delta \lambda$ 的绝对值，即

$$\Delta \lambda = | \lambda_{max}^{MR} - \lambda_{max}^{R} |$$

对比度在一定程度上反映了过量显色剂对测定的影响，$\Delta\lambda$越大，过量显色剂的影响越小。一般要求$\Delta\lambda$在60nm以上。

（4）有色化合物组成恒定　有色化合物组成不恒定，意味着溶液颜色的色调及深度不同，必将引起很大误差。为此，对于形成不同配位比的有色配合物的配位反应，必须注意控制实验条件。

（5）有色化合物的稳定性好　要求有色化合物至少在测定过程中保持稳定，使吸光度保持不变。

二、显色条件的选择

可见吸收光谱法是测定显色反应达到平衡后溶液的吸光度，因此要能得到准确的结果，必须了解影响显色反应的因素，控制适当的条件，保证显色反应完全和稳定。现对显色的主要条件讨论如下。

1. 显色剂用量

显色反应一般可表示为　　　　M　+　R　$\rightleftharpoons$　　MR
　　　　　　　　　　　（待测组分）（显色剂）　　（有色配合物）

根据溶液平衡原理，有色配合物稳定常数越大，显色剂过量越多，越有利于待测组分形成有色配合物。

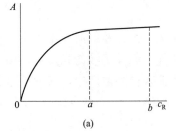

但是过量显色剂的加入，有时会引起空白增大或副反应发生等对测定不利的因素。

显色剂的适宜用量通常由实验来确定。其方法是将待测组分的浓度及其他条件固定，然后加入不同量的显色剂，测定吸光度，绘制吸光度（A）与显色剂浓度（c_R）的关系曲线，一般可得到如图6-9所示三种不同的情况。

图6-9（a）表明，当显色剂浓度c_R在$0 \sim a$范围时，显色剂用量不足，待测离子没有完全转变成有色配合物，随着c_R增大，吸光度A增大。在$a \sim b$范围内，曲线平直，吸光度出现稳定值，因此可在$a \sim b$间选择合适的显色剂用量。这类反应生成的有色配合物稳定，对显色剂浓度控制要求不太严格，适用于光度分析。图6-9（b）只有较窄的平坦部分，应选$a'b'$之间所对应的显色剂浓度，显色剂浓度大于b'后吸光度下降，说明有副反应发生。图6-9（c）曲线表明，随着显色剂浓度增大，吸光度不断增大，例如SCN^-与Fe^{3+}反应，生成逐级配合物

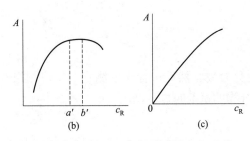

图6-9　吸光度与显色剂浓度的关系曲线

$Fe(SCN)_n^{3-n}$，$n=1,2,\cdots,6$，随着SCN^-浓度增大，生成颜色愈来愈深的高配位数的配合物。对这种情况，必须十分严格地控制显色剂用量。

2. 酸度

酸度对显色反应的影响是多方面的，它会直接影响金属离子和显色剂的存在形式、有色配合物的组成和稳定性及显色反应进行的完全程度。

大部分高价金属离子，如Al^{3+}、Fe^{3+}、Th^{4+}、TiO^{2+}、ZrO^{2+}及Ta^{5+}等都容易水解生成碱式盐或氢氧化物沉淀。为防止水解，溶液的酸度不应太小。

大部分有机显色剂为弱酸，且带有酸碱指示剂性质，在溶液中存在下述平衡：

$$HR \rightleftharpoons H^+ + R^-$$
(显色剂)
$$+$$
$$M^{n+}$$
$$\rightleftharpoons$$
$$MR_n$$
(有色化合物)

酸度改变，将引起平衡移动，从而使显色剂及有色化合物的浓度变化。溶液酸度大，显色剂主要以分子形式存在，实际参加反应的显色剂有效浓度低，从而影响显色反应的完全程度。酸度影响的大小与显色剂的离解常数 K_a 有关，K_a 大时允许的酸度可大些。

一种金属离子与某种显色剂反应的适宜酸度范围，是通过实验来确定的。确定的方法是固定待测组分及显色剂浓度，改变溶液 pH 值，测定其吸光度，作出吸光度 A-pH 关系曲线，选择曲线平坦且吸光度高的部分对应的 pH 值作为测定条件。

3. 显色温度

显色反应通常在室温下进行，有的反应必须在较高温度下才能进行或进行得比较快。有的有色物质当温度偏高时又容易分解。为此，对不同的反应，应通过实验找出各自适宜的温度范围。

4. 显色时间

显色反应速度有快有慢，快的瞬间即可完成；大多数显色反应速度较慢，需要一定时间溶液颜色才能达到稳定；有的有色化合物放置一段时间后，又有新的反应发生。确定适宜显色时间的方法：配制一份显色溶液，从加入显色剂开始，每隔一定时间测吸光度一次，绘制吸光度 - 时间曲线。曲线平坦部分对应的时间就是测定吸光度的最适宜时间。

5. 干扰的消除

在可见吸收光谱分析中，共存离子如本身有颜色，或与显色剂作用生成有色化合物，都将干扰测定。要消除共存离子的干扰，可采用下列方法。

① 控制酸度。根据配合物稳定性的差异，通过控制溶液的酸度可使稳定性高的被测离子配合物能定量形成，使稳定性低的干扰离子配合物不能形成，从而消除了干扰。

② 加入掩蔽剂。向显色溶液中加入掩蔽剂是消除干扰的有效而常用的方法。如用 NH_4SCN 作显色剂测定 Co^{2+} 时，Fe^{3+} 的干扰可借加入 NaF 使之生成无色的 FeF_6^{3-} 而消除。

③ 分离干扰离子。在没有消除干扰的合适方法时，可用萃取法、离子交换法、吸附法及电解法等分离方法除去干扰离子。

综上所述，建立一个新的可见吸收光谱分析方法，必须通过实验对上述各种条件进行研究。应用某一显色反应进行测定时，必须对这些条件进行适当的控制，并使试样的显色条件与绘制标准曲线时的条件一致，这样才能得到重现性好、准确度高的分析结果。

三、显色剂

常用的显色剂可分为无机显色剂和有机显色剂两大类。由于无机显色剂的选择性和灵敏度都不高，而且品种有限，所以实际应用不多；有机显色剂的选择性好、灵敏度高、品种又多，故应用十分广泛。常用显色剂分类情况如下。

显色剂
├─ 无机显色剂——如硫氰酸盐（NH_4CNS、$NaCNS$、$KCNS$）、钼酸铵、过氧化氢（H_2O_2）、碘化物（KI）等
└─ 有机显色剂
    ├─ ① 偶氮类化合物：如偶氮胂Ⅲ、PAN、PAR、钍试剂、酸性铬蓝K及氯代磺酚S等
    ├─ ② 三苯甲烷类化合物：如甲基紫、结晶紫、孔雀绿、罗丹明B、亮绿、二甲酚橙、铬天菁S、铬菁R、铝试剂及邻苯二酚紫等
    ├─ ③ 羟氨类化合物：如铜铁试剂（N-亚硝基苯胲铵）、新铜铁试剂（N-亚硝基萘胲铵）、水杨基氧肟酸及N-苯甲酰-苯胲（BPHA）等
    └─ ④ 其他有机试剂：如丁二肟、邻菲罗啉、铜试剂（DDTC）及双硫腙等

目前已经应用的显色剂是很多的，往往一种显色剂可用于数种离子的显色；一种离子又有多种显色剂。一般常用的有机显色剂及其应用可从有关专著中查到。

第六节　吸光度测量条件的选择

为确保紫外-可见吸收光谱法有较高的灵敏度和准确度，除了要注意选择和控制适当的显色条件外，还必须选择和控制适当的吸光度测量条件。

一、吸光度测量范围的选择

在不同吸光度范围内读数会引起不同程度的误差，为提高测定的准确度，应选择最适宜的吸光度范围进行测定。

对一个给定的分光光度计来说，透光率读数误差ΔT是一个常数，但透光率读数误差不能代表测定结果误差，测定结果误差常用浓度的相对误差$\Delta c/c$表示。

若试液服从比尔定律，则

$$-\lg T = \varepsilon bc \tag{6-15}$$

将上式微分，得

$$-\mathrm{d}\lg T = -0.434 \mathrm{d}\ln T = \frac{-0.434}{T}\mathrm{d}T = \varepsilon b \mathrm{d}c \tag{6-16}$$

将两式相除，整理后得

$$\frac{\mathrm{d}c}{c} = \frac{0.434}{T\lg T}\mathrm{d}T \tag{6-17}$$

以有限值表示，可写作

$$\frac{\Delta c}{c} = \frac{0.434}{T\lg T}\Delta T \tag{6-18}$$

式中，$\frac{\Delta c}{c}$为浓度的相对误差；ΔT为透光率的绝对误差。

一般分光光度计的ΔT约为$\pm 0.2\% \sim \pm 2\%$。假定为0.5%，代入式（6-18），计算出不同透光率值时的浓度相对误差，列入表6-7。

若令式（6-18）的导数为零，可以求出当$T=0.368$（$A=0.434$）时，浓度相对误差最小（约为1.4%）。

由表6-7可以看出，浓度相对误差大小和吸光度读数范围有关。当所测吸光度在$0.15 \sim 1.0$或透光率在$70\% \sim 10\%$的范围内，浓度测量误差约为$1.4\% \sim 2.2\%$，最小误差为1.4%（$\Delta T=0.5\%$）。测量的吸光

度过低或过高，误差都是非常大的，因而普通吸收光谱法不适用于高含量或极低含量物质的测定。实际工作中，可通过调节待测溶液的浓度或选用适当厚度的吸收池等方式，使吸光度读数处在适宜范围内。

表6-7 不同T（或A）时的浓度相对误差（假定$\Delta T=\pm 0.5\%$）

透光率 $T/\%$	吸光度A	浓度相对误差 $\dfrac{\Delta c}{c}\times 100$	透光率 $T/\%$	吸光度A	浓度相对误差 $\dfrac{\Delta c}{c}\times 100$
95	0.022	(±) 10.2	40	0.399	1.36
90	0.046	5.3	30	0.523	1.38
80	0.097	2.8	20	0.699	1.55
70	0.155	2.0	10	1.000	2.17
60	0.222	1.63	3	1.523	4.75
50	0.301	1.44	2	1.699	6.38

二、入射光波长的选择

入射光的波长应根据吸收光谱曲线选择溶液有最大吸收时的波长。这是因为在此波长处摩尔吸收系数值最大，使测定有较高的灵敏度。同时，在此波长处的一个较小范围内，吸光度变化不大，不会造成对比尔定律的偏离，测定准确度较高。

如果最大吸收波长不在仪器可测波长范围内，或干扰物质在此波长处有强烈吸收，可选用非最大吸收处的波长。但应注意尽量选择ε值变化不太大区域内的波长。以图6-10为例，显色剂与钴配合物在420nm波长处均有最大吸收峰，如用此波长测定钴，则未反应的显色剂会发生干扰而降低测定的准确度。因此，必须选择500nm波长测定，在此波长下显色剂不发生吸收，而钴配合物则有一吸收平台。用此波长测定，灵敏度虽有所下降，却消除了干扰，提高了测定的准确度和选择性。

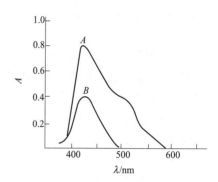

图6-10 吸收曲线
A—钴配合物的吸收曲线；B—1-亚硝基-2-萘酚-3,6磺酸显色剂的吸收曲线

三、参比溶液的选择

众所周知，吸收光谱法首先以参比溶液调节透光率至100%，然后再测定待测溶液的吸光度，这相当于是以透过参比溶液的光束为入射光。由此可见，在光度分析中，参比溶液的作用是非常重要的。一般选择参比溶液的原则如下：

① 如果仅待测物与显色剂的反应产物有吸收，可用纯溶剂作参比溶液；
② 如果显色剂或其他试剂略有吸收，应用空白溶液（不加试样的溶液）作参比溶液；
③ 如试样中其他组分有吸收，但不与显色剂反应，则当显色剂无吸收时，可用试样溶液作参比溶液，当显色剂略有吸收时，可在试液中加入适当掩蔽剂将待测组分掩蔽后再加显色剂，以此溶液作参比溶液。

选择参比液总的原则是使试液的吸光度真正反映待测物的浓度。

 概念检查6.2

○ 紫外-可见吸收光谱法定量分析的依据是什么？定量分析中吸光度测量的误差来源有哪些？如何减小？

第七节　紫外－可见吸收光谱的定量方法

一、单组分的测定

吸收光谱法定量分析的依据是朗伯-比尔定律，即在一定波长处被测定物质的吸光度与它的浓度呈线性关系。因此，只要选择合适的波长测定溶液的吸光度，即可求出该物质在溶液中的浓度。

标准曲线法是实际工作中用得最多的一种定量方法。具体做法是：配制一系列不同浓度待测组分的标准溶液，以不含待测组分的空白溶液为参比，在所选最佳波长处（通常为最大吸收波长 λ_{max}）测定标准溶液的吸光度，绘制吸光度-浓度曲线（即标准曲线）。在相同条件下测定未知试样的吸光度，从标准曲线上就可以找到与之对应的未知试样的浓度。

二、高含量组分的测定

当待测组分含量较高时，测得的吸光度值常常偏离比尔定律。即使不发生偏离，也因为通常采用纯溶剂作参比溶液（普通吸收光谱法），使测得的吸光度太高，超出适宜的读数范围而引入较大误差。随着仪器技术的发展，在一般吸收光谱法的基础上发展了示差吸收光谱法，可以克服这一缺点。

示差法测定试液浓度（c_x）时，首先使用浓度稍低于试液的标准溶液（c_s）作参比溶液调节仪器透光率读数为100%（$A=0$），然后测定试液的吸光度，该吸光度称为相对吸光度（A_r），对应的透光率称为相对透光率（T_r）。如果用普通吸收光谱法以纯溶剂或空白作参比溶液，测得试液及标准液的吸光度分别为 A_x 及 A_s，对应的透光率为 T_x 及 T_s，则根据比尔定律得

$$A_x = \varepsilon b c_x, \quad A_s = \varepsilon b c_s$$
$$A_r = A_x - A_s = \varepsilon b (c_x - c_s) = \varepsilon b \Delta c \tag{6-19}$$

式（6-19）表明在符合比尔定律的浓度范围内，示差法测得的相对吸光度与被测溶液和参比溶液的浓度差 Δc 成正比。如果用上述浓度为 c_s 的标准溶液作参比，测定一系列 Δc 已知的标准溶液的相对吸光度，绘制 A_r-Δc 工作曲线，则由测得试液的相对吸光度 $A_{r,x}$，可从工作曲线上查得 Δc，再根据 $c_x = c_s + \Delta c$ 计算试样浓度。

假设以空白溶液作参比，浓度为 c_s 的标准溶液的透光率 $T_s=10\%$，浓度为 c_x 的试液的透光率 $T_x=5\%$，如图 6-11 上部普通吸收光谱法所示。在示差法中用浓度 c_s 的标准溶液作参比，调节 $T_r=100\%$，相当于将仪器的透光率读数标尺扩大了十倍。此时试液的 $T_{r,x}=50\%$，此读数落入适宜读数范围内，从而提高了测量的准确度。这一标尺扩大对浓度误差的影响，可由下面公式求得

$$\frac{\Delta c_x}{c_x} = \frac{0.434}{T_r \lg T_r T_s} \Delta T_r \tag{6-20}$$

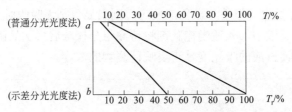

图 6-11 示差法标尺扩大原理

应用示差法时，要求仪器光源有足够的发射强度或能增大光电流放大倍数，以便能调节参比溶液透光率为100%。这就要求仪器单色器质量高，电学系统稳定性好。

三、多组分的同时测定

多组分是指在被测体系中有两个以上的吸光组分。进行多组分混合物定量分析的依据是吸光度的加合性。假定溶液中同时存在两种组分 x 和 y，它们的吸收光谱一般有如下两种情况。

① 吸收光谱不重叠，或至少可能找到某一波长时 x 有吸收而 y 不吸收，在另一波长时，y 吸收而 x 不吸收，如图 6-12 所示，则可分别在波长 λ_1 和 λ_2 时，测定组分 x 和 y 而相互不产生干扰。

② 吸收光谱重叠。找出两个波长，在该波长下，两组分的吸光度差值 ΔA 较大，如图 6-13 所示。在波长 λ_1 和 λ_2 处测定吸光度 A_1 和 A_2，由吸光度的加和性得联立方程

$$\begin{cases} A_1 = \varepsilon_{x_1} b c_x + \varepsilon_{y_1} b c_y \\ A_2 = \varepsilon_{x_2} b c_x + \varepsilon_{y_2} b c_y \end{cases} \tag{6-21}$$

式中，c_x、c_y 分别为 x 和 y 的浓度；ε_{x_1}、ε_{y_1} 分别为 x 和 y 在波长 λ_1 处的摩尔吸收系数；ε_{x_2}、ε_{y_2} 分别为 x 和 y 在波长 λ_2 处的摩尔吸收系数。

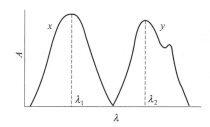

图 6-12 吸收光谱不重叠

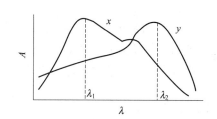

图 6-13 吸收光谱重叠

式中仅 c_x 和 c_y 是未知数，解方程即可求得。在多组分分析中，通常组分数 $n>3$，此时用解联立方程的方法往往不能得到准确的计算结果，需用化学计量学中的一些计算方法对吸收光谱法测定数据进行数学处理，同时得出所有共存组分各自的含量，目前常用的一些计算方法包括最小二乘法、因子分析法、主成分分析法、偏最小二乘法、卡尔曼滤波法、线性规划法和人工神经网络等。

四、双波长吸收光谱法

当吸收光谱相互重叠的两组分共存时，利用双波长吸收光谱法可对单个组分进行测定，也可同时对两个组分进行测定。如图 6-14 所示，当 a 与 b 两组分共存时，如要测定组分 b 的含量，组分 a 的干扰则可通过选择对 a 具有等吸收的两个波长 λ_1 和 λ_2 加以消除。在双波长分光光度计上，以 λ_1 为参比波长，λ_2 为测定波长，对混合液进行测定，测得两波长光的吸光度差值 ΔA。

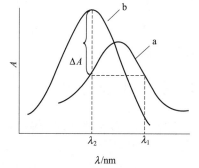

图 6-14 双波长法测定示意图
a，b—分别为组分 a，b 的吸收曲线

因为
$$\Delta A = A_{\lambda_2} - A_{\lambda_1} \tag{6-22}$$

而
$$A_{\lambda_2} = A_{\lambda_2}^{a} + A_{\lambda_2}^{b} \tag{6-23}$$

$$A_{\lambda_1} = A_{\lambda_1}^{a} + A_{\lambda_1}^{b} \tag{6-24}$$

将式（6-23）和式（6-24）代入式（6-22）得

$$\Delta A = (A_{\lambda_2}^{a} + A_{\lambda_2}^{b}) - (A_{\lambda_1}^{a} + A_{\lambda_1}^{b}) \tag{6-25}$$

因为干扰组分 a 在 λ_1 和 λ_2 处具有等吸收，即

$$A^a_{\lambda_2} = A^a_{\lambda_1}$$

所以

$$\Delta A = A^b_{\lambda_2} - A^b_{\lambda_1} = (\varepsilon^b_{\lambda_2} - \varepsilon^b_{\lambda_1})c_b \text{（采用1cm比色皿）} \tag{6-26}$$

由式（6-26）可见，ΔA 与组分 b 的浓度 c_b 成正比，而与组分 a 的浓度 c_a 无关。这种方法称为双波长等吸收点法。

双波长吸收光谱法除上面介绍的双波长等吸收点法外，还有双峰双波长法和双波长 K 系数法等。双波长吸收光谱法通过适当的波长组合，可进行两组分或三组分混合物的同时测定；通过采用一波长固定，另一波长扫描，记录吸收光谱，可消除浑浊背景的影响，因此适用于浑浊试样的分析。

五、导数吸收光谱法

导数吸收光谱法是根据吸光度对波长求导所形成的光谱进行定量或定性分析。其特点是灵敏度高，选择性好，能有效消除基体干扰，特别适用于浑浊样品或多组分的同时测定。高阶导数能分辨重叠光谱甚至提供"指纹"特征，解决了许多普通吸收光谱法难以解决的问题。

1. 定量分析的理论基础

如果将吸光度对波长进行一次求导，将一次导数值对波长作图，得到的曲线称为一阶导数光谱，同理可获得二阶、三阶、四阶、高阶导数光谱。

将朗伯-比尔定律 $A=\varepsilon bc$ 对波长 λ 进行 n 次求导，得到

$$\frac{d^n A}{d\lambda^n} = cb \frac{d^n \varepsilon}{d\lambda^n} \tag{6-27}$$

由式（6-27）可知，A 的 n 阶导数值始终与浓度 c 保持线性关系，这就是导数吸收光谱法定量分析的理论基础。

2. 导数曲线的波形特征

图 6-15 为被测物的吸收光谱（零阶导数光谱）和它的 1～4 阶导数光谱图。这些导数光谱具有下述特征：①0 阶曲线的极大处，相应的奇阶导数（$n=1$，3，…）曲线通过零点；0 阶曲线的拐点处，相应的奇阶导数曲线为极大或极小，这有助于精确确定吸收峰的位置和肩的存在。②0 阶曲线的极大处，相应于偶阶导数（$n=2$，4，…）曲线的极大或极小；0 阶曲线的拐点处，相应的偶阶导数曲线通过零点。③随着导数阶数的增加，谱峰数目增加（n 阶导数将产生 $n+1$ 个峰），峰宽变窄，信号变尖锐，分辨能力增强。

3. 导数曲线的测量

导数输出信号与待测组分的浓度呈线性关系是定量分析的基础，实际工作中是通过对导数光谱的测量来确定导数值，常用于测量导数值的方法有以下 3 种。

（1）切线法 对相邻两峰（谷）作切线，测量两峰间的谷（峰）至切线间

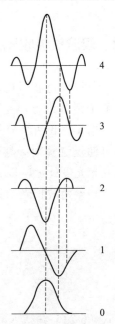

图 6-15 吸收光谱（0）及其相应的 1～4 阶导数光谱

的距离（图 6-16 中的 b 线）。此法适合于有线性背景的情况，只要基线平直，不论其是否倾斜，都能得到正确的结果。

（2）峰谷法　在多组分的定量分析中，多采用测量两个相邻峰谷间的距离（图 6-16 中的 a 线或 c 线）作为导数值，这种方法的灵敏度高。

（3）峰零法　在基线平直条件下，也可测量峰至基线间的距离（图 6-16 中的 d 线）作为导数值，此法灵敏度较低，但选择性较好，测量精度较高。

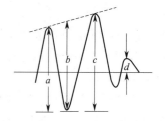

图 6-16　导数光谱的图解测定法

4. 导数阶次的选择

实际工作中，必须根据分析对象及待测组分的吸收谱带，恰当地选择导数阶次，以获得最好的灵敏度与分辨率。

（1）对于需要准确确定待测组分宽吸收带最大吸收波长位置的情况，应选用一阶导数光谱。

（2）气体样品分析，可选用二阶导数光谱。

（3）液体样品分析，可采用二阶或四阶导数光谱。

（4）对多组分混合物进行分析，为了区分重叠吸收带，一般需用二阶以上的高阶导数光谱，四阶导数光谱可获得较高的分辨率并保持较低的噪声。

（5）需消除浑浊背景时，通常采用一阶导数光谱即可，但对高浑浊样品则应采用二阶以上的高阶导数光谱。

第八节　漫反射紫外 - 可见光谱法简介

漫反射紫外 - 可见光谱法（diffuse reflectance ultraviolet visible spectroscopy，DRUVS）又称固体紫外 - 可见光谱法，与传统的紫外 - 可见吸收光谱法（ultraviolet visible absorption spectrometry）相比，所测样品的局限性要小得多，通常后者只能测定透明的稀溶液，而前者则可以测定浑浊溶液、固体及固体粉末等样品。漫反射紫外 - 可见光谱法作为一种快速、无损分析技术已广泛用于材料、医学、农业、土壤、食品、纺织、能源等众多领域。

一、漫反射紫外 - 可见光谱法的基本原理

当紫外 - 可见光照射到固体样品时，一部分光会在样品表面产生镜面反射而未能进入样品内部，因此不带有样品信息，而大部分光经折射、透射或颗粒内表面反射等方式进入样品内部，与样品分子作用而发生反射、折射、散射、吸收等现象，然后由样品表面辐射出来（如图 6-17 所示）。经过多次反射、折射、透射、散射等方式后的紫外 - 可见光在样品表面空间的各个方向辐射，称为漫反射。由于漫反射光与样品分子发生了作用，因此载有样品分子的结构和组成信息，可用于样品的结构、定性及定量分析，这是漫反射紫外 - 可见光谱技术的理论基础。

图 6-17 中的 S 和 D 分别表示镜面反射和漫反射。由图 6-17 可见，镜面反射只发生在表面颗粒的表层，而漫反射是光进入样品内部后，与样品分子作用，并经多次反射、折射、衍射、吸收后返回表面

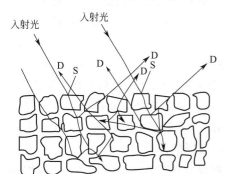

图 6-17　样品表层某一局部颗粒对光的镜面反射和漫反射示意图

的光。

漫反射光的强度取决于样品对光的吸收，以及由样品的物理状态所决定的散射。漫反射光强度与样品组分含量不符合比尔定律，因此需研究与样品浓度呈线性关系的漫反射光谱参数，才能把漫反射光谱用于定量分析。

在漫反射光谱中，吸收与散射关系的表达式曾被许多人推导过，但较为重要而又得到普遍认可的是库贝尔卡-芒克（Kubelka-Munk）方程式。这个方程应用于无限厚、不透明的物质层时，可表示为

$$\frac{(1-R_\infty)^2}{2R_\infty} = \frac{K}{S} \tag{6-28}$$

上式左边称为减免函数（remission function），也称 KM 函数，可表示为

$$KM = \frac{(1-R_\infty)^2}{2R_\infty} = \frac{K}{S} \tag{6-29}$$

式中，R_∞ 为无限厚样品的绝对反射率；K 为吸收系数，与样品的化学组成有关；S 为散射系数，取决于样品的物理特性。

由于测定绝对反射率是相当困难的，在实际工作中，一般不是测定绝对反射率，而是用一个标准白板（用 MgO、$BaSO_4$ 等粉末压制成的片子）作为参比，测定样品相对于标准白板的相对反射率 r_∞，简称为漫反射率。假设标准白板在所研究的光谱范围内不吸收，则 $R_{\infty(标准)} = 1$（实际上一般只有 0.98～0.99）。

$$r_\infty = \frac{R_{\infty(样品)}}{R_{\infty(标准)}} \tag{6-30}$$

定义

$$A = \lg\frac{1}{r_\infty} \tag{6-31}$$

式中，A 称为漫反射吸光度。在仪器上测得的读数为 r_∞ 或 A 的数值，记录下来的曲线就是 r_∞ 或 A 与波长关系的光谱曲线。

当样品浓度较低时，K 与浓度 c 成正比，如果 S 保持不变，则 KM 与 c 呈线性关系，这就是漫反射紫外-可见光谱法进行定量分析的基础。

二、漫反射装置——积分球

积分球（integrating sphere）是漫反射测量中的常用附件之一，它是一个中空的内表面漫反射率极高的球状装置。常用金属做成一个内部空心的球壳，其大小视使用要求而定，球壳内壁表面均匀地喷涂一层具有一定厚度的漫反射材料。其反射系数高达 98%，使得光在积分球内部的损失接近零。一般用于积分球内壁涂层的材料有硫酸钡、氧化镁、聚四氟乙烯等。涂层的作用是将投射到它的表面的光对波长无选择地漫反射。

积分球需要开两组窗口，每组两个光口，一个入光口，一个反光口，共四个光口。两组窗口可以互为垂直，也可以互为平行；一组窗口作为样品光束用，另一组为参比光束用。积分球底部开有一个孔穴，孔下面装有一个边窗式光电倍增管，以检测球内的漫反射光。从单色器过来的双光束通过两个窗口进入积分球，照射在样品及参比上，利用光度计主机的 R/S 光通道交换功能，反射光进入光电倍增管，交互测定样品及参比的漫反射。用不同波长的光对试样进行扫描，就得到该试样的漫反射光谱。

漫反射装置——积分球可方便地插入到紫外-可见分光光度计的样品室中。图 6-18 和图 6-19 分别为积分球装置的示意图及日立 U-3010 分光光度计用 ϕ60mm 积分球的构造图。

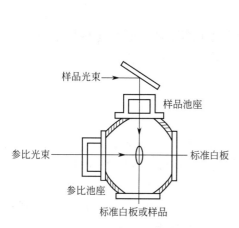

图 6-18 积分球装置的示意图

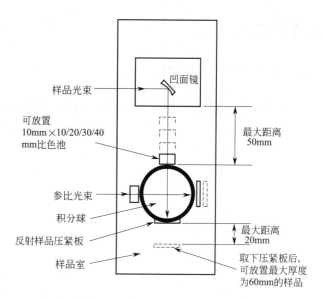

图 6-19 日立 U-3010 分光光度计用 ϕ60mm 积分球的构造图

积分球的功能是作为一个光收集装置，将样品反射的光全部收集，以提高信号的强度。

积分球的效率主要由积分球的物理尺寸、进出口的数目以及内部镀膜的反射率等因素决定。积分球有三种开口：入射光口，反光口，检测器入光口。积分球开口球面面积与积分球总的内反射表面积（包括开口）之比为开口比例，此比例是衡量一个积分球的重要指标。一般要求积分球开孔的总面积不超过积分球内壁总面积的 10%，日立 U-3010 用的 ϕ60mm 积分球的开口比例是 7.8%。增大积分球的尺寸，可有效消除由于不均匀颗粒表面的反射造成的基线漂移，能最大限度地减小积分球偏离理想条件，改善积分球出射窗处辐射照度的均匀性，从而提高测量结果的准确度与精密度。

三、测试方法

用积分球测试浑浊样品和固体样品的常用方法有两种，即透射法和反射法。

1. 透射法

当测定液体样品的透过率时，比色池架安放在积分球入光口的前面，样品侧的反光口处安放由氧化铝（Al_2O_3）制成的副白板。当要进行固体样品的透过率测定时，需将比色池架取出，厚度小于 50mm 的固体样品放置在入光口处，此时样品侧的反光口处放置副白板。

2. 反射法

测定固体样品的反射率时，样品放置在样品侧的反光口处以进行漫反射测量。如果样品完全不透明，不再使用副白板；如果样品呈透明或半透明状，一般把副白板放置在样品的后面做衬底。测定固体粉末时，样品放置于样品托上，氧化铝副白板做参比。

无论是测透射光还是测反射光，具有各向异性的样品光束在积分球体内进行全方位的漫反射，最后一个被平均化了的光信号被置于积分球上的光电倍增管接收并被进一步放大。

四、制样技术

1. 标准物的选择及标准白板的制备

用积分球测定漫反射光谱时,选择白色标准物是关键,作为标准白板的物质必须具备下列条件:
(1) 在所要测定的波长范围内应具有很好的反射率(100%),不能有特征吸收。
(2) 不应该发荧光。
(3) 要有一定的化学稳定性和机械性能,长期使用后不变质,不易碎。
(4) 容易制备。

目前采用的白色标准物有 MgO、$BaSO_4$、$MgCO_3$、$MgSO_4$、NaF、SiO_2 和 Al_2O_3 等。其中最常用的是 MgO 和 $BaSO_4$。用 MgO 粉末作白色标准,因 MgO 在空气中不够稳定,部分会变成 $MgCO_3$,时间一久易变黄,使短波长一侧的反射率降低。如使用比较稳定的 $BaSO_4$ 粉末作白色标准,可提高反射率。

标准白板反射率的高低取决于制备技术,通常是将标准物压制成一定厚度的白板做参比,这种方法简便易行。因标准物颗粒的大小、压片时压力的大小等,都会影响标准白板的反射率,所以在制作标准白板时需要充分注意。

2. 不同样品的制备技术

(1) 具有一定平面的固体样品,如纸张、布、印刷品、陶瓷器、玻璃等,只需将样品放在积分球的样品窗孔处,在参比窗孔处放标准白板,即可进行漫反射光谱的测定。

(2) 粉末样品,如化学品、化妆品、面粉、黏土以及颜料等,可采用两种方法进行测定。一种是将粉末放入漫反射样品池中(具有一个直径为 30mm 左右,深 3~5mm 凹穴的塑料或有机玻璃板),用光滑的平头玻璃棒压紧,然后将样品池放在样品窗孔处;如果样品量太少,可先用 MgO 将样品池填满,压平,再将样品撒在 MgO 表面上轻轻磨平即可测量。另一种方法是将粉末样品放入直径为 25~30mm 的压模中压片,如果粉末的颗粒太大,不易压紧,可加些 MgO。对于吸收太强的样品,可用惰性稀释剂,如 MgO、$BaSO_4$ 等进行稀释。

五、影响漫反射光谱测定的主要因素

(1) 样品粒度的大小 漫反射吸光度随样品粒度的减小而降低,粒度相同才能得到重现的漫反射吸光度,但要得到相同的粒度往往是比较困难的。

(2) 样品表面的光滑度 在压制粉末样品时,随着压力的增加,均匀度和表面光滑度增加。随着表面光滑度增加,镜面反射增加,漫反射吸光度降低。

(3) 样品中水分的影响 水分的存在导致散射能力降低,漫反射吸光度增加。另外,水分子往往可以和样品发生化学反应或形成氢键而使光谱发生变化。

(4) 吸附剂或稀释剂粒度的大小 随着吸附剂或稀释剂粒度的增大,谱带变宽。

(5) 积分球内表面的影响 积分球内表面的白色涂层对测定起着重要作用,在使用时一定注意不要污染积分球内表面,并要经常观察涂层材料是否剥落,这些都会影响测试结果。

六、漫反射紫外-可见光谱法的应用

漫反射紫外-可见光谱法最适于对固体、粉末及浑浊溶液等的测定,也可对样品进行定性和定量分析。在薄层色谱或纸色谱中，应用漫反射紫外-可见光谱法可以省去将待测组分从基质中分离的步骤，使操作更加简便快速。

1. 在薄层色谱中的应用

将待测样品进行薄层色谱分离，从干燥的薄层板上取下斑点，放在反射样品池中，然后进行漫反射测量。曾采用此法测定过苯胺蓝、曙红B、碱性品红、孔雀绿、萘酚黄S、罗丹明B等的混合物，在氧化铝或硅胶为基质的薄板上，以正丁醇-乙醇-水（80∶20∶10）为展开剂进行分离，于110℃烘干后，取下斑点，放入反射池中，然后对其进行漫反射光谱测定。

2. 在催化剂研究中的应用

漫反射紫外-可见光谱法可用于研究催化剂表面过渡金属离子及其配合物的结构、氧化状态、配位状态、配位对称性，以及活性组分与载体间的相互作用。在光催化研究中还可用于催化剂的光吸收性能的测定。制备催化剂时，焙烧温度、金属担载量和浸渍方式不同，都会引起反射光谱信息的变化，据此可为催化剂活性改变提供判据。对有新物种生成的催化剂，还可用漫反射率的变化定量标定其催化活性的大小。

（1）催化剂焙烧后表面化合物的鉴别　采用漫反射紫外-可见光谱法对催化剂焙烧后的表面化合物进行了鉴别，如图6-20所示。

为了鉴定$NiO-WO_3/Al_2O_3$催化剂焙烧后表面的化合物，将其进行漫反射紫外-可见光谱分析，并同时对纯尖晶石$NiAl_2O_4$进行测定，以便对照鉴别。从图6-20中可以看出，纯尖晶石$NiAl_2O_4$在580～630nm范围内出现特征吸收谱带；而550℃焙烧的N-1（NiO/Al_2O_3）和S-1-3（$NiO-WO_3/Al_2O_3$）催化剂的谱图中，在相同的波段也出现吸收谱带，说明这两个催化剂中至少有部分Ni^{2+}生成了尖晶石$NiAl_2O_4$；但450℃焙烧的S-1-7（$NiO-WO_3/Al_2O_3$）催化剂在此波段未有吸收谱带出现，表明S-1-7中没有尖晶石$NiAl_2O_4$生成。

（2）价态测定　铂重整催化剂中含有的可溶性Pt可以使烷烃迅速转化为芳烃。可溶性Pt溶于稀氢氟酸或乙酰丙酮，并以Pt-Al或Pt-Cl的化合物形式存在，溶于稀氢氟酸时，以八面体配位正四价状态出现。为了确定催化剂中可溶性Pt的价态，测定了$Pt-Al_2O_3$催化剂粉状样品的漫反射紫外-可见光谱（如图6-21所示），图中的氯铂酸水溶液光谱图，用作对比。从图6-21可见，可溶性Pt催化剂出现一个小吸收峰，与氯铂酸水溶液的谱图相似，而Al_2O_3和不溶于氢氟酸的Pt催化剂不出现吸收峰，由此证明可溶性Pt是以八面体配位正四价状态存在于催化剂中。

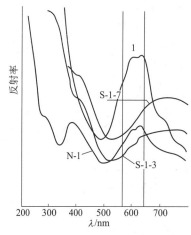

图6-20　催化剂的漫反射紫外-可见光谱

1—$NiAl_2O_4$；N-1—NiO/Al_2O_3；S-1-3—$NiO-WO_3/Al_2O_3$（550℃焙烧）；S-1-7—$NiO-WO_3/Al_2O_3$（450℃焙烧）

3. 天然彩色棉的真伪鉴别

天然彩色棉是一种本身具有自然颜色的棉花品种，也是一种环保、健康的新型纺织原料。目前市场上有时会发生用染色棉来假冒彩色棉的现象，因此快速鉴别天然彩色棉产品的真伪十分必要。对同种天然彩色棉的不同形态（织物和纤维）在相同条件下进行漫反射紫外-可见光谱测定，发现其谱图完全相同；但是同种颜色的天然彩色棉与染色棉的紫外-可见漫反射光谱却有明显的差异。图6-22是天然棕色棉纤维与染色棕棉织物的紫外-可见漫反射光谱，将两者进行比对，发现在360nm的紫外区，染色棕棉织物多了一个反射峰，据此可将两者区分开来。

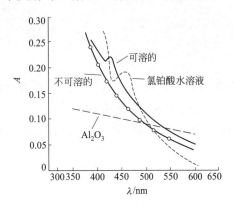

图 6-21　铂重整催化剂的漫反射紫外-可见光谱

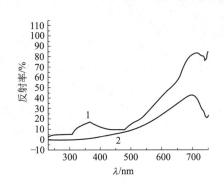

图 6-22　天然棕色棉纤维（2）与染色棕棉织物（1）的漫反射紫外-可见光谱

4. 石蜡中多环芳烃的分析

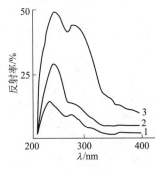

图 6-23　3 种食用石蜡的紫外漫反射光谱

食用石蜡中多环芳烃含量的多少是食品检验中的一项重要指标，由于芳烃在紫外区有特征吸收，可以直接将石蜡压入样品板上用积分球装置测定漫反射光谱来进行质量鉴定，图 6-23 是 3 种食用石蜡的紫外漫反射光谱图。

石蜡是长链烷烃，在 200～400nm 区间无反射峰，而图 6-23 中 3 种食用石蜡在此波长范围内都有反射峰出现，这是多环芳烃的特征峰，据此可知 3 个样品中都含有多环芳烃。从图 6-23 还可看到三者反射峰的反射率是不一样的，反射率从大到小的顺序为：3 号样品 >2 号样品 >1 号样品。反射率大说明光经过样品时被吸收的少，即被测组分的浓度低；反射率小，则被测组分的浓度高。据此可推断出 3 号样品中多环芳烃的含量最小，其次是 2 号样品，含量最大的是 1 号样品。

 总结

○ 紫外-可见吸收光谱包括紫外吸收光谱和可见吸收光谱，两者都属电子光谱，是由分子中电子能级的跃迁产生的。用一束具有连续波长的紫外-可见光照射某化合物，其中某些波长的光被化合物的分子所吸收，若以吸光度对波长作图，就可获得该化合物的紫外-可见吸收光谱。

○ 紫外吸收光谱包括无机化合物和有机化合物的紫外吸收光谱。有机化合物分子中有 σ 电子、π 电子、未成键的 n 电子等几种价电子，可能产生的电子能级跃迁有 σ→σ*、n→σ*、π→π* 和 n→π*，在一般情况下，仅有 σ→σ* 跃迁的化合物，其 λ_{max} 在远紫外光区；具有 n→σ*、π→π* 跃迁（未共轭生色团）的化合物，其 λ_{max} 在 200nm 附近；具有 n→π*、π→π* 跃迁（有共轭生色团）的化合物，λ_{max} 在 200～400nm，随着共轭系统的加长，甚至进入可见光区。通过未知物紫外吸收光谱中吸收峰的位置和强度，可推测其共轭情况及未知物的类型。

○ 紫外-可见吸收光谱中的 λ_{max} 位置并不是固定不变的，而是随分子基团的变化和周围环境的变化而改变。主要影响因素是共轭体系和溶剂的影响。

○ 紫外－可见吸收光谱法常用于微量及痕量无机物（通常需形成高灵敏度的有色配合物）和有机物（需含有苯环或共轭体系）的定量分析，定量分析的依据是朗伯－比尔定律。定量分析包括单组分的测定、高含量组分的测定、多组分的同时测定、双波长分光光度法和导数分光光度法等。

思考题

1. 何谓紫外－可见吸收光谱法、漫反射紫外－可见光谱法？它们的适用范围有何不同？
2. 电子跃迁有哪几种类型？哪些类型的跃迁能在近紫外及可见光区反映出来？试述电子跃迁能量与吸收峰波长的关系。
3. 何谓发色团、助色团、红移、蓝移？试举例说明。
4. 溶剂对紫外吸收峰的波长和强度有什么影响？
5. 什么是吸光度及透光率？二者之间的关系是什么？
6. 朗伯-比尔定律的物理意义是什么？简述偏离比尔定律的原因。
7. 光吸收定律成立的条件是什么？吸收系数的物理意义是什么？它有几种表示方法，其相互关系如何？
8. 参比溶液的作用是什么？怎样正确选择参比溶液？
9. 当研究一种新的显色剂时，必须做哪些实验条件的研究？为什么？
10. 分光光度计有哪些主要部件？它们各起什么作用？
11. 简述示差法和双波长等吸收点法的测定原理。
12. 光度分析法误差的主要来源有哪些？如何减免这些误差？

课后练习

1. 硫酸铜水溶液呈蓝色，这是因为它吸收了：（1）450～480nm的蓝色光；（2）490～500nm的蓝绿光；（3）400～450nm的紫色光；（4）580～600nm的黄色光
2. Fe^{2+}与邻菲咯啉在适宜的条件下，可生成稳定的橙红色配合物，在可见光区有强吸收，最大吸收波长位于510nm处，摩尔吸收系数为1.1×10^4，请问该吸收光谱是下述哪种跃迁产生：（1）$\pi \to \pi^*$跃迁；（2）电荷转移跃迁；（3）$n \to \pi^*$跃迁；（4）配位场跃迁
3. 苯酚B带的精细结构在下述哪种溶剂中清晰可见：（1）甲醇；（2）丙酮；（3）庚烷；（4）乙酸乙酯
4. 测某有机化合物的紫外吸收光谱，在270～350nm区间有一弱吸收带，且在200nm以上无其他吸收，据此可知该化合物是：（1）吡啶；（2）甲乙酮；（3）苯甲酸；（4）甲基乙烯酮
5. 在下列化合物中，适宜作紫外吸收光谱测定的溶剂是：（1）碘乙烷；（2）苯；（3）正丁醚；（4）二溴甲烷
6. 以空白溶液为参比，测得试液的透光率为5.00%，若$\Delta T=\pm 0.5\%$，则测定的浓度值的相对误差为：（1）±3.3%；（2）±2.5%；（3）±1.5%；（4）±4.5%
7. 在用紫外－可见吸收光谱法进行定量分析时，最适宜的吸光度读数范围为：（1）0.10～1.0；（2）0.15～1.0；（3）0.15～1.5；（4）0.10～1.5
8. 已知某化合物分子内含有4个碳原子、1个溴原子和1个双键，又知该化合物在210nm以上无特征紫外吸收峰，据此可知其分子结构可能为：（1）C—C—C Br＝C；（2）Br—C＝C—C—C；（3）C＝C—C—Br；（4）C—C＝C Br—C

9. 用 Scott 规则计算 4-乙酰氨基苯甲醛 E_2 带的吸收波长为：（1）275nm；（2）291nm；（3）255nm；（4）295nm

10. 某一未知物的分子式为 $C_{10}H_{14}$，在 268nm 处有一强吸收峰，它的结构式是：

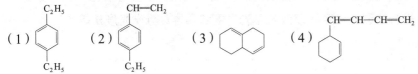

简答题

1. 能否用紫外光谱区分下列异构体，为什么？

2. 已知某天然化合物的结构为（A）和（B）中的一个，经实验测定这一化合物的 $\lambda_{max}=252nm$，试判断之。

3. 有一化合物为溴代苯甲酸，测得其在乙醇中的 $\lambda_{max}=244nm$，试推导该化合物的结构式。

计算题

1. 用双硫腙光度法测定 Pb^{2+}。Pb^{2+} 的浓度为 0.08mg/50mL，用 2cm 比色皿在 520nm 处测得 $T=53\%$，求 ε。

2. 用普通光度法测定铜。在相同条件下测得 $1.00\times10^{-2}mol\cdot L^{-1}$ 标准溶液和含铜试样的吸光度分别为 0.699 和 1.00。如光度计透光率读数的绝对误差为 ±0.5%，则试液浓度测定的相对误差为多少？如果用示差法测定，用铜标准液作参比，则试液的吸光度为多少？浓度测定的相对误差为多少？两种测定方法中标准溶液与试液的透光率各差多少？示差法使读数标尺放大多少倍？

3. 某含铁约 0.2% 的试样，用邻二氮菲亚铁光度法（$\varepsilon=1.1\times10^4$）测定。试样溶解后稀释至 100mL，用 1.00cm 比色皿，在 508nm 波长处测定吸光度。(a) 为使吸光度测量引起的浓度相对误差最小，应当称取试样多少克？(b) 如果所使用的光度计吸光度最适宜的读数范围为 0.200~0.650，测定溶液应控制的含铁范围为多少？

4. 未知分子量的胺试样，通过用苦味酸（分子量 229）处理后转化成胺苦味酸盐（1∶1 加成化合物）。当波长为 380nm 时大多数胺苦味酸盐在 95% 乙醇中的吸收系数大致相同，即 $\varepsilon=10^{4.13}$。现将 0.0300g 胺苦味酸盐溶于 95% 乙醇中，准确配制成 1L 溶液，用 1cm 比色皿测得该溶液在 380nm 处的吸光度为 0.800，试计算未知胺的分子量。

5. 某一试液含有 $Cr(NO_3)_3$ 和 $Co(NO_3)_2$，其最大吸收波长分别为 400nm 和 505nm。下表是在不同浓度

下测得的 Cr^{3+} 和 Co^{2+} 标准溶液的吸光度及有关浓度的数据。

$c_{Co^{2+}}$/mol·L^{-1}	A (400nm)	A (505nm)	$c_{Cr^{3+}}$/mol·L^{-1}	A (400nm)	A (505nm)
0.037	0.020	0.190	0.0125	0.190	0.070
0.075	0.040	0.380	0.0250	0.380	0.140
0.150	0.080	0.760	0.0500	0.760	0.280

若在 400nm 波长，比色皿厚度为 1.00cm，测得试液吸光度为 0.400；在 505nm 处，测得试液吸光度为 0.530，试求试液中铬和钴的浓度。

第七章 分子发光光谱法

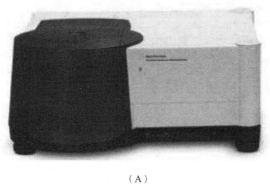
（A）

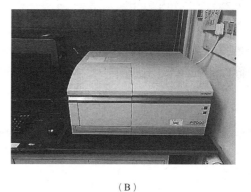
（B）

图（A）和图（B）为荧光分光光度计，前者可以检测四种模式下样品的发射光，即分子荧光、分子磷光、化学/生物发光和时间分辨磷光，模块化软件可实现快速自动分析。因分子发光光谱法具有灵敏度高、选择性好、简便快速等优点，因而在化学、生物医学、临床检验、基因测定、药物分析、环境监测及食品分析等领域起着重要作用，成为一种有效的分析表征手段。相比于原子光谱技术，其在生物活性物质中痕量金属离子无损检测和表征方面，具有不可替代的优势。[图片（A）来源：© Agilent Technologies, Inc. Reproduced with Permission, Courtesy of Agilent Technologies, Inc.]

为什么要学习分子发光光谱法？

分子发光光谱法是以分子发光作为检测手段，包括分子荧光、分子磷光、化学发光和生物发光等分析方法。分子发光光谱是一门发展迅速、应用广泛、多学科综合性的光谱技术，近年来获得快速发展。通过本章的学习，可以了解和掌握分子荧光、分子磷光和化学发光光谱法的基本原理，掌握定量分析方法及其影响因素，熟悉分子荧光、分子磷光和化学发光分析仪的基本结构和使用方法，了解分子发光光谱法的特点及应用领域。

学习目标

○ 掌握分子荧光和分子磷光光谱法的基本原理。
○ 熟悉分子荧光和分子磷光光谱仪主要组成部件的作用、工作原理、特点及适用范围。
○ 掌握化学发光分析法的基本原理。
○ 熟悉化学发光分析仪的基本组成、结构特点，以及样品与试剂的引入方式。
○ 了解分子荧光、分子磷光和化学发光分析法的特点及应用领域。

分子发光光谱法（molecular luminescence spectrometry）是以分子发光作为检测手段的分析方法，包括光致发光、化学发光和生物发光等。本章所介绍的内容包括分子荧光光谱法、分子磷光光谱法和化学发光分析法。

第一节 分子荧光和分子磷光光谱法

根据分子荧光和分子磷光的强度进行分析的方法称为分子荧光光谱法（molecular fluorescence spectrometry）和分子磷光光谱法（molecular phosphorescence spectrometry）。

一、分子荧光和分子磷光光谱法的基本原理

（一）分子荧光和分子磷光的产生

每个分子中都具有一系列严格分立的电子能级，而每个电子能级中又包含一系列的振动能级和转动能级。分子中电子的运动状态除了电子所处的能级外，还包含有电子的自旋多重态（或光谱项多重性），用 $M=2S+1$ 表示，S 为各电子自旋量子数的代数和，其数值为 0 或 1。根据泡利（Pauli）不相容原理，分子中同一轨道所占据的两个电子必须具有相反的自旋方向，即自旋配对。若分子中所有的电子都是自旋配对，即 $S=0$，$M=1$，该分子便处于单重态，用符号 S 表示，S_0、S_1、S_2……分别表示基态、第一激发单重态、第二激发单重态……。大多数有机化合物分子的基态都处于单重态，基态分子吸收能量后，若电子在跃迁过程中不改变自旋方向，这时仍然是 $M=1$，分子处于激发的单重态。如果电子在跃迁过程中伴随着自旋方向的改变，这时分子便具有两个自旋不配对的电子，即 $S=1$，$M=3$，分子处于激发的三重态，用符号 T 表示，T_1、T_2……分别表示分子的第一激发三重态、第二激发三重态……。处于分立轨道上的非

成对电子，平行自旋要比配对自旋更稳定（洪特规则），因此，激发三重态能级总是比相应的激发单重态能级略低。

常温情况下，大多数分子处于分子基态，处于基态的分子吸收能量（电能、热能、化学能或光能）后激发为激发态，处于激发态的分子是很不稳定的，它可能通过辐射跃迁或非辐射跃迁等去活化过程返回基态。若分子返回基态时以发射电磁辐射（即光）的形式释放能量，就称为"发光"。如果分子吸收了光能而被激发到激发态，然后以发射电磁波的形式返回基态，则称为荧光和磷光。

分子荧光和磷光的发射过程如图 7-1 所示，两者经历的过程不同。

分子由激发态返回到基态，有以下几种基本的去活化过程。

1. 振动弛豫

它是指在同一电子能级中，电子由高振动能级跃迁至低振动能级，而将多余的能量以热的形式释放（传给周围的分子），这一过程称为振动弛豫，振动弛豫过程发生极为迅速，约为 $10^{-12}s$。图 7-1 中各振动能级间的小箭头表示振动弛豫情况。

2. 内转换

内转换是指相同多重态等能级间的一种无辐射跃迁过程。当两个电子能级非常靠近以致其振动能级有重叠时，常发生电子由高电子能级以无辐射方式跃迁至低电子能级的分子内过程。如图 7-1 所示，通过振动弛豫和内转换，激发电子可由 S_2 转移到 S_1、T_2 转移到 T_1。发生内转换的时间约为 $10^{-12}s$。

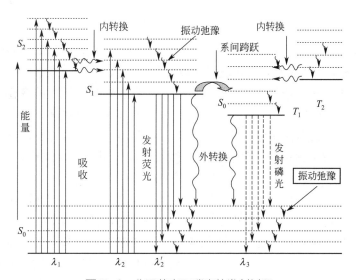

图 7-1 分子荧光和磷光的发射过程

3. 外转换

激发态分子与溶剂或其他分子间产生相互碰撞而失去能量回到基态的非辐射跃迁过程称为外转换。外转换可使荧光或磷光强度减弱甚至消失（即"猝灭"）。图 7-1 中的波形线表示以外转换方式进行的无辐射跃迁。

4. 系间跨跃

系间跨跃是指不同多重态之间的一种无辐射跃迁。该过程是激发态电子改变其自旋态，分子的多重性发生变化的结果。当两种能态的振动能级重叠时，这种跃迁的概率增大。图 7-1 中 S_1 到 T_1 的跃迁就是系间跨跃的例子，即单重态到三重态的跃迁，这种跃迁是自旋禁阻的，可通过自旋-轨道偶合进行。

5. 荧光发射

处于第一激发单重态（S_1）最低振动能级中的电子跃迁回到基态（S_0）的各振动能级时，将发射波长为 λ'_2 的荧光（如图 7-1 所示）。显然，荧光的波长（λ'_2）较分子吸收的波长（λ_1 或 λ_2）都长。荧光多为 $S_1 \to S_0$ 跃迁，荧光发射时间为 $10^{-9} \sim 10^{-7}$s。

6. 磷光发射

当电子由第一激发单重态（S_1）经系间跨跃和振动弛豫到达第一激发三重态（T_1）的最低振动能级后，由 $T_1 \to S_0$ 的跃迁，产生磷光发射。由图 7-1 可见，三重激发态的能量比单重激发态的能量还要低一些，故产生的磷光波长要比产生的荧光波长长。磷光发射是不同多重态之间的跃迁，属于自旋禁阻跃迁，因此磷光的发光速度要比荧光慢得多，为 $10^{-4} \sim 100$s，所以在光照停止后，还常可观察到后发光现象，而荧光发射却观察不到。

荧光与磷光的根本区别是：荧光是由激发单重态最低振动能级至基态各振动能级间跃迁产生的；而磷光是由激发三重态的最低振动能级至基态各振动能级间跃迁产生的。

（二）分子荧光和分子磷光光谱

1. 激发光谱和发射光谱

荧光和磷光光谱均属于光致发光，所以都涉及两种辐射跃迁过程，即激发过程（吸收）和发射过程。因而也都具有两种特征光谱，即激发光谱和发射光谱。

（1）激发光谱 通过测量荧光（或磷光）物质的发光强度随激发波长的变化而获得的光谱，称为激发光谱。测定激发光谱时，选择荧光（或磷光）的最大发射波长为测量波长，改变激发光的波长，测量荧光强度的变化。以激发波长为横坐标、荧光（或磷光）强度为纵坐标作图，即得到荧光（或磷光）化合物的激发光谱。通过激发光谱可选择最佳激发光波长，即发射荧光（或磷光）强度最大的激发波长，常用 λ_{ex} 表示。

激发光谱的形状与吸收光谱的形状极为相似，经校正后的真实激发光谱与吸收光谱不仅形状相同，而且波长位置也一样，这是因为物质分子吸收能量的过程就是激发过程。

（2）发射光谱 荧光（或磷光）发射光谱又称荧光（或磷光）光谱。如果将激发光波长固定在最大激发波长处，然后扫描发射波长，测定不同发射波长处的荧光（或磷光）强度，即得到荧光（或磷光）发射光谱。通过发射光谱可选择最佳发射波长，即发射荧光（或磷光）强度最大的发射波长，常用 λ_{em} 表示。图 7-2 为菲的激发光谱、荧光光谱和磷光光谱。

通常情况下，荧光（或磷光）光谱的发射波长总是大于激发波长，这一现象称为斯托克斯（Stokes）位移。如前所述，激发态分子在发光之前，经历了振动弛豫和内转换而损失部分激发能，这是产生斯托克斯位移的主要原因。由于磷光的产生还需经由 S_1 态到 T_1 态的系间跨跃，T_1 态的能量低于 S_1 态，因而磷光

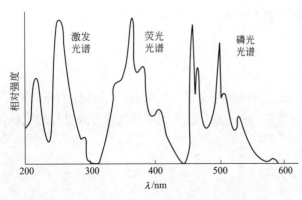

图 7-2 菲的激发光谱、荧光光谱和磷光光谱

比荧光具有更大的斯托克斯位移。斯托克斯位移大有利于减小发光强度测量时激发光的瑞利散射所引起的干扰。

2. 同步荧光（或磷光）光谱

荧光（或磷光）物质既具有发射光谱又具有激发光谱，如果采用同步扫描技术（两个单色器同步转动），同时记录所获得的谱图，称为同步荧光（或磷光）光谱。同时扫描可采用三种方式进行：①固定波长差同步扫描法，即在扫描过程中，保持激发波长和发射波长的波长差固定，即 $\Delta\lambda=\lambda_{em}-\lambda_{ex}=$ 常数；②固定能量差同步扫描法，即在扫描过程中，使发射单色器与激发单色器之间保持一个恒定的波数差（$\Delta\sigma$），即 $\Delta\sigma=(1/\lambda_{ex}-1/\lambda_{em})\times10^7=$ 常数；③可变波长同步扫描法，使两个单色器分别以不同的速率同时进行扫描，即扫描过程中激发波长和发射波长的波长差是不固定的。

图 7-3 为并四苯的同步荧光光谱图。从图中可以看出，同步荧光光谱相当简单，仅在 475nm 处出现一个同步荧光光谱峰。这种光谱的简化，提高了分析测定的选择性，避免了其他谱带所引起的干扰，但对光谱学的研究不利，因为它损失了其他光谱带所含的信息。

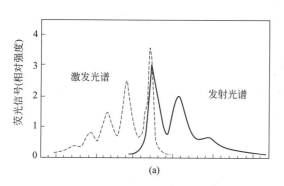 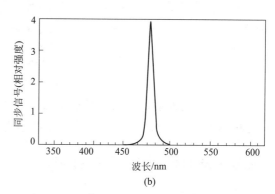

图 7-3 并四苯的激发光谱和发射光谱（a）及同步荧光光谱（b）（$\Delta\lambda=3$nm）

3. 三维荧光（或磷光）光谱

三维荧光（或磷光）光谱是一种较新的荧光（或磷光）分析技术。以荧光（或磷光）强度、激发波长和发射波长为坐标可获得三维荧光（或磷光）光谱。三维荧光（或磷光）光谱可用两种图形表示：①三维曲线光谱图；②平面显示的等强度线光谱图（等高线光谱），图7-4（a）和（b）分别为蒽、萘和8-羟基苯芘的三维荧光光谱图。从三维荧光光谱可清楚地看到激发波长与发射波长变化时荧光强度的信息。三维荧光（或磷光）光谱作为一种指纹鉴定技术，进一步扩展了荧光（或磷光）光谱法的应用范围。

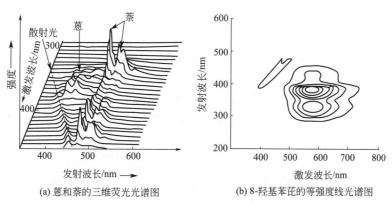

(a) 蒽和萘的三维荧光光谱图 (b) 8-羟基苯芘的等强度线光谱图

图 7-4 三维荧光光谱图

(三) 荧光和磷光效率

荧光和磷光效率也称荧光和磷光量子产率或量子效率,它表示物质发射荧光和磷光的能力。

荧光效率 Φ_f 定义为发射荧光的激发态分子数与激发态分子总数之比。

$$\Phi_f = 发射荧光的激发态分子数 / 激发态分子总数 \tag{7-1}$$

Φ_f 与激发态能量释放各过程的速率常数有关,因此 Φ_f 也可以表示为

$$\Phi_f = k_f/(k_f + \Sigma k_i) \tag{7-2}$$

式中,k_f 为荧光发射过程的速率常数;Σk_i 为分子中各种非辐射跃迁过程的速率常数之和。

k_f 的大小取决于荧光发射的辐射跃迁过程与非辐射跃迁过程的竞争程度。由式(7-2)可知,凡是能使 k_f 值升高而 Σk_i 降低的因素,都可增强荧光。一般来说,k_f 主要取决于分子结构,而 Σk_i 则主要与分子所处的化学环境有关。分子的荧光效率 Φ_f 往往小于 1,通常 Φ_f 为 0.1～1 时具有分析应用价值。Φ_f 的数值越大,化合物的荧光就越强。

对磷光光谱过程而言,增加了 $S_1 \to T_1$ 的系间跨越过程。定义 T_1 激发态分子数与 S_1 激发态分子数之比为系间跨越效率 Φ_{ST},发射磷光的 T_1 激发态分子数与 T_1 激发态分子总数之比为磷光效率 Φ_p。Φ_p 可表示为

$$\Phi_p = \Phi_{ST} \frac{k_p}{k_p + \Sigma k_i} \tag{7-3}$$

式中,k_p 为磷光发射过程的速率常数;Σk_i 为 T_1 激发态发生的所有非辐射跃迁过程的速率常数之和。荧光和磷光效率的大小主要取决于分子的结构与性质,同时也与分子所处的环境因素有关。

(四) 影响荧光和磷光光谱与强度的因素

影响荧光和磷光光谱与强度的因素主要有物质的分子结构和发光分子所处的环境。

1. 分子结构的影响

分子结构是影响荧光和磷光光谱及强度的内在因素。

一般具有强荧光或磷光的分子都具有大的共轭 π 键、给电子取代基和刚性的平面结构等,这有利于荧光或磷光的发射。因此,分子中至少具有一个芳环或具有多个共轭双键的有机化合物才容易发射荧光或磷光,而饱和的或只有孤立双键的化合物不呈现显著的荧光或磷光。下面以荧光为例,阐述结构对分子荧光影响的四个方面。

(1) 跃迁类型　大多数荧光物质都是由 $\pi \to \pi^*$ 或 $n \to \pi^*$ 跃迁激发,然后经过振动弛豫或其他无辐射跃迁,再发生 $\pi^* \to \pi$ 或 $\pi^* \to n$ 跃迁而产生荧光,其中 $\pi^* \to \pi$ 跃迁的荧光效率高,这是由于 $\pi \to \pi^*$ 跃迁的摩尔吸收系数比 $n \to \pi^*$ 跃迁大 100～1000 倍;其次是 $\pi \to \pi^*$ 跃迁的寿命比 $n \to \pi^*$ 跃迁的寿命要短。在各种去活化过程中,激发态寿命越短,其他非荧光过程的发生概率就越小,越有利于荧光发射过程的进行。

(2) 共轭效应　含有 $\pi \to \pi^*$ 跃迁能级的芳香族化合物的荧光最强,体系的共轭程度增加,荧光效率增大。这主要是由于共轭效应增大了荧光物质的摩尔吸收系数,有利于产生更多的激发态分子,从而有利于荧光的产生。

(3) 结构刚性效应　一般说来,荧光物质分子的刚性和共平面性增加,可使 π 电子共轭程度增加,荧光效率增大。例如,芴与联二苯的荧光效率分别为 1.0 和 0.2,这主要是芴分子的刚性和共平面性高于联二苯的缘故。

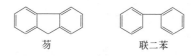

另外，分子的平面刚性结构效应对许多金属配合物的荧光发射也有影响。如 8-羟基喹啉本身的荧光强度远比其与锌的配合物低，利用这种性质可进行痕量金属离子的测定。

（4）取代基效应　芳香族化合物具有不同取代基时，其荧光强度差别很大。一般说来，给电子基团如—OH、—OR、—NH$_2$、—OCH$_3$、—NR$_2$ 增强荧光，这是因为产生了 n-π 共轭作用，增强了 π 电子的共轭程度，使荧光增强；而吸电子基团，如—COOH、—NO$_2$、—NO、卤素等，会减弱甚至会猝灭荧光。

2. 环境因素

分子所处的环境是影响荧光和磷光光谱及强度的外在因素。下面以荧光为例进行讨论。

（1）溶剂的影响　溶剂的影响可分一般溶剂效应和特殊溶剂效应，前者指的是溶剂的介电常数和折射率的影响，后者指的是荧光分子与溶剂分子形成氢键等特殊化学作用。一般溶剂效应是普遍的，而特殊溶剂效应则取决于溶剂和荧光分子的化学结构。一般增大溶剂的极性，可使 π → π* 跃迁的能量减小，导致荧光增强，荧光峰红移。例如，2-苯氨基-6-萘磺酸在乙腈、乙二醇和水三种不同极性的溶剂中，随着溶剂极性的增大，该分子的荧光峰逐渐红移。

（2）温度的影响　荧光强度对温度十分敏感，因此荧光分析中一定要严格控制温度。温度上升，荧光强度下降，其中一个重要原因是温度升高增快了振动弛豫而丧失了振动能量；另一个原因是温度升高降低了溶液的黏度，增加了荧光分子与溶剂分子的碰撞频率，使外转换的去活化概率增大。在低温条件下，荧光强度显著增强，近年来低温荧光分析技术已成为荧光分析的一个重要手段。

（3）溶液 pH 值的影响　带有酸性或碱性官能团的芳香族化合物的荧光一般都与溶液的 pH 值有关，对此类荧光分析，需严格控制溶液的 pH 值。例如，在 pH7～12 的溶液中苯胺以分子形式存在，会发出蓝色的荧光，在 pH<2 和 pH>13 的溶液中苯胺以离子形式存在，都不会发出荧光。

金属离子与有机试剂生成的发光配合物也受 pH 值影响。pH 值的大小既影响配合物的形成，也影响配合物的组成。例如，镓与 2,2-二羟基偶氮苯在 pH3～4 溶液中形成 1∶1 的配合物，能发出荧光；而在 pH6～7 溶液中则形成非荧光性的 1∶2 配合物。

（4）内滤光作用和自吸现象　内滤光作用是指溶液中含有能吸收荧光的组分，使荧光分子的荧光强度减弱的现象。如色氨酸中有重铬酸钾存在时，由于重铬酸钾吸收了色氨酸发射的荧光，使测得的色氨酸荧光强度显著降低。

在溶液浓度较大时，一部分荧光发射被荧光分子自身吸收的现象称为自吸收。自吸收现象使溶液的荧光强度降低，浓度越大这种现象越严重。

（5）荧光猝灭　荧光分子与溶剂或其他分子之间相互作用，使荧光强度减弱的现象称为荧光猝灭。能引起荧光强度降低的物质称为猝灭剂。发生荧光猝灭的原因有碰撞猝灭、静态猝灭、转入三重态猝灭和自吸收猝灭。碰撞猝灭是由于激发态荧光分子与猝灭剂分子相碰撞失去能量，无辐射回到基态，这是引起荧光猝灭的主要原因。静态猝灭是指荧光分子与猝灭剂分子生成不能产生荧光的配合物。O$_2$ 是最常见的猝灭剂，荧光分析时需要除去溶液中的氧。荧光分子由激发单重态转入激发三重态后也不能发射荧光。在浓度较高的溶液中，荧光分子发生自吸收现象也是发生荧光猝灭的原因之一。

> **概念检查 7.1**
> ○ 分子荧光与分子磷光的根本区别是什么？影响分子荧光（或磷光）光谱及强度的因素有哪些？

二、分子荧光和分子磷光光谱仪

1. 荧光光谱仪

荧光光谱仪又称荧光分光光度计，图 7-5 为其结构示意图。该仪器主要由激发光源、样品池、单色器及检测器 4 个部分组成。与其他分光光度仪器不同的是，荧光光谱仪具有两个单色器且光源与检测器成直角。激发单色器可对光源进行分光，选择激发光波长，实现激发光波长扫描以获得激发光谱。通过选择固定波长的激发光照射试样，试样吸收辐射后发射出荧光，通过发射单色器来选择发射光波长，扫描测定各波长下的荧光强度，可获得试样的发射光谱。仪器由计算机控制，可获得同步荧光光谱、三维荧光光谱和时间分辨荧光光谱。为避免光源的背景干扰，将检测器与光源设计成直角。通常在荧光光谱仪上配上磷光测量附件即可进行磷光分析。

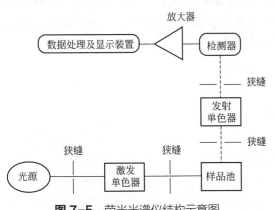

图 7-5 荧光光谱仪结构示意图

荧光光谱仪的主要部件如下所述。

（1）激发光源　激发光源的作用是提供分子激发所需的激发光。激发光源应具有足够的强度、波长范围宽、稳定性好等特点。通常使用氙灯和高压汞灯作为光源。采用染料激光器（可见与紫外光区）作光源时可提高荧光测量的灵敏度。

（2）单色器　荧光光谱仪中通常采用两个光栅单色器，第一个为激发单色器，用于荧光激发光谱的扫描及选择激发光的波长，第二个为发射单色器，用于荧光发射光谱的扫描及选择荧光发射波长。

（3）样品池　样品池通常用石英材料做成，它与普通比色皿的不同之处是四面均为透明面，形状以方形和长方形为宜，一般仅有厚度为 1cm 的池。

（4）检测器　检测器通常为光电倍增管，其方向与激发光的方向成直角，以消除样品池中透射光和杂散光的干扰。目前，电荷耦合器件也被用于荧光显微成像检测。

2. 磷光光谱仪

磷光光谱仪与荧光光谱仪相似，由光源、样品池、单色器和检测器等组成。由于室温下发生磷光的概率低，而低温下发生磷光的概率和灵敏度较高；另外，会发磷光的物质常常也会发荧光。因此，磷光分析还需具备装有液氮的石英杜瓦瓶以及可转动的斩波片或可转动的圆柱形筒，如图 7-6 所示。装液氮的杜瓦瓶用于低温磷光的测定。利用斩波片能测定磷光和荧光，而且还能测定不同寿命的磷光，两斩波片

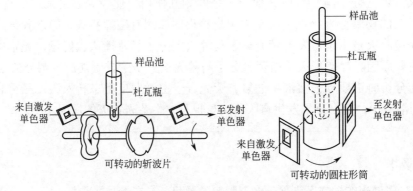

图 7-6 石英杜瓦瓶、斩波片和圆柱形筒

可调节成同相或异相。当可转动的两斩波片同相时，测定的是荧光和磷光的总强度；异相时，激发光被斩断，因荧光寿命比磷光短，消失快，所测定的就是磷光的强度。

三、分子荧光和分子磷光光谱法的应用

1. 荧光和磷光光谱法的特点

（1）灵敏度高　由于是在黑背景下测定荧光和磷光发射强度，所以荧光和磷光光谱法具有很高的灵敏度，其灵敏度比紫外-可见吸收光谱法高 2～4 个数量级，检测下限可达 0.1～0.001μg·cm^{-3}。

（2）选择性好　既能依据特征发射光谱，又能依据特征吸收光谱来鉴定物质。如果某几个物质的发射光谱相似，可以从激发光谱的差异把它们区分开来；而如果它们的吸收光谱相似，则可用发射光谱将其区分。

（3）所需试样量少，方法简便快速。

（4）物理参数多　荧光和磷光光谱法可以提供包括激发光谱、发射光谱、三维光谱，以及荧光和磷光强度、荧光和磷光效率、荧光和磷光寿命等多种物理参数。这些参数反映了分子的各种特性，能从不同角度提供被研究分子的信息。

荧光和磷光光谱法的不足之处是应用范围还不够广泛，本身能够发射荧光或磷光的物质及能形成荧光或磷光测量体系的物质相对较少。由于荧光分析的灵敏度高，测定时对环境因素敏感，因此干扰因素较多。但是，由于磷光发射具有斯托克斯位移大的优点，其克服光谱干扰和选择性测定方面优于荧光光谱法。

2. 荧光和磷光分析的定量关系式与定量方法

根据荧光产生的机理可知，荧光强度 I_f 与溶液的吸收光强度 I_a 和荧光效率 Φ_f 成正比，即

$$I_f = \Phi_f I_a \tag{7-4}$$

由于溶液的吸收光强度 I_a 等于入射光强度 I_0 与透射光强度 I_t 的差值，因此有

$$I_f = \Phi_f(I_0 - I_t) = \Phi_f I_0(1 - I_t/I_0) \tag{7-5}$$

由朗伯-比尔定律可知，$I_t/I_0 = 10^{-kbc}$，代入式（7-5）得

$$I_f = \Phi_f I_0(1 - 10^{-kbc}) = \Phi_f I_0(1 - e^{-2.303kbc}) \tag{7-6}$$

将式（7-6）按 Taylor 展开，并作近似处理后可得

$$I_f = 2.303 \Phi_f I_0 kbc \tag{7-7}$$

当荧光体在选定波长光激发下，且荧光体分子吸光度 $kbc \leqslant 0.05$，其 Φ_f、I_0、k 和 b 为定值，则荧光强度 I_f 与荧光体浓度 c 成正比，于是式（7-7）可表示为

$$I_f = Kc \tag{7-8}$$

式（7-8）即为荧光分析的定量关系式。

对磷光分析而言，磷光发射强度 I_p 与磷光体浓度间的定量关系式为

$$I_p = 2.303 \Phi_{ST} \Phi_p I_0 kbc = K'c \tag{7-9}$$

在荧光和磷光定量分析中，常用的定量方法有标准曲线法和比较法。

（1）标准曲线法　荧光和磷光分析一般多采用标准曲线法，即用已知量的标准物质经过和试样一样的处理后，配成一系列不同浓度的标准溶液，在一定的仪器条件下测定这些溶液的荧光或磷光强度，作

出标准曲线；然后在同样的仪器条件下，测定试样溶液的荧光或磷光强度，从标准曲线上查出它们的浓度。

（2）比较法　如果已知待测物质荧光或磷光标准曲线的线性范围，取在线性范围内已知量的标准物质配成标准溶液，测其荧光或磷光强度；然后在同样条件下测定试样溶液的荧光或磷光强度，由标准溶液的浓度和试样溶液与标准溶液荧光或磷光强度的比值，求得试样中待测物质的浓度。

被测物本身能够发射荧光或磷光时，可通过直接测定荧光或磷光强度来确定该物质浓度。大多数无机和有机化合物本身并不发射荧光或荧光量子产率很低而不能直接测定，此时可采用间接法测定。间接法有两种，一是通过化学反应使非荧光物转变成荧光物，如荧光标记法；二是通过荧光猝灭法测定，即有些化合物具有使荧光物质发生荧光猝灭的作用，荧光强度降低值与猝灭剂浓度具有线性关系，可进行定量分析。

3. 荧光光谱法的应用

荧光光谱法由于取样量少，灵敏度高，选择性好，已被广泛用于生物医学、临床检验、基因测定、药物分析、环境监测、食品分析等领域。

目前采用有机试剂以配合物形式进行荧光分析的元素已近 70 种。其中铍、铝、硼、镓、硒、镁等常用荧光法测定；有机化合物方面，常用荧光法测定多环芳烃化合物、胺类、甾族化合物、蛋白质、维生素、药物、酶与辅酶等物质。

目前荧光光谱法大多用于定量分析，尤其适用于微量及痕量物质的检测。另外，荧光光度计还可作为高效液相色谱及电色谱的检测器。

4. 磷光光谱法的应用

磷光光谱法主要用于有机化合物的测定，如稠环芳烃、染料、农药、生物碱、植物生长激素等化合物的分析。另外，磷光光谱法也常用于生物体液中痕量药物的测定，如血液和尿中阿司匹林、普鲁卡因、苯巴比妥、可卡因、阿托品、磺胺嘧啶等药物的检测；以及腺嘌呤、鸟嘌呤、吲哚等生物试剂的分析。

由于磷光分析必须在低温下进行，加上能产生磷光的物质比能产生荧光的物质要少，所以应用范围受到一定限制。但对于那些在室温下不发荧光或荧光微弱，而在低温下会产生磷光的物质，则可用磷光谱法进行分析。磷光光谱法已逐渐成为一种与荧光光谱法相互补充的重要分析技术。

第二节　化学发光分析法

化学发光是由化学反应提供的能量激发物质所产生的光辐射，而化学发光分析（chemiluminescence analysis）是利用光辐射的强度对组分进行定量分析的一种方法。

一、化学发光分析法的基本原理

1. 化学发光反应的条件

与荧光和磷光的光致发光过程不同，化学发光是指分子的外层电子吸收化学反应能而处于激发态，并通过辐射跃迁回到基态的发光现象。因此，化学发光现象涉及一个重要的化学反应。任何一个化学发光反应都包括化学激发和发光两个关键步骤，它必须满足以下条件：①化学反应必须能放出足够的能量为反应产物所吸收，并使其外层电子跃迁至激发态。通常只有那些反应速率相当快的放热反应，其 $-\Delta H$ 为 170～300kJ·mol^{-1} 之间，才能在可见光范围内观察到化学发光现象。许多氧化还原反应释放的能量与此相当，因此大多数化学发光反应为氧化还原反应。②具有有利的化学反应历程，使所产生的能量至少能被一种物质所吸收并产生激发态。③激发态分子跃迁回基态时，释放出的是光辐射而不是以热的形式消耗掉能量。

2. 化学发光效率

化学发光效率 Φ_{cl} 又称化学发光总量子产率，它决定于生成激发态产物分子的化学激发效率 Φ_{ce} 和激发态分子的发射效率 Φ_{em}，定义为

$$\Phi_{cl} = 发射光子的分子数 / 参加反应的分子数 = \Phi_{ce}\Phi_{em} \tag{7-10}$$

$$\Phi_{ce} = 激发态分子数 / 参加反应的分子数 \tag{7-11}$$

$$\Phi_{em} = 发射光子的分子数 / 激发态分子数 \tag{7-12}$$

化学反应的发光效率、光辐射的能量大小以及光谱范围，完全由参加反应物质的化学反应所决定。每一个化学发光反应都有其特征的化学发光光谱及不同的化学发光效率。

3. 化学发光定量关系式

化学反应的发光强度 I_{cl} 表示单位时间内辐射的光子数，它与化学发光反应的速率有关，而反应速率又与分析物浓度有关。可用下式表示

$$I_{cl}(t) = \Phi_{cl}\frac{dc}{dt} \tag{7-13}$$

式中，$I_{cl}(t)$ 表示 t 时刻的化学发光强度；Φ_{cl} 是与分析物有关的化学发光效率；$\frac{dc}{dt}$ 是分析物参加反应的速率。

如果反应是一级动力学反应，t 时刻的化学发光强度 $I_{cl}(t)$ 与该时刻的分析物浓度成正比，据此可通过测量化学发光强度来对分析物进行定量分析。在化学发光分析中通常用峰高表示发光强度，即峰值与分析物浓度呈线性关系。另一种方法是利用总发光强度与分析物浓度的定量关系，就是在一定的时间间隔里对化学发光强度进行积分，得到

$$\int_{t_1}^{t_2} I_{cl}(t)dt = \Phi_{cl}\int_{t_1}^{t_2}\frac{dc}{dt}dt \tag{7-14}$$

如果取 $t_1=0$，t_2 为反应结束所需的时间，则得到整个反应产生的总发光强度，它与分析物浓度成正比，据此可根据已知时间范围内发光总量来对分析物进行定量分析。

二、化学发光反应的类型

1. 直接化学发光和间接化学发光

化学发光反应分为直接化学发光和间接化学发光两种。

直接化学发光是被测物中反应物直接参加化学发光，生成电子激发态产物分子，此初始激发态能辐射光子。表示如下

$$A + B \longrightarrow C^* + D$$

$$C^* \longrightarrow C + h\nu$$

式中，A 或 B 是被测物，通过化学反应生成电子激发态产物 C^*，当 C^* 跃迁回基态时，辐射出光子。

间接化学发光是被测物 A 或 B 通过化学反应生成初始激发态 C^*，C^* 不直接发光，而是将能量转移给 F，使 F 处于激发态，当 F^* 返回基态时，产生发光，如下式所示。

$$A + B \longrightarrow C^* + D$$

$$C^* + F \longrightarrow F^* + E$$

$$F^* \longrightarrow F + h\nu$$

式中，C^* 为能量给予体，而 F 为能量接受体。

2. 气相化学发光和液相化学发光

按反应体系的状态来分类，如化学反应在气相中进行称为气相化学发光，在液相或固相中进行称液相化学发光或固相化学发光，在两个不同相中进行称为异相化学发光。本章主要讨论气相化学发光和液相化学发光，其中液相化学发光在痕量分析中更为重要。

（1）气相化学发光　在特定的化学反应条件下，气态的 O_3、NO 和 S 的化学发光反应，可用于监测空气中 O_3、NO、NO_2、H_2S、SO_2 和 CO 等。

例如，臭氧与一氧化氮的气相化学发光反应有较高的化学发光效率，其反应机理为

$$NO + O_3 \longrightarrow NO_2^* + O_2$$

$$NO_2^* \longrightarrow NO_2 + h\nu$$

该反应在大气中天然存在，应用于测定 NO 的检出限可达 $1 ng \cdot mL^{-1}$，线性范围为 $10^{-2} \sim 10^4 \mu g \cdot mL^{-1}$。

对大气中 NO 和 NO_2 的测定，可先测出试样中的 NO 含量，然后将 NO_2 还原为 NO，再测 NO 的总量，扣除 NO 的含量即得试样中 NO_2 的含量。

（2）液相化学发光　用于这一类化学发光分析的发光物质有鲁米诺、光泽精、洛粉碱和没食子酸等，其中最常用的是鲁米诺（3-氨基苯二甲酰肼），它可用于测定痕量的 H_2O_2 以及 Co、Cu、Mn、Ni、V、Fe、Cr、Hg、Ce 和 Th 等金属离子。它产生化学发光的 Φ_{cl} 为 $0.01 \sim 0.05$。

例如，H_2O_2 能氧化鲁米诺并致使鲁米诺发光。鲁米诺在碱性溶液中与 H_2O_2 的化学发光反应历程可表示如下

上述化学发光反应的速率很慢，但某些金属离子（上面所提到的金属离子）会催化这一反应，增强发光强度，且光强度与催化离子的浓度成正比，利用这一现象可以测定这些金属离子。

三、化学发光分析仪

化学发光分析仪的组成比较简单，主要包括样品室、检测器、放大器和信号输出装置，如图 7-7 所示。

化学发光反应在样品池中进行，反应发出的光直接照射到检测器上，由光电倍增管进行检测。反应试剂与样品混合后，化学反应即刻发生，且发光信号消失得很快，因此必须在反应开始后立即进行测定。

由于化学发光反应的这一特点，样品与反应试剂的混合方式重复性的控制是影响分析结果精密度的主要因素。

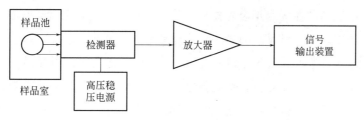

图 7-7 化学发光分析仪示意图

样品与反应试剂的混合方式因仪器类型的不同而各有特点，常用的混合方式有两种，一种为间歇式（也称静态方式），另一种为连续流动式（也称流动注射方式）。间歇式是一种不连续的取样体系，加样是间歇的。将反应试剂先加到样品池内，然后用移液管或注射器加入分析物，静态下测定化学发光信号，根据发光峰峰高或峰面积进行定量分析。这种方式简单，但每次测定都需更换新试剂，不能同时检测几个样品，且重复性差。对于连续流动式，样品与反应试剂通过蠕动泵定时在样品池中汇合反应，且在载流推动下向前移动，被检测的光信号只是整个发光动力学曲线的一部分，利用峰高进行定量分析。两种方式中，前者为手动方式，后者为自动方式，后者在操作的重复性及数据的精密度方面优于前者，是普遍采用的样品及反应试剂引入方式。

气相化学发光分析仪一般比较专用，这里不再介绍。

 概念检查 7.2
- 什么是化学发光？在进行化学发光分析时，样品与反应试剂的混合方式有几种？如何进行？各有什么特点？

四、化学发光分析法的特点及应用

化学发光分析法的最大特点是灵敏度高，对气体和某些痕量金属离子的检出限可达 $ng·mL^{-1}$ 级，线性范围宽，仪器设备简单，操作方便，并能进行连续测定，其应用范围正在逐渐拓展。化学发光分析法特别适合于样品中微量和痕量组分的定量分析，常用的定量方法有标准曲线法和标准加入法。

在环境分析领域，气相化学发光反应被广泛用于大气污染物的测定，如臭氧、氮氧化物、一氧化碳和硫化物等，其测定灵敏度可达 $1\sim3ng·mL^{-1}$。液相化学发光反应，如鲁米诺、光泽精和没食子酸等发光体系可测定天然水和废水中的金属离子。另外，在医学、生物学、生物化学和免疫学研究中，化学发光分析也是一种重要手段。

 总结

- 分子发光分析法是基于被测物质的基态分子吸收了能量后被激发到较高的电子能态，其返回基态的过程中，以光子发射的方式释放能量，通过测量辐射光的强度对被测物质进行定量分析。
- 分子发光分析法包括光致发光、化学发光和生物发光等。分子荧光和分子磷光属于光致发光，两者的根本区别是，荧光是由激发单重态最低振动能级至基态各振动能级间跃迁产生的，而磷光是由激发三重态的最低振动能级至基态各振动能级间跃迁产生的。当分子吸收了由化学反应释放出的化学能而产生激发，则回到基态时发出的光辐射称为化学发光。

- 分子荧光（或磷光）光谱包括激发光谱、发射光谱、同步光谱和三维光谱。
- 影响分子荧光（或磷光）光谱及强度的主要影响因素有分子结构及环境因素。分子结构包括跃迁类型、共轭效应、结构刚性效应；环境因素包括溶剂的影响、溶液 pH 值的影响、温度的影响、内滤光作用和自吸现象、荧光猝灭等。
- 分子荧光（或磷光）分析法的最主要特点是灵敏度高，比紫外－可见吸收光谱法高出 10^3，可以定量测定许多痕量无机和有机组分。

思考题

1. 解释下列名词：
（1）系间跨跃；（2）振动弛豫；（3）内转换；（4）荧光量子产率；（5）荧光猝灭
2. 何谓荧光的激发光谱和发射光谱？它们之间有什么关系？
3. 荧光分子的结构具有哪些特点？
4. 影响荧光强度的环境因素有哪些？
5. 试从原理、仪器两方面对分子荧光、分子磷光和化学发光进行比较。
6. 何谓荧光和磷光效率？荧光和磷光定量分析的依据是什么？常用的定量方法有哪些？
7. 为什么分子荧光光谱法的灵敏度比分子吸收光谱法高？

课后练习

1. 在下列化合物中，能产生荧光的是：（1）环己烷；（2）呋喃；（3）芴；（4）硝基苯
2. 通常磷光比荧光具有更大的斯托克斯位移，产生这一现象的原因是：（1）激发态分子在发光前，经历了振动弛豫；（2）激发态分子在发光前，经历了内转换；（3）激发态分子在发光前，经历了外转换；（4）激发态分子在发光前，经历了系间跨跃
3. 苯胺荧光的强弱与溶液的 pH 值有关，在下述哪一 pH 范围内，苯胺会发出较强的蓝色荧光：（1）pH 7~12；（2）pH<2；（3）pH>13；（4）pH 3~6
4. 荧光物质在浓度较高的溶液中，发生荧光猝灭的原因是：（1）碰撞猝灭；（2）自吸收猝灭；（3）静态猝灭；（4）转入三重态猝灭
5. 化学反应必须能放出足够的能量为反应产物所吸收，并使其外层电子跃迁至激发态，才能在可见光范围内观察到化学发光现象。其放出的能量范围必须满足：（1）$-\Delta H$ 为 100~150 kJ·mol^{-1}；（2）$-\Delta H$ 为 50~100 kJ·mol^{-1}；（3）$-\Delta H$ 为 120~160 kJ·mol^{-1}；（4）$-\Delta H$ 为 170~300 kJ·mol^{-1}。

简答题

1. 下图为萘的三个峰，请问哪一个是萘的激发峰、荧光峰和磷光峰？并说明判

断依据。

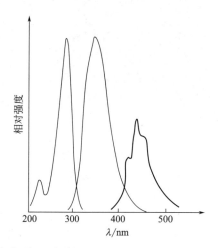

2. 下列化合物中，哪一种的荧光量子产率高？为什么？

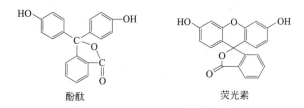

第八章 红外光谱法

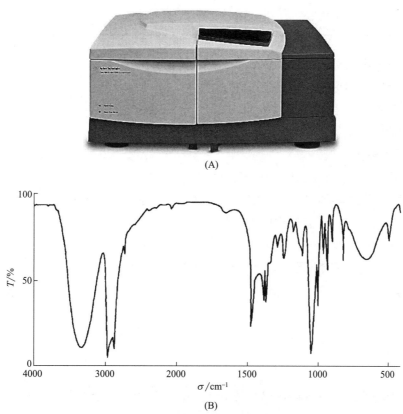

(A)

(B)

图（A）为傅里叶变换红外光谱仪，由光源、干涉仪和检测器等组成，广泛用于有机化合物和高分子化合物等的结构分析，也可用于定量分析，已成为分析测试和科学研究不可缺少的重要工具之一。图（B）是用傅里叶变换红外光谱仪测得的某有机化合物的红外吸收光谱，经谱图解析，可知该化合物分子中含有异丙基和羟基，为醇类，将其红外光谱与标准谱图对照，可确定该化合物为异丁醇。[图片（A）来源：© Agilent Technologies, Inc. Reproduced with Permission, Courtesy of Agilent Technologies, Inc.]

❉ 为什么要学习红外光谱分析？

红外光谱法是有机物结构分析中应用最多的一种谱学分析方法。本章系统地介绍了红外光谱法的基本原理，各类化合物的特征基团频率及影响因素，红外光谱图的解析方法等。通过本章的学习，可了解红外光谱与分子结构的关系，可从红外吸收峰的位置和强度来判断分子所含官能团和化学键的类型，鉴定具有相同化学组成的不同异构体；并能根据红外谱图的解析，推断出简单化合物的分子结构；熟悉并掌握红外光谱的制样及测试技术，并能对未知物进行定性分析。

◉ 学习目标

- 掌握红外光谱法的基本原理。
- 掌握特征基团频率的分区及影响基团频率的因素。
- 了解红外光谱的吸收强度及影响因素。
- 初步掌握各类化合物的特征基团频率。
- 掌握红外谱图的解析方法。
- 熟悉傅里叶变换红外光谱仪的组成及检测原理。
- 熟悉红外光谱法对试样的要求，以及气体、液体及固体样品的制样方法。
- 熟悉红外光谱法在定性、定量分析中的应用。
- 了解 ATR-FTIR 的基本原理、光路设置、方法特点及应用。
- 掌握激光拉曼光谱法的基本原理、仪器装置、制样技术及应用。

第一节 概述

红外光谱法（infrared spectroscopy，IR）是由分子振动能级的跃迁而产生，因为同时伴随有分子中转动能级的跃迁，故又称振转光谱，它也是一种分子吸收光谱。红外吸收光谱法作为一种近代仪器分析方法，目前已被广泛用于分子结构的基础研究和化学组成的研究上，诸如对未知物的剖析、判断有机化合物和高分子化合物的分子结构、化学反应过程的控制和反应机理的研究等。如今，红外光谱的研究已由中红外扩展到远红外和近红外，其应用范围亦迅速扩展到生物化学、高聚物、环境、染料、食品、医药等诸多领域。对于化学工作者来说，红外光谱已成为实际工作中不可缺少的工具。

1. 红外光谱法的发展

自从 1946 年贝尔德首先研制成功双光束红外分光光度计以来，仪器的性能和结构不断地得到改进。20 世纪 60 年代以后，分光元件从棱镜逐步发展到光栅，近年来激光、电子计算机、傅里叶变换等技术在红外分光光度计上的应用，使仪器的性能有了重大变化，出现了很多新型仪器。在联用技术方面，GC-FTIR、LC-FTIR、TLC-FTIR、SFC-FTIR、TGA-FTIR 等的出现，标志着红外光谱的理论研究和实际应用已进入一个崭新的阶段。

2. 红外光谱区的划分

红外光谱在可见光和微波区之间，其波长范围约为 0.75～1000μm。根据实验技术和应用的不同，通常将红外光谱划分为三个区域，如表 8-1 所示。其中，中红外区是研究最多的区域，一般说的红外光谱就是指中红外区的红外光谱。

表 8-1 红外区的划分

区域	$\lambda/\mu m$	σ/cm^{-1}	能级跃迁类型
近红外区	0.75～2.5	13300～4000	分子化学键振动的倍频和组合频
中红外区	2.5～25	4000～400	化学键振动的基频
远红外区	25～1000	400～10	骨架振动、转动

3. 红外光谱法的特点

① 应用范围广，提供信息多且具有特征性。依据分子红外光谱的吸收峰的位置，吸收峰的数目及其强度，可以鉴定未知物的分子结构或确定其化学基团；依据吸收峰的强度与分子组成或其化学基团的含量有关，可进行定量分析和纯度鉴定。

② 不受样品相态的限制，亦不受熔点、沸点和蒸气压的限制。无论是固态、液态以及气态样品都能直接测定，甚至对一些表面涂层和不溶、不熔融的弹性体（如橡胶），也可直接获得其红外光谱。

③ 样品用量少且可回收，不破坏试样，分析速度快，操作简便等。

第二节 红外光谱法的基本原理

一、红外光谱的形成及产生条件

当分子受到频率连续变化的红外光照射时，分子吸收某些频率的辐射，引起振动和转动能级的跃迁，使相应于这些吸收区域的透射光强度减弱，将分子吸收红外辐射的情况记录下来，便得到红外光谱图。红外光谱图多以波长 λ 或波数 σ 为横坐标，表示吸收峰的位置；以透光率 T 为纵坐标，表示吸收强度。图 8-1 为聚苯乙烯的红外吸收光谱图。

红外光谱是由分子振动能级的跃迁而产生，但并不是所有的振动能级跃迁都能在红外光谱中产生吸收峰，物质吸收红外光发生振动能级（同时伴随转动能级）跃迁必须满足两个条件：①红外辐射光量子具有的能量等于分子振动能级的能量差；②分子振动时，偶极矩的大小或方向必须有一定的变化，即具有偶极矩变化的分子振动是红外活性振动，否则是非红外活性振动。

由上述可见，当一定频率的红外光照射分子时，如果分子中某个基团的振动频率和它一样，二者就会产生共振，此时光的能量通过分子偶极矩的变化传递给分子，这个基团就会吸收该频率的红外光而发生振动能级跃迁，产生红外吸收峰。

二、分子振动频率的计算公式

分子是由各种原子以化学键相互联结而成。如果用不同质量的小球代表原子，以不同硬度的弹簧代表各种化学键，它们以一定的次序相互联结，就成为分子的近似机械模型，这样就可以根据力学定理来处理分子的振动。

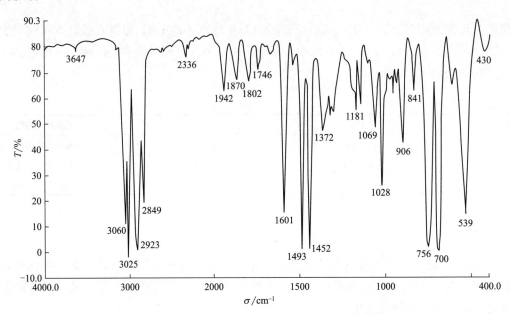

图 8-1 聚苯乙烯的红外光谱（二氯乙烷溶液流延薄膜）

由经典力学或量子力学均可推出双原子分子振动频率的计算公式为

$$\nu = \frac{1}{2\pi}\sqrt{\frac{k}{\mu}} \tag{8-1}$$

用波数作单位时

$$\sigma = \frac{1}{2\pi c}\sqrt{\frac{k}{\mu}}(\text{cm}^{-1}) \tag{8-2}$$

式中，k 为化学键的力常数，N·m^{-1}；μ 为折合质量，kg，$\mu = \dfrac{m_1 m_2}{m_1 + m_2}$，其中 m_1、m_2 分别为两个原子的质量；c 为光速，$3\times 10^8 \text{m·s}^{-1}$。

若力常数 k 单位用 N·cm^{-1}，折合质量 μ 以原子量 M 代替原子质量 m，则式（8-2）可写成

$$\sigma = 1307\sqrt{k\left(\frac{1}{M_1}+\frac{1}{M_2}\right)}(\text{cm}^{-1}) \tag{8-3}$$

根据式（8-3）可以计算出基频吸收峰的位置。

由此式可见，影响基本振动频率的直接因素是原子质量和化学键的力常数。由于各种有机化合物的结构不同，它们的原子质量和化学键的力常数各不相同，就会出现不同的吸收频率，因此各有其特征的红外吸收光谱。

例题 8-1 已知 C≡C 的 $k=15\text{N·cm}^{-1}$，试计算其基频吸收峰的频率。

解：

$$\begin{aligned}
\sigma &= 1307\sqrt{k\left(\frac{1}{M_1}+\frac{1}{M_2}\right)} \\
&= 1307\sqrt{15\left(\frac{1}{12}+\frac{1}{12}\right)} = 2067(\text{cm}^{-1})
\end{aligned}$$

三、简正振动和振动类型

1. 简正振动

分子中任何一个复杂振动都可以看成是不同频率的简正振动的叠加。简正振动是指这样一种振动状态，分子中所有原子都在其平衡位置附近作简谐振动，其振动频率和位相都相同，只是振幅可能不同，即每个原子都在同一瞬间通过其平衡位置，且同时到达其最大位移值，每一个简正振动都有一定的频率，称为基频。水分子和二氧化碳分子的简正振动如图 8-2 所示。

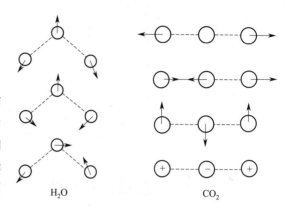

图 8-2　水分子与二氧化碳分子简正振动模式

2. 振动类型

分子的振动类型分为两大类：伸缩振动和变形振动。

（1）伸缩振动　伸缩振动是指原子沿键轴方向伸缩，使键长发生变化而键角不变的振动，用符号 ν 表示。伸缩振动有对称伸缩振动（ν^s）和不对称伸缩振动（ν^{as}）两种。

（2）变形振动　变形振动又称弯曲振动，是指原子垂直于价键方向的运动，即基团键角发生周期变化而键长不变的振动或分子中原子团对其余部分做相对运动，用符号 δ 表示。根据对称性不同，变形振动分为：对称变形振动（δ^s）和不对称变形振动（δ^{as}）。根据振动方向是否在原子团所在平面分为面内变形振动（β）和面外变形振动（γ）。面内变形振动又分为剪式振动（δ^s）和面内摇摆振动（ρ）；面外变形振动又分为面外摇摆振动（ω）和卷曲振动（τ）。

 概念检查 8.1

○ 分子的振动类型分为哪两大类？各有什么特点？通常用什么符号来表示？

伸缩振动和变形振动方式分别如图 8-3 所示。

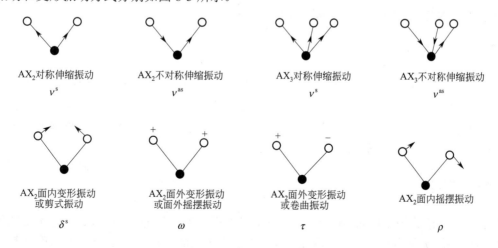

图 8-3

图 8-3 伸缩振动和变形（弯曲）振动
＋表示由纸面向外；－表示由纸面向内

第三节 红外谱图的峰数、峰位与峰强

一、振动自由度与峰数

简正振动的数目称为振动自由度，每个振动自由度相应于红外光谱上一个基频吸收峰，假设分子中含有 n 个原子，则描述分子振动状态的自由度有 $3n-6$ 个，对于线性分子有 $3n-5$ 个，也就是说分子有 $3n-6$ 或 $3n-5$ 个简正振动方式。虽然每种简正振动有其特定的振动频率，但红外光谱中产生的基频谱带的数目常小于振动自由度，主要原因有：①当分子具有高度的对称性时一些频率不出现，如有对称中心或球形分子中的对称振动为非红外活性的；②简并现象，不同振动类型有相同的振动频率，或几个振动频率几乎相等，光谱仪器不能区分；③一些吸收峰强度太弱仪器不能测得；④仪器测量波长范围窄，有些基频不在测量波长范围内。

由于真实的分子振动不是严格的简谐振动，光谱中观察到的情况要复杂些。红外光谱的吸收峰除基频峰外，还有倍频峰和合频峰。尽管倍频峰和合频峰的吸收强度比基频峰弱，但使红外光谱的吸收峰增加。倍频峰是由基态（$V=0$）跃迁到 $V=2,3,4,\cdots$ 激发态引起的；合频峰是在两个以上基频峰波数之和（$\sigma_1+\sigma_2+\cdots$）或差（$\sigma_1-\sigma_2-\cdots$）处出现的吸收峰；倍频峰和合频峰又统称为泛频峰。

二、红外光谱的吸收强度及影响因素

在红外吸收光谱中有一些吸收强度不等的吸收峰，一般定性地用很强（vs）、强（s）、中（m）、弱（w）和很弱（vw）等来表示。影响红外吸收强度的主要因素有以下几点。

1. 偶极矩变化率的影响

红外吸收峰的强度与分子振动时偶极矩变化值的平方成正比，因此振动时偶极矩变化越大，吸收强度越强。而偶极矩又与分子结构的对称性有关，振动的对称性越高，振动中分子的偶极矩变化就越小，谱带的强度就越弱。一般说来，极性较强基团（如 C=O、C—X 等）的振动，吸收强度较大；极性较弱基团（如 C=C、C—C、N=N 等）的振动，吸收强度较弱。

2. 振动光谱选择定则

简谐振子振动光谱选择定则为 $\Delta V=\pm 1$，理论上简谐振子的任何能级间隔 $E_{V+1}-E_V$ 都是相等的，具有一个振动光谱带。但实际分子振动是非简谐的，非简谐振子的 $V=0 \to V=1$ 跃迁频率称为基频，基频与 $V=1 \to V=2$、$V=2 \to V=3$ 等跃迁频率是各不相同的。室温下分子几乎全部处于最低振动能级上，分子的强红外吸收带来源于基频，只有当温度很高时才能观察到 $V=1 \to V=2$、$V=2 \to V=3$ 等这些热带。实际分

子的振动已不局限在 $\Delta V=\pm 1$，还有 $\Delta V=\pm 2$，± 3，…，它们的跃迁概率相差很大，依次迅速减少，导致红外光谱中有其相对应的弱吸收带。

3. 振动的相互作用

一般泛频峰是很弱的，但当一个振动的泛频与另一具有对称性相同的振动基频有差不多相同值时，这两个频率彼此相互作用而产生很强的吸收峰，使其中一个频率比无相互作用时要高，而另一个频率要降低，这种现象称为振动偶合，泛频与基频的偶合又称作费米共振。

三、特征基团吸收频率的分区及影响基团频率的因素

1. 特征基团吸收频率

在研究了大量化合物的红外吸收光谱后，可以发现具有相同化学键或官能团的一系列化合物的红外吸收谱带均出现在一定的波数范围内，因而具有一定的特征性。例如，羰基（C=O）的吸收谱带均出现在 $1650 \sim 1870 cm^{-1}$ 范围内；含有腈基（C≡N）的化合物的吸收谱带出现在 $2225 \sim 2260 cm^{-1}$ 范围内。这样的吸收谱带称为特征吸收谱带，吸收谱带极大值的频率称为化学键或官能团的特征频率。这个由大量事实总结的经验规律已成为一些化合物结构分析的基础，而事实证明这是一种很有效的方法。

分子振动是一个整体振动，当分子以某一简正振动形式振动时，分子中所有的键和原子都参与了分子的简正振动，这与特征振动这个经验规律是否矛盾呢？事实上，有时在一定的简正振动中只是优先地改变一个特定的键或官能团，其余的键在振动中并不改变，这时简正振动频率就近似地表现为特征基团吸收频率。例如，对于分子中的 X—H 键（X=C、O 或 S 等），处于分子端点的氢原子由于质量轻，因而振幅大，分子的某种简正振动可以近似地看做氢原子相对于分子其余部分的振动，当不考虑分子中其他键的相互作用时，该 X—H 键的振动频率就可以像双原子分子振动那样处理，它只决定于 X—H 键的力常数 k，这就表现为特征振动吸收频率。在质量相近的原子所组成的结构中，如—C—C=O、—C—C≡N 等，其中 C—C、C=O 及 C≡N 等各个键的力常数 k 相差较大，以致它们的相互作用很小，因而在光谱中也表现出其特征频率。由此可知，键或官能团的特征吸收频率实质上是，在特定的条件下，对于特定系列的化合物整个简正振动频率的近似表示。当各键之间或原子之间的相互作用较强时，特征吸收频率就要发生较大变化，甚至失去它们的"特征"意义。

2. 特征基团吸收频率的分区

在中红外范围（$4000 \sim 400 cm^{-1}$）把基团的特征频率粗略分为四个区对于记忆和对谱图进行初步分析是有好处的，见图8-4，由图可知：① X—H 伸缩振动区，大约在 $3600 \sim 2300 cm^{-1}$；② 三键和累积双键的伸缩振动区在 $2300 \sim 2000 cm^{-1}$；③ 双键伸缩振动区在 $1900 \sim 1500 cm^{-1}$；④ 其他单键伸缩振动和 X—H 变形振动区在 $1600 \sim 400 cm^{-1}$。

$4000 \sim 1330 cm^{-1}$ 区域的谱带有比较明确的基团和频率的对应关系，故称该区为基团判别区或官能团区，也常称为特征区。由于有机化合物分子的骨架都是由 C—C 单键构成，在 $1330 \sim 667 cm^{-1}$ 范围内振动谱带十分复杂，由 C—C、C—O、C—N 的伸缩振动和 X—H 变形振动所产生，吸收带的位置和强度随化合物而异，每一个化合物都有它自己的特点，因此叫做指纹区。分子结构上的微小变化，都会引起指纹区光谱的明显改变，因此，在确定有机化合物结构时用途也很大。

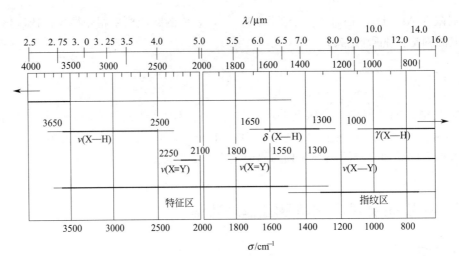

图 8-4 一些基团的振动频率

X=C、N、O，ν= 伸缩，δ= 面内变形，γ= 面外变形，细线表示吸收带在此出现的情况较少

3. 影响特征基团吸收频率的因素

由双原子组成的简单分子，其特征吸收谱带的频率主要取决于原子的质量和力常数。但在复杂分子内某一基团或键的特征吸收谱带的频率还受分子内和分子间的相互作用力影响，因而相同的基团或键在不同分子中的特征吸收频率并不出现在同一位置，而是根据分子结构和测量环境的影响呈现出特征吸收谱带频率的位移。影响特征基团吸收频率的因素主要有以下几种。

（1）分子中原子质量的影响　分子中的 X—H 键和重键的伸缩振动频率可近似地用式（8-3）计算。由于氢原子质量最小，所以 X—H 键伸缩振动频率最高。

（2）化学键力常数的影响　由单键、双键到三键，键的强度增加，即力常数增加，伸缩振动频率也以 700～1400 cm^{-1}、1500～1900 cm^{-1}、2000～2300 cm^{-1} 的顺序增加，三键和累积双键伸缩振动频率仅次于 X—H。C=O 双键伸缩振动频率在 1700 cm^{-1} 左右，随着 C 换为 N、P 等重原子，N=O 和 P=O 振动分别出现在 1500 cm^{-1} 和 1200 cm^{-1}。由于 C—C、C—O、C—N、P—O 等单键的力常数和 X—H 变形振动的力常数较小，因此出现在较低频率范围。

（3）测定状态的不同对特征基团吸收频率的影响

① 试样状态的不同。试样状态不同，也会影响特征基团吸收谱带的频率、强度和形状。丙酮在气态时的 $\nu_{C=O}$ 为 1720 cm^{-1}，而在液态时移至 1718～1728 cm^{-1} 处。因此，在谱图上对样品的状态应加以说明。对结晶形固态物质，由于分子取向是一定的，限制了分子的转动，会使一些谱带从光谱中消失，而在另外一些情况下，则可能出现新谱带。如长直链脂肪酸的结晶体光谱中出现一群主要由次甲基的全反式排列所产生的谱带，可用以确定直链的长度或不饱和脂肪酸的双键位置。

② 溶剂效应。由于溶剂的种类不同。同一物质所测得的光谱也不同。一般在极性溶剂中，溶质分子中的极性基团（如 NH、OH、C=O、C≡N 等）的伸缩振动频率随溶剂的极性增加向低波数移动，强度亦增大，而变形振动频率将向高波数移动。如果溶剂能引起溶质的互变异构，并伴随有氢键形成时，则吸收谱带的频率和强度有较大的变化。此外，溶质浓度也可引起光谱变化。在非极性溶剂中，这种频率移动一般较小。

（4）分子结构的不同对特征基团吸收频率的影响

① 诱导效应。由于取代基具有不同的电负性，通过静电诱导作用，引起分子中电子分布的变化，从而改变了键的力常数，使基团的特征频率发生位移。以羰基为例，若有一电负性大的基团（或原子）和

羰基的碳原子相连，由于诱导效应使电子云由氧原子转向双键的中间，增加了 C═O 键的力常数，使 C═O 的振动频率升高，吸收峰向高波数移动，如

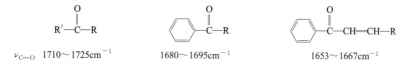

② 共轭效应。分子中形成大 π 键所引起的效应叫共轭效应，共轭效应的结果使共轭体系中的电子云密度平均化，使原来的双键略有伸长（即电子云密度降低），力常数减小，吸收峰向低波数移动，如

$\nu_{C=O}$　1710～1725cm^{-1}　　1680～1695cm^{-1}　　1653～1667cm^{-1}

③ 空间效应。空间效应主要包括空间位阻效应、环状化合物的环张力等。取代基的空间位阻效应将使 C═O 与双键的共轭受到限制，使 C═O 的双键性增强，波数升高，如

$\nu_{C=O}$　1663cm^{-1}　　1693cm^{-1}

对环状化合物，环外双键随环张力的增加，其波数也相应增加，如

$\nu_{C=O}$　1716cm^{-1}　　1745cm^{-1}　　1775cm^{-1}

环内双键随环张力的增加，其伸缩振动峰向低波数方向移动，而 C—H 伸缩振动峰却向高波数方向移动，如

$\nu_{C=C}$　1646cm^{-1}　　1611cm^{-1}　　1566cm^{-1}　　1541cm^{-1}
ν_{C-H}　3017cm^{-1}　　3045cm^{-1}　　3060cm^{-1}　　3076cm^{-1}

④ 氢键效应。当有氢键时，X—H 伸缩振动频率移向较低波数处，吸收谱带强度增大，谱带变宽，其变形振动频率移向较高波数处，但没有伸缩振动变化显著。形成分子内氢键时，X—H 伸缩振动谱带的位置、强度和形状的改变均较分子间氢键小；对质子接受体，通常影响较小。

⑤ 振动偶合效应。当两个振动频率相同或相近的基团连接在一起时，或当一振动的泛频与另一振动的基频接近时，它们之间可能产生强烈的相互作用，其结果使振动频率发生变化。例如羧酸酐

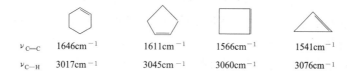

由于两个羰基的振动偶合，使 $\nu_{C=O}$ 吸收峰分裂成两个峰，波数分别约为 1820cm^{-1}（反对称偶合）和 1760cm^{-1}（对称偶合）。

概念检查 8.2

○ 什么是特征基团吸收频率？影响特征基团吸收频率的因素有哪些？

第四节　各类化合物的特征基团频率

前面讨论了影响特征基团吸收频率的一般规律，本节具体地给出某一类型化合物的特征吸收频率，这是解析红外谱图和红外定性分析的基础。典型有机化合物的重要基团频率见表 8-2。

一、烃类化合物

1. 烷烃

（1）C—H 伸缩振动频率　烷烃的红外光谱主要特征是 C—H 伸缩振动频率低于 3000cm^{-1}，这是判断化合物是饱和还是不饱和烃的重要依据。$v^{as}(CH_3)2960\pm10$cm^{-1}（m～s），$v^s(CH_3)2875\pm10$cm^{-1}（m），$v^{as}(CH_2)2930\pm10$cm^{-1}（m～s），$v^s(CH_2)2855\pm15$cm^{-1}（m）。

当 CH_3 直接连于芳环上，$v^{as}(CH_3)2975\pm10$cm^{-1}(m～s)，$v^{as}(CH_3)2945\pm10$cm^{-1}(m～s，有取代基时)，$v^s(CH_3)2925\pm5$cm^{-1}（m～）。当 CH_3 与 N、O 等电负性高的原子相连时，其伸缩振动频率会发生变化。

（2）C—H 变形振动频率　在 1380cm^{-1} 处是否有峰可判断是否存在甲基，若在该处的峰发生分裂就可以进一步判断存在异丙基或叔丁基。$\delta^{as}(CH_3)1450\pm10$cm^{-1}（m），$\delta^s(CH_3)1380\pm10$cm^{-1}（m～s），两个或三个甲基同时连接在一个碳原子上时，由于振动的偶合，异丙基的对称变形振动分裂成两个强度相等峰，分别在 1385～1380cm^{-1}（m～s）和 1370～1365cm^{-1}（m～s），叔丁基的对称变形振动分裂的两个峰分别位于 1395～1385cm^{-1}（m）和 1370～1365cm^{-1}（m～s），低频处的峰强度约为高频处峰的两倍。当甲基与 N、O、S、P 等杂原子相连时，其对称变形振动频率显著改变，而不对称变形振动频率变化很小。

亚甲基的面内变形振动或剪式振动在 1480～1440cm^{-1}（m）处有一个吸收峰，但常和甲基不对称变形振动的峰重叠。当亚甲基与双键或叁键相连时，$\delta(CH_2)$ 频率降低至 1440cm^{-1}；与羰基、硝基、腈基相连时，其 $\delta(CH_2)$ 降低至 1430～1420cm^{-1}，而强度显著增加。CH_2 的面内摇摆振动频率因相邻的 CH_2 数目而变化，相邻 1 个 CH_2，吸收峰位于 785～770cm^{-1}；相邻 2 个 CH_2，吸收峰位于 743～734cm^{-1}；相邻 3 个 CH_2，吸收峰位于 729～726cm^{-1}；当 CH_2 数目增至 4 个以上时，频率稳定在 725～720cm^{-1}（w～m），因此据 $\rho(CH_2)$ 的位置可以确定相邻 CH_2 的数目。固态烃（结晶）CH_2 面内摇摆振动频率分裂为 732cm^{-1} 和 722cm^{-1} 双峰，强度剧烈增加。从 CH 变形振动吸收谱带相对强度可估计烷烃中 CH_2 和 CH_3 基团的相对含量。分子中 CH_2 数目大于 CH_3 时，1480～1440cm^{-1} 的谱带比 1380～1360cm^{-1} 的谱带强。若 1480～1440cm^{-1} 的谱带与 1380～1360cm^{-1} 的谱带强度相当，则在分子中存在两个或少于两个 CH_2 基团。

（3）烷烃中 1350～1150cm^{-1} 区域　烷烃在 1350～1150cm^{-1} 区域的吸收峰是由 CH_2 面外摇摆、CH_2 卷曲、CH_3 的 δ 与 v_{C-C} 之偶合和其他骨架振动所引起，一般是弱峰。若电负性大的原子如氯原子接到同一碳原子上时，有时这些谱带特别强，甚至是最强峰。

异丙基的骨架振动在 1175～1165cm^{-1}（m）和 1150～1130cm^{-1}（m）。叔丁基的骨架振动在 1255～1245cm^{-1}（m）和 1225～1165cm^{-1}（m），$CH_3-\underset{|}{C}-CH_3$ 基的骨架振动在 1215cm^{-1} 和 1195cm^{-1}。以

表 8-2　典型有机化合物的重要基团频率和相对强度

基团	特征频率 /cm⁻¹	强度	归属	基团	特征频率 /cm⁻¹	强度	归属
1. 烷基				6. 酚和醇			
C—H	2960～2850	m～s	ν	游离 O—H	3670～3580	v	ν_{OH}
—CH(CH₃)₂	1385～1380	m～s	δ^s	氢键缔合 O—H	3600～3200	m～s	ν_{OH}
	1370～1365	m～s		醇 C—O	1200～1020	s	ν
—C(CH₃)₃	1395～1385	m	δ^s	酚 C—O	1390～1200	m～s	ν
	1370～1365	m～s		伯、仲醇 O—H	1350～1260	s	β_{OH}
2. 环烷烃				叔醇 O—H	1410～1310	s	β_{OH}
环丙烷，—CH₂—	3100～3070	m	ν^{as}	酚 O—H	1410～1310	s	β_{OH}
	3035～2995	m	ν^s	邻烷基酚（溶液）	≈1320	s	δ_{OH}
环丁烷，—CH₂—	3000～2975	m	ν^{as}		1255～1240	s	δ_{OH}
	2925～2875	m	ν^s		1175～1150	s	δ_{OH}
环戊烷，—CH₂—	2960～2950	m	ν^{as}	间烷基酚（溶液）	1285～1265	s	δ_{OH}
	2870～2850	m	ν^s		1190～1180	s	δ_{OH}
3. 烯烃基					1160～1150	s	δ_{OH}
CH	3100～3000	m	ν	对烷基酚（溶液）	1260～1245	s	δ_{OH}
C=C	1690～1560	v①	ν		1175～1165	s	δ_{OH}
不同取代类型				酚 O—H	720～600	s，宽	γ_{OH}
乙烯基烃类，—CH=CH₂	995～980	m	δ_{CH}	7. 羰基化合物			
	915～905	s	δ_{CH_2}	C=O	1870～1650	s	ν
亚乙烯基烃类，C=CH₂	895～885	s	δ_{CH_2}	8. 含氮化合物			
顺式—CH=CH—（烃类）	730～665（共轭增加频率范围至820cm⁻¹）	s	δ_{CH}	NH	3550～3030	m	ν
					1650～1500	s	δ
反式—CH=CH—（烃类）	980～955（通常≈965cm⁻¹）	s	δ_{CH}		900～650	s	δ
				C—N	1380～1020	s	ν
三取代烯烃类，C=CH—	850～790	m	δ_{CH}	—NO₂	1565～1335	s	ν
4. 炔烃基				C≡N	2600～2000	s	ν
≡C—H	≈3300	s	ν	C=N	1690～1580	m	ν
	700～600	s	δ_{CH}	N=N	1575～1410	v	ν
C≡C	2100～2260	v	ν	吡啶的环振动和CH变形振动			
5. 芳香基				单取代（4H）	752～746	s	$\delta_环$
Ar—H	3080～3010	m	ν		781～740	s	$\gamma_{=C—H}$
芳环取代类型				双取代（3H）	715～712	s	$\delta_环$
一取代	770～730	vs	$\gamma_{=C—H}$		810～789	s	$\gamma_{=C—H}$
	710～690	s	$\delta_环$	三取代（2H）	775～709	s	$\delta_环$
邻二取代	770～735	vs	$\gamma_{=C—H}$		820～794	s	$\gamma_{=C—H}$
间二取代	900～860（1H）	m	$\gamma_{=C—H}$	9. 含磷化合物			
	810～750（3H）	vs	$\gamma_{=C—H}$	P—H	2455～2265	m	ν
	710～690		$\delta_环$	P—C	795～650	m～s	ν
对二取代	860～800	vs	$\gamma_{=C—H}$	P=O	1350～1150	vs	ν
1,2,3- 三取代	800～750	vs	$\gamma_{=C—H}$	10. 含硫化合物			
	720～690		$\delta_环$	—SH	2600～2500	w	
1,2,4- 三取代	900～860（1H）	m	$\gamma_{=C—H}$	C=S	1225～1140	m	ν
	860～800（2H）	vs	$\gamma_{=C—H}$	11. 含硅化合物			
	720～680		$\delta_环$	Si—H	2250～2100	s	ν
1,3,5- 三取代	900～860	m	$\gamma_{=C—H}$		985～800	s	δ
	869～810	s	$\gamma_{=C—H}$	Si—C	900～700	s	ν
	730～675	s	$\delta_环$	Si—O—C	1110～1000	vs	ν^{as}
1,2,3,4- 四取代	860～800	vs	$\gamma_{=C—H}$		850～800	s	ν^s
1,2,3,5- 四取代	900～860	m	$\gamma_{=C—H}$	12. 含硼化合物			
	850～840			B—H	2565～2480	m～s	ν
1,2,4,5- 四取代	900～860	m	$\gamma_{=C—H}$		1180～1110	s	δ
1,2,3,4,5- 五取代	900～860	m	$\gamma_{=C—H}$		920～900	w～m	$\delta\nu$

① v 表示可变。

上的峰对于进一步证实这些基团的存在是有用的。

（4）环烷烃　无张力的环烷烃中环亚甲基的伸缩振动频率与非环烷相同，如环己烷。当环张力增加时，CH_2 伸缩振动逐渐向高波数移动，如环丙烷的 ν^{as}（CH_2）为 $3100 \sim 3070 cm^{-1}$（m）。CH_2 变形振动频率因环化作用而降低，如环丙烷的变形振动频率为 $1442 cm^{-1}$。

2. 烯烃

在 $3100 \sim 3000 cm^{-1}$ 处的 $\nu_{=C-H}$，$1640 cm^{-1}$ 附近的 $\nu_{C=C}$ 和 $990 \sim 675 cm^{-1}$ 的 $=C-H$ 面外摇摆振动是鉴定双键的主要特征。根据 $=C-H$ 面外摇摆振动的位置可以进一步确定不同取代基类型的烯烃。

（1）C=C 伸缩振动　C=C 伸缩振动频率出现在 $1690 \sim 1560 cm^{-1}$ 附近，其频率和强度受取代基的对称性、共轭及氟原子取代的影响。分子对称性增强使 $\nu_{C=C}$ 强度很弱，当有共轭时，频率降低且强度显著增加。共轭双烯在 C=C 伸缩振动频率区出现两谱带，低频峰 $1600 cm^{-1}$，高频峰在 $1650 cm^{-1}$。氟原子取代使 $\nu_{C=C}$ 频率显著升高，可能由于使 C=C 键缩短的缘故。

（2）双键的 =C—H 伸缩和变形振动　烯烃的 CH 伸缩振动在 $3100 \sim 3000 cm^{-1}$（m）范围内，高于 $3000 cm^{-1}$。烯烃的 CH 面外摇摆振动的位置随取代类型不同而不同，峰很强，是鉴定烯烃类最有用的谱带，见表 8-2。

3. 炔烃

（1）≡C—H 伸缩和变形振动　≡C—H 伸缩振动在 $3300 cm^{-1}$，吸收很强，呈尖峰，可以与 ν_{OH} 和 ν_{NH} 相区别，是鉴定炔烃最好的谱带。≡C—H 的面外变形振动在 $700 \sim 610 cm^{-1}$ 出现一个宽的强谱带，偶尔在 $1300 \sim 1200 cm^{-1}$ 有它的倍频。

（2）C≡C 伸缩振动　单取代炔烃 $\nu_{C≡C}$ 在 $2140 \sim 2100 cm^{-1}$（w～m），双取代炔烃 $\nu_{C≡C}$ 在 $2260 \sim 2190 cm^{-1}$（v）。与双键或叁键共轭时，$\nu_{C≡C}$ 出现在 $2270 \sim 2220 cm^{-1}$（m），峰的强度增加；与—COOH 或—COOR 共轭时谱带移至 $2250 cm^{-1}$ 附近，并使谱带进一步增强。

4. 芳烃

芳烃有三种特征吸收谱带，=C—H 伸缩振动、骨架振动和 δ_{CH}（面外）。

（1）芳烃 =C—H 伸缩和变形振动　芳烃 CH 伸缩振动出现在 $3080 \sim 3010 cm^{-1}$（m），一般有 3～4 个峰。芳烃 CH 面外变形振动在 $900 \sim 650 cm^{-1}$ 范围内出现强峰，由于相邻 H 原子的强烈偶合，峰出现的位置对相邻 H 的数目极为敏感，因此据芳烃 CH 面外变形振动位置可鉴定芳烃取代位置和数目，见表 8-2。

（2）苯环的骨架振动　苯环的骨架振动在 $1650 \sim 1450 cm^{-1}$（v）范围出现一组四个峰，强度都较弱，但与其他基团共轭时其强度增加。其中 $1600 cm^{-1}$ 和 $1500 cm^{-1}$ 的峰最能反映苯环的特征，$1580 cm^{-1}$ 峰很弱，$1450 cm^{-1}$ 峰与 CH_2 变形振动重叠，不易识别。

芳香族化合物在 $2000 \sim 1660 cm^{-1}$ 区域出现数量 2～6 个的一组吸收带，是苯环特有的波状吸收，它是由苯环上 =C—H 面外变形（$\gamma_{=CH}$）振动的倍频和合频产生的，各种不同取代类型的芳香族化合物具有典型的吸收图形，据此可以进一步确定苯衍生物的取代类型，见图 8-5。

总之，芳香族基团的存在可由 $3030 cm^{-1}$、$1600 cm^{-1}$ 及 $1500 cm^{-1}$ 谱带表示，其取代类型由 $900 cm^{-1}$ 以下强的 CH 面外变形振动位置确定。

通过对烃类 $3340 \sim 2700 cm^{-1}$ 范围 CH 伸缩带分析，就能对化合物的结构作出一些判断，如 $3340 \sim 3270 cm^{-1}$ 有尖峰说明存在 ≡C—H，在 $2710 cm^{-1}$ 有峰证明分子中有醛基。吸收高于 $3000 cm^{-1}$ 说明存在不饱和结构或小的环，低于 $3000 cm^{-1}$ 的谱带来自分子饱和结构中 CH 伸缩振动。

二、酚和醇

酚和醇在红外光谱中都有 OH 伸缩振动、OH 变形振动和 C—O 伸缩振动。

1. OH 伸缩振动

OH 伸缩振动的位置受测量时样品的状态、溶液浓度、溶剂的性质及测量温度等外部因素的影响,这些因素决定形成氢键的强度。通常酚和醇都形成氢键缔合多聚体,由于氢键形成使 ν_{OH} 从 3670~3580cm^{-1}(v,游离的)移向 3600~3200cm^{-1}(m~s)低波数,峰形很宽,但空间阻碍大时氢键很弱。

2. C—O 伸缩振动

醇的 ν_{C-O} 在 1200~1020cm^{-1}(s)。因苯环与 O 发生 p-π

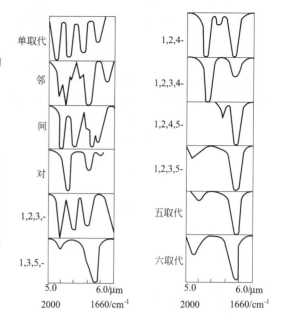

图 8-5 2000~1660cm^{-1} 取代苯的泛频

共轭,使键的键级升高,故酚的 ν_{C-O} 为 1390~1200cm^{-1}(m~s)。当无其他基团干扰时,可利用 ν_{C-O} 的频率来了解羟基的碳链取代情况。如伯醇在 1050cm^{-1} 附近,仲醇在 1125cm^{-1} 附近,叔醇在 1200cm^{-1} 附近,酚在 1230cm^{-1} 附近。

3. OH 变形振动

伯、仲醇 OH 面内变形振动在 1350~1260cm^{-1}(s),叔醇 OH 面内变形振动在 1410~1310cm^{-1}(s)。酚的 OH 变形振动在 1410~1310cm^{-1}(s),因 δ_{OH} 与 $\nu_{=C-O}$ 有相互作用,使谱峰均很强,有利于对酚类的鉴定。烷基取代酚有其特有的谱带,见表 8-2。

酚类在 720~600cm^{-1} 均出现一很强的宽谱带,这是由缔合状态的—OH 面外变形振动引起的(氢键)。

三、醚

氧原子与碳原子的质量相差不大,C—O 的键强和 C—C 键强又差不多,因此 C—O 和 C—C 伸缩振动吸收位置接近,在 1275~1020cm^{-1}(s)。但是 C—O 振动时偶极矩变化较大,所以醚键引起的吸收峰较强。醚的特征吸收带是 C—O—C 不对称伸缩振动,出现在 1150~1060cm^{-1} 处,强度大。C—C 骨架振动吸收也出现在此区域,但强度弱,易于识别。醇、酯、酸中都含 C—O 键,其 ν_{C-O} 吸收均在此区域,故有严重干扰,因此,要由红外光谱来单独确定醚键存在与否是有困难的。但醚与醇之间最明显的区别是醚在 3600~3200cm^{-1} 之间无吸收峰,可以此区别之。

四、羰基化合物

1. 计算 $\nu_{C=O}$ 的经验规则

如果把金属羰基化合物和羧酸盐也包括在内,C=O 的伸缩振动范围可从 2200cm^{-1} 延伸到 1350cm^{-1}。然而,大多数含羰基的化合物,如醛、酮、羧酸、酯、酰胺、内酯、内酰胺、酸酐和酰卤的 $\nu_{C=O}$ 均出现在 1870～1650cm^{-1} 范围内。酸酐和四元环内酯的 $\nu_{C=O}$ 在该范围的上限，酰胺和取代脲的 $\nu_{C=O}$ 在该范围的下限。

把酮（R—CO—R'）作为羰基化合物的典型标准，它的 $\nu_{C=O}$ 频率在 1715cm^{-1} 附近。前述的影响峰位的诸因素同样影响羰基的伸缩振动频率，在光谱中观察到的 C=O 频率的位置是全部影响因素的总和。考虑每一种影响因素，利用表 8-3 中数据可方便地计算出羰基伸缩振动的近似的吸收峰位。

表 8-3　影响羰基伸缩振动的各种因素（以丙酮在 CCl$_4$ 中的 $\nu_{C=O}$ 为基准）

向高频位移	增加 ν/cm^{-1}	向低频位移	减少 ν/cm^{-1}
基数 $\nu_{C=O}$ 1720cm^{-1}（在 CCl$_4$ 中）			
1. 溶剂影响		1. 纯固体或液体	10
烃类溶剂	7	2. 溶剂：CHCl$_3$，CHBr$_3$，CH$_3$CN	15
2. 环张力		3. 环张力	
三元环 → 五元环	35	六元环 → 七到十元环	10
桥环系统	15	4. α 碳上取代，每个烷基	5
3. α 碳上取代（诱导效应）		5. 烷基被氨基取代	
顺式及共平面取代		—NH$_2$	5
—Cl，—Br，—OR，—OH 及 —OAc	20	—NHMe	30
反式及非共平面	0	—NMe$_2$	55
4. 烷基被电负性原子或基团取代		6. 分子内氢键	
—H（醛）	10	弱　α 或 β—OH 酮	10
—OR（酯）	25	中　邻—OH 芳酮	40
—OH（单羧酸）	40	强　β-二酮	100
—O—C=C（乙烯基酯）	50	7. 分子间氢键	
—Cl（酰氯）	90	弱　R—OH----O=C	15
—OCOR（酸酐）	100	强　RCOOH 二聚体	45
		8. 共轭（取决于立体化学结构）	
		第一 C=C	30
		第二 C=C	15
		第三 C=C	0
		苯环	20
		插烯—CO—C=C—X（X=H 或 O）	40

例题 8-2　已知某化合物分子式为 C$_4$H$_6$O$_2$，其中含有一个酯羰基（1760cm^{-1}）及末端乙烯基（—CH=CH$_2$）（1649cm^{-1}），试推测其结构。

解： 对于分子式为 C$_4$H$_6$O$_2$ 的化合物来说，按给出的条件只能写出如下两种结构：

(a) CH$_2$=CH—CO—O—CH$_3$　　丙烯酸甲酯　　(b) CH$_3$—CO—O—CH=CH$_2$　　醋酸乙烯酯

若是（a）时：
基值：　　　　　　　1720
—OR（酯）　　　　　+25
共轭（C=C）　　　　−30

若是（b）时：
基值：　　　　　　　1720
乙烯酯　　　　　　　+50
α-碳甲基取代　　　　−5

计算值　　　　1715cm^{-1}　　　　　　　　计算值　　　　1765cm^{-1}

因光谱得到的 $\nu_{C=O}$ 频率是 1760cm^{-1}，与 1765cm^{-1}（b）相近，所以该化合物结构应是醋酸乙烯酯。

利用 $\nu_{C=O}$ 的具体位置可以帮助初步判断化合物属哪一类羰基化合物，但在区分这类化合物时，更多地要注意它们的相关峰。例如，正常酯的 $\nu_{C=O}$ 比酮和羧酸的 $\nu_{C=O}$ 频率稍高，可是在共轭情况下就与酮和羧酸的 $\nu_{C=O}$ 相近，但酯基具有强谱带 ν_{C-O-C}^{as} 1330～1150cm^{-1} 和 ν_{C-O-C}^{s} 1140～1030cm^{-1}。

2. 酮

酮的特征吸收谱带为 C=O 伸缩振动，饱和脂肪酮的 $\nu_{C=O}$ 在 1725～1705cm^{-1}（s）。

（1）共轭酮　当有双键或苯环与羰基共轭时，使 C=O 双键性减弱，$\nu_{C=O}$ 谱带频率降低。共轭酮 $\nu_{C=O}$ 1685～1660cm^{-1}（s），芳香酮 $\nu_{C=O}$ 1700～1680cm^{-1}（s），当共轭进一步增加时，$\nu_{C=O}$ 1670～1660cm^{-1}（s）。

（2）环酮　在环酮中由于环的张力效应使 C=O 键增强，环张力越大，$\nu_{C=O}$ 的波数也越大，在 1815～1705cm^{-1}（s）范围内。

（3）α-卤代酮　由于 α 卤代作用，α-卤代酮的 $\nu_{C=O}$ 频率升高，位移值取决于卤原子的电负性。α-卤代酮 $\nu_{C=O}$ 在 1745～1725cm^{-1}（s），α,α'-二卤代酮 $\nu_{C=O}$ 在 1765～1745cm^{-1}（s）。

（4）二酮　α-二酮在 1730～1710cm^{-1} 范围有一强谱带，二酮酮式在 1735～1690cm^{-1}（s）有两谱带，烯酮式在 1620～1600cm^{-1} 有一很强的谱带。

（5）醌类　两个 CO 在一个环上的醌的 $\nu_{C=O}$ 在 1690～1660cm^{-1}（s），其他的醌类 $\nu_{C=O}$ 为 1655～1635cm^{-1}（s）。邻-OH(NH$_2$)取代芳醌的 $\nu_{C=O}$ 为 1630cm^{-1}（s）。

3. 醛

醛的特征吸收带是 $\nu_{C=O}$ 和醛基—CHO 的 C—H 伸缩振动 ν_{CH}。

（1）醛基—CHO 的 C—H 伸缩振动　醛基的 ν_{CH} 吸收带在 2830～2695cm^{-1}，同时 C—H 弯曲振动的倍频也出现在相近的频率区域，由于发生费米共振，在 2740～2720cm^{-1} 和 2820cm^{-1} 附近出现弱而尖锐的双谱带，2720cm^{-1} 吸收带特征性很强，是鉴定醛基最有用的吸收带。

（2）醛的 $\nu_{C=O}$ 吸收带

① 脂肪醛。饱和脂肪醛 $\nu_{C=O}$ 在 1740～1720cm^{-1}（s），当 α-碳上有诱导效应的基团时 $\nu_{C=O}$ 向高波数移动，如 CCl$_3$CHO 的 $\nu_{C=O}$ 为 1768cm^{-1}。

② 不饱和醛。共轭醛基的 $\nu_{C=O}$ 频率较低。α,β-不饱和醛（C=C—CHO）的 $\nu_{C=O}$ 在 1705～1680cm^{-1}（s），$\alpha,\beta,\gamma,\delta$-不饱和醛的 $\nu_{C=O}$ 在 1685～1660cm^{-1}（s），芳香醛（ArCHO）的 $\nu_{C=O}$ 在 1715～1695cm^{-1}（s）。当羟基与醛基形成六元环螯合氢键时，如分子中有 —C=C—CHO（OH），$\nu_{C=O}$ 的频率较低，其范围为 1670～1645cm^{-1}（s）。

4. 羧酸及其盐

（1）羧酸中 OH 伸缩振动　在气态或非极性稀溶液中，羧酸以单体形式存在，ν_{OH} 在 3560～3500cm^{-1}（m～w）。羧酸分子间产生强的氢键，液态或固态的羧酸一般都形成二聚体，ν_{OH} 在 3300～2500cm^{-1}（m）有一组非常特征的宽吸收带，其主峰在 3000cm^{-1}，高频一侧的吸收是由强烈缔合的 OH 伸缩振动产生的，低频一侧存在许多小的副峰，副峰中最强的在 2650cm^{-1}，这是 $\nu_{C=O}$ 和 δ_{OH} 的合频与 ν_{OH} 的基频之间发生费米共振产生的。

（2）羧酸的 $\nu_{C=O}$ 吸收带　单体酸的 $\nu_{C=O}$ 在 1800～1740cm^{-1}（s）。由于形成氢键削弱了 C=O 双键特性，饱和脂肪族羧酸 $\nu_{C=O}$ 在 1725～1700cm^{-1}（二聚体，s），α,β-不饱和酸（C=C—COOH）和芳香酸因共轭作用，$\nu_{C=O}$ 在 1715～1680cm^{-1}（二聚体，s），α-卤代酸的 $\nu_{C=O}$ 往高波数移动 10～20cm^{-1}，在 1740～1720cm^{-1}（二聚体，s），分子内氢键使 $\nu_{C=O}$ 位于低频处，分子内氢键的羧酸 $\nu_{C=O}$ 在 1680～1650cm^{-1}（s）。

（3）羧酸中 OH 的面外变形振动　—COOH 中 OH 面外变形振动在 940～900cm^{-1}（m），这是一个很特征的宽谱带，对于确认羧基的存在是很有用的。

（4）固体结晶长链饱和脂肪酸　固体长链饱和脂肪酸中反式构象排列的—$(CH_2)_n$—平面摇摆振动在 1330～1180cm^{-1}（m）出现一组特征峰，由这组峰可判断饱和脂肪酸的链长。亚甲基数目 n 与吸收峰数目 m 有如下关系：当 n 为偶数时，$n=2m$；当 n 为奇数时，$n=2m-1$。

（5）羧酸盐　羧酸盐的羧基—COO$^-$ 系具有多电子 π 键的体系，而 C—O 振动的强烈偶合使羧酸盐离子有着不对称和对称伸缩振动之分，ν^{as}（—COO$^-$）在 1610～1550cm^{-1}（vs），ν^s（—COO$^-$）在 1420～1360cm^{-1}（s），—COO$^-$ 伸缩振动频率和吸收带形状与金属离子有关。

羧酸盐的红外光谱图有时不易鉴别，常将羧酸盐转变成酸后再作红外光谱图，对于鉴定羧酸盐往往是有利的。

5. 酯和内酯

酯的特征吸收谱带为 —C(=O)—O—C— 基团中的 C=O 和 C—O—C 的伸缩振动。

（1）酯的 $\nu_{C=O}$ 吸收带

① 饱和脂肪酸酯。除了甲酸酯类的 $\nu_{C=O}$ 出现在 1725～1720cm^{-1}（vs）处外，其余大多数饱和酯的 $\nu_{C=O}$ 均在 1740cm^{-1}（vs）附近。

② 不饱和酸酯。α,β- 不饱和酸酯及芳香酯由于 C=O 与双键或芳环共轭使羰基频率降低，芳环和双键的影响相近，但 C=O 键减弱的情况一般较酮类小，$\nu_{C=O}$ 出现在 1730～1715cm^{-1}（s）范围，此频率还受其他结构因素的影响。C=O 与—C≡C—共轭时产生更大的频率位移，$\nu_{C=O}$ 移至 1720～1708cm^{-1}（s）范围。

③ 乙烯基和苯基酯。当双键或苯环与—CO—O—的氧相连时，由于 CO—O—C=C 结构使羰基频率升高，$\nu_{C=O}$ 位于 1800～1770cm^{-1}（s）。

④ α- 卤代酸酯。在酯类中 α- 卤素取代使 $\nu_{C=O}$ 频率升高至 1770～1745cm^{-1}（s），这可用偶极场效应来解释。因此，只有与羰基的氧靠近的卤素原子对频率才会有显著的影响，单卤取代和三卤取代的位移是相同的。

⑤ 分子内氢键。分子内氢键会引起 $\nu_{C=O}$ 波数反常的偏低，如水杨酸正丁酯的 $\nu_{C=O}$ 1675cm^{-1}，烯醇化 β- 酮酯 $\nu_{C=O}$ 1650cm^{-1}。

（2）酯的 ν_{C-O-C} 吸收带　酯的 C—O—C 伸缩振动在 1300～1050cm^{-1} 间有两个峰，分别为不对称和对称伸缩振动。不对称伸缩振动谱带位于 1275～1185cm^{-1}（vs），偶尔分裂为双峰，通常 ν^{as}_{C-O-C} 比 $\nu_{C=O}$ 强度高，峰形宽。不同类型的酯 ν^{as}_{C-O-C} 吸收带位置是十分稳定的，HCOOR 在 1200～1180cm^{-1}；CH$_3$COOR 在 1265～1230cm^{-1}；CH$_3$CH$_2$COOR 在 1190cm^{-1}；长链酸酯 RCOOR 在 1170cm^{-1}。对称伸缩频率 1060～1000cm^{-1}（s），ν^s_{C-O-C} 强度较低，—COOR（乙酯或大于乙酯）1030cm^{-1}；—COOCH$_3$ 1015cm^{-1}。

不饱和双键与羰基共轭，ν^{as}_{C-O-C} 1300～1250cm^{-1}（s），向高频方向位移。当谱图中有高于 1250cm^{-1} 酯的 ν^{as}_{C-O-C} 吸收带时，可以认为 C=O 与双键或苯环共轭。ν^s_{C-O-C} 在 1200～1050cm^{-1}（s）范围。

（3）内酯　内酯因环张力效应使 C=O 伸缩振动频率升高，环中有不饱和键时，可因费米共振引起羰基谱带的分裂。内酯的 C—O—C 键伸缩振动在 1250～1100cm^{-1} 出现强谱带。

6. 酸酐

（1）酸酐的 $\nu_{C=O}$ 吸收带　当两个相同的基团在分子中靠得很近时，其相应的特征吸收峰常发生分裂形成两个峰。酸酐在 1860～1740cm^{-1} 出现相距约 60cm^{-1} 的两个谱带，这是酸酐上的两个羰基伸缩振动偶合的结果，酸酐的两个谱峰的相对强度随结构而异，开链脂肪酸酐的两个峰分别为 $\nu^{as}_{C=O}$

1860～1800cm^{-1}（s）和 $\nu^s_{C=O}$ 1800～1740cm^{-1}（s），通常在1820cm^{-1}和1760cm^{-1}，高频吸收带强；芳香酸酐和 α,β- 不饱和酸酐分别为 $\nu^{as}_{C=O}$ 1830～1780cm^{-1}（s）和 $\nu^s_{C=O}$ 1755～1710cm^{-1}（s），较相应的饱和酸酐低20～40cm^{-1}；环状酸酐随着环张力增加，$\nu_{C=O}$ 频率向高频位移，频率较低的谱带较强。

（2）酸酐的 $\nu_{C—O—C}$ 吸收带　C—O—C 伸缩振动在1175～1050cm^{-1}（s）有1～2条吸收带。具有环张力的 C—O—C 伸缩振动频率在1300～1200cm^{-1}（s）。此外，六元环酸酐在1100～1000cm^{-1}（s）有一分裂吸收，五元环酸酐在910cm^{-1} 有一宽强吸收。

7. 酰卤

酰卤的红外光谱特征是 C=O 的高伸缩振动频率及没有 C—O—C 单键伸缩振动吸收。液体脂肪酰氯的 C=O 伸缩振动大多在1815～1770cm^{-1}（vs），常在1800cm^{-1}，有时分裂。有些酰氯在1750～1700cm^{-1} 还有一弱吸收，系875cm^{-1}（C—C 伸缩）倍频与羰基峰（C=O 伸缩）发生费米共振引起的。不饱和及芳香酰氯的 C=O 伸缩振动频率在1780～1750cm^{-1}（vs），酰氟在更高的频率吸收，酰溴或酰碘在稍低的频率吸收。

五、含氮化合物

含氮化合物主要包括：胺及其盐，酰胺，氨基酸，腈，硝基化合物，异氰酸酯及其他含氮化合物。下面分别介绍各类含氮化合物的特征吸收谱带。

1. 胺与亚胺类

胺类主要有三种吸收带：ν_{NH}、δ_{NH} 和 $\nu_{C—N}$，其中 ν_{NH} 吸收带用处大，根据红外光谱中 NH 和 NH$_2$ 基团的吸收带能确定伯胺和仲胺，而叔胺中不存在 ν_{NH}，难以鉴定。

（1）胺 N—H 伸缩振动

① 伯胺。脂肪伯胺在非极性溶剂的稀溶液中，于3550～3250cm^{-1} 区域出现两个吸收带，其中 ν^{as}_{NH} 在3550～3330cm^{-1}（w～m），ν^s_{NH} 在3450～3250cm^{-1}（w～m）。伯胺的凝缩相光谱在3450～3250cm^{-1}（w～m），峰形宽。

伯胺 N—H 的不对称和对称伸缩振动频率基本上均随同一力常数改变，从而确定了 ν^{as}_{NH} 和 ν^s_{NH} 两个谱带的波数关系为 ν^s_{NH} =345.53+0.876 ν^{as}_{NH}，据此公式计算得到的 ν^s_{NH} 值与实验值相比较，可以进一步验证伯胺的存在。

② 仲胺。仲胺在稀溶液中只出现一个 NH 伸缩振动吸收峰。脂肪仲胺在3500～3300cm^{-1}（w），峰较弱。在四氯化碳稀溶液中芳香仲胺的 ν_{NH} 在3450～3400cm^{-1}（m），液态在3406～3300cm^{-1}。

③ 二胺和亚胺。二胺（凝缩相）的 ν^{as}_{NH} 3360～3340cm^{-1}（w～m），ν^s_{NH} 3280～3270cm^{-1}（w～m）。而亚胺 C=NH 的 ν_{NH} 为3400～3300cm^{-1}（m）。

（2）胺 N—H 变形振动　伯胺的 NH$_2$ 面内变形振动通常在1650～1580cm^{-1}（m～s），芳香族伯胺在频率范围的低端，它相当于 CH$_2$ 的剪式振动，可以与芳香环的谱带区分开。NH$_2$ 的面外变形振动通常是多重谱带，出现在900～650cm^{-1}（s），峰形宽，相当于 CH$_2$ 卷曲振动，其振动频率随 α 碳原子的类型不同而有所改变。

仲胺的 NH 变形振动在1580～1490cm^{-1}，很弱，难以检出，特别是在 Ar—NH— 中受芳环的1580cm^{-1} 谱带的干扰，用处不大。仲胺 NH 的面外摇摆振动在750～700cm^{-1}（s），峰形宽。

亚胺 C=N—H 的 N—H 变形振动在1590～1500cm^{-1}（m）。

（3）胺 C—N 伸缩振动　在胺中 C—N 的伸缩振动位置与 C—C 伸缩振动差别不大，但由于 C—

N 键的极性，强度较大。脂肪族伯胺的 ν_{C-N} 为 1090～1020cm^{-1}（w～m），具有伯或仲 α 碳原子的脂肪仲胺的 C—N 伸缩振动分别在 1145～1130cm^{-1}（m～s）和 1190～1170cm^{-1}（m），脂肪族叔胺 1230～1030cm^{-1}（双峰，m），芳香族伯仲胺 1360～1250cm^{-1}（s），芳香族叔胺 1380～1330cm^{-1}（s）。

亚胺 C=N 的 $\nu_{C=N}$ 在 1690～1640cm^{-1}（v）。

(4) 胺的盐类　鉴定胺的最好办法是用无机酸处理样品，然后观察 3000～2200cm^{-1} 范围出现的宽而强的"铵谱带"。若"铵谱带"与 ν_{CH} 谱带重叠为伯胺，完全分开为叔胺，仲胺的"铵谱带"居中不易分开，需进一步考虑 1600～1500cm^{-1} 处的吸收峰。C=NH$^+$ 基团在约 2000cm^{-1} 处有"亚胺谱带"，且还具有叔胺型的 ν_{NH^+} 谱带。

2. 酰胺

酰胺有三种重要的特征吸收峰：N—H 伸缩振动、C=O 伸缩振动和 N—H 变形振动。

(1) 酰胺 N—H 伸缩振动

① 伯酰胺。在稀溶液中游离态的伯酰胺 N—H 不对称、对称伸缩振动分别位于 3500cm^{-1}（m）和 3400cm^{-1}（m），当发生氢键缔合时移向 3350cm^{-1}（m）和 3180cm^{-1} 低频区。ν^{as}(NH$_2$) 和 ν^s(NH$_2$) 强度相近，缔合状态时两者之间距离大于 120cm^{-1}。

② 仲酰胺。在稀溶液中游离态仲酰胺 ν_{NH} 在 3500～3400cm^{-1} 有一很尖的谱带。固态、液态或浓溶液中氢键缔合的仲酰胺在 3320～3060cm^{-1} 有一峰。仲酰胺中 C=O 与 N—H 可以分别位于分子链的同侧或异侧，因而有顺式和反式之别，此谱带可分裂为一很相近的双峰，顺式比反式频率低，由于含量的不同，两峰强度可能相差较大。游离态，ν_{NH}（反式）3460～3400cm^{-1}（m），ν_{NH}（顺式）3440～3420cm^{-1}；缔合态，ν_{NH}（反式）3320～3270cm^{-1}（m），ν_{NH}（顺式）3180～3140cm^{-1}（m）。无论顺式还是反式，3100～3070cm^{-1} 出现的谱带均可认为是 NH$_2$ 面内变形振动的倍频。

(2) 酰胺 C=O 伸缩振动　酰胺的 C=O 伸缩振动称为酰胺吸收带Ⅰ（酰胺Ⅰ谱带）。酰胺中由于羰基 C=O 与胺基 NH$_2$ n-π 共轭，使 C=O 双键性减弱，其 $\nu_{C=O}$ 频率降低。酰胺Ⅰ谱带的位置主要受氮原子上是否有取代基，氮原子是在环内还是在环外，试样的物理状态及溶液浓度等因素影响。

伯酰胺游离态 $\nu_{C=O}$ 在 1690cm^{-1}，而缔合态在 1650cm^{-1} 附近有强吸收。开链仲酰胺在稀溶液中 $\nu_{C=O}$ 1700～1670cm^{-1}（m），缔合态移至 1680～1630cm^{-1}（m）。当 N 上有吸电子取代基时，$\nu_{C=O}$ 频率向高频位移。

(3) 酰胺 N—H 变形振动　酰胺中 N—H 变形振动称为酰胺吸收带Ⅱ（酰胺Ⅱ谱带）。它主要是 δ(NH) 或 δ(NH$_2$)，但有 δ(NH) 或 δ(NH$_2$) 与 ν_{C-N} 的偶合。

稀溶液中伯酰胺的 δ(NH$_2$) 在 1620～1590cm^{-1}（s），缔合时向高频移动至 1650～1610cm^{-1}（s）。固态 CONH$_2$ 在 1650～1640cm^{-1} 处有两个强谱带，但其中"Ⅰ谱带"更强。固体和溶液状态仲酰胺的"Ⅱ谱带"分别在 1570～1510cm^{-1}（s）与 1550～1510cm^{-1}（s）处。

酰胺 N—H 面外变形振动 γ_{NH} 称为酰胺吸收带Ⅳ，频率 700cm^{-1}。

(4) 酰胺 C—N 伸缩振动　酰胺 C—N 伸缩振动称为酰胺吸收带Ⅲ（酰胺Ⅲ谱带），它主要归属 ν_{C-N}，但有 ν_{C-N} 与 δ(NH$_2$) 或 δ(NH) 的偶合。伯酰胺 ν_{C-N} 在 1430～1400cm^{-1}（w～m），仲酰胺为 1260cm^{-1}（游离态）和 1335～1200cm^{-1}（s，缔合态）。

3. 氨基酸及其盐

(1) 氨基酸 N—H 伸缩振动　氨基酸以偶极离子 H$_3$N$^+$(CH$_2$)$_n$COO$^-$ 的形式存在，这种偶极离子又称内盐，或以盐酸盐的 H$_3$N$^+$—(CH$_2$)$_n$—COOH·Cl$^-$ 形式存在，这就决定了氨基酸的 N—H 伸缩振动有其特征吸收频率。

氨基酸的类型不同，其 N—H 伸缩振动频率有差异，$H_3N^+(CH_2)_nCOO^-$ 的 ν^{as}（NH_3^+）频率为 $3130 \sim 3030cm^{-1}$（s），峰形宽。一般情况下，$3100 \sim 2000cm^{-1}$ 有一组很宽的吸收带，主峰在 $3000cm^{-1}$，低频为弱吸收峰；$RNH_2^+(CH_2)_nCOO^-$ 的 ν^{as}（NH_2^+）为 $3000 \sim 2750cm^{-1}$；$R^1R^2NH^+(CH_2)_nCOO^-$ 的 $\nu^{as}(NH^+)$ 为 $2700cm^{-1}$。对称伸缩振动 ν^s（NH_3^+，NH_2^+，NH^+）为 $2760 \sim 2530cm^{-1}$。

氨基酸盐酸盐 H_3N^+—$(CH_2)_n$—$COOH \cdot Cl^-$ 的 ν^{as}（NH_3^+）在 $3130 \sim 3030cm^{-1}$ 出现宽强吸收带，与 COOH 吸收带重叠，而 $3030 \sim 2500cm^{-1}$ 的宽强吸收谱带为 ν（C=O）的倍频和 ν^s（NH_3^+）。氨基酸金属盐 ν（NH_2）$3500 \sim 3200cm^{-1}$（双峰）在正常胺类的 NH 伸缩振动吸收范围。

（2）氨基酸 N—H 变形振动 所有具有—NH_3^+ 结构的氨基酸和盐酸盐在 $1660 \sim 1590cm^{-1}$ 区有 δ^{as}（NH_3^+）弱吸收峰（氨基酸吸收带 I）和在 $1550 \sim 1480cm^{-1}$ 有另一条 δ^s（NH_3^+）较强谱带（氨基酸吸收带 II），如将氨基酸与碱反应，可用于区别 COO^- 基团的吸收。N 原子上有取代基的氨基酸和金属盐不出现此谱带。

（3）氨基酸羧基 COO^- 吸收带 离子型氨基酸羧基 COO^- 的反对称和对称伸缩振动频率出现在 $1600 \sim 1560cm^{-1}$（s）和 $1470 \sim 1370cm^{-1}$（w），ν^{as}（COO^-）容易鉴别，ν^s（COO^-）弱且不特征。非离子型氨基酸—COOH 基表现正常的羧基特征频率。

氨基酸在 $1300cm^{-1}$ 处有一条起因不明的中强谱带，这一谱带在许多氨基酸光谱中均存在。氨基酸盐酸盐在 $1220 \sim 1190cm^{-1}$ 处有一条强谱带，可能是 C—O 伸缩振动峰。

4. 氮氧化合物

氮氧化合物主要包括：硝基化合物（—NO_2 硝基），硝酸酯（—ONO_2 硝酸基），亚硝基化合物（—NO 亚硝基），亚硝酸酯（—ONO 亚硝酸基）。

（1）硝基化合物 脂肪族硝基化合物硝基的反对称伸缩振动峰和对称伸缩振动峰分别为 $1565 \sim 1530cm^{-1}$（s）和 $1380 \sim 1340cm^{-1}$（s），它们的确切位置及峰强还受 α- 碳原子取代基的影响。

芳香硝基化合物硝基的反对称伸缩振动峰比对称伸缩振动峰弱，与脂肪族硝基化合物相反，分别位于 $1550 \sim 1500cm^{-1}$（s）和 $1365 \sim 1335cm^{-1}$（s）处，吸收峰位受苯上取代基的影响。芳香族硝基化合物在 $870 \sim 840cm^{-1}$ 出现 ν_{C-N}，$750cm^{-1}$ 出现 CNO 的变形振动，而其 δ_{CH} 可能向高频方向位移，所以在鉴定取代基形式时应慎重。

（2）硝酸酯 硝酸酯中硝基的 ν^{as} 位于 $1650 \sim 1600cm^{-1}$（s），ν^s 位于 $1300 \sim 1250cm^{-1}$（s）。另外，在 $870 \sim 855cm^{-1}$（s）有 ν_{O-N} 吸收峰。硝基胺（R—N—NO_2）在 $1630 \sim 1530cm^{-1}$（s）和 $1310 \sim 1250cm^{-1}$（s）处有吸收峰，归属于 ν^{as} 和 ν^s。

（3）亚硝基化合物 亚硝基—C—N=O 的 $\nu_{N=O}$（游离态）在 $1600 \sim 1500cm^{-1}$。亚硝基化合物容易二聚，除上面的峰外，反式在 $1290 \sim 1190cm^{-1}$，顺式在 $1425 \sim 1380cm^{-1}$ 还有峰。

（4）亚硝酸酯 亚硝酸酯（R—N—N=O）在高频（$1680 \sim 1650cm^{-1}$）吸收带属于反式，低频（$1625 \sim 1605cm^{-1}$）吸收带属于顺式的 N=O 伸缩振动。在 $850 \sim 750cm^{-1}$（s）出现成对的 N—O 伸缩振动，在 $690 \sim 560cm^{-1}$（s）出现成对的 O—N=O 变形振动。亚硝胺（R—N—N=O）伸缩振动频率为 $1500 \sim 1430cm^{-1}$，低于其他 N=O 伸缩振动频率。

5. 其他含氮化合物

（1）腈与异腈 腈（R—C≡N）与异腈（R—N≡C）含有叁键，C≡N 基的伸缩振动频率高。异腈基在 $2185 \sim 2121cm^{-1}$ 有强吸收。脂肪族腈类在 $2260 \sim 2240cm^{-1}$（m）有吸收。当腈基与其他不饱和基团共轭或与氨基直接相连时，$\nu_{C≡N}$ 向低频位移，强度增加，如芳香族腈类伸缩振动频率为 $2240 \sim 2215cm^{-1}$（s）。当 α- 碳原子上有极性取代基团（如 Cl，OH，OCH_3，C=O，NH_2 等）时，其强度变得很弱。当—

C≡N 接到叔碳原子上时，强度极弱，以至看不到吸收。

(2) 含 C=N 基的化合物　肟、亚胺、脒和含氮杂环化合物中均含有 C=N 键，一般 C=N 的伸缩振动频率在 1690～1630cm^{-1}，若发生共轭，则可能移至 1660～1480cm^{-1} 低频区。C=N 吸收谱带强度随各类化合物而异，差别很大，在开链非共轭体系中，其强度可超过 C=C 键的强度，而在共轭体系中强度很弱，有时弱到不能观测。

① 肟。肟的伸缩振动在 1650～1620cm^{-1}（m～s）。肟基 C=N—OH 的羟基通常发生氢键缔合，OH 伸缩振动频率在 3300～3130cm^{-1}（v），OH 变形振动频率在 1475～1315cm^{-1}（m），N—O 键伸缩振动在 960～930cm^{-1}（s）处有吸收。

② 希夫碱。希夫碱 C=N—R 中的 C=N 键在脂肪族中吸收位于 1690～1630cm^{-1}（v），而在芳香族中此吸收位移至 1645～1605cm^{-1}（v）。

③ 含氮杂环化合物。吡啶化合物在 1650～1580cm^{-1}（m）和 1510～1480cm^{-1}（m）的谱带归属 C=N 键的伸缩振动，而 1580～1550cm^{-1} 的一条弱谱带为环中 C=C 键伸缩振动。不同取代类型吡啶的环振动和 C—H 变形振动见表 8-2，在 2000～1660cm^{-1} 都有各自的波状吸收。

(3) 偶氮化合物　偶氮化合物和氧化偶氮化合物中含有 N=N 基团，N=N 伸缩振动频率和强度随化合物类型不同而异。烷基偶氮化合物 $\nu_{N=N}$ 在 1575～1555cm^{-1}（v）；α,β- 不饱和偶氮及顺式芳香偶氮化合物 $\nu_{N=N}$ 在 1510～1500cm^{-1}；反式芳香偶氮化合物 $\nu_{N=N}$ 1440～1410cm^{-1}（w）。脂肪氧化偶氮化合物（—N=N$^+$—O$^-$）的不对称和对称 N=N—O 伸缩振动位于 1530～1495cm^{-1}（m～s）及 1345～1285cm^{-1}（m～s），吸电子基团的存在使频率增加；芳香氧化偶氮化合物分别为 1480～1450cm^{-1}（m～s）和 1340～1315cm^{-1}（m～s）。

(4) 异氰酸酯和异硫氰酸酯　异氰酸酯（—N=C=O）的反对称伸缩振动频率在 2275～2250cm^{-1}（vs），而 1350cm^{-1} 的对称伸缩振动，由于强度弱，又与 δ_{CH} 吸收带重叠，无实用价值。异硫氰酸酯（—N=C=S）的反对称伸缩振动有时变宽，常常裂分，在主要吸收带两旁常伴有肩峰，脂肪族 2140～2080cm^{-1}（vs），芳香族 2090～2040cm^{-1}（vs）。另外，还有脂肪族 1090cm^{-1}（s），芳香族 1250cm^{-1}（w）和 930cm^{-1}（s）等谱带。

六、有机卤化物

当卤素直接和一些基团相连接时，对该基团的特征吸收频率往往有很大的影响，这种影响在有关章节中已分别介绍。

有机卤化物 C—X 伸缩振动和变形振动频率一般范围如下：ν_{C-F} 1400～1000cm^{-1}（s），δ_{C-F} 830～520cm^{-1}（s）；ν_{C-Cl} 760～505cm^{-1}（s），δ_{C-Cl} 450～250cm^{-1}（s）；ν_{C-Br} 650～485cm^{-1}（s），δ_{C-Br} 300～140cm^{-1}（m）；ν_{C-I} 600～200cm^{-1}（s），δ_{C-I} 300～50cm^{-1}（v）。

七、含 P、S、Si 和 B 的化合物

1. 含磷化合物

含磷化合物的红外光谱吸收带主要由以下基团的振动引起，这些基团是：P—H，P—OH，P—O—C，P=O 和 P—C。

(1) P—H 振动　P—H 伸缩振动频率为 2455～2265cm^{-1}（m），变形振动频率为 1150～965cm^{-1}（w～m）。

(2) P—C 振动　P—C 伸缩振动频率为 795～650cm^{-1}（m～s）。

(3) P—OH 振动　有机磷化合物中有氢键缔合的 OH 伸缩振动频率为 2725～2525cm^{-1}（w～m，宽）。芳香族 2350～2080cm^{-1}（w～m，宽），芳香族亚磷酸可能是双峰。OH 变形振动频率为 1740～1600cm^{-1}（w～m，宽）。

(4) P—O—C 振动　P—O—C 键在 1050～970cm^{-1} 有强而宽的不对称伸缩振动峰，对称伸缩振动在 850～740cm^{-1}（w～m），有时十分弱。当 R 是 CH$_3$ 时，不对称 P—O—C 吸收峰强而尖锐，位于 1050cm^{-1} 处，并同时在 1190cm^{-1} 附近出现较弱的 CH$_3$ 变形振动的尖谱带，但一般碳链甲基的 1380cm^{-1} 的特征谱带消失；较高级的脂肪烃基在 1165cm^{-1} 附近出现一条中强谱带，归属于 CH$_3$ 平面摇摆振动。

芳香磷化物 P—O—Ar 在 1260～1160cm^{-1}（s）的尖峰归属 O—C 伸缩振动，P—O—C 伸缩振动为 995～915cm^{-1}（vs，宽，5 价）和 875～855cm^{-1}（s，3 价），对称 P—O—C 伸缩振动 790～740cm^{-1}（s），P—O—Ar 变形振动 625～570cm^{-1}（s）。

(5) P=O 振动　未缔合的 P=O 伸缩振动频率在 1350～1175cm^{-1}（vs），但有氢键缔合的磷化物 $\nu_{P=O}$ 移至低波数区 1250～1150cm^{-1}（vs）。

2. 含硫化合物

主要含硫化合物有：硫醇 RSH，二硫化合物 RS—SR′，硫羰基化合物 RCSR′，亚砜 RSOR 和砜 RSO$_2$R。

(1) 硫醇—SH　硫醇—SH 伸缩振动频率为 2600～2500cm^{-1}（w），游离 ν_{SH} 吸收峰位置偏于高波数，多数在 2590cm^{-1} 左右，在浓溶液中移至 2575cm^{-1}，芳香硫醇的峰比脂肪硫醇的强。巯基同 CH$_2$ 相连的面外摇摆振动在 1420～1450cm^{-1}（m）。

(2) 二硫化合物　直链 RS—SR′ 中 S—S 伸缩振动在 525～510cm^{-1} 有两个弱峰，芳香 ArS—SAr 移到 540～520cm^{-1}（m）。

(3) 硫羰基化合物　R—CS—R′ 中 C=S 伸缩振动频率约为 1150cm^{-1}（s），Ar—CS—Ar 中为 1225～1140cm^{-1}（w～m）。$\nu_{C=S}$ 受分子结构的影响与羰基 C=O 吸收峰情况相似。

(4) 亚砜　亚砜 R—SO—R 或 Ar—SO—Ar 的 SO 伸缩振动频率为 1060～1040cm^{-1}（s），吸收带强而宽；形成氢键向低频位移；当与卤素或氧相连时，向高频位移。

(5) 砜　砜 RSO$_2$R 在 1350～1290cm^{-1} 和 1190～1120cm^{-1} 的吸收带分别为 ν^{as}（SO$_2$）和 ν^s（SO$_2$），不对称伸缩振动吸收带常常分裂成一组峰。在亚硫酸酯（RO—SO—OR′）或硫酸酯（RO—SO$_2$—OR′）中还有 ν^{as}（S—O—C）和 ν^s（S—O—C），分别为 1020～850cm^{-1} 和 830～690cm^{-1}。

3. 含硅化合物

含硅原子的键所产生的红外吸收带比对应碳键的强，主要有 Si—H、Si—C 和 Si—O 振动。

Si—H 伸缩振动和变形振动频率一般范围为 2250～2100cm^{-1}（s）与 985～800cm^{-1}（s）。Si—C 键的伸缩振动出现于光谱区 900～700cm^{-1}（s），受取代基性质影响较大。

硅烷醇 Si—OH 的 OH 伸缩振动为 3700～3200cm^{-1}（m，宽），Si—O 伸缩振动在 955～835cm^{-1}（s）。有机硅的醚键不对称 Si—O—C 伸缩振动在 1110～1000cm^{-1}（vs），至少有一个吸收峰，Si—O—Si 亦在此范围吸收；对称 Si—O—C 伸缩振动 850～800cm^{-1}（s），对称 Si—O—Si 伸缩振动 625～480cm^{-1}（w，宽）。

4. 含硼化合物

① 游离的 B—H 振动。B—H 伸缩振动 2565～2480cm^{-1}（m～s），面内变形振动 1180～1110cm^{-1}（s），

面外变形振动 920～900cm^{-1}（w～m）。

② 烷基二硼烷 B—H$_2$（游离）。对称和不对称 B—H$_2$ 伸缩振动频率分别在 2640～2570cm^{-1}（m～s）和 2535～2485cm^{-1}（m～s），B—H$_2$ 变形振动在 1205～1140cm^{-1}（m～s），面外摇摆振动为 975～920cm^{-1}（m）。

③ 烷基二硼烷 B⋯H⋯B（桥连的H）。H原子的面内、面外对称变形振动在 2140～2080cm^{-1}（w～m）和 1990～1850cm^{-1}（w），面外、面内不对称变形振动分别位于 1800～1710cm^{-1}（w～m）和 1610～1540cm^{-1}（vs）。

④ B—H$_3$ 振动。不对称 B—H$_3$ 伸缩振动频率 2380～2315cm^{-1}（s），对称 B—H$_3$ 伸缩振动频率 2285～2265cm^{-1}（m～s），变形振动频率约为 1165cm^{-1}（s）。

⑤ BH$_4^-$。BH$_4^-$ 的 B—H 伸缩振动在 2310～2195cm^{-1}（s）处有两个谱带，其中之一是由费米共振产生。

⑥ B—X（X=C，O，N 和 F）。B—X 的伸缩振动频率：B—C 1270～620cm^{-1}（v）；B—O 1380～1310cm^{-1}（s）；B—N 1510～1400cm^{-1}（s）；B—F 1500～840cm^{-1}（v）。

八、高分子化合物

高分子化合物的红外光谱是和高分子中特有的结构特征相联系的，因为高分子链中有重复的结构单元，使得它的光谱图有时显得反而简单。一般来说，高分子中含有的主要极性基团，如酯、酸、酰胺、酰亚胺、醚和醇，含有硅、硫、磷、氯和氟等原子的化合物也常常具有极性，对应这些极性基团的谱带在它的谱图中常常处于最显著的地位，能够特征地反映这种高分子的结构和预示这类高聚物的存在。按照各种高分子化合物的最强谱带位置，从 1800cm^{-1} 到 600cm^{-1} 分成六个区。

第一区：在 1800～1700cm^{-1} 区域有最强谱带的高聚物，主要是聚酯类、聚羧酸类和聚酰亚胺类等。

第二区：在 1700～1500cm^{-1} 区域有最强谱带，主要是聚酰胺类、聚脲和天然多肽等。

第三区：在 1500～1300cm^{-1} 区域有最强谱带，主要是饱和的聚烯类和一些有极性基团取代的聚烯类。

第四区：在 1300～1200cm^{-1} 区域有最强谱带，主要是芳香族聚醚类、聚砜类和一些含氯的高聚物。

第五区：在 1200～1000cm^{-1} 区域有最强谱带，主要是脂肪族的聚醚类、醇类和含硅、含氟的高聚物。

第六区：在 1000～600cm^{-1} 区域有最强谱带，主要是含有取代苯、不饱和双键和一些含氯的高聚物。

九、无机化合物

无机化合物的红外光谱图要比有机化合物简单得多，在 4000～667cm^{-1} 区只显示少数几个宽吸收峰。无机化合物的红外光谱通常只显示分子中阴离子的信息，特别是含有氧原子的无机离子常常具有特征的光谱，金属离子对其特征频率影响较小。部分无机阴离子的红外特征频率如下。

1. 碳酸盐

CO_3^{2-} 的特征频率在 1530～1320cm^{-1} 有一强峰，通常是双峰，在 890～800cm^{-1} 有一弱到中等强度的峰。很多碳酸盐在 750～670cm^{-1} 有一弱峰或弱双峰，利用此吸收峰常可鉴别矿物。

碱性和酸性碳酸盐在 3300cm^{-1} 可以见到 OH 基团的振动。

2. 硫酸盐

SO_4^{2-} 在 1210～1040cm^{-1} 有一强多重峰，在 1030～960cm^{-1} 有一峰，还常常在 680～570cm^{-1} 有一

中强双峰或多重峰。在硫酸盐中所观察到的吸收频率与阳离子性质之间无任何关系，但各种硫酸盐之间的光谱区别较大。

3. 硝酸盐和亚硝酸盐

NO_3^-的强峰出现在 1520～1280cm^{-1}（双峰或多重峰），而NO_2^-的强峰出现在 1350～1170cm^{-1}（双峰），两者容易区分开，它们都在 850～800cm^{-1}（双峰）出现一弱至中等强度谱带，与阳离子性质无关。

4. 磷酸盐，硅酸盐和硼酸盐等

PO_4^{3-}的红外光谱常常只发现一个很强而且宽的谱带，出现在 1120～940cm^{-1}。SiO_4^{4-}在 1175～860cm^{-1}区出现一强的吸收谱带，各种矿物之间谱带的数目、位置变动较大，但相似的硅酸盐离子则光谱相似。$B_2O_7^{2-}$主要在 1480～1340cm^{-1}出现一强峰。氰化物、硫氰酸盐、氰酸盐及络离子均在 2250～2020cm^{-1}有一强峰。

第五节　红外光谱图解析

红外光谱与分子结构有确定的关系，组成物质的分子有各自特有的红外光谱，这是红外光谱进行定性和结构分析的依据。测得样品的红外光谱后，需要对红外谱图进行解析，才能对未知化合物作定性鉴定和推测分子结构。

一、谱图解析步骤

反映红外光谱特征的是谱带的数目、位置、谱带的形状以及谱带的相对强度。谱图解析是从红外光谱的三个重要特征来获得化合物结构的信息，也就是根据红外谱图上出现的吸收谱带的位置、强度和形状，利用特征基团振动频率与分子结构之间的关系，确定吸收谱带的归属，确认分子中所含的基团或键，再进一步由特征振动频率的位移、谱带强度和形状的变化来推测分子结构。分子的红外光谱取决于分子结构，但受聚集态和测量环境等的影响，通常这种影响较小。红外光谱的成功解析还需依靠其他物理和化学数据，如熔点、沸点、折射率、分子量，还要与其他测试手段相结合，如元素分析、紫外光谱、核磁共振光谱、质谱和色谱等，要了解试样的来源和制备方法，更需要光谱解析者自身的实践经验。谱图解析步骤主要有以下几点。

1. 分子式的确定

首先由元素分析、分子量测定、质谱法等各种手段，推算出分子式。

2. 不饱和度的计算

不饱和度表示有机分子中是否含有双键、叁键、苯环，是链状分子还是环状分子等，对决定分子结构非常有用。根据分子式计算不饱和度 Ω 的经验公式为

$$\Omega = 1 + n_4 + \frac{1}{2}(n_3 - n_1) \tag{8-4}$$

式中，n_1、n_3、n_4 为分子式中一价、三价和四价原子的数目。

通常规定双键或饱和环结构的不饱和度为 1，叁键的不饱和度为 2，苯的不饱和度为 4（一个环加三个双键）。公式（8-4）不适合有高于四价杂原子的分子。有了分子式和不饱和度的值，对试样的类型和可能的分子结构便有一个初步的认识。

3. 确定分子中所含的基团或键的类型

将整个红外光谱区划分为特征官能团区（4000～1330cm^{-1}）和指纹区（1330～667cm^{-1}）。将特征官能团区再分为三个波段进行检查。

（1）4000～2400cm^{-1} 区　这个区域的吸收峰表征含有氢原子的官能团（伸缩振动）存在，如 OH（3700～3200cm^{-1}）、COOH（3600～2500cm^{-1}）、NH（3500～3300cm^{-1}），炔氢出现在 3300cm^{-1} 附近，而烯氢、芳氢及小环氢出现在 3100～3000cm^{-1} 附近，若在 3000cm^{-1} 以上有 C—H 吸收峰，该化合物是不饱和的，若 3000cm^{-1} 以上无吸收，则表明是饱和的。甲基和亚甲基的吸收在 2950～2800cm^{-1}，醛基—CHO 的吸收在 2800～2700cm^{-1}，—POH、—SH、—PH 等的吸收在 2700～2400cm^{-1}。

（2）2400～2000cm^{-1} 区　这一区域出现吸收表征含有叁键的化合物，如—C≡C—和—C≡N 的存在，一般是中等强度或弱峰。

（3）2000～1330cm^{-1} 区　这一区域出现吸收表征含有双键的化合物，如酸酐、酰卤、酯、醛、酮、羧酸、酰胺、醌和羧酸离子中的 C=O 伸缩振动峰大致出现在 1870～1650cm^{-1}。含 C=C、C=N 的伸缩振动和 N—H 的变形振动一般出现在 1650～1550cm^{-1}，硝基化合物、有机硼化合物、链烷、链烯等出现在 1550～1200cm^{-1}。

将指纹区再分为两个波数区进行检查。

（1）1330～900cm^{-1} 区　这一区域包括 C—O、C—N、C—F、C—P、C—Si、P—O 和 Si—O 等单键的伸缩振动吸收，C=S、S=O、P=O 等重键的伸缩振动以及 $C(CH_3)_2$、CHRC=CH_2 和 CHR=CHR'（反式）骨架或变形振动。

（2）900～667cm^{-1} 区　这一区域的吸收峰可以指示 $(CH_2)_4$ 的存在，双键取代程度和构型，苯环取代位置以及含氯或溴等。

通过以上几步分析，可以得知该化合物是无机物还是有机物；是饱和的还是不饱和的；是脂肪族、脂环族、芳香族、杂环化合物还是杂环芳香族。根据存在的基团确定可能为哪一类化合物。

4. 推测分子结构

在确定了化合物类型和可能含有的官能团后，再根据上一节中讨论的各种化合物的特征吸收谱带，推测分子结构。例如，3500～3300cm^{-1} 处氨基的吸收峰分裂为双峰，判断它为伯氨基，1380cm^{-1} 附近出现等强度双峰表明是—CH(CH_3)$_2$，由 C=O 伸缩振动频率的位移来推测共轭系统等。

5. 分子结构的验证

确定了化合物的可能结构后，应对照其相关化合物的标准红外光谱图或由标准物质在相同条件下绘制的红外光谱图进行对照。当谱图上所有的特征吸收谱带的位置、强度和形状完全相同时，才能认为推测的分子结构是正确的。需要注意的是，由于使用的仪器性能和谱图的表示方式（等波数间隔或等波长间隔）不同，其特征吸收谱带的强度和形状会出现一些差异，要允许合理性差异的存在，但其相对强度的顺序是不变的。

二、谱图解析实例

例题 8-3 分子式 C_8H_{18} 的化合物红外光谱如图 8-6 所示，确定其结构。

解： 该化合物不饱和度为 0，是饱和烃。图 8-6 中 3000～2800cm^{-1} 的强峰为饱和 C—H 伸缩振动吸收峰，表明该化合物中可能含有—CH$_3$ 和—CH$_2$—；1380cm^{-1} 处的峰裂分，说明存在—C(CH$_3$)$_2$—或 C(CH$_3$)$_3$，或两者都存在；1250cm^{-1}、1207cm^{-1} 处的峰进一步说明存在叔丁基，而 1170cm^{-1} 表明也存在异丙基；在 760～700cm^{-1} 不出现谱带，表明—(CH$_2$)$_n$—的 $n \leqslant 1$，该化合物结构为：CH$_3$—C(CH$_3$)$_2$—CH$_2$—CH(CH$_3$)$_2$。

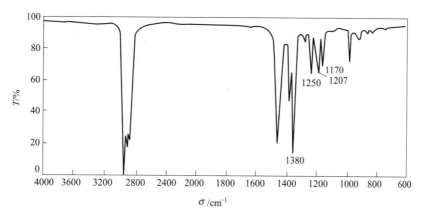

图 8-6 C_8H_{18} 的红外光谱

例题 8-4 推测分子式为 $C_{18}H_{36}$ 化合物的结构，红外谱图如图 8-7 所示。

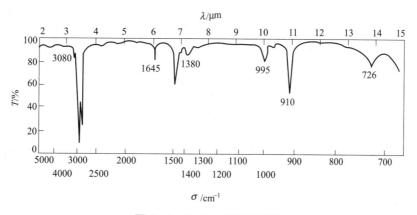

图 8-7 $C_{18}H_{36}$ 的红外光谱

解： 不饱和度为 1，只可能是烯烃或环烷烃。由于在 3080cm^{-1} 有峰说明是烯烃，这是 $\nu_{=C-H}$，1645cm^{-1} 处是 $\nu_{C=C}$，进一步说明是烯烃。995cm^{-1} 和 910cm^{-1}（δ_{CH} 面外）出现谱带，可以断定该化合物为 R—CH=CH$_2$ 型烯烃。因 1380cm^{-1} 甲基吸收（甲基对称变形振动）不发生裂分，证明不存在异丙基和叔丁基，亚甲基的面内摇摆振动出现在 726cm^{-1}，说明分子中—(CH$_2$)$_n$—链中 $n \geqslant 4$，所以 R 必须为正构烷烃链，从而确定该化合物为 1-十八碳烯 CH$_2$=CH(CH$_2$)$_{15}$CH$_3$。

例题 8-5 一个具旋光性的单萜类精油分子式为 $C_{10}H_{16}$，在 220nm 以上无吸收，其红外光谱如图 8-8 所示，推导其结构。

解： 不饱和度为 3，说明存在三个双键或环，或有叁键，2100cm^{-1} 无吸收，则无叁键。由 1646cm^{-1} 和 880cm^{-1} 的峰说明存在 R^{1}R^{2}C=CH$_2$。由 802cm^{-1} 和 1680cm^{-1} 处峰证明可能存在三取代双键。因无紫外吸收且红外中 $\nu_{C=C}$ 的强度不大，因而说明双键彼此间不共轭。若考虑萜类骨架，三取代双键，没有共轭，以及光学活性，则第三个不饱和度必定是环。1380cm⁻¹ 谱带是单峰，因此不存在—C(CH₃)₂—结构，所以其结构式只能为

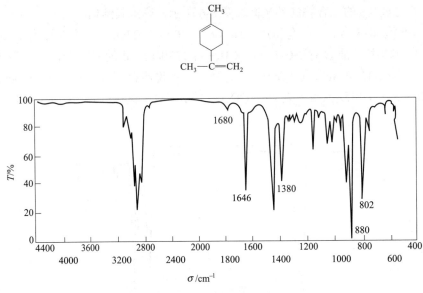

图 8-8　$C_{10}H_{16}$ 的红外光谱

例题 8-6　两个化合物的分子式均系 C_8H_{10}，根据红外谱图（图 8-9）确定其结构。

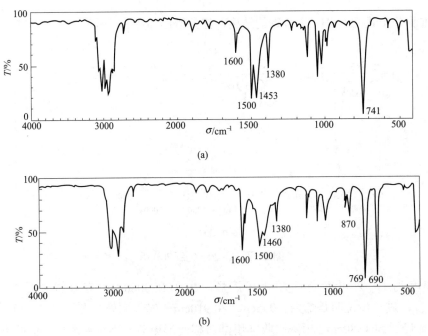

图 8-9　C_8H_{10} 的红外光谱

解：不饱和度均为 4，首先要考虑一下是否含苯环。在谱图中高于 3000cm⁻¹ 处有吸收峰，在 1600cm⁻¹ 和 1500cm⁻¹ 附近均有芳环的骨架振动，在 1000～650cm⁻¹ 芳环 CH 面外变形振动区内都有强吸收峰。因此，这两个化合物中存在苯环。再看图 8-9（a），在 741cm⁻¹ 有一个最强峰，说明是邻位取代，而图 8-9（b），在 769cm⁻¹ 和 690cm⁻¹ 处有两个强峰，870cm⁻¹ 处还有一中强峰，说明是间位取代，所以图 8-9（a）对应的化合物是邻二甲苯，图 8-9（b）对应的是间二甲苯。

其他峰的归属如下：

图（a）	图（b）	归属
1453cm^{-1}	1460cm^{-1}	苯环骨架振动和甲基不对称变形振动
1380cm^{-1}	1380cm^{-1}	甲基对称变形振动
1227cm^{-1}，1122cm^{-1}	1174cm^{-1}，1097cm^{-1}	苯环 CH 面内变形振动
1053cm^{-1}，1021cm^{-1}	1042cm^{-1}	

例题 8-7 推导 $C_5H_{10}O_2$ 的结构，红外光谱见图 8-10。

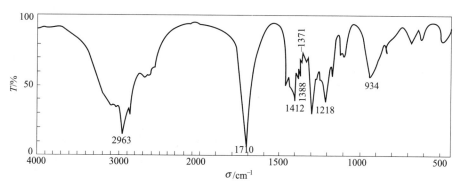

图 8-10 $C_5H_{10}O_2$ 的红外光谱

解： 该化合物不饱和度为 1。3500～2500cm^{-1} 区间的宽峰为 O—H 伸缩振动峰，1710cm^{-1} 处的强峰为 C=O 伸缩振动峰，1218cm^{-1} 为 C—O 伸缩振动峰，934cm^{-1} 处的中等强度宽峰为 O—H 的面外变形振动峰，这些峰的存在，表明存在一个羧基，并表明该化合物为饱和脂肪酸（二聚体）；2963cm^{-1} 为饱和 C—H 伸缩振动峰，1412cm^{-1} 为亚甲基的 C—H 面内变形振动峰，并表明其与 C=O 相连；1380cm^{-1} 处的峰裂分为等强度的 1388cm^{-1} 与 1371cm^{-1} 两个峰，表明存在异丙基。由此可知，该化合物的结构为 $(CH_3)_2CH—CH_2—COOH$。

例题 8-8 试推断 C_4H_8O 化合物的结构，红外光谱见图 8-11。

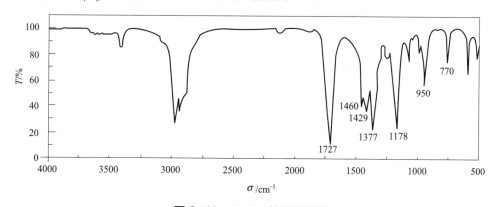

图 8-11 C_4H_8O 的红外光谱

解： 不饱和度为 1，由 1727cm^{-1} 处的强吸收峰，可知为一羰基化合物，1377cm^{-1} 的峰比 1460cm^{-1} 强表明甲基与 C=O 相连，而 1429cm^{-1} 的吸收较强表明还有 CH_2 与 C=O 相连，因此该化合物为一甲酮。根据 770cm^{-1} 乙基面内摇摆振动峰的出现，可以推测甲酮的另一端为乙基。该化合物的结构为：$CH_3—CO—CH_2CH_3$。其他峰的归属如下：1178cm^{-1}，ν^{as}_{C-C-}；950cm^{-1}，$\rho(CH_3)$。

例题 8-9 某化合物分子式为 $C_9H_{10}O$，其红外光谱如图 8-12 所示，试推出其分子结构。

解： 根据分子式 $C_9H_{10}O$，可计算出不饱和度 $\Omega=1+9+(0-10)/2=5$，据此可初步判断分子中含有苯环。1689cm^{-1} 的最强峰为羰基的伸缩振动引起，1221cm^{-1} 为 C—C 伸缩振动峰（芳酮的特征），表明分子中含有羰基。3062cm^{-1} 为不饱和 C—H 的伸缩振动峰（Ar—H），1598cm^{-1}、1583cm^{-1} 和 1449cm^{-1} 为苯环骨架

C═C 伸缩振动峰，1600cm^{-1} 峰裂分，同时 1500cm^{-1} 峰不出现，说明苯环与共轭基团相连（与羰基相连），746cm^{-1} 和 691cm^{-1} 为苯环 Ar—H 的面外变形振动峰，说明苯环是单取代。2979cm^{-1} 为饱和 C—H 的伸缩振动峰，1378cm^{-1} 为 CH$_3$ 对称面内变形振动峰，1449cm^{-1} 为 CH$_3$ 反对称面内变形振动和 CH$_2$ 剪式振动峰，说明分子中含有 CH$_3$ 和 CH$_2$。据此可知，该化合物的分子结构为

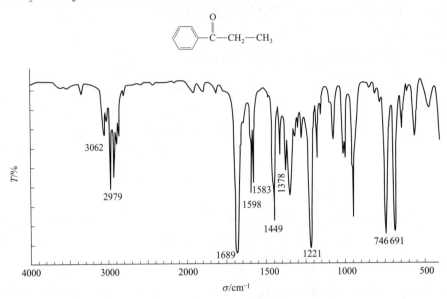

图 8-12　C$_9$H$_{10}$O 的红外光谱

例题 8-10　推导 C$_{12}$H$_{14}$O$_4$ 的结构，其红外光谱见图 8-13。

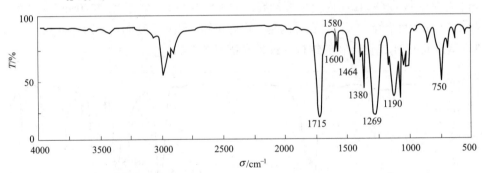

图 8-13　C$_{12}$H$_{14}$O$_4$ 的红外光谱

解： 不饱和度为 6，存在邻位取代（750cm^{-1} 左右）苯环（1600cm^{-1}、1580cm^{-1}、1464cm^{-1}），对不饱和度的贡献为 4。由 1715cm^{-1}（$\nu_{C=O}$）的强峰及 1269cm^{-1}、1119cm^{-1} 的峰说明它是酯，由 1600cm^{-1}、1580cm^{-1} 分裂为等强度双峰表明两酯基直接与苯环相连（对不饱和度贡献为 2），这是邻苯二甲酸酯的特征，由分子式知最可能的结构是邻苯二甲酸二乙酯。

例题 8-11　推导 C$_7$H$_9$N 的结构，其红外光谱见图 8-14。

解： 该化合物不饱和度为 4，1588cm^{-1}、1494cm^{-1}、1471cm^{-1} 和 748cm^{-1} 说明该化合物中存在邻位二取代苯基，1442cm^{-1} 和 1380cm^{-1} 是甲基的面内变形振动峰，而 3520cm^{-1}、3430cm^{-1} 为 ν^{as}(NH$_2$) 和 ν^s(NH$_2$) 振动。1622cm^{-1} 为 NH$_2$ 面内变形振动峰，1268cm^{-1} 是 C—N 伸缩振动，所以该化合物是邻甲苯胺。

例题 8-12　某化合物分子式为 C$_4$H$_{10}$O，其红外光谱如图 8-15 所示，试推出其分子结构。

解： 根据分子式 C$_4$H$_{10}$O，可计算出不饱和度 $\Omega=1+4+(0-10)/2=0$，可能为醚或醇。3347cm^{-1} 的强宽峰

为 O—H 伸缩振动引起，1042cm^{-1} 为 C—O 伸缩振动峰（伯醇的特征），表明分子中含有羟基。2968cm^{-1} 为饱和 C—H 伸缩振动峰，1471cm^{-1} 为 CH_2 的剪式振动和 CH_3 的反对称面内变形振动峰（分子中含有 CH_2 和 CH_3），1389cm^{-1} 和 1367cm^{-1} 等强度双峰是 CH_3 的对称面内变形振动峰，表明分子中存在异丙基。据此可知，该化合物的分子结构为

$$HO-CH_2-CH-CH_3$$
$$\quad\quad\quad\quad\quad |$$
$$\quad\quad\quad\quad CH_3$$

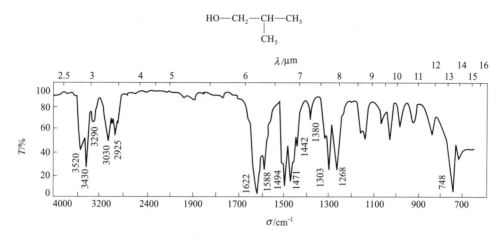

图 8-14　C_7H_9N 的红外光谱

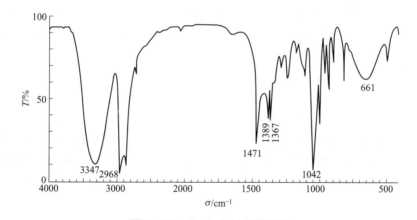

图 8-15　$C_4H_{10}O$ 的红外光谱

第六节　红外光谱仪

目前常用的红外光谱仪主要有两种类型，即色散型红外光谱仪和傅里叶变换红外光谱仪，后者因具有极高的分辨率和极快的扫描速度等优势，而获得迅速发展和广泛应用。

一、色散型红外光谱仪

色散型红外光谱仪的组成部件与紫外-可见分光光度计相似，但所用材料、结构及性能等与后者不同，其排列顺序也略有差异，红外光谱仪的样品是放在光源和单色器之间，而紫外-可见分光光度计是放在单色器之后。

图 8-16 是色散型红外光谱仪原理示意图。

将光源发射的红外光分成两束，一束通过试样，另一束通过参比，利用半圆扇形镜使试样光束和参比光束交替通过单色器，然后交替地射到检测器上。当样品有选择地吸收特定波长的红外光后，两束光

的强度就有差别，于是在检测器上产生与光强差成正比的交流信号，该信号经放大器放大后带动参比光路中的光楔，使之向减小光强差方向移动，直至两光束强度相等。与此同时，与光楔同步的记录笔则描绘出样品的吸收情况，得到光谱图。色散型红外光谱仪主要由光源、吸收池、单色器、检测器及记录仪五部分组成。

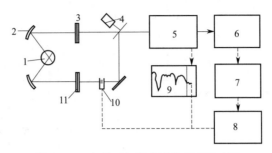

图 8-16 色散型红外光谱仪原理示意图
1—光源；2—反射镜；3—试样池；4—切光器；5—单色器；6—检测器；7—电子放大器；
8—笔和光楔驱动装置；9—记录仪；10—光楔；11—参比池

（1）光源　红外光谱仪中所用的光源通常是一种惰性固体，用电加热使之发射高强度的连续红外辐射。常用的是硅碳棒或能斯特灯，硅碳棒是由碳化硅烧结而成，工作温度在 1200～1500℃，适用于波长范围 4000～400 cm^{-1}，可以低至 200 cm^{-1}，其优点是热辐射强，发光面积大，坚固耐用，寿命长。

（2）吸收池　红外吸收池需用可透过红外光的 NaCl、KBr、CsI 等材料制成窗片，需注意防潮。固体试样常与纯 KBr 混匀压片，然后直接进行测定。

（3）单色器　单色器由色散元件、准直镜和狭缝构成，复制的闪耀光栅是最常用的色散元件，其分辨率高，易于维护。

（4）检测器　红外光谱仪中常用的检测器有高真空热电偶，热释电检测器和碲镉汞检测器等。

真空热电偶检测器是将两种不同金属丝焊接成两个接点，接收辐射的一端多焊接在涂黑金箔上，作为热接点；另一端连有金属导线作为冷接点（通常为室温），当红外光照射到涂黑的金箔上时，热接点温度上升，与冷接点之间产生温差电势，于是在回路中有电流通过，而电流的大小则随照射的红外光的强弱而变化。

热释电检测器是利用硫酸三甘肽 $[(NH_2CH_2COOH)_3 \cdot H_2SO_4$，简称 TGS] 的单晶薄片作检测元件。TGS 是铁电体，在其居里点（49℃，如经氘化可达 62℃）以下，能产生很大的极化效应，其极化强度与温度有关，温度升高，极化强度降低。将 TGS 薄片正面镀铬（半透明）、背面镀金，形成两电极。当红外光照射到薄片上时，引起薄片的温度升高，TGS 极化度改变，表面电荷减少，相当于"释放"了一部分电荷，释放的电荷经放大后，可转变成电压或电流的方式进行测量。其特点是响应速度快，噪声影响小，能实现快速扫描，故被用于傅里叶变换红外光谱仪中。目前使用最广的晶体材料是氘化了的 TGS（DTGS）。

碲镉汞检测器（MCT）的检测元件由半导体碲化镉和碲化汞混合制成，又称光电导检测器。MCT 吸收红外辐射后，其非导电性的价电子跃迁至高能量的导电带，从而降低了半导体的电阻，产生电信号。MCT 检测器灵敏度高，适于快速扫描测量和 GC/FTIR 联机检测。

（5）记录仪　红外光谱仪一般都由记录仪自动记录谱图。现代的仪器都配有计算机，以控制仪器的操作、谱图的检索等。

二、傅里叶变换红外光谱仪

傅里叶变换红外光谱仪（fourier transform infrared spectrometer，FTIR）是 20 世纪 70 年代问世的，属

于第三代红外光谱仪,它是基于光相干性原理而设计的干涉型红外光谱仪。

傅里叶变换红外光谱仪没有色散元件,主要由光源、干涉仪、检测器、计算机和记录仪等组成。其核心部分是干涉仪,它将光源来的信号以干涉图的形式送往计算机进行傅里叶变换的数学处理,最后将干涉图还原成光谱图。图8-17是傅里叶变换红外光谱仪工作原理示意图,图8-18是干涉仪的示意图。

干涉仪是由互相垂直的两块平面反射镜M_1、M_2,与M_1和M_2分别成45°角的半透膜光束分裂器BS及检测器D等组成。其中M_1固定不动,M_2可沿图示方向作微小移动,称为动镜。光源S来的单色光经过BS被分为强度相等的两部分:光束Ⅰ和光束Ⅱ。光束Ⅰ穿过BS经动镜M_2反射,沿原路回到BS并被反射到检测器D;光束Ⅱ则反射到M_1,再由M_1沿原路反射回来通过BS到达D。这样,在检测器上得到的是光束Ⅰ和光束Ⅱ的相干光,图8-18中光束Ⅰ和光束Ⅱ是合在一起的,为了理解方便,才分开绘成Ⅰ和Ⅱ两束光。两束光的光程差可以随镜的往复运动而改变。当光程差为半波长($\lambda/2$)的偶数倍时,两光束为相长干涉,有最大的振幅,此时的输出信号最大,即亮度最大;当光程差为$\lambda/2$奇数倍时,两光束为相消干涉,有最小的振幅和最小的输出信号,亮度也最小。因此,随着动镜的往复运动,信号的强弱呈周期性的变化,在检测器上得到的则是强度变化为余弦波形式的信号。如入射光为单色光,则只产生一种余弦信号。如果入射光为连续波长的多色光时,则得到的是一多波长余弦波的叠加,结果为一迅速衰减的、中央具有极大值的对称性的干涉图。这种多色光的干涉图等于所有各单色光干涉图的加和。若将样品放在此干涉光束中,由于样品对不同波长光的选择吸收,干涉图曲线发生变化,经计算机进行快速傅里叶变换,就可将经过红外吸收的干涉图(时间域的强度谱)转变成透光率随波数变化的普通红外光谱图(频率域的强度谱)。

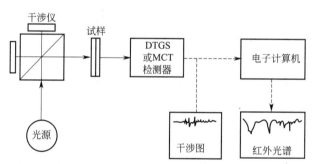

图8-17 傅里叶变换红外光谱仪工作原理示意图

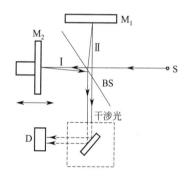

图8-18 干涉仪示意图
M_1—固定镜;M_2—动镜;S—光源;
D—检测器;BS—光束分裂器

第七节 试样的处理与制备

化合物红外光谱图特征谱带频率、强度和形状因制样方法不同可能会发生一些变化,对不同的样品采用不同的制样方法是红外光谱研究中取得信息的关键。

一、红外光谱法对试样的要求

① 试样应是单一组分的纯物质,纯度应大于98%或符合商业标准。多组分样品应在测定前用分馏、萃取、重结晶、离子交换或色谱法等进行分离提纯,否则各组分光谱相互重叠,难以解析。
② 试样中应不含游离水,水本身有红外吸收,会严重干扰样品的红外光谱,还会侵蚀吸收池的盐窗。
③ 试样的浓度和测试厚度应选择适当,以使光谱图中大多数峰的透射率在10%～80%范围内。

二、制样方法

1. 气体试样

气体样品、低沸点液体样品和某些饱和蒸气压较大的样品，可用气相制样。气相制样通常使用 10cm 玻璃气体吸收池，它的两端粘有红外透光的 KBr 或 NaCl 窗片，先将吸收池抽真空，再将试样注入。当气体样品量较少时，可使用池体截面积不同带有锥度的小体积气体吸收池，被测气体组分浓度较小时可选用长光程气体吸收池。

2. 液体和溶液试样

（1）液膜法　将液体样品直接滴在两块 KBr 盐片之间，展开成液膜层，然后置于样品架上进行测试。此法不适于沸点在 100℃ 以下或挥发性强的样品，无法展开的黏胶类及毒性大或腐蚀性、吸湿性强的液体。对于黏度偏大的液态样品，可将其置于一盐片上，在红外灯下加热，待易流动时，合上另一盐片加压展平。

（2）液体池法　用注射器将样品注入封闭液体池中，液层厚度一般为 0.01～1mm，此法适用于沸点较低、挥发性较大的液体样品。

3. 固体样品

（1）溶液制样法　将固体样品溶于溶剂中，按液体池法测定。此法适于易溶于常用溶剂的固体试样，在定量分析中常用。红外用溶剂有以下几个要求：①溶质有较大的溶解度；②与溶质不发生明显的溶剂效应；③在被测区域内，溶剂应透明或只有弱的吸收；④沸点低，易于清洗等。满足上述要求的溶剂大都是分子组成简单的化合物，如 CS_2、$CHCl_3$、CCl_4、环己烷、丙酮、二乙醚、四氢呋喃等，不管使用哪种溶剂，都应用差减法把溶液光谱中的溶剂吸收峰减掉。

（2）石蜡糊法　一般取 5mg 左右固体试样放在小型玛瑙研钵中研磨，加入一滴石蜡油研磨均匀，然后按液膜制样法操作。固体样品、特别是易吸潮或与空气产生化学变化的样品，在对羟基或氨基鉴别时用此法。

（3）压片法　取 1～3mg 固体试样放在玛瑙研钵中，加入 100～300mg 溴化钾研磨，使其粒度在 2μm 以下，在压片专用模具上加压成透明薄片。该法为最常用方法，适用于绝大部分固体试样，不宜于鉴别有无羟基存在。

（4）薄膜法　主要用于高分子化合物的测定，可以将它们直接加热熔融后涂制或压制成膜。也可将试样溶于低沸点溶剂中，涂在盐片上，待溶剂挥发成膜后进行测试。

第八节　红外光谱法的应用

一、定性分析

通过红外光谱的测定和解析，可以获知未知样品中所含官能团，进而确定样品的类型，然后将样品的红外光谱与标准谱图或与已知结构化合物的光谱进行比较，就可对未知化合物进行定性鉴定和分子结构分析。在前面谱图解析中已举了大量实例，此处不再详细叙述。

二、定量分析

1. 红外光谱定量分析原理

(1) 吸收定律

$$A = \lg \frac{1}{T} = \lg \frac{I_0}{I} = abc \tag{8-5}$$

必须注意，透光率 T 和浓度 c 没有正比关系，当用 T 记录的光谱进行定量时，必须将 T 转换为吸光度 A 后进行计算。

(2) 基线法　用基线来表示该分析物不存在时的背景吸收，并用它来代替记录纸上的 100%（透光率）坐标。具体做法是：在吸收峰两侧选透射率最高处 a 与 b 两点作基点，过这两点的切线称为基线，通过峰顶 c 作横坐标的垂线，和 0% 线交点为 e，和切线交点为 d（见图 8-19），则

$$A = \lg \frac{I_0}{I} = \lg \frac{de}{ce} \tag{8-6}$$

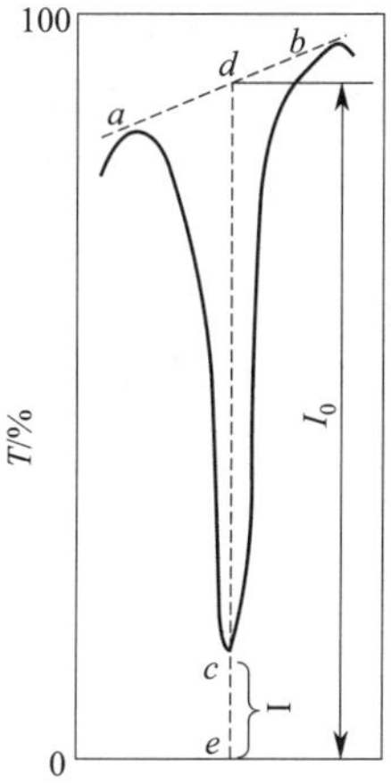

基线还有其他画法，但确定一种画法后，在以后的测量中就不应该改变。

(3) 积分吸光度法　用基线法测定吸光度受仪器操作条件的影响，从一种型号仪器获得的数据不能运用到另一种型号的仪器上，它也不能反映出宽的和窄的谱带之间的吸收差异。对更精确的测定，可采用积分吸光度法：

$$A = \int \lg\left(\frac{I_0}{I}\right)_\nu d\nu \tag{8-7}$$

图 8-19　用基线法测量谱带吸光度

即吸光度为线性波数条件下记录的吸收曲线所包含的面积。

2. 定量分析测量条件的选择

(1) 定量谱带的选择　理想的定量谱带应是孤立的，吸收强度大，遵守吸收定律，不受溶剂和样品其他组分干扰，尽量避免在水蒸气和 CO_2 的吸收峰位置测量。当对应不同定量组分而选择两条以上定量谱带时，谱带强度应尽量保持在相同数量级，对于固体样品，由于散射强度和波长有关，所以选择的谱带最好在较窄的波数范围内。

(2) 溶剂的选择　所选溶剂应能很好溶解样品，与样品不发生反应，在测量范围内不产生吸收。为消除溶剂吸收带影响，可采用计算机差谱技术。

(3) 选择合适的透光率区域　透光率应控制在 20%～65% 范围之内。

3. 红外光谱定量分析方法

(1) 标准曲线法　在固定液层厚度及入射光的波长和强度的情况下，测定一系列不同浓度标准溶液的吸光度，以对应分析谱带的吸光度为纵坐标，标准溶液浓度为横坐标作图，得到一条通过原点的直线，该直线为标准曲线。在相同条件下测得试液的吸光度，从标准曲线上可查得试液的浓度。

(2) 比例法　标准曲线法的样品和标准溶液都使用相同厚度的液体吸收池，且其厚度可准确测定。当其厚度不定或不易准确测定时，可采用比例法。它的优点在于不必考虑样品厚度对测量的影响，这在高分子物质的定量分析上应用较普遍。

比例法主要用于分析二元混合物中两个组分的相对含量。对于二元体系，若两组分定量谱带不重叠，则

$$R = \frac{A_1}{A_2} = \frac{a_1 b c_1}{a_2 b c_2} = \frac{a_1 c_1}{a_2 c_2} = K \frac{c_1}{c_2} \tag{8-8}$$

因 $c_1+c_2=1$，故

$$c_1 = \frac{R}{K+R}, \quad c_2 = \frac{K}{K+R} \tag{8-9}$$

式中，$K=a_1/a_2$，是两组分在各自分析波数处的吸收系数之比，可由标准样品测得；R 是被测样品二组分定量谱带峰值吸光度的比值，由此可计算出两组分的相对含量 c_1 和 c_2。

(3) 内标法　当用 KBr 压片、石蜡糊法或液膜法时，光通路厚度不易确定，在有些情况下可采用内标法，内标法是比例法的特殊情况。这个方法是选择一标准化合物为内标物，它的特征吸收峰与样品的分析峰互不干扰，取一定量的内标物与样品混合，将此混合物制成 KBr 片或石蜡糊绘制红外谱图。

由样品特征峰得　　　　　　　　　　　$A_x = a_x b c_x$

由内标物特征峰得　　　　　　　　　　$A_s = a_s b c_s$

将两式相除，整理后得

$$c_x = \frac{A_x a_s}{A_s a_x} c_s \tag{8-10}$$

式中，A_x 与 A_s 为样品与内标物的吸光度；a_x 与 a_s 为样品与内标物的吸收系数；c_x 与 c_s 为样品与内标物的浓度。

常用的内标物有：萘（870 cm^{-1}）、六溴苯（1300 cm^{-1} 与 1255 cm^{-1}）、碳酸钙（866 cm^{-1}）、硫氰化钾（2100 cm^{-1}）及硫氰化铅（2045 cm^{-1}）等。

(4) 解联立方程法　在处理二元或三元混合体系时，由于吸收谱带之间相互重叠，特别是在使用极性溶剂时所产生的溶剂效应，使选择孤立的吸收谱带有困难，此时可采用解联立方程的方法求出各个组分的浓度。

第九节　衰减全反射傅里叶变换红外光谱法简介

衰减全反射傅里叶变换红外光谱法（attenuated total internal reflection fourier transform infrared spectroscopy，ATR-FTIR）是用于研究物质表层成分与结构信息的一种分析技术。与透射傅里叶变换红外光谱法（FTIR）一样，ATR-FTIR 能够给出待测物质的化学组成、分子结构、分子取向和氢键等信息，同时克服了传统透射法测试的不足，简化了样品的制作和处理过程，极大地拓展了红外光谱法的应用范围，目前已成为分析物质表面结构的一种有力的工具和手段，在众多领域获得广泛应用。

一、衰减全反射傅里叶变换红外光谱法的基本原理

常规的透射红外光谱法是以透过样品的干涉光所携带的信息来分析该物质，要求样品的红外线通透性好。但很多物质如纤维、橡胶等都是不透明的，难以用透射红外光谱法来测量，但衰减全反射红外光谱法却可以很好地解决这一问题。衰减全反射红外光谱法也称为衰减全内反射红外光谱法，简称 ATR 法。

1. 基本概念

(1) 全反射　全反射又称全内反射，指光由光密介质射到光疏介质的界面时，全部被反射回原介质

内的现象。当光由一种介质进入另一种介质时，在两种介质的界面会发生反射和折射现象，如图 8-20 所示。当红外光 I_o 以入射角 i 照射到界面时，反射光 I_r 和折射光 I_t 的方向和大小分别由反射定律和折射定律所决定。其中反射角等于入射角，而折射角 r 为

$$r = \arcsin\left(\frac{n_1 \sin i}{n_2}\right) \quad (8\text{-}11)$$

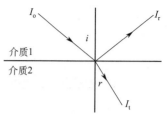

图 8-20 光在介质界面上的反射与折射

式中，n_1 和 n_2 分别代表介质 1 和介质 2 的折射率。

当光由光密介质进入光疏介质，并且入射角逐渐增加到一定程度，即 $\sin i = n_2/n_1$，此时 $r = 90°$；如果继续增大入射角，此时光不再被折射，而出现全反射现象。全反射现象与入射角以及两种介质的折射率有关。

不仅反射光束和折射光束的方向与入射角有关，反射光和折射光的强度也受到入射角影响。光从两种不同的入射介质进入样品时的反射率变化情况如图 8-21 所示。从中可以看出，当 $n_1 > n_2$ 时（图中线 1），随着入射角 i 的逐渐增大，反射率 R (I_r/I_o) 起初变化缓慢，这时折射光占主导地位，i 到一定角度时，R 迅速增加并很快上升到 1，这时折射光不再出现，$I_r = I_o$，即发生全反射；而当 $n_1 < n_2$ 时（图中线 2），无论入射角增大到多少，也没有全反射现象发生。

发生全反射时的入射角称做临界角 i_e，i_e 可由下式计算

$$i_e = \arcsin\left(\frac{n_2}{n_1}\right) \quad (8\text{-}12)$$

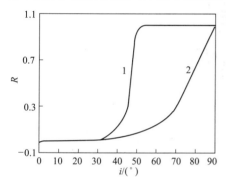

图 8-21 反射率与入射角的关系
线 1：$n_1 = 1.95$，$n_2 = 1.45$；
线 2：$n_1 = 1.00$，$n_2 = 1.45$

可见发生全反射必须满足两个条件：①介质 1 的折射率必须大于介质 2 的折射率，即光必须从光密介质进入光疏介质；②入射角大于临界角。

（2）衰减全反射　光线在界面处发生全反射时，仍会向较低折射率的介质（样品）中投射一段很短的距离，在界面的光疏介质一侧产生纵向的隐失波（如图 8-22 所示），大约是光波波长的数量级。隐失波的强度沿界面法线方向按指数衰减的形式迅速衰减，这就是衰减全反射。隐失波振幅衰减到初始振幅的 $1/e$ 时的距离称为穿透深度 d_p（如图 8-23 所示）。穿透深度 d_p 与入射光波长 λ、晶体折射率 n_1 及样品折射率 n_2、入射角 i 有关。如下式所示

$$d_p = \frac{\lambda}{2\pi n_1 \left[\sin^2 i - \left(\dfrac{n_2}{n_1}\right)^2\right]^{1/2}} \quad (8\text{-}13)$$

反射率随入射角或波长改变的曲线称为衰减全反射光谱。由式（8-13）可知，当样品和晶体材料固定时，红外光线的透入深度 d_p 与波长成正比，对中红外而言，其波长从 2.5μm 变化到 25μm，意味着其光程长也增加了 10 倍。因此，直接通过 ATR 采集到的光谱与透射光谱有一定的差别，前者的高波数区域吸收弱、低波数区域吸收强。为了使 ATR 谱与透射谱匹配，需对其进行校正（现在的红外光谱仪一般都带有自动校正的功能），图 8-24 是双酚 A 型环氧树脂的 ATR 谱及校正光谱，可以看出二者之间有一定差别。

另一与穿透深度有关的因素是 ATR 晶体反射面与样品的接触情况，应尽可能使样品与 ATR 晶体的反射面紧密接触，这是获得高质量 ATR 红外光谱的重要条件。

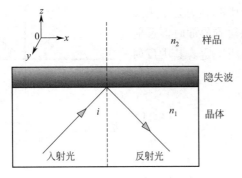

图 8-22 全反射和隐失波示意

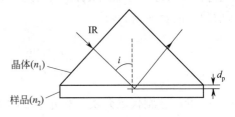

图 8-23 穿透深度 d_p 的示意

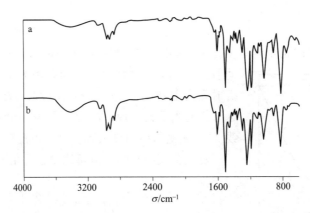

图 8-24 双酚 A 型环氧树脂的 ATR 红外光谱（a）和校正后的光谱（b）

2. 衰减全反射红外光谱的产生

ATR 附件是基于光内反射原理设计制造的，从光源发出的红外光经过折射率大的晶体再投射到折射率小的样品表面，当入射角大于临界角时，入射光就会发生全反射。事实上，红外光并不是全部被反射回来，而是要穿透到样品表面内一定深度后再返回表面，在这一过程中，如果样品在入射光的波数范围内有选择地吸收，在反射光中相应波数光的强度就会减弱，那么反射回来的光束就带有了样品的信息，通过测量被反射回来的光束，可获得样品的红外光谱，这就是 ATR 谱。ATR 谱反映出来的是光线经过之处样品分子的化学键振动特征，与透射吸收谱类似，从而可获得样品表层化学成分的结构信息。

绝大多数有机物的折射率在 1.5 以下，因此根据全反射条件（$n_1>n_2$），晶体材料的折射率必须大于 1.5，且在中红外区对红外光无吸收。常用的 ATR 晶体材料如表 8-4 所示，对不同分析目的可选择不同的 ATR 晶体。

表 8-4 常用 ATR 晶体材料的化学组成及光学性质

材料名称	化学组成	波长范围 /μm	波数范围 /cm^{-1}	折射率n_1[①]
锗	Ge	1.8～23	5556～434.8	4.01
硅	Si	1.2～15	8333～666.7	3.40
金刚石	C	2.5～15.3	4000～653.6	2.40
Irtran6	CdTe	2.0～28.57	5000～350	2.67
Irtran4	ZnSe	0.45～21.5	22222～465.1	2.43
Irtran2	ZnS	2.0～14.0	5000～714.3	2.26
KRS-5	TlBr 和 TlI 混晶	0.5～40	20000～250	2.38

续表

材料名称	化学组成	波长范围/μm	波数范围/cm^{-1}	折射率n_1[①]
溴化银	AgBr	0.166~40	60241~250	2.23
氯化银	AgCl	0.4~28	25000~357.1	2.00
蓝宝石	Al$_2$O$_3$	0.14~6.5	71429~1538	1.61

① 折射率与波长有关。

二、衰减全反射的光路设置以及样品采集方法

衰减全反射分为单次全反射和多次全反射。

单次全反射是单点反射，通常采用金刚石、锗或者半球形的单晶硅做反射晶体，体积小，折射率高，入射光线只穿过样品一次即被反射进入检测器，方便快捷。测样时液体样品只需滴一滴于晶体之上即可进行光谱采集，固体样品则需要加适当的压力使之与晶体紧密接触以获取信噪比高的红外光谱。单次反射 ATR 附件适用于固体、纤维、硬的聚合物、漆片、玻璃、金属表面的薄膜、微量液体等样品的测试。

多次全反射采用平面反射，反射晶体一般为 ZnSe、KRS-5 等易于制成平面的材料，ATR 晶体呈倒梯形水平放置，与样品接触面为长方形，标准配置晶体的入射角为 45°，如图 8-25 所示。测试时入射光线在晶体和样品界面上经多次全反射后进入检测器。平面反射 ATR 晶体又分为槽型和平板型。槽型晶体用于液体样品测试，测样时，只需将液体在晶体之上平铺一层即可（要铺满整个晶体表面），如果是易挥发液体，还需在槽上加盖；对固体或薄膜样品，可不要求其覆盖住晶体表面，但样品表面必须平整，采集时需要加一定压力使样品与晶体紧密接触。多次全反射 ATR 附件不仅适合大的或形状不规则样品的测试，也可分析液体、粉末、凝胶体、黏合剂、薄膜、镀膜及涂层等各种状态的样品，甚至可以直接测试人的皮肤。

单次全反射的光透入深度非常有限，因此光谱信号有时较弱。多次全反射 ATR 由于增加了反射次数，因此也增加了光程长，从而可提高测定的信噪比。

除了固定角度（通常为 45°）ATR 以外，其入射角也可以根据不同的实验要求进行变化。图 8-26 为 PIKE Technologies 公司的连续可变角 ATRMax Ⅱ 的结构示意图，入射角度从 15° 到 70° 可连续变化，选用的晶体材料为 ZnSe。

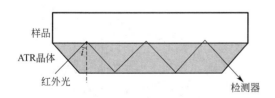

图 8-25 多次衰减全反射示意

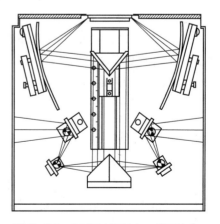

图 8-26 PIKE ATRMax Ⅱ 可变角 ATR 的结构示意图

另外需要强调的是，采用可变角 ATR 时，首先需根据式（8-12）计算出临界角，最终的入射角应大于临界角才具有衰减全反射效应。

ATR 法与 FTIR 透射法相比，其差别主要是载样系统。ATR 法用到衰减全反射附件，透射法通常采

用 KBr 压片。因此，只要在傅里叶变换红外光谱仪上配置 ATR 附件即可实现 ATR 测试。

三、衰减全反射傅里叶变换红外光谱法的特点

ATR-FTIR 是通过样品表面的反射信号获得样品表层成分的结构信息，与常规透射式 FTIR 相比，ATR-FTIR 具有如下突出特点。

（1）红外光通过穿透样品与样品发生作用而被吸收，因此，ATR 谱具有透射吸收谱的特征和形状；又因谱图数据库中多以透射谱形式出现，所以 ATR 谱的这一特性使它便于与透射谱相比较。

（2）非破坏性分析方法，能够保持样品原貌进行测定。制样简单，对样品的大小、形状、含水量没有特殊要求，甚至可对极微小物如银屑病患者皮肤上的皮屑、纤维、毛发等进行测试。

（3）可以实现原位测定、实时跟踪、无损测量。

（4）检测灵敏度高，分辨率好，测量区域小，检测点可为数微米。

（5）在常规 FTIR 仪器上配置 ATR 附件即可实现测量，仪器价格相对低廉。

（6）操作简单、自动化程度高，可利用计算机进行选点、定位、聚集、测定。

近年来，随着计算机技术的发展，ATR-FTIR 实现了非均匀、表面凹凸、弯曲样品的微区无损测定。

四、衰减全反射傅里叶变换红外光谱法的应用

1. 在疾病诊断方面的应用

ATR-FTIR 技术可以利用细胞组织化学成分的结构特征来鉴别肿瘤，为肿瘤的早期诊断开辟了一条新途径。构成组织标本的主要成分，如核酸（DNA 和 RNA）、蛋白质、碳水化合物及脂类等在红外光谱中都具有各自特征的振动吸收峰。利用良、恶性组织中上述主要成分的分子结构及其周围环境和含量的差异而导致的红外光谱差异，可以鉴别肿瘤的良恶性。据文献报道，应用光纤式 ATR 探头和傅里叶变换红外光谱仪可测定正常组织和良、恶性肿瘤（涉及腮腺、结直肠、胆管、乳腺、甲状腺、淋巴结等）的离体和在体组织。图 8-27 和图 8-28 是乳腺良性病变组织（增生症）和癌组织（单纯癌）样品在 $1700\sim1580cm^{-1}$ 和 $1500\sim1000cm^{-1}$ 区间的 ATR-FTIR 谱图。

由图 8-27 可见，蛋白质的酰胺 I 谱带有三个肩峰，分别位于 $1652cm^{-1}$、$1647cm^{-1}$ 和 $1635cm^{-1}$ 处，癌变组织这 3 个峰的强度明显高于良性组织。图 8-28 中，在 $1500\sim1000cm^{-1}$ 区间良性组织和癌变组织红外吸收峰的数目、位置和强度都存在非常明显的差异，据此可对两者进行鉴别。

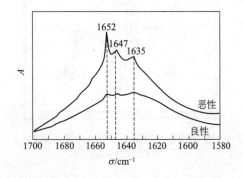

图 8-27 乳腺肿瘤组织在 $1700\sim1580cm^{-1}$ 区间的 ATR 红外光谱

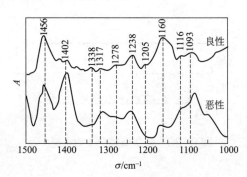

图 8-28 乳腺肿瘤组织在 $1500\sim1000cm^{-1}$ 区间的 ATR 红外光谱

2. 皮革材料的真伪鉴别

市售皮革制品存在大量仿皮革的人造革制品，对皮革真伪的鉴别，主要采用的是显微镜切片观察、燃烧以及通过人的手感和经验目测等方法。这些方法的准确度不高，同时还对样品有一定的破坏性。用 ATR-FTIR 技术可以克服上述方法的不足，并可以对皮革、人造革产品及其涂层进行快速识别。通过红外光谱的解析还可判断出皮革制品的原材料，以达到快速定性之目的。

图 8-29、图 8-30 分别为真牛皮、皮革涂饰面的 ATR 红外光谱。

将图 8-29 和图 8-30 进行比对，发现真牛皮的红外光谱与皮革涂饰面的红外光谱存在非常明显的差异，据此可将真牛皮与涂饰面皮革区分开来。因为绝大多数皮革产品都需要涂饰，涂饰会使皮革表面形成一层漂亮的保护性薄膜。由于 ATR-FTIR 技术是测定物质表面的红外光谱特性，当在皮革表面涂渍了成膜物质后，所测定的 ATR 谱主要表征的是成膜物质。经谱图解析，可知皮革涂饰面的物质可能为丙烯酸树脂及其改性产品。

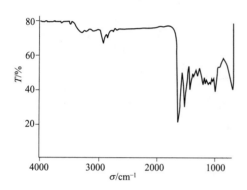

图 8-29 真牛皮的 ATR 红外光谱

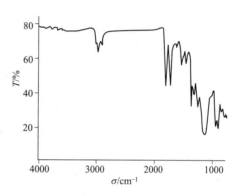

图 8-30 皮革涂饰面的 ATR 红外光谱

3. ATR-FTIR 在中药贴膏剂研究中的应用

传统贴膏剂一般是直接采用粗药粉，加入大量赋形剂（如填充剂微粉硅胶、钛白、硫酸钙、高岭土等）及黏着性基质（如聚丙烯酸酯、聚乙二醇等）制成，这样制成的贴膏剂具有药粉粗糙、接触面积小、吸收不佳等缺点。为了提高贴膏剂产品的质量，对传统的生产工艺进行改进，将超临界流体萃取技术用于中药有效成分的提取，并采用特殊工艺制成贴膏剂，产品质量有了明显提高。为了评价新工艺的可行性，采用 ATR-FTIR 技术对新研制的贴膏剂进行测试。将贴膏剂平铺在 ZnSe 晶体的凹槽中，压紧，用 ATR 法测其红外光谱。图 8-31 为新工艺研制的贴膏剂（含中药有效成分 10%）的 ATR 红外光谱。

图 8-31 中，A 为空白贴膏剂的 ATR 谱，可以看出，这是一种聚丙烯酯类型的黏着性基质；B 为含中药有效成分 10% 贴膏剂（即新研制的贴膏剂）的 ATR 谱；C 为 A 和 B 的差谱；D 为纯中药有效成分的 ATR 谱。从 C 和 D 的对比可以看出，由差谱所得到的谱图与纯中药有效成分的谱图基本一致，表明所采用的贴膏剂的制作工艺是非常成功的，药物成分没有与黏着性基质或其他助剂发生化学作用。由此可见，采用 ATR-FTIR 技术评价中药贴膏剂的生产工艺是可行的。

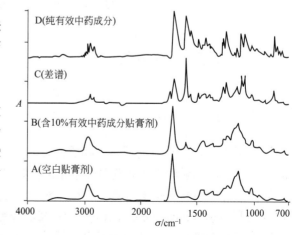

图 8-31 空白贴膏剂、含药贴膏剂、纯有效中药成分的 ATR 红外光谱

4. 涤纶薄膜的表面成分分析

涤纶薄膜被广泛用于绝缘材料、记录磁带、粘胶带带基、电影胶片和照相胶片片基，以及包装材料等方面。为满足不同的使用需求，通常要对薄膜的表面进行某些特殊处理，由于处理层的厚度很小，要把它们从薄膜表面分离出来几乎是不可能的。针对这种情况，采用 ATR-FTIR 技术进行检测，不但简便，而且可快速获知经处理后表面涂层的化学成分。

图 8-32 是两种经表面处理的涤纶薄膜的 ATR 谱图，经谱图解析和查阅有关文献可知，A 样品的表面涂层为乙烯-丙烯酸共聚物，B 样品的表面涂层为乙烯-乙酸乙烯共聚物。

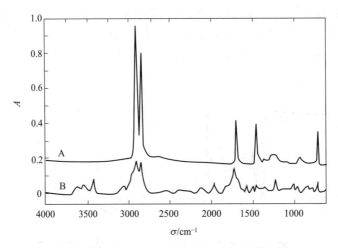

图 8-32　不同来源涤纶薄膜的 ATR 红外光谱

第十节　激光拉曼光谱法简介

拉曼光谱是分子振动光谱的一种，属于散射光谱。1928 年，印度物理学家拉曼（C.V.Raman）首先从实验中发现了拉曼效应，随后以拉曼效应为基础建立了拉曼光谱法（Raman spectroscopy）。由于拉曼效应太弱，使这种方法的应用和发展受到严重的影响。直到 20 世纪 60 年代中期，由于激光光源的引入，拉曼光谱技术才得以突破和发展，故拉曼光谱又称为激光拉曼光谱。拉曼光谱与红外光谱各有所长，互相补充，在有机化合物的结构鉴定中发挥着重要作用。

一、拉曼光谱法的基本原理

1. 拉曼效应和拉曼位移

当频率为 ν_0 的单色光照射到物质上时，大部分入射光透过物质或被物质吸收，只有一小部分光被样品分子散射。入射的光子和物质分子相碰撞时，可发生弹性碰撞和非弹性碰撞。在弹性碰撞过程中，光子与分子之间不发生能量交换，光子只改变运动方向而不改变频率（ν_0），这种散射过程叫弹性散射，亦称为瑞利散射（Rayleigh scattering）。而在非弹性碰撞过程中，光子与分子之间发生能量交换，光子不仅改变了运动方向，还放出一部分能量给予分子，或从分子吸收一部分能量，从而改变了光子的频率。由非弹性散射引起含有其他频率的散射光的现象称为拉曼效应，这种散射过程称为拉曼散射（Raman scattering）。比入射光频率 ν_0 低的散射线（$\nu_0-\nu_1$）称为斯托克斯线（Stokes lines），高于入射光频率的散射线（$\nu_0+\nu_1$）称为反斯托克斯线（anti-Stokes lines）。

斯托克斯线或反斯托克斯线与入射光之间的频率差 ν_1 称为拉曼位移。

$$\nu_1 = (\nu_0 + \nu_1) - \nu_0 = \nu_0 - (\nu_0 - \nu_1) = \frac{E_1 - E_0}{h} \tag{8-14}$$

式中，E_1 和 E_0 分别是高低两个不同振动能级的能量。由此可知，拉曼位移与入射光频率无关，而与样品分子的振动能级有关。

上述的光散射过程可用能级跃迁图 8-33 表示。

E_0 和 E_1 是分子振动能级，一种情况是处于基态 E_0 的分子受入射光子 $h\nu_0$ 的激发而跃迁到受激虚态（图中的虚线表示），然后很快地从虚态跃迁回基态，将吸收的能量 $h\nu_0$ 以光子（频率为 ν_0）的形式释放出来，这就是弹性碰撞，对应于瑞利散射。受激虚态的分子还可跃迁回到激发态 E_1，这时分子吸收了部分能量 $h\nu_1$，并释放出能量为 $h(\nu_0-\nu_1)$ 的光子，这就是非弹性碰撞，对应于拉曼散射，所产生的散射光为斯托克斯线；另一种情况是处于激发态 E_1 的分子受入射光子 $h\nu_0$ 的激发而跃迁到受激虚态，然后跃迁回激发态 E_1，释放出频率为 ν_0 的光子，即瑞利散射，但亦可能跃迁回基态 E_0，这时分子失掉了 $h\nu_1$ 的能量，并释放出能量为 $h(\nu_0+\nu_1)$ 的光子，即为反斯托克斯线。

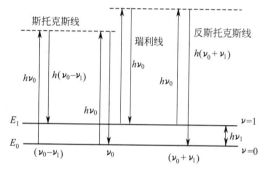

图 8-33 拉曼散射和瑞利散射的能级图

斯托克斯线和反斯托克斯线统称为拉曼谱线，由玻耳兹曼定律可知，在通常情况下，分子绝大多数处于振动能级基态，所以，斯托克斯线的强度远远强于反斯托克斯线。

拉曼位移取决于分子振动能级的改变，其数值决定于振动的第一激发态与振动基态的能级差，所以同一振动方式产生的拉曼位移的频率与红外吸收的频率范围是相同的。不同的化学键或基团有不同的振动，拉曼位移反映的是振动能级的变化，因此拉曼位移是分子结构的特征参数，它不随入射光频率的改变而改变，这是拉曼光谱可以作为分子结构定性分析的理论依据。拉曼谱线的强度与入射光的强度和样品的浓度成正比，在仪器条件一定的情况下，拉曼谱线强度与样品浓度成正比，这是拉曼光谱定量分析的依据。

2. 拉曼活性的判断

拉曼光谱和红外光谱都是研究分子的振动，但其产生的机理却完全不同，红外光谱产生于分子偶极矩的变化，而拉曼光谱产生于分子诱导偶极矩的变化。非极性基团和分子的全对称振动，其本身没有偶极矩，当分子中的原子在平衡位置附近振动时，由于入射光子的外电场的作用，使分子的电子云发生形变，分子的正负电荷中心发生了相对移动，形成了诱导偶极矩，即产生了极化现象。拉曼活性取决于振动中极化度是否变化。所谓极化度是指分子在电场（如光波这种交变的电场）的作用下分子中电子云变形的难易程度。因此，只有极化度有变化的振动才是拉曼活性的。一般说来，极性基团的振动和分子非对称振动使分子的偶极矩变化，所以是红外活性的；非极性基团的振动和分子的全对称振动使分子极化度变化，所以是拉曼活性的。

一般可用下面的规则来判别分子的拉曼或红外活性：①凡具有对称中心的分子，若其分子振动是拉曼活性的，则其红外是非活性的；反之，若为红外活性的，则其拉曼为非活性的，两者具有互斥性。②不具有对称中心的分子，如 H_2O、氯仿（$CHCl_3$）等，其红外和拉曼活性是并存的（除极少数例外）。③有少数分子的振动，例如平面对称分子乙烯的卷曲振动，既没有偶极矩变化，也没有极化度的改变，所以其红外和拉曼都是非活性的。

3. 拉曼光谱图

拉曼光谱图的横坐标是拉曼位移（波数），纵坐标是谱带的强度。由于拉曼位移是以激发光的波数（ν_0）作为零写在光谱的最右端，并略去反斯托克斯谱带，于是得到的是类似于红外光谱的拉曼光谱图。图 8-34 所示为甲醇的拉曼光谱图，利用拉曼光谱可对物质分子进行结构分析和定性鉴定。

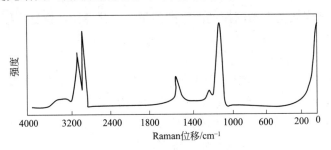

图 8-34 甲醇的拉曼光谱图

4. 拉曼光谱的特征

（1）同种原子的非极性键如 S—S、C=C、C≡C 等产生强的拉曼谱带，从单键、双键到叁键由于含有可变形的电子逐渐增加，所以谱带强度顺序增加。

（2）C=S、S—H、C=N 等的伸缩振动在拉曼光谱中是强谱带；在红外光谱中前两者是弱谱带，后者是中等强度谱带。

（3）非极性或弱极性基团具有强的拉曼谱带，而强极性基团具有强的红外谱带。

（4）N=S=O 和 C=C=O 这类键的对称伸缩振动在拉曼光谱中是强谱带，在红外光谱中是弱谱带，而非对称伸缩振动在拉曼光谱中是弱谱带，在红外光谱中是强谱带。

（5）环状化合物中，构成环状骨架的所有键同时伸缩，这种对称的伸缩振动通常是拉曼光谱的最强谱带，其频率取决于环的大小。

（6）Si—O—Si 和 C—O—C 等基团具有对称和非对称两种伸缩振动，在拉曼光谱中对称的谱带强于非对称的，而在红外光谱中则相反。

（7）脂肪族基团的 C—H 伸缩振动在拉曼光谱中是强谱带，其强度正比于分子中 C—H 键的数目。

（8）烯烃和芳环的 C—H 伸缩振动在拉曼光谱中是强或中等强度谱带，其面外变形振动仅在红外光谱中具有强谱带。

（9）炔烃的 C—H 伸缩振动在拉曼光谱中是弱谱带，而在红外光谱中是强谱带。

（10）极性基团 O—H 的伸缩振动在拉曼光谱中是弱谱带，而在红外光谱中是强谱带。另外，其变形振动谱带在红外光谱中亦比在拉曼光谱中强。

（11）芳香族化合物在拉曼和红外光谱中均产生一系列尖锐的强谱带。

（12）具有对称中心的分子产生的谱带在拉曼和红外光谱中其波数是不同的。

（13）醇和烷烃的拉曼光谱是相似的，这是由于：①C—O 键与 C—C 键的力常数或键的强度差别不大；②羟基（$M-17$）与甲基（$M-15$）质量仅差 2 个单位；③O—H 拉曼谱带比 C—H 拉曼谱带弱。

（14）倍频和组合频谱带在红外光谱中比在拉曼光谱中强，在拉曼光谱中很少见到。

表 8-5 列出了常见有机官能团的特征频率及拉曼和红外谱带的强度。

二、激光拉曼光谱仪

激光拉曼光谱仪分为色散型激光拉曼光谱仪和傅里叶变换拉曼光谱仪（FT-Raman）。

表 8-5　常见有机官能团的特征频率及拉曼和红外谱带的强度

振动[①]	频率范围 /cm^{-1}	拉曼强度[②]	红外强度[②]
ν(O—H)	3650～3000	w	s
ν(N—H)	3500～3300	m	m
ν(≡C—H)	3300	w	s
ν(=C—H)	3100～3000	s	m
ν(—C—H)	3000～2800	s	s
ν(—S—H)	2600～2550	s	w
ν(C≡N)	2255～2220	m～s	s～o
ν(C≡C)	2250～2100	vs	w～o
ν(C=O)	1820～1680	s～w	vs
ν(C=C)	1900～1500	vs～m	o～m
ν(C=N)	1680～1610	s	m
ν(N=N)，脂肪族取代基	1580～1550	m	o
ν(N=N)，芳香族取代基	1440～1410	m	o
ν^{as}[(C—)NO$_2$]	1590～1530	m	s
ν^{s}[(C—)NO$_2$]	1380～1340	vs	m
ν^{as}[(C—)SO$_2$(—C)]	1350～1310	w～o	s
ν^{s}[(C—)SO$_2$(—C)]	1160～1120	s	s
ν[(C—)SO(—C)]	1070～1020	m	s
ν(C=S)	1250～1000	s	w
δ(CH$_2$)，δ^{as}(CH$_3$)	1470～1400	m	m
δ^{s}(CH$_3$)	1380	m～w，如在C=C上，s	s～m
ν（C—C）	1600, 1580	s～m	m～s
	1500, 1450	m～w	m～s
	1000	s（单取代时） m（1，3，5衍生物时）	o～w
ν(C—C)	1300～600	s～m	m～w
ν^{as}(C—O—C)	1150～1060	w	s
ν^{s}(C—O—C)	970～800	s～m	w～o
ν^{as}(Si—O—Si)	1110～1000	w～o	vs
ν^{s}(Si—O—Si)	550～430	vs	o～w
ν(O—O)	900～845	s	o～w
ν(S—S)	550～430	s	o～w
ν(Se—Se)	330～290	s	o～w
ν[C(芳香族)—S]	1100～1080	s	s～m
ν[C(脂肪族)—S]	790～630	s	s～m
ν(C—Cl)	800～550	s	s
ν(C—Br)	700～500	s	s
ν(C—I)	660～480	s	s
δ^{s}(C—C)，脂肪链 C$_n$，n=3～12 n>12	400～250 2495/n	s～m	w～o
分子晶体中的晶格振动	200～20	vs～o	s～o

① ν: 伸缩振动；δ: 变形振动；ν^{s}: 对称伸缩振动；ν^{as}: 不对称伸缩振动；δ^{s}: 对称变形振动；δ^{as}: 不对称变形振动。
② vs: 很强；s: 强；m: 中；w: 弱；o: 非常弱或看不到信号。

1. 色散型激光拉曼光谱仪

色散型激光拉曼光谱仪主要由激光光源、样品池、单色器和检测记录系统四部分组成，图 8-35 是其结构示意图。样品经来自激光光源的可见激光激发，其绝大部分为瑞利散射光、少量的各种波长的斯托克斯散射光，还有更少量的各种波长的反斯托克斯散射光，后两者即为拉曼散射。这些散射光由反射镜等光学元件收集，经狭缝照射到光栅上，被光栅色散，连续地转动光栅使不同波长的散射光依次通过出口狭缝，进入光电倍增管检测器，经放大和记录系统获得拉曼光谱。

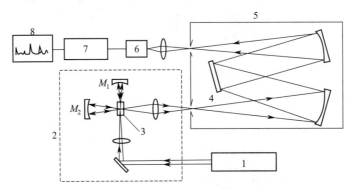

图 8-35 色散型激光拉曼光谱仪结构示意图

1—激光光源；2—外光路系统；3—样品池；4—光栅；5—单色器；6—光电倍增管；7—放大器；8—记录仪

2. 傅里叶变换拉曼光谱仪（FT-Raman）

在傅里叶变换拉曼光谱仪中，以迈克尔逊干涉仪代替色散元件，光源利用率高，可采用红外激光，用以避免分析物或杂质的荧光干扰。FT-Raman 的光路设计类似于傅里叶变换红外光谱仪，但干涉仪与样品池的排列次序不同。FT-Raman 通常由激光光源、样品池、干涉仪、滤光片组、检测器等组成（图 8-36），检测到的信号经放大由计算机收集处理。该类仪器具有扫描速度快、分辨率高、波数精度及重现性好等优点。

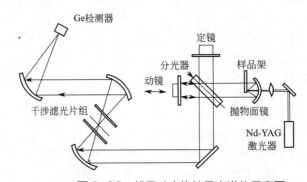

图 8-36 傅里叶变换拉曼光谱仪示意图

三、拉曼光谱法的制样技术

1. 气体样品

由于气体样品的拉曼散射光很弱，为了提高它的拉曼信号强度，样品池中气体要有较大压力或采用多次反射的气体池。

2. 液体样品

常量液体样品可用核磁共振样品管或常规样品池。在微量测定中,根据样品量的多少,可选用不同直径的毛细管,将样品装入毛细管后,放入样品室中,通过调节,使光束正好对准样品。对于低沸点样品,毛细管应封闭。为增加收集效率可用底部为球形的玻璃管,即球形池,球形池的一侧镀银,以增加反射效率,适用于拉曼散射较弱及稀溶液样品。

3. 固体样品

对透明的棒状、块状和片状固体样品可直接进行测定,将样品固定在表面镀金或镀银的样品架载片上,亦可将固体样品放在水平样品架上,但均需垫一滤纸。

对粉末状样品常用的样品容器是核磁共振管或毛细管,将装有样品的管插入样品架中。粉末样品还可使用样品杯,样品杯放在水平样品架上,为了增加样品密度以提高散射截面,可将粉末压片。

四、拉曼光谱法的应用

(1) 拉曼光谱与红外光谱互补,目前已被广泛用于有机化合物的结构分析。例如,利用拉曼光谱法可以鉴定某些红外光谱法无法鉴别的官能团,如 $CH_3C≡CCH_3$ 中的 $C≡C$ 伸缩振动在 $2200cm^{-1}$ 有强的拉曼谱带,$C_2H_5-S-S-C_2H_5$ 中 $S-S$ 伸缩振动在 $500cm^{-1}$ 有强的拉曼谱带,而在红外光谱中却观察不到。又例如,非极性键 $C=C$ 可产生强的拉曼谱带,而且其强度随分子结构而异,利用这一特性,可用拉曼光谱法测定顺反异构体和双键上取代基的位置。

(2) 拉曼光谱特别适合高聚物碳链骨架或环的测定,并能很好地区分各种异构体,如单体异构、位置异构、几何异构和顺反异构等;还可用于聚合物的立体规整性研究,以及结晶度和取向度的研究。另外,对含有黏土、硅藻土等无机填料的高聚物,可不经分离而直接上机测量。

(3) 水的拉曼散射很弱,因此很多水溶性物质,包括一些生物大分子及生物体内的其他组分都可以用拉曼光谱来研究。拉曼光谱已用于测定氨基酸、糖、胰岛素、激素、核酸、DNA 等生化物质。

(4) 当实验条件一定时,拉曼光谱的强度与样品的浓度呈线性关系,据此可进行定量分析。拉曼光谱常用的定量方法为内标法,检出限在 $μg·cm^{-3}$ 数量级,可用于有机物和无机阴离子的定量分析。

总结

- 红外光谱是由样品分子吸收电磁辐射导致振动能级的跃迁而形成的分子吸收光谱。分子吸收红外辐射必须满足两个条件:① 红外辐射光量子具有的能量等于分子振动能级的能量差;② 分子振动时,偶极矩的大小或方向必须有一定的变化,也就是只有发生偶极矩变化的振动才能产生红外吸收谱带。

- 红外光谱是分子结构鉴定中应用最多的一种谱学方法,可依据红外光谱中吸收峰的位置、强度和形状等信息,判断未知物可能含有的官能团及化合物的类型。在推测出未知组分的可能结构后,还需与红外标准谱图对照,以对未知组分进行定性分析,并对所推测的分子结构做出最终判定。

- 影响红外吸收峰位置和强度的因素:

影响红外吸收峰位置的因素	影响红外吸收峰强度的因素
① 诱导效应：取代基诱导效应使吸收峰移向高波数	① 原子的电负性：化学键两端的原子，电负性相差越大，伸缩振动吸收强度越大
② 共轭效应：共轭效应使吸收峰移向低波数	② 分子的对称性：对称性越差，吸收强度越大
③ 空间效应：空间位阻使共轭效应受到限制，吸收峰移向高波数	③ 溶剂的影响：同一样品，一般在非极性溶剂中，吸收强度大
④ 氢键效应：使吸收峰移向低波数	
⑤ 偶合效应：使吸收峰分裂成双峰	

○ 基团振动频率与分子结构的关系，整个中红外光谱可分成两个重要区域（官能团区和指纹区）和八个重要波段，如下所示：

项目	σ/cm^{-1}	引起吸收的基团
官能团区	3750 ~ 3000	O—H、N—H 伸缩振动
	3300 ~ 3010	—C≡C—H、C=C—H、Ar—H 中的 C—H 伸缩振动
	3000 ~ 2700	CH_3—、CH_2—、C—H、O=C—H 中的 C—H 伸缩振动
	2400 ~ 2100	C≡C、C≡N 伸缩振动
	1900 ~ 1650	C=O（酸、醛、酮、酰胺、酯、酸酐）伸缩振动
	1675 ~ 1500	C=C（脂肪族、芳香族）伸缩振动，C=N 伸缩振动
指纹区	1475 ~ 1300	CH_3—、CH_2—、C—H 变形振动
	1000 ~ 650	C=C—H、Ar—H 面外变形振动

思考题

1. 红外光区是如何划分的？产生红外吸收光谱的条件是什么？
2. 何谓简正振动？何谓振动自由度？分子的振动自由度如何确定？
3. 影响红外光谱强度和峰数的因素有哪些？
4. 何谓特征基团吸收频率？它有什么重要用途？
5. 影响特征基团吸收频率的因素有哪些？
6. 红外光谱的特征区和指纹区是如何划分的？有何实际意义？
7. 简述红外光谱图解析的一般步骤。
8. 红外分光光度计与紫外 - 可见分光光度计在光路设计上有何不同？为什么？
9. 傅里叶变换红外光谱仪与色散型红外光谱仪的最大区别是什么？
10. 什么是全反射、衰减全反射和穿透深度？
11. 简述衰减全反射红外光谱是如何产生的？
12. 什么是拉曼散射和拉曼位移？
13. 与红外光谱法相比，拉曼光谱法在结构分析中的特点是什么？
14. 拉曼光谱与红外光谱的产生机制有何不同？

课后练习

1. 二氧化碳分子的简正振动方式有4种，其红外吸收光谱应出现：（1）4个吸收峰；（2）3个吸收峰；（3）2个吸收峰；（4）1个吸收峰
2. 在下列化合物中，振动自由度是7的分子是：（1）甲烷；（2）苯；（3）乙炔；（4）水
3. 三键和累积双键的伸缩振动区在：（1）1900～1500cm^{-1}区间；（2）1650～1300cm^{-1}区间；（3）1200～900cm^{-1}区间；（4）2300～2000cm^{-1}区间
4. 酸酐的羰基伸缩振动，通常在1860～1740cm^{-1}区间出现两个强峰，其原因是：（1）费米共振；（2）两个羰基的振动偶合；（3）空间位阻效应；（4）共轭效应
5. 环内C=C双键随环张力的增加，其伸缩振动峰：（1）强度减小；（2）向高波数方向移动；（3）强度增大；（4）向低波数方向移动
6. 在某有机化合物的红外光谱中，发现1380cm^{-1}处的峰裂分为等强度的双峰，表明该化合物分子中可能存在：（1）叔丁基；（2）异丙基；（3）酰胺基；（4）羧基
7. 某有机化合物的红外光谱中，发现在3300～2500cm^{-1}区间有一个扩散的宽峰，表明该化合物可能是：（1）CH_3CH_2COOH；（2）CH_3CH_2CHO；（3）CH_3COCH_3；（4）CH_3COOCH_3
8. 发生全反射必须满足的两个条件是：（1）光必须从光疏介质进入光密介质；（2）光必须从光密介质进入光疏介质；（3）入射角小于临界角；（4）入射角大于临界角
9. 下述哪些化合物的振动既是拉曼活性，也是红外活性：（1）CS_2；（2）XeF_4；（3）$CHCl_3$；（4）H_2O
10. 下述哪些基团在拉曼光谱中能产生非常强的谱带：（1）C≡C伸缩振动；（2）炔烃的C—H伸缩振动；（3）O—H伸缩振动；（4）Si—O—Si对称伸缩振动

简答题

1. 大气中的O_2、N_2等气体对测定物质的红外光谱是否有影响？为什么？
2. 为什么v_{OH}、v_{SH}、v_{NH}、v_{CH}的位置出现在高波数（3600～2300cm^{-1}）？
3. 脂肪酮C=O键的力常数为$11.72×10^2 N·m^{-1}$，计算C=O伸缩振动的频率及波数。
4. 丙烯$CH_3CH=CH_2$和反式2-丁烯$CH_3CH=CHCH_3$的红外特征吸收带有什么差异？
5. 将下列各组化合物按$v_{C=C}$波数大小次序排列：

(1) $H_2C=CH_2$　　　　$H_2C=CHF$　　　　$H_2C=CBr_2$

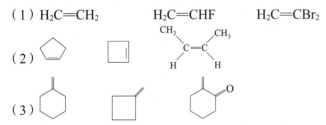

6. 根据红外光谱数据鉴定二甲苯异构体：

化合物A：吸收峰在876cm^{-1}、769cm^{-1}和691cm^{-1}；

化合物B：吸收峰在795cm^{-1}；

化合物C：吸收峰在742cm^{-1}。

7. 用红外光谱如何区别下面各组化合物：

(1)
$$\begin{matrix} C_2H_5 \\ H \end{matrix} C=C \begin{matrix} CH_3 \\ H \end{matrix}$$ 和 $$\begin{matrix} C_2H_5 \\ H \end{matrix} C=C \begin{matrix} H \\ CH_3 \end{matrix}$$

(2) CH₃—⟨⟩—COOH 和 CH₃—⟨⟩—COOCH₃

(3) ⟨⟩—OH 和 ⟨⟩—OH

✎ 谱图解析

1. 一个化合物分子式为 C_5H_{10}，按图 8-37 所示推出其结构。

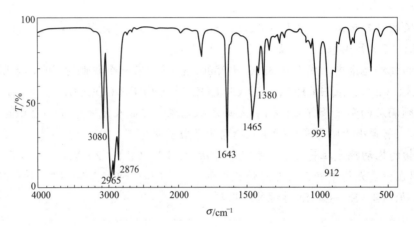

图 8-37 C_5H_{10} 的红外光谱

2. 一个化合物分子式为 C_6H_{10}，按图 8-38 所示推出其结构。

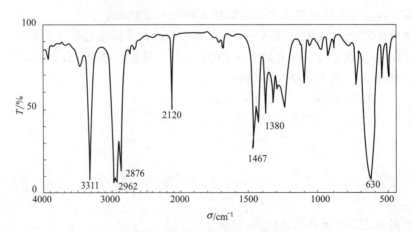

图 8-38 C_6H_{10} 的红外光谱

3. 一个化合物分子式为 C_6H_6O，按图 8-39 所示推出其结构。
4. 一个化合物分子式为 C_8H_{10}，按图 8-40 所示推出其结构。
5. 一个化合物分子式为 $C_5H_{10}O_2$，按图 8-41 所示推出其结构。
6. 一个化合物分子式为 $C_7H_6O_2$，按图 8-42 所示推出其结构。

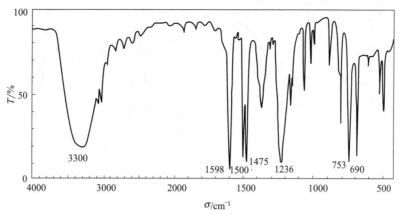

图 8-39　C_6H_6O 的红外光谱

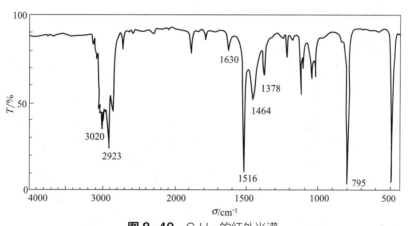

图 8-40　C_8H_{10} 的红外光谱

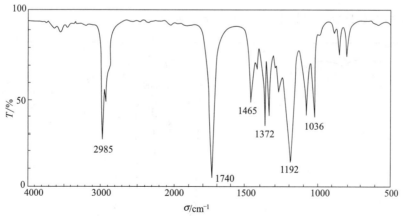

图 8-41　$C_5H_{10}O_2$ 的红外光谱

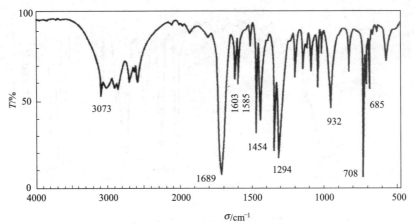

图 8-42 C₇H₆O₂ 的红外光谱

7. 一个化合物分子式为 $C_9H_{10}O$，按图 8-43 所示推出其结构。

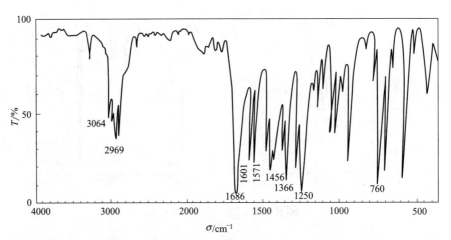

图 8-43 C₉H₁₀O 的红外光谱

8. 一个化合物分子式为 $C_8H_8O_2$，按图 8-44 所示推出其结构。

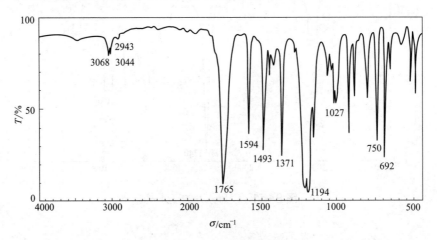

图 8-44 C₈H₈O₂ 的红外光谱

9. 一个化合物分子式为 $C_5H_{13}N$，按图 8-45 所示推出其结构。

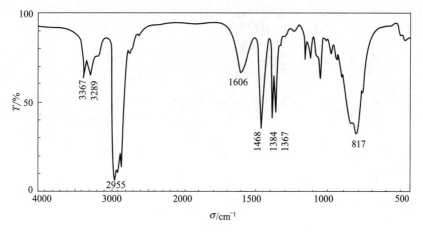

图 8-45　C$_5$H$_{13}$N 的红外光谱

第九章 核磁共振光谱法

图为 AV 600 超导傅里叶变换核磁共振光谱仪，可进行 ^{1}H、^{13}C、INEPT、DEPT、^{1}H–^{1}H COSY、^{13}C–^{1}H COSY、^{1}H–^{1}H NOESY、^{1}H–^{1}H TOCSY、^{1}H–^{13}C HSQC、HMBC 等常规测试，并可进行 ^{15}N–^{1}H HSQC 及蛋白质结构的三维谱测试，普遍用于有机化合物、天然产物和生物大分子等结构确证、聚合物特性测定、药品开发、分子构型构象以及分子之间相互作用等研究。在化学、化工、制药、食品、生命科学、材料科学及环境科学等领域获得广泛应用。

为什么要学习核磁共振光谱分析?

具有磁性的原子核,在强磁场的作用下,吸收射频辐射,引起核自旋能级的跃迁所产生的光谱,称为核磁共振光谱。利用核磁共振光谱进行分析的方法,称为核磁共振光谱法(NMR)。在有机结构分析中,NMR给出结构信息的准确性及对未知结构推测的预见性,都是最好的一种。本章将较详细地介绍 ^{1}H-NMR 和 ^{13}C-NMR,简要介绍一些常见的二维核磁共振谱。通过 ^{1}H-NMR 的学习,可根据峰的位置推断分子中氢核的类型,根据峰的面积计算出各类氢核的数目,根据峰的裂分情况确定基团之间的连接关系。通过 ^{13}C-NMR 的学习,学会推断碳核的类型、碳的分布以及碳核间的关系。通过二维核磁共振谱的学习,学会确定氢核与氢核或氢核与碳核之间的相关关系,进而准确地测定出分子的细微结构。

学习目标

○ 掌握核磁共振光谱法的基本原理。
○ 掌握化学位移及化学位移的表示方法,熟悉不同类型氢的化学位移。
○ 熟悉影响化学位移的 6 种因素。
○ 掌握自旋偶合及自旋裂分的基本原理,偶合常数与分子结构的关系,自旋体系的分类。
○ 熟悉 ^{1}H-NMR 在有机化合物定性、定量及结构分析中的应用。
○ 初步掌握解析复杂图谱常用的 3 种辅助方法。
○ 熟悉傅里叶变换核磁共振仪的检测原理、基本组成及实验技术。
○ 初步掌握 ^{13}C 的化学位移及主要影响因素。
○ 熟悉 ^{13}C-NMR 的 5 种测定方法。
○ 了解结构分析中常用的几种 2D-NMR 谱的特点和简要的解析方法。

当用频率为兆赫数量级,波长很长(约 0.6~10m),能量很低的电磁波照射分子时,能使磁性的原子核在外磁场中发生磁能级的共振跃迁,从而产生吸收信号。这种原子核对射频辐射的吸收称为核磁共振光谱(nuclear magnetic resonance spectroscopy,NMR)。

1946 年美国的布洛赫(F.L.Block)和伯塞尔(E.M.Purcell)两位物理学家同时发现核磁共振现象,开创了 NMR 这一崭新的学科。1948 年核磁弛豫理论的建立,1950 年化学位移和偶合现象的发现,为 NMR 的化学应用奠定了基础。1965 年傅里叶变换谱学的诞生,将 NMR 实验的信噪比提高了数个量级,迎来了 NMR 的真正繁荣期。

自从 20 世纪 70 年代以来,NMR 的发展极其迅速,形成了液体高分辨、固体高分辨和 NMR 成像三雄鼎立的局面。二维 NMR 的发展,使液体 NMR 的应用迅速扩展到生物领域;交叉极化技术的发展,使固体魔角旋转技术在材料科学中发挥着巨大作用;NMR 成像技术的发展,使 NMR 神奇般地进入与人们生活息息相关的医学领域。

NMR 的最新进展反映在物理基本原理的验证,脉冲梯度场的大规模应用,生物分子的溶液结构和动力学研究,人体和动物的快速成像方法及其在脑科学研究中的应用等。

核磁共振理论和实验技术的发展,使其成为研究物质结构、有机化学和生物化学的重要手段。本章主要是从化学角度讨论核磁共振的基本原理及在有机化合物定性、定量及结构分析中的应用,不涉及量子力学的复杂计算。

第一节　核磁共振的基本原理

一、原子核的磁性质

1. 原子核的自旋

原子核是具有一定质量和体积的带电粒子，实验证明，大多数原子核都围绕着某个轴自身做旋转运动，这种自身旋转称为自旋运动。有机械的旋转就有角动量产生，核由自旋产生的角动量是一个矢量，其方向服从右手螺旋定则，与自旋轴重合，见图 9-1。

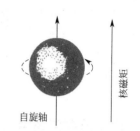

图 9-1　原子核的自旋和磁矩

根据量子力学，可计算出核自旋角动量的绝对值为

$$P = \frac{h}{2\pi}\sqrt{I(I+1)} \tag{9-1}$$

式中，I 为核自旋量子数；P 为核自旋角动量的最大可观测值；h 为普朗克常数。

自旋角动量的大小取决于核的自旋量子数 I。I 值的变化是不连续的，只能取 0、半整数、整数，而不能取其他值。原子核由质子和中子组成，质子带正电荷，中子不带电，因此原子核带正电荷，其电荷等于质子数，与元素周期表中的原子序数相同。原子核的质量数为质子数与中子数之和。原子核的质量和所带电荷是原子核的最基本属性。原子核的自旋量子数与原子核的质量数和原子序数的关系，如表 9-1 所示。

表 9-1　原子核的自旋量子数与原子核的质量数和原子序数的关系

质量数	原子序数	I	NMR 信号	实例
偶数	偶数	0	无	$^{12}C_6$, $^{16}O_8$, $^{32}S_{16}$, $^{28}Si_{14}$
偶数	奇数	整数	有	$^6Li_3$, $^{14}N_7$, $^2H_1$, $^{10}B_5$
奇数	奇数	半整数	有	$^1H_1$, $^{19}F_9$, $^{31}P_{15}$, $^{79}Br_{35}$
奇数	偶数	半整数	有	$^{13}C_6$, $^{17}O_8$

$I=0$ 的核没有自旋现象，它们置于外磁场中没有核磁共振现象。$I>1/2$ 的原子核，电荷在这类原子核表面呈非均匀的椭圆形分布，有电四极矩，这类原子核特有的弛豫机制常使谱线加宽，不适于研究。其中 $I=1/2$ 的核，其电荷呈球形分布，是核磁共振中最主要的研究对象，尤以 $^1H_1$ 核和 $^{13}C_6$ 核研究最多。

2. 原子核的磁矩

原子核是带正电荷的粒子，当作自旋运动时，电荷亦围绕着旋转轴旋转，产生循环电流，也就会产生磁场，一般用磁矩 μ 来描述这种磁性质。核磁矩 μ 是一个矢量，其方向与自旋角动量 P 的方向重合，其大小与角动量 P 成正比。

$$\mu = \gamma P \tag{9-2}$$

式中，γ 为磁旋比，不同的原子核有不同的 γ 值，可以作为描述原子核特性的一个参数。核磁矩的单位为核磁子。表 9-2 列出了一些原子核的磁性质。

表 9-2　一些原子核的磁性质

核	I	μ /核磁子	γ/A·m²·J⁻¹·s⁻¹	同位素丰度/%	相对灵敏度	1.4092T 时共振频率/MHz	2.3500T 时共振频率/MHz
^{1}H	1/2	2.7927	2.675×10⁸	99.98	1.00	60.0	100
^{2}H	1	0.8574	0.411×10⁸	0.02	0.0096	9.2	15.4
^{13}C	1/2	0.7023	0.673×10⁸	1.07	0.0159	15.08	25.2
^{19}F	1/2	2.6273	2.52×10⁸	100	0.834	56.5	94.2
^{31}P	1/2	1.1305	1.09×10⁸	100	0.064	24.29	40.5
^{14}N	1	0.4037	0.193×10⁸	99.64	0.00101	4.33	7.2

二、自旋核在磁场中的行为

1. 原子核的进动

原子核的进动是用经典力学方法对自旋核进行的形象描述。将自旋核放到外磁场 H_0 中时，自旋核的行为就像一个在重力场中做旋转的陀螺，即一方面自旋，另一方面由于磁场作用而绕外磁场方向进行回旋，这种运动方式称为进动，又称拉莫尔（Larmor）进动，如图 9-2 所示。

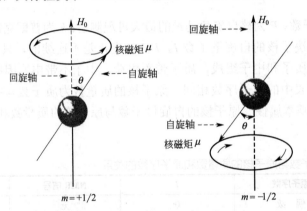

图 9-2　磁性核在外磁场中的进动

在外磁场中，核的自旋轴（与核磁矩 μ 重合）和 H_0 轴（回旋轴）并不重合，形成一个 θ 角。即自旋核是以固定夹角 θ 围绕 H_0 做回旋运动，其回旋角速度 ω 与磁旋比 γ 和外加磁场强度 H_0 有关，即

$$\omega = \gamma H_0 \tag{9-3}$$

而

$$\omega = 2\pi \nu \tag{9-4}$$

因此自旋核的进动频率 ν 可表示为

$$\nu = \frac{\gamma}{2\pi} H_0 \tag{9-5}$$

由式（9-5）可知，对于指定的核，γ 是固定值，其进动频率与外加磁场强度成正比；在同一外磁场中，不同核因 γ 值不同而有不同的进动频率。

2. 核磁能级

这是用量子力学方法对自旋核进行的严格描述。

无外磁场时，原子核的自旋取向是任意的，但有外磁场存在时，原子核就会相对于外磁场方向发生

自旋取向。按照量子力学理论，核的自旋取向数为

$$自旋取向数 = 2I+1 \tag{9-6}$$

例如，^1H 核的 $I=\frac{1}{2}$，在外加磁场中的自旋取向数 $=2I+1=2\times\frac{1}{2}+1=2$，即有两种自旋相反的取向。其中一种取向，磁矩与外磁场 H_0 一致；另一种取向，磁矩与外磁场 H_0 相反。

原子核在磁场中的每一种取向都代表了原子核的某一特定能级，并可用一个磁量子数 m 来表示，m 取值为 I，$I-1$，…，$-I$，共 $2I+1$ 个。也就是说，无外磁场存在时，原子核只有一个简并的能级；但有外磁场作用时，原先简并的能级就要分裂为 $2I+1$ 个能级。例如，对于 $I=\frac{1}{2}$ 的 ^1H 核，其 m 取值为 $+\frac{1}{2}$ 和 $-\frac{1}{2}$，$m=+\frac{1}{2}$ 的取向与外磁场方向相同，能量较低，$m=-\frac{1}{2}$ 的取向与外磁场方向相反，能量较高，即在外磁场作用下 ^1H 核的能级分裂为两个。

根据电磁理论，原子核在磁场中具有的势能 E 为

$$E = -\frac{h}{2\pi}m\gamma H_0 \tag{9-7}$$

较低能级 $\left(m=+\frac{1}{2}\right)$ 的能量为

$$E_{+\frac{1}{2}} = -\frac{h}{4\pi}\gamma H_0$$

较高能级 $\left(m=-\frac{1}{2}\right)$ 的能量为

$$E_{-\frac{1}{2}} = \frac{h}{4\pi}\gamma H_0$$

两个能级间的能量差 ΔE 为

$$\begin{aligned}\Delta E &= E_{-\frac{1}{2}} - E_{+\frac{1}{2}} \\ &= \frac{h}{4\pi}\gamma H_0 - \left(-\frac{h}{4\pi}\right)\gamma H_0 \\ &= \frac{h}{2\pi}\gamma H_0\end{aligned} \tag{9-8}$$

式（9-8）表明，自旋量子数 $I=\frac{1}{2}$ 的原子核由低能级向高能级跃迁时需要的能量 ΔE 与外加磁场强度成正比。

自旋量子数 $I=\frac{1}{2}$ 的原子核的磁矩 μ 在磁场 H_0 中的方向与相应的能级图见图 9-3。

图 9-4 是核磁能级与外磁场 H_0 的关系图，可以看到在没有外磁场存在时，$I=\frac{1}{2}$ 原子核的两种不同取向的能级是相同的。随着外磁场强度的增加，两种取向的能级间的能量差也随之增加。

三、核磁共振条件

如果提供自旋体系一定的能量，则处于低能级自旋态的核可以吸收能量而跃迁到高能级自旋态。通

常这个能量可由照射体系用的电磁波来提供。

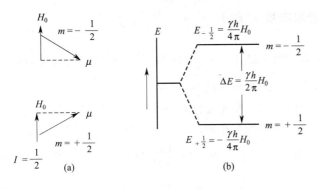
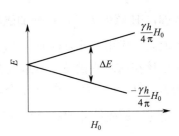

图 9-3 $I=\frac{1}{2}$ 核的磁矩 μ 在磁场 H_0 中的方向与相应的能级图

(a) $I=\frac{1}{2}$ 核磁矩取向；(b) $I=\frac{1}{2}$ 核的能级图

图 9-4 $I=\frac{1}{2}$ 核磁能级与外磁场 H_0 的关系图

当照射样品的电磁波的能量 $h\nu$ 正好等于两个核磁能级的能量差 ΔE 时，低能级的核就会吸收频率为 ν 的射频电磁波而跃迁到高能级，从而产生核磁共振吸收信号。

由式（9-8）可知，相邻核磁能级的能量差 ΔE 为

$$\Delta E=\frac{h}{2\pi}\gamma H_0$$

又知电磁波的能量 $\Delta E'$ 为

$$\Delta E'=h\nu$$

发生核磁共振时，$\Delta E=\Delta E'$
即

$$\frac{h}{2\pi}\gamma H_0=h\nu$$

故发生核磁共振的条件是

$$\nu=\frac{1}{2\pi}\gamma H_0 \tag{9-9}$$

由式（9-9）可知：①不同原子核由于磁旋比 γ 不同，发生核磁共振时的外加磁场强度及吸收射频电磁波的频率不同，即在 H_0 固定时，不同的核共振频率不同；在 ν 固定时，不同的核共振磁场强度不同；②对同一种核，共振频率与外加磁场强度成正比，即每给定一频率 ν，则必有一个对应的磁场强度 H_0。

当满足核磁共振条件时，产生核磁共振吸收。观察核磁共振吸收的方法有两种：一种是固定磁场强度 H_0，改变频率 ν，称之为扫频法；另一种是把电磁波频率 ν 固定而改变磁场强度 H_0，称为扫场法，这两种方法称为扫描法，也叫连续波法。

例题 9-1 若外加磁场的强度为 1T，^1H 和 ^{13}C 的共振频率应为多少？

解：（1）^1H 的共振频率

$$\nu_{^1H}=\frac{1}{2\pi}\gamma_{^1H}H_0$$

∵ $1T=1J\cdot A^{-1}\cdot m^{-2}$

∴ $$\nu_{^1H}=\frac{2.675\times10^8 A\cdot m^2\cdot J^{-1}\cdot s^{-1}\times 1J\cdot A^{-1}\cdot m^{-2}}{2\times 3.142}$$

$$=0.4257\times 10^8 s^{-1}=42.57 MHz$$

（2）^{13}C 的共振频率

$$\nu_{^{13}C} = \frac{1}{2\pi}\gamma_{^{13}C}H_0 = \frac{0.673\times10^8 \text{A}\cdot\text{m}^2\cdot\text{J}^{-1}\cdot\text{s}^{-1}\times 1\text{J}\cdot\text{A}^{-1}\cdot\text{m}^{-2}}{2\times 3.142}$$
$$= 1.071\times 10^7 \text{s}^{-1} = 10.71\text{MHz}$$

例题 9-2 有些型号的 NMR 谱仪，如 FX-60 和 XL-200 等，后边的数字代表 ^{1}H 的共振频率兆赫数（MHz），问

（1）这些谱仪的磁场强度为多少特士拉（T）？
（2）它们的 ^{13}C 共振频率为多少？

解： FX-60 的磁场强度为

$$H_0 = \frac{2\pi\nu}{\gamma_{^1H}} = \frac{2\times 3.142\times 6.0\times 10^7 \text{s}^{-1}}{2.675\times 10^8 \text{A}\cdot\text{m}^2\cdot\text{J}^{-1}\cdot\text{s}^{-1}}$$
$$= 1.409 \text{J}\cdot\text{A}^{-1}\cdot\text{m}^{-2} = 1.409\text{T}$$

XL-200 的磁场强度为

$$H_0 = \frac{2\pi\nu}{\gamma_{^1H}} = \frac{2\times 3.14\times 2\times 10^8 \text{s}^{-1}}{2.675\times 10^8 \text{A}\cdot\text{m}^2\cdot\text{J}^{-1}\cdot\text{s}^{-1}}$$
$$= 4.697 \text{J}\cdot\text{A}^{-1}\cdot\text{m}^{-2} = 4.697\text{T}$$

在这两种谱仪上 ^{13}C 的共振频率分别为

$$\nu = \frac{1}{2\pi}\gamma_{^{13}C}H_0 = \frac{0.673\times10^8 \text{A}\cdot\text{m}^2\cdot\text{J}^{-1}\cdot\text{s}^{-1}\times 1.409\text{J}\cdot\text{A}^{-1}\cdot\text{m}^{-2}}{2\times 3.142}$$
$$= 1.508\times 10^7 \text{s}^{-1} = 15.08\text{MHz}$$
$$\nu = \frac{0.673\times10^8 \text{A}\cdot\text{m}^2\cdot\text{J}^{-1}\cdot\text{s}^{-1}\times 4.697\text{J}\cdot\text{A}^{-1}\cdot\text{m}^{-2}}{2\times 3.14}$$
$$= 5.029\times 10^7 \text{s}^{-1} = 50.29\text{MHz}$$

四、弛豫过程

1. 玻耳兹曼（Boltzmann）分布

上面讨论了单个原子核的磁性质，在 NMR 实验中样品包含大量的原子核，因此就需研究许多原子核在磁场中的运动规律。

当一群数目很大的 $I=\frac{1}{2}$ 的原子核处在恒定的外磁场中，这些核可以有两种取向，即 $m=+\frac{1}{2}$ 和 $m=-\frac{1}{2}$。在热平衡时，这两种取向的原子核分布服从 Boltzmann 分布，即

$$\frac{N_+}{N_-} = \exp\left(\frac{\Delta E}{kT}\right) = \exp\left(\frac{\gamma h H_0}{2\pi kT}\right) \tag{9-10}$$

式中，N_+ 表示在较低能级（$m=+\frac{1}{2}$）的原子核数目；N_- 表示在较高能级（$m=-\frac{1}{2}$）的原子核数目；k 是 Boltzmann 常数（1.381×10^{-23} J·K^{-1}）；T 是热力学温度。

对于 ^{1}H 核，当 H_0=1.4092T，T=300K 时

$$\frac{N_+}{N_-} = \frac{10000099}{10000000} = 1.0000099$$

由此可知，在常温下，低能级的 ^{1}H 核数仅比高能级的 ^{1}H 核数多百万分之十左右。核磁共振正是依

据这微弱过量的低能态核吸收射频辐射跃迁到高能态而产生核磁共振信号的，所以核磁共振的灵敏度低。

2. 弛豫过程

如果没有途径使高能态的核返回到低能态，那么在射频照射样品时，低能态的核吸收电磁波能量向高能态跃迁，很快就会使两能态上的原子核数目相等而达到饱和，不再产生核磁共振信号，但由于弛豫过程的存在，实际情况并非如此。事实上，只要选好测定条件，核磁共振信号是可以连续测定的，高能态的核可以通过自旋弛豫过程回到低能态，以保持低能态核占微弱多数的状态。

高能态的原子核通过非辐射形式放出能量而回到低能态的过程叫弛豫过程。弛豫过程是核磁共振现象发生后得以保持的必要条件。在核磁共振中存在两种弛豫过程。

(1) 自旋-晶格弛豫　高能态的原子核将能量以热能形式传递给周围的粒子而回到低能态，这一过程称为自旋-晶格弛豫，也称作纵向弛豫。周围的粒子，对固体样品是指晶格，对液体样品是指周围的同类分子或溶剂分子。自旋-晶格弛豫的结果使高能态的核数减少、低能态的核数增加，自旋体系的总能量下降。

一个自旋体系由于核磁共振打破了原来的平衡（Boltzmann 分布），而又通过自旋-晶格弛豫回到平衡状态所需的时间，叫自旋-晶格弛豫时间，用 t_1 表示。t_1 越小，表示自旋晶格弛豫过程的效率越高；t_1 越大则效率越低，越容易达到饱和。固体及黏稠性液体由于流动性差，t_1 很大，有时可达几小时或更长；气体和液体的流动性好，t_1 很小，一般只有 $10^{-4} \sim 10^2 s$。

t_1 的大小影响核磁共振峰的强度，即

$$峰强 \propto \frac{1}{t_1}$$

也就是说，t_1 越小，核磁共振信号越强；t_1 越大，核磁共振信号越弱。

(2) 自旋-自旋弛豫　核自旋之间进行内部的能量交换，高能态的核将能量传给低能态的核，使它变成高能态而自身回到低能态，自旋核体系的总能量没有改变，这一过程称为自旋-自旋弛豫，也称作横向弛豫。自旋-自旋弛豫时间用 t_2 表示。

固体样品因各核间的相互位置固定，易于交换能量，故 t_2 特别小，大约为 $10^{-5} \sim 10^{-4} s$。同理，黏度较大的液体 t_2 值也较小，一般液体、气体样品的 t_2 和 t_1 差不多，在 1s 左右。

t_2 与峰宽成反比，固体的 t_2 小，所以峰很宽，因此要配成溶液后再进行 NMR 测定。

弛豫过程虽然有两种，但对于一个自旋核来说，总是通过最有效的途径达到弛豫目的。各种不同样品的实际弛豫时间，决定于 t_1 和 t_2 中较短的一个。

第二节　化学位移

一、化学位移的产生

根据核磁共振条件 $\nu = \frac{1}{2\pi} \gamma H_0$，同种核的共振频率只取决于外磁场强度 H_0 和核的磁旋比 γ。例如，对于 ^1H 核来说，若照射频率为 60MHz，则使其产生核磁共振的磁场强度一定为 1.409T，也就是说所有的 ^1H 核都在磁场强度为 1.409T 处发生共振，产生一个单一的吸收峰。如果确是这样，那么 NMR 对结构分析来说，就毫无用处。实验发现，各种化合物中不同种类的氢原子所吸收的频率稍有不同，即吸收峰的位置不同。这种差别取决于被测原子核周围的化学环境，因为在分子中的磁性核都不是裸核，它们都被不断运动着的电子云所包围。由于核的自旋，核外电子云产生环形电流，在外加磁场的作用下，这种环形电流会感生出一个对抗外磁场的次级磁场，如图 9-5 所示。次级磁场的方向与外磁场相反，强度与外

磁场强度 H_0 成正比。次级磁场在一定程度上减弱了外磁场对磁核的作用，这种对抗外磁场的作用称为屏蔽效应，通常用屏蔽常数 σ 来衡量屏蔽作用的大小。由于核外电子云的屏蔽效应，使原子核实际受到的磁场作用减小，核实际受到的磁场强度为

$$H_{实} = H_0 - \sigma H_0 = H_0(1-\sigma) \tag{9-11}$$

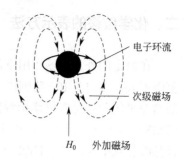

图 9-5 核外 s 电子所产生的抗磁屏蔽

屏蔽常数 σ 可以表示屏蔽作用的大小，它由核外电子云密度决定，与化学结构密切相关。电子云密度越大，σ 越大，共振时所需的外加磁场强度也越强。而电子云密度又与核在分子中所处的化学环境有关。

由此可见，处于不同化学环境的氢核，屏蔽常数 σ 不同，共振峰将分别出现在核磁共振谱图中的不同磁场强度区域（或不同频率区域）。这种由于核所处化学环境不同，而在不同磁场下显示吸收峰的现象称作化学位移（chemical shift）。

各种不同氢核的化学位移大致范围如图 9-6 所示。

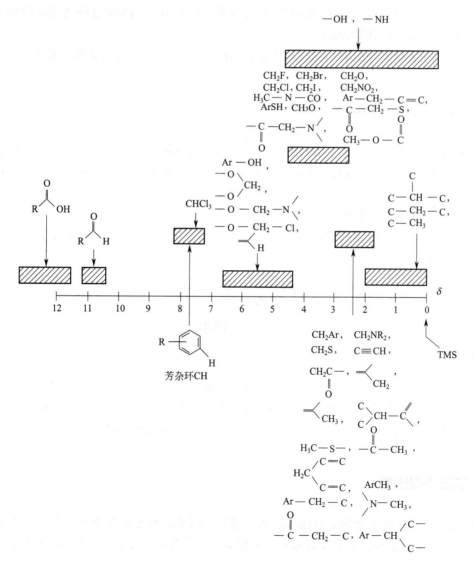

图 9-6 不同氢核化学位移的大致范围

二、化学位移的表示方法

在恒定的外加磁场作用下,不同的氢核由于化学环境不同,共振时吸收的频率亦不同,但频率的差异范围不大,大约在 10^{-6} 范围内,即百万分之几。因此,要精确测量化学位移的绝对值,显然是非常困难的。通常是采用测定化学位移相对值的办法来代替测定绝对值。一般是将某一标准物质,常用的是四甲基硅烷(TMS)加入样品溶液中,以 TMS 中氢核共振时的磁场强度作为标准,规定它的化学位移 δ 值为零。测出样品吸收频率(ν_x)与 TMS 吸收频率(ν_s)的差值,并用相对值表示,以消除不同频源的差别

$$\delta = \frac{\nu_x - \nu_s}{\nu_s} \times 10^6 \tag{9-12}$$

同理,δ 亦可表示为

$$\delta = \frac{H_s - H_x}{H_s} \times 10^6 \tag{9-13}$$

式中,δ 为化学位移($\times 10^6$ 是为了使所得数值易于使用);H_s 为 TMS 氢核共振时的外加磁场强度;H_x 为样品中氢核共振时的外加磁场强度。

早期的文献中用 τ 表示化学位移,它是将 TMS 的化学位移定为 10,τ 与 δ 的关系为

$$\tau = 10 - \delta \tag{9-14}$$

用 TMS 作标准是由于下述几个原因:

① TMS 中的 12 个氢核处于完全相同的化学环境中,谱图中只出现一个尖峰。

② TMS 中氢核的屏蔽常数大于一般有机物,由于较大的屏蔽效应,其信号处于高磁场与样品信号不会互相重叠。绝大多数有机化合物出峰在其左边的 0~15 处,化学位移为正值;若出峰在 TMS 的右边,则 δ 为负值。

③ TMS 化学惰性,易溶,易回收。

例题 9-3 如果将 $\delta 1$ 的化学位移换算为频率值,其在 100MHz 与 60MHz 时各为多少?

解:(1)100MHz 时

$$\delta = \frac{\nu_x - \nu_s}{100 \times 10^6} \times 10^6 = 1$$

即

$$\nu_x - \nu_s = 100 \text{Hz}$$

(2)60MHz 时

$$\nu_x - \nu_s = 60 \text{Hz}$$

由此可知,同一种物质的某一个质子在不同兆周数的仪器中,其出峰位置,即样品峰离标准物的距离用 δ 表示时,其数值是相同的,但若用 Hz 作单位,则其数值因仪器 MHz 数而异。

三、影响化学位移的因素

化学位移是由于核外电子云的抗磁性屏蔽效应引起,因此,凡是能改变核外电子云密度的因素,均可影响化学位移。常见的影响因素有诱导效应、共轭效应、磁各向异性效应以及溶剂和氢键效应等。

1. 诱导效应

如果与所研究氢核相连的碳原子上有电负性基团(如—X、—NO_2、—CN 等),这些基团具有强的吸

电子能力,通过诱导作用降低了氢核上的电子云密度,从而产生去屏蔽作用,使共振信号向低场移动,δ 值增大。反之,若有推电子基团存在,则氢核周围的电子云密度增加,共振信号移向高场,δ 值减小。表 9-3 列出了 CH_3X 中的氢核化学位移与取代基电负性的关系。

表 9-3 CH_3X 中质子化学位移与取代元素电负性关系

化合物	CH_3F	CH_3OH	CH_3Cl	CH_3I	CH_3H	TMS
元素 X	F	O	Cl	I	H	Si
电负性	4.0	3.5	3.1	2.5	2.1	1.8
δ	4.26	3.40	3.05	2.16	0.23	0

电负性原子的诱导效应,随间隔键数的增多而减弱。例如,C$\underline{H_3}$Br(δ 2.68),C$\underline{H_3}$CH$_2$Br(δ 1.65),C$\underline{H_3}$CH$_2$CH$_2$Br(δ 1.04),C$\underline{H_3}$(CH$_2$)$_5$Br(δ 0.9)。

诱导效应与化学位移的关系是非常重要的,往往是预测化学位移的最重要因素。

  概念检查 9.1
○ 在有机化合物 CH_3—CH_2—Cl 中有几种氢核,每种氢核的屏蔽效应是否一样?

2. 共轭效应

与诱导效应一样,共轭效应亦可使电子云密度发生变化,使化学位移向高场或低场移动。

例题 9-4 以乙烯(a)为标准(δ 5.28),解释乙烯醚(b)(δ 3.99)和 α,β- 不饱和酮(c)(δ 5.50)的化学位移变化。

解

乙烯醚(b)中,由于氧原子的未共用电子对与双键的 n-π 共轭作用,使双键电子云移向 β-H,屏蔽效应增加,化学位移移向高场。而在 α,β- 不饱和酮(c)中,由于羰基双键与 C=C 双键共轭,β-H 电子云密度降低,表现为去屏蔽,因而化学位移向低场移动。

3. 磁各向异性效应

各向异性效应就是当化合物的电子云分布不是球形对称时,就对邻近氢核附加了一个各向异性的磁场,从而对外磁场起着增强或减弱的作用,使在某些位置上的核受到屏蔽效应(+),δ 移向高场,而另一些位置上的核受到去屏蔽效应(−),故 δ 移向低场。磁各向异性效应是通过空间传递的,与通过化学键传递的诱导效应是不一样的,在氢谱中,这种效应很重要。

(1)叁键的磁各向异性效应　碳碳叁键是直线型,π 电子以圆柱形环绕叁键运行,若外磁场 H_0 沿分子的轴向,则 π 电子流产生的感应磁场是各向异性的,如图 9-7 所示,炔氢位于屏蔽区,故化学位移移向高场。

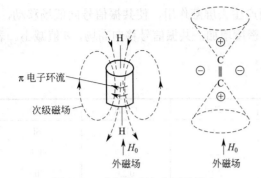

图 9-7 叁键的磁各向异性效应
⊕—区域的质子受到屏蔽效应；⊖—区域的质子受到去屏蔽效应

（2）双键的磁各向异性效应　当外磁场的方向与双键所处的平面互相垂直时，π电子环流所产生的感应磁场也是各向异性的，如图9-8所示。

由图9-8可见，双键平面的上下处于屏蔽区（+），在双键平面上是去屏蔽区（−），烯氢或醛基氢都位于去屏蔽区，故 δ 移向低场。

含有双键的基团，如 >C=C<、>C=O、>C=N—、>C=S等都有同样效应。

（3）苯环的磁各向异性效应　苯环的电子云对称地分布于苯环平面的上下方。当外磁场方向垂直于苯环平面时，在苯环上下方各形成一个类似面包圈的 π 电子环流，此电子环流所产生的感应磁场使苯环的环内和环平面的上下处于屏蔽区（+），其他方向是去屏蔽区（−），如图9-9所示。苯环上的六个氢都处于去屏蔽区，故 δ 移向低场。

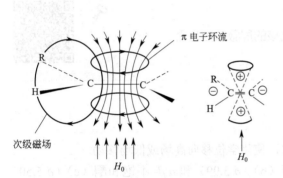

图 9-8 双键的磁各向异性效应

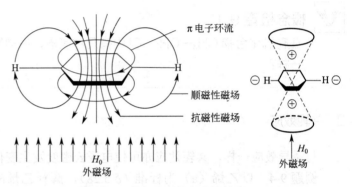

图 9-9 苯环的磁各向异性效应

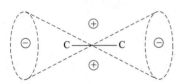

图 9-10 碳碳单键的磁各向异性效应

（4）碳碳单键的磁各向异性效应　与 π 环电子流所产生的磁各向异性效应相比，C—C 单键的 σ 电子所产生的磁各向异性效应较弱。C—C 键的轴就是去屏蔽圆锥的轴，见图9-10。因此在烷基相继取代碳上的氢后，质子受到的去屏蔽效应逐渐增大，δ 移向低场。例如：
δ_{CH_3}（δ 0.89～0.95）＜ δ_{CH_2}（δ 1.20～1.40）＜δ_{CH}（δ 1.40～1.65）。

例题 9-5　预测十八环烯环内氢和环外氢的化学位移大小。

解：因环内和环平面上下是屏蔽区，故该化合物的环内氢将受到强烈的屏蔽，化学位移向高场移动，δ 值变小，其值为 −1.8，环外氢处在去屏蔽区，δ 值约为 8.9，两者相差 10.7。

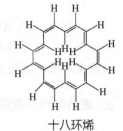

十八环烯

4. 氢键效应

分子形成氢键后，使质子周围电子云密度降低，产生去屏蔽作用而使化学位移向低场移动。形成氢键趋势越大，质子向低场移动越显著。

当存在分子间氢键时，化学位移受溶液浓度、温度和溶剂的影响较明显，当升温或用惰性溶剂稀释溶液，都会使分子间生成氢键的趋势减小，而使 δ 移向高场，但分子内氢键的形成几乎不受溶液浓度、温度和溶剂的影响。

例题 9-6　一化合物其结构可能为（a）、（b）、（c），又知它的两个羟基氢的 δ 测定值分别为 10.5 和 5.2，试问其结构为哪一种？

解：结构（b）和结构（c）都是对称的，故—OH所处的化学环境相同，应具有相同的δ值。在（c）中，—OH与—$CO_2C_2H_5$处在邻位，都能形成分子内氢键，其化学位移都应在低场。在（b）中，两个羟基质子都不能和羧基缔合形成氢键，其化学位移都应在高场。只有在（a）中，一个羟基与—$CO_2C_2H_5$处在邻位，另一个处在间位，前者能形成分子内氢键，δ值增大，后者不能，δ值要小些，符合题意，故该化合物结构为（a）。

5. 氢核交换对化学位移的影响

化合物中的氢可分为不可交换氢（与C、Si、P等原子相连接的H）和可交换氢（与N、O、S等原子相连接的H）两类，可交换氢又称活泼氢。活泼氢交换速度的顺序为：OH>NH>SH。活泼氢可与同类分子或与溶剂分子的氢进行交换，如

$$ROH_{(a)} + R'OH_{(b)} \rightleftharpoons ROH_{(b)} + R'OH_{(a)}$$
$$ROH_{(a)} + HOH_{(b)} \rightleftharpoons ROH_{(b)} + HOH_{(a)}$$

以乙酸水溶液为例，纯的乙酸的NMR谱如图9-11（a）所示，纯H_2O的NMR谱如图9-11（b）所示。若两者按1∶1混合，预计其NMR谱应出现3个峰，一个CH_3峰和两个OH峰，但结果不然，只给出两个峰，一个是CH_3，其化学位移不变，乙酸与H_2O的OH峰均在原处消失，而在相应两峰之间产生一个新峰，它代表了由乙酸及H_2O中两个OH氢核快速交换所产生的平均峰，如图9-11（c）所示。

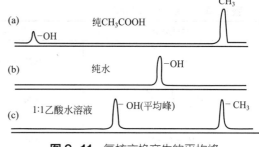

图9-11 氢核交换产生的平均峰

平均峰的化学位移可由下式计算

$$\delta_{平均} = N_{(a)}\delta_{(a)} + N_{(b)}\delta_{(b)} \tag{9-15}$$

式中，$N_{(a)}$、$N_{(b)}$为相互交换的氢核$H_{(a)}$、$H_{(b)}$的摩尔分数；$\delta_{(a)}$、$\delta_{(b)}$为纯化合物中$H_{(a)}$、$H_{(b)}$所对应的化学位移。

假设CH_3COOH和H_2O的浓度均为$0.5\,mol \cdot L^{-1}$，羟基质子的化学位移分别为$\delta 11.6$和5.2，两者混合后，所产生的羟基质子平均峰的化学位移为

$$\delta_{平均} = \frac{0.5}{0.5+2\times 0.5}\times 11.6 + \frac{2\times 0.5}{0.5+2\times 0.5}\times 5.2 = 7.3$$

由于交换反应速度与溶液浓度、温度和溶剂等因素有关，故可交换氢的化学位移值是不固定的，取决于交换速度的快慢。由于可交换氢的化学位移范围较宽，位置常不固定，易干扰其他质子的测定，故常用重水把其交换掉。

$$ROH + DOD \rightleftharpoons ROD + HOD$$

此时ROH变成ROD，若OH的信号消失或减小（交换慢时），就表示有活泼氢，生成的HOD中的质子通常在$\delta 4.7$左右出现峰。

6. 溶剂效应

同一化合物在不同溶剂中的化学位移是不相同的，溶质质子受到各种溶剂的影响而引起化学位移的

变化称为溶剂效应。溶剂效应主要受溶剂的磁化率及溶剂与溶质间形成氢键或溶剂分子的磁各向异性等因素的影响。

在上述各种影响因素中，有时几种效应共存于一体，这时要注意找出其中的主要影响因素。

化学位移是确定化合物结构的一个重要参数，为此，前人通过大量实验观测，总结出了一些经验规则和数据作为初步估计化学位移的依据，下面将简要介绍一些常见官能团的化学位移数据和经验公式。

四、不同类型氢的化学位移

各种类型氢核因所处化学环境不同，共振峰将分别位于磁场的某个特定区域，即有不同的化学位移值。因此，根据化学位移值的大小，可以推断氢核的化学结构类型。

1. 甲基的化学位移

核磁共振氢谱中的甲基峰一般具有比较明显的特征，各种类型的甲基氢的 δ 值见表 9-4。

表 9-4　甲基的化学位移

甲基类型	δ	甲基类型	δ
$CH_3-C\diagdown$	0.77～0.88	$CH_3-\overset{O}{\overset{\|}{C}}-C-$	1.95～2.14
$CH_3-C\diagdown$ (二取代)	0.79～1.10	$CH_3-\overset{O}{\overset{\|}{C}}-C=C-$	2.06～2.31
CH_3-C-N	0.95～1.23	$CH_3-\overset{O}{\overset{\|}{C}}-Ar$	2.45～2.68
$CH_3-C-C=O$	1.04～1.23	$CH_3-C\equiv$	1.83～2.12
		CH_3-S-	2.02～2.58
CH_3-C-Ar	1.20～1.32	CH_3-Ar	2.14～2.76
		CH_3-N-C-	2.12～2.34
CH_3-C-O	0.98～1.44	CH_3-N-Ar	2.71～3.10
CH_3-C-S	1.23～1.53	$CH_3-N-C=O$	2.74～3.05
CH_3-C-X①	1.49～1.88	CH_3-O-C-	3.24～3.47
$CH_3-C=C$	1.59～2.14	CH_3-O-Ar	3.61～3.86
$CH_3-C=O$	1.95～2.68	$CH_3-O-C=O$	3.57～3.96
$CH_3-\overset{O}{\overset{\|}{C}}-O-$	1.97～2.11	CH_3X	2.16～4.26

① X 代表卤素。

2. 亚甲基和次甲基的化学位移

亚甲基和次甲基的化学位移可以用下面的经验公式计算。

$$\delta_{CH_2} = 1.25 + \sum_{i=1}^{2}\sigma_i \tag{9-16}$$

$$\delta_{CH} = 1.50 + \sum_{i=1}^{3}\sigma_i \tag{9-17}$$

式中，σ 为取代基的经验屏蔽常数，见表 9-5。

表 9-5 各种取代基的 σ 值

取代基	σ	取代基	σ	取代基	σ	取代基	σ
—R	0.0	—I	1.4	—NH$_2$	1.0	—COOH	0.8
—C=C—	0.8	—OH	1.7	—NR$_2$	1.0	—COOR	0.7
—C≡C—	0.9	—OR	1.5	—NO$_2$	3.0	—CN	1.2
—Ar	1.3	—OAr	2.3	—SR	1.0		
—Cl	2.0	—OCOR	2.7	—CHO	1.2		
—Br	1.9	—OCOAr	2.9	—COR	1.2		

例题 9-7 计算化合物 $BrCH_2Cl$ 中亚甲基氢的化学位移。

解： $\delta=1.25+1.9+2.0=5.15$（实测值 δ 5.16）

例题 9-8 计算化合物 $Ar-CH\underset{COOH}{\overset{OCH_3}{\diagdown}}$ 中次甲基氢的化学位移。

解： $\delta=1.50+1.3+1.5+0.8=5.1$（实测值 δ 4.8）

3. 烯氢的化学位移

烯氢的化学位移一般在 δ 4.5～8.0，通常非共轭烯氢的化学位移在 δ 4.5～5.7，而共轭体系的烯氢出现在较低磁场范围。

烯氢的化学位移可用下式计算

$$\delta_{C=C-H} = 5.25 + Z_{同} + Z_{顺} + Z_{反} \tag{9-18}$$

式中，$Z_{同}$、$Z_{顺}$ 和 $Z_{反}$ 分别表示同碳、顺式和反式取代基对烯氢化学位移的影响参数，见表 9-6。

例题 9-9 计算化合物 $\underset{H_b}{\overset{Ar}{\diagdown}}C=C\underset{COOH}{\overset{H_a}{\diagup}}$ 中 H_a 和 H_b 的化学位移。

解：
$$\delta_{H_a} = 5.25 + 0.97 + 0.36 + 0 = 6.58(6.46)$$

$$\delta_{H_b} = 5.25 + 1.38 + 1.41 + 0 = 8.04(7.83)$$

4. 苯氢核的化学位移

苯为平面结构，六个氢都处在去屏蔽区，δ=7.27。当有取代基时，苯氢核的化学位移可用式（9-19）计算。

$$\delta = 7.27 - \sum S_i \tag{9-19}$$

式中，$\sum S_i$ 为取代基对各位苯氢核的影响参数之和。邻、间、对位不同取代基的 S 值见表 9-7。

表 9-6 取代基对烯氢化学位移的影响参数表

取代基	$Z_{同}$	$Z_{顺}$	$Z_{反}$	取代基	$Z_{同}$	$Z_{顺}$	$Z_{反}$
—H	0	0	0	—CONR$_2$	1.37	0.98	0.46
—R（烷基）	0.45	−0.22	−0.28	—COCl	1.11	1.46	1.01
—CH$_2$Ar	1.05	−0.29	−0.32	—C≡N	0.27	0.75	0.55
—CH$_2$OR	0.64	−0.01	−0.02	—OR	1.22	−1.07	−1.21
—CH$_2$NR$_2$	0.58	−0.10	−0.08	—OCOR	2.11	−0.35	0.64
—CH$_2$X（卤素）	0.70	0.11	−0.04	—S—R	1.11	−0.29	−0.13
—CH$_2$COR	0.69	−0.08	−0.06	—SO$_2$—R	1.55	1.16	0.93
—C=CR$_2$（双烯）	1.00	−0.09	−0.23	—NR$_2$	0.80	−1.26	−1.21
—C≡C—	0.47	0.38	0.12	\NCO—R	2.08	−0.57	−0.72
—Ar	1.38	0.36	−0.07	—F	1.54	−0.40	−1.02
—CHO	1.02	0.95	1.17	—Cl	1.08	0.18	0.13
—COR	1.10	1.12	0.87	—Br	1.07	0.45	0.55
—CO$_2$H	0.97	1.41	0.71	—I	1.14	0.81	0.88
—CO$_2$R	0.80	1.18	0.55				

表 9-7 取代基对苯氢核化学位移的影响参数表

取代基	$S_{邻}$	$S_{间}$	$S_{对}$	取代基	$S_{邻}$	$S_{间}$	$S_{对}$
—NO$_2$	−0.95	−0.17	−0.33	—CH$_2$OH	0.1	0.1	0.1
—CHO	−0.58	−0.21	−0.27	—CH$_2$NH$_2$	0.0	0.0	0.0
—COCl	−0.83	−0.16	−0.3	—CH=CHR	−0.13	−0.03	−0.13
—COOH	−0.8	−0.14	−0.2	—F	0.30	0.02	0.22
—COOCH$_3$	−0.74	−0.07	−0.20	—Cl	−0.02	0.06	0.04
—COCH$_3$	−0.64	−0.09	−0.30	—Br	−0.22	0.13	0.03
—CN	−0.27	−0.11	−0.3	—I	−0.40	0.26	0.03
—Ar	−0.18	0.00	0.08	—OCH$_3$	0.43	0.09	0.37
—CCl$_3$	−0.8	−0.2	−0.2	—OCOCH$_3$	0.21	0.02	
—CHCl$_2$	−0.1	−0.06	−0.1	—OH	0.50	0.14	0.4
—CH$_2$Cl	0.0	−0.01	0.0	—NH$_2$	0.75	0.24	0.63
—CH$_3$	0.17	0.09	0.18	—SCH$_3$	0.03	0.0	
—CH$_2$CH$_3$	0.15	0.06	0.18	—N(CH$_3$)$_2$	0.60	0.10	0.62
—CH(CH$_3$)$_2$	0.14	0.09	0.18	—NHCOCH$_3$	−0.31	−0.06	
—C(CH$_3$)$_3$	−0.01	0.10	0.24				

例题 9-10 计算下面化合物的苯氢核的化学位移。

解：$\delta_2 = 7.27 − 0.17 − 0.43 − (−0.09) − (−0.3) = 7.06$（7.10）

$\delta_4 = 7.27 − 0.17 − (−0.64) − (−0.09) − 0.37 = 7.46$（7.65）

$\delta_5 = 7.27 − 0.43 − (−0.64) − (−0.09) − 0.4 = 7.17$（7.30）

$\delta_7 = 7.27 − 0.50 − 0.43 − (−0.09) − (−0.30) = 6.73$（6.70）

5. 醛基氢的化学位移

醛基氢受羰基的去屏蔽作用，化学位移在低磁场，δ 值一般在 7.8～10.5 之间。

$$\left.\begin{array}{l}\text{R—CHO}\\ \text{RCH=CHCHO}\end{array}\right\} \delta = 9.0 \sim 10.1$$

$$\text{Ar—CHO}\begin{cases}\text{邻位取代} & \delta = 10.2 \sim 10.5\\ \text{间、对位取代} & \delta = 9.6 \sim 10.2\end{cases}$$

$$\text{R}_2\text{N—CHO} \quad \delta = 7.8 \sim 8.4$$
$$\text{RO—CHO} \quad \delta = 7.9 \sim 8.5$$

6. 炔基氢的化学位移

炔基氢由于位于叁键的屏蔽区，化学位移处于较高场，δ 值一般在 1.6～3.4，与其他类型的氢有重叠，但它们无邻位氢，仅有远程偶合作用，参考偶合常数可以加以识别。表 9-8 列出了一些炔基氢的 δ 值。

表 9-8 炔基氢的化学位移

化合物	δ	化合物	δ
H—C≡C—H	1.80	CH$_3$—C≡C—C≡C—H	1.87
R—C≡C—H	1.73～1.88	R₂C(OH)—C≡C—H (R-C(R)(OH)-C≡C-H)	2.20～2.27
Ar—C≡C—H	2.71～3.37		
C=C—C≡C—H	2.60～3.10	RO—C≡C—H	1.3
—C(=O)—C≡C—H	2.13～3.28	ArSO$_3$CH$_2$—C≡C—H	2.55
C≡C—C≡C—H	1.75～2.42	CH$_3$NH—C(=O)—CH$_2$—C≡C—H	2.55

7. 活泼氢的化学位移

与 O、N、S 相连接的氢在核磁共振谱中称为活泼氢，这些氢具有相互交换和形成氢键的特性，δ 值不固定，与温度、浓度、溶剂及 pH 等有关。另外，由于羟基质子的交换作用快，在常温下看不到与邻近氢的偶合，但在低温下可以看到。氮上的氢有时难以看到明显的峰形，RCONH$_2$ 中的 NH$_2$ 一般为双峰，这是由于—CO—N 中的 C—N 单键不能自由旋转所致。

活泼氢的化学位移如表 9-9 所示。

表 9-9 活泼氢的化学位移[①]

化合物类型	δ	化合物类型	δ
醇	0.5～5.5	Ar—SH	3～4
酚（分子内缔合）	10.5～16	RSO$_3$H	11～12
其他酚	4～8	RNH$_2$，R$_2$NH	0.4～3.5
烯醇（分子内缔合）	15～19	ArNH$_2$，Ar$_2$NH，ArNHR	2.9～4.8
羧酸	10～13	RCONH$_2$，ArCONH$_2$	5～6.5
肟	7.4～10.2	RCONHR'，ArCONHR'	6～8.2
R—SH	0.9～2.5	RCONHAr，ArCONHAr	7.8～9.4

① 胺类加入三氟乙酸后，发生较大的左移。

第三节　自旋偶合与自旋裂分

一、自旋偶合及自旋裂分的基本原理

一个分子中的氢由于所处化学环境不同，其核磁共振谱于相应的 δ 值处出现不同的峰，各峰的面积与氢原子数成正比，借此可鉴别各峰的归属。图 9-12 为乙醇的 ^{1}H-NMR 谱（低分辨率），其中峰面积比为 1∶2∶3，因此三个峰分别为 OH、CH_2 及 CH_3。目前所用仪器的分辨率远比图 9-12 的高，可得到如图 9-13 所示的谱。

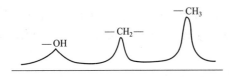

图 9-12　乙醇的 ^{1}H-NMR 谱（低分辨率）

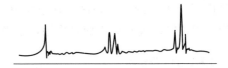

图 9-13　乙醇的 ^{1}H-NMR 谱（高分辨率）

图 9-13 中，各峰的面积比虽仍为 1∶2∶3，但 CH_2 和 CH_3 的峰均为复峰，前者为四重峰，后者为三重峰。这种四重或三重的裂分峰都是由于分子内部邻近氢核自旋的相互干扰引起的，这种邻近氢核自旋之间的相互干扰作用称为自旋偶合（spin coupling），由自旋偶合引起的谱线增多现象称作自旋裂分（spin splitting）。

讨论一个氢核对一个邻近氢核自旋偶合的情况。对于如下分子

$$-\overset{|}{\underset{|}{C}}_{H_b}-\overset{|}{\underset{|}{C}}_{H_a}-$$

如果 H_a 邻近没有其他质子（H_b 被取代），则 H_a 共振条件为

$$\nu = \frac{\gamma}{2\pi} H_0(1-\sigma)$$

就只有一个峰。现在 H_a 邻近有 H_b 存在，H_b 在外磁场中有两种自旋取向，对 H_a 核有干扰，H_b 核的两种自旋取向相应产生两种磁场，一种与外磁场 H_0 同方向，作用于 H_a 的磁场 $H=H_0+\Delta H$；另一种与外磁场 H_0 反方向，作用于 H_a 的磁场 $H=H_0-\Delta H$，这样 H_a 的共振频率由原来的 ν 变为 ν_1 及 ν_2。

$$\nu_1 = \frac{\gamma}{2\pi}[H_0(1-\sigma)+\Delta H]$$

$$\nu_2 = \frac{\gamma}{2\pi}[H_0(1-\sigma)-\Delta H]$$

因此 H_a 核受到邻近的 H_b 核自旋偶合作用后，其吸收峰即被裂分为双重峰。

如果 H_b 有两个，如

$$-\overset{|}{\underset{|}{C}}_{H_{b2}}^{H_{b1}}-\overset{|}{\underset{|}{C}}_{H_a}-$$

每一个 H_b 在外磁场中都有两种自旋取向，两个 H_b 共有四种自旋取向：①H_{b1} 与 H_{b2} 都与外磁场平行；②H_{b1} 是平行的，H_{b2} 是逆平行；③H_{b1} 是逆平行，H_{b2} 是平行的；④H_{b1} 和 H_{b2} 都是逆平行。质子 H_{b1} 和 H_{b2} 是等价的，因此②和③没有区别，结果只产生三种局部磁场。H_a 核受到这三种磁效应而裂分为三重峰。上述四种自旋取向概率都一样，因此各峰的强度为 1∶2∶1。同样，CH_2 质子受到邻近 H_a 核的两种自旋取向

的影响，而裂分为强度比为 1∶1 的双重峰。

同样道理，如果 H_b 有三个，即 CH_3，CH_3 的三个质子的自旋取向有八种，这八种只产生四种局部磁场。H_a 受到这四种磁效应而裂分为四重峰。这八种自旋取向的概率都一样，因此各峰的强度为 1∶3∶3∶1。

在两组互相偶合的峰中，有一种"倾斜"现象，即裂分峰为内侧高、外侧低，此现象有助于判断两组峰是否偶合，参见图 9-13。

自旋偶合和自旋裂分进一步反映了磁核之间相互作用的细节，可提供相互作用的磁核数目、类型及相对位置等信息，为有机化合物结构分析提供了更丰富的证据。

二、偶合常数与分子结构的关系

共振信号裂分峰之间的距离叫做偶合常数，用 J 表示，单位为 Hz，其大小可反映邻近氢核自旋之间的相互干扰程度。偶合常数 J 是一个与仪器和测试条件无关的参数。自旋核之间的相互干扰作用是通过它们之间的化学键成键电子传递的，所以偶合常数的大小主要与它们之间相隔键的数目有关。

根据偶合质子之间相隔键的数目，可将偶合分为三类：第一类是同碳质子偶合，通常用 $J_{同}$ 或 ^2J 表示；第二类是邻碳质子偶合，通常用 $J_{邻}$ 或 ^3J 表示；第三类是远程偶合，是指相隔三个键以上的质子间的偶合。

偶合常数是有正负值的，一般间隔奇数键时 J 为正值，间隔偶数键时 J 为负值。因 J 的正负值不能从谱图上观察到，故在解析谱图时可以不予考虑。

1. 同碳质子偶合常数

一般情况是大多数 sp^3 杂化轨道上的氢 $J_{同}$ 为 $-10 \sim -15$ Hz，sp^2 杂化的 $C=CH_2$ 型化合物 $J_{同}$ 为 $+2 \sim -2$ Hz，环丙烷类的 $J_{同}$ 为 $-3 \sim -9$ Hz。

2. 邻碳质子偶合常数

在核磁共振光谱中，邻碳质子偶合的情况最多，对波谱解析也最为有用。

邻碳质子偶合可分为饱和型邻位偶合，即通过三个单键（H—C—C—H）的偶合和烯型邻位偶合，即通过两个单键和一个双键（H—C=C—H）的偶合。

饱和型邻位偶合常数一般为正值，自由旋转时约为 7Hz，构型固定时为 $0 \sim 18$Hz。影响 $J_{邻}$ 的主要因素有两面角 θ，$J_{邻}$ 与 θ 的关系为

$$J_{邻} = \begin{cases} J^0 \cos^2\theta - 0.28 \, (\theta = 0° \sim 90°) \\ J^{180} \cos^2\theta - 0.28 \, (\theta = 90° \sim 180°) \end{cases} \tag{9-20}$$

式中，J^0 和 J^{180} 分别为 0° 和 180° 的偶合常数。

$J_{邻}$ 与两面角 θ 之间的关系也可用图 9-14 表示。

影响 $J_{邻}$ 的另一因素为取代基的电负性，可用下式计算

$$J_{邻} = 7.9 - n(0.7)(\Delta X) \tag{9-21}$$

式中，n 为被取代的 H 的个数；$\Delta X = X_X - X_H$，其中 X_X 为取代基 X 的电负性，X_H 为 H 的电负性。

例题 9-11 已知 H 的电负性为 2.20，Cl 的电负性为 3.15，试问化合物 CH_2Cl—$CHCl_2$ 的 $J_{邻}$ 为多少？

解： 已知 $X_H=2.20$，$X_{Cl}=3.15$

又知 $n=3$

故 $J_{邻}$=7.9–3×0.7×(3.15–2.20)=5.9Hz（实测值 6.0Hz）

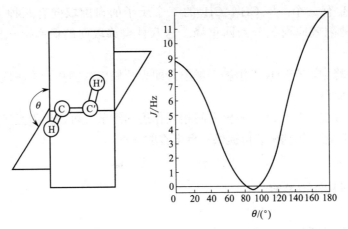

图 9-14　$J_{邻}$ 与两面角 θ 的关系

烯型邻位偶合常数，由于双键的关系，两面角 θ 只有 0°（顺）或 180°（反）两种，所以 $J_{反}>J_{顺}$，$J_{邻(顺)}=6\sim 14$Hz，$J_{邻(反)}=11\sim 18$Hz。

3. 远程偶合常数

两个核通过 4 个或 4 个以上的键进行偶合，叫做远程偶合。远程偶合常数一般较小，通常为 $0\sim 3$Hz，远程偶合引起的裂分一般不易看到。

（1）芳香质子偶合常数　芳香质子的偶合常数包括 $J_{邻}$、$J_{间}$ 和 $J_{对}$，其大致范围为

$$J_{邻}=6\sim 10\text{Hz}$$
$$J_{间}=1\sim 3\text{Hz}$$
$$J_{对}=0.2\sim 1.5\text{Hz}$$

根据芳氢 J 值的大小可以判断取代基的位置。

（2）烯丙基型偶合常数　跨越三个单键和一个双键的偶合（H—C═C—C—H）称为烯丙基型偶合，偶合常数为负值，范围 $0\sim -3$Hz。在开键化合物中，一般 $|J_{顺}|<|J_{反}|$，如

$$\begin{array}{l} H_a\diagdown \qquad \diagup C-H_c \\ \qquad C=C \\ H_b\diagup \qquad \diagdown \end{array} \qquad \begin{array}{l} J_{ac}=0\sim 1.5\text{Hz} \\ J_{bc}=1.6\sim 3.0\text{Hz} \end{array}$$

其他的如通过五键的折线型偶合和通过四键的 W 型偶合在一些化合物中亦能见到。

三、自旋体系的分类

相互偶合的核组成一个自旋体系。根据相互偶合氢核的两个裂分共振吸收峰的频率差 $\Delta\nu$ 与其偶合常数 J 的比值是否大于 6，将核磁谱图分为一级谱和高级谱。在介绍一级谱和高级谱之前，先讨论核的等价性。

（一）核的等价性

1. 化学等价核

化学位移相同的一组核叫化学等价核。在分子中如果通过对称操作或快速机制，一些核可以互换，

则这些核就是化学等价的核。

例如，在 H₂C=CF₂ 分子中有一个 C_2 对称轴，两个氢可以通过 C_2 操作互换，所以它们是化学等价的核。

又如，CH_3CH_2X 分子有各种构型，所以 CH_3 上的三个氢的化学位移是不完全相等的。可是在室温下，由于 C—C 键高速旋转，各个氢都处在一个平均的环境中，所以其化学位移是等价的。

化学位移不同的核叫化学不等价核。例如乙醚中的甲基质子和亚甲基质子分别处于不同的化学环境中，具有不同的化学位移，为化学不等价核。

凡符合下列情况之一者，均为化学不等价核。
① 化学环境不同的核是化学不等价的。
② 固定环上的 CH_2 的两个氢是化学不等价的。
③ 与不对称碳相连的 CH_2 上的两个氢是化学不等价的。如化合物 R″—C*(R′)(R‴)—CH_2—R 中，R′≠R″≠R‴，这时和不对称碳（C*）相连的 CH_2 上的两个氢是化学不等价的。
④ 单键带有双键性时，会产生化学不等价氢核。如化合物 R—C(=O)—NH_2 中，由于 n-π 共轭作用，使 C—N 键带有一定的双键性，因此 NH_2 上的两个氢是化学不等价的。
⑤ 单键不能自由旋转时会产生化学不等价氢核。

2. 磁等价核

若分子中有一组核，其化学位移相同，且对组外任何一个原子核的偶合常数也相同，则这组核被称为磁等价核或磁全同核。例如二氟甲烷中的两个氢核的化学位移相同，与两个 ^{19}F 核的偶合常数也相同，则这两个氢为磁等价核。磁等价的核一定是化学等价的，但化学等价的核不一定磁等价。

（二）自旋体系的分类

1. 一级谱

（1）一级谱的两个必要条件　一级谱也称为简单谱，它必须满足下述两个条件。
① 两组相互偶合的氢核的化学位移差 $\Delta\nu$ 与其偶合常数 J 的比值必须大于 6，即

$$\frac{\Delta\nu}{J} \geqslant 6 \tag{9-22}$$

这表明一级谱为吸收峰位置相距较远，而裂分峰间距又较小的几组磁全同核所构成的自旋体系。
② 相互偶合的两组氢核中，每组中的各氢核必须是磁全同核。

例题 9-12　在用 60MHz 仪器绘制的 CH_3CH_2Cl ^1H-NMR 谱中，$\delta_{CH_3}=1.48$，$\delta_{CH_2}=3.57$，$J=9Hz$，求 $\Delta\nu/J$？

解：

$$\Delta\delta = \frac{\nu_1 - \nu_2}{\nu} \times 10^6 = \frac{\Delta\nu}{\nu} \times 10^6$$

$$\Delta\nu = \Delta\delta \times \nu \times 10^{-6} = (3.57-1.48) \times 60 \times 10^6 \times 10^{-6} = 125Hz$$

$$\frac{\Delta\nu}{J} = \frac{125}{9} = 14$$

由此可知，CH_3CH_2Cl 在 60MHz 仪器中的氢谱是一级谱。

(2) 一级谱的特征

① 自旋裂分峰的数目为 $2nI+1$，这里 I 为核的自旋量子数，n 为相邻基团上发生偶合的磁全同核的数目。对于氢核而言，裂分峰的数目为 $n+1$，称此为 $n+1$ 规律。

$n+1$ 规律解释为：当某基团上的氢有 n 个相邻氢时，它将显示 $n+1$ 个峰。若这些相邻氢处于不同的化学环境中，如一种环境为 n 个，另一种为 n' 个，则将显示 $(n+1)(n'+1)$ 个峰。若这些不同环境的相邻氢与该氢的偶合常数相同时，则按其总数仍由 $n+1$ 规律计算裂分的峰数。例如丙醇

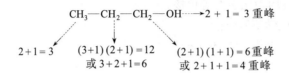

② 自旋裂分峰的强度之比基本上为二项式各项系数之比，见表 9-10。

③ 一组多重峰的中心即为化学位移，各重峰间的距离即为偶合常数。

④ 磁全同核之间没有自旋裂分现象，其吸收峰为一单峰。例如 $CH_3—CH_3$，$Cl—CH_2—CH_2—Cl$，$CH_3—\underset{O}{\overset{\|}{C}}—CH_3$，$CH_3—O—$，$CH_3—\underset{O}{\overset{\|}{C}}—$，$\bigcirc$。

表 9-10　一级谱多重峰相对强度

相邻氢数 n	裂分峰数（$n+1$）	相对峰面积
0	1	1
1	2	1　1
2	3	1　2　1
3	4	1　3　3　1
4	5	1　4　6　4　1
5	6	1　5　10　10　5　1
6	7	1　6　15　20　15　6　1
7	8	1　7　21　35　35　21　7　1

2. 高级谱

当 $\dfrac{\Delta v}{J} < 6$ 时得到高级谱，高级谱也称为二级谱或复杂谱，它不满足一级谱的两个条件，也不遵守 $n+1$ 规律。在 NMR 谱中出现以下变化。

① 裂分峰的数目增加，不遵守 $n+1$ 规律。

② 裂分峰的强度比不满足二项式的各项系数比。

③ 裂分峰的间距不相同，一般来说，峰的间距不能代表偶合常数。

3. 化合物按自旋系统分类的定义和规定

① 分子中化学等价的核构成一个核组，相互作用（自旋偶合）的许多核组构成一个自旋系统，自旋系统是孤立的。

② 在一个自旋系统内，若核组间的化学位移差 Δv 与它们之间的偶合常数 J 之比小于 6，则这些核组分别以 A、B、C、D、… 表示。若核组中包含 n 个核，则可用脚注表示。例如 $Ar—CH_2CH_2COCH_3$，每一个亚甲基的氢构成了一个核组，这两个核组构成一个自旋系统。由于其 $\Delta v/J<6$，所以两个 CH_2 构成 A_2B_2

系统。

③ 当核组间的 $\Delta\nu/J>6$，则其中一种核用 A、B、C、…表示，另一种核用 K、L、M、…表示，第三种核用 X、Y、Z、…表示。例如化合物 H—C—CH$_2$（Ar, O环氧）中，三个氢核构成 AMX 系统。

④ 在一个核组中，若这些核是磁不等价的，用同一字母表示，但在字母的右上角加撇，如 中，H$_1$ 和 H$_4$、H$_2$ 和 H$_3$ 是化学等价的核，但磁不等价，所以构成 AA′BB′ 系统。

上面自旋系统分类是按 $\Delta\nu$ 和 J 的关系来划分，这种分类方法与谱图的解析相联系，如确定某化合物中存在 AX、A$_2$X$_2$ 或 AMX 系统，就可以用 $n+1$ 规律来求解；如存在 AB、AB$_2$ 或 ABC 系统，就需要按每个系统特殊的解法求解。

（三）几种常见的自旋系统

1. AB 系统

AB 系统属于高级谱，有四条谱线，其中 A 和 B 各占两条，两线的间距等于偶合常数 J_{AB}；4 条谱线的高度不等，内侧两线高于外侧两线。A 和 B 的化学位移不在两线中心，而在中心和重心之间，需要通过计算求得。图 9-15 所示为 AB 系统。

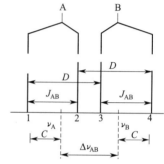

图 9-15 AB 系统

偶合常数

$$J_{AB} = [\nu_1 - \nu_2] = [\nu_3 - \nu_4] \tag{9-23}$$

化学位移 A 与 B 化学位移之差 $\Delta\nu_{AB}$ 为

$$\Delta\nu_{AB} = \nu_A - \nu_B = \sqrt{D^2 - J_{AB}^2} = \sqrt{(D+J_{AB})(D-J_{AB})}$$
$$= \sqrt{[\nu_1-\nu_4][\nu_2-\nu_3]} \tag{9-24}$$

$$C = \frac{1}{2}[(\nu_1 - \nu_4) - \Delta\nu_{AB}] \tag{9-25}$$

$$\nu_A = \nu_1 - C \tag{9-26}$$

$$\nu_B = \nu_4 + C \tag{9-27}$$

各峰的强度比

$$\frac{I_1}{I_2} = \frac{I_4}{I_3} = \frac{D - J_{AB}}{D + J_{AB}} = \frac{[\nu_2 - \nu_3]}{[\nu_1 - \nu_4]} \tag{9-28}$$

例如，顺-β-乙氧基苯乙烯 的 ^{1}H-NMR 谱（图 9-16）中 δ 在 5～6 之间的 4 条谱线为双键上的两个氢核，构成 AB 系统。

2. AX$_2$ 系统

AX$_2$ 属于一级自旋系统，按 $n+1$ 规律，共有五条谱线。A 呈现三重峰，强度比为 1∶2∶1；X 呈现两重峰，强度比为 1∶1。三重峰和两重峰的裂距大小等于偶合常数 J_{AX}，各组峰的中心，即为化学位移。例如，$CHCl_2CH_2Cl$ 的 ^1H-NMR 谱就是典型的 AX_2 系统，如图 9-17 所示。

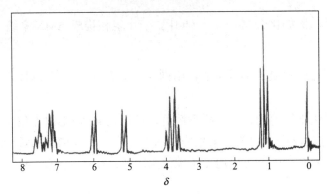

图 9-16 顺-β-乙氧基苯乙烯的 ^1H-NMR 谱

图 9-17 1,1,2-三氯乙烷的 ^1H-NMR 谱

3. AB_2 系统

AB_2 系统中两组核干扰较强，谱线比较复杂，最多可看到 9 条谱线，其中 1～4 条为 A，5～8 条为 B，第 9 条为综合峰，综合峰是由两个或两个以上的核同时参与跃迁产生的，一般很弱，往往观察不到。第 5、第 6 两线常并在一起呈单峰。第 3 条线为 A 的化学位移，第 5、第 7 两线的中心为 B 的化学位移。A 和 B 间的偶合常数为

$$J_{AB} = \frac{1}{3}[(\nu_1 - \nu_4) + (\nu_6 - \nu_8)] \tag{9-29}$$

AB_2 系统各条谱线间的距离有如下规律

$$\left.\begin{array}{l}[\nu_1 - \nu_2] = [\nu_3 - \nu_4] = [\nu_6 - \nu_7] \\ [\nu_1 - \nu_3] = [\nu_2 - \nu_4] = [\nu_5 - \nu_8] \\ [\nu_3 - \nu_6] = [\nu_4 - \nu_7] = [\nu_8 - \nu_9]\end{array}\right\} \tag{9-30}$$

AB_2 系统谱图如图 9-18 所示。

图中各谱线的标号顺序为从左向右，即 $\nu_A > \nu_B$；若 $\nu_A < \nu_B$ 时，则谱线标号需从右向左。

图 9-19 为 AB_2 系统的例子。

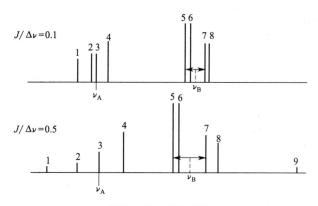

图 9-18 AB$_2$ 系统

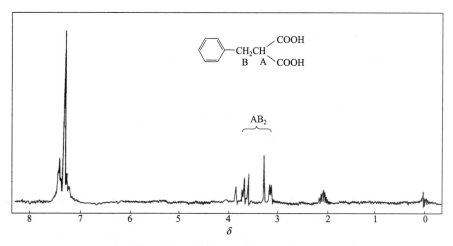

图 9-19 苄基丙二酸的 ^{1}H-NMR 谱

4. AMX 系统

在 AMX 系统中,各组核间的化学位移差均远远大于任何偶合常数值。AMX 系统共有 12 条谱线,A、M、X 各占 4 条,四条谱线强度相等。12 条谱线共有 3 个裂距,分别为 J_{AM}、J_{AX} 和 J_{MX}。每组四重峰的中点分别为 A、M 和 X 的化学位移,见图 9-20。

图 9-21 为 α-呋喃甲酸甲酯的 ^{1}H-NMR 谱,其中 δ 在 6~8 之间的 12 条谱线,构成了一个典型的 AMX 系统。

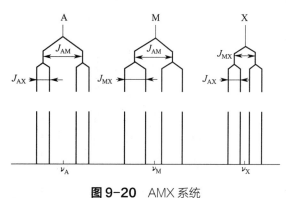

图 9-20 AMX 系统

5. ABC 系统

ABC 系统是一个比较复杂的系统,最多可出现 15 条谱线,其中 3 条为综合峰,由于强度太弱,有时观察不到。

ABC 系统的分裂情况与 AMX 系统相似,如忽略综合峰,很多可近似地按 AMX 系统处理,可以找到 3 个四重峰,共有 3 种裂距,每种裂距都重复出现 4 次,但都不等于偶合常数 J_{AB}、J_{AC} 和 J_{BC}。例如,丙烯腈 中的 3 个氢构成了典型的 ABC 系统。在图 9-22 中,9、10、13 和 14 属于 A;7、8、11

和 12 属于 B；1、3、4 和 6 属于 C。

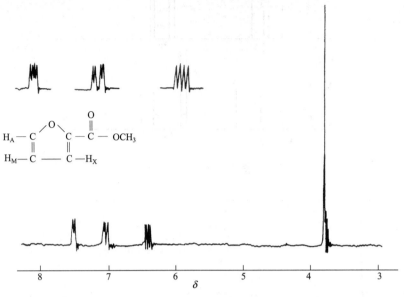

图 9-21　α-呋喃甲酸甲酯的 ^{1}H-NMR 谱

6. A_2B_2 系统

在 A_2B_2 系统中，A_2 和 B_2 都是磁全同核，所以整个系统只有一个偶合常数 J_{AB}，共有 18 条谱线，其中 4 条为综合峰，强度很弱，难以观察，所以，一般 A_2B_2 系统只出现 14 条谱线，A 和 B 各占 7 条，且左右对称，其中 A_4 与 A_5（B_4 与 B_5）、A_6 与 A_7（B_6 与 B_7）不易分开，在图中表现为两条强的谱线，很容易识别。

图 9-23 为 A_2B_2 系统的示意图。

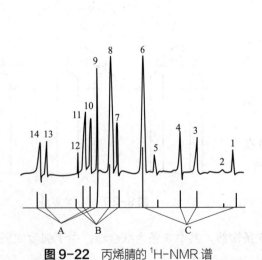

图 9-22　丙烯腈的 ^{1}H-NMR 谱

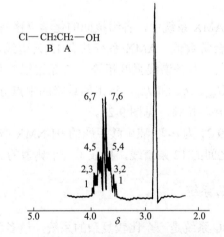

图 9-23　A_2B_2 系统谱图示例

在 A_2B_2 系统中有如下关系

$$[v_1 - v_3] = [v_4 - v_6] \tag{9-31}$$

$$J_{AB} = \frac{1}{2}[v_1 - v_6] \tag{9-32}$$

并且，ν_A 在 A_5，ν_B 在 B_5。

7. AA'BB' 系统

若 A_2 和 B_2 都不是磁全同核时，则构成 AA'BB' 系统。理论计算应有 28 条谱线，AA' 和 BB' 各占 14 条，图形呈现左右对称。但实际上由于谱线重叠或强度过小，仅能看到少数几条谱线。

图 9-24 为对二取代苯的 AA'BB' 系统，谱图中有明显的接近 $J_{邻}$ 的裂距，表观上呈现对称的四重峰，可粗略地用解析 AB 系统的类似方法处理。许多对位二取代苯衍生物也属于 AA'BB' 系统，它们的 ^{1}H-NMR 谱彼此也很相似。

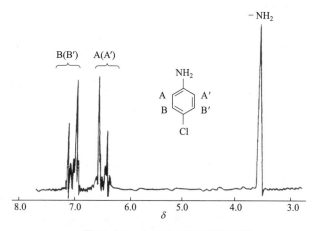

图 9-24 AA'BB' 系统谱图示例

第四节　核磁共振光谱法的应用

一、定性分析

（一）图谱解析的一般程序

1. 对图谱进行初步观察

检查 TMS 信号是否在零点，是否尖锐、对称，尾波是否明显；弄清楚扫描范围；区分出杂质峰、溶剂峰、旋转边带和 ^{13}C 卫星峰。杂质峰有时可从比例上看是否够一个氢来判断。在使用重氢溶剂时，由于有少量非氘化溶剂的存在，在谱图上会出现其吸收峰。旋转边带是样品管旋转中产生不均匀磁场时出现的信号，其特点是，以强谱线为中心，在其左右对称处出现一对弱峰，边带到中央强峰的距离为样品管的转速，转速改变，其距离亦随之改变，由此可判断旋转边带。^{13}C 卫星峰是 ^{13}C 和 ^{1}H 之间偶合引起的，由于 ^{13}C 的天然丰度仅为 1.1%，故一般情况下看不到。

2. 根据峰面积计算分子中各类氢核的数目

在 ^{1}H-NMR 谱图中，共振吸收峰的峰面积与引起共振吸收的氢核数成正比，因此各吸收峰的峰面积之比即为各类氢核数之比。又因吸收峰的峰面积与阶梯式积分曲线的高度成正比，故可用积分曲线来推测氢核数。若已知分子中总的氢核数，则可从积分曲线求出每个或每组峰代表的氢核数；若总氢核数不知道，则可由甲基信号或其他孤立的亚甲基信号来推算各峰的氢核数。

3. 已知分子式时，应计算不饱和度

$$\Omega = 1 + n_4 + \frac{1}{2}(n_3 - n_1) \tag{9-33}$$

式中，Ω 为不饱和度。链烷烃的不饱和度为零，双键及饱和环状结构为 1，叁键为 2，苯环为 4；n_1、n_3 和 n_4 分别为分子中含一、三、四价的原子数目。

4. 看峰的位置，利用 δ 值确定各吸收峰所对应的氢核类型

先确定强单峰的归属，如 $CH_3O—$、CH_3N、$CH_3-\overset{\underset{\|}{O}}{C}—$、$CH_3-\!\!\langle\!\!\!-\rangle$、$CH_3—C—$、$CH_3—C≡C$ 等孤立的甲基质子信号，以及典型的 $CH_3CH_2—$ 峰。然后确定位于低磁场区的羧基（$\delta=9.7\sim13.2$）、醛基（$\delta=9.0\sim10.0$）及具有分子内氢键的 $—OH$ 基（$\delta=11.0\sim16.0$）等质子峰。总的原则是，先解析没有偶合的质子，然后再解析有偶合的质子信号。

5. 看峰的裂分，根据重峰数、偶合常数及峰形确定基团的连接关系

先识别谱图中的一级光谱，利用 $n+1$ 规律，根据重峰数目推断相邻的氢核数；然后根据各种系统高级谱的特征来辨认，以确定化合物中可能存在的自旋系统。这一步分析的难度比较大，可以采用高磁场强度的仪器、双共振技术、位移试剂，以及重水交换等辅助手段协助解析。

6. 将推断的结构式与 NMR 谱图核对

在上述分析的基础上，推出可能存在的结构单元，并以一定的方式组合起来，然后对推断的结构作进一步的核对。不同类型的氢核均应在谱图上找到相应的峰组，峰组的 δ 值、峰形，J 值大小和相对面积应该和结构式相符，否则应予否定，重新推断。

（二）定性分析应用实例

例题 9-13 某化合物分子式为 $C_3H_7NO_2$，其核磁共振氢谱如图 9-25 所示，试推出其结构。

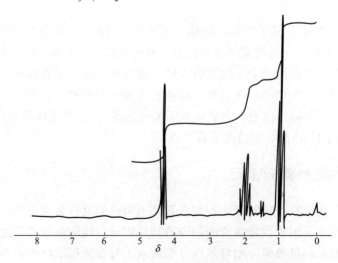

图 9-25 化合物 $C_3H_7NO_2$ 的核磁共振氢谱

解： 由分子式计算该化合物的不饱和度。

$$\Omega = 1 + n_4 + \frac{1}{2}(n_3 - n_1) = 1 + 3 + \frac{1}{2}(1-7) = 1$$

由此可知，该化合物可能含有一个双键或一个环。

δ 为 1.50 和 1.59 处的两个信号太弱，可认为是杂质引起的吸收峰。除此以外，全图出现三组峰，积分曲线的高度比为 2：2：3，其数之和正好与分子式中氢的数目相符，由此可知分子无对称性。

再对各个峰组进行分析。在低场 δ 4.25 的三重峰 J=7Hz，在高场 δ 1.0 的三重峰 $J\approx$8Hz，因彼此的 J 不等同，故这两组峰相互间没有自旋偶合作用。因此，可推测它们分别与中间的六重峰有相互作用。此六重峰的质子为两个，如果再考虑两边的信号各分裂为三重峰，则该化合物具有 CH_3—CH_2—CH_2—X 结构，再参考所给的分子式，则可推定该化合物是 $CH_3CH_2CH_2$—NO_2，其不饱和度是 1，δ 1.0 是甲基的三重峰，应和 —CH_2— 相连。δ 4.25 的三重峰为与 —CH_2— 相连的 —CH_2—，因它和 —NO_2 直接相连，故其 δ 值增大（与 —NO_2 相连的 —CH_2 的 $\delta \approx$4.3）。δ 1.98 是中间的 —CH_2— 的六重峰，它的信号预期能看到（3+1）（2+1）= 12，即 12 重峰，但实际上 $J_{CH_2-CH_2}$ 和 $J_{CH_2-CH_3}$ 的值几乎是相等的，所以作为一级近似，可认为具有 5 个等价的相邻质子，并观察到强度比为 1：5：10：10：5：1 的六重峰。δ 1.5 附近的双峰很可能是 CH_3—$\underset{NO_2}{CH}CH_3$ 中的甲基峰，而 CH 应为多重峰，强度很弱。根据甲基在 $CH_3CH_2CH_2NO_2$ 和 $CH_3\underset{NO_2}{CH}CH_3$ 中峰面积之比，可以判断杂质（2-硝基丙烷）的含量为 6% 左右。

例题 9-14 图 9-26 是有机化合物 C_9H_{12} 的核磁共振氢谱。从左到右峰面积比为 5：1：6，试推断其结构。

解： 经计算得知该有机化合物的不饱和度为 4，可能含有一个苯环。由峰面积比及分子式中含有 12 个氢原子可知，从左到右各峰所对应的氢数为 5、1 和 6。

从图上看共有 3 组峰，δ 7.5 的单峰为苯环质子峰，有 5 个氢，表明为单取代。单峰表明取代基为烷基。δ 2.9 的峰为烷基质子峰，有一个氢，即为 CH 基，七重峰表明相邻碳原子上有 6 个磁等价氢，即 $CH(CH_3)_2$。δ 1.2 的峰也为烷基质子峰，有 6 个氢，即为两个 CH_3，二重峰表明相邻碳原子上有一个氢，即 $CH(CH_3)_2$。故此化合物的结构式为

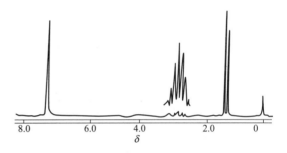

图 9-26 C_9H_{12} 的 ^{1}H-NMR 谱

例题 9-15 某化合物 $C_{10}H_{12}O_2$ 的 ^{1}H-NMR 谱如图 9-27 所示，试推出其分子结构。

解： 根据分子式 $C_{10}H_{12}O_2$，可计算出不饱和度 Ω=1+10−12/2=5，据此可初步判断分子中含有苯环。δ 1.2 处相当于 3 个质子的三重峰为 CH_3，与 CH_2 相连；δ 2.9 处相当于 2 个质子的四重峰为 CH_2，一侧与 CH_3 相连，另一侧与 C=O 相连，可知分子中存在 CH_3—CH_2—C=O 基团。δ 3.8 处的单峰为 CH_3，并与 O 相连，分子中含有 CH_3—O 基团；δ 6.9～7.9 区间相当于 4 个质子表观上呈现对称的四重峰为 Ar—H，表明苯环为对位二取代。由 ^{1}H-NMR 谱的解析，可知该化合物的分子结构为

$$H_3C-O-\underset{}{\underset{}{\bigcirc}}-\overset{O}{\underset{\|}{C}}-CH_2-CH_3$$

例题 9-16 某化合物 $C_6H_{12}O$ 的 ^{1}H-NMR 谱如图 9-28 所示，试推出其分子结构。

解： 根据分子式 $C_6H_{12}O$，可计算出不饱和度 Ω=1+6−12/2=1，据此可初步推断分子中含有羰基。δ 1.02

处相当于 3 个质子的三重峰为 CH_3, 与 CH_2 相连; δ 2.44 处的四重峰为 CH_2, 一侧与 CH_3 相连, 另一侧与 C=O 相连, 可知分子中含有 CH_3—CH_2—C=O 基团。δ 1.07 处相当于 6 个质子的双峰为 2 个 CH_3, 与一个质子偶合; δ 2.58 处相当于 1 个质子的多重峰为 CH, 分子含有—$CH(CH_3)_2$ 基团。由 ^{1}H-NMR 谱的解析, 可知该化合物的分子结构为

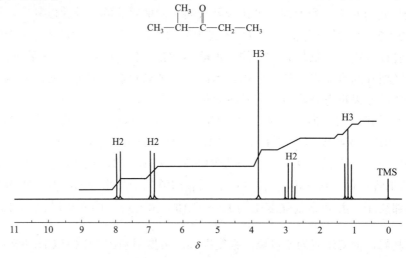

图 9-27　$C_{10}H_{12}O_2$ 的 ^{1}H-NMR 谱

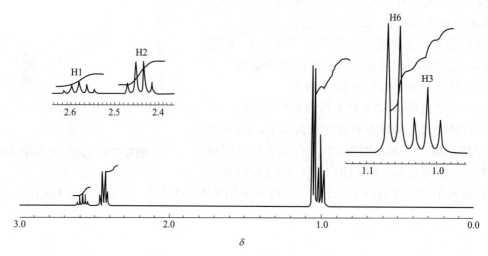

图 9-28　$C_6H_{12}O$ 的 ^{1}H-NMR 谱

二、定量分析

1. 定量分析的基本公式

某类氢核共振吸收峰的峰面积与其对应的氢核数目成正比,这是核磁共振光谱法定量分析的依据。定量分析的基本公式是

$$A = A_0 n C \tag{9-34}$$

式中,A 为被测化合物中某类氢核的峰面积;A_0 为一个氢核的峰面积,可由标准物质求得;n 为 1mol 被测化合物中某类氢核的数目;C 为被测化合物的摩尔数。

用 NMR 法测定样品中各组分的相对含量时,往往可以不用标准样品。

2. 几种常用的定量分析方法

（1）**标准曲线法** 配制一系列待测组分纯品的标准溶液，绘制 NMR 谱，测出其中某一特征峰的峰面积，以峰面积对浓度作标准曲线。在同样的操作条件下，绘制未知样的 NMR 谱，求出其相应特征峰的峰面积，由标准曲线推算出未知样浓度。

（2）**标准加入法** 配制一种已知浓度的待测组分纯品的标准溶液，取一定体积此溶液加入已知体积的未知样品中，同时测定混合液和未知样品的 NMR 谱，取谱图中的某一特征峰的面积进行定量。由下式计算未知溶液中待测组分的浓度 c_X。

$$c_X = \frac{A_X V_S}{A_m(V_X+V_S) - A_X V_X} c_S \qquad (9\text{-}35)$$

式中，A_X 为未知样品测得的特征峰面积；A_m 为混合液测得的特征峰面积；c_X 为未知样品中待测组分浓度；c_S 为标准溶液中待测组分浓度；V_X 与 V_S 分别为配制混合液时所取未知样品和标准溶液的体积。

在上述两种方法中，特征峰的选择原则是：该峰在标准样品 NMR 谱中分辨清楚；响应值较大；未知样品中其他组分的吸收峰不与特征峰重叠；与溶剂干扰峰相距较远。

（3）**内标法** 在未知样品溶液中加入已知量内标物，测其 NMR 谱。根据下式，由内标物特征峰面积 A_S 与样品中某一特征峰面积 A_X，计算样品浓度 c_X。

$$c_X = c_S \frac{N_S A_X}{N_X A_S} \qquad (9\text{-}36)$$

式中，c_S 为内标物浓度；N_X 与 N_S 分别代表未知样品和内标物分子中产生相应吸收峰的氢核数目。

3. 定量分析应用示例

例题 9-17 图 9-29 为乙酰乙酸乙酯互变异构体的 ^{1}H-NMR 谱，试计算乙酰乙酸乙酯互变异构体的相对含量。

解： 在进行定量分析之前，先要确定两种互变异构体中各类质子的化学位移。

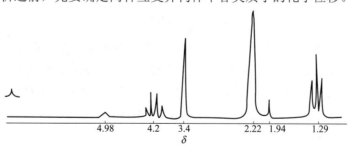

图 9-29 乙酰乙酸乙酯的 ^{1}H-NMR 谱

其酮式结构为 $CH_3\overset{O}{C}-CH_2-\overset{O}{C}-OCH_2CH_3$，式中 $CH_3\overset{O}{C}-$ 为单峰，$\delta=1.95\sim 2.68$；$CH_3\overset{O}{\underline{C}}-CH_2-\overset{O}{C}-OCH_2CH_3$，画线处的亚甲基为单峰，$\delta_{CH_2}=0.23+1.70+1.55=3.48$；$-\overset{O}{C}-OCH_2CH_3$ 中的亚甲基为四重峰，$\delta_{CH_2}=0.23+3.13+0.47=3.83$，甲基为三重峰，$\delta_{CH_3}=0.98\sim 1.44$。

其烯醇式结构为 $CH_3\overset{O-H}{C}=CH-\overset{O}{C}-OCH_2CH_3$，式中烯甲基为单峰，$\delta=1.59\sim 2.14$，烯氢 $\delta=4.5\sim 8.0$；—OH 分子内缔合，$\delta=15\sim 19$。

由以上分析可知，很低磁场的小峰是 OH 上的氢，δ 4.98 处的峰是烯氢，δ 4.2 处的四重峰是两个互变异构体中—OCH$_2$CH$_3$ 中的亚甲基，δ 3.4 处的峰是酮式 R—C(=O)—CH$_2$—C(=O)—OR 中的亚甲基，δ 2.22 处的峰是酮式羰甲基，δ 1.94 处的峰是烯醇式的烯甲基，δ 1.29 处的三重峰是两个互变异构体中—OCH$_2$CH$_3$ 中的甲基。

在做定量分析时要选择最合适的峰，从图上看酮式的羰甲基和烯醇式中的烯甲基的峰在谱图中互不重叠，都是单峰且质子数较多，故选择 δ 2.22 和 δ 1.94 处的两个峰为定量峰。

由于两个异构体的分子量相同，测定的两组质子数也相同，所以异构体的质量百分比，等于其摩尔百分比，也等于峰面积比或积分高度比。

$$W_{酮式} = \frac{h_{酮式}}{h_{酮式} + h_{烯醇式}} \times 100\%$$

$$W_{烯醇式} = \frac{h_{烯醇式}}{h_{酮式} + h_{烯醇式}} \times 100\%$$

上式中，$h_{酮式}$ 和 $h_{烯醇式}$ 分别为 δ 2.22 和 δ 1.94 处两峰的积分高度。

第五节　解析复杂图谱的一些辅助方法

前述自旋偶合和自旋裂分，使图谱形成许多精细结构，对确定有机物的结构很有价值。但在比较复杂的分子中，它会使图谱过于复杂，以致难以辨认和误解。为了克服这方面的困难，可以借助于一些辅助方法使谱图简化。

一、使用强磁场的核磁共振仪

因为两共振吸收峰的频率差 $\Delta \nu$ 正比于外加磁场强度，即

$$\Delta \nu = \frac{r}{2\pi} H_0 (\sigma_1 - \sigma_2) \tag{9-37}$$

显然，增大外加磁场强度 H_0 能大大增大 $\Delta \nu$ 值，而偶合常数 J 不变，从而使 $\Delta \nu / J \geqslant 6$，这样就可以将相当数量的高级谱简化为一级谱。超导磁铁核磁共振仪的出现，为此目的的实现提供了条件。

例如，丙烯腈 H$_2$C=CH—CN 在 60MHz 仪器（对应磁场强度为 1.4092T）上为 ABC 系统，但在 220MHz 仪器（对应磁场强度为 5.1700T）上就变为 AMX 系统，见图 9-30。

二、位移试剂

在含氧或含氮化合物中，某些质子可因加入特殊的化学试剂后，使其化学位移发生不同程度的变化，即它具有把各种质子信号分开的功能，这类试剂被称作位移试剂（shift reagent）。最常用的位移试剂为铕（Eu^{3+}）或镨（Pr^{3+}）与 β-二酮的配合物，其通式为

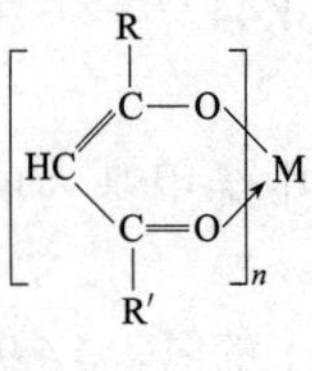

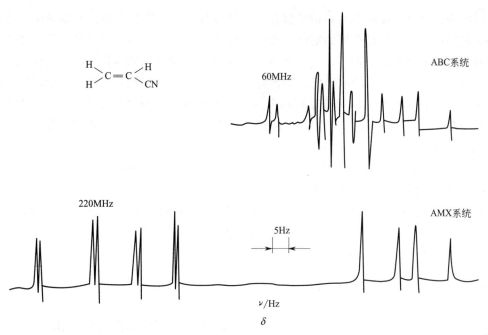

图 9-30 分别在 60MHz 和 220MHz 仪器上测定的丙烯腈的 ^{1}H-NMR 谱

上式中，M 为 Eu^{3+} 或 Pr^{3+}；n 一般为 3；R 及 R′ 随不同化合物而异。例如，对于 $M(DPM)_3$，R 及 R′ 均为 $C(CH_3)_3$；对于 $M(FOD)_3$，R 为 C_3F_7，R′ 为 $C(CH_3)_3$。

位移试剂具有磁各向异性效应，它对试样分子内的各基团具有不同的磁场作用，使各基团质子的化学位移发生变化，从而使重叠的谱线分开。

例如，正戊醇分子 $\overset{6}{CH_3}-\overset{5}{CH_2}-\overset{4}{CH_2}-\overset{3}{CH_2}-\overset{2}{CH_2}-\overset{1}{OH}$ 的 ^{1}H-NMR 谱，如图 9-31（a）所示。其中 3、4、5 位的三个 CH_2 的峰无法分辨。加入位移试剂铕或镨的配合物后，所得图谱为图 9-31（b），与氧靠近的质子（2 位质子）显著移向低场，其他位置上的质子也有位移，这样谱图就变得容易解析。

三、双共振技术

由自旋偶合而引起谱线增多的现象常常使谱图变得十分复杂而不易解析。核间的偶合是有一定条件的，即相互偶合的核在某一自旋态的时间必须大于偶合常数的倒数。利用双共振技术可以破坏偶合条件，达到去偶合目的。这种技术是两种照射同时进行，故称为双照射（double irradiation）。又因两种共振同时发生，也称为双共振（double resonance）。根据照射强度大小，双共振技术可分为自旋去偶、核欧沃豪斯（Overhauser）效应（简称 NOE 效应）、自旋微扰和核间双共振（简称 INDOR）等。此处仅介绍前两种。

1. 自旋去偶

自旋-自旋去偶简称自旋去偶（spin decoupling），该法的目的是减少自旋偶合，减少重峰数，并找出偶合关系。

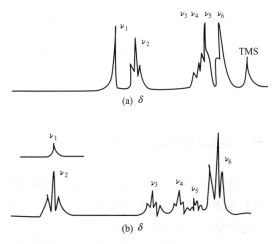

图 9-31 正戊醇分子的 ^{1}H-NMR 谱
（a）未加位移试剂的正戊醇谱；
（b）加入 $Eu(FOD)_3$ 后的正戊醇谱

自旋去偶法的原理：设 A、B 两组质子相互偶合引起谱线裂分，为使其去偶，需要同时使用两个射频振荡器。第一个射频振荡器产生低强度的射频，通过扫描使 A 组质子产生共振吸收。第二个射频振荡器产生高强度的射频，用其照射 B 组质子，使 B 组质子产生共振吸收并达到饱和，此时 B 组质子在两个能级上的粒子数相等，但两个能级上的原子核并不是静止的，而是在两个能级之间快速的跃迁。从宏观上看，就是 B 组质子的磁矩在两种状态（平行于磁场和逆平行于磁场）之间快速翻转。因此，大大缩短了在每个能级上的平均寿命，当平均寿命小于 $1/J_{AB}$ 时，由它所产生的局部磁场的平均值为零，这就去掉了 B 组质子对 A 组质子的偶合作用，使 A 组质子呈一单峰。

例如，乙酸异丙酯 $CH_3COOCH(CH_3)_2$ 在 100MHz ^1H-NMR 谱出现三组峰，按化学位移由小到大的顺序，分别为 $(CH_3)_2C<$（6H，二重峰）、$CH_3CO—$（3H，单峰）及 $—OCH<$（1H，七重峰）。如果采用双共振去偶，固定两个射频振荡器的频率差 $\Delta\nu(\Delta\nu = \nu_1 - \nu_2)$，当 ν_1 扫描到要记录的 $(CH_3)_2C<$ 峰时，则 ν_2 正好对准与其相偶合的 $—OCH<$ 峰，于是发生自旋去偶现象，$(CH_3)_2C<$ 的二重峰变为单峰。这就证明了两者偶合相关，构成了一个自旋系统。分子中的 $CH_3CO—$ 自成一个自旋系统。

2. NOE 效应

当分子内有空间位置上互相靠近的两个氢核 A 和 B，如果采用双共振法照射 B，使其饱和，则与其靠近的 A 核的共振信号就会增加，这种现象称为 NOE。产生这一现象的原因是由于两个氢的空间位置靠得很近，相互弛豫较强，当 B 受到照射达饱和时，它要把能量转移给 A，于是 A 吸收的能量增多，共振信号增大。NOE 效应的大小与质子之间距离的六次方成反比，当质子间距离超过 0.3nm 时，就看不到这一现象。NOE 效应对于确定有机物分子的空间构型很有用。例如，在化合物 $\begin{array}{c}CH_3\\ \diagdown\\ CH_3\end{array}C=C\begin{array}{c}H_a\\ \diagup\\ COOH\end{array}$ 中，若对 $\delta 1.97$ 的甲基质子进行双照射，H_a 信号不变；照射 $\delta 1.42$ 的甲基质子，H_a 的信号增加了 17%，说明 H_a 与 $\delta 1.42$ 的甲基为顺式，与 $\delta 1.97$ 的甲基处于反式位置。由此可见，可用 NOE 来判断顺反异构体。

在应用 NOE 效应时必须注意：①只有吸收强度改变大于 10%，才能肯定两个氢在空间邻近；②即使观察不到 NOE 效应，也不能否定两个氢在空间邻近，可能存在其他干扰，掩蔽了 NOE 效应。

第六节 核磁共振仪及实验技术

按施加射频的方式，核磁共振仪可分为两类：连续波核磁共振仪（continuous wave NMR，CW-NMR）和脉冲傅里叶变换核磁共振仪（pulse fourier transform NMR，PFT-NMR）。若按磁铁性质又可分为电磁铁、永磁铁和超导磁铁核磁共振仪。

一、连续波核磁共振仪

连续波核磁共振仪主要由磁铁、射频振荡器（也称射频发生器）、探头、射频接收器、扫描发生器及记录仪等部分组成，如图 9-32 所示。

两个凸状的磁铁，给样品施加外加磁场，在磁铁上绕有扫描线圈，当线圈上通以直流电就产生附加磁场，可用

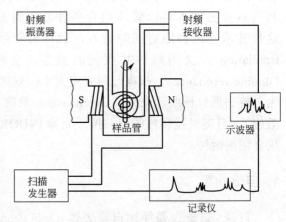

图 9-32 核磁共振仪示意图

来调节原有磁场的磁场强度，连续改变磁场强度进行扫描。样品装在玻璃管中，样品管可以旋转，所需的射频场由射频振荡器产生，并通过射频振荡线圈作用于样品，核磁共振信号通过射频接收线圈由射频接收器接收，再经放大由记录仪给出核磁共振谱。

1. 磁铁

磁铁是用以提供一个强而稳定、均匀的外加磁场，可以是永磁铁、电磁铁或超导磁铁。前两者只能用于制作 100MHz 的核磁共振仪，为了得到更高的灵敏度与分辨率，目前生产的核磁共振仪普遍采用的是超导磁铁，最高可达 1000MHz 的共振频率。

核磁共振仪是按照 ^1H 在不同磁感应强度下的共振频率来划分型号的，如 300MHz 的仪器，是指磁感应强度为 7.046T，^1H 的共振频率为 300MHz。

2. 射频发生器

射频发生器用于产生一个与外磁场强度相匹配的射频电磁波，提供的能量可使磁核从低能级跃迁至高能级。一般情况下，射频频率是固定的，当用同一台仪器测定其他核如 ^{13}C、^{15}N 等时，需更换其他频率的射频发生器。

3. 射频接收器

产生核磁共振时，射频接收器能检出被吸收的电磁波能量，相当于共振吸收信号的检测器。在一定的磁场强度下，当某种氢核的进动频率与射频发生器的频率一致时就会发生共振而吸收能量，为接收器线圈所感受，并被射频接收器所检出，放大后即可显示于示波器上，并由记录仪记录下来，获得核磁共振谱图。

4. 探头

探头是一种用来使样品管保持在磁场中某一固定位置的器件。探头中有样品管座、发射线圈、接收线圈、预放大器和变温元件等。发射线圈和接收线圈相互垂直并分别与射频发生器和射频接收器相连。样品管座处于线圈的中心，用于放置样品管。样品管座连接压缩空气管，压缩空气驱动样品管快速旋转，使样品受到均匀磁场。

连续波核磁共振仪一般用永磁体或电磁铁，采用在固定射频下进行磁场扫描或在固定磁场下进行频率扫描的方式获得核磁共振谱图，这种测量方式测试时间长，灵敏度低，无法完成 ^{13}C 核磁共振和二维核磁共振的工作，现已基本不生产，而代之为脉冲傅里叶变换核磁共振仪。

二、脉冲傅里叶变换核磁共振仪

PFT-NMR 与 CW-NMR 一样，也是由磁铁、射频发生器、射频接收器和探头等部件组成。不同的是 PFT-NMR 不是用扫描磁场或频率的方式获得核磁共振信号，而是在外磁场保持不变的条件下，使用一个强而短的射频脉冲照射样品（这个射频脉冲中包含所有不同化学环境的同类磁核的共振频率），使样品中所有化学环境不同的同类核同时激发，高能态的核通过各种弛豫过程又重新返回低能态，此时在射频接收器中可以得到一个随时间逐步衰减的信号，称为自由感应衰减（free induction decay，FID）信号，在 FID 信号中包含了分子中所有共振核的信息，它属于很难识别的时间域函数，需经计算机对 FID 信号进行快速傅里叶变换后方可获得频率域谱图,即常见的 NMR 谱。

PFT-NMR 的工作框图如图 9-33 所示。射频发生器产生一定频率的射频脉冲,经放大器放大,变成强而短的射频脉冲,通过探头中的射频发射线圈照射到样品上。当发生核磁共振时,射频接收器通过探头中的接收线圈收集 FID 信号,再经计算机进行傅里叶变换,便可得到所需要的频率谱。

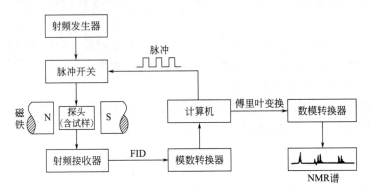

图 9-33 PFT-NMR 的工作框图

PFT-NMR 采用超导磁铁产生高的磁场强度,超导线圈浸泡在液氦中,为了减少液氦的蒸发,液氦外面用液氮冷却。一般 PFT-NMR 的探头上有三个通道:一是锁通道,以保持磁场强度高度稳定;二是发射及接收通道,是观察 NMR 信号的主要部分;三是干扰通道,可根据需要发射干扰射频,以完成各种不同的操作。仪器的运行及数据处理皆由计算机控制。

CW-NMR 采用的是单频发射和接收方式,单位时间内获得的信息量少,一次扫描所需时间长。在 PFT-NMR 中通过对 FID 信号的处理和计算,再转化为频率谱,既能增加灵敏度,又能提高分辨率,测量时间也大为降低。由于分析速度很快,所以 PFT-NMR 可用于核的动态过程、瞬时过程和反应动力学的研究。

三、实验技术

1. 样品的纯度

用核磁共振方法测定化合物的结构,要求化合物有较高的纯度,通常样品需经过分离及纯化后方可测试。

2. 溶剂的选择

核磁共振实验中,选择适当的溶剂是很重要的。一个优良的溶剂应该满足以下要求:①溶剂分子是化学惰性的,与样品分子不发生相互作用;②溶剂分子最好是磁各向同性的,不会影响样品分子的磁屏蔽;③溶剂分子不含被测定的核,或者它的共振信号不干扰样品信号。

常用的溶剂除四氯化碳和二硫化碳外,大多都含有氢核,为避免溶剂峰的干扰,应使用氘代溶剂。常用的氘代溶剂有氘代氯仿($CDCl_3$)、氘代丙酮(CD_3COCD_3)、氘代苯(C_6D_6)及重水(D_2O)等。

3. 标准物质

在每张测试的 NMR 谱图上都必须提供一个参考峰,样品信号的化学位移以此峰为标准。提供参考峰的物质称为标准物质。标准物质可以直接加入样品,称为内标;也可置于放在样品管中的毛细管内,称为外标。四甲基硅烷(TMS)是一种被普遍采用的理想标准物质,一般在样品溶液内加入约 1%,就能得到具有相当强度的参考信号。

4. 对样品管的要求

高分辨核磁共振仪通常只适用于液体样品，将其置于样品管内进行测试。根据仪器和实验的要求可以选择不同外径（$\phi=5mm$、$8mm$、$10mm$）的样品管，微量测定可使用球形或圆柱形的微量样品管。为保持旋转均匀及良好的分辨率，要求管壁内外均匀平直，为防止溶剂挥发，尚需戴上塑料管帽。

5. 样品的用量

样品的用量与仪器性能密切相关，常规 NMR 测定多使用 5mm 外径样品管，根据不同核的灵敏度取不同量的样品溶解在 $0.3 \sim 0.6mL$ 溶剂中，配成适当浓度的溶液。对于 ^1H-NMR 和 ^{19}F-NMR 谱，可取 $2 \sim 20mg$ 样品，对于 ^{13}C-NMR 和 ^{29}Si-NMR 谱，可取 $20 \sim 100mg$ 样品，^{31}P-NMR 谱的用量介于两者之间。超导核磁共振仪具有更高的灵敏度，毫克乃至微克级的样品就可以得到很高信噪比的谱图。

第七节　^{13}C 核磁共振光谱

一、^{13}C 核磁共振光谱

^{13}C 核磁共振现象早在 1957 年就开始研究，但由于 ^{13}C 的天然丰度很低（1.1%），且 ^{13}C 的磁旋比约为质子的 1/4，^{13}C 的相对灵敏度仅为质子的 1/5600，所以直至 1970 年后，发展了脉冲傅里叶变换 -NMR 技术，有关 ^{13}C 的研究才开始增多，采用双照射技术的质子去偶，才使之成为常规的 NMR 方法。

与 ^1H-NMR 相比，^{13}C-NMR 在测定有机及生化分子结构中具有很大的优越性。
① ^{13}C-NMR 提供的是分子骨架的信息，而不是外围质子的信息；
② ^{13}C-NMR 谱的化学位移范围达 $\delta 400$，是 ^1H 化学位移范围的 20 倍，因而大多数碳峰都能分开；
③ 由于 ^{13}C 的丰度很低，加上 ^{13}C 与相邻的 ^{12}C 不发生自旋偶合，故有效地降低了图谱的复杂性；
④ 因为已经有消除 ^{13}C 与质子间偶合的有效方法，所以可得到只有单线组成的 ^{13}C-NMR 谱。

二、^{13}C 的化学位移

^{13}C-NMR 主要是依据化学位移来进行结构分析，自旋偶合所起作用不大。

常规的 ^{13}C-NMR 谱都是质子去偶谱，其特点是所得各种核的共振峰表现为简单的单峰，其位置决定于化学位移。^{13}C-NMR 谱常常比 ^1H 谱更容易归属。

^{13}C 化学位移 δ_C 是碳谱中最重要的参数，它直接反映被研究核周围的基团、电子分布情况，即核所受屏蔽作用的大小。δ_C 对核所处的化学环境是很敏感的。一般化合物中，δ_C 约在 $\delta 0 \sim 300$，正碳离子的 δ 可大于 300。

用 TMS 为标准的不同含碳基团的 ^{13}C 化学位移见表 9-11。

三、影响 ^{13}C 化学位移的主要因素

1. 杂化

碳的杂化在很大程度上决定了 ^{13}C 共振信号出现的范围。sp^3 杂化的 ^{13}C 核，屏蔽效应最大，共振吸收在最高场；sp 杂化次之；而 sp^2 杂化，屏蔽效应最小，共振吸收在最低场。例如

表 9-11　不同类型碳的化学位移

类型	结构		δ
烷烃	CH₃		5~30
	CH₂		21~45
	CH		29~58
环烷烃	三元环 CH₂		-2.9
	四元环 CH₂		22.3
	五元环 CH₂		26.5
	六元环 CH₂		27.1
	七元环 CH₂		28.8
	八元环 CH₂		26.8
CH₃	CH₃—C—C—Y	Y=X, OH, OR, N 等	27~29
	CH₃—C—Y	Y=C=C, Ar	15~30
		Y=X, OH, OR, C=O	25~30
	CH₃—C=C		12~25
	CH₃—COR, CH₃—Ar		20~30
	CH₃—C≡C		5~30
	CH₃—Y	Y=N, X	25~35
		Y=OR, OAr	56~60
CH₂	R—CH₂—Y	Y=C=O	32~45
		Y=C=C	32~35
		Y=Ar	38~40
		Y=F	88
		Y=Cl	51
		Y=Br	40
		Y=I	13
		Y=OH, OR	67~69
		Y=NH₂	47~49
		Y=NR₂	60~62
		Y=COOH	39~41
		Y=CN	25~27
CH	R₂CH—Y	Y=C=O	40
		Y=Ar	32
		Y=F	83
		Y=Cl	52
		Y=Br	45
		Y=I	20
		Y=OH, OR	57~58
		Y=NH₂	43
		Y=NR₂	56
		Y=CN	23
烯烃	=CH₂		115
	=CH₂（共轭）		117
	=CHR		120~140
	=CHR（共轭）		130~140
	C=C=CH₂		75~90
	C=C=C		210~220
炔烃	RC≡CH		65~70
	RC≡CR		85~90

续表

类型	结构		δ
芳烃	Ar—H（一般范围）		115~160
	ArNO₂	取代碳	148.5
		邻位	123.5
		间位	129.4
		对位	134.3
	ArOCH₃	取代碳	159.9
		邻位	114.1
		间位	129.5
		对位	120.8
	ArBr	取代碳	123.0
		邻位	131.9
		间位	130.2
		对位	126.0
	ArCH₃	取代碳	137.8
		邻位	129.3
		间位	128.5
		对位	125.6
羰基化合物	醛	RCHO	200
		ArCHO	190
		α,β-不饱和醛	175~195
		α-卤代醛	170~190
	酮	R₂CO	205~215
		五元环 C=O	214
		六元环 C=O	209
		ArCOR	190~200
		α,β-不饱和酮	180~210
		α-卤代酮	160~200
	羧酸	RCOOH，ArCOOH	165~185
	酸酐	(—CO)₂O	150~175
	酯	RCOOR，ArCOOR	155~180
	酰氯	RCOCl，ArCOCl	168~170
	酰胺	—CONHR，RCONH₂，ArCONH₂	165~180
	酰亚胺	(—CO)₂NR	165~180
腈基	RC≡N		115~125

sp^3: —CH₃, —CH₂—, —CH—, —C— $\delta_C=0\sim60$

sp: —C≡CH, —C≡C— $\delta_C=70\sim100$

sp^2: C=C, —CH=CH₂ $\delta_C=100\sim150$

sp^2: 芳碳，取代芳碳 $\delta_C=115\sim160$

sp^2: 羰基碳 $\delta_C=150\sim220$

2. 取代基的电负性

电负性基团的取代，使 ^{13}C 核的屏蔽效应减小，化学位移增大。例如

取代基	电负性	化合物	δ_C	取代基	电负性	化合物	δ_C
I	2.5	CH_3I	−20.7	Cl	3.1	CH_3Cl	24.9
Br	2.8	CH_3Br	10.0	F	4.0	CH_3F	80.0

3. 电子短缺

当碳原子失去电子时，强烈地去屏蔽，δ_C 移向低场。如正碳离子，δ_C 在 300 左右，若有 OH、芳环取代，电子有转移，δ_C 可向高场移动。例如

$$\delta_C = 330$$

$$\delta_C = 250$$

$$\delta_C = 256$$

4. 分子内氢键

邻羟基苯甲醛与邻羟基苯乙酮等，由于形成分子内氢键，使羰基碳去屏蔽，化学位移增大。

5. 溶剂的影响

不同溶剂对 δ_C 有一定的影响，但一般较小。如 $CHCl_3$ 在非极性溶剂中，如环己烷、四氯化碳等，δ_C 在较高场；而在极性溶剂中，如丙酮、吡啶等，δ_C 在较低场，δ 约有 5 的变化。

四、^{13}C-NMR 的测定方法

做 ^1H 谱样品大约 10mg，做 ^{13}C 谱的样品量就要多得多，而且只有脉冲傅里叶变换 NMR 仪才可测出 ^{13}C 谱，且 ^{13}C 谱峰的强度与 C 数不成正比，这些给定量带来一定的困难。

有机化合物分子中，C—C 及 C—H 都是直接键合的，^{13}C—^{13}C 之间的偶合由于 ^{13}C 天然丰度低而可以不考虑，但是 ^{13}C—^1H 之间的偶合常数很大，常达几百赫兹，^{13}C 除了可与邻近的 H 偶合，还可与远距离 H 偶合，因而对于结构稍为复杂的化合物，偶合裂分太多，往往使谱峰交叉重叠，难以解析。为避免 ^{13}C—^1H 之间偶合裂分的干扰，需采用双共振技术去掉 ^1H 对 ^{13}C 的偶合。

1. ^{13}C 的宽带去偶

^{13}C 的宽带去偶（又称质子噪声去偶）就是把所测化合物的全部质子的偶合都去掉，这是测定碳谱最常用的去偶方式。它的实验方法是在测碳谱时，以一相当宽的射频场 ν_1 照射各种碳核，使其激发产生 ^{13}C 核磁共振吸收的同时，附加另一个射频场 ν_2（又称去偶场），使其覆盖全部质子的共振频率范围（故称为宽带），且用强功率照射，于是 ^1H 对 ^{13}C 的偶合被去掉，^{13}C 成为单峰，图谱就简化了，同时由于去偶时伴随有 NOE 效应，使信号增强。图 9-34（5）为邻溴苯胺的宽带去偶 ^{13}C-NMR 谱。

2. 偏共振去偶

偏共振去偶又称不完全去偶。在做 ^{13}C 谱时,首先要采用宽带去偶,一般的 ^{13}C 谱都是宽带去偶后的谱图,如果需要了解分子中某些 H 的情况,就需做偏共振去偶。偏共振去偶就是保持了与 ^{13}C 直接相连 H 的偶合,远离 ^{13}C 的 H 的偶合都去掉,用此法可了解直接和 C 相连的 H 的个数,以判断是 CH_3、CH_2 还是 CH 等。偏共振去偶与质子宽带去偶方法相似,它也是在样品测定的同时另外加一个照射频率,只是这个照射频率的中心频率不在质子共振区的中心,而是选在氢谱的高场一侧,也可选在氢谱的低场一侧(质子共振区以外),具体选哪一侧取决于碳谱哪一侧谱线较多。这就除去了两键以上 ^{13}C-^1H 的偶合,仅保留一键偶合产生的裂分,使 CH_3、CH_2、CH 和 C 分别变成四重峰(q)、三重峰(t)、双峰(d)和单峰(s),由此可推断碳原子的类型。图 9-34(4)为邻溴苯胺的偏共振去偶 ^{13}C-NMR 谱。

3. 选择性去偶

选择性去偶是归属碳吸收峰的重要方法之一。选择性去偶是用一个很小功率的射频以某一特定质子的共振频率进行照射,观察碳谱。结果是只与被照射质子直接相连的碳发生谱线简并,成为单峰,并由于 NOE 效应,峰的强度加大,以此来确定某些信号的归属。例如要确定糠醛 中 3 位和 4 位碳的归属,可以分别照射 3 位及 4 位质子,则 3 位碳及 4 位碳的二重峰将分别成为单峰,于是就可确定信号归属。

4. ^{13}C 门控去偶和反转门控去偶

质子噪声去偶失去了所有的偶合信息,偏共振去偶也损失了部分偶合信息,而且都因 NOE 不同而使信号的相对强度与所代表的碳原子数目不成比例。为了测定真正的偶合常数或做各类碳的定量分析,可以采用门控去偶或反转门控去偶方法。

在脉冲傅里叶变换核磁共振仪中有发射门(用以控制射频脉冲的发射时间)和接收门(用以控制接收器的工作时间)。门控去偶(又称交替脉冲去偶或预脉冲去偶)是指用发射门及接收门来控制去偶的实验方法,用这种方法与用单共振法获得的 ^{13}C-NMR 谱较为相似,但用单共振法得到同样一张谱图,需要累加的次数更多,耗时很长。门控去偶法借助于 NOE 的帮助,在一定程度上补偿了这一方法的不足。图 9-34(1)和(2)用的是同样的脉冲间隔和扫描次数,门控去偶谱的强度比未去偶共振谱的强度增强近一倍。

反转门控去偶(又称抑制 NOE 门控去偶)是用加长脉冲间隔、增加延迟时间,尽可能抑制 NOE,使谱线强度能够代表碳数多少的方法,由此方法测得的碳谱称为反转门控去偶谱,亦称为定量碳谱。在这种谱图中,碳数与其相应的信号强度接近成比例,如有不同的各级碳,其信号强度也将基本上按含碳数成正比。比较图 9-34(3)和(5)可以看出,反转门控去偶谱提供了碳原子的定量信息。

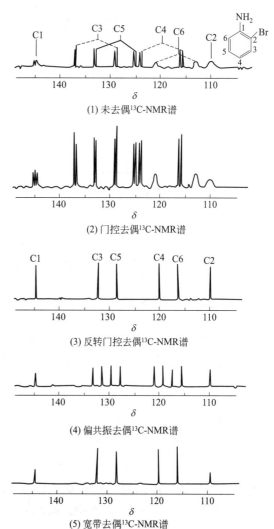

(1) 未去偶 ^{13}C-NMR 谱

(2) 门控去偶 ^{13}C-NMR 谱

(3) 反转门控去偶 ^{13}C-NMR 谱

(4) 偏共振去偶 ^{13}C-NMR 谱

(5) 宽带去偶 ^{13}C-NMR 谱

图 9-34 邻溴苯胺的 ^{13}C-NMR 谱(丙酮-d_6,22.5MHz)

5. 碳原子级数的测定方法

碳原子级数的测定是指区分分子中的 CH_3、CH_2、CH 和季碳原子，常用 INEPT 和 DEPT 等方法。

（1）INEPT 法　INEPT（insensitive nuclei enhanced by polarization transfer）称为非灵敏的极化转移增强法，就是把高灵敏度核（^1H）的自旋极化转移到低灵敏度核（^{13}C）上，从而使低灵敏度核的信号增强若干倍，由此产生了 INEPT 脉冲实验。为了获得 ^{13}C 的去偶谱，可在 ^{13}C 观察脉冲后，等待一定时间 $\varDelta$ 秒后，同时进行 ^{13}C 的采样和 ^1H 去偶，不同的等待时间可得到 CH_3、CH_2 和 CH 的不同的正或负的信号。其中 $\varDelta$ 值的大小由 J 值及峰的多重性决定。INEPT 实验可用调节 $\varDelta$ 的时间来调节 CH_3、CH_2、CH 的信号强度，从而有效地识别 CH_3、CH_2 和 CH。

当 $\varDelta=1/8J$ 时，CH_3、CH_2 和 CH 皆为正峰；$\varDelta=1/4J$ 时，只有正的 CH 峰；$\varDelta=3/8J$ 时，CH 和 CH_3 为正峰，CH_2 为负峰。由此可以很容易地区分出 CH_3、CH_2 和 CH，季碳因为没有极化转移条件，故在 INEPT 实验中无信号，但将 INEPT 谱与 ^{13}C 宽带去偶谱对照，便可确定出季碳。

图 9-35 为 β- 紫罗兰酮的 ^{13}C 宽带去偶谱和 INEPT 谱图。

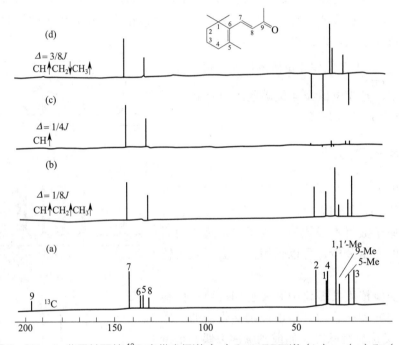

图 9-35　β- 紫罗兰酮的 ^{13}C 宽带去偶谱（a）和 INEPT 谱（b）、（c）和（d）

（2）DEPT 法　DEPT（distortionless enhancement by polarization transfer）称为无畸变极化转移增强法。INEPT 技术对设置的 ^{13}C-^1H 偶合常数比较敏感，常发生谱带畸变，而 DEPT 技术是对 INEPT 技术的改进，对设定的 J 值依赖较小，可以得到无畸变的谱图。在 DEPT 实验中用脉冲角 θ 的变化来代替 $\varDelta$ 的改变，使谱图更加直接明了。在实验中，只要设置脉冲角 θ 分别为 45°、90° 和 135°，做三次实验，就可以区分不同连氢碳原子的类型。

CH_3、CH_2 和 CH 信号强度与脉冲角 θ 的关系为：θ 角为 45°时，CH_3、CH_2 和 CH 皆为正峰；θ 角为 90°时，仅得到 CH 的正峰；θ 角为 135°时，CH 和 CH_3 为正峰，CH_2 为负峰，季碳在 DEPT 谱中不出峰。据此可方便地区分出 CH_3、CH_2 和 CH，再对照 ^{13}C 宽带去偶谱，在 DEPT 谱中消失了的峰就是季碳峰。

图 9-36 为松蒎醇的 ^{13}C 宽带去偶谱和 θ 角为 90° 及 135° 时的 DEPT 谱。

概念检查 9.2

○ 碳原子级数测定指的是什么？若要确定某有机化合物分子中碳原子的级数，可采用哪些 ^{13}C-NMR 测定方法？

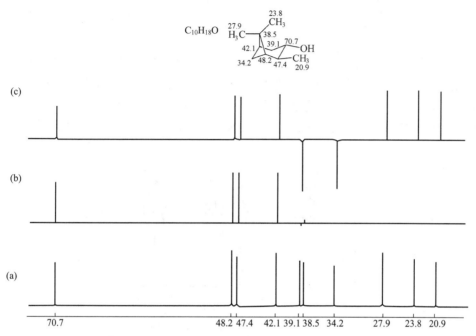

图 9-36 松蒎醇的 ^{13}C 宽带去偶谱（a）和 θ 角为 90°（b）及 135°（c）时的 DEPT 谱

五、^{13}C-NMR 谱解析实例

例题 9-18 某化合物的分子式为 C_7H_9N，其 ^{13}C-NMR 谱如图 9-37 所示，试推断其结构。

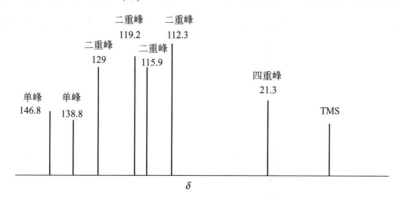

图 9-37 C_7H_9N 的 ^{13}C-NMR 谱

解： 计算不饱和度

$$\Omega = 1 + 7 + \frac{1}{2}(1-9) = 4$$

计算结果表明该化合物的分子式中可能含有一个苯环。δ 21.3 峰落在 sp^3 碳区，四重峰表明为 —CH$_3$

的碳峰；δ 112.3～146.8 六个峰都落在 sp² 碳区，应归属于苯环碳，出现六个峰表明苯环上的六个碳原子为化学不等价碳核，其中有 4 个峰裂分为二重峰，两个峰不裂分，为单峰，这表明为二取代。根据分子式可写出如下三种结构式

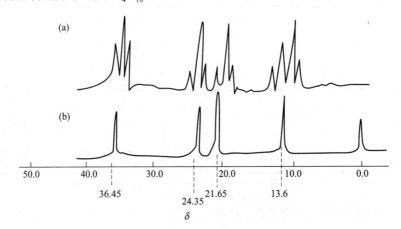

在对位二取代苯的苯环上有两对化学等价 ¹³C 核，只能出现四条 C 线，与图不符，应排除。为确定是邻位二取代还是间位二取代，可查找有关参考书利用"取代苯的芳香碳化学位移经验计算公式"进行计算可知间位取代苯的芳香碳化学位移与测定值相符，因此可以推断化合物为（b）结构。

例题 9-19 某化合物的分子式为 $C_4H_{10}S$，其 ¹³C-NMR 谱如图 9-38 所示，试推断其结构。

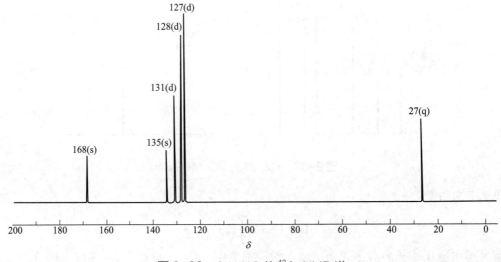

图 9-38 $C_4H_{10}S$ 化合物的 ¹³C-NMR 谱
（a）¹H 偏共振去偶；（b）¹H 宽带去偶

解：位于 δ 36.45，24.35 和 21.65 处的三重峰相应于 3 个 CH_2；δ 13.6 处的四重峰相应于一个 CH_3。因此，根据此谱和分子式可知该化合物为丁硫醇结构，即

$$CH_3—CH_2—CH_2—CH_2—SH$$

例题 9-20 某化合物的分子式为 C_8H_9NO，其 ¹³C-NMR 谱如图 9-39 所示，试推断其结构。

图 9-39 C_8H_9NO 的 ¹³C-NMR 谱

解：根据分子式 C_8H_9NO，可计算出不饱和度 $\Omega=1+8+(1-9)/2=5$，据此可初步判断分子中含有苯环和一个双键。

C_8H_9NO 分子中有 8 个碳，而 ^{13}C-NMR 谱中只有 6 个峰，表明分子有对称性。δ 27 处的四重峰为 CH_3，与 N 相连；δ 127、δ 128 和 δ 131 处的二重峰为 CH，是苯环上没被取代的碳；δ 135 处的单峰为 C，是苯环上被取代的碳；δ 168 处的单峰为羰基碳 C=O，一侧与 NH 相连，另一侧与苯环相连。由 ^{13}C-NMR 谱的解析，可推断 C_8H_9NO 的分子结构为

$$\text{C}_6\text{H}_5-\text{C}(=\text{O})-\text{NH}-\text{CH}_3$$

第八节 二维核磁共振谱简介

二维核磁共振谱（two-dimensional nuclear magnetic resonance，2D-NMR）是 20 世纪 70 年代提出并发展起来的，是近年来核磁共振领域最重要的进展，它不仅使很复杂的核磁共振谱的解释成为可能，也使核磁共振在各种分子结构问题的研究中所占的地位越来越重要。2D-NMR 对复杂有机化合物，尤其是生物大分子的结构鉴定发挥了重要作用。本节将对有机分子结构分析中常用的几种 2D-NMR 谱做一简要介绍。

一、概述

NMR 一维谱的信号是一个频率的函数，共振峰分布在一个频率轴，即横轴上，纵轴方向为信号强度，可记为 $S(\omega)$。而 2D-NMR 谱是两个独立频率变量的信号函数，记为 $S(\omega_1, \omega_2)$，共振信号分布在两个频率轴（横轴、纵轴）组成的平面上。这里关键的是两个独立的自变量都必须是频率，如果一个自变量是频率，另一个自变量是时间、浓度、温度等其他的物理化学参数，就不属于 2D-NMR 谱，它们只能是一维 NMR 谱的多线记录。这里所指的 2D-NMR 谱是专指时间域的二维实验，是以一种两个独立的时间变量进行的一系列实验，可得到两个时间变量的函数 $S(t_1, t_2)$，这是一个 FID 信号（FID 信号称为自由感应衰减信号），再经两次傅里叶变换得到两个独立频率的信号函数 $S(\omega_1, \omega_2)$。该实验方法也称作二维傅里叶变换实验。通常，第二个时间变量 t_2 表示采样时间，第一个时间变量 t_1 则是与 t_2 无关的独立变量，是脉冲序列中某一个变化的时间间隔。2D-NMR 谱的特点是将化学位移、偶合常数等 NMR 参数以独立频率变量的函数 $S(\omega_1, \omega_2)$ 在两个频率轴构成的平面上展开，这样，既减少了信号间的重叠，又可表现出自旋核间的相互作用，从而提供更多的结构信息。

1. 2D-NMR 谱的实验方法

独立频率变量的信号函数 $S(\omega_1, \omega_2)$ 可采用不同的实验方法得到。目前应用最多的是二维时域实验，二维时域实验的关键是如何把通常以时间作为一维的连续变量，经过一定变换，得到两个彼此独立的时间变量，为此，将包括多脉冲序列激发的二维实验过程按其时间轴分为：

预备期（t_d）→发展期（t_1）→混合期（t_m）→检测期（t_2）

预备期（t_d）：预备期通常是一个较长的时期，它是为了使实验体系回到平衡状态。

发展期（t_1）：发展期的初期用一个或几个脉冲使体系激发，使之处于非平衡状态。发展期时间 t_1 是变化的。

混合期（t_m）：在此期间建立信号检测的条件。混合期有可能不存在，它不是必不可少的（视二维谱

的种类而定)。

检测期(t_2):在此期间检测作为 t_2 函数的各种 FID 信号。

一个脉冲序列完成后,得到一个 FID 信号。这样的实验要反复多次并累加信号,使灵敏度提高,所得到的 FID 信号要经过两次傅里叶变换,一次对 t_1、一次对 t_2,然后得到两个频率变量的函数 $S(\omega_1, \omega_2)$,即 2D-NMR 谱。

2. 2D-NMR 谱的表示方法

2D-NMR 谱有各种不同的表示方法。应用最多的是堆积图和平面等高线图。堆积图是三维立体图形,两个频率变量为二维,信号强度为第三维。由很多条一维谱线紧密排列构成,在二维频率轴构成的平面(F_1, F_2)上有序地矗立着大小不等的锥体,其高度或体积代表该信号的强度,见图 9-40。堆积图的优点是直观,富有立体感,缺点是难以确定吸收峰的频率和发现大峰后面可能隐藏着的小峰,而且绘制这种谱图耗时较多,故一般不用。

平面等高线图又叫平面等值线图,是将堆积图以平行于(F_1, F_2)平面的不同距离进行连续平切绘制而成,如图 9-41 所示。平面等高线图最中心的圆圈或点表示峰的位置,圆圈的数目表示峰的强度。最外圈表示信号的某一定强度的截面,其内第二、第三、第四圈分别表示强度依次增高的截面。这种图的优点是能够观察到峰的准确频率位置,检测时间短,绘制图比较方便。缺点是难以把握平切的最低值如何选择,若太高,则有些强度较小的信号可能被忽略;若太低,信号占据面积太大,并且出现噪声信号和因信号间干涉而产生的低强度信号。所以需要协调处理,优化绘图条件,或以不同高度平切画出多张谱图,以清楚地观察强信号和弱信号。虽然平面等高线图存在一些缺点,但它较堆积图优点多,是目前 2D-NMR 谱广泛采用的表示方法。

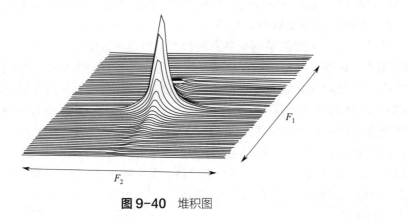

图 9-40 堆积图

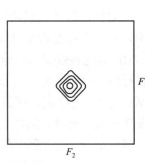

图 9-41 平面等高线图

3. 2D-NMR 谱的分类

根据使用的脉冲序列和提供的结构信息不同,2D-NMR 谱一般分为下述 3 类。

(1)2D-J 分解谱 亦称 J 分解谱(简称 J 谱)。一般不提供比一维谱更多的信息,它只是将化学位移 δ 和偶合常数 J 分解在两个不同的频率轴上,使重叠在一起的一维谱的 δ 和 J 分解在平面上,便于解析。

(2)二维化学位移相关谱 它包括同核(^1H-^1H)和异核(^{13}C-^1H)化学位移相关谱,是二维核磁共振谱的核心。根据不同核的磁化之间转移的不同,二维相关谱又可分为化学位移相关谱、化学交换谱和二维 NOE 谱等。

(3)多量子谱 通常测定的核磁共振谱线为单量子跃迁($\Delta m=\pm 1$)。发生多量子跃迁时 Δm 为大于 1 的整数。用特定的脉冲序列可以检出多量子跃迁,得到多量子跃迁的二维谱。

二、几种常用的二维核磁共振谱

1. J 分解谱

与一维谱相比，J 分解谱并不增加信息量，而是把一维谱的信号按一定规律在一个二维平面上展开，即在纵轴上显示偶合信息，从图上可以得到偶合常数 J_{HH} 或 J_{CH}；在横轴上显示化学位移 δ_H 或 δ_C，从而使图谱比一维谱更容易解析。例如，在一维谱中，往往由于化学位移 δ 值相差不大，造成谱带相互重叠（或部分重叠），使得各种核的裂分峰形常常不能清楚地展示出来，偶合常数 J 也不易读出。而在 J 分解谱中，只要化学位移 δ 略有差别，峰组的重叠即可避免，因此 J 分解谱能很好地解决一维谱中存在的这些问题。

J 分解谱分为同核 J 分解谱和异核 J 分解谱。

（1）同核 J 分解谱　弱偶合体系的同核 J 分解谱中最常见的为 ^{1}H 同核 J 分解谱，它的表现形式简单，即 ω_1 方向（纵轴，即 F_1 轴）显示偶合信息，反映了峰的裂分，峰组的峰数一目了然，并从图上可得到偶合常数 J_{HH} 值。ω_2 方向（横轴，即 F_2 轴）反映了氢谱的化学位移 δ_H，在 ω_2 方向的投影相当于全去偶谱图，化学位移等价的一种核显示一个峰；若为强偶合体系，其同核 J 分解谱的表现形式比较复杂。图 9-42 为 (E)-2- 丁烯酸乙酯的 ^{1}H 同核 J 分解谱，从谱图中可清楚地读出质子的化学位移 δ_H 及偶合常数 J_{HH}。

（2）异核 J 分解谱　常见的异核 J 分解谱为碳原子与氢原子之间偶合产生的，它的 ω_2 方向（横轴，即 F_2 轴）的投影类似于全去偶碳谱；ω_1 方向（纵轴，即 F_1 轴）反映了各个碳原子谱线被直接相连的氢原子偶合而产生的裂分，即季碳为单峰、CH 为二重峰、CH_2 为三重峰、CH_3 为四重峰。图 9-43 为 (E)-2- 丁烯酸乙酯的 ^{13}C-^{1}H 异核 J 分解谱，碳的化学位移及碳上的质子与其偶合常数均可读出，据此还可以判断碳上质子的个数。

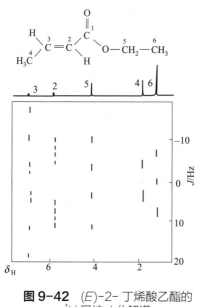

图 9-42　(E)-2- 丁烯酸乙酯的 ^{1}H 同核 J 分解谱

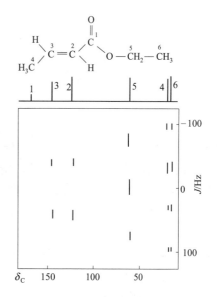

图 9-43　(E)-2- 丁烯酸乙酯的 ^{13}C-^{1}H 异核 J 分解谱

2. 二维化学位移相关谱

二维化学位移相关谱（two-dimensional shift correlated spectroscopy，2D-COSY 或 COSY）比 J 分解谱更重要及更有用，是 2D-NMR 谱的核心，它表明共振信号的相关性。2D-COSY 谱分为同核和异核相关谱两种。

（1）同核化学位移相关谱　同核化学位移相关谱中应用最多的是 ^1H-^1H COSY 谱，^1H-^1H COSY 谱是同一个偶合体系中质子之间的偶合相关谱。它可以确定质子的化学位移以及质子之间的偶合关系和连接顺序。^1H-^1H COSY 谱的 ω_2（横轴，即 F_2 轴）和 ω_1（纵轴，即 F_1 轴）方向的投影均为氢谱。COSY 谱一般画成正方形，图中有两类峰，一类是处于正方形对角线（即 $F_1=F_2$）上的峰，称为对角峰，例如，AX 体系的对角峰位于（δ_A、δ_A）和（δ_X、δ_X）两处，它们的坐标即是各自的化学位移；另一类为交叉峰，也称作相关峰。交叉峰有两组，它们不在对角线上（即 $F_1 \neq F_2$），而是分别出现在对角线两侧，并与对角线相对称。交叉峰显示了具有相同偶合常数的不同核之间的偶合。如 AX 系统，其两组交叉峰分别出现在（δ_A、δ_X）和（δ_X、δ_A）处，并与两组对角峰组成一个正方形，据此可推断这两组核（δ_A、δ_A）和（δ_X、δ_X）有偶合关系。

由此可见，通过 COSY 谱，从任一交叉峰即可确定相应的两峰组的偶合关系（主要是 ^3J 偶合关系）而不必考虑氢谱中的裂分峰形。图 9-44 的实例说明了 COSY 的具体应用。

图 9-44 中化学位移最大的是编号为 7 的苯环氢（δ 7.43，d），从其出发在对角峰上可找到苯环氢-5（δ 7.06，d），这两个氢在苯环上处于邻位，偶合大。在 COSY 谱上可看到 2 个交叉峰，与这两个氢的对角峰组成一个四方形。乙基上的甲基和亚甲基也互相偶合，在图上有甲基的对角峰（δ 1.341，t）和亚甲基的对角峰（δ 4.276，q）与它们的交叉峰组成的四方形。其他氢之间无偶合，故看不到它们的交叉峰。

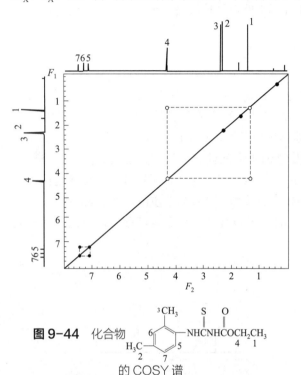

图 9-44　化合物的 COSY 谱

（2）异核化学位移相关谱　异核化学位移相关谱中使用最多的是 ^{13}C-^1H COSY 谱，它分为直接 ^{13}C-^1H COSY 谱和远程 ^{13}C-^1H COSY 谱。直接 ^{13}C-^1H COSY 谱是将直接相连的 ^{13}C 和 ^1H 关联起来，而远程 ^{13}C-^1H COSY 谱是将相隔两至三个化学键的 ^{13}C 和 ^1H 关联起来。异核化学位移相关谱测试技术又分为两种：一种是对非氢核进行采样，由于是对异核 ^{13}C 采样，这种技术灵敏度低；另一种是对氢核进行采样，较前者灵敏度提高了 8 倍，是目前常用的采样方法，所得的谱图有 HMQC（检测 ^1H 的异核多量子相干）、HSQC（检测 ^1H 的异核单量子相干）、HMBC（检测 ^1H 的异核多键相关）等，其中 HMQC 和 HSQC 属于直接 ^{13}C-^1H COSY 谱，而 HMBC 属于远程 ^{13}C-^1H COSY 谱。上述谱图的一维是氢谱，另一维是碳谱，解谱的方法基本类同。

① 直接 ^{13}C-^1H COSY 谱　通常称之为 ^{13}C-^1H COSY 谱。在 ^{13}C-^1H COSY 谱中，F_1 轴是 ^1H 的化学位移，F_2 轴是 ^{13}C 的化学位移。常规的 ^{13}C-^1H COSY 谱能得到的是直接相连的碳与氢的偶合关系（$^1J_{CH}$）。从一个已知的 ^1H 信号，按照相关关系可以找到与之键合的 ^{13}C 信号；反之亦然。在 ^{13}C-^1H COSY 谱中，季碳没有信号。若一个碳上有几个化学位移值不同的氢，则谱图中该碳在相同的 δ_C 处及不同的 δ_H 处出现几个信号；若在一个碳上的几个氢的化学位移值相同，则只出现一个信号。图 9-45 的实例说明了 ^{13}C-^1H COSY 谱的实际应用。

从图 9-45 中的相关峰向 F_1 轴作垂线，得到 ^1H 的化学位移，向 F_2 轴作垂线，得到 ^{13}C 的化学位移。也就是说，图中的相关峰出现在该碳和这个碳上的氢的化学位移相交处。若某一个碳上有两个化学位移不同的氢，则该碳和这个碳上的两个氢会有两个相关峰。所述化合物分子中的 1、2、3、4、5、6、7 号碳上有氢，故图中有这些碳与氢的相关峰，没有对角峰，也没有其他无氢的碳的信息。

HMQC 使用的脉冲序列与 ^{13}C-^1H COSY 谱类似，二者的图形也十分相似；区别在于不是用 ^{13}C 检测，

而是用 ^{1}H 检测 ^{13}C-^{1}H COSY 谱。其优点是充分利用了 ^{1}H 较高的灵敏度，减少了样品用量和缩短了测试时间，特别适用大分子微量样品的结构鉴定。

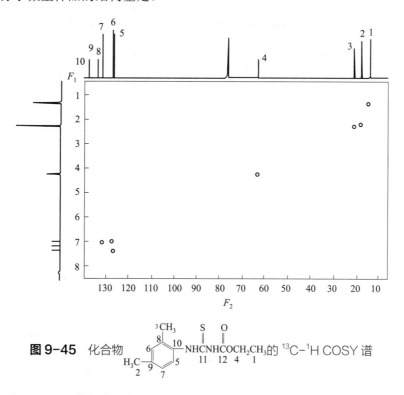

图 9-45 化合物 的 ^{13}C-^{1}H COSY 谱

HSQC 谱的外观与 HMQC 谱完全一样，但在 F_1 轴上的分辨率比 HMQC 高。

② 远程 ^{13}C-^{1}H COSY 谱 远程 ^{13}C-^{1}H COSY 谱（correlation spectroscopy via long-range coupling, COLOC 或 Long-Range ^{13}C-^{1}H COSY）可以获得相隔 2～3 个化学键的 ^{13}C 和 ^{1}H 的偶合信息，建立起 C—C 间的关联，从而确定出分子骨架。这种远程偶合甚至能跨越季碳、氧、氮等杂原子，如 CO—O—CH 中的 H 与羰基碳、C—NH$_2$ 中的 C 与 H 相关。在 COLOC 谱中，F_1 轴仍为 ^{1}H 化学位移，F_2 轴为 ^{13}C 化学位移。无对角峰，交叉峰既有 $^nJ_{CH}$ 远程相关峰，也有强的 $^1J_{CH}$ 相关峰，因此能够得到一些季碳的信息。解谱时要与 ^{13}C-^{1}H COSY 谱对照，以便扣除 ^{13}C-^{1}H COSY 谱上也有的 $^1J_{CH}$ 交叉峰，得到远程 $^nJ_{CH}$ 的偶合信息。图 9-46 为 (E)-2- 丁烯酸乙酯的 COLOC 谱。

从图 9-46 可见 H-6 与 C-5 有交叉峰，H-4 与 C-2（$^3J_{HC}$）和 C-3（$^2J_{HC}$）有相关信号，H-5 跨过氧与 C-1（季碳）有交叉峰（^3J），H-6 与 C-6、H-4 与 C-4、H-5 与 C-5 的信号也可看到。而在此图上没看到 H-3、H-2 与 C-1 的交叉峰，以及 H-3 与 C-3、H-2 与 C-2 的信息。

HMBC 把 ^{1}H 核与远程偶合的 ^{13}C 核关联起来，其作用类似于 COLOC 谱。与 COLOC 谱不同的是 F_1 轴为 δ_C、F_2 轴为 δ_H，灵敏度要比一般的 COLOC 谱高，有关通过 2～3 个化学键的 ^{1}H 与 ^{13}C 的偶合信息比 COLOC 谱多。HMBC 具有两个明显的优点：一是可以从谱图上清楚地看到包括季碳在内的所有 $^nJ_{CH}$（$n=1, 2, 3$）的相关信息，一键相关性显示其大的 $^1J_{CH}$ 值，给出两个交叉峰，易与其他多键远程相关性区别开来；另一重要的优点是样品用量少，检测时间短，用几毫克分子量在 1000 以上的化合物通过几小时的记录，即可得到能用于解析的 HMBC 谱图。所以，现在已不常做 COLOC 实验，而改做 HMBC 实验。

图 9-47 为化合物 CH$_3$—CH$_2$—CHCl—CH=CCl—CH$_3$ 的 HMBC 谱示意图。

（3）其他化学位移相关谱

① TOCSY 谱 TOCSY 谱称为总相关谱（total correlation spectroscopy），与反映 ^3J 偶合关系的 ^{1}H-^{1}H COSY 不同，TOCSY 谱可以给出同一偶合体系所有质子彼此之间全部相关信息，即从总相关谱图上某一

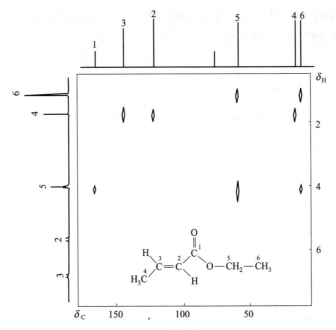

图 9-46 (E)-2-丁烯酸乙酯的 COLOC 谱

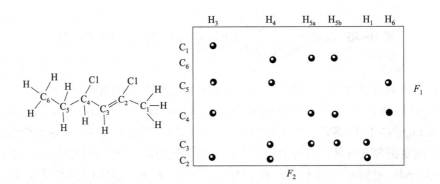

图 9-47 化合物 CH_3—CH_2—CHCl—CH=CCl—CH_3 的 HMBC 示意图

个质子的谱峰出发，可找到与它处于同一偶合体系中的所有质子谱峰的相关峰，因此 TOCSY 谱的相关峰比 COSY 谱要多，而且信号强，进行归属时往往比 COSY 谱更有效。目前，总相关谱的使用越来越广泛。

② 二维 NOE 谱　二维 NOE 谱简称 NOESY（nuclear overhauser effect spectroscopy），是通过同核 ^1H-^1H 间可发生交换弛豫的关系，检查相关 ^1H 核间距离的实验方法。NOESY 表示的是质子的 NOE 关系，F_1 和 F_2 两个轴均为 δ_H。其图谱外观与 COSY 谱类似，也有对角峰和交叉峰，差别是交叉峰不是表示两个氢核之间有偶合关系，而是表示其 NOE 关系，可用以了解相关核的空间距离，提供有机分子的构型和构象等立体化学信息。目前，这种方法已成为研究有机物立体化学的有力工具，尤其适用于蛋白质等生物大分子的研究。

图 9-48 是右边图示化合物的 NOESY 谱示意图。

由图 9-48 所示化合物的结构式可知，H_{1a} 与 H_3 和 H_{5a}、H_{2a} 与 H_{3e}、H_{5a} 与 H_{3a} 和 H_{5e}、H_{3a} 与 H_{3e} 都应有 NOE 关系，这可从该化合物 NOESY 谱上它们的交叉峰得以证实。

上面简要介绍了结构分析常用的几种 2D-NMR 谱的特点和解析方法。每种 2D-NMR 谱的样品用量、测试时间及用途等，可参照表 9-12。

随着科学技术的快速发展，2D-NMR 在近年来得到了长足的进步，现已成为广泛应用的结构分析方法。减少样品用量、缩短测试时间、提高检测灵敏度、提供更加有用的信息，是今后 2D-NMR 的发展方向。

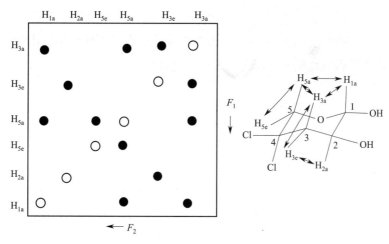

图 9-48 图示化合物的 NOESY 谱示意图
(● 为有 NOE 的相关峰)

表 9-12 常用 2D-NMR 谱的有关信息

名称	样品量 /mg	实验时间	相关途径	用途
^{1}H-^{1}H J 谱	5		J_{HH}	确定 δ_H, J_{HH}
^{13}C-^{1}H J 谱	20		J_{CH}	确定 δ_C, J_{CH}, 碳上氢的个数
COSY	5	5~30min	J_{HH}	确定 H-H 偶合关系
HMQC/HSQC	10	0.5~2h	$^1J_{CH}$	确定 C-H 偶合关系
COLOC	20	4~12h	$^nJ_{CH}$ ($n \geq 2$)	确定远程 C-H 偶合关系
HMBC	10	2~12h	$^nJ_{CH}$ ($n \geq 2$)	确定远程 C-H 偶合关系
TOCSY	5	5~30min	$^nJ_{HH}$	确定自旋体系及质子间偶合关系
NOESY	10	1~2h	NOE	提供空间或交换信息

总结

○ 在外加磁场的作用下，磁性原子核能产生核自旋能级分裂，当用频率为兆赫数量级的电磁波照射分子时，便能引起原子核自旋能级的跃迁，这种现象称为核磁共振；以核磁共振信号强度对照射频率（或磁场强度）作图，所得谱图称为核磁共振光谱。利用核磁共振光谱进行结构测定、定性及定量分析的方法称为核磁共振光谱法。

○ 核磁共振氢谱是研究最多、应用最广的核磁共振谱，它主要提供化合物中有关质子的信息。根据核磁共振吸收峰的位置（即化学位移值的大小），可以推断分子中质子的类型；根据吸收峰的面积，可计算出各种类型氢的数目；根据峰的裂分情况、偶合常数及峰形，可确定基团之间的连接关系，据此可确定化合物的分子结构。

○ 影响氢核化学位移的因素有诱导效应、共轭效应、磁各向异性效应、氢键效应等。

○ 核磁共振碳谱可提供化合物分子中碳核的类型、碳的分布、碳核间的关系三方面结构信息。另外，利用某些碳谱技术，如 INEPT、DEPT 等，还可以进一步提供分子中各种碳原子的结构类型，如伯、仲、叔、季碳原子的数目和官能团的类型。与氢谱不同的是，碳谱主要提供的是分子骨架的信息，而不是外围质子的信息。

○ 碳谱与氢谱之间的关系是相互补充的：①氢谱不能测定不含氢的官能团，对于含碳较多的有机物，烷氢的化学环境类似，而无法区别，但碳谱可以给出各种含碳官能团的信息，几乎可分辨每一个碳核；②碳谱（反转门控去偶谱除外）峰高与碳原子数目不成比例，定量性差，但氢谱峰面积的积分高度与氢原子数成比例，可以进行准确的定量分析。

思考题

1. 什么是核磁共振？实现核磁共振的条件是什么？
2. 何谓化学位移？它有什么重要性？在 ^{1}H-NMR 中影响化学位移的因素有哪些？
3. 何谓自旋偶合和自旋裂分？它有什么重要性？
4. 如何判断化学等价核？化学等价核与磁等价核有什么不同？
5. 如何区分一级谱与高级谱？
6. 简述核磁共振谱图解析的一般程序。
7. ^{1}H-NMR 定量分析的依据是什么？常用的定量分析方法有哪几种？
8. 解析复杂图谱常用的辅助方法有哪 3 种？
9. PFT-NMR 主要由哪些部件组成？相比 CW-NMR，它的主要优点有哪些？
10. 影响 ^{13}C 化学位移的因素有哪些？
11. ^{13}C 宽带去偶与偏共振去偶有何不同？
12. 什么是 ^{13}C 门控去偶与反转门控去偶？各有什么优势？
13. 何谓二维核磁共振谱？它在有机结构分析中有何用途？

课后练习

1. 指出下列核中，自旋量子数为零的核是：（1）^{19}F$_9$；（2）^{7}Li$_3$；（3）^{14}N$_7$；（4）^{16}O$_8$
2. 随着氢核酸性的增加，其化学位移值是：（1）增大；（2）减小；（3）不变；（4）呈指数减小
3. 下列化合物的质子间构成 AA′BB′ 系统的是：

（1）$\begin{array}{c}H\\ \end{array}$C=C$\begin{array}{c}H\\ CN\end{array}$
（2）CH$_3$—〈 〉—NO$_2$
（3）CH$_3$—CH=CH—C≡H
（4）CH$_3$—$\overset{O}{\overset{\|}{C}}$—CH$_2$—CH$_3$

4. 位移试剂的加入可使核磁共振谱图中重叠的谱线分开，其原因是因为位移试剂具有：（1）诱导效应；（2）共轭效应；（3）磁各向异性效应；（4）氢键效应
5. 要观察到两个质子间的 NOE 效应，则两质子间的距离必须：（1）小于 0.3nm；（2）大于 0.3nm；（3）等于 0.4nm；（4）大于 0.4nm
6. 在核磁共振实验中，常用的溶剂有：（1）氘代氯仿；（2）丙酮；（3）四氯化碳；（4）重水
7. 将 ^{13}C-NMR 用于有机物的结构分析，主要依据的是：（1）偶合常数；（2）裂分峰的数目；（3）积分曲线的高度；（4）化学位移
8. 将 ^{13}C-NMR 用于有机物的定量分析，应采用的测定方法是：（1）宽带去偶；（2）选择性去偶；（3）反转门控去偶；（4）门控去偶

9. ^1H 检测的远程 ^{13}C-^1H COSY 谱是：（1）^{13}C-^1H COSY 谱；（2）HMQC 谱；（3）HSQC 谱；（4）HMBC 谱

10. 要确定有机化合物分子中质子的化学位移以及质子之间的偶合关系和连接顺序，可采用：（1）^1H -^1H COSY 谱；（2）COLOC 谱；（3）HMBC 谱；（4）HMQC 谱

简答题

1. F 核和 H 核在相同频率的电磁辐射照射下，为使核磁共振发生，何者要求较大的外加磁场强度？

2. 在 H^+ 和 CH_4 中围绕氢核的电子云密度有何不同？

3. 试述下列化合物的 NMR 谱图的特征：

（1）$ClCH_2$—CH_2Cl （3）Cl—CH_2—O—CH_3

（2）CH_3—CCl_2—CH_2Cl

4. 试写出下列化合物中质子间偶合作用系统的类型，并写出精细结构的多重性。

（1）$Cl_2CHCHCl_2$
（4）$Cl_2CHCHClCH$
$\quad\quad\quad\quad\quad\quad\quad\quad\quad\quad\overset{O}{\|}$

（2）Cl_2CHCH
$\quad\quad\overset{O}{\|}$
（5）$CH_3OCHClCH_2Cl$

（3）Cl_2CHCH_2Cl （6）$CHCl_2CH$
$\quad\quad\quad\quad\quad\quad\quad\quad\quad\overset{O}{\|}$

5. 试解释下列两个化合物中标出的质子 H_a 和 H_b 的 δ 值为何不同？

δ_{H_a} 6.86 $\quad\quad\quad$ δ_{H_b} 5.98

6. 对于酚类化合物来说，随着温度的升高，将对 OH 质子共振吸收峰带来什么影响？

7. 在下面化合物中，OH 质子在 δ 11 处有吸收，为什么其化学位移值比酚 OH 质子大得多？

8. 图 9-49 为某化合物的 ^1H-NMR 谱，确定它是下列化合物中的哪一个，为什么？

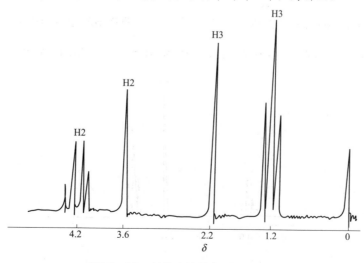

图 9-49 某化合物的 ^1H-NMR 谱

(1) CH₃CH₂—C(=O)—CH₂—C(=O)—O—CH₃

(2) CH₃—CH₂—C(=O)—CH₂—O—C(=O)—CH₃

(3) CH₃—CH₂—C(=O)—O—CH₂—C(=O)—CH₃

(4) CH₃—CH₂—O—C(=O)—CH₂—C(=O)—CH₃

9. 某化合物 C₈H₁₀ 有两种异构体，其 ¹H-NMR 谱见图 9-50（a）、（b）两图，试鉴定其结构。

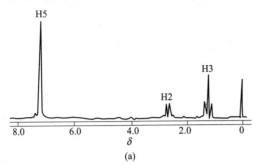
(a)

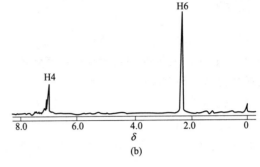
(b)

图 9-50　C₈H₁₀ 的 ¹H-NMR 谱

谱图解析

1. 某化合物含有 C、H、O 和 N，其 ¹H-NMR 谱如图 9-51 所示，图中由左到右峰面积比为 2∶2∶3，试推测其结构。

2. 一含 C、H、O 和 N 的化合物经元素分析含 C 70.1%、H 8.0%、N 10.1%，其 ¹H-NMR 谱如图 9-52 所示，推测其结构。

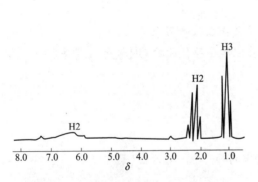

图 9-51　某化合物的 ¹H-NMR 谱

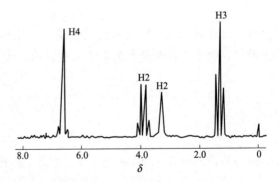

图 9-52　某化合物的 ¹H-NMR 谱

3. 已知化合物的分子式为 C₄H₈O₂，其 ¹H-NMR 谱如图 9-53 所示，试推测其结构。

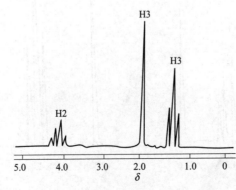

图 9-53　C₄H₈O₂ 的 ¹H-NMR 谱

4. 已知某化合物的分子式为 $C_{14}H_{14}S$，试根据图 9-54 的 ^{1}H-NMR 谱，推断该化合物结构。

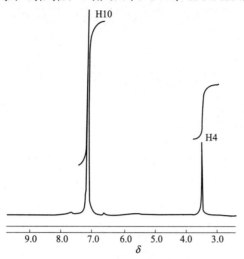

图 9-54 $C_{14}H_{14}S$ 的 ^{1}H-NMR 谱

5. 已知某化合物的分子式为 $C_{10}H_{12}O_2$，其 ^{1}H-NMR 谱如图 9-55 所示，试推测其结构。

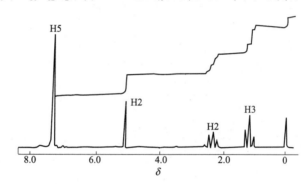

图 9-55 $C_{10}H_{12}O_2$ 的 ^{1}H-NMR 谱

6. 已知化合物的分子式为 C_9H_{12}，其 ^{13}C-NMR 谱如图 9-56 所示，试推测其结构。

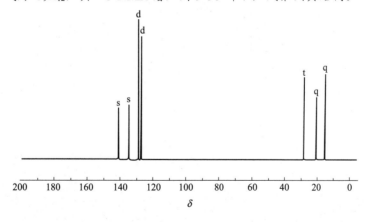

图 9-56 C_9H_{12} 的 ^{13}C-NMR 谱

第十章 质谱分析法

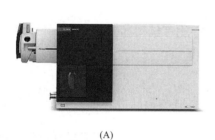
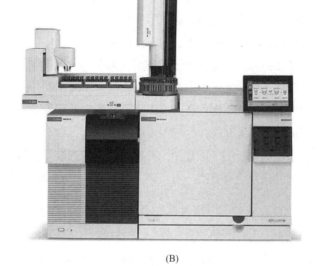

(A)　　　　　　　　　　　　　(B)

　　质谱仪分为有机质谱仪、无机质谱仪、同位素质谱仪与生物质谱仪，它们都是由真空系统、进样系统、离子源、质量分析器、计算机控制与数据处理系统组成，但因研究对象不同，所以在仪器与应用方面彼此间还是有较大差别。图（A）为有机质谱仪，它研究的是有机化合物的质谱，有关有机化合物的质谱将在本章进行详细介绍。图（B）为气相色谱–质谱联用仪，该仪器将色谱的高分离能力与质谱的高选择性、高灵敏度及能够提供分子量与结构信息的优点结合起来，已成为复杂体系样品分析的一种重要手段。（图片来源：© Agilent Technologies, Inc. Reproduced with Permission, Courtesy of Agilent Technologies, Inc.）

为什么要学习有机质谱分析？

有机质谱是通过对样品离子的质量和强度的测定来对有机化合物进行定性和定量及结构分析的一种方法。本章系统地介绍了有机质谱的基本原理、有机质谱仪、离子的类型及离子的开裂规律、EI 质谱及软电离源质谱的解析方法等。通过本章的学习，可以正确识别分子离子峰，以确定化合物的分子量，能根据同位素峰确定分子式，并能利用亚稳离子峰确证开裂过程。最终达到能根据质谱图的解析，推测出有机化合物分子结构的目的。

学习目标

- 掌握质谱法的基本原理。
- 熟悉质谱仪各组成部分的作用及要求。
- 掌握常用离子源的构造、离子化机制及特点。
- 初步掌握 6 种质量分析器的构造、离子的分离机制及特点。
- 熟悉质谱中的离子类型，能正确识别分子离子峰，以确定化合物的分子量。
- 掌握离子的开裂类型及影响离子开裂的主要因素。
- 了解各类常见有机化合物的 EI 质谱特征。
- 掌握质谱解析的一般程序，并根据质谱数据推测有机化合物的分子结构。
- 熟悉四谱综合解析的一般步骤，并列举一个四谱综合解析实例。

质谱分析法（mass spectrometry，MS）是通过对样品离子的质量和强度的测定来进行定性定量及结构分析的一种分析方法。

按照离子的质量（m）对电荷（z）比值（m/z，即质荷比）的大小依次排列所构成的图谱，称为质谱。质谱不同于 UV、IR 和 NMR，从本质上看，质谱不是光谱，而是带电粒子的质量谱。

从第一台质谱仪的出现，至今已有一百多年的历史。早期的质谱主要用于测定原子量、同位素的相对丰度，以及研究电子碰撞过程等物理领域。20 世纪 50 年代末，贝农（Beynon）和麦克拉弗蒂（Mclafferty）等提出了官能团对分子化学键的断裂有引导作用之后，质谱法在测定有机物结构的重要性才确立起来。至今质谱仪和质谱技术得到飞速发展，质谱仪汇集了当代先进的电子技术、高真空技术和计算机技术，已经制造出高分辨率和高灵敏度的仪器。气相色谱 - 质谱联用（GC-MS）、喷雾 LC-MS、动态快原子轰击 LC-MS、ICP-MS 以及其他新技术的发展和应用，如串联质谱（常简称 MS/MS）、二次离子质谱（SIMS）、热电离同位素质谱、加速器质谱、激光共振电离飞行时间质谱（LRIS-TOF）、时间分辨光电离质谱（TPIMS）、傅里叶变换回旋共振质谱、火花源质谱与辉光放电质谱等，大大扩展了质谱的应用范围。为了弥补电子轰击（EI）和化学电离（CI）离子源的不足，到目前为止，已发展了多种软电离技术，其中应用最广的是 1981 年 Barber 创立的快原子轰击（FAB），此外还有电喷雾电离（ESI）、热喷雾（TSI）和基质辅助激光解析电离（MALDI）等。随着电离技术和质谱仪器的不断改进和日渐成熟，质谱已成为原子能、石油化工、电子、冶金、医药、食品、地学、材料科学、环境科学及生命科学领域中不可缺少的近代分析仪器之一，正在发挥着越来越重要的作用。

根据被测样品的类型，质谱法可分为有机质谱、无机质谱和生物质谱。本章将主要介绍有机质谱分析。

第一节　基本原理

一、质谱的基本原理

质谱分析的基本原理很简单，即使被研究的物质形成离子，然后使离子按质荷比进行分离。下面以单聚焦质谱仪为例说明其基本原理。物质的分子在气态被电离，所生成的离子在高压电场中加速，在磁场中偏转，然后到达收集器，产生信号，其强度与到达的离子数目成正比，所记录的信号构成质谱。

当具有一定能量的电子轰击物质的分子或原子时，使其丢失一个外层价电子，则获得带有一个正电荷的离子（偶尔也可丢掉一个以上的电子）。若正离子的生存时间大于 10^{-6}s，就能受到加速板上电压 V 的作用加速到速度为 v，其动能为 $\frac{1}{2}mv^2$，而在加速电场中所获得的势能为 zV，加速后离子的势能转换为动能，两者相等，即

$$\frac{1}{2}mv^2 = zV \tag{10-1}$$

式中，m 为离子的质量；v 为离子的速度；z 为离子电荷；V 为加速电压。

正离子在电场中的运动轨道是直线的，进入磁场后，在磁场强度为 H 的磁场作用下，使正离子的轨道发生偏转，进入半径为 R 的径向轨道（见图10-1），这时离子所受到的向心力为 Hzv，离心力为 mv^2/R，要保持离子在半径为 R 的径向轨道上运动的必要条件是向心力等于离心力，即

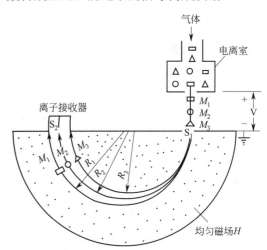

图 10-1　半圆形（180°）磁场

R_1、R_2、R_3—不同质量离子的运动轨道曲率半径；M_1、M_2、M_3—不同质量的离子；S_1、S_2—分别为进口狭缝和出口狭缝

$$Hzv = \frac{mv^2}{R}$$

$$v = \frac{HzR}{m} \tag{10-2}$$

将式（10-1）代入式（10-2）可以计算出半径 R 的大小与离子质荷比的关系为

$$\frac{m}{z} = \frac{H^2R^2}{2V} \tag{10-3}$$

或

$$R = \sqrt{\frac{2V}{H^2} \times \frac{m}{z}} \tag{10-4}$$

式中，m/z 为质荷比，当离子带一个正电荷时，它的质荷比就是它的质量数。

式（10-3）为磁场质谱仪的基本方程，由此可知，要将各种 m/z 的离子分开，可以采用以下两种方式。

（1）固定 H 和 V，改变 R　固定磁场强度 H 和加速电压 V，由式（10-3）可知，不同 m_i/z 将有不同的 R_i 与 i 离子对应，这时移动检测器狭缝的位置，就能收集到不同 R_i 的离子流。但这种方法在实验上不易实现，常常是直接用感光板照相法记录各种不同离子的 m_i/z。

（2）固定 R，连续改变 H 或 V　在电场扫描法中，固定 R 和 H，连续改变 V，由式（10-3）可知，通过狭缝的离子 m_i/z 与 V 成反比。当加速电压逐渐增加，先被收集到的是质量大的离子。

在磁场扫描法中，固定 R 和 V，连续改变 H，由式（10-3）可知，m/z 正比于 H^2，当 H 增加时，先收集到的是质量小的离子。

 概念检查 10.1

○ 将含有不同 m/z 的离子束引进具有固定狭缝和固定加速电压的质谱仪中，当缓慢增加磁场强度时，首先通过狭缝的是 m/z 最高的离子还是最低的离子？为什么？

二、质谱的表示方法

质谱的表示方法有三种：质谱图、质谱表和元素图。质谱图有两种：峰形图（见图 10-2）和条形图（见图 10-3），目前大部分质谱都用条图表示。

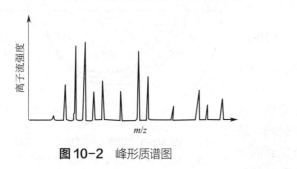

图 10-2　峰形质谱图

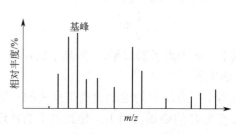

图 10-3　条形质谱图

在图 10-3 中，横坐标表示质荷比，纵坐标表示相对丰度，以质谱中最强峰的高度作为 100%，然后用最强峰的高度去除其他各峰高度，这样得到的百分数称作相对丰度。用相对丰度表示各峰的高度，其中最强峰称为基峰。

质谱除了用条图表示外，还可以用表和元素图的形式表示，目前文献中也常以表的形式发表质谱数据，如表 10-1 为甲苯的质谱。

表 10-1　甲苯的质谱

m/z	基峰相对丰度 /%	m/z	分子离子峰相对丰度 /%	m/z	基峰相对丰度 /%	m/z	分子离子峰相对丰度 /%
38	4.4			63	8.6		
39	5.3			65	11		
45	3.9			91	100（基峰）		
50	6.3	92（M）	100	92	68（分子离子峰）		
51	9.1	93（M+1）	7.23	93	4.9（M+1）		
62	4.1	94（M+2）	0.29	94	0.21（M+2）		

元素图是由高分辨率质谱仪所得结果，经一定程序运算直接得到的，由元素图可以了解每个离子的元素组成。

第二节　仪器

进行质谱分析的仪器称为质谱仪。质谱仪的种类很多，按用途可分为同位素质谱仪、无机质谱仪、有机质谱仪和生物质谱仪四种。本章主要介绍有机质谱仪。

一、质谱仪的基本结构

质谱仪是能产生离子、并将这些离子按其质荷比进行分离记录的仪器，它由五大部分组成，即进样系统、离子源、质量分析器、检测记录系统及真空系统，见图10-4。

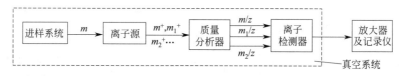

图10-4 质谱仪的方框图

质谱分析的一般过程是：通过合适的进样装置将样品引入并进行气化，气化后的样品进入离子源进行电离，电离后的离子经适当加速后进入质量分析器，按不同的质荷比进行分离，然后到达检测记录系统，将生成的离子流变成放大的电信号，并按对应的质荷比记录下来而得质谱图。

二、真空系统

质谱仪的离子产生及经过系统必须处于高真空状态，通常离子源的真空度应达 1.3×10^{-4} ~ 1.3×10^{-5}Pa，质量分析器中应达 1.3×10^{-6}Pa。若真空度过低，则会造成离子源灯丝损坏、本底增高，副反应过多，从而使图谱复杂化。一般质谱仪都采用机械泵预抽真空后，再用高效率扩散泵连续运行以保持真空。现代质谱仪采用分子泵可获得更高的真空度。

三、进样系统

进样系统的作用是高效重复地将样品引入到离子源，并且不能造成真空度的降低。目前常用的进样系统有三种：间歇式进样系统、直接探针进样及色谱进样系统。

间歇式进样系统是通过可拆卸式试样管将少量（10～100μg）固体和液体试样引入试样贮存器中，试样被加热气化。然后通过分子漏孔，以分子流形式渗透入高真空的离子源中。间歇式进样系统可用于气体、液体和中等蒸气压的固体样品进样。对上述条件下无法变成气体的固体及非挥发性液体试样，可用探针直接进样，探针是一直径为6mm、长250cm的不锈钢杆，其末端有盛放样品的石英毛细管、细金属丝或小的铂坩埚，此杆通过真空锁直接插入离子源。根据不同样品，调节加热温度，使之气化。色谱进样是将色谱柱分离的组分，经过接口装置，除去流动相进入质谱仪，而质谱仪则成为色谱仪的检测器。

四、离子源

离子源的作用是将进样系统引入的气态样品分子转化成离子。由于离子化所需要的能量随分子不同差异很大，因此，对于不同的分子应选择不同的离解方法。通常能给样品较大能量的电离方法称为硬电离方法，而给样品较小能量的电离方法称为软电离方法，后一种方法适用于易破裂或易电离的样品。

使分子电离的手段很多，因此有各种各样的离子源，表10-2列出了一些常见离子源的基本特征。

表 10-2　质谱研究中的常见离子源

名称	简称	类型	离子化试剂	应用年代
电子轰击离子化（electron bomb ionization）	EI	气相	高能电子	1920
化学电离（chemical ionization）	CI	气相	试剂离子	1965
场电离（field ionization）	FI	气相	高电势电极	1970
场解吸（field desorption）	FD	解吸	高电势电极	1969
快原子轰击（fast atom bombandment）	FAB	解吸	高能原子束（或离子束）	1981
二次离子质谱（secondary ion MS）	SIMS	解吸	高能离子	1977
激光解吸（laser desorption）	LD	解吸	激光束	1978
电流体效应离子化（离子喷雾）（electrohydrodynamic ionization）	EH	解吸附	高场	1978
热喷雾离子化（thermospray ionization）	TSI		荷电微粒能量	1985
电喷雾电离（electrospray ionization）	ESI	解吸	高电场	1984
基质辅助激光解吸电离（matrix-assisted laser desorption ionization）	MALDI	解吸	激光束	1988

1. 电子轰击源（EI）

电子轰击源的构造如图 10-5 所示。当样品蒸气进入离子源后，受到由灯丝 g 发射的电子 b 的轰击，生成正离子。在离子源的后墙 c 和第一加速极 d 之间有一个低正电位，将正离子排斥到加速区，正离子被 d 和 e 之间的加速电压加速，通过狭缝 S_1 射向质量分析器。

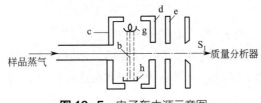

图 10-5　电子轰击源示意图

电子 b 的能量可以通过调节灯丝 g 和正极 h 间的电压来控制，通常在 g 和 h 间施加 70V 电压，则轰击电子 b 的能量为 70eV。对有机化合物常选用轰击电子的能量为 70～80eV，有时为了减少碎片离子峰，简化质谱图，也采用 10～20eV 的电子能量。

电子轰击源是应用最广泛的一种离子源，其优点是结构简单，易于操作，电离效率高，谱线多，信息量大，再现性好；缺点是某些化合物的分子离子峰很弱，甚至观察不到。

2. 化学电离源（CI）

化学电离源是通过分子-离子反应使样品电离，因此化学电离源需要使用反应气体，常用的反应气体有甲烷、氢、氦、CO 和 NO 等。假设样品是 M，反应气体是 CH_4，将两者混合后送入电离源，先用能量大于 50eV 的电子使反应气体 CH_4 电离，发生一级离子反应

$$CH_4 + e^- \longrightarrow CH_4^+ + CH_3^+ + CH_2^+ + C^+ + H_2^+ + H^+ + ne^-$$

生成的 CH_4^+ 和 CH_3^+ 约占全部离子的 90%。

电离生成的 CH_4^+ 和 CH_3^+ 很快与大量存在的 CH_4 作用，发生二级离子反应

$$CH_4^+ + CH_4 \longrightarrow CH_5^+ + CH_3 \cdot$$

$$CH_3^+ + CH_4 \longrightarrow C_2H_5^+ + H_2$$

生成的 CH_5^+ 和 $C_2H_5^+$ 活性离子与样品分子 M 进行分子-离子反应生成准分子离子。准分子离子是指获得或失掉一个 H 的分子离子

$$M + CH_5^+ \longrightarrow [M+H]^+ + CH_4$$

$$M + C_2H_5^+ \longrightarrow [M+H]^+ + C_2H_4$$

或

$$M + CH_5^+ \longrightarrow [M-H]^+ + CH_4 + H_2$$

$$M + C_2H_5^+ \longrightarrow [M-H]^+ + C_2H_6$$

此外，下列反应也存在

$$M + C_2H_5^+ \longrightarrow [M+C_2H_5]^+$$

$$M + C_3H_5^+ \longrightarrow [M+C_3H_5]^+$$

在生成的这些离子中，以 $[M+H]^+$ 或 $[M-H]^+$ 的丰度为最大，成为主要的质谱峰，且通常为基峰。

化学电离源适于易气化、受热不分解的有机样品分析，具有很强的准分子离子峰，利于测定化合物的分子量；缺点是碎片少，不利于化合物的结构分析。

3. 快原子轰击源（FAB）

FAB 是应用较广泛的软电离技术，它是利用惰性气体（He、Ar 或 Xe）的中性快速原子束轰击样品使之分子离子化，其工作原理如图 10-6 所示。

氙气或氩气在电离室依靠放电产生离子，离子通过电场加速并与热的气体原子碰撞，发生电荷和能量转移，得到高能原子束（或离子束），该高能粒子打在涂有非挥发性底物（如甘油等）和样品分子的

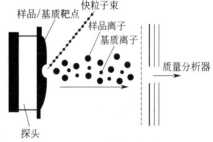

图 10-6 快原子轰击源的工作原理示意图

靶上使样品分子电离，产生的样品离子在电场作用下进入质量分析器。FAB 与 EI 源得到的质谱图是有区别的，一是分子量的获得不是靠分子离子峰 $M^{+\cdot}$，而是靠 $[M+H]^+$ 或 $[M+Na]^+$ 等准分子离子峰；二是碎片峰比 EI 谱要少。FAB 适合于强极性、分子量大、难挥发或热稳定性差的样品分析，如肽类、低聚糖、天然抗生素和有机金属配合物等。

4. 电喷雾电离源（ESI）

ESI 是一种软电离方式，常作为四极杆质量分析器、飞行时间质谱仪的离子源，主要用做液相色谱-质谱联用仪的接口装置，同时又是电离装置。图 10-7 是电喷雾电离源的示意图。

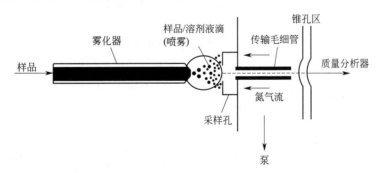

图 10-7 电喷雾电离源的示意图

ESI 有一个多层套管组成的电喷雾喷针。最内层是液相色谱流出物，外层是喷射气，喷射气采用大流量的氮气，其作用是使喷出的液体容易分散成微小液滴。在喷嘴的斜前方有一个辅助气喷口，在加热辅助气的作用下，喷射出的带电液滴随溶剂的蒸发而逐渐缩小，液滴表面电荷密度不断增加。当达到瑞利极限，即电荷间的库仑排斥力大于液滴的表面张力时，会发生库仑爆炸，形成更小的带电雾滴。此过程不断重复直至液滴变得足够小、表面电荷形成的电场足够强，最终使样品离子解吸出来。离子产生后，借助于喷嘴与锥孔之间的电压，穿过采样孔进入质量分析器（离子化机理见图 10-8）。ESI 的最大优点是

样品分子不发生裂解,通常无碎片离子,只有分子离子和准分子离子峰。它的另一优点是可以获得多电荷离子信息,从而可以检测分子量在 300000 以上的离子,使质量分析器检测的质量范围提高几十倍,特别适合于分析极性强、热稳定性差的有机大分子,如蛋白质、多肽、核酸、糖类等。

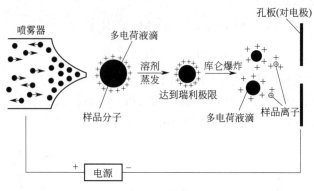

图 10-8　ESI 离子化机理

5. 大气压化学电离源（APCI）

APCI 属于软电离方式,产生的主要是准分子离子,碎片离子很少。APCI 与 ESI 类似（见图 10-9）,不同之处在于 APCI 喷嘴的下游放置一个电晕放电针,通过放电针的电晕放电,使空气中某些中性分子电离,产生 H_3O^+、N_2^+、O_2^+ 和 O^+ 等离子,溶剂分子也会被电离。这些离子与样品分子发生离子-分子反应,使样品分子离子化（见图 10-10）。APCI 主要用来分析中等极性的化合物。

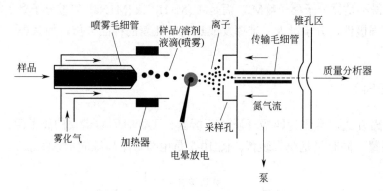

图 10-9　大气压化学电离源示意图

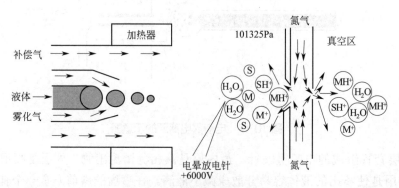

图 10-10　APCI 离子化机理
S—溶剂；M—样品

6. 大气压光致电离源（APPI）

APPI 与 APCI 相似,采用标准的加热雾化器,用氪灯代替电晕放电针。当样品进入 APPI 源后,加热蒸发，待测物在 Kr 灯辐射的光子作用下产生光离子化（见图 10-11）。加入合适的掺杂剂可提高离子化效率。APPI 多用于弱极性及非极性化合物的分析，如多环芳烃、甾族化合物和类黄酮等。APPI 源也用于液相色谱-质谱联用仪。

7. 激光解吸源（LD）

LD 源是利用一定波长的脉冲式激光照射样品，使样品发生电离。将样品置于涂有基质的样品靶上，激光照射到样品靶上，基质分子吸收激光能量，与样品分子一起蒸发到气相，并使样品分子电离。LD 源需要有合适的基质才能获得较好的离子化效率，因此，常称其为基质辅助激光解吸电离源（MALDI）。MALDI 的电离原理如图 10-12 所示。

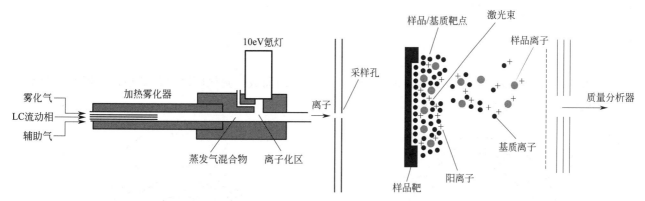

图 10-11 大气压光致电离源示意图　　**图 10-12** 基质辅助激光解吸电离源的原理示意图

MALDI 属于软电离技术，得到的多是分子离子、准分子离子，碎片离子和多电荷离子较少。MALDI 主要用于分析生物大分子，如长链肽、蛋白质、低聚核苷酸、低聚多糖等，是测定生物大分子分子量的有力手段。

8. 场致电离源（FI）

场致电离源由电压梯度约为 $10^7 \sim 10^8 \mathrm{V \cdot cm^{-1}}$ 的两个尖细电极组成。流经电极之间的样品分子由于价电子的量子隧道效应而发生电离，电离后被阳极排斥出离子室并加速经过狭缝进入质量分析器。

场致电离源形成的离子主要是分子离子，碎片离子少，可提供的信息少，通常将其与电子轰击源配合使用。

9. 场解吸电离源（FD）

场解吸电离源的作用原理与场致电离源相似，不同的是进样方式，在这种方法中，分析样品溶于溶剂，滴在场发射丝上，或将发射丝浸入溶液中，待溶剂挥发后，将场发射丝插入离子源，在强电场作用下样品不经气化即被电离。场解吸电离源适用于不挥发和热不稳定化合物的分子量的测定。

10. 火花源

对于金属合金或离子型残渣之类的非挥发性无机试样，必须使用不同于上述离子源的火花源。火花源类似于发射光谱中的激发源，向一对电极施加约 30kV 脉冲射频电压，电极在高压火花作用下产生局部高热，使试样仅靠蒸发作用产生原子或简单的离子，经适当加速后进行质量分析。火花源对几乎所有元素的灵敏度都较高，可达 10^{-9}，可以对极复杂样品进行元素分析，但由于仪器设备价格昂贵，操作复杂，限制了使用范围。

五、质量分析器

质量分析器的作用是将离子源中形成的离子按质荷比的大小分开。质量分析器可分为静态和动态两类。

静态分析器采用稳定不变的电磁场，按照空间位置把不同质荷比的离子分开，单聚焦和双聚焦磁场分析器属于这一类。

动态分析器采用变化的电磁场，按照时间或空间来区分质量不同的离子，属于这一类的有飞行时间质谱仪、四极杆质量分析器等。

1. 单聚焦质量分析器

单聚焦质量分析器由电磁铁组成，两个磁极由铁芯弯曲而成，磁极间隙尽量减小，磁极面一般呈半圆形（见图10-13）或扇形（见图10-14）。

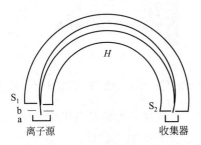

图10-13　180°磁偏转分析器

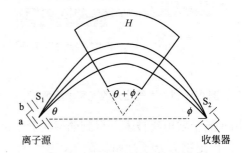

图10-14　扇形磁偏转分析器

在离子源 a 中产生的离子被施于 b 板上的可变电位所加速，经由狭缝 S_1 进入磁场的磁极间隙，受到磁场 H 的作用而作弧形运动，各种离子运动的半径与离子的质量有关，因此磁场即把不同质量的离子按 m/z 值的大小顺序分成不同的离子束，这就是磁场引起的质量色散作用。同时磁场对能量、质量相同而进入磁场时方向不同的离子还起着方向聚焦的作用，但不能对不同能量的离子实现聚焦，因而这种仪器称作单聚焦仪器。

2. 双聚焦质量分析器

双聚焦质量分析器在离子源和磁场之间加入一个静电场（称静电分析器），见图10-15。

令加速后的正离子先进入静电场 E，这时带电离子受电场作用发生偏转，要保持离子在半径为 R 的径向轨道中运动的必要条件是偏转产生的离心力等于静电力，即

$$zE = \frac{mv^2}{R} \tag{10-5}$$

所以

$$R = \frac{m}{z} \times \frac{v^2}{E} = \frac{2}{zE} \times \frac{1}{2}mv^2 \tag{10-6}$$

当固定 E，由式（10-6）可知，只有动能相同的离子才能具有相同的 R，因此静电分析器只允许符合上式的一定动能的离子通过。即挑出了一束由不同的 m 和 v 组成，但具有相同

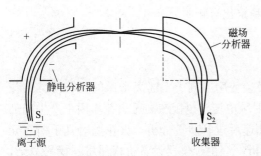

图10-15　双聚焦质量分析器示意图

动能的离子（这就叫能量聚焦），再将这束动能相同的离子送入磁场分析器实现质量色散，这样就解决了单聚焦仪器所不能解决的能量聚焦问题。

具有这类质量分析器的质谱仪可同时实现方向聚焦和能量聚焦，故称为双聚焦质谱仪，它具有较高的分辨率。

3. 飞行时间质量分析器

飞行时间质量分析器的主要部件是一个长 1m 左右的无场离子漂移管。图 10-16 是这种质量分析器的示意图。

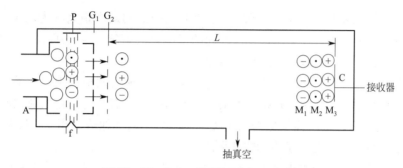

图 10-16 飞行时间质量分析器示意图

由阴极 f 发射的电子，受到电离室 A 上正电位的加速，进入并通过 A 到达电子收集极 P，电子在运动过程中撞击 A 中的气体分子并使之电离，在栅极 G_1 上施加一个不大的负脉冲（–270V），把正离子引出电离室 A，然后在栅极 G_2 上施加直流负高压 V（–2.8kV），使离子加速而获得动能 E。

$$E = \frac{1}{2}mv^2 = zV \tag{10-7}$$

由式（10-7）可得离子的速度 v 为

$$v = \sqrt{\frac{2zV}{m}} \tag{10-8}$$

离子以速度 v 飞行长度为 L 的既无电场又无磁场的漂移空间，最后到达离子接收器 C，所需的时间 t 为

$$t = \frac{L}{v} \tag{10-9}$$

由式（10-8）和式（10-9）得

$$t = L\sqrt{\frac{m}{2zV}} \tag{10-10}$$

由式（10-10）可见，当 L、z、V 等参数不变的情况下，离子在漂移管中的飞行时间与离子质量的平方根成正比。即对于能量相同的离子，离子的质量越大，到达接收器所用的时间越长；质量越小，所用时间越短。根据这一原理，可以按时间把不同质量的离子分开。飞行时间质量分析器的最大特点是既不需要磁场又不需要电场，只需要直线漂移空间，因此仪器的结构简单，分析速度快，测定的质量范围宽，灵敏度高；缺点是仪器分辨率低。

4. 四极杆质量分析器

这种分析器由四个筒形电极组成，对角电极相连接构成两组，如图 10-17 所示。

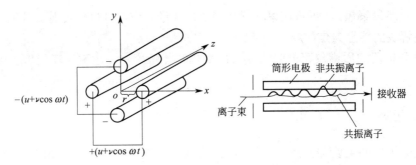

图 10-17 四极杆质量分析器示意图

z 轴通过原点 o 垂直于纸平面，原点 o（场中心点）至极面的最小距离称为场半径 r。在 x 方向的一组电极上施加 $+(u+v\cos\omega t)$ 的射频电压，在 y 方向的另组电极上施加 $-(u+v\cos\omega t)$ 的射频电压，式中 u 是直流电压，v 是交流电压幅值，ω 是角频率，t 是时间。

如果有一个质量为 m，电荷为 z，速度为 v 的离子从 z 方向射入四极场中，由于在 x 和 y 方向存在交变电场，离子要进行振荡运动。当 ω、u 和 v 为某一特定值时，只有具有一定质荷比的离子能沿着 z 轴方向通过四极场到达接收器，这样的离子称为共振离子，质荷比为其他值的离子，因其振荡幅度大，撞在电极上而被真空泵抽出系统，这些离子称为非共振离子。

当 r 和 z 一定时，通过四极场的正离子质量是由 u、v 和 ω 决定，改变这些参数就能使离子按质荷比大小顺序依次通过射频四极场，实现质量分离。

四极杆质量分析器由于利用四极杆代替了笨重的电磁铁，故体积小、重量轻、价格较廉，加上具有较高的灵敏度和较好的分辨率，因而它成为近年来发展最快的质谱仪器。

5. 离子阱质量分析器

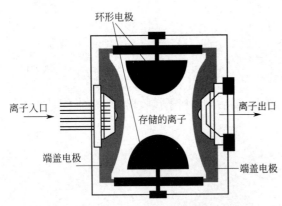

图 10-18 离子阱质量分析器的结构示意图

离子阱质量分析器的结构如图 10-18 所示，由两个端盖电极和位于它们之间的环形电极构成。端盖电极的中央有开口，供离子进出离子阱。两端盖电极接地，在环形电极上施以变化的射频电压，此时处于阱中且具有合适 m/z 的离子将在阱中指定的轨道上稳定旋转，若增加电压，则较重离子转至指定的稳定轨道，而轻些的离子将偏出轨道并与环形电极发生碰撞而滤除。当一组由电离源产生的离子经左端入口进入阱中后，射频电压开始扫描，陷入阱中的离子的运动轨道则会发生变化，并按质量从高到低的次序依次从右端出口离开离子阱，被电子倍增检测器检测。

离子阱质量分析器的特点是结构小巧，质量轻，价格低，灵敏度比四极杆质量分析器高 10～1000 倍，而且具有多级质谱功能，可用于 GC-MS 和 LC-MS 联机；缺点是分辨率（为 10^3～10^4）不够高，所得质谱与标准谱图有一定差别。

6. 傅里叶变换离子回旋共振质量分析器

傅里叶变换离子回旋共振质量分析器的基本原理是建立在离子回旋共振技术的基础上。离子在静磁场中会产生回旋，如果给这个离子施加一个射频辐射，当外加射频的频率等于离子回旋频率时，离子就会产生共振，这就是回旋共振。

假设样品在恒定磁场 H_0 中电离成质量为 m、电荷为 z、运动速度为 v 的离子。这些离子在磁场中被迫作随意的圆周运动，其回旋角频率可表示为

$$\omega = \frac{v}{r} = \frac{z}{m} H_0 \tag{10-11}$$

式中，ω 为离子回旋频率，弧度/秒；H_0 为磁场强度。由式（10-11）可以看出，离子的回旋频率与离子的质荷比呈线性关系，当磁场强度固定后，只需精确测得离子的回旋频率，就能准确地得到离子的质量。

傅里叶变换离子回旋共振质量分析器的核心部分是由超导磁体组成的强磁场，和置于磁场中的分析室组成。分析室是一个置于均匀超导磁场中的立方空腔，由三对相互垂直的平行板电极组成。第一对电极为捕集极，与磁场方向垂直，电极上加有适当正电压，其目的是延长离子在室内的滞留时间；第二对电极为发射极，用于发射射频脉冲；第三对电极为接收极，用来接收离子产生的信号。离子的分析和检测都在分析室进行。进入分析室的离子，在强磁场作用下被迫以很小的轨道半径作回旋运动，不产生可检出信号。如果在发射极上加一个快速扫频电压，若射频电压的频率正好与离子回旋的频率相同，满足共振条件时，离子吸收射频能量，轨道半径逐渐增大，产生可检出信号。这种信号是一种正弦波式的时间域信号，其频率与离子固有的回旋频率相同，振幅与离子数目成正比。如果分析室中各种质量的离子都满足共振条件，那么，实际测得的信号是同一时间内的各种离子所对应的正弦波信号的叠加。将测得的时间域信号重复累加放大，并经模数转换后输入计算机进行快速傅里叶变换，便可检出各种频率成分，利用频率和质量的已知关系，便可得到正常的质谱图。

采用傅里叶变换离子回旋共振分析器的质谱仪是一种新型的质谱仪，又称傅里叶变换质谱仪，简称 FTMS。FTMS 具有扫描速度快、质量范围宽、分辨率高（可达 100 万以上）、分析灵敏度高（由于离子是同时激发、同时检测，因此比普通回旋共振质谱仪高 4 个数量级）、测量精度好（能达到百万分之几）等诸多优点，并且可以和任何离子源连接，可以完成多级串联质谱的操作。其不足之处是需要很高的超导磁场，仪器价格和运行费用都比较高。

六、离子检测器

离子检测器的作用是将从质量分析器出来的只有 $10^{-9} \sim 10^{-12}$A 的微小离子流加以接收、放大，以便记录。最常用的离子检测器有法拉第杯、电子倍增器及照相底片等。

法拉第杯是加有一定电压的筒状或平板状金属电极，离子流通过出口狭缝落在电极上，产生的电流经转换成电压后进行放大记录。法拉第杯的优点是简单可靠，配以合适的放大器可以检测约 10^{-15}A 的离子流。

电子倍增器的种类很多，其工作原理与光电倍增管十分相似。这种检测器可检测出由单个离子直到大约 10^{-9}A 的离子流，可实现高灵敏、快速测定。

近代质谱仪中常采用隧道电子倍增器，其工作原理与电子倍增器相似，因为体积较小，多个隧道电子倍增器可以串联起来，可同时检测多个质荷比不同的离子，从而大大提高了分析效率。

照相检测主要用于火花源双聚焦质谱仪，其优点是无需记录总离子流强度，也不需要整套的电子线路，且灵敏度可以满足一般分析要求，但其操作麻烦，效率不高。

现代质谱仪一般都采用较高性能的计算机对产生的信号进行快速接收与处理，同时通过计算机可以对仪器条件等进行严格监控，从而使精密度和灵敏度都有一定程度的提高。

第三节　离子的类型

化合物在离子源中形成的离子类型是多种多样的，主要可归纳为以下几类：分子离子、准分子离子、同位素离子、碎片离子、亚稳离子、多电荷离子及负离子等。识别和了解这些离子的形成规律，对解析质谱十分重要。

一、分子离子

一个分子不论通过何种电离方法，使其失去一个外层价电子而形成带正电荷的离子，称为分子离子或母离子，质谱中相应的峰称为分子离子峰或母离子峰。通式为

$$M + e^- \longrightarrow M^{+\cdot} + 2e^-$$

式中，$M^{+\cdot}$ 表示分子离子。

分子离子峰一般位于质荷比最高位置，它的质量数即是化合物的分子量。质谱法是目前测定分子量最准确而又用样最少的方法。

在质谱中，用"+"或"$\overset{+}{\cdot}$"表示正电荷，前者表示分子中有偶数个电子，后者表示有奇数个电子。正电荷位置要尽可能在化学式中明确表示，这有利于判断以后的开裂。正电荷一般都在杂原子上、不饱和键的 π 电子系统和苯环上。当正电荷位置不明确时可用 []$^+$ 或 []$^{+\cdot}$ 表示，若化合物结构复杂，可在化学式的右上角标出 $\neg^+$ 或 $\neg^{+\cdot}$。

分子离子峰具有以下特点。

（1）分子离子峰若能出现，应位于质谱图的右端，其相对强度取决于分子离子的稳定性。芳香族、共轭烯烃及环状化合物的分子离子峰强，而脂肪醇、醚、胺、支链烷烃等的分子离子峰弱，甚至不出现。

（2）有机化合物通常由 C、H、O、N、S 和卤素等原子组成，其分子量应符合氮规则，即分子中含有偶数氮原子或不含氮原子时，其分子量应为偶数；含有奇数氮原子时，分子量应为奇数。如不符合上述规律，则必然不是分子离子峰。

（3）判断最高质量峰与其他碎片离子峰之间的质量差是否合理。以下质量差不可能出现：3～14，19～25（含氟化合物例外）、37、38、50～53、65、66。如果出现这些质量差，最高质量峰就不是分子离子峰。

（4）改变实验条件检验分子离子峰。

① 在采用电子轰击源时，降低电子流的电压，增加分子离子峰的相对强度。
② 采用化学电离源、场解吸电离源等其他电离方法。
③ 把样品制备成适当的衍生物，再予以测定。

二、准分子离子

准分子离子是指分子获得一个质子或失去一个质子，记为 [M+H]$^+$ 或 [M–H]$^+$。其相应的质谱峰称为准分子离子峰。准分子离子不含未配对电子，结构比较稳定，常由软电离技术产生。

概念检查 10.2

○ 简述含碳、氢和氮有机化合物分子离子峰的质荷比规律。若上述化合物还含有氧原子,是否影响上述规律?

三、同位素离子

组成有机化合物的一些主要元素,如 C、H、O、N、S、Cl 和 Br 等都具有同位素,它们的天然丰度如表 10-3 所示。

表 10-3 常见元素的天然同位素丰度

同位素	天然丰度 /%	丰度比 ×100%	同位素	天然丰度 /%	丰度比 ×100%
^{1}H	99.985	^{2}H/^{1}H=0.015	^{32}S	95.00	^{33}S/^{32}S=0.80
^{2}H	0.015		^{33}S	0.76	^{34}S/^{32}S=4.44
			^{34}S	4.22	
^{12}C	98.9	^{13}C/^{12}C=1.12			
^{13}C	1.11				
^{14}N	99.63	^{15}N/^{14}N=0.37	^{35}Cl	75.5	^{37}Cl/^{35}Cl=32.4
^{15}N	0.37		^{37}Cl	24.5	
^{16}O	99.76	^{17}O/^{16}O=0.37			
^{17}O	0.037	^{18}O/^{16}O=0.20	^{79}Br	50.5	^{81}Br/^{79}Br=98.0
^{18}O	0.204		^{81}Br	49.5	

分子离子峰是由丰度最大的轻同位素组成,其分子量用 M 表示。在质谱图中,会出现由不同质量同位素组成的峰,称为同位素离子峰。例如,M 的右侧往往还有 $M+1$ 峰和 $M+2$ 峰,即为同位素峰。

同位素离子峰在质谱中的主要应用是根据同位素峰的相对强度确定分子式,有时还可以推定碎片离子的元素组成。

同位素离子峰的相对强度可用下述方法计算:

1. 由 C、H、O、N 组成的化合物

根据化合物的分子式,由表 10-3 可得

$$(M+1)\% = 1.12n_C + 0.016n_H + 0.38n_N + 0.04n_O \tag{10-12}$$

$$(M+2)\% = (1.1n_C)^2/200 + 0.20n_O \tag{10-13}$$

式中,n_C、n_H、n_N 及 n_O 分别表示分子式中所含 C、H、N 及 O 的原子数目。

例题 10-1 计算化合物 $C_8H_{12}N_3O$ 的 $M+1$ 和 $M+2$ 峰相对于 M 峰的强度。

解: $(M+1)\% = 1.12 \times 8 + 0.016 \times 12 + 0.38 \times 3 + 0.04 \times 1 = 10.3$

$(M+2)\% = (1.1 \times 8)^2/200 + 0.20 \times 1 = 0.59$

所以

$$M : (M+1) : (M+2) = 100 : 10.3 : 0.59$$

2. 含 Cl、Br、S、Si 的化合物

分子中含有以上四种元素之一时,各同位素相对强度的比值等于式 $(a+b)^n$ 展开后得到的各项数值之比,即

$$(a+b)^n = a^n + na^{n-1}b + \frac{n(n-1)}{2!}a^{n-2}b^2 + \frac{n(n-1)(n-2)}{3!}a^{n-3}b^3 + \cdots + b^n \tag{10-14}$$

式中，a 为轻同位素的相对丰度；b 为重同位素的相对丰度；n 为分子中含同位素原子的个数。

例题 10-2 计算 $CHCl_3$ 的分子离子峰与其同位素离子峰的强度比。

解：在 $CHCl_3$ 分子中含有 3 个 Cl，故 $n=3$。因为 $^{35}Cl:^{37}Cl=75.5:24.5=3:1$，故 $a=3$，$b=1$。

$$(a+b)^3 = a^3 + 3a^2b + 3ab^2 + b^3 = 27 + 27 + 9 + 1$$

所以　　　　　　　　　$M:(M+2):(M+4):(M+6) = 27:27:9:1$

1963 年，贝农（Beynon）按照天然同位素的相对丰度，计算了由 C、H、O、N 组成的质量从 12～500 的各种组成式的 $(M+1):M$ 和 $(M+2):M$ 的值，排成一个表，称为贝农表，利用此表可以很快求得化合物的分子式。

例题 10-3 某有机化合物的分子量为 102，在质谱图中测出 M、$M+1$ 和 $M+2$ 峰的强度分别为 1.5、0.084 和 0.009，试确定分子式。

解：$(M+1)/M=5.6\%$

$(M+2)/M=0.6\%$

由于 $(M+2)/M<4\%$，故可知该化合物不含 S、Cl 和 Br。

查贝农表，在分子量为 102 栏中给出 21 个式子，其中与 $(M+1)/M$ 和 $(M+2)/M$ 值相近的有

	$(M+1)/M$	$(M+2)/M$
$C_4H_{12}N_3$	5.66	0.13
$C_5H_{10}O_2$	5.64	0.53
$C_5H_{11}NO$	6.02	0.35

由氮规则可知，$C_4H_{12}N_3$ 和 $C_5H_{11}NO$ 均含有奇数 N，分子量不可能为偶数，应予以排除，剩下的 $C_5H_{10}O_2$ 与实验数据最接近，因此该化合物的分子式应为 $C_5H_{10}O_2$。

四、碎片离子

由于分子离子具有过剩的能量，其中一部分会进一步发生键的断裂，产生质量较低的离子，这就是碎片离子。在一张质谱图上看到的峰大部分是碎片离子峰。碎片离子的形成受化学结构的支配，了解碎片形成规律，即可根据碎片把分子结构"拼凑"起来。

关于碎片离子断裂的一般规律将在下一节详细讨论。

五、亚稳离子

质谱中的离子峰不管是强还是弱，一般都是很尖锐的，但有时会出现一些矮而宽，呈土包形的峰，质荷比通常不是整数，这种峰被称为亚稳离子峰。

亚稳离子的产生要从离子本身的寿命来考虑，若某一离子的平均寿命小于 5×10^{-6}s 时，它在脱离电离室后，在向质量分析器飞行的过程中会发生开裂形成亚稳离子。

在电离室内形成的碎片离子称为正常离子，假设正常离子和亚稳离子都是由 m_1^+ 开裂形成的，则可表示为

正常离子　　$m_1^+ = m_2^+ +$ 中性碎片 (m_1-m_2)

亚稳离子　　$m_1^+ = m^* +$ 中性碎片 (m_1-m_2)

在质量上 $m^* = m_2^+$，但二者的运动速度不相等，m_2^+ 的运动速度由 $m_2v_2^2/2 = zV$ 给出，而 m^* 的速度却等

于 m_1^+ 的速度，即由 $m_1 v_1^2 / 2 = zV$ 给出。由此看来，生成的亚稳离子 m^* 运动速度与 m_1^+ 相同，而在质量分析器中按 m_2^+ 发生偏转，因而在质谱中记录的位置既不在 m_1^+ 也不在 m_2^+，而在 m^* 处，亚稳离子的表观质量 m^* 与其真实质量 m_2^+ 和原离子质量 m_1^+ 间的关系为

$$m^* = m_2^2 / m_1 \tag{10-15}$$

已知 m_2^+ 和 m_1^+，就可计算出 m^*。如果能找到 m^*，就可以确证有 $m_1^+ \longrightarrow m_2^+$ 的开裂，这对解析质谱，推测分子结构很有帮助。

例题 10-4 某化合物质谱图的最高质量处有两个峰 m/z=172 和 187，并在附近找到亚稳离子峰 m/z=170.6。试问离子峰 m/z=172 和 187 间是否存在裂解关系？m/z=187 是否为分子离子峰？

解：设 m_1=187
m_2=172
m^*=170.6

因为 $m_2^2 / m_1 = 172^2 / 187 = 158.2$

与已知 m^*=170.6 不相等，由此可以断定 m_1 与 m_2 间无裂解关系。

再寻找与 m/z=187 有裂解关系的离子。

因 $m^* = m_2^2 / m_1$

设 m_1 为未知，则

$$m_1 = m_2^2 / m^* = 187^2 / 170.6 = 205$$

这就是说，子离子 m/z=187 是由母离子 m/z=205 开裂而成，并由此知道 m/z=187 不是分子离子峰。

六、多电荷离子

在电离过程中，分子或其碎片失去两个或两个以上电子形成 $m/2z$、$m/3z$ 等多电荷离子，在质谱中可能出现在非整数位置上，芳香族化合物、有机金属化合物或含共轭体系化合物易产生多电荷离子，如苯的质谱图中 m/z=37.5 和 38.5 就是双电荷离子峰。

七、负离子

由电子轰击法所形成的负离子是极少的，仅是正离子的万分之一左右。用通常的质谱仪不能观测负离子，若要研究负离子，要求仪器有很高的灵敏度。目前较新型的质谱仪器，已附有测定负离子的离子源。

第四节　离子的开裂规律

一、开裂的表示方法

分子中共价键的断裂叫做开裂，开裂有三种表示方法。

1. 均裂

两个电子构成的 σ 键开裂后，每个碎片各留有一个电子。用单钩箭头 ⌒ 表示一个电子的转移。

$$X \overset{\frown}{\quad} Y \longrightarrow X\cdot + Y\cdot \qquad \text{电子向两边转移}$$

2. 异裂

σ 键上的两个电子，开裂后都留在其中的一个碎片上。用双钩箭头 ⌒ 表示两个电子的转移。

$$X \overset{\frown}{\quad} Y \longrightarrow X^+ + Y^- \qquad \text{2 个电子向一个方向转移}$$

3. 半异裂

已离子化的 σ 键的开裂

$$X+ \overset{\frown}{\cdot Y} \longrightarrow X^+ + Y\cdot \qquad \text{单个电子向一个方向转移}$$

二、影响离子开裂的因素

1. 化学键的相对强度

化学键的相对强度可由键能大小反映出来，键能小的共价键先断裂，表 10-4 为有机化合物的键能。

表 10-4　某些有机化合物的键能　　　　　　　　　　　　　　　　　　　　单位：$kJ\cdot mol^{-1}$

化学键	C—H	C—C	C—N	C—O	C—S	化学键	C—F	C—Cl	C—Br	C—I	O—H
单键	409.47	345.83	304.8	359.65	326.04	单键	485.67	339.13	284.7	213.53	463.06
双键		607.5	615.46	749.44	535.91	双键					
叁键		835.69	890.11			叁键					

由表 10-4 可见，单键较弱，先断裂，其中尤以 C—I、C—Br 键最易断。

2. 碎片离子的稳定性

决定正离子稳定性有以下因素。

① 诱导效应。有分支的正碳离子比较稳定，稳定性次序为 $R_3\overset{+}{C} > R_2\overset{+}{C}H > R\overset{+}{C}H_2 > \overset{+}{C}H_3$，故断裂容易发生在取代基最多的碳原子上，且优先丢失较大的烷基。这是因为分支部分的键受到侧链烃基推电子诱导效应，键的极化度大，容易断裂。

② 碳原子相邻有 π 电子系统时，易产生相对稳定的正离子。如烯丙基型化合物容易发生如下的开裂，这是由于烯丙基正离子的电荷能被双键的离域 π 电子所分散，增加了它的稳定性，故 m/z 41 的离子峰常常为强峰。

$$CH_2\overset{+}{\vphantom{|}}\overset{\frown}{\quad}CH\overset{\frown}{\quad}CH_2\text{—}CH_3 \xrightarrow{-CH_3\cdot} \overset{+}{C}H_2\text{—}CH=CH_2$$
$$m/z\ 56 \qquad\qquad\qquad m/z\ 41$$

③ 碳原子近邻有杂原子时，易产生稳定的正离子，这是由于杂原子上的未共用电子与带正电荷的 α-碳发生共振，增加了正离子的稳定性。

例如，$\overset{+}{C}\text{—}\ddot{N}\!\!\diagup$ 是较稳定的正离子，该体系具有共振效应，即

$$\overset{+}{C}\text{—}\ddot{N}\!\!\diagup \longleftrightarrow \diagup C=\overset{+}{N}\!\!\diagup$$

这类分子离子可用通式表示为

$$CH_3\overset{\frown}{-}CH_2\overset{+\cdot}{-}Y-R \xrightarrow{-CH_3\cdot} CH_2=\overset{+}{Y}-R \longleftrightarrow \overset{+}{C}H_2-\overset{\cdot\cdot}{Y}-R$$

此处，Y=N、S、O、X（卤素）等杂原子。

杂原子稳定邻位正电荷的能力次序为

$$N>S>O>X$$

三、离子的开裂类型

离子开裂类型可分为四种：单纯开裂、重排开裂、复杂开裂和双重重排。

（一）单纯开裂

开裂过程只断一个键并脱离一个自由基的称为单纯开裂。由于单纯开裂要脱离一个自由基，因此，前体离子如含有奇数个电子，所产生的离子一定含偶数个电子。反之，前体离子若含偶数个电子，产生的离子一定含有奇数个电子。而离子中的电子数目和离子的质量又有以下关系。

① 由 C、H、O、N 组成的离子，其中氮为偶数（包括零）时，如果离子的质量为偶数，则必含奇数个电子；如果离子的质量为奇数，则必含偶数个电子。

② 由 C、H、O、N 组成的离子，其中氮为奇数时，若离子的质量为偶数，则必含偶数个电子；若离子的质量为奇数，则必含奇数个电子。

因此，根据所产生离子和前体离子的质量奇偶数相反，可以推测所发生的开裂是单纯开裂。

各种有机化合物的单纯开裂规律如下。

1. 饱和烃类

（1）直链烷烃　直链烷烃的各个键的开裂机会是相同的，因而开裂沿着碳键上的键依次进行。每隔 14 质量单位出现峰，这些离子可用通式 $C_nH_{2n+1}^+$ 表示，一般看不到（M–15）峰，其最高强度的峰为 m/z 43、57，然后呈平滑曲线下降。

例如，正癸烷的单纯开裂如下

$$\underset{15}{CH_3}\overset{127}{-}\underset{29}{CH_2}\overset{113}{-}\underset{43}{CH_2}\overset{99}{-}\underset{57}{CH_2}\overset{85}{-}\underset{71}{CH_2}\overset{71}{-}\underset{85}{CH_2}\overset{57}{-}\underset{99}{CH_2}\overset{43}{-}\underset{113}{CH_2}\overset{29}{-}\underset{127}{CH_2}\overset{15}{-}CH_3$$

正癸烷的质谱图如图 10-19 所示。

（2）支链烷烃　支链烷烃的单纯开裂易发生在分支处，分支越多，越易开裂。正电荷保留在碳链分支多的碎片上。通常分支处的长碳链将最容易以自由基的形式首先脱去。

例如，3-乙基己烷的裂解，见图 10-20。

$$CH_3-CH_2-\underset{\underset{\underset{CH_3}{|}}{\underset{29}{CH_2}}}{\overset{85\quad 43}{CH}}-CH_2-CH_2-CH_3$$

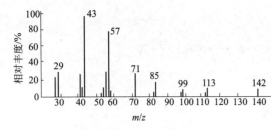
图 10-19　正癸烷质谱图

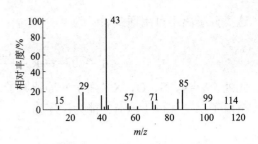
图 10-20　3-乙基己烷质谱图

（3）带有侧链的饱和环烃　易在环与侧链连接处开裂，正电荷保留在环上。

$$\text{环己基-R}^{+\cdot} \longrightarrow \text{环己基}^{+} + R\cdot$$

2. 烯烃和芳烃

烯烃类化合物容易发生 β-开裂（C_α—C_β 键开裂），生成具有共振稳定结构的烯丙基正碳离子。例如

$$CH_2^{+}\text{—}CH\text{—}CH_2\text{—}R \xrightarrow{-R\cdot} {}^{+}CH_2\text{—}CH\text{=}CH_2 \longleftrightarrow CH_2\text{=}CH\text{—}CH_2^{+}$$

烷基取代的芳香化合物，也容易在环的 β 键处开裂，生成具有多种共振形式的稳定的苄基正离子，又称为苄基开裂，所产生的苄基离子立即转化为更稳定的䓬鎓离子。例如

经扩环后 $m/z\ 91$

此外，烯烃和芳烃还可能发生 α-开裂，但离子丰度较小。例如

$$C_6H_5\text{—}C_2H_5^{+\cdot} \xrightarrow{-C_2H_5\cdot} C_6H_5^{+} \quad m/z\ 77$$

3. 含有杂原子的化合物

① 化合物 R—X（X=OH、SR、NR$_2$、OR 或 F 等）容易发生 β-开裂。这类反应中，一个不成对电子与相邻的 α 碳原子形成一个新键，同时伴随 α 碳原子上另一个键的开裂，这是因为新键的形成补偿了一个键开裂所需能量。这种开裂方式最容易发生，可表示为

$$R\text{—}\underset{R'}{\underset{|}{C}}(\overset{\overset{+}{\ddot{X}}}{)}\text{—}R'' \xrightarrow{-R''\cdot} R\text{—}\underset{R'}{\underset{|}{C}}\text{=}\overset{+}{X}$$

上式中 R、R' 和 R" 脱离容易程度，一般是遵循最大烷基自由基丢失规则。例如

$$\begin{array}{ccc}
\overset{+}{\text{OH}} & \overset{+}{\text{OH}} & \overset{+}{\text{OH}} \\
\parallel & \parallel & \parallel \\
\text{CH} & \text{CH-CH}_2\text{-C}_2\text{H}_5 & \text{C-C}_2\text{H}_5 \\
| & & | \\
\text{CH}_3 & & \text{CH}_3 \\
m/z\ 45\ (100\%) & m/z\ 59\ (19\%) & m/z\ 73\ (12\%)
\end{array}$$

当分子中同时含有 OH、NH$_2$ 等几种基团时，开裂方向与各种基团离子的相对稳定性有关，其稳定性次序为

$$\text{CH}_2=\overset{+}{\text{NH}}_2 > \text{CH}_2=\overset{+}{\text{SH}} > \text{CH}_2=\overset{+}{\text{OH}} > \text{CH}_2=\text{F}^+$$

例如

$$m/z\ 30\ (57\%) \qquad m/z\ 31\ (3.1\%)$$

化合物 R—X 除发生 β- 开裂外，也可能发生 α- 开裂（具有正电荷原子与 α 碳原子间的开裂）。α- 开裂有下述两种途径

$$\text{R-X}^{+\cdot} \begin{array}{c} \xrightarrow{a(异裂)} \text{R}^+ + \text{X} \cdot \\ \xrightarrow{b(均裂)} \text{R} \cdot + \overset{+}{\text{X}} \end{array}$$

如果 R$^+$ 的稳定性大，就容易按途径 a 发生开裂，反之按途径 b 开裂。例如醚 R—O—R′，一般 R$^+$ 比 $^+$OR′ 稳定，所以易按途径 a 开裂；而硫醚 R—S—R′，$^+$SR′ 比 R$^+$ 稳定，易按途径 b 开裂。

② 含有双键结构的杂原子化合物 R—$\overset{\overset{\text{X}}{\parallel}}{\text{C}}$—R′。这类化合物容易发生 α- 开裂，例如

$$\text{R-}\overset{\overset{+\cdot}{\text{O}}}{\text{C}}\text{-R'} \longrightarrow \text{R-C}\equiv\overset{+}{\text{O}} + \text{R'}\cdot \text{ 或 } \text{R}\cdot + \overset{+}{\text{C}}\equiv\text{O-R'}$$
$$\qquad\qquad\qquad\qquad\hookrightarrow \text{R}^+ + \text{CO} \qquad \hookrightarrow \text{CO} + \text{R'}^+$$

$$\text{R-}\overset{\overset{+\cdot}{\text{O}}}{\text{C}}\text{-H} \longrightarrow \text{R}\cdot + \overset{+}{\text{C}}\equiv\text{O-H}$$

$$\text{R-}\overset{\overset{+\cdot}{\text{O}}}{\text{C}}\text{-OR'} \longrightarrow \text{R-C}\equiv\overset{+}{\text{O}} + \cdot\text{OR'} \text{ 或 } \text{R}\cdot + \overset{+}{\text{C}}\equiv\text{O-OR'}$$
$$\qquad\qquad\qquad\qquad\hookrightarrow \text{R}^+ + \text{CO}$$

在酯中还可以看到 R′$^+$，

$$\text{R-}\overset{\overset{+\cdot}{\text{O}}}{\text{C}}\text{-O-R'} \longrightarrow \text{R-C}\equiv\overset{\cdot}{\text{O}} + \text{R'}^+$$

（二）重排开裂

重排时有两个或两个以上键发生断裂，有一个氢原子发生转移，同时脱去一个中性分子，或发生键的内重排。由于脱去中性分子是失去偶数个电子，所以含奇数个电子的离子经重排后所产生的离子一定含奇数个电子，而含偶数个电子的离子产生的离子一定含偶数个电子。因此，在失去中性分子前后两个离子质量的奇偶数是不发生变化的，据此可以判断该离子是否由重排产生。

1. 麦氏重排

凡具有 γ 氢原子的醛、酮、羧酸、酯、烯烃、侧链芳烃、含硫羰基及双键氮等的化合物，经过六元环空间排列的过渡态，γ 氢原子重排转移到带正电荷的杂原子上，接着发生烯丙基型 β- 开裂，并脱去一个中性分子，这种开裂称为麦氏重排。可用通式表示为

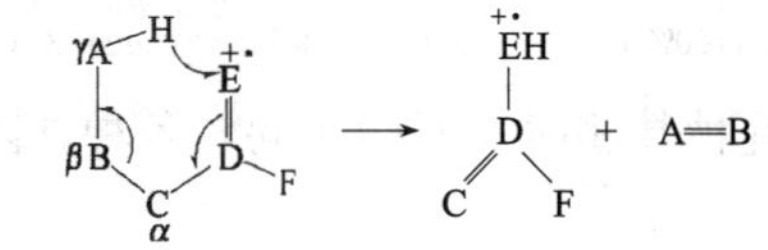

麦氏重排的规律性很强，在质谱解析时十分重要，以下是几个麦氏重排的例子。

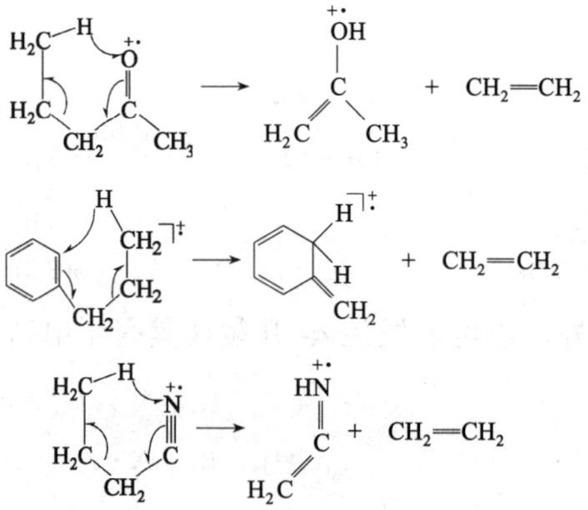

由单纯开裂或重排开裂所产生的碎片离子，如果仍具有麦氏重排的条件，则可进一步发生麦氏重排，称之为连续重排。例如

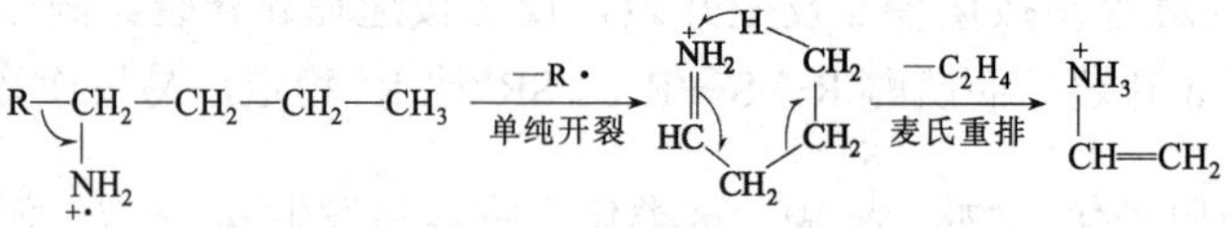

2. 逆狄尔斯 - 阿德耳重排（简称 RDA 重排）

凡具有环己烯结构类型的化合物都能发生 RDA 重排，生成一个共轭二烯奇电子离子及一个中性碎片，或相反，或兼有，这取决于开裂过渡状态所形成的正离子的稳定性。过渡状态的正离子越稳定，则按这种过渡状态开裂产生的离子强度就越大。

RDA 开裂过程，同时发生两个 β 键断裂。例如

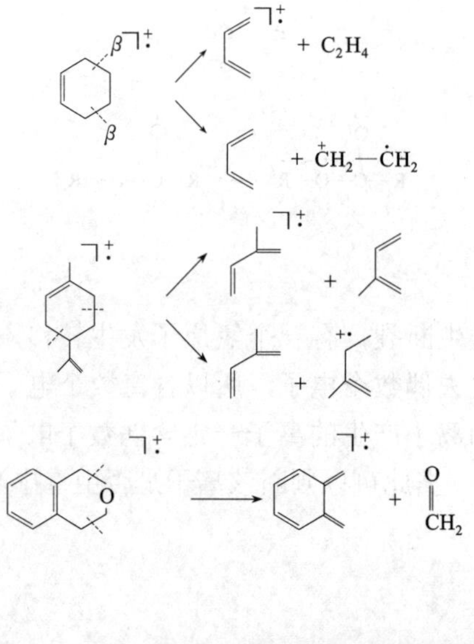

3. 饱和化合物分子的重排

在醇类、含卤化合物、硫化物及酯类等化合物中，可由氢原子与功能团结合而引起重排

$$\text{CH}_2-(\text{CH}_2)_n-\text{CH}_2 \text{（H转移至X）} \longrightarrow \dot{\text{CH}}_2-(\text{CH}_2)_n-\overset{+}{\text{CH}}_2 + \text{HX}$$

此处，X 可以是 F、Cl、Br、I、OH、SH 等，n 可以是 0、1、2、3。例如

$$\text{CH}_2-\text{CH}_2 \longrightarrow \dot{\text{CH}}_2-\overset{+}{\text{CH}}_2 + \text{HCl}$$

醇易发生 1、3 或 1、4 脱水。例如

$$\underset{4}{\text{CH}_3}-\underset{3}{\text{CH}}-\underset{2}{\text{CH}_2}-\underset{1}{\text{CH}_2} \xrightarrow{1,3\text{ 脱水}} \text{CH}_3-\dot{\text{CH}}-\text{CH}_2-\overset{+}{\text{CH}}_2$$

4. 其他重排开裂

酚、醌及含桥羰基的芳香化合物常脱去 CO，产生（M–28）碎片离子峰。例如

（三）复杂开裂

复杂开裂往往需要几个键的开裂，并伴有氢原子的转移，常见于含杂原子的环状化合物的开裂。以环己醇为例，说明其开裂过程。

第一步，先通过 C_α—C_β 键均裂，形成开环的氧鎓离子。

第二步，C_β—H 通过均裂转移到自由基部位，发生这种转移是因为：
① C_β—H 在空间结构上处于实现六元环迁移状态的有利地位；
② 生成的自由基具有共振稳定结构。

第三步，C_γ—C_δ 键均裂，生成共振稳定的氧鎓离子，并脱去一个自由基。

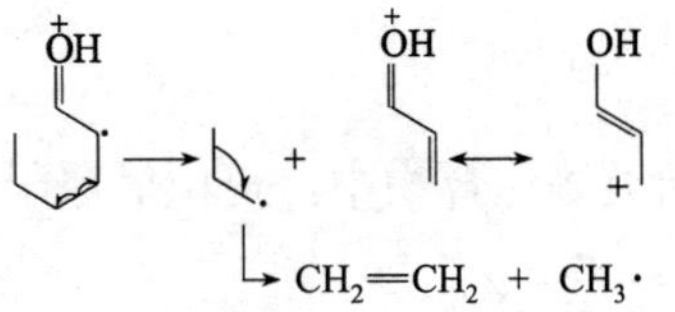

例题 10-5　试写出由 [结构式] 产生 [结构式] 的开裂过程。

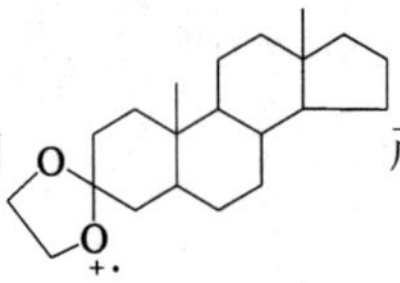

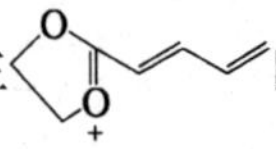

解：

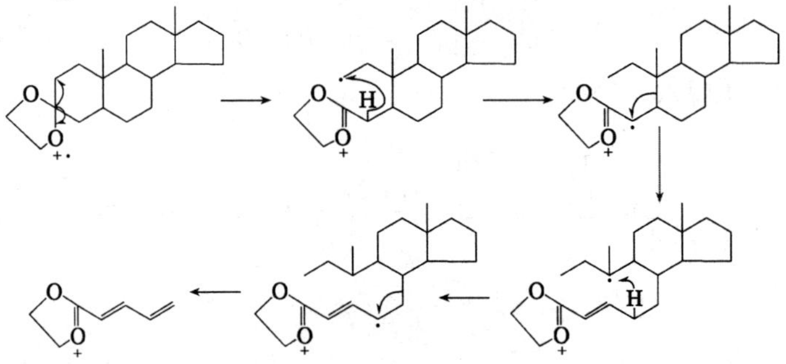

（四）双重重排

质谱上有时会出现比单纯开裂产生的离子多两个质量的离子峰，这是由于有两个氢从脱离的基团上转移到该离子上。由于有两个氢的转移，故称为双重重排。容易发生这类重排的化合物有以下几类。

1. 乙酯以上的酯和碳酸酯

例如，碳酸二正丙酯

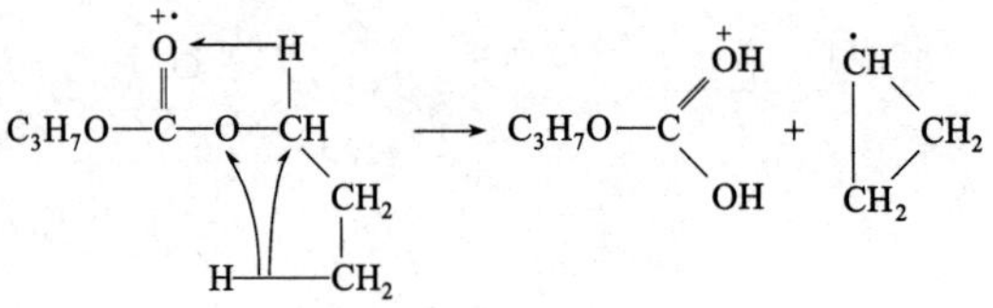

又如，乙酸正丁酯

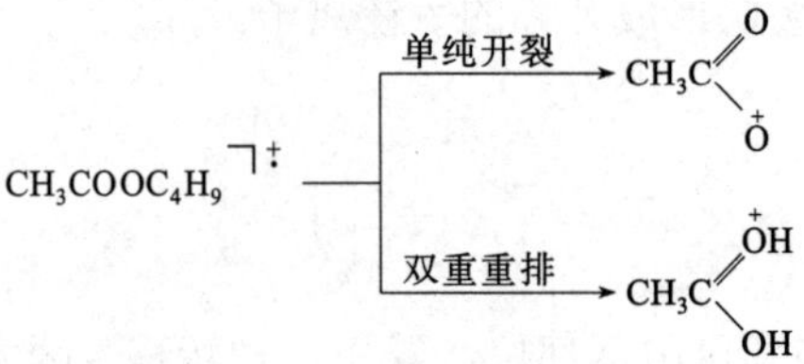

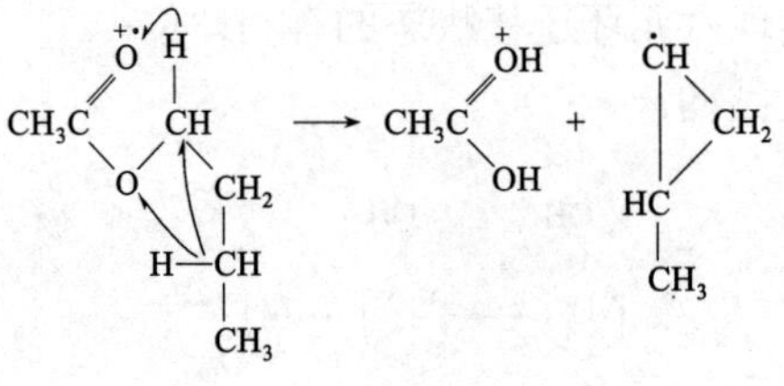

由双重重排的离子峰可推知这是什么酸组成的酯，例如

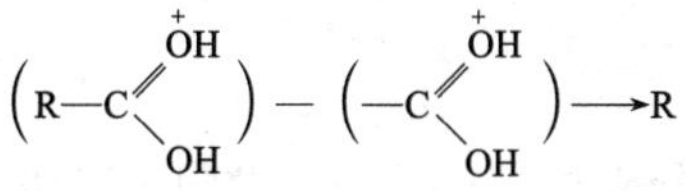

$$\left(R-C\overset{\overset{+}{O}H}{\underset{OH}{}}\right) - \left(-C\overset{\overset{+}{O}H}{\underset{OH}{}}\right) \longrightarrow R$$

m/z 61 m/z 46 m/z 15

这说明该酯是由乙酸生成的酯。

2. 在相邻的两个碳原子上有适当取代基的化合物

在乙二醇的质谱上，m/z 33 的峰很强，这就是由双重重排产生的。

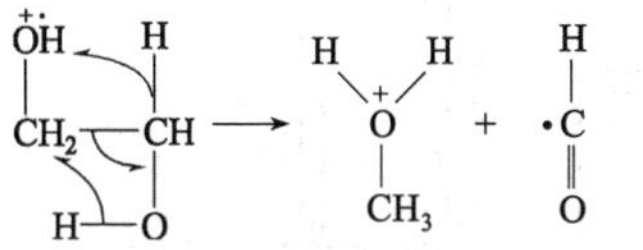

m/z 33

在乙二硫醇和 α-巯基醇中同样会发生双重重排，一般可表示为

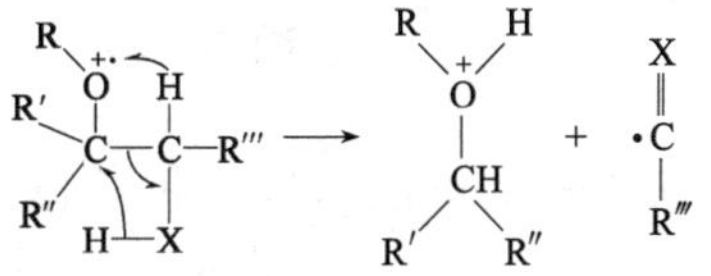

式中，X 为 CH_2、O、S。

以上介绍了各类化合物在各种开裂类型中的开裂规律。在这里需指出的是，一个有机化合物，常常具有两个以上的功能团，究竟按哪种途径开裂，要看产生的正离子的稳定性及产生这一稳定正离子所需能量的高低，产生稳定正离子所需能量越低，则这种开裂就越容易发生。

第五节　常见有机化合物的 EI 质谱特征

各类有机化合物由于结构上的差异，在 EI 质谱上显示出其特有的开裂方式和规律。现将各类有机化合物 EI 质谱特征简述如下。

一、烷烃

1. 直链烷烃

直链烷烃 EI 谱的主要特征是：

① 分子离子峰强度较低，而且随链长的增加而降低，到 C_{40} 时已接近零。一般看不到（$M-15$）峰，即直链烷烃不易失去甲基。

② 主要峰都间隔 14 质量单位，即相差—CH_2。相对丰度以含 C_3、C_4 和 C_5 的离子最强，然后呈平滑曲线下降。

③ 各峰的左边伴有消去一分子氢的过程，产生 $C_nH_{2n-1}^+$ 的系列离子，与 $C_nH_{2n+1}^+$ 及同位素峰组成各个峰簇，如图 10-21 所示是 $C_3H_7^+$ 区域的峰簇。其中，m/z 44、45 是主峰的同位素峰，而 39、40、41 和 42 等则是丢失 H_2 和无序重排丢失 H^+ 等形成的峰，它们在结构鉴定中没有重要作用。

2. 支链烷烃

支链烷烃 EI 谱提供了鉴定烷烃中分支位置的方法。图 10-22 是 4-甲基十一烷的质谱。

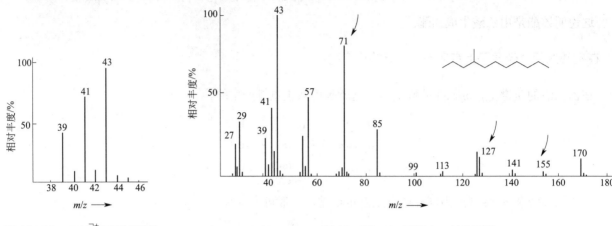

图 10-21 $C_3H_7^{+}$ 区域的质谱

图 10-22 4-甲基十一烷的质谱

从图中可以清楚地看出，在支链取代基处可能形成几种高稳定性的碳正离子，从而有较大的丰度，如图中箭头所示。反过来，也可以从这些丰度较大的峰的 m/z 值，来推测烷烃中支链所在的位置。

3. 环烷烃

环烷烃的分子离子峰强度比直链烷烃的大，环开裂时常失去乙烯，形成 m/z 28（$\overset{+}{C_2H_4}$）、29（$\overset{+}{C_2H_5}$）以及（$M-28$）和（$M-29$）等峰。当有侧链时，断裂优先发生在 α 位置。因环的开裂至少要断裂两个键，增加了断裂的随机性，使谱图难以解释。

烷烃 EI 谱中 $C_nH_{2n+1}^{+}$ 离子系列，即 m/z 15、29、43、57、…也出现于那些带有烷基部分结构的其他类型的有机化合物中，但丰度有时较小。

二、烯烃

烯烃的 EI 谱比较难解释，因为双键的位置在开裂过程中可能发生迁移。一般特征如下：
① 由于双键能失去一个 π 电子而稳定正电荷，故分子离子峰较明显。
② 基峰常由烯丙基型开裂产生，形成极稳定的烯丙基碳正离子：

$$RCH=CH-CH_2-R'\overset{+\cdot}{\longrightarrow} R\overset{+}{C}H-CH=CH_2 + R'\cdot$$

③ 只有一个双键的直链烯烃的 EI 谱类似于直链烷烃，但一个双键的引入使 $C_nH_{2n-1}^{+}$ 和 $C_nH_{2n}^{+}$ 系列离子丰度增加，此处 $C_nH_{2n-1}^{+}$ 系列比 $C_nH_{2n+1}^{+}$ 更重要，因为前者一直延伸到高质量数。图 10-23 是 1-十二烯的质谱。
④ 烯烃离子具有通过双键迁移进行异构化的倾向，支链化不饱和链烯烃 $RCH=C(CH_3)CH_2R'$ 和 $RCH_2C(CH_3)=CHR'$ 谱图中均显示丰富的 RCH_2^{+}，这是由双键位置迁移离开支链处引起。
⑤ 烯烃如果有 γ-H，可发生麦氏重排。例如

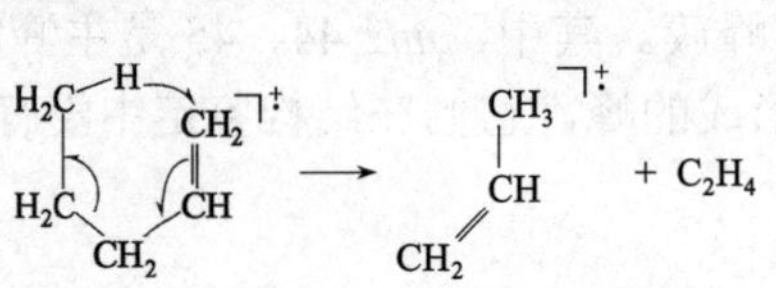

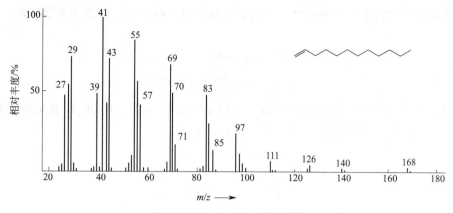

图 10-23 1-十二烯的质谱

⑥ 环烯的主要峰来自三方面的开裂：RDA 重排；开环后氢重排，失去 $CH_3\cdot$；开环后简单开裂。例如，环己烯峰的主要来源是

三、芳烃

芳烃 EI 谱有以下特征。
① 一般有较强的分子离子峰。
② 苯环上有取代烷基时，容易发生 β-开裂（苄基开裂），形成 m/z 91 的苄基离子峰。苄基离子扩环后，形成稳定的䓬鎓离子，常为基峰。

α-取代的烷基苯则形成取代的䓬鎓离子峰。

③ 当苯环取代基有 γ-H 时，可发生麦氏重排，形成 m/z 92 的重排离子峰。

④ 苯环和䓬鎓离子都可顺次失去 C_2H_2，形成 m/z 39、51、65、77、91 等系列离子峰，这是识别芳烃的主要依据。

$$m/z\,91 \xrightarrow{-C_2H_2} m/z\,65 \xrightarrow{-C_2H_2} m/z\,39$$

$$m/z\,77 \xrightarrow[m^*33.8]{-C_2H_2} m/z\,51$$

⑤ 由于 α- 开裂和氢的重排，单烷基苯在 m/z 77 和 m/z 78 处出现 $C_6H_5^+$ 和 $C_6H_6^+$ 特征离子峰。

⑥ 邻位二取代苯，常有邻位效应，消去中性碎片。其通式为

式中，X、Y、Z 可以是 C、O、N、S 的任意组合。

⑦ 稠环芳烃很稳定，碎片离子峰很少。

图 10-24 是正丁基苯的质谱，其主要峰是由以上讨论的各种开裂方式产生。

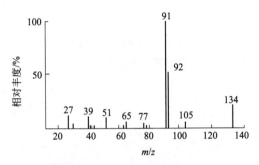

图 10-24 正丁基苯质谱图

四、醇类

1. 饱和脂肪醇

① 伯醇和仲醇的分子离子峰很弱，而叔醇的分子离子峰往往观察不到。

② 伯醇（除甲醇外）及分子量较大的仲醇和叔醇易脱水形成 (M–18) 峰，如

(M–18) 峰还可进一步开裂，失去 C_2H_4 而形成 (M–46) 峰，因此醇类质谱中常有 (M–18) 和 (M–46) 碎片离子峰。

③ 醇的最有用的特征反应是 β- 开裂形成氧鎓离子，并优先失去最大烷基。伯醇的主要碎片离子是 $\overset{+}{C}H_2OH$ (m/z=31)，仲醇主要碎片离子是 $RC\overset{+}{H}OH$ (m/z 45、59、73…)，叔醇则为 $RR'\overset{+}{C}OH$ (m/z 59、73、87…)，这些峰有利于醇的鉴定。

④ 醇类质谱中可观察到 (M–1)、(M–2)，甚至 (M–3) 峰。

$$R-\underset{\underset{H}{|}}{\overset{+\cdot}{C}H}-OH \xrightarrow{-H\cdot} R-CH=\overset{+}{O}H$$
$$(M-1)$$

生成的 $R-CH=\overset{+}{O}H$ 可进一步丢失 H_2 形成 $(M-3)$ 离子，而 $(M-2)$ 离子则常认为是由 M^+ 丢失 H_2 形成。图 10-25 是 2-戊醇的质谱，开裂过程如下

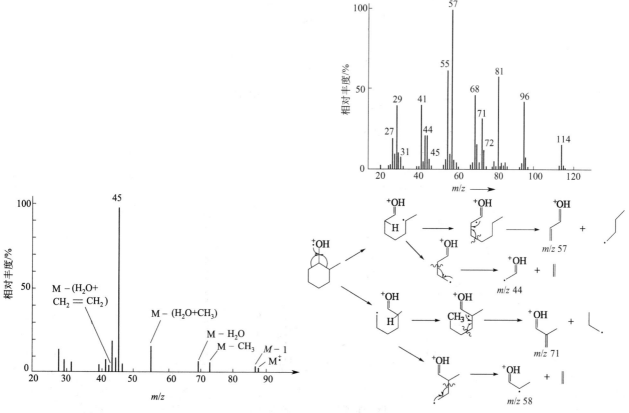

2. 脂环醇

脂环醇的开裂途径比较复杂。图 10-26 是 α-甲基环己醇的质谱及其相应的解释。

图 10-25 2-戊醇的质谱   **图 10-26** α-甲基环己醇的质谱及其相应解释

五、酚和芳醇

① 分子离子峰一般都较强，苯酚的分子离子峰为基峰。

② 苯酚本身的（$M-1$）峰不强，但甲酚和苯甲醇的（$M-1$）峰却很强。这是因为

③ 酚类和苄醇最重要的开裂过程是丢失 CO 和 CHO，形成（$M-28$）和（$M-29$）峰。可解释为

④ 甲酚、多元酚、甲基苯甲醇等都有很强的失水峰，尤其当甲基在酚羟基的邻位时。图 10-27 是邻甲苯酚的质谱，可解释为

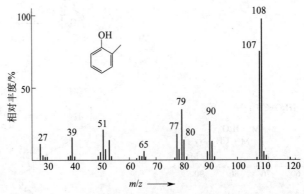

图 10-27　邻甲苯酚的质谱

⑤ 具有长链的酚类主要发生苄基开裂和麦氏重排。

六、醚类

1. 脂肪醚

① 分子离子峰很弱，但一般尚能观察到。
② 主要发生 β- 开裂，正电荷通常留在氧原子上，较大的烷基优先失去，形成 m/z 45、59、73 等强峰。例如

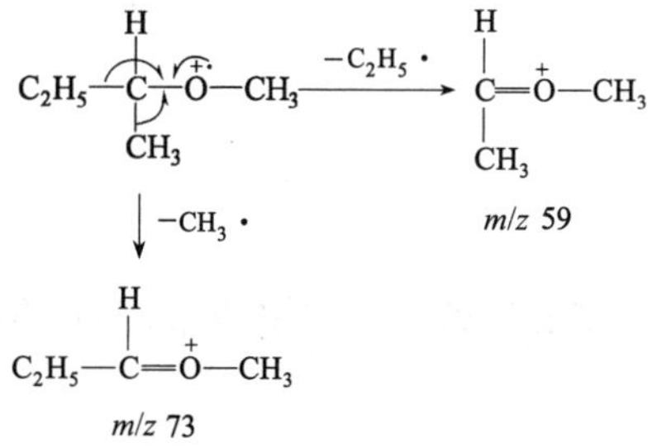

③ 也可发生 α- 开裂，正电荷留在烷基碎片离子上。

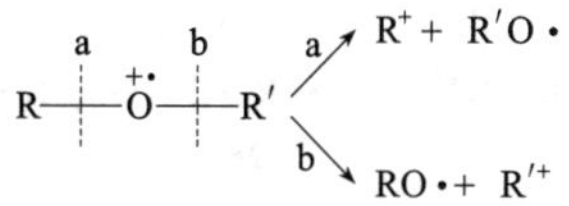

α- 开裂形成 m/z 29、43、57、71 等烷基偶电子系列离子峰，它和 β- 开裂形成的 m/z 31、45、59、73 等烷氧偶电子系列离子峰共存，不过后者在鉴定工作中的重要性更大。
④ 重排 α- 开裂，可表示为

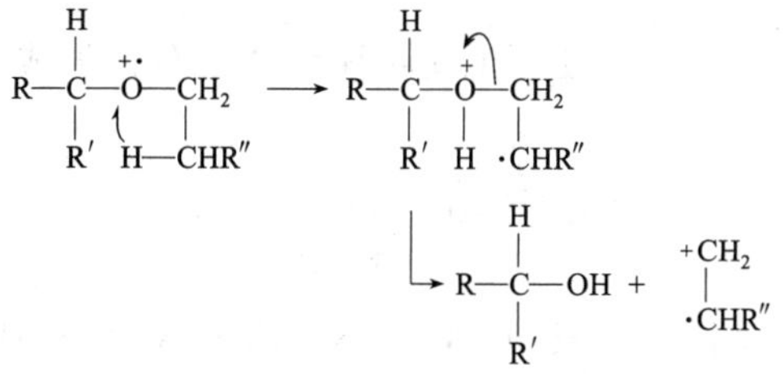

这种开裂导致形成比不重排的 α- 开裂碎片少一个质量单位的峰，于是形成 m/z 28、42、56、70 等系列离子峰。
⑤ 简单的脂肪醚类发生 β- 开裂所形成的正离子还可以进一步开裂，如果以单键与氧原子连接的烷基大于或等于乙基，就会失去一个烯烃。例如

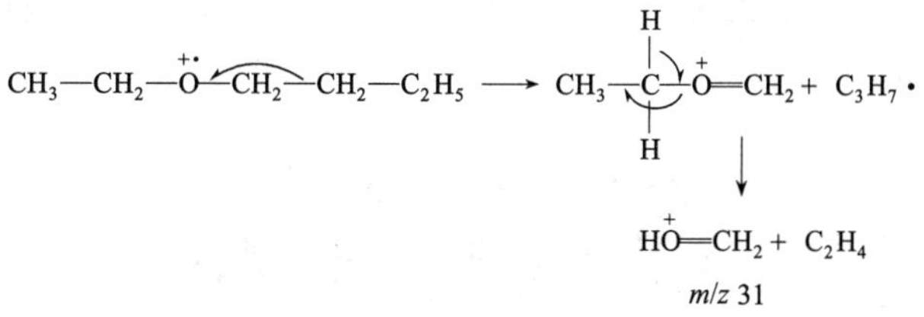

2. 芳香醚

① 分子离子峰较强，它只发生 α- 开裂，不发生 β- 开裂。

② 芳香醚的开裂行为和脂肪醚相似，同时有芳环开裂反应的特征。例如

七、醛类

① 脂肪醛和芳香醛都有明显的分子离子峰，不过芳香醛的 M^{+} 峰更强，而脂肪醛的 M^{+} 在 C_4 以后即随分子量的增加迅速下降。

② 由于 α- 开裂，醛类有与 M^{+} 几乎一样强（或更强）的 $(M-1)$ 峰，这是醛所具有的特征。

另一边的 α- 开裂产生的一个强的 $m/z\ 29$ 峰。

③ 分子量增加时，下述开裂占优势，使正电荷转移到 R 部分，形成 $(M-29)$ 峰。

④ 许多长链脂肪醛发生麦氏重排，形成 m/z 44、58、72 和 86 等系列离子峰。

⑤ 如果最初形成的 M^{+} 是从 π 键丢失一个电子而不是丢失 n 电子，则开裂后将形成没有氢迁移的 $(M-43)$ 峰和有氢迁移的 $(M-44)$ 峰。

⑥ 与其他含氧化合物类似，醛的分子离子也能丢失中性水分子或乙烯分子，形成 $(M-18)$ 和 $(M-28)$ 峰。

八、酮类

酮类和醛类的 EI 谱行为是很相似的。

① 分子离子峰较强，随着分子量的增加分子离子峰逐渐减弱。

② 易发生 α- 开裂，优先丢失较大的烷基，形成偶电子离子 R—C≡O⁺，并落在 m/z 43、57、71、85 等离子系列中。RCO⁺还可进一步开裂，形成 R⁺ 以及由此产生的烷基系列离子。例如

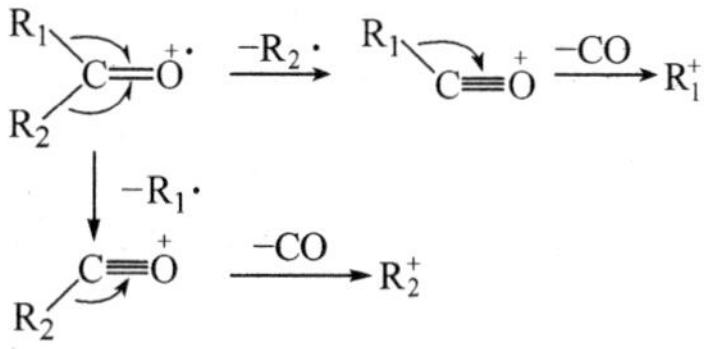

③ 芳香酮也易发生 α- 开裂，不过在低质量区域观察到的是 m/z 39、51、65、77 等系列离子峰。例如

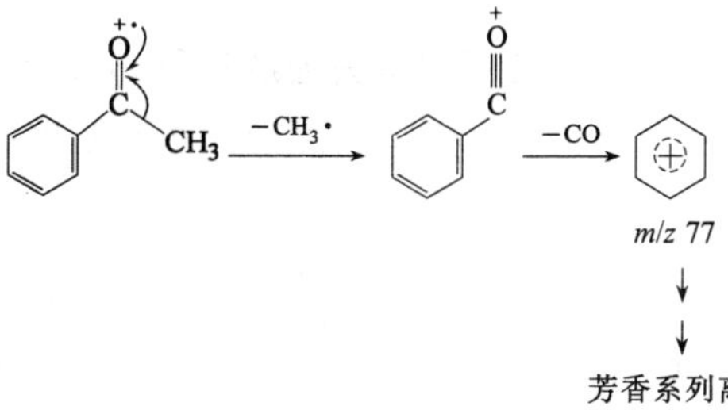

m/z 77

芳香系列离子

④ 容易发生麦氏重排，但和醛类不同的是，它有可能发生两次麦氏重排。例如

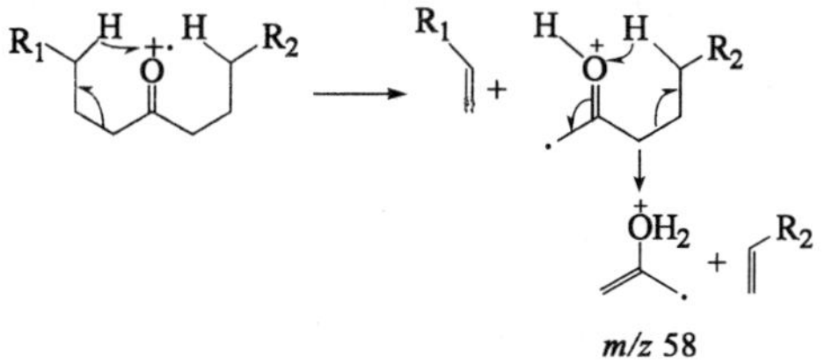

m/z 58

⑤ 环酮的开裂较为复杂。环戊酮、环己酮和环庚酮的基峰是 m/z 55，产生这种离子有两种开裂方式，即

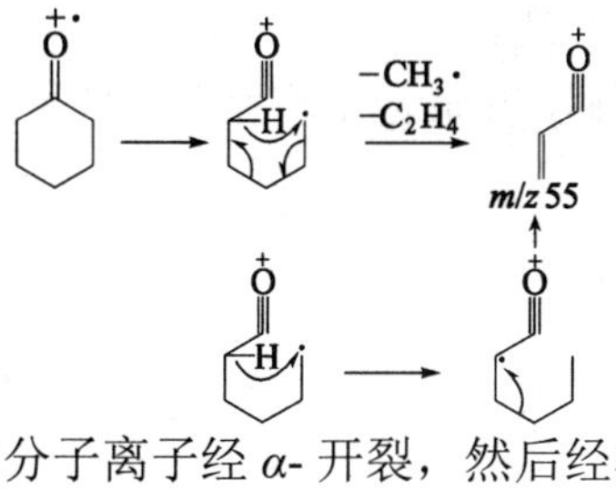

m/z 55

环己酮的次强峰为 m/z 42，它是由分子离子经 α- 开裂，然后经非均裂方式得到

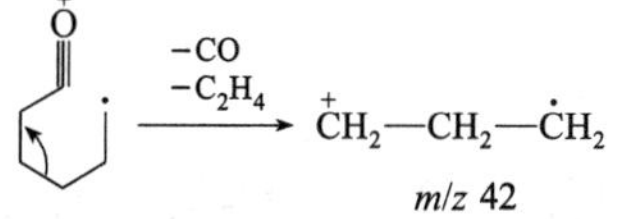

m/z 42

⑥ 醌的分子离子峰很强，它的特征开裂是失去 CO。例如，苯醌的主要开裂过程为

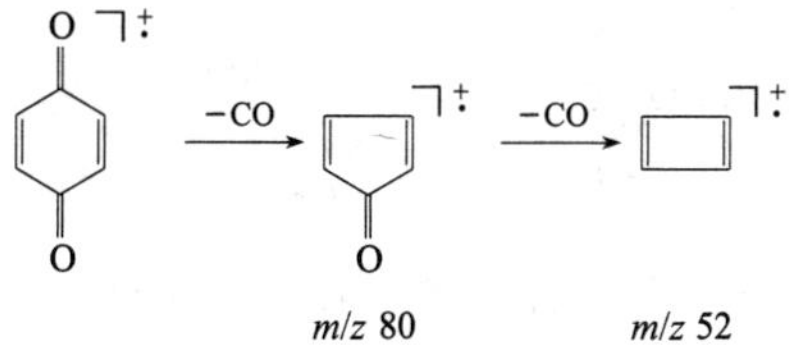

m/z 80 m/z 52

九、羧酸

① 脂肪羧酸的分子离子峰一般都很弱，但尚可观察到，它的强度随分子量增加而降低。与羰基共轭的双键越多，则$M^{+\cdot}$越强。

② 最重要的开裂方式是麦氏重排，得 m/z 60 的特征峰

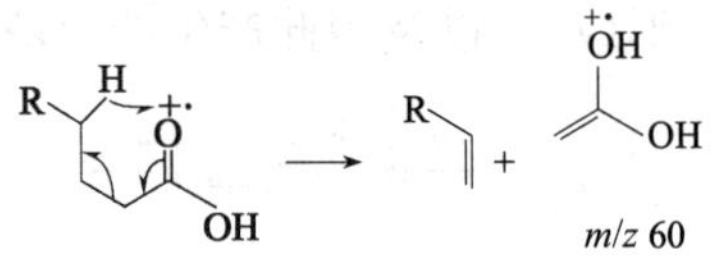

$$\underset{}{R\diagdown\underset{O}{\overset{H}{\diagup}}\underset{OH}{\overset{+\cdot}{\diagdown}}} \longrightarrow R\diagdown + \underset{m/z\ 60}{\overset{OH}{\underset{OH}{\diagup}}}$$

③ 它也像醛、酮那样发生 α- 开裂，形成 m/z 15、29、43、57、71、… 以及 m/z 45、59、73、87、… 两种偶电离子系列。

④ 碳碳键的开裂失去烃基得到 m/z 相差 56 的 $[(CH_2)_nCOOH]^+$ 离子，如硬脂酸出现 m/z 73、129、185 与 241 等含羧基的强峰。

⑤ 芳香羧酸有较强的分子离子峰，其主要开裂是失去羟基和 CO，得到（M–17）和（M–45）峰。当羧基邻位有 —CH_3、—OH 和 —NH_2 等取代基时，能发生重排失水，形成（M–18）峰。例如

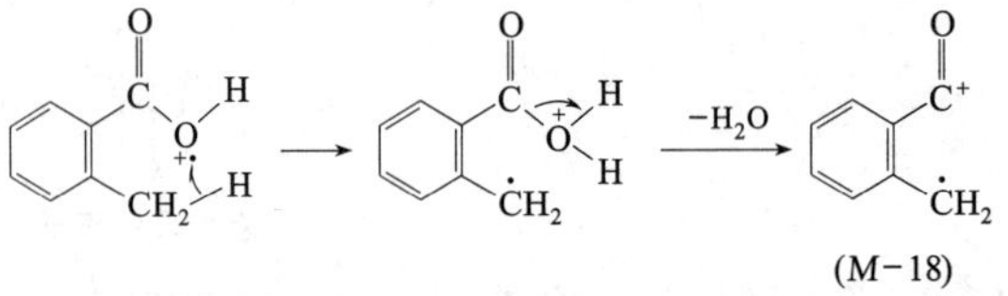

（反应式图，产物为 (M−18)）

⑥ 二元羧酸都有很强的 $M^{+\cdot}$，它们丢失两个 COOH 中性碎片，形成（M–90）峰。

十、酯类

① 可以看到直链一元羧酸酯的分子离子峰，但当 RCOOR′ 中 R′ 大于丁基时，$M^{+\cdot}$ 峰变得相当小。芳香羧酸酯 $M^{+\cdot}$ 峰较强。

② 与醛、酮、羧酸一样易发生 α- 开裂。

③ 由丁酸甲酯起均能发生麦氏重排，得 m/z 74 碎片离子峰，在含有 6～26 个碳原子的羧酸甲酯中该离子均为基峰。

④ 烷氧基较大的酯，会产生双氢重排

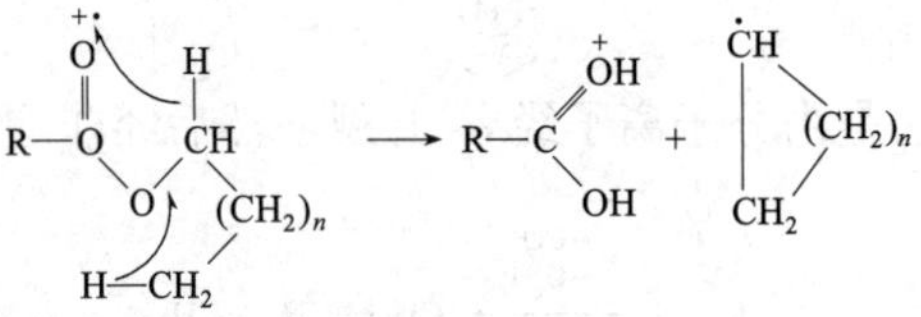

（反应式图）

⑤ 羧酸苄酯可经重排消去中性分子烯酮，生成（M–42）的基峰

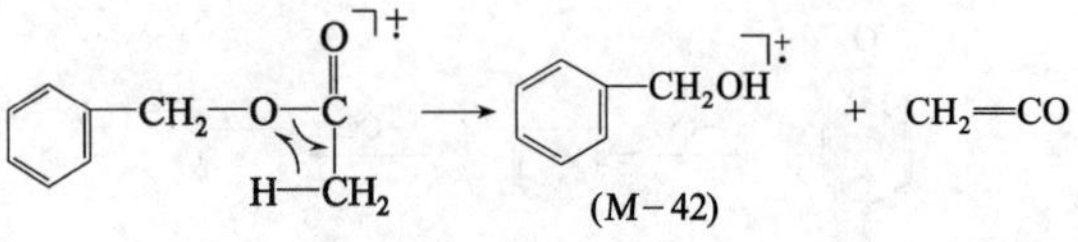

（反应式图，产物为 (M−42) 和 $CH_2=CO$）

⑥ 芳香酸酯的主要开裂是 α- 开裂，失去烷氧基，再失去 CO，形成 m/z 77 $C_6H_5^+$ 峰。

$$\underset{\substack{\text{苯甲酸酯}}}{\text{Ph-C(=O}^{+\cdot})\text{-OR}} \longrightarrow \text{Ph-C}\equiv\text{O}^{+} + \cdot\text{OR}$$

$$\downarrow -\text{CO}$$

$$\text{C}_6\text{H}_5^+ \quad m/z\ 77$$

⑦ 苯甲酸酯邻位有含氢取代基时，容易失去醇分子。例如

邻位有-CH₂-H、-OCH₃取代的苯甲酸酯 → 失去 CH₃OH

⑧ 邻苯二甲酸酯有 $m/z\ 149$ 的特征离子。

$$\text{M}^{+\cdot}\ m/z\ 278 \xrightarrow[\text{麦氏重排}-\text{C}_4\text{H}_8]{(M+1)\text{ 离子}} \cdots \xrightarrow[-\text{C}_4\text{H}_8]{\text{麦氏重排}} \cdots$$

$$[(M+1)\ m/z\ 279]$$

经过 $-\dot{\text{O}}\text{C}_4\text{H}_9$、$-\text{H}_2\text{O}$、麦氏重排 $-\text{C}_4\text{H}_8$ 得到 $m/z\ 149$

十一、胺类

胺类的 EI 谱开裂行为和醇、醚相似，但它的电离电位较低。

① 脂肪开链胺的分子离子峰很弱，甚至不存在；而脂环胺与芳胺的分子离子峰较明显。含奇数 N 的胺分子离子峰质量数为奇数。

② 许多芳香胺和低分子量的脂肪胺有中等强度的 (M–1) 峰，其开裂过程为

$$\text{R-CH(H)-}\overset{+}{\text{N}}\text{H}_2 \xrightarrow{-\text{H}\cdot} \text{R-CH=}\overset{+}{\text{N}}\text{H}_2$$

$$\text{C}_6\text{H}_5\text{-}\overset{+}{\text{N}}\text{H}_2\text{-H} \xrightarrow{-\text{H}\cdot} \text{C}_6\text{H}_5\text{-}\overset{+}{\text{N}}\text{H}$$

③ 在脂肪伯胺中由 β- 开裂形成的 $m/z\ 30$ 离子峰很强。

$$\text{CH}_3\text{-CH}_2\text{-}\overset{+\cdot}{\text{N}}\text{H}_2 \longrightarrow \text{CH}_2\text{=}\overset{+}{\text{N}}\text{H}_2 + \text{CH}_3\cdot$$

$$m/z\ 30$$

当 α 碳无取代基时，脂肪伯胺形成的 $m/z\ 30$ 离子峰可作为伯氨基存在的根据，但不是绝对的。仲胺和叔胺由于二次开裂和氢重排也可能形成 $m/z\ 30$ 的峰。

$$R-CH_2-\overset{+\cdot}{NH}-CH_2-CH_3 \xrightarrow{-R\cdot} CH_2=\overset{+}{N}H-CH_2-CH_2-H \rightarrow CH_2=\overset{+}{N}H_2 + C_2H_4$$
$$m/z\ 30$$

④ 长链伯胺可发生形成环状碎片离子的开裂。

$$R-CH_2 \quad \overset{+\cdot}{NH_2} \longrightarrow CH_2\ \overset{+}{NH_2} + R\cdot$$
$$(CH_2)_n \qquad\qquad (CH_2)_n$$

⑤ 胺类最重要的是 β- 开裂，当 α 位有不止一个取代基时，将优先丢失较大的烷基。例如

$$C_3H_7-\underset{C_2H_5}{\overset{CH_3}{\underset{|}{\overset{|}{C}}}}-\overset{+\cdot}{NH_2} \longrightarrow \underset{C_2H_5}{\overset{CH_3}{\underset{|}{\overset{|}{C}}}}=\overset{+}{N}H_2 > C_3H_7-\underset{}{\overset{CH_3}{\underset{|}{\overset{|}{C}}}}=\overset{+}{N}H_2 > C_3H_7-\underset{C_2H_5}{\overset{}{\underset{|}{\overset{|}{C}}}}=\overset{+}{N}H$$
$$m/z\ 72 \qquad\qquad m/z\ 86 \qquad\qquad m/z\ 100$$

环胺可能发生 N 原子双侧的 β- 开裂，例如

$$\xrightarrow{-C_2H_4} \xrightarrow{-CH_3\cdot}$$
$$m/z\ 57 \qquad m/z\ 42$$

⑥ 芳胺的开裂类似于酚，丢失 HCN 导致芳环开裂。例如

$$\xrightarrow{-HCN} \xrightarrow{-H\cdot}$$
$$m/z\ 66 \qquad m/z\ 65$$

⑦ 烷基芳胺发生苄基断裂形成 m/z 106 的氨基䓬鎓离子。

$$\xrightarrow{-R\cdot}$$
$$m/z\ 106$$

十二、酰胺

一级酰胺的开裂行为与相应的羧酸或其甲酯类似，二级和三级酰胺的开裂行为与高级醇的酯类似。
① 酰胺的分子离子峰一般可观察到，含奇数个 N 原子为奇数质量。
② 具有 γ 氢原子的酰胺，可发生麦氏重排，得 m/z 59 的基峰。

$$\longrightarrow R + \underset{NH_2}{\overset{\overset{+\cdot}{O}H}{\underset{\|}{C}}}$$
$$m/z\ 59$$

③ 低分子量的一级酰胺通过 β- 开裂，形成 m/z 44 的含氮离子峰。分子离子的正电荷可以在氧原子上，也可以在氮原子上，两者开裂得同样结果。

$$m/z\ 44$$

④ 在长链一级酰胺的质谱中，还有七元环过渡态产生的较弱的 m/z 73 峰和 72 峰，它们是通过下列机

制形成的。

m/z 72 峰的另一可能生成途径为

⑤ 苯甲酰胺的开裂方式与苯甲酸相似，α- 开裂失去氨基生成 m/z 105 的苯甲酰基离子，是基峰；然后进一步失去 CO 和 C_2H_2，分别形成 m/z 77 和 51 峰。

十三、腈类

① 较高分子量的脂肪腈一般没有分子离子峰，而芳香腈通常有较强的分子离子峰。
② 腈类还常常呈现一个有鉴定价值的（$M-1$）峰

③ 碳链的开裂形成 m/z 40、54、68、82 等系列离子峰。
④ 在 $C_4 \sim C_{10}$ 的直链腈的质谱中，均存在由麦氏重排形成的 m/z 41 基峰。

十四、硝基化合物

① 硝基化合物通常没有分子离子峰。
② 常有很强的 m/z 30 和 m/z 46 峰，相应于 NO^+ 和 NO_2^+。
③ 芳香硝基化合物有很强的分子离子峰，m/z 30，（$M-30$）和（$M-46$）峰，并在（$M-30$）和（$M-46$）峰后发生芳环的开裂反应

$$\text{[PhNO}_2\text{]}^{+\cdot} \xrightarrow{-\dot{N}O_2} [C_6H_5]^+ \xrightarrow{-C_2H_2} C_4H_3^+$$
$$(M-46) \qquad m/z\ 51$$

$$\text{[PhNO}_2\text{]}^{+\cdot} \xrightarrow{-\dot{N}O} [C_6H_5O]^+ \xrightarrow{-CO} [C_5H_5]^+$$
$$(M-30) \qquad m/z\ 65$$

④ 高分子量脂肪族硝基化合物的最强峰是由 C—C 链开裂所形成的烃基离子峰。

十五、卤化物

① 脂肪族卤化物的分子离子峰很弱，而芳香族卤化物的分子离子峰很强。对于给定的烷基或芳基，分子离子峰的强度次序为

$$I>Br>Cl>F$$

而对于给定的卤离子，则分子离子峰的强度是随着分子量以及支链程度的增加而降低。

② 含氯、溴的化合物有非常特征的同位素分布，在分子离子区域内，根据 M、$(M+2)$、$(M+4)$ 和 $(M+6)$ 等的强度关系，可准确地判断出分子中氯和溴的数目。

③ 卤化物的主要开裂为 α- 开裂和 β- 开裂。α- 开裂可表示为

$$R-\overset{+\cdot}{X} \begin{array}{c} \overset{a}{\nearrow} R^+ + X\cdot \\ \underset{b}{\searrow} R\cdot + \overset{+}{X} \end{array}$$

含有氟和氯的化合物，易按 a 方式开裂；而含有溴和碘的化合物易按 b 方式开裂。

β- 开裂对溴化物和碘化物均不重要，氟化物易发生 β- 开裂，例如乙基氟 $CH_2=\overset{+}{F}$ 的峰强度很大。β- 开裂可表示为

$$R\frown CH_2-\overset{+\cdot}{X} \longrightarrow CH_2=\overset{+}{X} + R\cdot$$

β- 开裂倾向按给电子能力次序增加，即 $F>Cl>Br>I$。

④ 消除 HX。开裂过程为

$$\underset{H}{\overset{H}{R-C}}-CH_2 \longrightarrow R-\overset{H}{\underset{H}{C}}-CH_2^+ + HX$$

在氟化物和伯、仲氯化物质谱中可观察到明显地失去 HX 的奇电子离子峰。

⑤ 芳香卤化物中，当 X 与苯环直接相连时，最重要的开裂方式是失去卤素，形成 $C_6H_5^+$ 峰。

$$[C_6H_5X]^{+\cdot} \xrightarrow{-X\cdot} [C_6H_5]^+$$
$$\qquad\qquad m/z\ 77$$
$$\qquad\qquad (M-X)$$

十六、含硫化合物

① 有机硫化合物的 $(M+2)$ 同位素峰，容易识别。

② 硫醇的分子离子峰一般为强峰，其开裂方式和醇相似。α- 开裂得到特征的 $CH_2=\overset{+}{S}H$ 的 m/z 47 峰，

也会发生 β- 开裂及类似醇脱水的脱 H_2S。图 10-28 是正戊硫醇的质谱。

其主要开裂过程为

$$C_4H_9-CH_2-\overset{+\cdot}{S}H \longrightarrow CH_2=\overset{+}{S}H + C_4H_9\cdot$$
$$m/z\ 47$$

$$C_3H_7-CH_2-CH_2-\overset{+\cdot}{S}H \longrightarrow \left[\begin{array}{c}CH_2\\|\\CH_2\end{array}\overset{+}{S}H\right]^+ + C_3H_7\cdot$$
$$m/z\ 61$$

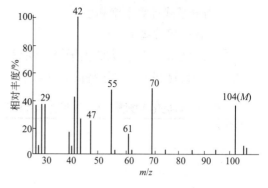

图 10-28 正戊硫醇质谱

$$\begin{array}{c}CH_2-CH_2-\overset{+\cdot}{S}H\\|\\CH_2-CH_2-CH_3\end{array} \xrightarrow[\text{脱}\ H_2S]{1,4\ \text{位}} \left[\begin{array}{c}CH_2-CH_2\\|\\CH_2-CH-CH_3\end{array}\right]^{+\cdot} \xrightarrow{-CH_3\cdot} \left[\begin{array}{c}CH_2-CH_2\\|\\CH_2-CH\end{array}\right]^+$$
$$m/z\ 70 \qquad\qquad m/z\ 55$$

$$\begin{array}{c}CH_2-CH_2-\overset{+\cdot}{S}H\\|\\CH_2-CH_2-CH_3\end{array} \xrightarrow[\text{脱}\ H_2S]{1,3\ \text{位}} \left[\begin{array}{c}CH_2\\|\\CH_2\end{array}CHCH_2CH_3\right]^{+\cdot} \xrightarrow{-C_2H_4} \left[\begin{array}{c}CH_2\\|\\CH_2\end{array}CH_2\right]^+$$
$$m/z\ 70 \qquad\qquad m/z\ 42$$

$$\swarrow_{-C_2H_5\cdot} \qquad \searrow_{-C_3H_5\cdot}$$

$$\left[\begin{array}{c}CH_2\\|\\CH_2\end{array}CH\right]^+ \qquad [CH_2CH_3]^+$$
$$m/z\ 41 \qquad\qquad m/z\ 29$$

③ 硫醚有强的分子离子峰，其开裂行为类似于醚。例如

$$CH_3CH_2-\overset{+\cdot}{S}-CH_2-CH_3 \xrightarrow{-CH_3\cdot} \overset{H}{CH_2-CH_2-\overset{+}{S}=CH_2} \xrightarrow{-C_2H_4} CH_2=\overset{+}{S}H$$
$$m/z\ 90 \qquad\qquad m/z\ 75 \qquad\qquad m/z\ 47$$

不出现（$M-H_2S$）峰，可以与硫醇相区别。

第六节　质谱的解析

一、EI 质谱的解析

质谱是具有极高灵敏度的分析方法，是进行有机化合物结构鉴定的有力工具。一张化合物的质谱包含有很多信息，可以用来确定化合物的分子量、分子式和分子结构等。质谱图的解析是一件比较困难的事情，不同情况的解析方法和侧重点会有所不同，现将常用的解析步骤概述如下。

1. 质谱解析的一般程序

（1）解析分子离子区

① 确认分子离子峰，注意它对基峰的相对强度，从而判断化合物类型。

② 注意分子离子质量的奇偶数，由氮规则推测分子中含氮原子数。

③ 由（$M+1$）/M 及（$M+2$）/M 数值大小，判断分子中是否含 Cl、Br、S 元素，并推算分子式。或由高分辨质谱所得精确分子量推定分子式。

④ 由分子式计算不饱和度。

（2）解析碎片离子

① 找出相对丰度较大的离子峰，注意其 m/z 的奇偶性，对照表 10-5 列出的常见碎片离子，并根据开裂规律，分析这些主要离子峰的归属。

表 10-5 有机化合物质谱中一些常见碎片离子（正电荷未标出）

质荷比 m/z	碎片离子	质荷比 m/z	碎片离子
15	CH_3	72	$C_3H_7CHNH_2$, $(CH_3)_2N=C=O$, $C_2H_5NHCHCH_3$
18	H_2O, NH_4	73	C_4H_9O, $COOC_2H_5$, $C_3H_7OCH_2$
19	F, H_3O	74	$CH_2=C(OH)OCH_3$
26	$C\equiv N$	75	$CH_2SC_2H_5$, $(CH_3)_2CSH$, $(CH_3O)_2CH$
27	C_2H_3	77	C_6H_5
28	C_2H_4, CO, $CH=NH$	78	C_6H_6
29	C_2H_5, CHO	79	C_6H_7, Br
30	CH_2NH_2, NO	80	吡咯-CH_2, C_5H_6N
31	CH_2OH, OCH_3	81	呋喃-CH_2, C_6H_9, C_5H_5O
33	SH, CH_2F	82	$CH_2CH_2CH_2CH_2C\equiv N$, CCl_2, C_6H_{10}
34	H_2S	83	C_6H_{11}, $CHCl_2$, 噻吩
35	Cl	85	C_6H_{13}, $C_4H_9C=O$, $CClF_2$
36	HCl	86	$C_4H_9CHNH_2$, $CH_2C(OH)C_3H_7$
39	C_3H_3	87	$C_3H_7CO_2$, CH_2COCH_3 (酮)
40	$CH_2C\equiv N$	90	CH_3CHONO_2, 苯甲基
41	C_3H_5, C_2H_2NH	91	$C_6H_5CH_2$, $(CH_2)_4Cl$, 苯胺基
42	C_3H_6	92	吡啶-CH_2, 环己二烯-CH_2
43	C_3H_7, $CH_3C=O$, C_2H_5N	93	CH_2Br, 甲酚-OH, C_7H_9, 吡咯-C=O, 苯氧基
44	CH_3CHNH_2, CO_2, $NH_2C=O$, $(CH_3)_2N$	94	C_6H_6O, 吡咯-C=O
45	$CHOH(CH_3)$, CH_2CH_2OH, CH_2OCH_3, $C(=O)-OH$	95	呋喃-C=O, C_6H_7O
47	CH_2SH, CH_3S	96	$CH_2CH_2CH_2CH_2C\equiv N$
49	CH_2Cl	97	C_7H_{13}, 噻吩-CH_2
51	CHF_2, C_4H_3	99	C_7H_{15}, $C_6H_{11}O$
53	C_4H_5	100	$C_5H_{11}CHNH_2$
54	$CH_2CH_2C\equiv N$	101	$C(=O)-OC_4H_9$
55	C_4H_7, $CH_2=CHC=O$		
56	C_4H_8	103	$C_5H_{11}S$, $CH(OCH_2CH_3)_2$
57	C_4H_9, $C_2H_5C=O$		
58	$C_2H_5CHNH_2$, $(CH_3)_2NCH_2$, $C_2H_5NHCH_2$, C_2H_5S		
59	$(CH_3)_2COH$, $CH_2OC_2H_5$, $C(=O)-OCH_3$, CH_3OCHCH_3, CH_3CHCH_2OH		
60	$C_2H_4O_2$, CH_2ONO		
61	CH_2CH_2SH, CH_2SCH_3		
65	C_5H_5		
66	C_5H_6		
67	C_5H_7		
68	$CH_2CH_2CH_2C\equiv N$		
69	C_5H_9, CF_3, $CH_3CH=CHC=O$, $CH_2=C(CH_3)C=O$		
70	C_5H_{10}		
71	C_5H_{11}, $C_3H_7C=O$		

续表

质荷比 m/z	碎片离子	质荷比 m/z	碎片离子
104	$C_2H_5CHONO_2$	121	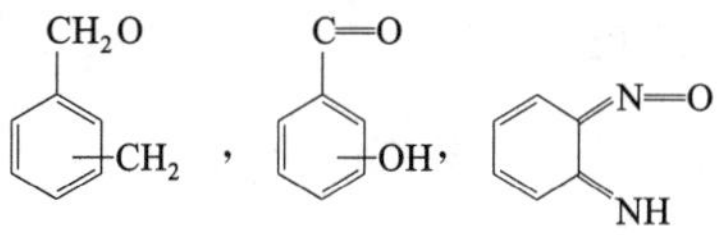 苯-CH_2O-CH_2, 苯-OH-$C=O$, 环己二烯-$N=O$/$=NH$, C_9H_{13}（萜烯）
105	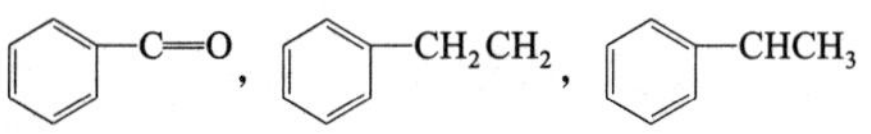 苯-$C=O$, 苯-CH_2CH_2, 苯-$CHCH_3$	123	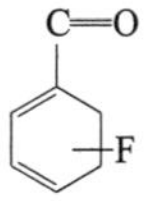 苯-F-$C=O$
106	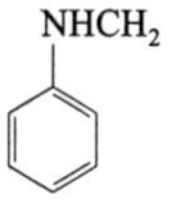 苯-$NHCH_2$	127	I
107	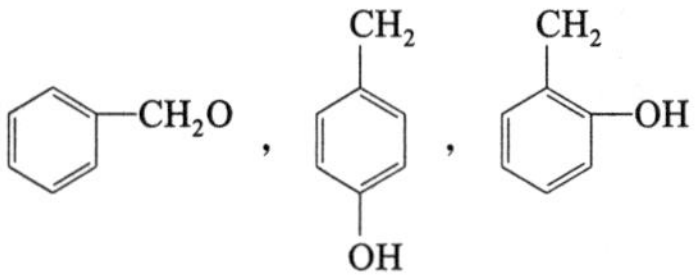 苯-CH_2O, CH_3-苯-OH, CH_3-苯-OH	131	C_3F_5, 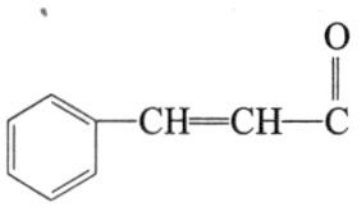 苯-$CH=CH-C=O$
108	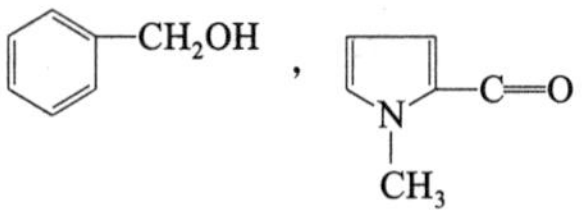 苯-CH_2OH, N-甲基吡咯-$C=O$	135	$(CH_2)_4Br$
109	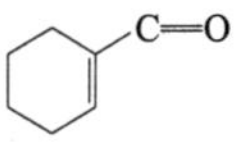 环己烯-$C=O$	139	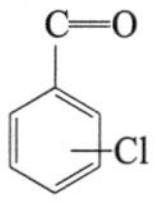 苯-Cl-$C=O$
111	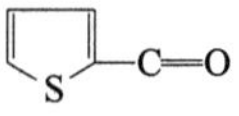 噻吩-$C=O$	149	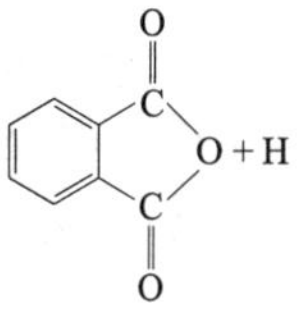 邻苯二甲酸酐-$O+H$
119	CF_3CF_2, 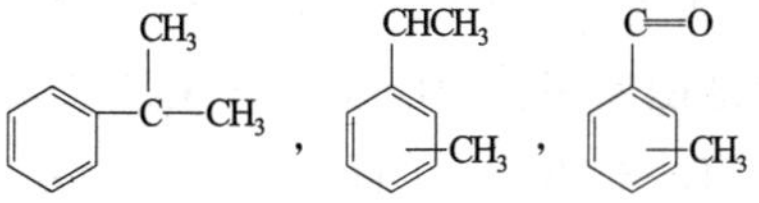 苯-$CH(CH_3)_2$, CH_3-苯-$CHCH_3$, CH_3-苯-$C=O$	154	联苯
120	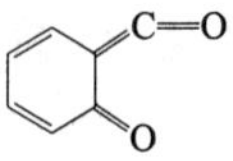 环己二烯酮-$C=O$		

② 鉴定高质量端丢失中性碎片的特征。如有（M–18）峰，则表示失去一分子水，可能有羟基存在，该化合物为醇。

③ 鉴定所有可能存在的低质量端离子系列。每一类化合物往往出现一系列谱峰，如饱和脂肪族碳氢化合物出现 m/z 29、43、57、71 等"烷基系列"峰；芳香族化合物出现 m/z 39、51、65、77 等"芳香系列"峰，由此可以推断化合物的结构类型。

④ 注意有无特征离子存在。许多特殊的质量数只有少数具有特征结构的基团才能产生，这类特征离子有助于判断分子的可能碎片。其中一些熟知的特征离子有胺的 m/z 30，苯基的 m/z 77，苯酰基的 m/z 105 和邻苯二甲酸酯的 m/z 149 等。

⑤ 找出亚稳离子。利用 $m^* = m_2^2/m_1$，确定 m_1 及 m_2 两种离子的关系，判断开裂过程。

（3）列出部分结构单元　在上述两步分析的基础上，列出部分结构单元，并找出剩余的结构。

（4）组成可能的结构式　以所有可能方式把各部分结构单元连接起来，组成可能的结构式，并根据质谱及其他光谱数据肯定最合理的结构式。

2. 质谱解析实例

例题 10-6　某化合物的质谱如图 10-29 所示，其分子离子区的质谱数据是 m/z 134（30.4%）、m/z 135（3.4%），试推测其结构。

解：
第一步，对分子离子区进行分析。

① 分子离子峰为 m/z 134 峰，相对丰度相当大，故该化合物可能为芳香烃或含共轭双烯的化合物。分子量为 134，偶数，可知化合物中不含氮或含偶数个氮原子。

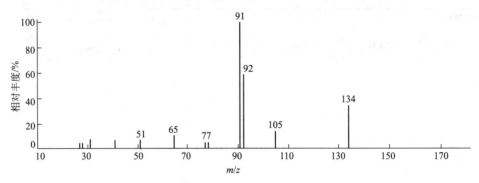

图 10-29 某化合物的质谱图

② $(M+1)/M=3.4\times100/30.4=11.2$，分子可能有 10 个 C 原子；$(M+2)/M\approx0$，可知分子中不含 Cl、Br、S 和 Si。查贝农表分子量为 134 栏，可确定分子式为 $C_{10}H_{14}$。

③ $C_{10}H_{14}$ 的不饱和度为 4，说明分子中含有苯环。

第二步，对碎片离子进行分析。

① 由 m/z 91、77、65 和 51 的碎片离子峰可确定在化合物的分子中有 C_6H_5—CH_2 结构单元存在；由 m/z 92 峰（麦氏重排），可断定与苯环相连的链至少有三个键，并有 γ 氢原子。

② 最重要的质量丢失。m/z 91 的基峰是由分子离子失去质量为 43（134−91=43）的碎片而生成，该碎片的组成为 C_3H_7、C_2H_5N 或 $CH_3C=O$，这就是说该化合物是由质量为 91（C_6H_5—CH_2）及 43 的两个碎片所组成。$C_6H_5CH_2$—C_2H_5N 不符合氮规则，可以排除；$C_6H_5CH_2$—$COCH_3$ 含有一个氧原子及一个双键，而第一步确定的分子式中不含氧，加之饱和度不符，故排除。所以，可确定该化合物的组成为 $C_6H_5CH_2$—C_3H_7。

第三步，提出可能的结构式

（a）式难以解释 m/z 105 峰，不可能是（a）。只有（b）式能解释质谱图上的所有离子峰，即

通过上述分析，可确定该化合物的结构为

二、软电离源质谱的解析

1. 化学电离源质谱（CI-MS）

化学电离可以用于 GC-MS 联用方式，也可以用于直接进样方式，对同一化合物二者得到的 CI 谱是相同的。化学电离源得到的质谱，既与样品化合物类型有关，又与所使用的反应气体有关。以甲烷作为反应气，对于正离子 CI 谱，既可以有 $[M+H]^+$，又可以有 $[M-H]^+$，还可以有 $[M+C_2H_5]^+$ 和 $[M+C_3H_5]^+$；异丁烷作反应气可以生成 $[M+H]^+$，又可以生成 $[M+C_4H_9]^+$；用氨作反应气可以生成 $[M+H]^+$，也可以生成 $[M+NH_4]^+$。

如果化合物中含电负性强的元素，通过电子捕获可以生成负离子，或捕获电子之后分解形成负离子，常见的有 M^-、$[M-H]^-$ 及其分解离子。

CI 源也会形成一些碎片离子，碎片离子又会进一步进行离子-分子反应。但 CI 谱和 EI 谱有较大差别，不能进行库检索。解析 CI 谱主要是为了得到分子量的信息。

图 10-30 为 3-甲基-3-庚醇的 CI-MS 谱（氨作为反应气）。由 m/z 131 和 m/z 148 处观察到的加合离子可推测出分子量为 130。主要的碎片离子 m/z 113（基峰）是由 $[M+H]^+$ 失去 H_2O 产生的，m/z 75 是 m/z 131 失去丁烯产生，而 m/z 85 是 m/z 113 失去乙烯产生的。与 EI 谱不同的是，CI 谱中烷基多以烯烃的形式失去。

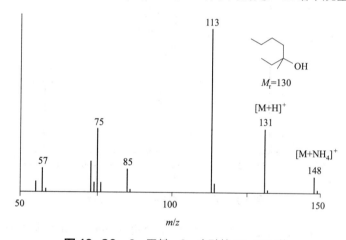

图 10-30　3-甲基-3-庚醇的 CI-MS 谱

2. 快原子轰击源质谱（FAB-MS）

快原子轰击质谱主要是准分子离子，碎片离子较少。常见的离子有 $[M+H]^+$、$[M-H]^-$。此外，还会生成加合离子，最主要的加合离子有 $[M+Na]^+$ 和 $[M+K]^+$ 等，如果样品滴在 Ag 靶上，还能看到 $[M+Ag]^+$，如果用甘油作为基质，生成的离子中还会有样品分子和甘油生成的加合离子。

FAB 源既可以得到正离子，也可以得到负离子。在基质中加入不同的添加剂，会影响离子的强度。加入乙酸、三氟乙酸等会使正离子增强，加入 NH_4OH 会使负离子增强。

图 10-31 是三叔丁基羟乙氧基四苯甲烷的 FAB-MS 谱（间硝基苯甲酸为基质），可观察到质子化的分子离子和钠加合离子，最强的碎片离子 m/z 411.3 是稳定的三芳甲烷离子。

图 10-32 是本芳醇的正离子模式 FAB-MS 谱，m/z 528 是 $[M+H]^+$ 准分子离子峰，由此可知本芳醇的分子量为 527，m/z 142 是本芳醇分子中侧链上的氨基发生 β-开裂生成的碎片离子峰（基峰）。

3. 电喷雾电离源质谱（ESI-MS）

电喷雾电离源既可以分析小分子，又可以分析大分子。对于分子质量在 1000 Da 以下的小分子，通常

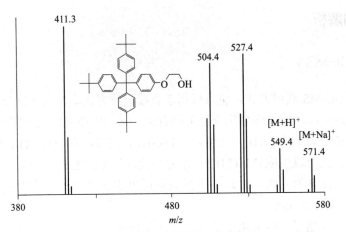

图 10-31 三叔丁基羟乙氧基四苯甲烷的 FAB-MS 谱

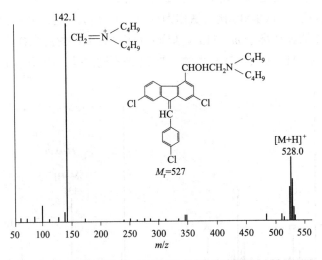

图 10-32 本芴醇的 FAB-MS 谱

是生成单电荷离子,少数化合物有双电荷离子。碱性化合物(如胺)易生成质子化的 [M+H]$^+$,而酸性化合物(如磺酸)能生成去质子化离子 [M−H]$^-$ 或 [M−Na]$^-$。由于电喷雾是一种很软的电离技术,通常很少或没有碎片离子,谱图中只有准分子离子。某些化合物易受到溶液中存在的离子的影响,形成加合离子,常见的有 [M+NH$_4$]$^+$、[M+Na]$^+$ 和 [M+K]$^+$ 等。

图 10-33 为某杂环化合物的正离子模式 ESI-MS 谱。在 m/z 219 和 m/z 241 处分别观察到很强的 [M+H]$^+$ 和 [M+Na]$^+$,在相对低的锥孔电压(25V)下几乎不发生断裂。

图 10-34 为环糊精衍生物的负离子模式 ESI-MS 谱。在 m/z 1429 和 m/z 714 处分别观察到单电荷和双

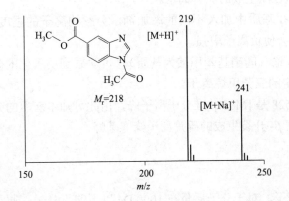

图 10-33 某杂环化合物的正离子模式 ESI-MS 谱

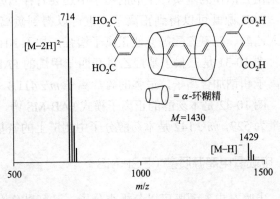

图 10-34 环糊精衍生物的负离子模式 ESI-MS 谱

电荷离子。

图 10-35（a）为人参皂苷 Rg₁ 负离子模式 ESI-MS 的一级质谱图，图中 m/z 845.4885 的强峰是 [M+COOH]⁻ 准分子离子峰；图 10-35（b）是对分子离子进行全扫描裂解得到的二级质谱图，图中 m/z 799.4835 为 [M–H]⁻，碎片离子 m/z 637.4307 为 m/z 799.4835 脱去 1 分子葡萄糖基 [M–H–Glc]⁻ 产生的，碎片离子 m/z 475.3799 为 m/z 637.4307 继续脱去 1 分子葡萄糖基 [M–H–Glc–Glc]⁻ 产生的，其相关裂解途径见图 10-36。

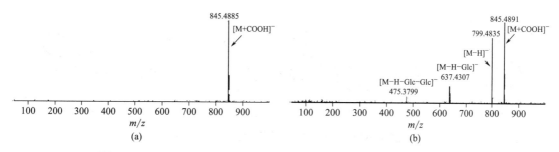

图 10-35 人参皂苷 Rg₁ 负离子模式下一级（a）和二级（b）质谱图

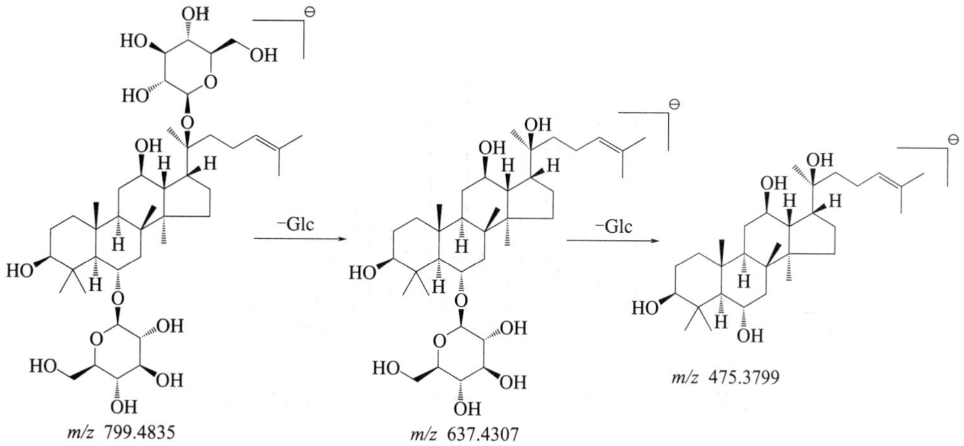

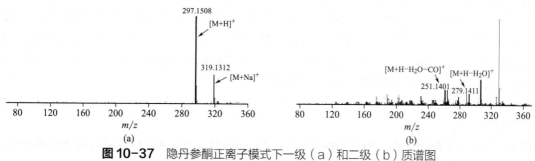

图 10-36 人参皂苷 Rg₁ 负离子模式下的裂解途径

图 10-37（a）为隐丹参酮正离子模式 ESI-MS 的一级质谱图，图中 m/z 319.1312 [M+Na]⁺ 及 m/z 297.1508 [M+H]⁺ 为准分子离子峰，它的二级碎片离子有 m/z 279.1411 [M+H–H₂O]⁺ 和 m/z 251.1401 [M+H–H₂O–CO]⁺ [见图 10-37（b）]，其相关裂解途径见图 10-38。

图 10-37 隐丹参酮正离子模式下一级（a）和二级（b）质谱图

图 10-39 为月桂醇聚氧乙烯醚 -8 的大气压电喷雾质谱。如果将图中各峰的峰顶连接起来，可得到两条近似于正态分布的曲线，而且同一系列相邻峰质荷比均相差 44。质量数较低的系列峰为 m/z 297、341、385、429、473、517、561、605、649、693、737、781、825、869 和 913，均来自 [M+Na]⁺ 正离

子，丰度最大的质谱信号为 m/z 561，分子量为 561-23=538，对应的分子式为 $C_{12}H_{25}O-(CH_2CH_2O)_8-H$。从正态分布曲线还可以看到聚氧乙烯的数目分布从 2 到 16，质荷比从 297 到 913，即对应的分子式从 $C_{12}H_{25}O-(CH_2CH_2O)_2-H$ 到 $C_{12}H_{25}O-(CH_2CH_2O)_{16}-H$。另一组质量数较高的系列峰 m/z 313、357、401、445、489、533、577、621、665、709、753、797、841、885 和 929，均来自 $[M+K]^+$ 正离子，丰度最大的质谱信号为 m/z 577，分子量为 577-39=538，也对应于月桂醇聚氧乙烯醚-8，聚氧乙烯的数目分布也从 2 到 16，质荷比从 313 到 929。

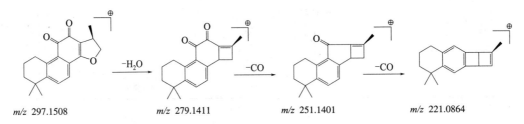

图 10-38　隐丹参酮正离子模式下的裂解途径

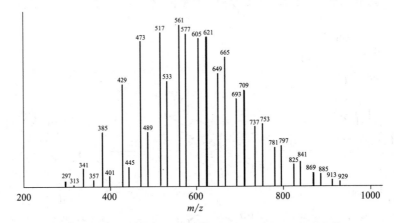

图 10-39　月桂醇聚氧乙烯醚-8 的大气压电喷雾质谱

$[M+K]^+$ 系列峰是否出现与测试条件有关，如果样品和测试体系中不含钾离子，则不出现这一系列峰，谱图也会简单些。

4. 大气压化学电离源质谱（APCI-MS）

APCI-MS 适合分析中等极性和弱极性的有机化合物。含有碱性官能团的分子常采用正离子模式，含酸性官能团的分子多采用负离子模式。APCI 得到的主要是单电荷离子，通过质子转移，样品分子可以生成 $[M+H]^+$ 或 $[M-H]^-$，还可观察到 $[M+H+溶剂]^+$ 或 $[M-H+溶剂]^-$，以及 $[M+Na/K]^+$ 或 $[M+Cl/Br]^-$。

图 10-40 为阿托品的 APCI 正离子模式质谱图。在 m/z 290 处观察到很强的 $[M+H]^+$，同时还伴随有系列碎片离子，如失去水、甲醛及在酯基连接处的断裂。

图 10-41 为反式环己烷-1,4-二甲酸的负离子模式 APCI-MS 谱。基峰是 $[M-H]^-$，在 m/z 153 处的碎片离子是失去水产生的。

图 10-42 是白果内酯的负离子模式 APCI 质谱，在 m/z 324.8 处观察到很强的 $[M-H]^-$ 准分子离子峰，m/z 250.8 的碎片离子峰为 $[M-H-C(CH_3)_3-H_2O]^-$。

图 10-43 是银杏内酯 A 的负离子模式 APCI 质谱，m/z 407.1 处的强峰为 $[M-H]^-$ 准分子离子峰，据此可知银杏内酯 A 的分子量为 408，m/z 351.6 的碎片离子峰为 $[M-H-C(CH_3)_3]^-$。

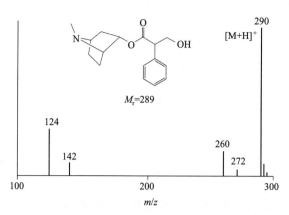

图 10-40 阿托品的 APCI 正离子模式质谱

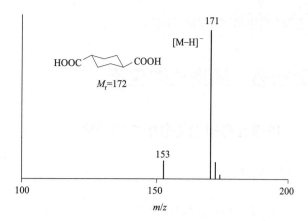

图 10-41 反式环己烷 -1,4- 二甲酸的负离子模式 APCI-MS 谱

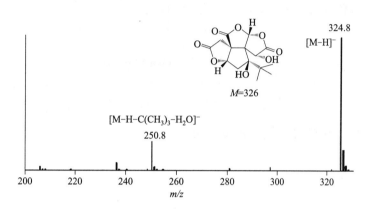

图 10-42 白果内酯的负离子模式 APCI 质谱

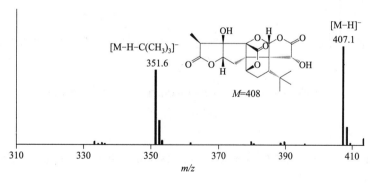

图 10-43 银杏内酯 A 的负离子模式 APCI 质谱

5. 基质辅助激光解吸电离源质谱（MALDI-MS）

MALDI 的基质选择非常重要。一般先将样品配制成 10pmol/μL 溶液，再与等体积的基质溶液（10mg/mL）混合。取 1～2μL 点在 MALDI 的枪靶上。MALDI-MS 主要用于生物大分子，如肽、蛋白质和多聚核酸的质谱分析，也可用于合成高分子、有机大分子和有机金属配合物的分析。图 10-44 为某多肽的 MALDI-MS 谱，在 m/z 66431 处可观察到很强的 [M+H]⁺，在 m/z 33216 处观测到

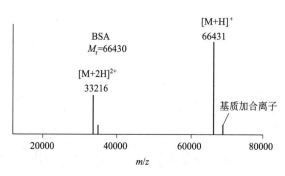

图 10-44 某多肽的 MALDI-MS 谱

较弱的双电荷离子 $[M+2H]^{2+}$。

第七节 质谱法的应用

一、质谱在有机结构分析中的应用

1. 结构鉴定

对于已知结构或合成产品的鉴定，一般是先做样品的质谱图，然后查对标准图谱，如果分子量对得上，主要碎片峰能够得到合理的解释，则可获得肯定的结果。

例如，人工合成一种治疗心律不齐的药，可能的结构为

$$\text{(indane)}-N(\text{Ph})-CH_2CH_2CH_2-N(C_2H_5)_2$$

用质谱给予鉴定，实验测得的质谱如图 10-45 所示。

图 10-45 (indane)—N(Ph)—CH₂CH₂CH₂—N(C₂H₅)₂ 的质谱图

最大的 m/z 峰是 322，与该化合物的分子量一致，即为分子离子峰。再看质谱图上的主要碎片离子峰是否能得到合理的解释。

如果电离发生在右边的氮原子上，则开裂过程为

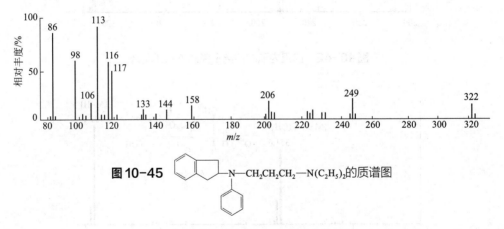

如果电离发生在左边的氮原子上，则为

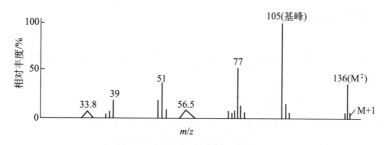

从上述分析结果可以看出，图 10-45 的主要碎片离子都得到较合理的解释，故可认为合成的化合物确为上述结构。

2. 推测未知物的结构

对于未知物的结构测定，最好是采用红外、核磁、质谱等谱图数据综合分析，因为它们各有所长，可从不同的角度提供信息。但是在某些情况下，如样品量很少（<1mg），此时只有用质谱来解决问题。

例题 10-7 某有机化合物只含 C、H 和 O，它的 IR 在 $3100\sim3700\text{cm}^{-1}$ 间无吸收，其质谱如图 10-46 所示，试推测其结构。

图 10-46 某有机化合物的质谱

解：（1）分子离子区的分析　因为最高 m/z 136 为偶数，与只含 C、H、O 相符，所以可认为是分子离子峰，而且相当强，试样可能是芳烃。

由质谱图可以看出，$(M+1)/M=9.0\%$，查贝农表得知可能的化合物式子有下列四个。

$$C_9H_{12}O\ (\Omega=4)$$
$$C_8H_8O_2\ (\Omega=5)$$
$$C_7H_4O_3\ (\Omega=6)$$
$$C_5H_{12}O_4\ (\Omega=0)$$

（2）碎片离子的分析

① m/z 105 为基峰，推测为苯甲酰基离子（$C_6H_5-\overset{+}{C}\equiv O$）。
② m/z 39、51 及 77 各峰为芳香环的特征峰，进一步肯定了苯环的存在。
③ 亚稳峰 m/z 56.5 表明有 $m/z\ 105 \rightarrow m/z\ 77$ 的开裂过程，因为 $77^2/105=56.5$。
m/z 33.8 的亚稳峰表明有 $m/z\ 77 \rightarrow m/z\ 51$ 的开裂过程，因为 $51^2/77=33.8$
上述开裂过程可表示为

$$C_6H_5-\overset{+}{C}=O \xrightarrow{-CO} C_6H_5\rceil^+ \xrightarrow{-C_2H_2} C_4H_3\rceil^+$$
$$m/z\ 105 \qquad\qquad m/z\ 77 \qquad\qquad m/z\ 51$$

(3) 结构式的确定　若分子中含有 $C_6H_5\overset{+}{C}O$，则其不饱和度应为 5，故 $C_9H_{12}O$、$C_7H_4O_3$ 和 $C_5H_{12}O_4$ 可排除，余下只有 $C_8H_8O_2$ 式符合。由 $C_8H_8O_2$ 减去 C_6H_5CO，剩下的基团为—OCH_3 或—CH_2OH，因此可能的结构式有两种，即

(a) 苯甲酸甲酯 (b) 苯甲酰甲醇

因 IR 于 3100～3700 cm^{-1} 处无吸收，故无—OH，（b）式不可能，于是可确定样品的结构式为（a）。

(4) 用开裂规律核实所推结构式

m/z 136　　m/z 105　　m/z 77　　m/z 51

经过上述分析可以确认该未知物的结构式为

二、质谱在定量分析中的应用

对于多组分混合物的定量分析，质谱法是一种非常有用的手段，它可以分析气体、易挥发性的及低挥发性的有机混合物。

在用质谱法进行定量分析时，首先要满足以下三点：

① 样品中每一种组分最少有一个特征峰，它不受其他组分的影响；
② 每种组分对相同 m/z 碎片离子峰峰高的贡献具有线性加和性；
③ 每种组分的特征峰及灵敏度与这个组分的纯品所得结果相同。

在满足上述要求的前提下，才可以合理地计算混合物中各组分的含量。

1. 定量分析的基本原理

在适当条件下，质谱峰高与组分的分压成正比，即

$$I_i = S_i p_i \tag{10-16}$$

式中，I_i 为 i 组分某一特征峰的离子流强度；p_i 为 i 组分的分压；S_i 为 i 组分某一特征峰的压力灵敏度，即单位压力所产生的离子流强度。

灵敏度与仪器的操作条件（如轰击电流、磁场强度及温度等）有密切关系。所以，在定量分析未知样品时，一定要在与测定 S_i 相同的操作条件下进行。

若用峰高 h_i 取代式（10-16）中的 I_i，则

$$h_i = A_i S_i p_i \tag{10-17}$$

式中，A_i 为 i 组分某一特征峰的相对丰度。

2. 定量分析方法

（1）绝对法　对于组分数较少，且各组分的分子离子峰或基峰互不叠加的混合物，可采用此法或相对法。其计算公式为

$$X_i = \frac{p_i}{p_\text{总}} \times 100\% = \frac{I_i/S_i}{\sum\limits_{i=1}^{n} p_i} \times 100\% \tag{10-18}$$

式中，X_i 为 i 组分的摩尔百分数；$p_\text{总}$ 为样品的总压力，由进样前样品储存器的压力给出。

绝对法需要分别测定各组分的压力灵敏度及样品的总压力，因为 S_i 易受仪器条件变化的影响，故需随时校正，比较麻烦。

（2）相对法　为克服绝对法易受仪器条件变化影响这一缺点，对于已知样品组分的情况，可采用相对法进行定量分析。

若样品含有 n 个组分，从其中选取一个组分作为基准，先用已知组成的混合物测定各组分相对 k 组分的相对压力灵敏度 S_{ik}，再由 S_{ik} 计算 $X_i\%$。

因为
$$I_i = S_i p_i$$
$$I_k = S_k p_k$$

所以

$$S_{ik} = \frac{S_i}{S_k} = \frac{I_i p_k}{I_k p_i} \tag{10-19}$$

对于未知样品，由式（10-19）得

$$p_i = \frac{I_i p_k}{I_k S_{ik}}$$

$$X_i = \frac{p_i}{p_\text{总}} \times 100\% = \frac{I_i p_k / I_k S_{ik}}{\frac{p_k}{I_k}\sum\limits_{i=1}^{n} I_i/S_{ik}} \times 100\% = \frac{I_i/S_{ik}}{\sum\limits_{i=1}^{n} I_i/S_{ik}} \times 100\% \tag{10-20}$$

由于 S_{ik} 不受仪器条件的影响，所以该法准确度较高。

（3）解联立方程法　解联立方程法适用于各组分的特征峰互相重叠的情况。目前应用较广，例如煤、柴油馏分的组成分析，重油中饱和烃类的测定等。

对于含有 n 个组分的混合物，根据式（10-16），可以写出下列方程

$$S_{11}p_1 + S_{12}p_2 + \cdots + S_{1n}p_n = I_1$$

式中，S_{11}、S_{12}、$\cdots$、S_{1n} 分别为第 1、2、$\cdots$、n 号组分在 m_1/z 特征离子峰的灵敏度；p_1、p_2、$\cdots$、p_n 分别为 1、2、$\cdots$、n 号组分在未知混合物中的分压；I_1 为未知混合物试样质谱图中 m_1/z 特征离子峰的峰强度。同样，对于质量数为 m_2、m_3、$\cdots$、m_n 的特征离子峰，其峰强度分别为 I_2、I_3、$\cdots$、I_n，因此可以列出一系列方程式

$$S_{21}p_1 + S_{22}p_2 + \cdots + S_{2n}p_n = I_2$$
$$S_{31}p_1 + S_{32}p_2 + \cdots + S_{3n}p_n = I_3$$
$$\vdots \quad \vdots \quad \vdots \quad \vdots$$
$$S_{n1}p_1 + S_{n2}p_2 + \cdots + S_{nn}p_n = I_n$$

解这些联立方程即可求出未知数 p_1、p_2、$\cdots$、p_n，在实际分析时选择的特征离子峰数目往往大于组分数 n，这时可用最小二乘方法处理求解。

求得 p_i 后，则

$$X_i = \frac{p_i}{\sum_{i=1}^{n} p_i} \times 100\%$$

三、串联质谱法及其应用

将两个或多个质谱仪连接在一起，称为串联质谱。串联质谱也称为质谱-质谱法、多级质谱法、二维质谱法和序贯质谱法。最简单的串联质谱（MS/MS）是由两个质谱仪串联而成，最常见的串联质谱为三级四极杆串联质谱。

串联质谱的作用：①诱导第一级质谱产生的分子离子裂解，有利于研究子离子和母离子的关系，进而给出该分子离子的结构信息；②从干扰严重的质谱中抽取有用数据，大大提高了质谱检测的选择性，从而能够测定混合物中的痕量物质。

1. 串联质谱法的基本原理

串联质谱（MS/MS）是质谱法的重要联用技术之一，其方法是将两台质谱仪通过中间的碰撞室连接起来，如图 10-47 所示。两台质谱仪中第一台质谱仪起类似于 GC 或 LC 的作用，用于分离复杂样品中各组分的分子离子，这些离子经碰撞室碰撞活化裂解后，依次进入第二台质谱仪中，从而产生这些分子离子的碎片质谱。

对稳定离子进行活化的方法很多，最常用的是向反应区引入惰性气体，具有一定动能的离子进入碰撞室后，与室内惰性气体的分子或原子发生碰撞，此时，离子的部分动能转化为热力学能，可发生多反应途径的裂解，这种技术称为碰撞活化裂解（CAD），也称为碰撞诱导裂解（CID）。对于磁式质谱仪，离子加速电压可以超过几千伏，而对于四极杆、离子阱等，获得的离子动能在几到几百电子伏特之间，前者称为高能 CID，后者称为低能 CID。两种方式产生的离子内能分布不同，得到的子离子谱也有差别，一般说来，高能 CID 谱的重现性好，而低能 CID 受碰撞气的种类、压力以及温度等多种因素的影响，重现性较差。

2. 串联质谱仪器的类型

串联质谱仪器分为两大类：空间串联型和时间串联型，如图 10-48 所示。

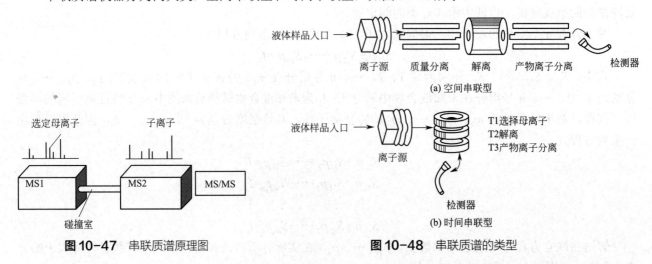

图 10-47 串联质谱原理图　　图 10-48 串联质谱的类型

（1）空间串联型　空间串联型是将两个或两个以上的质量分析器联合使用，两个分析器间有一个碰撞活化室，由前级质谱分离出母离子或前体离子，在碰撞室中与惰性气体分子碰撞裂解，产生的子离子或产物离子由后一级质谱仪分析。空间串联型又分磁扇形串联、四极杆串联、混合串联等，如四极杆-飞行时间串联质谱（Q-TOF）、飞行时间-飞行时间（TOF-TOF）串联质谱和三级四极杆（QQQ）串联质谱等。

（2）时间串联型　时间串联质谱仪只有一个质量分析器，如离子阱质谱仪、傅里叶变换离子回旋共振质谱仪等，通过软件来实现MS^n。样品离子化后，在前一时刻用脉冲程序将选定离子以外的其他离子排斥出去，再对选定的离子加速进行碰撞裂解，得到的产物离子在后一时刻进行分析。上述过程若重复进行，即可进行MS^n，也称为多级质谱。总之，无论是哪种方式的串联，都必须有碰撞活化室，从第一级MS分离出来的选定离子，经过碰撞裂解后，再经过第二级MS进行质量分析，以获得更多的结构信息。

3. 串联质谱的操作模式

（1）子离子扫描模式　第一个质量分析器固定扫描电压，选择某一质量的母离子进入碰撞室，与碰撞室内的气体发生碰撞产生碎片离子。第二个质量分析器进行全扫描，得到的所有碎片离子都是由选定的母离子产生的子离子，没有其他的干扰。主要用于化合物结构分析。

（2）母离子扫描模式　第一个质量分析器选择母离子（如分子离子），进入碰撞室，与碰撞室内的碰撞气体发生碰撞诱导裂解。第二个质量分析器固定扫描电压，只选择某一特征离子质量扫描，该特征离子是由所选择的母离子产生的，由此得到所有能产生该子离子的母离子质谱。主要用于同系物分析。

（3）中性碎片丢失扫描模式　第一个质量分析器扫描所有离子，所有离子进入碰撞室与碰撞气体发生碰撞诱导裂解。第二个质量分析器以与第一个质量分析器固定质量差联动扫描，检测丢失该固定质量中性碎片（如质量数15、18、45）的离子对，得到中性碎片质谱。主要用于中性碎片分析。

（4）多反应监测模式（MRM）　MRM技术的关键在于首先要能够检测到具有特异性的母离子，然后只将选定的特异性母离子进行碰撞诱导，最后去除其他子离子的干扰，只对选定的特异子离子进行质谱信号的采集。分析样品时，第一级质谱选定m_1，经碰撞裂解后，第二级质谱选定m_2。只有同时具有m_1和m_2特征质量的离子才被记录，这样得到的质谱峰可以认为不再有任何干扰。MRM适用于待测组分含量低、体系组分复杂且干扰严重的样品分析。比如人体药物代谢研究，血样、尿样中违禁药品检验等。

4. 串联质谱法的应用

（1）在定性分析中的应用　根据MS/MS的扫描模式，如子离子扫描、母离子扫描和中性碎片丢失扫描，可以查明不同质量数离子间的关系。在质谱与气相色谱或液相色谱联用时，即使色谱未能将样品完全分离，也可以通过MS/MS对组分进行定性分析。

（2）在定量分析中的应用　对复杂基质生物样品中低浓度组分进行定量分析时，来自基质中其他化合物的信号可能会掩盖检测信号，可采用多反应监测模式（MRM）来消除干扰。MRM也可同时定量分析多个化合物。

（3）在药物分析中的应用　子离子扫描可获得药物主要成分、杂质和其他物质的母离子的定性信息，有助于未知物的鉴别，也可用于肽和蛋白质、氨基酸序列的鉴别。在药物代谢研究中，为发现与代谢前物质具有相同结构特征的分子，使用中性碎片丢失扫描能找到所有丢失同种官能团的离子，如羧酸丢失中性二氧化碳。假如丢失的碎片是离子形式，则母离子扫描能找到所有丢失这种碎片的离子。

第八节　谱图综合解析

在确定有机化合物结构时，对于简单的化合物，往往应用个别光谱就能解析出化合物的结构，但对于较复杂的化合物，则由个别光谱所得的结论往往十分牵强，不易令人信服。因此，在通常的结构测定中，常常强调 UV、IR、NMR 和 MS 的联合应用，这样可从各方面获得信息，互相补充，互相论证，使所得的结论更加明确可靠。

作为综合解析，推断结构来说，每个人都会有自己喜欢的一套方法，在这里仅介绍常用的一般方法，并举四个实例来说明一般解析程序。

一、谱图综合解析步骤

① 先由质谱确定分子离子峰，以确定分子量。
② 根据质谱的分子离子峰（M）和同位素峰（$M+1$、$M+2$）的相对强度，以求出最可能的分子式。
③ 由分子式计算不饱和度，并推测出化合物的大致类型。
④ 由红外光谱确定出化合物可能存在的官能团。
⑤ 由核磁共振氢谱和碳谱确定出分子中氢和碳的类型、个数及基团之间的连接关系，以推测出化合物可能的结构式。
⑥ 根据紫外光谱判断化合物是否具有共轭系统。
⑦ 利用质谱开裂规律来验证所提出的结构式是否合理。

在推测分子结构过程中，应当把各种波谱有关的数据相互核对，结论应当一致，起到彼此验证的作用。综合解析所得到的化合物结构是否可靠，可通过与已知纯品的谱图相比较，加以确证；或查阅标准谱图对照以确定。

二、谱图综合解析实例

例题 10-8 某一未知物的四谱数据如表 10-6，图 10-49 所示，试推测其结构。

表 10-6 未知物紫外光谱

λ_{max}/nm	ε_{max}	λ_{max}/nm	ε_{max}	λ_{max}/nm	ε_{max}
263	101	257	194	243（S）[①]	78
264	158	252	153		
262	147	248（S）[①]	109		

[①]（S）—肩峰。

解： 由质谱知该化合物分子量是 150，为偶数，化合物不含氮或含偶数氮，由（$M+2$）峰强度可知不含 S 或卤素。

由贝农表查得，在分子量 150 项下，共有 29 个式子，而（$M+1$）/M 在 9%～11% 范围内的分子式共有以下 7 种。

分子式	（$M+1$）/M	（$M+2$）/M
$C_7H_{10}N_4$	9.25	0.38
$C_8H_8NO_2$	9.23	0.78
$C_8H_{10}N_2O$	9.61	0.61
$C_8H_{12}N_3$	9.98	0.45
$C_9H_{10}O_2$	9.96	0.84
$C_9H_{12}NO$	10.34	0.68
$C_9H_{14}N_2$	10.71	0.52

上面有 3 个式子含奇数个氮，根据氮规则可不予考虑。$C_9H_{10}O_2$ 的 $(M+1)/M$ 及 $(M+2)/M$ 的值最接近样品的值，故最可能的分子式为 $C_9H_{10}O_2$，其不饱和度为 5，从它的 C、H 相对数目来看，很可能是芳香族化合物。

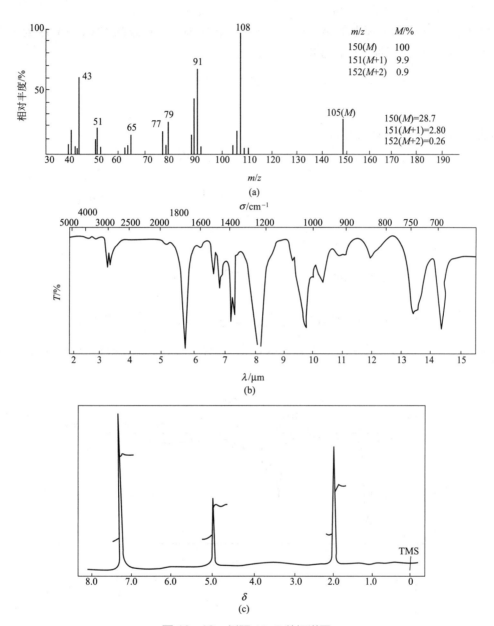

图 10-49 例题 10-8 数据谱图
(a) 质谱；(b) 红外光谱；(c) 核磁共振氢谱

紫外光谱数据显示苯环 B 吸收带的精细结构特征，也可确知含苯环。无 K 带说明苯环取代基不和苯环共轭。

红外光谱图上，1745 cm^{-1} 处的强峰显示 C=O 吸收，1225 cm^{-1} 及 1100 cm^{-1} 附近强而宽的峰为酯的 C—O—C 反对称和对称伸缩振动，故该化合物很可能为酯类。1450～1550 cm^{-1} 处两个峰为苯环 C=C 骨架振动，749 cm^{-1} 及 697 cm^{-1} 处的两个强峰，说明是单取代苯环。

由核磁共振氢谱可看到三个单峰，其位置及积分高度为：

δ	积分高度
7.22	5
5.00	2
1.98	3

在 δ 7.22 处的 5 个 H 为苯环上的 H，δ 5.00 处的两个 H 为与氧相连的 CH_2，δ 1.98 处 3 个 H 的单峰为邻接 C=O 的 CH_3。由此可推测该化合物的结构式为

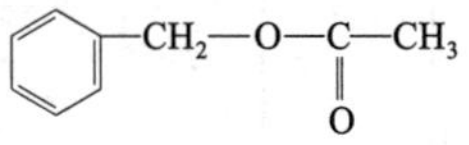

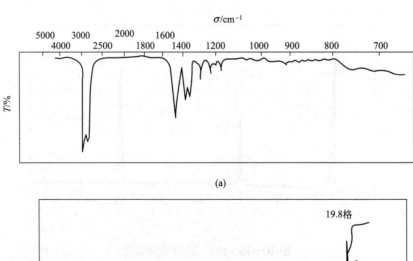

最后由质谱的开裂规律来证实此结构。

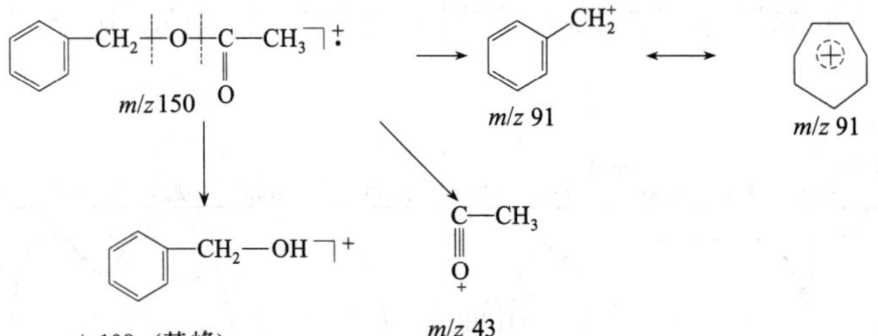

至此，可以确信，上述四个光谱所代表的是乙酸苄酯，结构式为 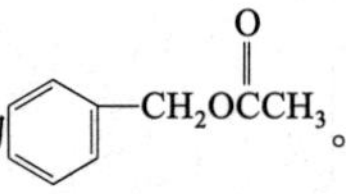 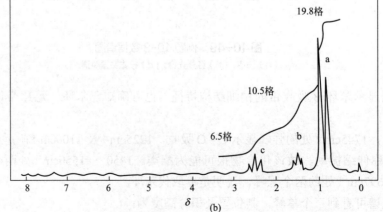。

例题 10-9 一个化合物的紫外光谱在 210nm 以上无吸收，其红外、核磁、质谱如图 10-50 所示，试推出其结构。

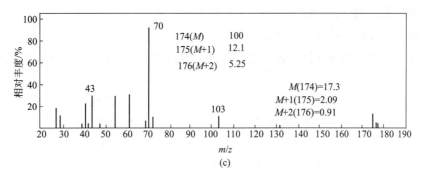

图 10-50 例题 10-9 数据谱图
(a) 红外光谱; (b) ^{1}H-NMR 谱; (c) 质谱

解:
① 紫外光谱在 210nm 以上无吸收,表明该化合物是一个饱和化合物。
② 根据质谱确定分子式。由质谱图可知,m/z 174 为分子离子峰,m/z 175 为 ($M+1$) 峰,m/z 176 为 ($M+2$) 峰。又知,$(M+1)/M=12.1\%$、$(M+2)/M=5.25\%$,可以推知该化合物含有一个 S。

可以根据 M、$(M+1)$、$(M+2)$ 的相对强度值查贝农表,但是贝农表是由 C、H、O、N 元素组成,因此必须把 $^{33}S/^{32}S=0.78\%$ 和 $^{34}S/^{32}S=4.4\%$ 的丰度比减去。即

$(M+1)/M=12.1\%-0.78\%=11.3\%$

$(M+2)/M=5.25\%-4.4\%=0.85\%$

分子量 174 减去一个 S 的质量 32 后应为 142。

查贝农表,可知与 $M=142$、$(M+1)/M=11.3\%$、$(M+2)/M=0.85\%$ 数值相近的分子式有以下五种。

分子式	$(M+1)/M$	$(M+2)/M$
$C_9H_{20}N$	10.43	0.49
$C_{10}H_6O$	10.94	0.74
$C_{10}H_8N$	11.32	0.58
$C_{10}H_{22}$	11.16	0.56
$C_{11}H_{10}$	12.05	0.66

其中 $C_9H_{20}N$ 和 $C_{10}H_8N$ 因只含一个氮原子,分子量应为奇数,故排除。

而 $C_{11}H_{10}$ 不饱和度为 7,可紫外光谱证明是一个饱和化合物,故 $C_{11}H_{10}$ 也可排除。

剩下 $C_{10}H_6O$ 和 $C_{10}H_{22}$,加上 S 后为

$$C_{10}H_6OS \quad \Omega = 1 + 10 + \frac{1}{2}(-6) = 8$$

$$C_{10}H_{22}S \quad \Omega = 1 + 10 + \frac{1}{2}(-22) = 0$$

由此可见,$C_{10}H_{22}S$ 与紫外光谱相符。

③ 红外光谱。3000cm^{-1} 以上无 ν_{C-H} 吸收峰。1500～2000cm^{-1}、1000cm^{-1} 以下均无吸收峰,故可判知该化合物不含双键、羰基,也不是芳香化合物。

2800～2900cm^{-1} 附近的峰很强,这是饱和 C—H 的伸缩振动峰,据此可知分子式不可能是 $C_{10}H_6OS$,而是 $C_{10}H_{22}S$。

1380cm^{-1} 处等强度双峰,说明有异丙基存在,而不是叔丁基,因为叔丁基在 1380cm^{-1} 处的双峰不是等强度的。

④ 核磁共振氢谱。信号均在高场 ($\delta\,0.8～2.7$),也说明此化合物不含双键和苯环,而是饱和化合物。

由积分曲线高度,计算出每一种信号相当于 H 的个数。

δ 0.9 处的双峰，积分线 19.8 格；

δ 1.2～2.0 处的多重峰，积分线 10.5 格；

δ 2.5 处的三重峰，积分线 6.5 格。积分线的加和为 36.8 格，相当于 22 个 H，所以每个 H 相当于 1.67 格。因此

δ 0.9	12 个 H
δ 1.2～2.0	6 个 H
δ 2.5	4 个 H

因化合物中含 S，S 的电负性较强，所以与 S 相连的 CH_2 应该在较低场，故 δ 2.5 处的峰应是—SCH_2—的信号，因此处有 4 个 H，所以有可能是—CH_2—S—CH_2—，而且又是三重峰，这表明—S—CH_2—邻位一定有一个 CH_2 与之偶合。因此可能的结构单元为

$$—CH_2—CH_2—S—CH_2—CH_2—$$

δ 0.9 处的双峰是 CH_3 的峰，表明其邻位可能有 CH 与之偶合，12 个 H 表明有 4 个 CH_3。因此可能有两个如下结构单元

$$\begin{matrix}CH_3\\CH_3\end{matrix}\!\!>\!\!CH—$$

连接上述结构单元，可得出该化合物的结构式为

$$\begin{matrix}CH_3\\CH_3\end{matrix}\!\!>\!\!CH—CH_2—CH_2—S—CH_2—CH_2—CH\!\!<\!\!\begin{matrix}CH_3\\CH_3\end{matrix}$$

δ 1.2～2.0 的多重峰是 CH 与和它相连的 CH_2 中 H 的信号相重叠，所以多重峰相当于 6 个 H，是两个 CH 和两个 CH_2 质子的重叠信号。

⑤ 最后以质谱来复核该结构式是否合理。

在质谱图中，上述主要碎片离子峰 m/z 131、103、71、70、43 均有。因此，对该化合物所提出的结构式是合理正确的。

例题 10-10 某化合物 $C_{11}H_{17}N$（M=163）的 IR、^1H-NMR、^{13}C-NMR 和 MS 谱如图 10-51 所示，试推出化合物的结构，并说明依据。

解： 根据分子式 $C_{11}H_{17}N$，可计算出不饱和度 $\Omega=1+11+(1-17)/2=4$，据此可初步判断分子中含有苯环。

① 红外光谱。3046 cm^{-1} 为不饱和 C—H 的伸缩振动峰（Ar—H），2971 cm^{-1} 为饱和 C—H 的伸缩振动峰，1602 cm^{-1}、1580 cm^{-1} 和 1498 cm^{-1} 为苯环骨架 C=C 伸缩振动峰，1374 cm^{-1} 为甲基对称面内变形振动峰，1274 cm^{-1} 为芳氮 C—N 的伸缩振动峰，837 cm^{-1}、763 cm^{-1} 和 692 cm^{-1} 为苯环碳氢 Ar—H 的面外变形振动峰，说明苯环是间位 2 取代。由此可知，该化合物含有苯环，并是间位 2 取代；没有 N—H 峰，可能为叔胺。

② ^1H-NMR 谱。δ 1.2 处相当于 6 个质子的三重峰为 CH_3，并与 CH_2 相连；δ 2.3 处相当于 3 个质子的单峰为 CH_3，并与 Ar 相连；δ 3.4 处相当于 4 个质子的四重峰为 CH_2，一侧与 CH_3 相连、另一侧与 N 相连；δ 6.6～7.3 处相当于 4 个质子的两组峰为 Ar—H，非对位取代。由 ^1H-NMR 谱的解析，可知该化合物中

含有间位 2 取代苯环，一个 CH_3—Ar 和 2 个 CH_3—CH_2 结构。

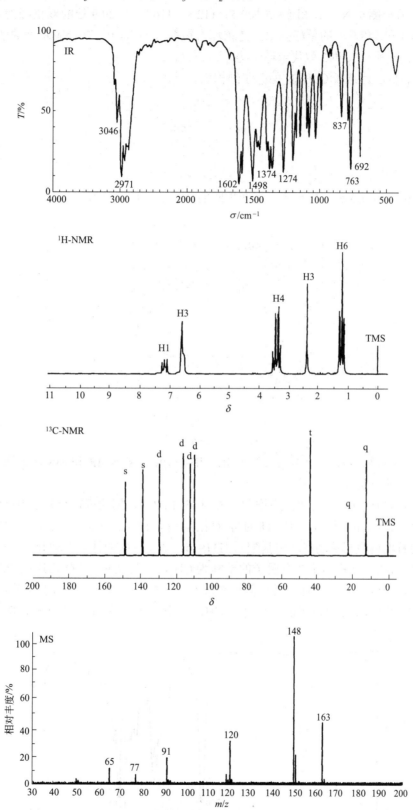

图 10-51　例题 10-10 附图

③ ^{13}C-NMR 谱。$C_{11}H_{17}N$ 分子中有 11 个碳，而 ^{13}C-NMR 谱中只有 9 个峰，表明分子有对称性。δ

12.6 处的四重峰为 CH$_3$，与 CH$_2$ 相连；δ 22.0 处的四重峰为 CH$_3$，与 Ar 相连；δ 44.3 处的三重峰为 CH$_2$，一侧与 CH$_3$ 相连、另一侧与 N—Ar 相连；δ 109.5、112.8、116.7 和 129.9 处的双重峰为 CH，是苯环上没被取代的碳；δ 138.3 和 148.0 处的单峰为 C，是苯环上被取代的碳。由 ^{13}C-NMR 谱的解析，可知该化合物中含有两种 CH$_3$、一种 CH$_2$ 和 2 取代苯环结构。

通过上述谱图解析，可推断 C$_{11}$H$_{17}$N 的分子结构为

④ MS 验证结构。通过 MS 开裂反应，证明推断的分子结构是正确的。

例题 10-11　某化合物 C$_5$H$_{10}$O$_2$（M=102）的 IR、^{1}H-NMR、^{13}C-NMR 和 MS 谱如图 10-52 所示，试推出该化合物的结构，并说明依据。

解：根据分子式 C$_5$H$_{10}$O$_2$，可计算出不饱和度 Ω=1+5−10/2=1，据此可判断分子中不含有苯环。

① 红外光谱。2896cm^{-1} 为饱和 C—H 的伸缩振动峰，1716cm^{-1} 为酮羰基 C=O 的伸缩振动峰，1360cm^{-1} 为甲基对称面内变形振动峰（甲基酮），1119cm^{-1} 为 C—O 的伸缩振动峰。

② ^{1}H-NMR 谱。δ 2.2 处相当于 3 个质子的单峰为 CH$_3$，并与羰基 C=O 相连；δ 2.7 处相当于 2 个质子的三重峰为 CH$_2$，一侧与 CH$_2$ 相连、另一侧与羰基 C=O 相连；δ 3.3 处相当于 3 个质子的单峰为 CH$_3$，并与 O 相连；δ 3.7 处相当于 2 个质子的三重峰为 CH$_2$，一侧与 CH$_2$ 相连、另一侧与 O 相连。由 ^{1}H-NMR

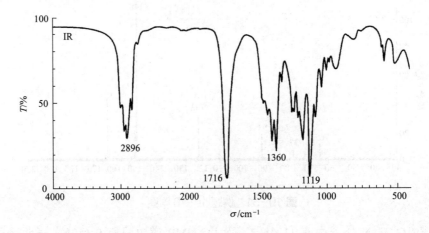

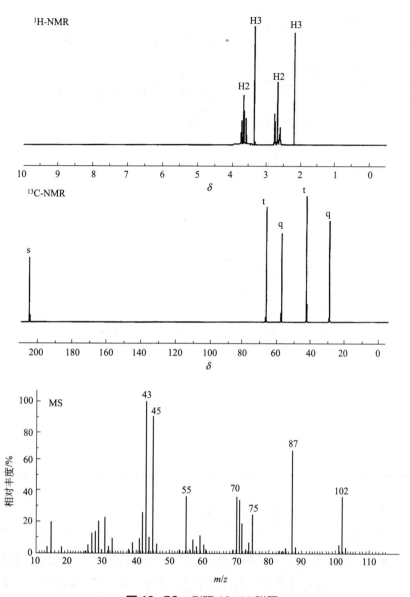

图 10-52 例题 10-11 附图

谱的解析，可知该化合物中含有一个 $CH_2—CH_2—O$、一个 $CH_3—O$ 和一个 $CH_3—C=O$ 结构。

③ ^{13}C-NMR 谱。$C_5H_{10}O$ 分子中有 5 个碳，而 ^{13}C-NMR 谱中有 5 个峰，表明分子没有对称性。δ 30 处的四重峰为 CH_3，与 $C=O$ 相连；δ 43 处的三重峰为 CH_2，一侧与 CH_2 相连、另一侧与 $C=O$ 相连；δ 58 处的四重峰为 CH_3，与 O 相连；δ 67 处的三重峰为 CH_2，一侧与 CH_2 相连、另一侧与 O 相连；δ 208 处的单峰为 $C=O$。由 ^{13}C-NMR 谱的解析，可知该化合物中含有两种 CH_3、两种 CH_2 和 1 个羰基结构。

通过上述谱图解析，可推断 $C_5H_{10}O_2$ 的分子结构为

$$H_3C-\overset{O}{\underset{}{C}}-CH_2-CH_2-O-CH_3$$

④ MS 验证结构。通过 MS 开裂反应，证明推断的分子结构是正确的。

$$CH_3-\overset{\overset{+\cdot}{O}}{C}-CH_2-CH_2-O-CH_3 \quad\nearrow\quad \overset{\overset{+}{O}}{C}-CH_2-CH_2-O-CH_3 + \cdot CH_3$$
$$m/z\ 102 \qquad\qquad m/z\ 87$$
$$\searrow\quad CH_3-\overset{\overset{+}{O}}{C} + \cdot CH_2-CH_2-O-CH_3$$
$$m/z\ 43$$

$$\downarrow$$

$$CH_3-\overset{\overset{+\cdot}{O}}{C}-CH=CH_2 + CH_3OH$$
$$m/z\ 70$$

$$\downarrow$$

$$\overset{\overset{+}{O}}{C}-CH=CH_2 + \cdot CH_3$$
$$m/z\ 55$$

$$CH_3-\overset{O}{C}-CH_2-CH_2-\overset{+\cdot}{O}-CH_3 \longrightarrow CH_3-\overset{O}{C}-CH_2-\overset{+}{C}H_2 + \cdot OCH_3$$
$$m/z\ 102 \qquad\qquad m/z\ 71$$

$$\downarrow$$

$$CH_2=\overset{+}{O}-CH_3 + CH_3-\overset{O}{C}-\overset{\cdot}{C}H_2$$
$$m/z\ 45$$

总结

○ 质谱分析法是将样品分子离解成不同质量的离子，按其质荷比（m/z）的大小顺序进行收集和记录。根据质谱图峰的位置，可以进行定性和结构分析；根据峰的强度，可以进行定量分析。

○ 质谱图中主要离子峰的类型：①分子离子峰，其 m/z 的数值相当于该化合物的分子量；②同位素离子峰，根据同位素峰的相对强度可以确定分子式；③碎片离子峰，可根据碎片离子把分子结构"拼凑"起来；④亚稳离子峰，可判断开裂过程。此外还有准分子离子峰、多电荷离子峰、负离子峰。

○ 离子的开裂规律：①单纯开裂，开裂过程只断一个键，并脱离一个自由基；②重排开裂，重排时有两个或两个以上的键发生断裂，有一个氢原子发生转移，同时脱去一个中性分子，常见的有麦氏重排和 RDA 重排等；③复杂开裂，复杂开裂往往需要几个键的开裂，并伴有氢原子的转移，常见于含杂原子的环状化合物的开裂；④双重重排，即在开裂过程中有两个氢的转移。

○ 质谱仪的基本组成。质谱仪是能产生离子，并将这些离子按其质荷比（m/z）进行分离记录的仪器。它由进样系统、离子源、质量分析器、检测记录系统及真空系统组成。

· 离子源的作用是将进样系统引入的气态样品分子转化为离子。常见的离子源有 EA、CI、FAB、ESI、APCI 和 MALDI 源等。

· 质量分析器的作用是将离子源中形成的离子按质荷比的大小分开。常见的质量分析器有单聚焦质量分析器、双聚焦质量分析器、飞行时间质量分析器、四极杆质量分析器、离子阱质量分析器和傅里叶变换离子回旋共振质量分析器等。

思考题

1. 简述质谱法的基本原理。
2. 画出质谱仪的方框图，并说明各部分的作用。
3. 双聚焦的原理是什么？为什么双聚焦质谱仪能显著提高仪器的分辨率？
4. 磁式质谱仪与四极杆质谱仪的区别是什么？
5. 试述化学电离源、电喷雾电离源和基质辅助激光解吸电离源的工作原理和特点。
6. 有机化合物在 EI 源中有可能产生哪些类型的离子？从这些离子的质谱峰中可以得到一些什么信息？
7. 什么是准分子离子峰？哪些离子源可以得到准分子离子？
8. 什么是氮规则？能否根据氮规则确定某离子峰是分子离子峰？
9. 发生麦氏重排的基本条件是什么？
10. 简述 EI 质谱解析的一般程序。
11. 质谱定量分析的依据是什么？常用的定量分析方法有哪些？
12. 简述四谱综合解析的一般步骤，并列举一个四谱综合解析实例。

课后练习

1. 下述哪些离子源，采用的是软电离方法：（1）MALDI；（2）FAB；（3）EI；（4）ESI
2. 在质谱分析中，最常用的离子检测器有：（1）法拉第杯；（2）电导仪；（3）电子倍增器；（4）照相底片
3. 下述有机化合物分子离子的稳定性次序为：（1）芳香族＞烯烃＞酯＞支链烷烃；（2）芳香族＞酯＞烯烃＞支链烷烃；（3）芳香族＞酯＞支链烷烃＞烯烃；（4）烯烃＞芳香族＞酯＞支链烷烃
4. 在质谱图中，CH_3Cl 的 $M+2$ 峰的强度为 M 的：（1）1/6；（2）3；（3）1/3；（4）相当
5. 在质谱图中，CH_3Br 的 $M+2$ 峰的强度为 M 的：（1）1/6；（2）3；（3）1/3；（4）相当
6. 某离子 M_1^+ 的质荷比为 120，子离子 M_2^+ 的质荷比为 105，其亚稳离子的表观质量 m^* 为：（1）89.325；（2）91.875；（3）95.342；（4）85.269
7. 下述哪些离子能产生质荷比为 43 的碎片离子峰：（1）$C_5H_5^+$；（2）$C_2H_3O^+$；（3）$C_6H_6^+$；（4）$C_3H_7^+$
8. 烯烃类化合物最容易发生的是：（1）双键直接断裂；（2）β-开裂；（3）α-开裂；（4）麦氏重排
9. 含有双键的杂原子化合物最容易发生的是：（1）双键直接断裂；（2）β-开裂；（3）α-开裂；（4）RDA 重排
10. 在进行质谱分析时，下述哪一种有机化合物能产生 m/z 149 的特征离子：（1）乙酸丁酯；（2）邻苯二甲酸二丁酯；（3）1-十四烯；（4）4-甲基十五烷

简答题

1. 含有三个氯原子的某化合物质谱，相对于分子离子峰（M），氯同位素对哪些峰有贡献？相对强度比是多少？
2. 某化合物可能是 3-氨基辛烷或 4-氨基辛烷，在其质谱图中，较强峰出现在 m/z 58（100%）和 m/z 100（40%）处，试判断其名称。
3. 某酯（$M=116$）质谱上 m/z 57（100%）、m/z 29（57%）和 m/z 43（27%）处有几个丰度较大的峰，下

面哪种酯符合这些数据。

$$(CH_3)_2CHCOOC_2H_5 \text{（A）}$$
$$CH_3CH_2COOCH_2CH_3 \text{（B）}$$
$$CH_3CH_2CH_2COOCH_3 \text{（C）}$$

4. 下列化合物中，何者能发生麦氏重排？为什么？

(a)   (b)
(c)   (d)

5. 下面三种化合物中，是否能发生RDA重排？若发生，重要碎片离子的 m/z 是多少？

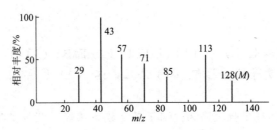

(a)   (b)   (c)

📝 谱图解析

1. 某烃类化合物的质谱如图10-53所示，试推测其结构。

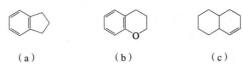

图10-53 某烃类化合物的质谱

2. 某一化合物 C_9H_{12} 的质谱如图10-54所示，推测其结构。

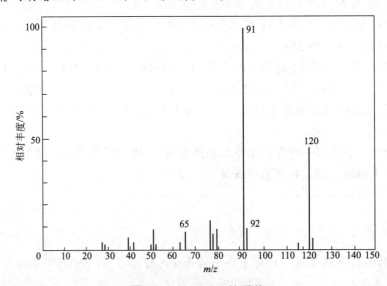

图10-54 C_9H_{12} 的质谱

3. 某一化合物的分子式为 $C_9H_{10}O_2$，其质谱图见图10-55，推测其结构式。

4. 某化合物分子式为 $C_{10}H_{10}O_2$，其质谱见图10-56，推测其结构式。

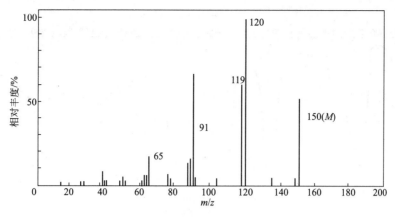

图 10-55　$C_9H_{10}O_2$ 的质谱

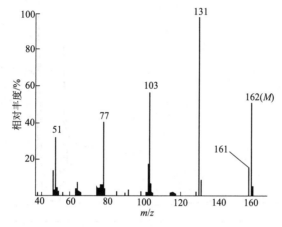

图 10-56　$C_{10}H_{10}O_2$ 的质谱

5. 某一未知物的四谱数据见表 10-7、图 10-57，推测其结构式。

表 10-7　紫外光谱

λ_{max}/nm	$\lg \varepsilon_{max}$
262	1.5

6. 称取某样品 0.31g 溶于 100mL 乙醇中，用 1cm 比色皿，于 λ_{max}=285nm 处测得吸光度为 0.77，此未知物的其他波谱数据见图 10-58，推测其结构。

7. 某化合物的熔点为 29℃，沸点为 217.6℃，呈针状结晶，四谱数据如表 10-8～表 10-10 及图 10-59 所示，推测其结构。

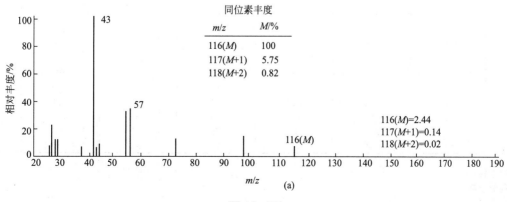

图 10-57

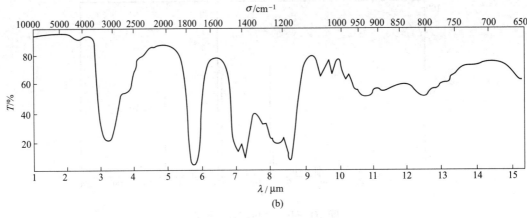

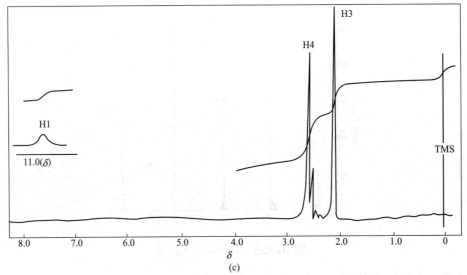

图 10-57 某未知物的数据谱图

(a) 质谱；(b) 红外光谱；(c) 核磁共振氢谱（溶剂 CCl_4）

表 10-8 紫外光谱

λ_{max}/nm	ε_{max}	λ_{max}/nm	ε_{max}
237	17200	268	750

表 10-9 质谱

m/z	相对丰度 /%	m/z	相对丰度 /%	m/z	相对丰度 /%	m/z	相对丰度 /%
15	1.5	44	0.5②	58.5	3②	86	1
26	3	44.5	0.5②	61	3	87	2
27	6	45.5	1②	62	6	88	4
30	0.1②	49	1	63	12	89	17.5
37	5	50	7	64	6.5	90	26.5
38	7	51	8	65	3	91	4.5
39	16.5	52	3	69.5	1①	114	1
41	1	55.5	0.2②	74	1.5	115	3
42.5	0.1②	56.5	0.3②	75	3	116	55
43	1②	57.5	1②	76	2.5	117 (M)	100
43.5	0.3②	58	0.7②	77	1	118 (M+1)	9

① 亚稳离子峰；
② 双电荷离子峰。

表10-10 同位素丰度

m/z	M/%
117（M）	100
118（M+1）	9

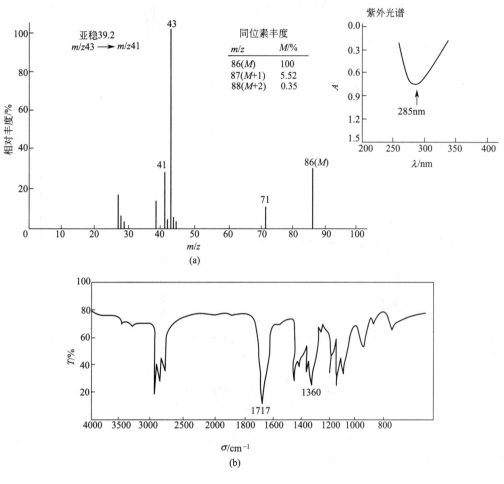

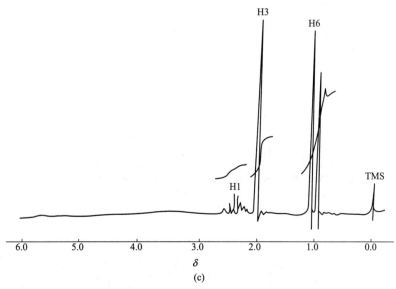

图 10-58 某样品的数据谱图

（a）质谱；（b）红外光谱；（c）核磁共振氢谱

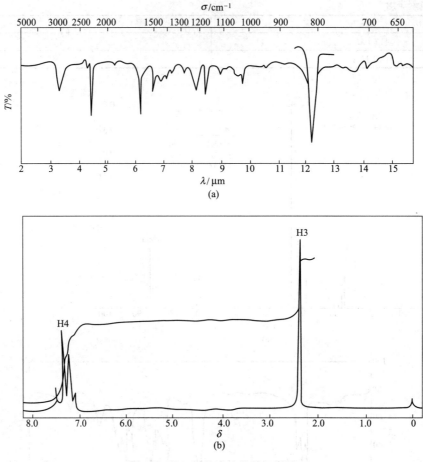

图 10-59 某化合物的数据谱图

(a) 红外光谱；(b) 核磁共振氢谱

8. 某含氧化合物（$M=114$），元素分析数据为：C 63.16%，H 8.77%，试根据图 10-60，推测其结构。
9. 某化合物（$M=158$），试根据图 10-61，推测其结构。

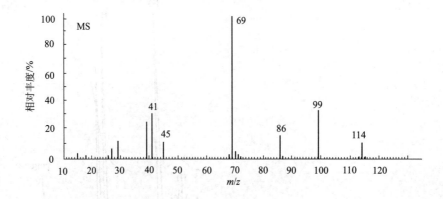

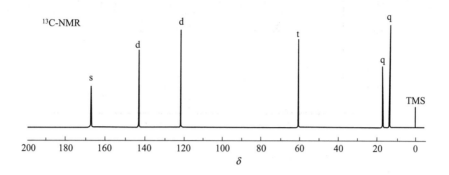

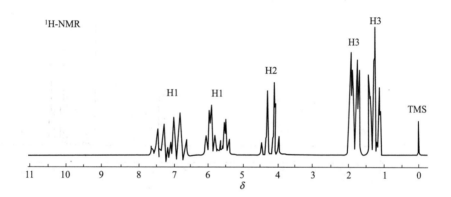

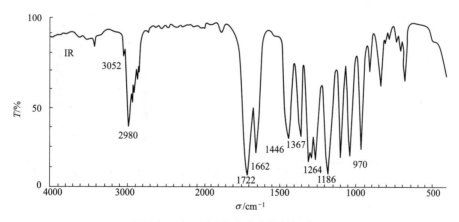

图 10-60 某含氧化合物的数据谱图

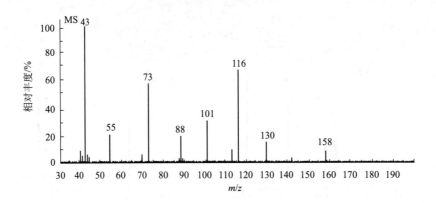

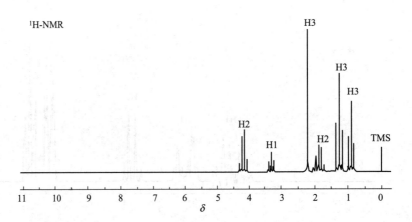

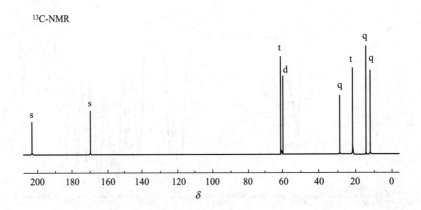

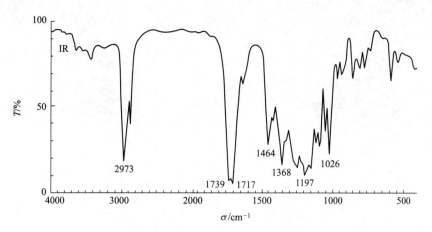

图 10-61 某化合物的数据谱图

第十一章 电分析化学法

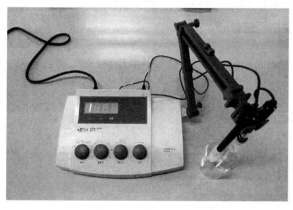

(A)

(B)

图（A）为台式离子计，集信号采集、数据处理、显示功能于一体，可用于测量各种水质中氟离子、氯离子、溴离子、碘离子、钾离子、钙离子、铜离子等离子的浓度。图（B）为电化学工作站（Electrochemical workstation），用于控制和监测电化学池电流和电位以及其他电化学参数的变化，广泛用于电化学教学、电分析化学、电化学合成、痕量元素检测、电解、冶金、制药和环境分析等各领域。

为什么要学习电分析化学法?

电分析化学是仪器分析的一个重要分支,它是利用物质的电学及电化学性质来进行分析的一类方法。电分析化学法的灵敏度和准确度都很高,选择性好,仪器设备简单,易于实现自动化和在线分析,在工业分析、环境分析及药物分析等领域有广泛应用。由于生命现象与电化学过程密切相关,因此在生命科学中也有较多应用。通过本章的学习,可以掌握常用电分析化学方法的基本原理、仪器结构及操作技术;并能根据样品的分析要求,结合学到的电分析化学知识,选择出最适宜的电分析化学检测方法。

学习目标

- 掌握电分析化学法的理论基础。
- 掌握电位分析法的基本原理。
- 了解参比电极与指示电极的区别及特点,熟悉几种常用参比电极及指示电极的性能。
- 熟悉离子选择性电极的结构、分类、响应机理及主要性能参数。
- 掌握离子活(浓)度的定量分析方法。
- 掌握电位滴定确定终点的3种方法。
- 了解电导分析法的基本原理及电导的测定方法。
- 掌握电解与库仑分析法的基本原理,以及常用的电解及库仑分析方法。
- 掌握伏安与极谱分析法的基本原理,以及常用的定量分析方法。
- 熟悉单扫描极谱法,交流、方波与脉冲极谱法,溶出与循环伏安法的基本原理及特点。

利用物质的电学及电化学性质进行分析的方法称为电分析化学法(electroanalytical chemistry),它是仪器分析的一个重要分支。电分析化学法是将待测试液与适当的电极组成一个化学电池(电解池或原电池),通过测量电池的某些物理量,如电位差(或电动势)、电流、电导或电量等电学参数,或这些参数的变化来确定试样的化学组成或浓度。

电分析化学法的灵敏度和准确度都很高,适用面较广;由于在测定过程中得到的是电信号,因而易于实现自动化、连续化和在线分析。

随着科学技术的飞速发展,近年来电分析化学法也取得了很多新进展。

超微电极体积小、响应速度快,近年来发展迅速。由微电极发展起来的扫描电化学显微法,可现场研究界面性质的瞬时变化及活性点的分布,可观察寿命仅 $1\mu s$ 的物种。光谱电化学是电化学与光谱研究方法的结合,目前已发展了多种光谱电化学方法。光谱电化学的出现,将电分析化学的研究从宏观深入到微观,进入分子水平的新时代,为揭示各种反应机理、开发新体系、研究自由基、设计预定功能的化学修饰电极等开辟了新的研究前景。

生物电分析化学是电分析化学的一个新领域,近年来取得了许多可喜的成果,出现了活体伏安法、伏安免疫法等,研制出了各种类型的生物电化学传感器。例如,目前已在开展以气敏生物传感器监视动物呼吸机能,用酶联免疫传感器作传染病的诊断,以及用DNA探针技术作DNA指纹鉴定等。如今,生物电分析化学已成为电分析化学中最活跃的领域之一。

本章将着重讨论几种最常用的电分析化学方法，即电位分析法、电导分析法、电解与库仑分析法、伏安与极谱分析法。

第一节　电分析化学法的理论基础

一、化学电池

化学电池（或称电化学池）是任何一种电分析化学方法中都必不可少的装置。化学电池由两支电极（相同的或不同的）与适当的电解质溶液组成。通常称一支电极与其相应的电解质溶液为半电池，两个半电池组成一个化学电池。化学电池是化学能与电能互相转换的装置，根据化学能与电能转换方式分为原电池（或称自发电池）和电解池两类。它们是属于两种相反的能量转换装置，原电池中电极上的反应是自发进行的，利用电池反应产生的化学能转变为电能；电解池是由外加电源强制发生电池反应，以外部供给的电能转变为电池反应产物的化学能。这两类化学电池在电分析化学中均有应用。

组成化学电池必须具备的3个条件：①电极之间以导线相连；②电解质溶液中允许离子相互迁移；③发生电极反应或电极上发生电子转移。

根据电极与电解质的接触方式不同，化学电池分为无液体接界电池和有液体接界电池两类。无液体接界电池的两电极浸在同一种电解质溶液中；有液体接界电池的两电极分别与不同的电解质溶液接触，电解质溶液用烧结玻璃隔开或用盐桥相连。烧结玻璃或盐桥可避免两种电解质溶液的机械混合，同时又能让离子自由通过。图11-1为有液体接界电池的示意图。

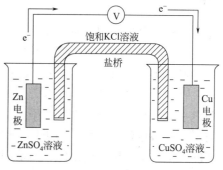

图11-1　有液体接界电池的示意图

图11-1所示的电池是把金属锌片插入硫酸锌溶液中，金属铜片插入硫酸铜溶液中，锌片与铜片用导线相连，硫酸锌和硫酸铜溶液用盐桥连接，这是一个典型的原电池。由于锌比铜的标准电位要负，因此锌原子易失去电子，氧化成锌离子进入溶液相。锌原子将失去的电子留在锌电极上，通过外电路流到铜电极上，硫酸铜溶液中的铜离子接收流来的电子还原为金属铜。通过电流表可知回路中有电流通过，同时发现锌片开始溶解，铜片上有铜析出。两支电极上的反应为

$$\text{在锌电极上} \quad Zn = Zn^{2+} + 2e^-$$
$$\text{在铜电极上} \quad Cu^{2+} + 2e^- = Cu$$

锌电极发生氧化反应（失去电子）称为阳极，铜电极发生还原反应（得到电子）称为阴极。在外电路中，电子是从锌电极流向铜电极，铜电极的电位较高为正极，锌电极的电位较低为负极（电位高的一端为正极，电位低的一端为负极）。习惯上又人为地规定电流的方向与电子流动的方向相反，即电流是从正极通过外电路流向负极。

在一定条件下，原电池和电解池可以互相转换，若将大于电池电动势的外电源接到上述原电池上，电源正极接铜电极，负极接锌电极，电极反应则与原来的情况相反。

$$\text{在锌电极上} \quad Zn^{2+} + 2e^- = Zn$$
$$\text{在铜电极上} \quad Cu = Cu^{2+} + 2e^-$$

此时铜电极为阳极，锌电极为阴极，则化学电池由原来的原电池转变成电解池。

由上述讨论可以看出，当电池性质改变时，电极的阴阳极性改变了，但其正负极性并未改变。因此，不能简单地把电池的正极看成阳极，电池的负极看成阴极，必须根据化学电池的性质来确定。

图 11-1 的化学电池可用符号表示为

$$\underbrace{(-)\ Zn|ZnSO_4(a_1)}_{阳极}\|\underbrace{CuSO_4(a_2)|Cu\ (+)}_{阴极}$$

通常，电池的正极及其所接触的溶液写在右边，负极及其所接触的溶液写在左边，每一条竖线"|"表示不同的相界面（在每一个界面之间都存在着电位差），以两条竖线"‖"表示盐桥，电池中溶液应注明浓度，纯固体应注明"固"或"s"，气体应注明分压。此时电池的电动势为右边铜电极电位减去左边锌电极电位，即

$$E_{池} = \varphi_{Cu^{2+}/Cu} - \varphi_{Zn^{2+}/Zn} = \varphi_c - \varphi_a \tag{11-1}$$

式中，φ_c 和 φ_a 分别代表阴极和阳极的电位。

根据式（11-1），当计算的电池电动势为正值时，表示电池反应能自发进行，该电池为原电池；当电池电动势为负值时，表明该电池为电解池。

电池电动势可以根据电池中的反应，利用热力学数据计算，也可以通过实际测量。但所测得的电动势必须是指可逆电池的平衡电势，即电池中发生的反应是可逆的，各个相界面都处于平衡状态。

二、电极电位

金属可看成是由金属离子和自由电子组成，金属离子以点阵结构排列，电子在其中运动。例如，当金属锌片浸入 $ZnSO_4$ 溶液时，由于金属中 Zn^{2+} 的化学势大于溶液中 Zn^{2+} 的化学势，故锌将不断溶解下来以 Zn^{2+} 形式进入溶液中，电子被留在金属片上，结果在金属与溶液的界面上金属带负电，溶液带正电，于是固液两相间形成了双电层。由于双电层的存在，使得金属与溶液界面产生了电位差，这种电位差就叫做电极电位。金属浸在只含有该金属盐的电解质溶液中，达到平衡时所具有的电极电位，叫做该金属的平衡电极电位，简称平衡电位，也叫可逆电位。当温度为 25℃，金属离子的有效浓度为 $1 mol \cdot L^{-1}$（即活度为 1）时测得的平衡电位，叫做标准电极电位。

实际上，单个电极的电极电位的绝对值是无法测量的。通常是将某一电极体系同一支标准参比电极组成原电池，通过测量原电池的电动势就可得到该电极的相对电极电位，这样测得的电极电位数值与电极电位的绝对值之差为同一未知的常数值。为了计算和考虑问题的方便，使各种电极测量得到的电极电位具有可比性，测量时必须使用共同的参比电极。有关电极电位、能斯特（Nernst）方程，以及参比电极的讨论详见第二节电位分析法。

三、液体接界电位及其消除

在两种组成不同或浓度不同的电解质溶液相接触的界面间也存在着电位差，这种电位差通常称为液体接界电位。

液体接界电位是由溶液中离子扩散速度不同引起的。例如有两种不同浓度的 HNO_3 溶液（$a_1 > a_2$）相接触，由于界面间存在浓度梯度，H^+ 和 NO_3^- 将由浓度大的一方向浓度小的一方扩散，因 H^+ 的扩散速度比 NO_3^- 大得多，在一定时间间隔内通过界面的 H^+ 要比 NO_3^- 多，因而破坏了两溶液的电中性，形成了双电层。由于双电层的静电作用，使 H^+ 通过界面的速度降低，NO_3^- 速度增加，直至两种离子扩散速度相等，在界面产生了稳定的电位差，这种电位差称为液体接界电位。

液体接界电位会影响电池电动势的测量结果，实际工作中必须设法消除，或尽量降低到最低程度。影响液体接界电位的因素很多，其数值很难准确计算和测量，这也是直接电位法误差来源的主要因素之

一。为了减少液体接界电位的影响，可在两种溶液间连接一个"盐桥"。所谓"盐桥"就是由阴、阳离子扩散速度相近的电解质组成的溶液。为使用方便，通常用琼脂将其固定在 U 形管中。

当用饱和 KCl 溶液为盐桥时，一般可将液体接界电位减少至 1mV 左右。当 KCl 溶液与电池中的溶液发生作用或干扰测定时，可根据实际情况选用阴、阳离子扩散速度相近的 1、–1 价型的其他电解质溶液，如 KNO_3 和 NH_4NO_3 等。

四、电极的极化与超电位

1. 电极的极化

以上讨论的有关化学电池的问题，都是在外电流为零或接近于零的情况下进行的，电极基本没有脱离平衡状态。处在热力学平衡状态的电极体系，氧化与还原方向的反应速率相等，总的反应速率等于零，相应的平衡电位可用能斯特方程计算。当有电流通过电极时，总的反应速率不等于零，即原有的热力学平衡被破坏，致使电极电位将偏离平衡电位，这种现象称为极化。电流通过时，电极电位偏离平衡电位越大，极化程度就越大。极化是一个电极的现象，电池的两个电极都可以发生极化。影响极化程度的因素很多，如电极的大小与形状、电解质溶液的组成、搅拌情况、温度、电流密度、电池反应中反应物与生成物的物理状态以及电极成分等。极化通常分为浓差极化和电化学极化两类。

（1）浓差极化　它是由电极反应过程中电极表面附近溶液某种离子的浓度与主体溶液中浓度发生了差别而引起的。例如，当以 Ag 电极为阴极插入 $AgNO_3$ 溶液进行电解时，Ag 电极上有电流通过，电极表面电子密度增大，Ag^+ 还原成金属 Ag 的速度大于其逆反应的速度，使电极表面附近 Ag^+ 的浓度迅速降低，而主体溶液中 Ag^+ 向电极表面补充的速度有限，这就相当于把 Ag 电极浸在一个 Ag^+ 浓度较小的溶液中，根据能斯特方程计算可知，此时 Ag 电极的电极电位比未电解时的电极电位要负。而且电流密度越大，电位负移就越显著。如果发生的是阳极反应，由于金属的不断溶解，使电极表面附近的金属离子浓度，在离子不能很快离开的情况下，比主体溶液中的要大，因而阳极电位发生正移。这种由浓度差别引起的极化，称为浓差极化。要减小浓差极化，可采用增大电极面积、减小电流密度、提高溶液温度、加强搅拌等办法。

（2）电化学极化　它是由电极反应较慢引起的极化现象，仍以阴极还原为例，当流过电池的电流密度较大时，单位时间内供给电极的电子数很多，而电极上的还原反应较慢，离子来不及同电极表面的电子结合，使电子聚集在电极表面，从而使电极电位变负，这就是阴极极化。阳极极化情况与此相反。

2. 超电位

由于极化现象的存在，实际电位与可逆的平衡电位之间产生一个差值，这个差值称为超电位（过电位）。超电位代表了维持电极反应速率所需要的额外能量，通常用 η 表示，并以 η_c 表示阴极超电位，η_a 表示阳极超电位。阴极上的超电位使阴极电位向负的方向移动，阳极上的超电位使阳极电位向正的方向移动。超电位的大小可作为电极极化程度的度量，它的数值无法从理论上进行计算，只能根据经验归纳出一些规律。

① 超电位随电流密度的增大而增大。
② 超电位随温度的升高而降低。
③ 电极的化学成分不同，超电位也有明显的不同。
④ 产物是气体的电极过程，超电位一般较大。
⑤ 金属电极和仅仅是离子价态改变的电极过程，超电位一般较小。

概念检查 11.1

○ 简述浓差极化与电化学极化的产生原因，以及减小浓差极化的方法。

第二节　电位分析法

电位分析法简称电位法（potentiometry），它是利用化学电池内电极电位与溶液中某种离子的活度或浓度的对应关系，实现定量测定的一种电分析化学法。电位分析法分为直接电位法和电位滴定法两类。直接电位法是通过测量电池电动势来确定待测物质浓度的方法；电位滴定法则是通过测量滴定过程中电池电动势的变化来确定滴定终点的滴定分析法。

一、电位分析法的基本原理

在直接电位法中，电极电位是在零电流条件下（即通过指示电极的电流为零）测得的平衡电位，此时，电极上的电极过程处于平衡状态。在此状态下，电极电位与溶液中参与电极过程物质的活度之间的关系服从能斯特方程，这是电位分析法的理论基础。

对于任何一个可逆的电极反应

$$Ox + ne^- \rightleftharpoons Red$$

可用能斯特方程式表示电极电位与反应物质活度之间的关系

$$\varphi_{Ox/Red} = \varphi^{\ominus}_{Ox/Red} + \frac{RT}{nF}\ln\frac{a_{Ox}}{a_{Red}} \tag{11-2}$$

式中，$\varphi_{Ox/Red}$ 为氧化还原电对电极的电位，V；$\varphi^{\ominus}_{Ox/Red}$ 为该电极的标准电极电位，V；R 为气体常数，8.3144 J·mol^{-1}·K^{-1}；T 为热力学温度，K；n 为电极反应中转移的电子数；F 为法拉第常数，96485 C·mol^{-1}；a_{Ox} 和 a_{Red} 分别为氧化态 Ox 和还原态 Red 的活度，mol·L^{-1}。

例如，将某金属 M 插入该金属离子的溶液中所构成的电极，根据能斯特方程，其电极电位为

$$\varphi_{M^{n+}/M} = \varphi^{\ominus}_{M^{n+}/M} + \frac{RT}{nF}\ln a_{M^{n+}} \tag{11-3}$$

式中，$a_{M^{n+}}$ 为金属离子 M^{n+} 的活度，mol·L^{-1}；溶液浓度很小时，可用 M^{n+} 的浓度代替活度。

由式（11-3）可见，金属-金属离子电极的电位随金属离子活度不同而异。将电极电位随待测离子活度变化而变化的电极称为指示电极。原则上讲，测量出电极电位就可以根据能斯特方程求出离子活度，但事实上，单支指示电极的电位是无法测量的，必须与另一支电位恒定的参比电极一同插入待测试液中组成化学电池，通过测量电池的电动势来间接测量指示电极的电位，从而求得被测离子活度。

为使电池的描述简化，可按规定以图解表示，上述电池可表示为

$$-) M|M^{n+} \| 参比电极 (+$$

电池电动势为

$$E = \varphi_{(+)} - \varphi_{(-)} + \varphi_L \tag{11-4}$$

式中，$\varphi_{(+)}$ 为电位较高的正极的电极电位；$\varphi_{(-)}$ 为电位较低的负极的电极电位；φ_L 为液体接界电位，

其值很小，通常可以忽略。

故
$$E = \varphi_\text{参} - \varphi_{M^{n+}/M} = \varphi_\text{参} - \varphi^{\ominus}_{M^{n+}/M} - \frac{RT}{nF}\ln a_{M^{n+}} \tag{11-5}$$

式中，$\varphi_\text{参}$ 为参比电极的电极电位，其值为已知。

因 $\varphi_\text{参}$ 和 $\varphi^{\ominus}_{M^{n+}/M}$ 在温度一定时都是常数，故式（11-5）可写为

$$E = K - \frac{RT}{nF}\ln a_{M^{n+}} \tag{11-6}$$

若参比电极为负极，则式（11-6）的 K 项后用正号。

由式（11-6）可知，被测离子活度 $a_{M^{n+}}$ 可通过测量电池电动势而求得。这就是直接电位法定量分析的基本关系式。

若 M^{n+} 是被滴定的离子，在滴定过程中，指示电极的电极电位 $\varphi_{M^{n+}/M}$ 将随 $a_{M^{n+}}$ 变化而变化，电池电动势 E 也随之不断变化。在化学计量点附近，$a_{M^{n+}}$ 将发生突变，相应的 E 也有较大变化。通过测量 E 的变化就可以确定滴定终点，根据所需滴定试剂的量可计算出被测物的含量，这就是电位滴定法的基本理论依据。

二、参比电极

按测量过程中电极所起的作用不同，可将电极分为参比电极和指示电极。

参比电极（reference electrode）是测量电池电动势、计算电极电位的基准，其电位比较稳定，与被测物无关。对参比电极的主要要求是

① 电位已知且恒定，受外界影响小，并能很快建立起平衡；
② 重现性好，对温度、浓度或其他因素的变化没有滞后现象；
③ 与不同测试溶液间的液体接界电位差异小，可以忽略不计；
④ 装置简单，使用寿命长。

常用的参比电极有氢电极、甘汞电极、银-氯化银电极等，现介绍如下。

1. 氢电极

将镀上一层铂黑的铂片，插入氢离子活度为 $1.0\text{mol}\cdot\text{L}^{-1}$ 的溶液里，不断通入氢气，使其压力为 $1.0133\times10^5\text{Pa}$（1atm），铂黑吸附氢气形成的电极为标准氢电极（SHE）。SHE 是确定电极电位的基准电极（一级标准），即所谓的理想参比电极。规定在任何温度下，SHE 的电极电位值为零。

SHE 的半电池表达式和电极反应分别为

$$\text{Pt，H}_2（1.0133\times10^5\text{Pa}）|\text{H}^+（1.0\text{mol}\cdot\text{L}^{-1}）$$

$$2\text{H}^+ + 2e \rightleftharpoons \text{H}_2$$

氢离子浓度及氢气压力变化时，电极电位的计算公式为（用常用对数代替自然对数，设温度为 25℃）

$$\varphi = \frac{0.059}{2}\lg\frac{a^2_{H^+}}{p_{H_2}} \tag{11-7}$$

氢电极装配麻烦，使用不便，一般不常应用，只是作为校核的标准。

2. 甘汞电极和银-氯化银电极

甘汞电极和银-氯化银电极是应用最广的两种参比电极，都属于二级标准。甘汞电极和银-氯化银电

极的结构分别如图 11-2（a）和图 11-2（b）所示。

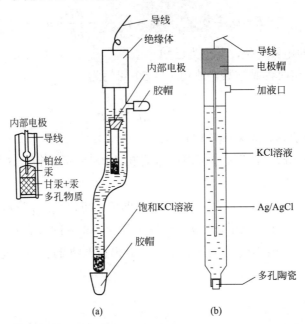

图 11-2 甘汞电极（a）和银-氯化银电极（b）的结构

甘汞电极用两个玻璃套管，内套管封接一根铂丝，铂丝插入厚度为 0.5～1.0cm 的纯汞中，汞下装有甘汞（Hg_2Cl_2）和汞的糊状物；外套管装入 KCl 溶液。电极下端与待测溶液接触处熔接玻璃砂芯或陶瓷芯等多孔物质。

甘汞电极半电池可以写成

$$Hg，Hg_2Cl_2（固）|KCl（液）$$

电极反应为

$$Hg_2Cl_2 + 2e^- \rightleftharpoons 2Hg + 2Cl^-$$

25℃时的电极电位为

$$\varphi_{Hg_2Cl_2/Hg} = \varphi^{\ominus}_{Hg_2Cl_2/Hg} - \frac{0.059}{2}\lg a^2_{Cl^-} = \varphi^{\ominus}_{Hg_2Cl_2/Hg} - 0.059\lg a_{Cl^-} \tag{11-8}$$

银-氯化银电极是将表面镀有氯化银层的金属银丝，浸入一定浓度的 KCl 溶液中，即构成银-氯化银电极。

银-氯化银电极可以写成

$$Ag，AgCl（固）|KCl（液）$$

电极反应为

$$AgCl + e^- \rightleftharpoons Ag + Cl^-$$

25℃时的电极电位为

$$\varphi_{AgCl/Ag} = \varphi^{\ominus}_{AgCl/Ag} - 0.059\lg a_{Cl^-} \tag{11-9}$$

由式（11-8）和式（11-9）可见，当温度一定时，甘汞电极和银-氯化银电极的电极电位与 KCl 溶液的浓度有关，当 KCl 溶液浓度一定时，其电极电位是个定值。

25℃时，不同浓度 KCl 溶液的甘汞电极和银-氯化银电极的电极电位，如表 11-1 所示。

表 11-1 25℃时甘汞电极和银-氯化银电极的电极电位（对 SHE）

电极	KCl 溶液的浓度 /mol·L⁻¹	电极电位 /V	电极	KCl 溶液的浓度 /mol·L⁻¹	电极电位 /V
0.1mol·L⁻¹ 甘汞电极	0.1	+0.3365	0.1mol·L⁻¹ Ag/AgCl 电极	0.1	+0.2880
标准甘汞电极（NCE）	1.0	+0.2828	标准 Ag/AgCl 电极	1.0	+0.2223
饱和甘汞电极（SCE）	饱和 KCl 溶液	+0.2438	饱和 Ag/AgCl 电极	饱和 KCl 溶液	+0.2000

三、指示电极

在电位分析中,能指示被测离子活度的电极称作指示电极(indicator electrode)。常用的指示电极主要是一些金属电极及各种离子选择性电极,现分别介绍如下。

(一)金属基电极

这一类电极是以金属为基体,其共同的特点是电极上有电子交换反应,即氧化还原反应发生。它可以分成下述四种。

1. 第一类电极(活性金属电极)

它是由金属与该金属离子溶液组成。例如将金属银丝浸在 $AgNO_3$ 溶液中构成的电极,其电极反应为

$$Ag^+ + e^- \rightleftharpoons Ag$$

25℃时的电极电位为

$$\varphi_{Ag^+/Ag} = \varphi^{\ominus}_{Ag^+/Ag} + 0.059 \lg a_{Ag^+} \tag{11-10}$$

由式(11-10)可见,电极电位仅与银离子活度有关。因此该电极不仅可用来测定银离子活度,而且可用于滴定过程中由于沉淀或配合等反应而引起银离子活度变化的电位滴定。

组成这类电极的金属有银、铜、汞等。

2. 第二类电极(金属-金属难溶盐电极)

这类电极由金属、该金属的难溶盐和该难溶盐的阴离子溶液组成。如前述甘汞电极、银-氯化银电极等,其电极电位随溶液中难溶盐的阴离子活度变化而变化。

这类电极电位数值稳定,重现性好,在电位分析中可用作指示电极,更常用作参比电极。

3. 第三类电极

第三类电极是指金属与两种具有相同阴离子的难溶盐或难解离的配离子组成的电极体系。汞与 EDTA 形成的配合物组成的电极就是最常用的第三类电极,也称为汞电极。电极体系为

$$Hg|HgY^{2-}, MY^{(n-4)}, M^{n+}$$

25℃时的电极电位为

$$\varphi_{Hg^{2+}/Hg} = \varphi^{\ominus}_{Hg^{2+}/Hg} + \frac{0.059}{2} \lg a_{Hg^{2+}}$$

$$= \varphi^{\ominus}_{Hg^{2+}/Hg} + \frac{0.059}{2} \lg \frac{K_{MY^{(n-4)}} a_{HgY^{2-}} a_{M^{n+}}}{K_{HgY^{2-}} a_{MY^{(n-4)}}} \tag{11-11}$$

式中,$K_{MY^{(n-4)}}/K_{HgY^{2-}}$ 是个常数;$a_{HgY^{2-}}$ 在用 EDTA 滴定 M^{n+} 的过程中几乎不变;滴定至化学计量点时,$a_{MY^{(n-4)}}$ 是个常数,于是式(11-11)可简化为

$$\varphi_{Hg^{2+}/Hg} = \varphi^{\ominus'}_{Hg^{2+}/Hg} + \frac{0.059}{2} \lg a_{M^{n+}} \tag{11-12}$$

由式(11-12)可见,在一定条件下,汞电极电位仅与 $a_{M^{n+}}$ 有关,因此可用作以 EDTA 滴定 M^{n+} 的指示电极。已发现,汞电极可用于约 30 种金属离子的电位滴定。

4. 零类电极（惰性金属电极）

零类电极是将惰性金属（如铂或金）插入含有可溶性的氧化态和还原态物质的溶液中构成的电极。如将铂片插入 Fe^{3+} 和 Fe^{2+} 的溶液中构成的电极就属于零类电极，也称为惰性金属电极。可表示为

$$Pt|Fe^{3+},\ Fe^{2+}$$

其电极反应是

$$Fe^{3+} + e^- \rightleftharpoons Fe^{2+}$$

25℃时的电极电位为

$$\varphi_{Fe^{3+}/Fe^{2+}} = \varphi^{\ominus}_{Fe^{3+}/Fe^{2+}} + 0.059\lg\frac{a_{Fe^{3+}}}{a_{Fe^{2+}}} \tag{11-13}$$

惰性金属不参与电极反应，仅仅提供交换电子的场所。此类电极的电位能指示出溶液中氧化态和还原态离子活度之比。

金属基电极的电极电位由于来源于电极表面的氧化还原反应，故选择性不高，因而在实际工作中更多使用的是离子选择性电极。

（二）离子选择性电极

离子选择性电极是一种电化学传感器，它是由对某种特定离子具有特殊选择性的敏感膜及其他辅助部件构成。在敏感膜上并不发生电子得失，而只是在膜的两个表面上发生离子交换，形成膜电位。膜电位的大小与溶液中某种离子的活度有关，从而可用来测定这种离子。离子选择性电极是直接电位法中应用最广泛的一类指示电极。

1. 离子选择性电极的种类与性质

根据离子选择性电极敏感膜的组成和结构，1975 年国际纯粹与应用化学联合会（简称 IUPAC）分析化学分会命名委员会推荐，离子选择性电极分为基本电极和敏化离子选择性电极两大类。1994 年 IUPAC 又提出了修改 1975 年有关离子选择性电极的分类建议（即 IUPAC Recommendation 1994）。现按 1994 年推荐命名中有关部分，整理编写出离子选择性电极的分类，如图 11-3 所示。

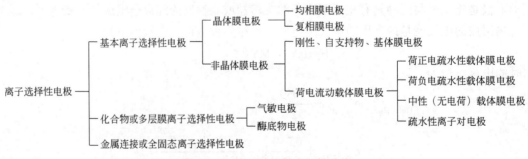

图 11-3 离子选择性电极的分类

1. 基本离子选择性电极

基本离子选择性电极是指敏感膜直接与试液接触的离子选择性电极。根据膜材料性质的不同，分为晶体膜电极和非晶体膜电极两种类型。

（1）晶体膜电极 晶体膜电极可以是均相的，也可以是多相的。它们都具有一个流动信号离子和一个相反信号的固定位置。

① 均相膜电极。均相膜电极是由单一化合物或多种化合物（如 Ag_2S、AgI/Ag_2S）混合的晶体材料制成。

② 复相膜电极。复相膜电极是由一种活性物质或多种活性物质的混合物与惰性材料，如硅橡胶或聚氯乙烯混合制成；或将它们放在疏水石墨或导电环氧树脂上而形成复相敏感膜。

均相与复相膜电极的原理及应用相同。表 11-2 列出了常用晶体膜电极的品种和性能。

表 11-2 常用晶体膜电极的品种和性能

电极	膜材料	线性响应浓度（c）范围 /mol·L^{-1}	适用 pH 范围	主要干扰离子	可测定离子
F^-	LaF_3+Eu^{2+}	$5\times10^{-7} \sim 1\times10^{-1}$	5~8	OH^-	F^-
Cl^-	$AgCl+Ag_2S$	$5\times10^{-5} \sim 1\times10^{-1}$	2~12	Br^-, $S_2O_3^{2-}$, I^-, CN^-, S^{2-}	Ag^+, Cl^-
Br^-	$AgBr+Ag_2S$	$5\times10^{-6} \sim 1\times10^{-1}$	2~12	$S_2O_3^{2-}$, I^-, CN^-, S^{2-}	Ag^+, Br^-
I^-	$AgI+Ag_2S$	$1\times10^{-7} \sim 1\times10^{-1}$	2~11	S^{2-}	Ag^+, I^-, CN^-
CN^-	AgI	$1\times10^{-6} \sim 1\times10^{-2}$	>10	I^-	Ag^+, I^-, CN^-
Ag^+, S^{2-}	Ag_2S	$1\times10^{-7} \sim 1\times10^{-1}$	2~12	Hg^{2+}	Ag^+, S^{2-}
Cu^{2+}	$CuS+Ag_2S$	$5\times10^{-7} \sim 1\times10^{-1}$	2~10	Ag^+, Hg^{2+}, Fe^{3+}, Cl^-	Cu^{2+}
Pb^{2+}	$PbS+Ag_2S$	$5\times10^{-7} \sim 1\times10^{-1}$	3~6	Cd^{2+}, Ag^+, Hg^{2+}, Cu^{2+}, Fe^{3+}, Cl^-	Pb^{2+}
Cd^{2+}	$CdS+Ag_2S$	$5\times10^{-7} \sim 1\times10^{-1}$	3~10	Pb^{2+}, Ag^+, Hg^{2+}, Cu^{2+}, Fe^{3+}	Cd^{2+}

（2）非晶体膜电极　非晶体膜电极分为刚性、自支持物、基体膜电极和荷电流动载体膜电极两种类型。

① 刚性、自支持物、基体膜电极。这类电极（如合成的交联高聚物或玻璃电极）的敏感膜是一薄片聚合物或一薄片玻璃。聚合物（如聚苯乙烯磺酸盐、磺化聚四氟乙烯、氨基聚氯乙烯）或玻璃的化学成分决定了膜的选择性。玻璃电极就是这类电极的一个代表，玻璃电极的敏感膜一般都制成玻璃泡并与玻璃套管烧结在一起，如图 11-4 所示。玻璃敏感膜的组成一般为 Na_2O、SiO_2、CaO 和 Al_2O_3 等，根据其组分和含量不同，玻璃电极可响应不同的离子，如响应溶液中 H^+ 的 pH 电极，响应溶液中 K^+、Na^+、Ag^+、Li^+ 的 pK、pNa、pAg 和 pLi 电极等。

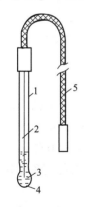

图 11-4　玻璃电极
1—玻璃管；2—Ag/AgCl 内参比电极；3—内参比溶液（0.1mol·L^{-1}HCl）；4—玻璃薄膜；5—接线

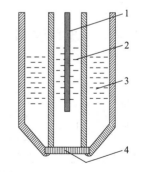

图 11-5　钙离子选择性电极的结构示意图
1—Ag/AgCl 内参比电极；2—内参比溶液；3—液体离子交换剂；4—载有液体离子交换剂的多孔膜

② 荷电流动载体膜电极。与玻璃电极不同（玻璃电极的敏感膜为固态，是不动的），荷电流动载体膜电极的载体是可以流动的，但不能离开膜，离子却可以自由穿过膜。这类电极的敏感膜是由某种有机液体离子交换剂、增塑性溶剂和不带电荷能增加选择性的物质，与惰性微孔支持材料组成。这类电极又可分为以下四种。

a. 荷正电疏水性载体膜电极。这类电极的膜是由荷正电疏水阳离子（如季铵盐或惰性过渡金属配合物取代盐类）的化合物溶解在合适的有机溶剂中，结合在惰性微孔支持体（如聚丙烯碳酸酯滤器）上所形成的膜。该膜对阴离子活度的变化很灵敏。

  b. 荷负电疏水性载体膜电极。这类电极的膜是由荷负电疏水阴离子[如$(RO)_2PO_2^-$类型、四对氯苯硼酸盐、二壬基萘磺酸盐]的化合物溶解在合适的有机溶剂中并结合在惰性支持体上而形成的膜。该膜对阳离子的活度改变响应灵敏。例如，钙离子选择性电极就是这类电极的一个典型例子，其结构如图 11-5 所示。图中内管装有 Ag/AgCl 内参比电极和内参比溶液，外管装有离子交换剂，离子交换剂和内参比溶液由多孔膜与试液分开。离子交换剂有两个主要官能团，一个是疏水性官能团，另一个是亲水性官能团，后者决定了荷电流动载体膜电极的选择性。钙离子选择性电极的离子交换剂是 $0.1\text{mol}\cdot\text{L}^{-1}$ 二癸基磷酸钙的苯基磷酸二辛酯溶液，内参比溶液是 $0.1\text{mol}\cdot\text{L}^{-1}$ 的 $CaCl_2$ 溶液。敏感膜的内、外两侧可发生以下离子交换反应

$$[(RO)_2PO_2]_2^- Ca^{2+} \rightleftharpoons 2(RO)_2PO_2^-(\text{膜上}) + Ca^{2+}(\text{溶液})$$

由于内、外的 Ca^{2+} 与膜上（有机相）Ca^{2+} 活度不同而在膜界面上发生交换平衡，从而形成膜电位。25℃时其电极电位为

$$\varphi = K + \frac{0.059}{2} \lg a_{Ca^{2+}} \tag{11-14}$$

  c. 中性（无电荷）载体膜电极。这类电极的膜是基于阳离子（如抗生素、大环化合物或多齿螯合剂）和阴离子（如有机锡化合物、羰基化合物和卟啉类）的分子配位剂溶液，在这种离子交换膜中，溶液对某些阴离子和阳离子有选择性且响应灵敏。

  d. 疏水性离子对电极。这类电极是指可塑性高聚物（如聚氯乙烯）的疏水性离子对电极，其中含有一个溶解的疏水离子对[如一种阳离子药物（例如阳离子四苯硼酸盐），或阴离子药物（例如四烷基铵盐的阴离子）]，对电解质池中的离子活度有能斯特响应。

概念检查 11.2

○ 非晶体膜电极包括哪两种类型的电极？各举 1 例，并指出两者的主要区别是什么？

2. 化合物或多层膜离子选择性电极

（1）气敏电极 气敏电极的传感器是由一个指示电极、一个参比电极和一个用气体渗透膜或空隙与样品溶液分开的溶液薄膜所组成。中间溶液与进入的气体粒子（通过膜或空隙进入的）相互作用，使被测量的中间溶液的成分（如 H^+ 的活度）发生改变。其改变能用离子选择性电极测量，并与样品的气体粒子分压成比例。

气敏电极的结构如图 11-6 所示。电极端部装有透气膜，气体可通过它进入管内，管内插入的基本电极是 pH 玻璃复合电极，复合电极是将指示电极（如玻璃电极）和参比电极装入同一个套管中。管中充有电解液，也称中介液。试样中的气体通过透气膜进入中介液，引起电解液中离子活度的变化，这种变化由复合电极进行检测。例如，氨气敏电极可测定试液中的 NH_4^+，其中介液为 $0.1\text{mol}\cdot\text{L}^{-1} NH_4Cl$。测量时向试液中加入一定量的 NaOH 溶液，使 NH_4^+ 转变成气体 NH_3，并穿过透气膜进入中介液，发生下述反应

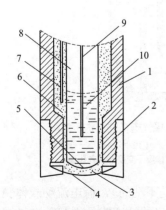

图 11-6 隔膜式氨气敏电极
1—电极管；2—电极头；3，6—中介液；4—透气膜；5—离子电极的敏感膜；7—参比电极；8—pH 玻璃膜电极；9—内参比电极；10—内参比液

$$NH_3 + H_2O \rightleftharpoons NH_4^+ + OH^- \tag{11-15}$$

反应的平衡常数为

$$K_b = \frac{a_{NH_4^+} a_{OH^-}}{a_{NH_3}} \tag{11-16}$$

$$K_a = \frac{K_w}{K_b} = \frac{a_{OH^-} a_{H^+}}{K_b} \tag{11-17}$$

$$a_{H^+} = \frac{K_a K_b}{a_{OH^-}} \tag{11-18}$$

将式（11-16）代入式（11-18）得

$$a_{H^+} = K_a \frac{a_{NH_4^+}}{a_{NH_3}} \tag{11-19}$$

由式（11-15）可知，NH_3 的进入使中介液的 pH 值发生变化，此变化由 pH 复合电极测出。25℃时，其电位为

$$\varphi = K + 0.059 \lg a_{H^+} \tag{11-20}$$

将式（11-19）代入式（11-20）得

$$\varphi = K + 0.059 \lg K_a \frac{a_{NH_4^+}}{a_{NH_3}} \tag{11-21}$$

由于中介液中有大量 NH_4^+ 存在，$a_{NH_4^+}$ 可视为不变，故

$$\varphi = K' - 0.059 \lg a_{NH_3} \tag{11-22}$$

用此关系可测定试液中的微量铵。根据同样的原理，可以制成 CO_2、SO_2、NO_2、H_2S、HCN 和 HF 等气敏电极。

需要指出的是，气敏电极实际上已经构成了一个电池，这是它与其他电极的不同之处。

（2）酶底物电极　酶底物电极的敏感膜是在一个离子选择性电极上覆盖一层酶，因为酶与有机物或无机物（称底物）作用产生一种有电极响应的物质。相反，在敏感膜上覆盖一层与酶起作用的底物也可组成酶底物电极。这类酶底物电极可用于分析测试酶抑制剂的量等。酶底物电极属于生物膜电极中的一种，具有很高的选择性。它是将生物活性物质酶涂布在电极的敏感膜上，通过酶的催化作用使待测物质发生反应，产生能在该电极上响应的产物，从而间接测定该物质。如尿素在脲酶的催化下发生如下反应

$$CO(NH_2)_2 + H_2O \xrightarrow{\text{脲酶}} 2NH_3 + CO_2$$

通过用氨气敏电极检测生成的氨可测定尿素的浓度。

制作酶底物电极，要选择合适的指示电极，还要制成具有催化活性的疏水酶膜，并采用吸附、包埋、试剂交联或共价键合等方法将其固定在指示电极的表面。

3. 金属连接或全固态离子选择性电极

这类电极没有内部电解质溶液，它们的响应取决于离子和电子的导电性（混合导电体）。内参比电极被电子导体取代，如溴化物敏感膜 AgBr，可用 Ag 连接（如图 11-7 所示），也可以在阴离子敏感膜上放上阳离子基团盐，用 Pt 连

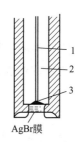

图 11-7 溴化银全固态离子选择性电极

1—屏蔽导线；2—环氧树脂填充剂；3—银接触点

接，制成全固态离子选择性电极。由于通常惯用的离子选择性电极内部充有电解质溶液，易受温度、压力等的影响，而这种金属连接或全固态离子选择性电极，电极腔内不再装入内部溶液，而是将导线直接与膜接触，因而更加方便适用。

近年来，全固态离子选择性电极的研究主要集中在利用聚合物（例如聚吡咯、聚噻吩、聚苯胺等）或者纳米材料作为一种能将离子信号转化为电子信号的物质（转导层）从而构建的全固态离子选择性电极。

Ⅱ. 离子选择性电极的响应机理

离子选择性电极用于分析测定的理论基础是其敏感膜的膜电位服从能斯特方程。膜电位的建立机制是一个复杂的理论问题，目前对这个问题仍在进行深入研究。但对一般的离子选择性电极来说，膜电位的建立已证明主要是溶液中的离子与敏感膜上的离子之间发生交换作用的结果。

下面以玻璃电极膜电位的建立为例，说明离子选择性电极的响应机理。

玻璃电极的玻璃膜系由硅氧键及带负电荷的晶格氧离子所组成，如右图所示。

在晶格里，体积较小但活动能力较强的正离子主要是 Na^+，与晶格氧离子靠库仑力形成离子键。当玻璃电极浸泡在水中时，水中的 H^+ 能进入玻璃晶格取代 Na^+ 的点位，发生如下的离子交换反应

$$H^+（液）+Na^+Gl^-（固） \rightleftharpoons Na^+（液）+H^+Gl^-（固）$$

由于晶格氧离子与 H^+ 的键合力约为 Na^+ 键合力的 10^{14} 倍，所以反应的平衡常数很大，有利于正反应进行。于是在玻璃膜的外层形成一层很薄的溶胀的硅酸（H^+Gl^-）水化层，即水合硅胶层。在玻璃膜的中部是干玻璃区，点位全为 Na^+ 所占据。玻璃膜的内表面与内参比溶液接触，也发生上述过程，同样形成水合硅胶层。因此，在水中浸泡后的玻璃膜是由三部分组成，即两个水合硅胶层和一个干玻璃层，如图 11-8 所示。

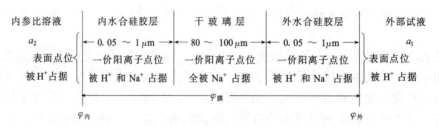

图 11-8 浸泡后的玻璃膜示意图

当已浸泡好的玻璃电极置于待测试液中时，外水合硅胶层与试液接触，由于硅胶层表面和试液的 H^+ 活度不同，形成活度差，H^+ 便自发地从活度大的一方向活度小的一方迁移，并建立下述平衡。

$$H^+（硅胶层） \rightleftharpoons H^+（试液）$$

因而改变了胶 - 液两相界面的电荷分布，产生一定的相界电位（$\varphi_外$）。同理，玻璃膜内侧的水合硅胶层与内参比溶液的界面也存在相界电位（$\varphi_内$）。显然，相界电位 $\varphi_外$ 及 $\varphi_内$ 的大小与两相间 H^+ 的活度有关，并服从能斯特方程。25℃时，可表示为

$$\varphi_外 = K_1 + 0.059\lg\frac{a_1}{a_1'} \tag{11-23}$$

$$\varphi_内 = K_2 + 0.059\lg\frac{a_2}{a_2'} \tag{11-24}$$

式中，a_1 和 a_2 分别表示外部试液和内参比溶液的 H^+ 活度；a_1' 和 a_2' 分别表示玻璃外、内侧水合硅胶层表面的 H^+ 活度；K_1 和 K_2 分别为由玻璃外、内膜表面性质决定的常数。

因为玻璃内外膜表面性质基本相同，所以 $K_1=K_2$，又因水合硅胶层表面的 Na^+ 都被 H^+ 取代，故 $a_1'=a_2'$，因此玻璃膜内外侧之间的电位差为

$$\varphi_{膜} = \varphi_{外} - \varphi_{内} = 0.059\lg\frac{a_1}{a_2} \tag{11-25}$$

又因内参比溶液 H^+ 的活度 a_2 是一定值，故得

$$\varphi_{膜} = K + 0.059\lg a_1 = K - 0.059\text{pH}_{试} \tag{11-26}$$

由式（11-26）可见，在一定温度下，玻璃电极的膜电位与试液的 pH 值呈线性关系，式中的 K 值由每支玻璃电极本身的性质所决定。

由式（11-25）可知，当 $a_1=a_2$ 时，$\varphi_{膜}$ 应为零，但实际并非如此，玻璃膜两侧仍存在一个很小的电位差。这种电位差称为不对称电位，它是由玻璃膜内外两个表面的状况不同所致，可用标准缓冲溶液来进行校正，即对电极电位进行定位来加以消除。

与玻璃电极类似，各种离子选择性电极的膜电位在一定条件下均服从能斯特方程。对阳离子有响应的电极，其膜电位为

$$\varphi_M = K + \frac{2.303RT}{nF}\lg a_{阳离子} \tag{11-27}$$

对阴离子有响应的电极则为

$$\varphi_M = K - \frac{2.303RT}{nF}\lg a_{阴离子} \tag{11-28}$$

不同的电极其 K 值不同，它与敏感膜及内参比溶液等有关。式（11-27）和式（11-28）说明，一定条件下膜电位与溶液中待测离子的活度的对数值呈线性关系，这是离子选择性电极法测定离子活度的基础。

Ⅲ. 离子选择性电极的主要性能参数

1. 离子选择性电极的选择性系数

理想的离子选择性电极应该是只对某种特定离子有响应，但真实的离子选择性电极除能对待测离子作出线性响应外，还能对某些共存离子作出程度不同的响应，即电极的电位应是所有响应离子的共同贡献，从而对待测离子的测定产生干扰。因此，考虑到干扰离子的存在，式（11-27）和式（11-28）应该修正为

$$\varphi_M = K \pm \frac{2.303RT}{n_iF}\lg\left[a_i + \sum_j K_{ij}(a_j)^{n_i/n_j}\right] \tag{11-29}$$

式中，i 为待测离子，j 为干扰离子；n_i 及 n_j 分别为 i 离子和 j 离子的电荷数；a_i 和 a_j 分别为 i 离子和 j 离子的活度。对阳离子响应的电极，K 后取正号；对阴离子响应的电极，K 后取负号。K_{ij} 称为选择性系数，其意义为在相同实验条件下，产生相同电位的待测离子活度 a_i 与干扰离子活度 a_j 的比值，即

$$K_{ij} = \frac{a_i}{(a_j)^{n_i/n_j}} \tag{11-30}$$

例如，$n_i=n_j=1$，$K_{ij}=0.01$，则 a_j 为 a_i 的 100 倍时，j 离子所提供的电位才等于 i 离子所提供的电位。即该电极对 i 离子的敏感程度是 j 离子的 100 倍。显然，K_{ij} 越小越好。选择性系数越小，说明离子 j 对离子 i 的干扰越小，亦即该电极对 i 的选择性越好，故选择性系数 K_{ij} 是表示电极选择性好坏的性能指标。

借助选择性系数 K_{ij} 可以估计干扰离子对待测离子测定造成的误差大小。其相对误差的计算公式为

$$\text{相对误差(\%)} = K_{ij} \times \frac{(a_j)^{n_i/n_j}}{a_i} \times 100 \tag{11-31}$$

例如，硝酸根离子选择性电极对 SO_4^{2-} 的选择性系数 $K_{NO_3^-,SO_4^{2-}}=4.1\times10^{-5}$，若在 $1 mol\cdot L^{-1}$ 的 H_2SO_4 溶液中 $a_{NO_3^-}=8.2\times10^{-4} mol\cdot L^{-1}$，则由 SO_4^{2-} 所引起的误差为

$$\text{相对误差(\%)} = \frac{4.1\times10^{-5}\times(1)^{1/2}}{8.2\times10^{-4}} \times 100 = 5$$

2. 线性范围及检测下限

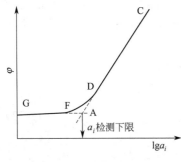

图 11-9 电极检测下限

以离子选择性电极的电位或电池电动势对待测离子活度的对数作图，如图 11-9 所示。直线部分 CD 所对应的离子活度范围称为线性范围，该直线的斜率为电极的实际响应斜率，其理论斜率为 $0.059/n$（25℃）。

检测下限是指离子选择性电极能够检测的待测离子的最低活（浓）度。

根据 IUPAC 的推荐，在一个离子选择性电极所得到的 $\varphi\text{-}\lg a_i$ 曲线中将两直线部分外延，其交点所对应的待测离子活度即为该电极对待测离子的检测下限，如图 11-9 所示。

3. 响应时间

响应时间是指离子选择性电极和参比电极一起从接触试液开始到电池电动势达到稳定值（波动在 $\pm 1 mV$ 以内）所需时间。响应时间与膜电位建立的快慢、参比电极的稳定性以及溶液的搅拌速度有关。一般可通过搅拌溶液来缩短响应时间。

四、直接电位法

通过测量电池电动势直接求出待测离子活（浓）度的方法，称为直接电位法（direct potentiometry）。

（一）电池电动势与离子活（浓）度的关系

直接电位法通常是以饱和甘汞电极为参比电极，以离子选择性电极为指示电极，插入待测溶液中组成一个化学电池。用精密酸度计、数字毫伏计或离子计测量两电极间的电动势（或直读离子活度）。

测量溶液 pH 值时，参比电极为电池的正极，玻璃电极为负极，电池的电动势为

$$\begin{aligned}E = \varphi_{SCE} - \varphi_{玻} &= \varphi_{SCE} - K + \frac{2.303RT}{F}\text{pH} \\ &= K' + \frac{2.303RT}{F}\text{pH}\end{aligned} \tag{11-32}$$

测量其他离子活度时，离子选择性电极为电池的正极，参比电极为负极，电池电动势为

$$\begin{aligned}E = \varphi_{离} - \varphi_{SCE} &= K \pm \frac{2.303RT}{nF}\lg a_i - \varphi_{SCE} \\ &= K' \pm \frac{2.303RT}{nF}\lg a_i\end{aligned} \tag{11-33}$$

根据式（11-32）和式（11-33）就可以进行溶液 pH 值或其他离子活度的测量。

直接电位法测量的是溶液中离子的活度，而分析测试的目的常常是要确定离子的浓度，离子活度与浓度的关系为 $a_i=\gamma c_i$。为了将活度与浓度联系起来，则必须控制溶液的总离子强度，如果分析时能控制试液与标准溶液的总离子强度相一致，那么试液中待测离子的活度系数 γ 就可视为恒定值，并入常数项表示为 K'' 则

$$E = K' \pm \frac{2.303RT}{nF}\lg a_i = K' \pm \frac{2.303RT}{nF}\lg(\gamma c_i)$$
$$= K'' \pm \frac{2.303RT}{nF}\lg c_i \tag{11-34}$$

依据式（11-34），就可得到溶液中待测离子的浓度 c_i。在实际工作中，常采用加入强电解质的方法来维持溶液的总离子强度。一般是加入惰性电解质，通常将含有惰性电解质的溶液称为总离子强度调节剂（TISAB）。目前常用的总离子强度调节剂有 HAc-NaAc-NaCl- 柠檬酸钠、磷酸盐 - 柠檬酸盐 -EDTA 等。

（二）测定离子浓度的定量分析方法

1. 直读法

直读法是能够在离子计（或 pH 计）上直接读出待测离子浓度的方法，直读法也称为标准比较法。

实验的具体做法是：在标准溶液及待测试液中分别加入等量的总离子强度调节剂，先用标准溶液校正电极和仪器，通过调节定位旋钮，使仪器的读数与标准溶液的浓度一致，随即用校正后的电极测定待测试液，即可从仪器上直接读出被测离子的浓度。

2. 标准曲线法

标准曲线法是直接电位法中最常用的定量方法之一。首先，用待测离子的纯物质配制一系列浓度不同的标准溶液，其离子强度用惰性电解质进行调节。然后，在相同的测试条件下，用选定的指示电极和参比电极按浓度从低到高的顺序分别测定各标准溶液的电池电动势，作 E-$\lg c$ 图，在一定范围内它是一条直线。待测试液进行离子强度调节后，用同一对电极测其电动势。从 E-$\lg c$ 图上找出与 E_x 相对应的浓度 c_x。

3. 标准加入法

标准曲线法只适用于测定组成简单的试样及游离离子的浓度。如果试样组成复杂，或溶液中存在配合剂时，若要测定金属离子总浓度（包括游离的与配合的），则可采用标准加入法，即将标准溶液加入样品溶液中进行测定。

（1）一次标准加入法　所谓一次标准加入法是指向待测试液中只加一次标准溶液。

用选定的参比电极和离子选择性电极，先测定体积为 V_x、浓度为 c_x 的待测试液的电池电动势 E_1；然后向试液中加入浓度为 c_s、体积为 V_s 的待测离子标准溶液，再测其电动势 E_2。则

$$E_1 = K' \pm \frac{2.303RT}{nF}\lg X_1\gamma_1 c_x \tag{11-35}$$

$$E_2 = K' \pm \frac{2.303RT}{nF}\lg(X_2\gamma_2 c_x + X_2\gamma_2\Delta c) \tag{11-36}$$

式中，X_1 和 γ_1 分别为试液中待测游离离子的分数和活度系数；X_2 和 γ_2 分别为加入标准溶液后试液中待测游离离子的分数和活度系数；Δc 是加入标准溶液后试液浓度的增加量。

$$\Delta c = \frac{V_s c_s}{V_x + V_s} \tag{11-37}$$

由于 $V_s \ll V_x$（V_s 约为试液体积 V_x 的 1/100），所以 $\gamma_1 \approx \gamma_2$，$X_1 \approx X_2$，则

$$\Delta E = E_2 - E_1 = \pm \frac{2.303RT}{nF} \lg \frac{X_2\gamma_2 c_x + X_2\gamma_2 \Delta c}{X_1\gamma_1 c_x} = \pm \frac{2.303RT}{nF} \lg\left(1 + \frac{\Delta c}{c_x}\right)$$

$$= \pm S \lg\left(1 + \frac{\Delta c}{c_x}\right) \tag{11-38}$$

将式（11-38）整理后得

$$c_x = \Delta c(10^{\Delta E/\pm S} - 1)^{-1} \tag{11-39}$$

式中，S 为电极的响应斜率，待测离子为阳离子时，S 前取正号；阴离子时则取负号。

实验表明，Δc 的最佳范围为 $c_x \sim 4c_x$；一般 V_x 为 100mL，V_s 为 1mL，最多不超过 10mL。一次标准加入法的优点是仅需一种标准溶液，操作简便快速，不足之处是精密度比标准曲线法低。

（2）连续标准加入法　连续标准加入法也称格氏作图法。格氏作图法的测定步骤与一次标准加入法相似，只是将能斯特方程以另外一种形式表示，并用另一种方法作图以求算待测离子浓度。于体积为 V_x 的待测试液中加入体积为 V_s 的标准溶液后，测得的电动势 E 与 c_x 和 c_s 应有下述关系

$$E = K' + \frac{2.303RT}{nF} \lg\left(\frac{c_x V_x + c_s V_s}{V_x + V_s}\right) = K' + S\lg\left(\frac{c_x V_x + c_s V_s}{V_x + V_s}\right) \tag{11-40}$$

式（11-40）整理后，得

$$(V_x + V_s)10^{E/S} = (c_x V_x + c_s V_s)10^{K'/S}$$

式中，$10^{K'/S}$ = 常数 = k，则

$$(V_x + V_s)10^{E/S} = k(c_x V_x + c_s V_s) \tag{11-41}$$

在每次添加标准溶液 V_s 后测量 E 值，根据式（11-41），以 $(V_x + V_s)10^{E/S}$ 对 V_s 作图，得到一条直线，将直线外推，在横轴相交于 V_s（见图 11-10），此时方程左边 $(V_x + V_s)10^{E/S} = 0$，方程右边的 $k(c_x V_x + c_s V_s)$ 也等于 0，则 $c_x V_x + c_s V_s = 0$，故试样中待测离子的浓度为

$$c_x = -\frac{c_s V_s}{V_x} \tag{11-42}$$

目前，在计算机上用 Excel 等工具软件可方便地进行计算和作图，使连续标准加入法的准确性和简便性得到明显提高。

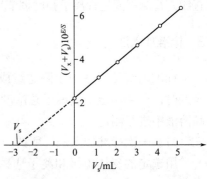

图 11-10　连续标准加入法图示

（三）影响浓度测定准确度的因素

在直接电位法中，影响浓度测定准确度的因素主要有下述几种。

（1）温度　由式（11-33）可知，温度 T 不但影响直线的斜率，也影响直线的截距，K' 包括参比电极电位、膜的内表面膜电位、液接电位等，这些电位值都与温度有关。因此，在整个测定过程中应保持温度恒定，以提高测定的准确度。

（2）电动势的测量　电池电动势的测量造成的误差是直接电位法的主要误差来源之一。将式（11-33）微分得

$$\frac{da}{a} = \frac{nF}{RT}dE$$

用有限区间的变化值 ΔE 和 Δa 代替 dE 和 da 得

$$\frac{\Delta a}{a} = \frac{nF}{RT}\Delta E \tag{11-43}$$

当温度为 25℃时

$$\frac{\Delta a}{a} = 0.039 n\Delta E$$

或

$$\frac{\Delta c}{c} = 0.039 n\Delta E \tag{11-44}$$

则测定的相对误差为

$$\text{相对误差}(\%) = \frac{\Delta c}{c} \times 100 = 3.9 n\Delta E \tag{11-45}$$

式中，ΔE 的单位为 mV。由式（11-45）可知，对一价离子，当 $\Delta E = \pm 1$ mV 时，浓度相对误差可达 3.9%；对二价离子，则高达 7.8%。因此，测量电动势所用的仪器必须具有较高的准确度，通常要求电动势测量误差小于 0.1～0.01mV。

（3）干扰离子　有的干扰离子能直接为电极响应，其干扰效应为正误差；有的干扰离子能与待测离子反应生成一种不为电极响应的物质，其干扰效应为负误差。干扰离子的存在，不仅会给测定结果带来误差，而且使电极响应时间增长。通常采用加掩蔽剂的方法消除干扰，只有在必要时才预先分离干扰离子。

（4）溶液的 pH 值　因为 H^+ 或 OH^- 能影响某些测定，必要时应使用缓冲溶液以维持一个恒定的 pH 值范围。如用氟离子电极测 F^- 时，pH 值控制在 5～8。

（5）待测离子浓度　离子选择性电极可以测定的浓度范围约为 10^{-6}～10^{-1} mol·L^{-1}，检测下限主要决定于组成电极膜的活性物质的性质。例如，沉淀膜电极所能测定的离子活度不能低于沉淀本身溶解而产生的离子活度。测定的浓度范围还与共存离子的干扰和 pH 等因素有关。

（6）迟滞效应　迟滞效应即对同一活度值的离子试液，测出的电动势值与电极在测定前接触的试液成分有关。此现象亦称为电极存储效应，它是直接电位法出现误差的主要原因之一，减免此现象引起误差的常用方法是固定电极测定前的预处理条件。

五、电位滴定法

电位滴定法（potentiometric titration）是基于滴定过程中电极电位的突跃来指示滴定终点的一种容量分析方法，它克服了一般容量分析中因试液浑浊、有色或缺乏合适指示剂而无法确定滴定终点的弊病。

电位滴定就是在待测试液中插入指示电极和参比电极，组成一个化学电池。随着滴定剂的加入，由于发生化学反应，待测离子浓度不断变化，指示电极的电位也相应发生变化，在化学计量点附近，离子浓度发生突变，指示电极的电位也相应发生突变。因此，测量电池电动势的变化，就可确定滴定终点，待测组分的含量仍通过耗用滴定剂的量来计算。

（一）电位滴定法的仪器装置

电位滴定法所用的基本仪器装置如图 11-11 所示。它包括滴定管、滴定池、指示电极、参比电极、搅拌器、测量电动势用的电位计等。

在滴定过程中，每加一次滴定剂，测定一次电动势，直到超过化学计量点为止，这样就得到一系列滴定剂用量（V）和相应的电动势（E）的数值。

目前市售的自动电位滴定仪是借助于电子技术以实现电位滴定自

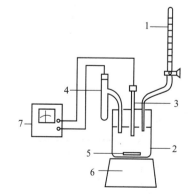

图 11-11　电位滴定用的基本仪器装置

1—滴定管；2—滴定池；3—指示电极；4—参比电极；5—搅拌棒；6—电磁搅拌器；7—电位计

动化的仪器，它的生产和使用，大大加快了分析速度。

自动电位滴定仪分为两类，一类为自动记录滴定曲线的电位滴定仪，它利用电子仪器自动滴加滴定剂使滴定速度与记录仪中记录纸移动的速度同步，记录纸横坐标表示滴定剂的体积，纵坐标表示电池的电动势。另一类为自动控制滴定终点的电位滴定仪，它又分为两种形式：一种是滴定到预定终点电位即自动停止滴定；另一种是利用二阶微商 $\Delta^2E/\Delta V^2$ 电信号的突然降落以确定滴定终点。

（二）确定电位滴定终点的方法

电位滴定法可以通过绘制滴定曲线来确定滴定终点，具体方法有三种，即 E-V 曲线法、$\Delta E/\Delta V$-V 曲线法和 $\Delta^2 E/\Delta V^2$-V 曲线法。

以银电极作指示电极，饱和甘汞电极作参比电极，用 0.1000 mol·L^{-1} AgNO$_3$ 标准溶液滴定 Cl$^-$，实验数据如表 11-3 所示，以此为例，说明终点的确定方法。

表 11-3 0.1000 mol·L^{-1} AgNO$_3$ 标准溶液滴定 Cl$^-$ 实验数据

加入 AgNO$_3$/mL	E/mV	$\Delta E/\Delta V$	$\Delta^2 E/\Delta V^2$	加入 AgNO$_3$/mL	E/mV	$\Delta E/\Delta V$	$\Delta^2 E/\Delta V^2$
5.00	0.062			24.20	0.194		2.8
15.00	0.085	0.002		24.30	0.233	0.390	4.4
20.00	0.107	0.004		24.40	0.316	0.830	−5.9
22.00	0.123	0.008		24.50	0.340	0.240	−1.3
23.00	0.138	0.015		24.60	0.351	0.110	−0.4
23.50	0.146	0.016		24.70	0.358	0.070	
23.80	0.161	0.050		25.00	0.373	0.050	
24.00	0.174	0.065		25.50	0.385	0.024	
24.10	0.183	0.090					

1. E-V 曲线法

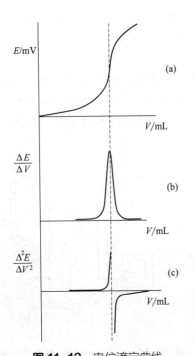

图 11-12 电位滴定曲线
（a）E-V 曲线法；（b）（$\Delta E/\Delta V$）-V 曲线法；（c）（$\Delta^2 E/\Delta V^2$）-V 曲线法

用滴定剂 AgNO$_3$ 的加入体积（mL）为横坐标，电位计读数（E）为纵坐标，绘制 E-V 曲线，如图 11-12（a）所示，E-V 曲线的拐点，即为滴定终点。

2. $\Delta E/\Delta V$-V 曲线法

即一阶微商法。以一阶微商值 $\Delta E/\Delta V$ 对平均体积 V 作图，如在 20.0～22.0 mL 之间，

$$\frac{\Delta E}{\Delta V} = \frac{0.123 - 0.107}{22.0 - 20.0} = 0.008$$

对应体积 $V = \dfrac{22.0 + 20.0}{2} = 21.0$ mL，其他各点均如此对应，得图 11-12（b）曲线，曲线中的极大值即为滴定终点。

3. $\Delta^2 E/\Delta V^2$-V 曲线法

即二阶微商法，以 $\Delta^2 E/\Delta V^2$ 对 V 作图，得图 11-12（c）曲线，曲线最高与最低点连线与横坐标之交点即为滴定终点。也可用二阶微商内插法计算终点。此法一般不需作图，可直接通过内插法计算得到滴定终点的体积，比一阶微商法更准确、更简便。二阶

微商内插法的计算方法为在滴定终点前和终点后找出一对 $\Delta^2E/\Delta V^2$ 数值,使 $\Delta^2E/\Delta V^2$ 由正到负或由负到正,具体做法如下所述。

加入 24.30mL $AgNO_3$ 时

$$\frac{\Delta^2 E}{\Delta V^2} = \frac{\left(\frac{\Delta E}{\Delta V}\right)_2 - \left(\frac{\Delta E}{\Delta V}\right)_1}{\Delta V} = \frac{0.83 - 0.39}{24.35 - 24.25} = +4.4$$

加入 24.40mL $AgNO_3$ 时

$$\frac{\Delta^2 E}{\Delta V^2} = \frac{0.24 - 0.83}{24.45 - 24.35} = -5.9$$

用内插法计算出对应于 $\Delta^2E/\Delta V^2$ 等于零时的体积,即为滴定终点时消耗的滴定剂体积 (V_{ep})。

$$V_{ep} = V + \frac{a}{a-b} \times \Delta V = 24.30 + \frac{4.4}{4.4+5.9} \times 0.10 = 24.34 \text{mL}$$

式中,a 为二阶微商为 0 前的二阶微商值;b 为二阶微商为 0 后的二阶微商值;V 为 a 时标准溶液的体积,mL;ΔV 为 $a \sim b$ 之间的滴定剂体积差,mL。

六、电位分析法的应用

电位分析法作为一种成分分析手段,目前广泛用于环境监测、生化分析、临床检验及工业流程中的自动在线分析。直接电位法和电位滴定法的应用分别见表 11-4 和表 11-5。

表 11-4 直接电位法的应用

被测物质	离子选择电极	线性浓度 (c) 范围 /mol·L^{-1}	适用的 pH 范围	应用举例
F^-	氟	$5 \times 10^{-7} \sim 10^0$	5~8	水,牙膏,生物体液,矿物质
Cl^-	氯	$5 \times 10^{-5} \sim 10^{-2}$	2~12	水,碱液,催化剂
CN^-	氰	$10^{-6} \sim 10^{-2}$	>10	废水,废渣
NO_3^-	硝酸根	$10^{-5} \sim 10^{-1}$	3~10	天然水
H^+	pH 玻璃电极	$10^{-14} \sim 10^{-1}$	1~14	溶液酸度
Na^+	pNa 玻璃电极	$10^{-7} \sim 10^{-1}$	9~10	锅炉水,天然水,玻璃
	钠微电极	$10^{-3} \sim 10^{-1}$	4~9	血清
NH_3	气敏氨电极	$10^{-6} \sim 10^0$	11~13	废气,土壤,废水
脲	气敏氨电极			生物化学
氨基酸	气敏氨电极			生物化学
K^+	钾微电极	$10^{-4} \sim 10^{-1}$	3~10	血清
Ca^{2+}	钙微电极	$10^{-7} \sim 10^{-1}$	4~10	血清

表 11-5 电位滴定法的应用

滴定方法	参比电极	指示电极	应用举例
酸碱滴定	甘汞电极	玻璃电极 锑电极	在 HAc 介质中,用 $HClO_4$ 溶液滴定吡啶;在乙醇介质中用 HCl 滴定三乙醇胺
沉淀滴定	甘汞电极 玻璃电极	银电极 汞电极	用 $AgNO_3$ 滴定 Cl^-、Br^-、I^-、CNS^-、S^{2-}、CN^- 等; 用 $Hg(NO_3)_2$ 滴定 Cl^-、I^-、CNS^- 和 $C_2O_4^{2-}$ 等
氧化还原滴定	甘汞电极 钨电极	铂电极	$KMnO_4$ 滴定 I^-、NO_2^-、Fe^{2+}、V^{4+}、Sn^{2+}、$C_2O_4^{2-}$ 等; $K_2Cr_2O_7$ 滴定 Fe^{2+}、Sn^{2+}、I^-、Sb^{3+} 等; $K_3[Fe(CN)_6]$ 滴定 Co^{2+} 等
配位滴定	甘汞电极	汞电极 铂电极	用 EDTA 滴定 Cu^{2+}、Zn^{2+}、Ca^{2+}、Mg^{2+} 和 Al^{3+} 等多种金属离子

第三节 电导分析法

通过测量电解质溶液的电导值来确定物质含量的分析方法,称为电导分析法(conductometry)。

电导分析法有极高的灵敏度,但几乎没有选择性,因此在分析中应用不广泛,它的主要用途是电导滴定及测定水体中的总盐量。近年来,用电导池作离子色谱的检测器,使其应用得到发展。

电解质溶液能导电,其电导能力与溶液中正负离子的数目、离子所带的电荷量以及离子在溶液中迁移的速率等因素有关。电导法就是利用溶液的电导与溶液中离子数目的相关性而建立的一种分析方法。电导分析法包括直接电导法和电导滴定法。

一、电导分析的基本原理

将两个铂电极插入电解质溶液中,并在两电极上施加一定的电压,就会有电流通过。电流是电荷的移动,在金属导体中仅仅是电子的移动,而在电解质溶液中是由正离子和负离子向相反方向的迁移来共同形成的。

电解质溶液导电能力用电导 G 来表示,即

$$G = \frac{1}{R} \tag{11-46}$$

也就是说,电导值是电阻 R 的倒数,其单位为西门子(S)。

对于一个均匀的导体来说,它的电阻或电导的大小与其长度 L 和截面积 A 有关。为了便于比较各种导体的导电能力,提出了电导率的概念,即

$$G = k\frac{A}{L} \tag{11-47}$$

式中,k 为电导率,单位为 $S \cdot cm^{-1}$。电导率和电阻率互为倒数关系。

电解质溶液的导电过程是通过离子来进行的,因此电导率与电解质溶液的浓度及其性质有关。电解质解离后形成的离子浓度(即单位体积内离子的数目)越大,离子的迁移速率越快,离子的价数(即离子所带的电荷数目)越高,电导率就越大。

为了比较各种电解质的导电能力,提出了摩尔电导率的概念。摩尔电导率是含 1mol 电解质的溶液,在距离为 1cm 的两电极间所具有的电导。摩尔电导率与电导率的关系为

$$\Lambda_m = kV \tag{11-48}$$

式中,Λ_m 为摩尔电导率,$S \cdot cm^2 \cdot mol^{-1}$;$V$ 为含有 1mol 溶质的溶液的体积,mL。

$$V = \frac{1000}{c} \tag{11-49}$$

式中,c 为溶液的浓度,$mol \cdot L^{-1}$。

当溶液的浓度降低时,电解质溶液的摩尔电导率将增大,这是由于离子移动时常常受到周围相反电荷离子的影响,使其速率减慢。无限稀释时,这种影响减到最小,摩尔电导率达到最大的极限值,此值称为无限稀释时的摩尔电导率,用 Λ_m^∞ 表示。

电解质溶液无限稀释时的摩尔电导率,是溶液中所有离子摩尔电导率的总和,即

$$\Lambda_m^\infty = \sum \Lambda_{m_i}^\infty \tag{11-50}$$

Λ_m^∞ 在一定温度及一定溶剂中是一个定值,与溶液中的共存离子无关。

二、电导的测量方法

电导是电阻的倒数，因此测量溶液的电导也就是测量它的电阻。经典的测量电阻的方法是采用惠斯顿电桥平衡法，其线路结构如图 11-13 所示。

图中 R_1、R_2、R_3 和 R_x 构成惠斯顿电桥，其中 R_x 代表电导池的池电阻。由振荡器产生的交流电压施加至桥的 AB 端，从桥的 CD 端输出，经交流放大器放大后，再整流以使交流信号变成直流信号推动电表。当电桥平衡时，电表指零，此时

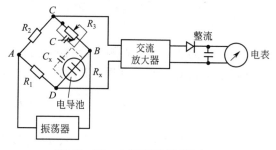

图 11-13 电桥平衡法测量电导

$$R_x = \frac{R_1}{R_2} R_3 \tag{11-51}$$

式中，R_1、R_2 称为比例臂，由准确电阻构成，可选择 R_1/R_2=0.1、1.0 和 10；R_3 是一个可调电阻。

由式（11-51）求得电导池的电阻 R_x，再根据式（11-46）计算出电导 G。

溶液电导的测量通常是将电导电极直接插入试液中进行。电导电极是将一对大小相同的铂片按一定几何形状固定在玻璃环上制成。假设构成电极的两铂片的面积均为 A，距离为 L，由式（11-47）可知

$$G = k \frac{A}{L} = k \frac{1}{L/A} \tag{11-52}$$

对一定的电极来说，L/A 是一常数，用 θ 表示，称为电导池常数，单位是 cm^{-1}。于是可得

$$k = G \frac{L}{A} = G\theta \tag{11-53}$$

电导池常数直接测量比较困难，通常是用已知电导率的标准 KCl 溶液来测定。

在实际应用中，大多数电导仪都是直读式，这有利于快速测量和连续自动测量。

三、电导分析方法及应用

（一）直接电导法

直接根据溶液的电导来确定待测物质含量的方法，称为直接电导法（direct conductance method）。

1. 定量方法

直接电导法是利用溶液电导与溶液中离子浓度成正比的关系进行定量分析的。即

$$G = Kc \tag{11-54}$$

式中，K 与实验条件有关，当实验条件一定时为常数。

定量方法可以用标准曲线法、直接比较法或标准加入法。

（1）标准曲线法　配制一系列已知浓度的标准溶液，分别测定其电导，绘制 G-c 标准曲线；然后，在相同条件下测定待测试液的电导 G_x，从标准曲线上查得待测试液中被测物的浓度 c_x。

（2）直接比较法　在相同条件下，同时测定待测试液和一个标准溶液的电导 G_x 和 G_s，根据式（11-54），有

$$G_x = Kc_x \quad \text{和} \quad G_s = Kc_s$$

将两式相除并整理，得

$$c_x = c_s \frac{G_x}{G_s} \tag{11-55}$$

（3）标准加入法　先测定待测试液的电导 G_1，再向待测试液中加入已知量的标准溶液（约为待测试液体积的 1/100），然后再测量其电导 G_2，根据式（11-54）有

$$G_1 = Kc_x \quad \text{和} \quad G_2 = K\frac{V_x c_x + V_s c_s}{V_x + V_s}$$

式中，c_s 为标准溶液的浓度；V_x 和 V_s 分别为待测试液和加入的标准溶液体积。

将两式相除，并令 $V_x + V_s \approx V_x$，整理后得

$$c_x = \frac{G_1}{G_2 - G_1} \times \frac{V_s c_s}{V_x} \tag{11-56}$$

2. 直接电导法的应用

（1）水质纯度的鉴定　由于纯水中的主要杂质是一些可溶性的无机盐类，它们在水中以离子状态存在，所以通过测定水的电导率可以评价水质的好坏。它常用于实验室和环境水的监测。各种情况下水的电导率见图 11-14。

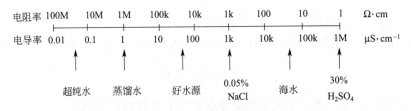

图 11-14　各种情况下水的电导率

（2）工业生产流程中的控制及自动分析　在合成氨的生产中，为防止引起催化剂中毒，必须监控合成氨原料气中 CO 和 CO_2 的含量。测定时采用 NaOH 溶液作电导液，将含有 CO 及 CO_2 的气体先通过装有 I_2O_5 的氧化管炉，将 CO 氧化为 CO_2，再通入电导池。由于 CO_2 与 NaOH 反应生成 Na_2CO_3，CO_3^{2-} 的电导比 OH^- 小得多，其变化值与 CO 和 CO_2 含量有关，故可进行定量检测。

（3）大气监测　由各种污染源排放的大气污染气体主要有 SO_2、CO、CO_2 及 N 的各种氧化物 N_xO_y 等，可以利用气体吸收装置，将这些气体通过一定的吸收液，测定反应前后吸收液电导率的变化可间接测定大气中污染气体的浓度。例如，测定大气中有害的 SO_2，可将空气通过 H_2O_2 吸收液，SO_2 被氧化成 H_2SO_4，吸收液的电导率增加，据此计算出大气中 SO_2 的含量。

电导法还有一些其他重要应用，如微型电导检测器已广泛用于离子色谱的分析中。

（二）电导滴定法

电导滴定法（conductometric titration）是根据滴定过程中被滴定溶液电导的突变来确定滴定终点，然后根据到达滴定终点时所消耗滴定剂的体积和浓度求出待测物质的含量。

如果滴定反应产物的电导与反应物的电导有差别，那么在滴定过程中，随着反应物和产物浓度的变化，被滴定溶液的电导也随之变化，在化学计量点时滴定曲线出现转折点，可指示滴定终点。如酸碱滴定，若用 NaOH 滴定 HCl，H^+ 和 OH^- 的电导率都很大，而 Na^+、Cl^- 及产物 H_2O 的电导率都很小。在滴定开始前由于 H^+ 浓度很大，所以溶液电导很大；随着滴定的进行，溶液中的 H^+ 被 Na^+ 代替，使溶液的电导下降，在化学计量点时电导最小；过了化学计量点后，由于 OH^- 过量，溶液电导又增大。其电导滴定曲线如图 11-15（a）所示，图中曲线的最低点对应于化学计量点。电导滴定也适用于其他酸碱滴定体系，

滴定曲线如图 11-15（b）～（g）所示。

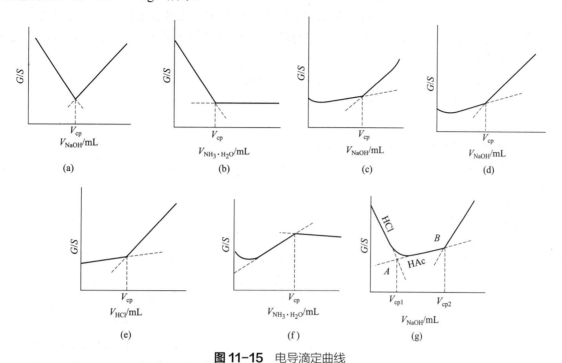

图 11-15 电导滴定曲线

（a）用 NaOH 滴定 HCl；（b）用 $NH_3 \cdot H_2O$ 滴定 HCl；（c）用 NaOH 滴定 H_3BO_3（$K_a=10^{-10}$）；
（d）用 NaOH 滴定 HAc（$K_a=10^{-5}$）；（e）用 HCl 滴定 NaAc；（f）用 $NH_3 \cdot H_2O$ 滴定 HAc（$K_a=10^{-5}$）；
（g）用 NaOH 滴定 HCl-HAc 混合酸（A 为强酸化学计量点，B 为弱酸化学计量点）

电导滴定可用于滴定极弱的酸或碱（$K=10^{-10}$），如硼酸、苯酚、对苯二酚等，也能用于滴定弱酸盐或弱碱盐，以及强、弱混合酸。在普通滴定分析或电位滴定中这些都是无法进行的，这也是电导滴定法的一大优点。此外，电导滴定还可用于反应物与产物电导相差较大的沉淀滴定、配位滴定和氧化还原滴定体系。

第四节　电解与库仑分析法

一、电解分析法

电解分析（electroanalysis）是以称量沉积于电极表面沉积物质量为基础的一种电分析方法，又称电重量法，有时也用它作为一种分离手段，用于某些金属离子的分离分析。

（一）电解分析的基本原理

1. 电解及电解装置

电解是借助外电源的作用，使电化学反应向着非自发的方向进行。电解过程是在电解池的两个电极上施加直流电压，改变电极电位，使电解质溶液在电极上发生氧化还原反应，同时电解池中有电流通过。

如在 $0.1mol \cdot L^{-1}$ 的 H_2SO_4 介质中，电解 $0.1mol \cdot L^{-1}$ 的 $CuSO_4$ 溶液，电解装置如图 11-16 所示。两个电极都用铂制成，阳极由电动机带动，进行搅拌；阴极采用网状结构，其优点是表面积较大。电解池的内阻约为 0.5Ω。

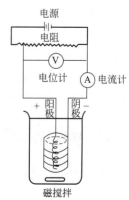

图 11-16 电解装置

将两个铂电极浸入试液中,接通外电源,当外加电压从零开始逐渐增加,开始没有明显的电流,直到铂电极两端达到足够大的电压时,可见到显著的电极反应发生,通过试液的电流随之增大。当电解进行时,电解池中将发生以下过程:试液中带正电荷的 Cu^{2+} 被吸引移向阴极,从阴极上获得电子还原成金属铜。在阴极上的反应是

$$Cu^{2+}+2e^- \longrightarrow Cu\downarrow$$

同时,阳极发生水的氧化反应,析出氧气。

$$2H_2O = O_2\uparrow + 4H^+ + 4e^-$$

在电极上发生的反应叫作电极反应,电解时阴极上发生还原反应,阳极上发生氧化反应。

通过称量电解前和电解后铂网电极的质量,即可精确地得到金属铜的质量,从而计算出试液中铜的含量。

2. 分解电压与析出电位

如前所述,在电解 $CuSO_4$ 溶液时,外加电压较小时不能引起电极反应,电解池系统几乎没有电流或只有微弱电流通过,此微小电流叫作残余电流。若继续增大外加电压,电流略增,当外加电压增至某一数值后,通过电解池的电流显著变大,同时在两电极上发生连续的电解现象。若以外加电压 $V_{外}$ 为横坐标,电解池电流为纵坐标作图,可得如图 11-17 所示的 i-$V_{外}$ 曲线。图中 D 点电压,也就是能够引起电解质电解的最低外加电压,称为该电解质的分解电压($V_{分}$)。

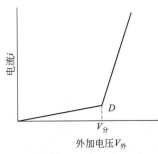

图 11-17 分解电压

电解时,外加电压与分解电压的关系为

$$V_{外} - V_{分} = iR \tag{11-57}$$

式中,i 为电解电流;R 为电解回路总电阻。

对于可逆电极过程,电解池中电解质的分解电压理论上等于它本身所构成的原电池的电动势。在电解池中,此电动势被称为反电动势 $V_{反}$。

$$V_{分} = V_{反} = E_a - E_c \tag{11-58}$$

式中,E_a 是阳极电位;E_c 是阴极电位。

若电解 $1mol \cdot L^{-1}$ 的 $CuSO_4$ 溶液,分解电压应该等于氧电对和铜电对氧化电位的代数差。即

$$V_{分} = 1.23 - 0.34 = 0.89V$$

各种电对具有不同的氧化电位,因而不同的电解质也就具有不同的分解电压,这是用电解法分离各种元素的基础。

实际上,电解所需外加电压的数值总是高于分解电压的理论值。比如用铂电极进行 $1mol \cdot L^{-1} CuSO_4$ 溶液电解时,外加电压需要 1.49V,而不是 0.89V。这里多需的 0.60V 电压,除少量消耗于整个电解回路的 iR 电位降外,主要是用来克服由于极化所产生的阳极和阴极的超电位。就是说,在实际电解时,要使阳离子在阴极析出,外加于阴极的电位必须比理论电极电位更负一些,而要使阴离子在阳极上放电,外加于阳极的电位必须比理论电极电位更正一些。这种使电解产物析出的实际电极电位叫作析出电位。对电解分析来说,金属的析出电位比电解池的分解电压更有意义,它的数值要通过实验测得。

(二)电解分析方法及其应用

1. 控制电流电解法

控制电流电解法也称恒电流电解法,它是在恒定的电流条件下进行电解,然后直接称量电极上析出

物质的质量进行分析。

采用如图 11-16 所示的装置可进行控制电流电解分析工作，可用直流电源作为电解电源。加入电解池的电压，可用变阻器加以调节，并由电位计指示电压值，通过电解池的电流则可从电流计读出。此法适用于溶液中只有一种金属离子可以沉积的情况，不需控制阴极电极电位。通常加到电解池上的电压比分解电压高相当数值，以使电解加速进行，电解电流一般为 0.5～2A。在电解进行一定时间后，增加电压使电流强度维持基本不变。

恒电流电解法可以测定锌、镉、钴、镍、锡、铅、铜、铋、锑、汞及银等金属元素，相对误差小于 0.1%，准确度高，但选择性较差。

2. 控制电位电解法

控制电位电解法是在控制阴极或阳极电位为一恒定值的条件下进行电解的方法。

若待测试液中含有两种以上金属离子时，随着外加电压的增大，第二种离子可能被还原。为了分别测定或分离就需要采用控制阴极电位的电解法。

如以铂为电极，电解液为 0.1mol·L^{-1} 硫酸溶液，含有 $0.01\text{mol·L}^{-1}\text{Ag}^+$ 和 $1.0\text{mol·L}^{-1}\text{Cu}^{2+}$，Cu 开始析出的电位为

$$\varphi_{\text{Cu}^{2+}/\text{Cu}} = \varphi^{\ominus}_{\text{Cu}^{2+}/\text{Cu}} + \frac{0.059}{2}\lg[\text{Cu}^{2+}] = 0.337 + \frac{0.059}{2}\lg[1.0] = 0.337\text{V}$$

Ag 开始析出的电位为

$$\varphi_{\text{Ag}^+/\text{Ag}} = \varphi^{\ominus}_{\text{Ag}^+/\text{Ag}} + 0.059\lg[\text{Ag}^+] = 0.799 + 0.059\lg[0.01] = 0.681\text{V}$$

由于 Ag 的析出电位较 Cu 的析出电位正，所以 Ag^+ 先在阴极上析出，当其浓度降至 10^{-6}mol·L^{-1} 时，一般可认为 Ag^+ 已电解完全。此时 Ag 的电极电位为

$$\varphi_{\text{Ag}^+/\text{Ag}} = 0.799 + 0.059\lg[10^{-6}] = 0.445\text{V}$$

阳极发生水的氧化反应，析出氧气。

$$\frac{1}{2}\text{O}_2 + 2\text{H}^+ + 2e \rightleftharpoons \text{H}_2\text{O}$$

O_2 电极的平衡电位为

$$\varphi = \varphi^{\ominus} + \frac{0.059}{2}\lg[p_{\text{O}_2}]^{1/2}[\text{H}^+]^2$$

$$= 1.23 + \frac{0.059}{2}\lg[1]^{1/2}[0.2]^2 = 1.189\text{V}$$

O_2 在铂电极上的超电位为 0.721V

故 $\varphi_a = 1.189 + 0.721 = 1.91\text{V}$

而电解池的外加电压值为

$$V_{\text{外}} = \varphi_a - \varphi_c = 1.91 - 0.681 = 1.229\text{V}$$

这时 Ag 开始析出，到

$$V_{\text{外}} = \varphi_a - \varphi_c = 1.91 - 0.445 = 1.465\text{V}$$

即 1.465V 时，Ag 电解完全。而 Cu 开始析出的电压值为

$$V_{\text{外}} = \varphi_a - \varphi_c = 1.91 - 0.337 = 1.573\text{V}$$

故 1.465V 时，Cu 还没有开始析出。当外加电压为 1.573V 时，在阴极上析出 Cu。因此，控制外加电

压不高于 1.573V，便可将 Ag 与 Cu 分离。

在实际分析中，通常是通过比较（在分析实验条件下）两种金属阴极还原反应的极化曲线（用作图法描述电极上电流与电极电位的关系曲线称为极化曲线），来确定电解分离的适宜控制电位值。图 11-18 是甲、乙两种金属离子电解还原的极化曲线。从图中可看出，要使金属离子甲还原，阴极电位需大于 a，但要防止金属离子乙析出，电位又需小于 b。因此，将阴极电位控制在 a、b 之间，就可使金属离子甲定量地析出而金属离子乙仍留在溶液中。

要实现对阴极电位的控制，需要在电解池中插入一个参比电极，如甘汞电极，它和工作电极阴极构成回路，其装置如图 11-19 所示。它通过运算放大器的输出可很好地控制阴极电位和参比电极电位的差为恒定值。

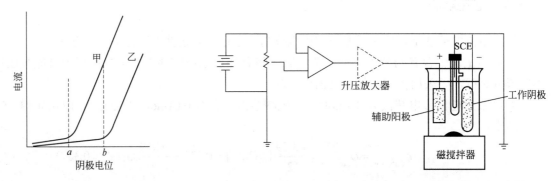

图 11-18　甲、乙两种金属离子电解还原的极化曲线　　　图 11-19　控制阴极电位电解装置

控制阴极电位电解，开始时被测物质析出较快，随着电解的进行，浓度越来越小，电极反应的速率也逐渐变慢，因此电流也越来越小。当电流趋于零时，电解完成。

控制电位电解法的主要特点是选择性好，可用于分离并测定银（与铜分离）、铜（与铋、铅、银、镍等分离）、铋（与铅、锡、锑等分离）、镉（与锌分离）等。

二、库仑分析法

库仑分析法（coulometry）建立于 1940 年左右，它是在电解分析法的基础上发展起来的。库仑分析法也是基于对试样溶液进行电解，但不是将待测成分借电解析出而称量。库仑分析法是以法拉第（M.Faraday）定律为依据，通过测量电解完全时所消耗的电量来计算出被测物质的含量，所以这种方法又称为电量分析法。显然，库仑分析法的条件是必须保证电极反应专一，电解电流效率为 100%。

（一）法拉第电解定律

库仑分析法的理论基础是法拉第定律，法拉第定律包括两部分内容。

① 电流通过电介质溶液时，发生电极反应的物质的质量（m）与所通过的电量（Q）成正比，即与电流强度（i）和通过电流的时间（t）之乘积成正比，可用下式表示，这个定律称为法拉第第一定律。即

$$m \propto Q \quad 或 \quad m \propto it \tag{11-59}$$

② 相同的电量通过各种不同的电解质溶液时，在电极上析出的物质的质量与它们的 M/n 成正比，这个定律称为法拉第第二定律。这里 M 为电极上析出物的摩尔质量，n 为电极反应过程中得失的电子数。实验证明，在电极上每析出（M/n）g 的物质就需要 96485C 的电量。通常将 96485C 的电量称为 1 法拉第，它是电化学中常用的一种电量单位，以 F 表示。即

$$1F = 96485C = 26.8 A \cdot h$$

由法拉第第一、第二定律可以得到

$$m = \frac{MQ}{nF} = \frac{M}{nF}it = \frac{M}{n} \times \frac{it}{96485} \tag{11-60}$$

式中，m 为电解时于电极上析出物质的质量，g；M 为析出物质的摩尔质量；Q 为通过的电量，C；n 为电解反应时电子的转移数；i 为电解时的电流强度，A；t 为电解时间，s；F 为法拉第常数，96485C·mol^{-1}。

在应用法拉第定律时，必须保证电解时的电流效率为100%，否则就不能应用此定律。

根据电解过程中控制的条件不同，库仑分析可分为恒电位库仑分析法和恒电流库仑分析法两种，后者又称为库仑滴定法。

（二）恒电位库仑分析法

恒电位库仑分析法是指在电解过程中，控制工作电极的电位保持恒定，使被测物质以100%的电流效率进行电解。当电流趋于零时，指示该物质已被电解完全。

恒电位库仑分析法所用的仪器装置与控制阴极电位电解法相似。只是在电解电路中需要串联一个库仑计，以测量电解过程中消耗的电量。由库仑计测得的电量，根据法拉第定律求出被测物质的含量。

库仑计是恒电位库仑分析装置的重要部件。库仑计的种类很多，如氢氧库仑计就是一种最经典的库仑计，现在几乎已不再使用。现代库仑计都是数字式的装置，电量值自动记录，直接读取。电量也可采用电子积分仪自动完成，并以数字显示电量数值，应用甚为方便。

恒电位库仑分析法的主要特点有以下三方面。

① 不需要使用基准物质，准确度高。因为它是根据对电量的测量而计算分析结果的，而测量电量的准确度极高。

② 灵敏度高。可测定至 0.01μg 级的物质。

③ 对于电解产物不是固态的物质也可以测定。例如可以利用亚砷酸（H_3AsO_3）在铂阳极上氧化成砷酸（H_3AsO_4）的反应测定砷。

恒电位库仑分析法的诸多优点使其应用广泛。目前这种分析方法已成功地用于50多种元素的测定，这些元素包括氢、氧、卤素、银、铜、锑、铋、砷、铁、铅、锌、镉、镍、锂、铂族以及镅、锫、锎、稀土元素、元素铀和钍等。它还可测定一些阴离子（如 Cl$^-$、Br$^-$、I$^-$、AsO$_3^{3-}$ 等离子）和有机化合物（如苦味酸、三氯乙酸等），此外，恒电位库仑分析法还常用于电极过程反应机理的研究，及测定反应中电子转移数等。

（三）恒电流库仑分析法

恒电流库仑分析法又称库仑滴定法，是建立在控制电流电解过程基础上的。该方法能克服恒电位库仑法电解时间长的缺点，且可使电量测量更加方便。

1. 基本原理

从化学反应类型来说，库仑滴定的基本原理与普通容量法相似，不同之处在于库仑滴定中滴定剂不是由滴定管滴加的，而是通过恒电流电解在试液内部产生的。因此，库仑滴定是一种以电子作"滴定剂"的容量分析法，又称作电量滴定法。

从理论上讲，恒电流库仑滴定分析可按下述两种类型进行。

① 被测物直接在电极上起反应；

② 在试液中加入辅助剂，使此辅助剂经电解反应后产生一种试剂，然后被测物与所产生的试剂起

反应。

事实上，单纯按照第一种类型进行分析的情况是很少的，因为这种类型很难保证电流效率为100%。实际应用的恒电流库仑分析一般都是采用第二种类型的方法。在恒电流条件下，辅助剂的电解产物可以和被测物质迅速发生定量的化学反应。当被测物质作用完毕后，用适当的方法指示终点，并立即停止电解。电解消耗的电量符合法拉第定律，因此可由电量计算出被测物质的质量。

2. 库仑滴定装置

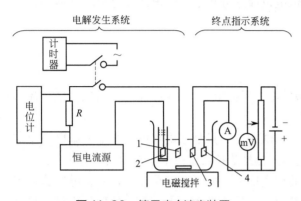

图 11-20 简易库仑滴定装置
1—工作电极；2—辅助电极，置于有烧结玻片的玻管中；
3，4—指示电极

库仑滴定法所用的仪器装置比较简单，有商品的库仑滴定仪，也可以自行组装（如图 11-20 所示），它包括电解发生系统和终点指示系统两部分，前者的作用是提供一个数值已知的恒电流，产生滴定剂并准确记录电解时间；后者的作用是指示滴定终点以控制电解的结束。

图 11-20 中的恒电流电源，是一种能供应直流电并保证供电电流恒定的装置。最简易的恒电流电源是由几个串联的蓄电池组成。

工作电流的测量通常用电位法。可用电位计测定流经与电解池串联的标准电阻 R 两端的电压降 iR 求得。

时间的测量可用计时器或停表，它的电路控制同电解电路结合在一起，能同时开关，可精确至 10^{-3} s。

库仑池是电解产生滴定剂和进行滴定反应的装置。一般由两对电极组成。一对是发生电极对，其中一个为工作电极，是电解产生滴定剂的电极，另一个为辅助电极。为了防止辅助电极产物与滴定剂发生干扰反应，常用多孔套膜将辅助电极与电解液隔开。在用电位法或电流法指示滴定终点时，池内还安有一指示电极对。

3. 指示终点的方法

在库仑滴定中像普通的容量滴定一样，需要确定化学计量点。凡是能指示一般滴定终点的方法均可使用，常用的有指示剂法、电位法和双指示电极电流法。

（1）指示剂法　以 S^{2-} 测定为例。加辅助电解质 KBr，用甲基橙作指示剂。电极反应为

阳极　　　　　　　　　　$2Br^- - 2e^- \longrightarrow Br_2$（滴定剂）

阴极　　　　　　　　　　$2H_2O + 2e^- \longrightarrow H_2 + \boxed{2OH^-}$ 用半透膜隔开

滴定反应　　　　　　　　$S^{2-} + Br_2 \longrightarrow S\downarrow + 2Br^-$

计量点后，过量的 Br_2 使甲基橙褪色，指示滴定到达终点。

（2）电位法　利用库仑滴定法测定溶液中酸的浓度时，用 pH 玻璃电极及甘汞电极组成的指示电极对指示终点。以 Na_2SO_4 作电解质为例，用铂阴极为工作电极，银阳极为辅助电极，其电极反应为

工作电极　　　　　　　　$2H_2O + 2e^- \longrightarrow H_2 + 2OH^-$

辅助电极　　　　　　　　$H_2O - 2e^- \longrightarrow \frac{1}{2}O_2 + \boxed{2H^+}$

由工作电极上产生的 OH^- 滴定溶液中的酸。银阳极上产生的 H^+ 干扰测定，应采用半透膜套与电解液隔开。用 pH 计上 pH 的突跃指示滴定终点。

（3）双指示电极电流法　双指示电极电流法的装置如图 11-20 中的终点指示系统部分所示。在库仑池

内，插入一对同样大小的铂电极作为指示电极，两电极间施加一小的外加电压（10～200mV），并在线路中串联一灵敏的检流计 A，从指示电流的变化率大小来确定终点。

例如，测定 AsO_3^{3-}，在 $0.1mol·L^{-1}Na_2SO_4$ 介质中，以 $0.2mol·L^{-1}KI$ 为辅助电解质，电解产生的 I_2 对 AsO_3^{3-} 进行库仑滴定。工作电极上的反应为

阴极 $\qquad\qquad 2H_2O+2e^- \longrightarrow H_2+2OH^-$

阳极 $\qquad\qquad 2I^- \rightleftharpoons I_2+2e^-$

电解产生的 I_2 立即与溶液中的 AsO_3^{3-} 进行反应

$$I_2 + AsO_3^{3-} + OH^- \longrightarrow 2I^- + AsO_4^{3-} + H^+$$

计量点前，溶液中只有 I^- 而没有 I_2，即只有可逆电对的一种状态，指示电极上无反应发生，无电流通过检流计 A。不可逆电对 As(Ⅲ)/As(Ⅴ) 的电极反应速度很慢，不会在指示电极上起作用。当 As(Ⅲ) 作用完毕后，溶液中出现剩余的 I_2，与同时存在的 I^- 组成可逆电对，两个指示电极上立即发生下列反应

指示阴极 $\qquad\qquad I_2+2e^- \longrightarrow 2I^-$

指示阳极 $\qquad\qquad 2I^- \longrightarrow I_2+2e^-$

此时指示电极上的电流迅速增加，故指示系统中检流计 A 的指针一开始偏转即表示到达滴定终点，根据氧化 AsO_3^{3-} 消耗的电量可计算出试液中砷的含量。

4. 库仑滴定法的应用及特点

凡与电解时所产生的试剂能迅速反应的物质，都可用库仑滴定测定，故能用容量分析的各类滴定，如酸碱滴定、氧化还原滴定、沉淀滴定、配位滴定等测定的物质都可应用库仑滴定测定。库仑滴定法应用实例见表 11-6。

表 11-6 库仑滴定应用实例

被测物质	电解产生的滴定剂	工作电极反应	工作电极的极性
碱类	H^+	$H_2O \rightleftharpoons 2H^+ + \frac{1}{2}O_2 + 2e$	阳
酸类	OH^-	$2H_2O+2e \rightleftharpoons 2OH^- + H_2$	阴
Cl^-、Br^-、I^-、CNS^-、硫醇等	Ag^+	$Ag \rightleftharpoons Ag^+ + e$	阳
Cl^-、Br^-、I^-、S^{2-} 等	Hg_2^{2+}	$2Hg \rightleftharpoons Hg_2^{2+} + 2e$	阳
Ca^{2+}、Cu^{2+}、Zn^{2+} 及 Pb^{2+} 等	HY^{3-}	$[HgNH_3Y]^{2-} + NH_4^+ + 2e \rightleftharpoons Hg + 2NH_3 + HY^{3-}$	阴
As(Ⅲ)、I^-、SO_3^{2-}、Fe^{2+}、不饱和脂肪酸等	Cl_2	$2Cl^- \rightleftharpoons Cl_2 + 2e$	阳
As(Ⅲ)、Sb(Ⅲ)、U(Ⅳ)、Tl^+、Cu^+、I^-、H_2S、CNS^-、N_2H_2、NH_2OH、NH_3、硫代乙醇酸、8-羟基喹啉、苯胺、酚、芥子气、水杨酸等	Br_2	$2Br^- \rightleftharpoons Br_2 + 2e$	阳
As(Ⅲ)、Sb(Ⅲ)、$S_2O_3^{2-}$、S^{2-}、水分（费休测水法）等	I_2	$2I^- \rightleftharpoons I_2 + 2e$	阳
Fe^{2+}、Ti(Ⅲ)、U(Ⅳ)、As(Ⅲ)、I^-、$Fe(CN)_6^{4-}$、氢醌等	Ce^{4+}	$Ce^{3+} \rightleftharpoons Ce^{4+} + e$	阳
Fe^{2+}、As(Ⅲ)、$C_2O_4^{2-}$ 等	Mn^{3+}	$Mn^{2+} \rightleftharpoons Mn^{3+} + e$	阳
MnO_4^-、VO_3^-、CrO_4^{2-}、Br_2、Cl_2、Ce^{4+} 等	Fe^{2+}	$Fe^{3+} + e \rightleftharpoons Fe^{2+}$	阴
Fe^{3+}、V(Ⅴ)、Ce(Ⅳ)、U(Ⅳ)、偶氮染料等	Ti^{3+}	$TiO^{2+} + 2H^+ + e \rightleftharpoons Ti^{3+} + H_2O$	阴
Ce^{4+}、CrO_4^{2-} 等	U^{4+}	$UO_2^{2+} + 4H^+ + 2e \rightleftharpoons U^{4+} + 2H_2O$	阴
V(Ⅴ)、CrO_4^{2-}、IO_3^- 等	$CuCl_3^{2-}$	$Cu^{2+} + 3Cl^- + e \rightleftharpoons CuCl_3^{2-}$	阴
Zn^{2+} 等	$Fe(CN)_6^{4-}$	$Fe(CN)_6^{3-} + e \rightleftharpoons Fe(CN)_6^{4-}$	阴

库仑滴定法用途广泛，这是因为它具有如下特点。

① 不需要基准物质，测定的准确度高。一般相对误差为 0.2%，甚至可以达到 0.01%。因此，它可以用作标准方法或仲裁分析法。

② 灵敏度高。检出限可达 10^{-7} mol·L^{-1}，既能测定常量物质，又能测定痕量物质。

③ 易实现自动化、数字化，并可作遥控分析。

④ 设备简单，容易安装，使用和操作方便。

但是，它的选择性不够好，不能用于复杂组分的分析。

随着工业生产和科学技术的发展，库仑滴定法不断进展。如控制电位电流极限库仑法，提高了选择性；脉冲库仑分析法，使用脉冲电流，既可缩短分析时间又可用数字直接显示结果；自动滴定微库仑计可以自动测定微量的氮、硫及卤素等；同时也出现了电子计算机控制的全自动库仑分析仪。

第五节　伏安与极谱分析法

以测定电解过程中所得到的电流-电压曲线（伏安图）为基础建立起来的电分析化学方法称为伏安法（voltammetry），其中以滴汞电极为工作电极的伏安法称为极谱法（polarography）。

伏安法与极谱法是一种特殊形式的电解方法。它以小面积的工作电极与参比电极组成电解池，电解被分析物质的稀溶液，根据所得的电流-电压曲线来进行分析。两者的差别主要是工作电极的不同，极谱法是以滴汞电极为工作电极，而伏安法是以固态、表面静止或固定电极作为工作电极。近年来，由于各类固态电极不断发展，伏安法已成为电分析化学中应用最广泛的一类分析方法。值得指出的是伏安法是在极谱法的基本理论基础上发展起来的。

一、基本原理

由于极谱法的理论较为系统，故以极谱法为例阐述电解过程中电流-电压曲线的基本理论及特点。极谱法的基本装置如图 11-21 所示。图中滴汞电极的上部为贮汞瓶，下接一塑料管，塑料管的下端接一毛细管，汞自毛细管中一滴滴地有规则地滴落。电解池由滴汞电极和饱和甘汞电极组成，通常滴汞电极为负极，饱和甘汞电极为正极。电解时利用电位器接触片的变动来改变加在电解池两极上的外加电压，用灵敏检流计记录流经电解池的电流。将待测试液加入电解池中，在试液中加入大量的 KCl 作为支持电解质。通入 N_2 或 H_2，以除去溶解于溶液中的氧。然后使汞滴以每滴 3～5s 的速度滴下，记下各个不同电压下相应的电流值，以电压为横坐标、电流为纵坐标绘图，即得电流-电压曲线，也称为极谱波或极谱图。

现以 $CdCl_2$ 溶液为例，说明极谱法的测定原理。将含有 0.5mmol·L^{-1}Cd^{2+} 的 1mol·L^{-1}HCl 溶液置于电解池中，通 N_2 以除去溶液中的 O_2，当电压从 0V 开始逐渐增加时，在未达到 Cd^{2+} 的分解电压以前只有微小的电流通过（图 11-22），此电流称为残余电流。当电压增加到 Cd^{2+} 的分解电压时（在 -0.6～-0.5V 之间），Cd^{2+} 开始在滴汞电极上还原并与汞生成汞齐

$$Cd^{2+}+2e^-+Hg \rightleftharpoons Cd（Hg）$$

阳极上的反应是 Hg 氧化为 Hg_2^{2+}，并和溶液中的 Cl$^-$ 生成氯化亚汞（甘汞）

$$2Hg+2Cl^--2e^- \rightleftharpoons Hg_2Cl_2$$

此时外加电压稍稍增加，电流就迅速增加，滴汞电极表面 Cd^{2+} 的浓度迅速减少，电流大小决定于 Cd^{2+} 自溶液中扩散到滴汞电极表面的速度。这种扩散速度与离子在溶液中的浓度 c 及离子在电极表面的浓度 c^s 之差（$c-c^s$）成正比。在图中电流平台部分 c^s 实际上等于零，电流大小与 c 成正比，不随电压的

增加而增加，这时电流达到最大值，称为极限电流，极限电流与残余电流之差称为极限扩散电流（i_d）。

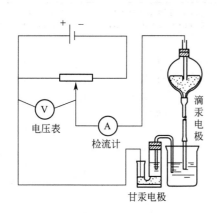

图 11-21 极谱分析基本装置

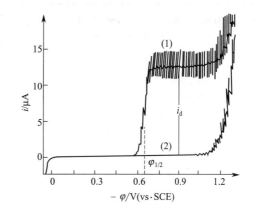

图 11-22 镉离子的极谱图

（1）0.5mmol·L^{-1}Cd^{2+}，1mol·L^{-1}HCl；（2）1mol·L^{-1}HCl

极限扩散电流 i_d 的大小与溶液中被测离子的浓度 c 成正比，即

$$i_d = Kc \tag{11-61}$$

式中的比例常数 K，在滴汞电极上其值为

$$K = 708nD^{1/2}m^{2/3}t^{1/6} \tag{11-62}$$

式中，n 为电极反应中的电子转移数；D 为被测物质在溶液中的扩散系数，cm^2·s^{-1}；m 为汞流出毛细管的质量流速，mg·s^{-1}；t 为汞滴生长时间，s。

故

$$i_d = 708nD^{1/2}m^{2/3}t^{1/6}c \tag{11-63}$$

在极谱分析中，通常使用长周期（4～8s）检流计记录电流。由于检流计有一定的阻尼，所以只能记录下在平均极限扩散电流值附近的较小摆动，使极谱曲线呈锯齿状，摆动的中心点即为平均极限扩散电流 $\bar{i}_d$。平均极限扩散电流易于测量，再现性好，所以在极谱分析中用它来进行定量计算。

平均极限扩散电流为每一滴汞在整个生长过程中所流过的电荷量除以滴汞周期 τ，即

$$\bar{i}_d = \frac{1}{\tau}\int_0^\tau i_d dt \tag{11-64}$$

将式（11-63）代入式（11-64）并积分得

$$\bar{i}_d = 607nD^{1/2}m^{2/3}\tau^{1/6}c \tag{11-65}$$

式（11-65）为极谱扩散电流方程式，亦称为尤考维奇（Ilkovic）方程式，它是极谱定量分析的依据。在极谱和伏安分析中，通常把平均极限扩散电流也称为极限扩散电流或扩散电流。

当电流为极限扩散电流的一半时，滴汞电极的电位称为半波电位，以 $\varphi_{1/2}$ 表示。半波电位取决于被测物的性质而与其浓度无关。不同物质在一定条件下具有不同的 $\varphi_{1/2}$，所以 $\varphi_{1/2}$ 是极谱定性分析的依据。表 11-7 为某些金属离子在不同底液中的半波电位。

表 11-7 某些金属离子在中性、酸性、微酸性、氨性底液中的半波电位　　　　　　　　　　　　　　　　单位：V

金属离子	1mol·L^{-1}KCl	1mol·L^{-1}HCl	1mol·L^{-1} KOH（NaOH）	2mol·L^{-1}CH$_3$COOH+ 2mol·L^{-1}CH$_3$COONH$_4$	1mol·L^{-1}NH$_4$OH+ 1mol·L^{-1}NH$_4$Cl
Al^{3+}	−1.75	—	—	—	—
Fe^{3+}	>0	>0	—	>0	—
Fe^{2+}	−1.30	—	−1.46（−0.9）	—	−1.49（−0.34）
Cr^{3+}	−0.85（−1.47）	−0.99（−1.26）	−0.92	−1.2	−1.43（−1.71）

续表

金属离子	1mol·L^{-1}KCl	1mol·L^{-1}HCl	1mol·L^{-1} KOH（NaOH）	2mol·L^{-1}CH$_3$COOH+ 2mol·L^{-1}CH$_3$COONH$_4$	1mol·L^{-1}NH$_4$OH+ 1mol·L^{-1}NH$_4$Cl
Mn^{2+}	−1.51	—	−1.70	—	−1.66
Co^{2+}	−1.30	—	−1.43	−1.14	−1.29
Ni^{2+}	−1.10	—	—	−1.10	−1.10
Zn^{2+}	−1.00	—	−1.48	−1.10	1.35
In^{3+}	−0.60	−0.60	−1.09	−0.71	—
Cd^{2+}	−0.64	−0.64	−0.76	−0.65	−0.81
Pb^{2+}	−0.44	−0.44	−0.76	−0.50	—
Ti$^+$	−0.48	−0.48	−0.46	−0.47	−0.48
Cu^{2+}	0.04（−0.22）	+0.04（−0.22）	−0.41	−0.07	−0.24（−0.51）
Sn^{2+}	—①	−0.47（−0.1）②	−1.22（−0.73）	−0.62（−0.16）	—
Sb^{3+}	—	−0.15	−1.15（−0.45）	−0.40	—
Bi^{3+}	—	−0.09	−0.6	−0.25	—

① 表示在氢波后或发生水解、沉淀现象；
② 括号内为氧化波。

二、影响扩散电流和半波电位的因素

（一）影响扩散电流的因素

被测物质的浓度是影响扩散电流的主要因素，其他如汞柱高度、溶液组成及温度等也都对扩散电流有影响。

1. 汞柱高度的影响

从尤考维奇方程式可知，i_d 与 $m^{2/3}$、$\tau^{1/6}$ 成正比（这里 τ 代表滴汞周期），因此 m 与 τ 的任何改变都会引起扩散电流 i_d 的相应变化。汞流出毛细管的速度 m 与汞柱压力 p 成正比，即

$$m = kp \tag{11-66}$$

另一方面，滴汞周期 τ 与汞柱压力 p 成反比，即

$$\tau = \frac{k'}{p} \tag{11-67}$$

所以

$$m^{2/3}\tau^{1/6} = (kp)^{2/3}\left(\frac{k'}{p}\right)^{1/6} = k^{2/3}k'^{1/6}(p^{2/3}p^{-1/6})$$

$$= k''p^{1/2} \tag{11-68}$$

因为

$$i_d \propto m^{2/3}\tau^{1/6}$$

所以

$$i_d \propto p^{1/2}$$

也就是说，扩散电流与汞柱压力的平方根成正比。一般作用于每一滴汞上的压力是以贮汞瓶中的汞面与

滴汞电极末端之间的汞柱高度 h 来表示，因为 $i_d \propto p^{1/2}$，所以 $i_d \propto h^{1/2}$。因此，在极谱定量分析过程中，不仅应使用同一支毛细管，而且还应该保持汞柱高度一致。

2. 溶液组成的影响

从尤考维奇方程式可知，扩散电流 i_d 与被测物质在溶液中的扩散系数 D 的 1/2 次方成正比，而扩散系数 D 与溶液的黏度有关。黏度愈大，物质的扩散系数就愈小，因此 i_d 也随之减小。溶液组成不同其黏度也不同，对 i_d 的影响也随之不同。

因此，测定时应在试液中加入一定组成的试剂溶液以保持底液黏度不变。有时为了改善波形，控制溶液的酸度，还需加入一些辅助试剂。这种由各种适当试剂组成的溶液称为底液。

需注意的是在极谱分析中，应保持标准溶液与试样溶液的组成基本一致。

3. 温度的影响

在尤考维奇方程式中，除 n 之外，其余各项都受温度的影响，尤其对 D 的影响更大。因此，在极谱分析过程中需尽可能地使温度保持不变。若将温度变化控制在 ±0.5℃ 的范围内，可以保证扩散电流因温度变化而产生的误差小于 ±1%。

其他实验条件，如离子强度、介电常数等也影响 i_d 的大小。因此，在实验过程中应尽量保持实验条件一致。

（二）影响半波电位的因素

对于一定的电极反应，当支持电解质的种类、浓度及温度一定时，半波电位为一恒定值。其值与被测物质的浓度和所用仪器的性能无关，仅决定于被测物质本身的性质。

理论上说，半波电位可以作为极谱定性分析的依据，但在实际分析工作中用得并不多，但半波电位在设计实验方案、确定实验条件、预测干扰以及消除干扰方面却是非常有用的。影响半波电位的因素主要有以下几种。

1. 支持电解质的种类和浓度

同一种物质在不同的支持电解质溶液中，其半波电位往往有差别，例如，Pb^{2+} 在 $1mol \cdot L^{-1}$ 的盐酸中其 $\varphi_{1/2}$ 为 $-0.44V$，在 $1mol \cdot L^{-1}$ 的 NaOH 中则为 $-0.76V$。当支持电解质的种类相同，浓度不同时，同一物质的半波电位也不同，例如，Pb^{2+} 在 $12mol \cdot L^{-1}$ HCl 中，$\varphi_{1/2}$ 为 $-0.90V$，与在 $1mol \cdot L^{-1}$ HCl 中的 $\varphi_{1/2}$ 相差较大，原因是支持电解质的浓度改变时，溶液的离子强度随之改变，被测离子的活度系数发生变化，从而影响其半波电位。因此，在提到某物质的半波电位时，必须注明底液。

2. 温度

半波电位随温度而变化，一般温度每升高 1K，$\varphi_{1/2}$ 向负方向移动 1mV，可见温度对半波电位的影响不大。但是，在温度变化较大时，应对半波电位进行校正。

3. 形成配合物

在极谱分析中若被测离子与溶液中其他组分配合，生成了配合物，则在 $\varphi_{1/2}$ 中包含了该配合物的稳定常数项，使得 $\varphi_{1/2}$ 向负方向移动，配合物越稳定，则 $\varphi_{1/2}$ 越负。可以利用配合效应将原来重叠的两个波分开。

4. 溶液的酸度

酸度影响许多物质的半波电位。当有 H^+ 参加电极反应时，对半波电位的影响更大。例如，$HBrO_3$ 在 pH 值为 2 的缓冲溶液中还原时，半波电位为 $-0.60V$，而在 pH 值为 4.7 的缓冲溶液中则为 $-1.16V$。因此，控制底液的 pH 值对 $\varphi_{1/2}$ 的测定至关重要。

三、定量分析方法

由 $i_d=Kc$ 可知，只要测得扩散电流就可以确定被测物质的浓度。扩散电流为极限电流与残余电流之差，在极谱图上通常以波高来表示其相对大小，而不必测量其绝对值，于是有

$$h = Kc \tag{11-69}$$

式中，h 为波高；K 为比例常数；c 为待测物浓度。因此，只要测出波高，根据式（11-69）就可以进行定量分析。

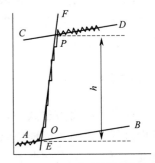

图 11-23　三切线法测量波高

（一）波高的测定方法

极谱图上的波高代表扩散电流的大小，它可以用作图的方法来测量。图 11-23 所示的方法称为三切线法。

在极谱图上，通过残余电流和扩散电流分别作出 AB、CD 及 EF 三条切线，EF 与 AB 相交于 O 点，EF 与 CD 相交于 P 点，通过 O 与 P 作平行于横轴的平行线，此平行线间的垂直距离 h 即为波高。三切线法比较简便，适用于不同的波形，故应用较广。

（二）极谱定量方法

1. 直接比较法

分别测出浓度为 c_S 的标准溶液和浓度为 c_x 的未知液的极谱图，并测量它们的波高 h_S 和 h_x（mm）。由式（11-69）得

$$h_S=Kc_S$$
$$h_x=Kc_x$$

两式相比可得

$$c_x = c_S \frac{h_x}{h_S} \tag{11-70}$$

由式（11-70）可求出未知液的浓度。测定应在相同的条件下进行，即应使两个溶液的底液组成、温度、毛细管、汞柱高度等保持一致。该法简单，但准确度较低，并要求标准溶液与未知溶液的组成相近。

2. 标准曲线法

配制一系列标准溶液，在相同的实验条件下测得一系列标准溶液和未知液的极谱图，分别测量其波高，绘制浓度 - 波高的标准曲线。根据未知液的波高，从标准曲线上求出其浓度。该方法较准确，适用于例行分析。

3. 标准加入法

首先测出浓度为 c_x 体积为 V_x 的未知液的极谱图，测量其波高 h_x；然后加入体积为 V_S、浓度为 c_S 的被测物质的标准溶液，在同样的实验条件下再测出极谱图，测得波高为 H。由式（11-69）可得

$$h_x = K c_x$$

$$H = K' \frac{V_x c_x + V_S c_S}{V_x + V_S}$$

由于加入标准溶液的量一般较小，不会影响试液基体组成，因此 $K \approx K'$，所以上面两式相除，即可得

$$c_x = \frac{c_S V_S h_x}{H(V_x + V_S) - h_x V_x} \tag{11-71}$$

标准加入法的准确度较高，是极谱分析中的常用定量方法。

四、现代极谱分析法

1. 单扫描极谱法

单扫描极谱法（single sweep polarography）是用阴极射线示波器作为电信号的检测工具，又称示波极谱法（oscillopolarography），它是对经典直流极谱法的一种改进。

单扫描极谱法与经典极谱法不同的是，加到电解池两电极的电压扫描速率不同。单扫描极谱法的电压扫描速率为 $250 mV \cdot s^{-1}$，是经典直流极谱法的 50～80 倍。在单扫描极谱法中，汞滴的滴落时间约为 7s，在汞滴生长的最后 2s 内，施加一个扫描电压（锯齿波电压），振幅一般为 0.5V（扫描的起始电压可任意控制），扫描速率为 $250 mV \cdot s^{-1}$，仅在最后 2s 时间内记录电流-电位（i-φ）曲线。为了使汞滴滴下时间与电压扫描周期同步，在滴汞电极上装有敲击装置，在每次扫描结束时，启动敲击器，将汞滴击落。以后新的汞滴又开始生长，到最后 2s 期间，进行一次电压扫描。每进行一次电压扫描，荧光屏上就会绘出一次 i-φ 图。由于电压扫描速率很快，用一般的记录仪很难记录，所以用示波器来记录。

在单扫描极谱法中电压扫描很快，瞬间就达到了被测物质的分解电压，被测物质在电极上迅速还原，产生很大的电流，随着电压继续变负，电极表面附近被测物质的浓度降低，扩散层厚度增加，导致电解电流迅速下降，形成峰形极谱图。图 11-24 为单扫描极谱图，图中峰电流 i_p（或峰高）与被测物的浓度成正比，据此可以进行定量分析；峰电位近似等于半波电位。

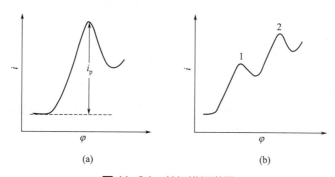

图 11-24 单扫描极谱图
（a）一种物质；（b）1 和 2 两种物质

与经典极谱法相比，单扫描极谱法具有下述特点：①灵敏度高，对可逆波，检测限一般可达 10^{-7} $mol \cdot L^{-1}$，甚至可达 $5 \times 10^{-8} mol \cdot L^{-1}$，比经典极谱法高 2～3 个数量级；②分辨率好，可分辨两个半波电

位相差 35～50mV 的离子，前还原物质的干扰小；③方法简便快速，由于扫描速率快，只需几秒至十几秒就可完成一次测量；④由于氧波为不可逆波，其干扰作用大为降低，因此分析前往往可以不除去溶液中的溶解氧。

2. 交流极谱法

经典极谱法的特点是施加于电解池上的电压是恒定的（或变化极慢），也称之为直流极谱法。另一类方法是研究当电压或电流随时间变化时，电解池上电压、电流与时间的关系，称为交流极谱法（alternating current polarography）。

交流极谱法是在经典极谱直流线性扫描电压上叠加一个小振幅（10～50mV）的低频正弦交流电压，然后测量由此引起的通过电解池的交流电流信号，得到峰形的极谱波。交流极谱波的峰电位与直流极谱波的半波电位 $\varphi_{1/2}$ 相同，峰电流 i_p（或峰高）与被测物质的浓度成正比，据此可进行定量分析。

交流极谱法的特点：①极谱波呈峰形；②分辨率高，可分辨电位相差 40mV 的两个极谱波；③可克服氧波干扰；④不足之处是充电电流较大，限制了最低可检测浓度的进一步降低。

3. 方波极谱法

方波极谱法（square wave polarography）是交流极谱法的一种，根据所加电压为方波电压而得名。在这类极谱法中，在向电解池均匀而缓慢地施加直流电压的同时，再叠加一个频率 225Hz、振幅小于 30mV 的交流方波电压，因此，通过电解池的电流，除直流成分外，还有交流成分。可通过测量不同外加直流电压时交流电流的大小，得交流电流-直流电压曲线，据此可进行定量分析。方波极谱的主要特点是消除或减小了充电电流的影响，其原理如图 11-25 所示。

图 11-25（a）所示为叠加的方波交流电压，当方波电压叠加在缓慢变化的直流电压上时，通过电解池的电流既有直流成分又有交流成分。当两者分开后，进行放大，利用仪器中特殊的时间开关，在每一次加入方波电压后，等待一段时间，直到充电电流减至很小数值时，记录电解电流，从而达到消除充电电流的目的。因为充电电流在方波升起的初期虽然较大，但衰减很快，当它衰减接近于零时，电解电流还有相当大的数值，这时所测得的电流几乎全为电解电流，如图 11-25（c）所示，阴影部分代表消除充电电流之后的电解电流。

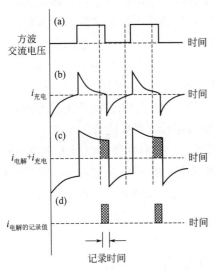

图 11-25 方波极谱法消除充电电流的原理

方波极谱法的特点：①它是在充电电流充分衰减的时刻记录电流，极谱电流中几乎没有充电电流，因此可以通过放大电流来提高灵敏度，检出限可达 $10^{-9}～10^{-8} \text{mol·L}^{-1}$；②分辨率好，抗干扰能力强，可分辨峰电位相差 25mV 的相邻两极谱波，前还原物质的量为后还原物质的量的 10^4 倍时，仍能有效地测定痕量的后还原物质；③对于不可逆反应，如氧波，其干扰很小，常常不需除氧。

4. 脉冲极谱法

脉冲极谱法（pulse polarography）是在方波极谱法的基础上发展起来的。在方波极谱中方波电压是连续的，而脉冲极谱法是在滴汞电极的每一汞滴生长的末期，在直流线性扫描电压上施加一个小振幅的矩形脉冲电压，并在脉冲电压的后期记录电解电流。脉冲极谱图中峰电流大小与被测物质浓度成正比，这是脉冲极谱法进行定量分析的依据。

按施加脉冲电压和记录电解电流方式的不同，脉冲极谱法可分为常规脉冲极谱法（normal pulse polarography）和微分脉冲极谱法（differential pulse polarography），后者也称为示差脉冲极谱法。

常规脉冲极谱法所施加的方波脉冲电压是阶梯式的，其振幅是随时间线性增加的，如图 11-26A 所示。在每一脉冲消失前 20ms（t_3–t_4）进行一次电流测量，得到的极谱波与直流极谱波相似。微分脉冲极谱法是在一个缓慢变化的直流线性扫描电压上叠加一个较小的等振幅的方波脉冲电压，如图 11-26B 所示。它测定的是在脉冲电压加入前 20ms（t_1–t_2）的测量电流和脉冲消失前 20ms（t_3–t_4）的测量电流之差，如图 11-26C 所示。以每滴汞上两次测量电流之差对电压作图即得微分脉冲极谱图。由于采用了两次测量电流的方法，很好地扣除因直流电压扫描引起的背景电流及充电电流。微分脉冲极谱曲线呈对称峰形。

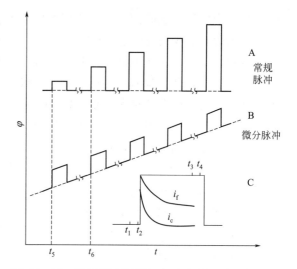

图 11-26　常规脉冲极谱法（A）与微分脉冲极谱法（B）的比较

图中，C 表示在一个脉冲周期内，电解电流（i_f）和充电电流（i_c）随时间的衰减；t_1–t_2 与 t_3–t_4 为电流测量时间；t_5–t_6 为汞滴生长周期

脉冲极谱法的特点：①灵敏度高，对可逆反应，检出限可达 $10^{-9} \sim 10^{-8}$ mol·L^{-1}，最好可达 10^{-11} mol·L^{-1}；②分辨率好，可分辨半波电位或峰电位相差 25mV 的相邻两个极谱波；③抗干扰能力强，前还原物质的量比被测物质高 5×10^4 倍时仍不干扰测定。

五、伏安分析法

1. 线性扫描伏安法

线性扫描伏安法（linear sweep voltammetry）是将一线性变化的电压施加于电解池上，使固体或静态汞工作电极的电位随外加电压快速线性变化，测量不同电极电位时的电解电流。记录的电解电流随电极电位变化的曲线称为线性扫描伏安图。线性扫描伏安法与经典直流极谱法不同的是，加到电解池两电极的电压扫描速率不同，前者的电压扫描速率很快，是后者的 50～80 倍；另一不同点是，线性扫描伏安法使用的是固体电极或静态汞工作电极（常用的工作电极有玻碳电极、铂电极、石墨电极和各种化学修饰电极等）。

线性扫描伏安图是一种峰形曲线。峰形伏安图的形成：当电位较正时，不足以使被测物质在电极上还原，电流没有变化，即电极表面和本体溶液中被测物质的浓度是相同的，无浓差极化。当电位变负，达到被测物质的还原电位时，被测物质在电极上很快地还原，电极表面被测物质浓度迅速下降，电流急速上升。若电位变负的速度很快，被测物质会急剧地还原，其在电极表面附近的浓度迅速降低并趋近于零，此时电流达最大值。电位继续变负，溶液中的被测物质要从更远处向电极表面扩散，扩散层因此变厚，电流随时间的变化而缓慢衰减，于是形成了一种峰形的电流-电位曲线。描述线性扫描伏安图的主要参数有峰电流 i_p 和峰电位 φ_p。在一定条件下，峰电流 i_p 与被测物质浓度成正比，可作为定量分析的依据。对于可逆反应，峰电位与扫描速率无关，亦与被测物质浓度无关，可作为定性分析的指标。

线性扫描伏安法与单扫描极谱法一样，也具有灵敏度高、分辨率好、方法简便快速等特点。

2. 溶出伏安法

溶出伏安法（stripping voltammetry）又称反向溶出极谱法，这种方法是使被测物质在其产生极限电流的电位下电解一定的时间，然后改变电极的电位，使富集在该电极上的物质重新溶出，根据溶出过程中所得到的伏安曲线来进行定量分析。

电解富集时，工作电极作为阴极，溶出时则作为阳极，这样的分析方法称为阳极溶出伏安法，主要用于各种金属离子的检测。相反，工作电极也可作为阳极来电解富集，而作为阴极进行溶出，这样的分析方法称为阴极溶出伏安法，可用于卤素、硫、钨酸根等阴离子的测定。

溶出伏安法包含电解富集和电解溶出两个过程。首先是电解富集过程，它是将工作电极固定在产生极限电流电位上进行电解，使被测物质富集在电极上。为了提高富集效果，可同时使电极旋转或搅拌溶液，以加快被测物质输送到电极表面，富集物质的量则与电极电位、电极面积、电解时间和搅拌速度等因素有关。其次是溶出过程，经过一定时间的富集后，停止搅拌，再逐渐改变工作电极电位，电位变化的方向应使电极反应与上述富集过程电极反应相反。记录所得的电流 - 电位曲线，称为溶出曲线，曲线呈峰形，如图 11-27 所示。溶出曲线峰电流 i_p（或峰高）的大小与被测物质的浓度、电解富集时间、电解时的实验条件（如搅拌速度、悬汞电极的大小、溶出时电位变化速度）等因素有关。在电解富集时间及其他实验条件一定时，溶出曲线的峰电流 i_p（或峰高）与被测物质的浓度成正比，这是溶出伏安法进行定量分析的依据。

例如，在盐酸介质中测定痕量铜、铅、镉时，首先将悬汞电极的电位固定在 $-0.8V$ 电解一定的时间，此时溶液中的一部分 Cu^{2+}、Pb^{2+} 和 Cd^{2+} 在电极上还原，并生成汞齐，富集在电极上。电解完毕后，将电位均匀地从负向正扫描，相当于采用线性扫描伏安法进行溶出，使镉、铅和铜分别溶出，得到如图 11-28 所示的溶出曲线。

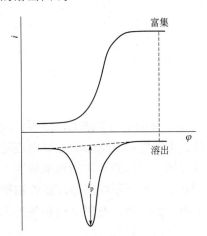

图 11-27　阳极溶出伏安曲线

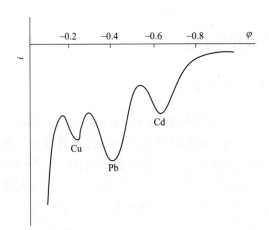

图 11-28　溶出伏安法测定金属离子图

在阳极溶出伏安法中，富集过程为还原过程，溶出过程为氧化过程。

富集过程：阴极　　　　　　　$M^{n+} + ne^- \longrightarrow M(Hg)$

溶出过程：阳极　　　　　　　$M(Hg) - ne^- \longrightarrow M^{n+}$

阴极溶出伏安法常用银电极和汞电极。在阴极溶出伏安法中，富集过程为氧化过程，溶出过程为还原过程。即在正电位下，电极本身氧化溶解生成 Ag^+、Hg^{2+}，它们与溶液中的微量阴离子如 Cl^-、Br^-、I^- 等生成难溶化合物聚附于电极表面，使阴离子得到富集。然后将电极电位向负方向移动，进行负电位扫描溶出，得到阴极溶出伏安曲线。许多生物物质或药物，如嘧啶类衍生物等，能够与 Hg^{2+} 生成难溶化合物，因此能用阴极溶出伏安法进行测定，而且具有很高的灵敏度。

溶出伏安法的最大优点是灵敏度非常高，对某些金属离子及有机化合物的测定，甚至可达 $10^{-15} \sim 10^{-12}$ $mol \cdot L^{-1}$，在超纯物质分析中具有实用价值。此外，溶出伏安法还能进行多组分的同时测定，是当前应用最为广泛的一种电分析化学方法。

3. 吸附溶出伏安法

吸附溶出伏安法（adsorptive stripping voltammetry）类似于上述溶出伏安法，所不同的是富集过程不是通过电解来实现，而是通过被测物质的某种表面吸附作用来完成，即富集过程并不涉及被测物质的电化学反应，被测物质的价态不发生变化。其溶出过程与溶出伏安法相同，即借助电位扫描使电极表面富集的物质氧化或还原溶出，根据溶出曲线的峰电流 i_p（或峰高）与被测物质的浓度成正比进行定量分析。某些生物分子、药物分子或有机化合物，如血红素、多巴胺、尿酸和可卡因等，在汞电极上具有强烈的吸附性，它们从溶液向电极表面吸附并不断地富集在电极上，因电极面积很小，这样电极表面被测物质浓度远远大于本体溶液中的浓度。在溶出过程，使用较大的电位扫描速率（通常大于 $100mV\cdot s^{-1}$），富集的物质会迅速地氧化或还原溶出，故能获得大的溶出电流而提高灵敏度。

对于析出电位很正或很负的一些金属离子，如钙、镁、铝和稀土离子等，伏安法一般难以直接测定，但是它们能跟某些配体形成吸附性很强的配合物而在汞电极上吸附富集。在溶出过程中，通过配体的还原而间接地测定这些离子。例如，以铬黑 T 为配体，可用于钙、镁离子的吸附溶出伏安法测定，这类方法的灵敏度很高，可达 $10^{-9}\sim 10^{-7}mol\cdot L^{-1}$。

4. 循环伏安法

循环伏安法（cyclic voltammetry）的电压扫描方式与单扫描极谱法相似，都是以快速线性扫描的方式施加电压于工作电极，单扫描极谱法施加的是锯齿波电压，而循环伏安法施加的是三角波电压。如图 11-29 所示，当线性扫描由起始电压 φ_i 开始，随时间按一定方向作线性扫描，达到一定电压 φ_m 后，将扫描反向，以相同的扫描速率返回到原来的起始扫描电压 φ_i，呈等腰三角形。经过一次三角波的扫描，电活性物质在电极上完成还原和氧化过程的循环，因此称为循环伏安法。循环伏安法使用的工作电极为表面固定的微电极，如悬汞滴、汞膜、铂或玻璃石墨等静止电极。对于可逆的电化学反应，当电位从正向负方向扫描时，溶液中的氧化态物质 Ox 在电极上还原生成还原态物质 Red；而当电位反向扫描时，在电极表面生成的 Red 则氧化为 Ox。即

正向扫描时 $\qquad Ox+ne^-\longrightarrow Red$

反向扫描时 $\qquad Red\longrightarrow Ox+ne^-$

因此一次三角波扫描，完成一个还原和氧化过程的循环，其电流-电位曲线称为循环伏安曲线或循环伏安图。可逆循环伏安曲线如图 11-30 所示。图的上半部分是还原波，下半部分是氧化波；图中 $(i_p)_c$ 和

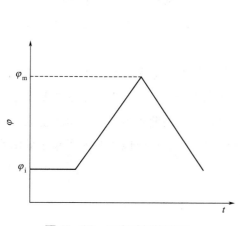

图 11-29 三角波扫描电压

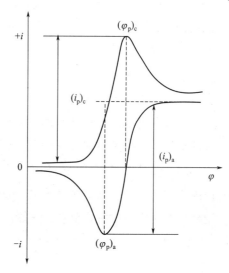

图 11-30 可逆循环伏安曲线

$(\varphi_p)_c$ 分别表示还原峰的峰电流和峰电位，而 $(i_p)_a$ 和 $(\varphi_p)_a$ 分别表示氧化峰的峰电流和峰电位。

对于可逆氧化还原体系，曲线上下基本对称，峰电流及峰电位值具有如下特征。

$$(i_p)_a/(i_p)_c \approx 1 \qquad (i_p)_a \approx (i_p)_c \tag{11-72}$$

$$\Delta\varphi = (\varphi_p)_a - (\varphi_p)_c = \frac{2.22RT}{nF} = \frac{56.5}{n} \text{ (mV)} \tag{11-73}$$

对于不可逆体系，则 $\Delta\varphi > 56.5/n$ (mV)，$(i_p)_a/(i_p)_c < 1$。峰电位相距越远，氧化峰与还原峰峰电流的比值越小，则该电极体系越不可逆。

循环伏安法是一种很有用的电化学研究方法，可用于判断电极过程的可逆性，研究电极反应的性质、机理和电极过程动力学参数等；也可用于定量确定反应物浓度、电极表面吸附物的覆盖度、电极活性面积以及电极反应速率常数、交换电流密度、反应的传递系数等动力学参数。

总结

○ 电分析化学法是将待测试液与适当的电极组成一个化学电池，通过测量电池的某些物理量（如电位差、电流、电导或电量等）或其变化来确定试样的化学组成或浓度。化学电池包括原电池和电解电池。原电池是能自发地将化学能转变为电能的装置，电解电池是需要消耗外电源的电能才能产生电流以促使化学反应进行的装置。

○ 电位分析法，按 IUPAC 建议是通过化学电池的电流为零的一类方法，分为直接电位法和电位滴定法两种。无论是哪一种方法，测量体系都需要两个电极与测量溶液直接接触，其中一支电极为指示电极，响应被测物质活度；另一支电极为参比电极，其电极电位值恒定，不随被测物活度变化而变化。

○ 电位分析法指示电极种类繁多，大致分为两大类：一类为在电极上能发生电子交换，即金属基指示电极；另一类为不发生电子交换，即各种离子选择性电极。在电位分析中，常用的参比电极有甘汞电极、银－氯化银电极，氢电极只是作为校核的标准（一般不常用）。

○ 直接电位法可在显示记录系统直接显示出活度相关值，电位滴定法仅是利用电极电位在化学计量点附近的突变来代替指示剂的颜色变化确定滴定终点，被测物质含量的求得方法与化学滴定法完全相同。

○ 电解分析法是利用外电源将被测溶液进行电解，使待测物质在电极上析出，然后称量析出物的质量，计算出该物质在试样中的含量。库仑分析法是在电解分析法的基础上发展起来的一种分析方法，它不是通过称量电解析出物的质量，而是通过测量被测物质在 100% 电流效率下电解所消耗的电量来进行定量分析的方法，定量依据是 Faraday 定律。

○ 伏安法与极谱法是一种特殊形式的电解方法。它以小面积的工作电极与参比电极组成电解池，电解被分析物质的稀溶液，根据所得到的电流－电位曲线来进行分析。两者的差别主要是工作电极的不同，传统上将滴汞电极作为工作电极的方法称为极谱法，而使用固态、表面静止或固定电极作为工作电极的方法称为伏安法。伏安法的应用相当广泛，凡能在电极上发生还原或氧化反应的无机、有机物质或生物分子，一般都可用伏安法测定。

思考题

1. 化学电池由哪几部分组成？组成化学电池必须具备的3个条件是什么？
2. 根据化学能与电能转换方式，化学电池可分为哪两种类型？
3. 什么是液接电位？简述液接电位产生的原因，如何消除液接电位？
4. 何谓电极的极化？极化通常分为哪两类？
5. 什么是超电位？超电位的大小与哪些因素有关？
6. 参比电极和指示电极有哪些类型？它们的主要作用是什么？
7. 什么是电极电位？单独一个电极的电极电位能否直接测定？怎样才能测定？
8. 直接电位法定量分析的依据是什么？为什么用此法测定溶液pH时，必须使用pH标准缓冲溶液？
9. 以pH玻璃电极为例，简述膜电位的产生机理。
10. 离子选择性电极有哪些类型？举例说明各类电极的基本结构和主要特点。
11. 如何估计离子选择性电极的选择性？离子选择性电极有哪些性能指标？
12. 测定离子浓度的定量分析方法有哪些？哪些因素影响测定的准确度？
13. 电位滴定法的基本原理是什么？如何确定滴定的终点？
14. 电解质溶液导电和金属导电有什么不同？
15. 电导滴定法和电位滴定法有什么异同？
16. 在电解分析时，为什么要选用较大面积的工作电极？
17. 为什么说电流效率是库仑分析法的关键？
18. 何谓扩散电流？何谓半波电位？其意义如何？
19. 影响扩散电流的因素有哪些？如何保证扩散电流与被测物质浓度成正比？
20. 影响半波电位的因素有哪些？
21. 极谱法用于定量分析的依据是什么？有哪些定量方法？如何进行？
22. 方波极谱法是如何消除或减小了充电电流的影响？
23. 简述常规脉冲极谱法与微分脉冲极谱法的不同之处。
24. 溶出伏安法为什么能提高测定的灵敏度？
25. 循环伏安法判别电极反应可逆性的依据是什么？

课后练习

1. 原电池与电解池的根本区别是：（1）原电池是将化学能自发地转换成电能的装置；（2）原电池是将电能转换成化学能的装置；（3）原电池的两支电极必须插入同一电解质溶液中；（4）原电池的两支电极必须分别插入不同的电解质溶液中
2. 超电位的大小与下述哪些因素有关：（1）通过电极的电流密度；（2）测试体系的温度；（3）环境的湿度；（4）电极的化学成分
3. 指出下述哪些电极属于指示电极：（1）氢电极；（2）汞电极；（3）pH玻璃电极；（4）荷电流动载体膜电极
4. 根据膜材料性质的不同，基本离子选择性电极可分为：（1）气敏电极；（2）晶体膜电极；（3）非晶体膜电极；（4）酶底物电极
5. 下述哪些说法是正确的：（1）K_{ij}是表示电极选择性好坏的指标；（2）K_{ij}可以估计待测离子的检测下限；（3）K_{ij}可以确定测定的线性范围；（4）K_{ij}可以估计干扰离子对待测离子测定造成误差的大小

6. 下述哪一种电分析化学方法，必须保证电解时的电流效率为100%：（1）电解分析法；（2）极谱分析法；（3）库仑分析法；（4）伏安分析法

7. 在库仑滴定分析中，下述哪些方法可用来确定滴定的终点：（1）指示剂法；（2）电导法；（3）二阶微商法；（4）双指示电极电流法

8. 影响极谱分析半波电位的因素有：（1）待测物浓度；（2）支持电解质的种类与浓度；（3）溶液的酸度；（4）所用仪器的性能

9. 在极谱与伏安分析中，灵敏度最高的分析方法是：（1）方波极谱法；（2）脉冲极谱法；（3）阳极溶出伏安法；（4）单扫描极谱法

10. 下述哪些方法可用于电极过程反应机理的研究：（1）恒电位库仑分析法；（2）方波极谱法；（3）溶出伏安法；（4）循环伏安法

计算题

1. 当下列电池中的溶液是 pH=4.00 的缓冲溶液时，在 25℃测得电池的电动势为 0.209V。

$$\text{玻璃电极} | H^+ (a=x) \| SCE$$

当缓冲溶液由未知溶液代替时，测得电池电动势为：（a）0.312V；（b）0.088V；（c）–0.017V。试计算每种溶液的 pH 值。

2. 25℃时，下列电池的电动势为 0.518V（忽略液接电位）：

$$Pt | H_2 (101325Pa), HA (0.01\,mol \cdot L^{-1}), A^- (0.01\,mol \cdot L^{-1}) \| SCE$$

试计算弱酸的 K_a 值。

3. 下列电池

$$Ag | Ag_2CrO_4, CrO_4^{2-} (x\,mol \cdot L^{-1}) \| SCE$$

测得 E=–0.285V，计算 CrO_4^{2-} 的浓度。

4. 设溶液中 pBr=3，pCl=1，如用溴电极测定 Br^- 活度，将产生多大误差？已知电极的 $K_{Br^-,Cl^-}=6 \times 10^{-3}$。

5. 下表是用 $0.1000\,mol \cdot L^{-1}$ NaOH 溶液滴定某弱酸试液 [10mL 弱酸 +10mL（$1\,mol \cdot L^{-1}$）$NaNO_3$+80mL 水] 的数据：

NaOH 滴入量 (V)/mL	pH	NaOH 滴入量 (V)/mL	pH	NaOH 滴入量 (V)/mL	pH	NaOH 滴入量 (V)/mL	pH
0.00	2.90	5.00	3.80	8.60	5.61	9.60	10.15
1.00	3.01	6.00	4.03	8.80	6.20	9.80	10.41
2.00	3.15	7.00	4.34	9.00	6.80	10.00	10.71
3.00	3.34	8.00	4.81	9.20	9.10		
4.00	3.57	8.40	5.25	9.40	9.80		

（1）绘制 pH-V 滴定曲线及（ΔpH/ΔV）-V 曲线，并求出化学计量点时耗用的 NaOH 体积；

（2）计算弱酸的浓度；

（3）化学计量点的 pH 值应是多少？

6. 当用电导电桥测量 1%～18%HCl 时，采用的电导池常数为 $20.0\,cm^{-1}$，相应的电导率范围为 $0.0630 \sim 0.750\,S \cdot cm^{-1}$，此时所对应的电阻值范围应是多少？

7. 用 $1.00\,mol \cdot L^{-1}$ HCl 滴定 100mL 很稀的 NaOH 溶液，在所示的滴定管读数时测得的电阻读数如下：0.00mL，3175Ω；1.00mL，3850Ω；2.00mL，4900Ω；3.00mL，6500Ω；4.00mL，5080Ω；5.00mL，3495Ω；6.00mL，2733Ω。试求溶液中 NaOH 的浓度。

8. 对于电池

$$Cd|CdCl_2(0.0167\,mol\cdot L^{-1})\parallel AgCl,Ag$$

（1）计算原电池的电动势；
（2）将此电池改为电解池时，若通过 28.3mA 的电流，外加电压应为多大（电池的电阻是 6.42Ω）？

9. 通过下述反应卤离子可沉积在银电极上

$$Ag(固)+X^-=\!\!=\!\!=AgX(固)+e$$

（1）若 Br^- 和 I^- 最初的浓度都是 $0.0500\,mol\cdot L^{-1}$，定义某一离子定量除去的标准是低于 $1.00\times10^{-6}\,mol\cdot L^{-1}$。问是否能通过控制银阳极电位将 Br^- 和 I^- 定量分离？
（2）若 Cl^- 和 I^- 的最初浓度都是 $0.0400\,mol\cdot L^{-1}$，可否能定量分离？
（3）若在（1）或（2）问题中能定量分离，应控制电极电位（相对于饱和甘汞电极）于什么范围内？

10. 当汞阴极的电位在 $-1.0V$（相对于 SCE）时，四氯化碳可形成氯仿，反应方程式如下

$$2CCl_4+2H^++2e+2Hg=\!\!=\!\!=2CHCl_3+Hg_2Cl_2$$

用甲醇溶解 0.1037g 样品，在 $-1.0V$ 恒定电位下电解，直至电流为零，此时串联的库仑计指示电量为 22.87C，计算样品中 CCl_4 的百分含量。

11. 在一氨性溶液中，用 0.0294A 恒定的阳极电流产生 Ag^+，用此液滴定 7.58g 食盐样品中的碘化物，需 59.9s，求样品中 KI 的含量。

12. 可用电解法产生的 Br_2 来滴定苯胺，产生的 Br_2 是过量的，其过量的 Br_2 再以电解法产生的 Cu^+ 进行滴定。取一份含苯胺的样品，加入适量的 KBr 和 $CuSO_4$，电流恒定为 1.00mA 进行电解，产生 Br_2 需 3.46min，产生 Cu^+ 时需 0.41min，求原样品中含有苯胺的量（以 μg 计）。

13. 某一还原性物质在滴汞电极上进行二电子还原。此物质的浓度为 $4.00\,mmol\cdot L^{-1}$，其扩散系数为 $8.00\times10^{-6}\,cm^2\cdot s^{-1}$，滴汞时间为 4.00s，汞流速为 $1.50\,mg\cdot s^{-1}$，求平均扩散电流是多少？

14. 下列数据是用 Cd^{2+} 在含 $0.1\,mol\cdot L^{-1}$ KCl 和 0.005% 明胶的支持电解质中 25℃测得的，电位为 $-1.00V$（相对于 SCE），检流计灵敏度为 $0.0055\,\mu A\cdot mm^{-1}$，电流倍增器旋钮设定值为 50，滴汞时间为 2.47s，汞流速为 $3.30\,mg\cdot s^{-1}$。

$c/mmol\cdot L^{-1}$	0.00	0.20	0.50	1.00	1.50	2.00	2.50
$\bar{i}_d/mm$	4.5	11.0	21.0	37.5	54.0	70.0	80.5

某一未知溶液用与上述相同的方法进行测定，在对残余电流作校正后测得的平均扩散电流为 39.5mm，试分别用下述三种方法确定未知溶液中 Cd^{2+} 的浓度。

（1）用工作曲线法求 Cd^{2+} 浓度；
（2）取 25.0mL 上述未知溶液，移入极谱池中，加入 5.00mL 的 $0.0120\,mol\cdot L^{-1}$ Cd^{2+} 标准溶液，测得平均扩散电流为 99.0mm，用标准加入法求 Cd^{2+} 浓度；
（3）利用制作标准曲线时某一已测定的数据，用直接比较法求 Cd^{2+} 浓度。

第十二章　色谱分析法

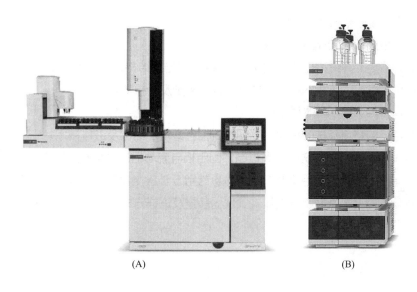

(A)　　　　　　　(B)

图（A）为气相色谱仪，是以气体作流动相而设计的色谱仪，约有 20% 的有机物可用气相色谱测定；图（B）为高效液相色谱仪，是以液体作流动相的色谱仪，分析对象广泛，特别是高沸点、热不稳定性有机物、天然产物及生化试样的分析其他方法无可取代。气相色谱仪和高效液相色谱仪由于具有高效能、高灵敏度、高选择性和分离分析快速等特点，因而被广泛用于石油化工、环境科学、生命科学及材料科学等诸多领域，已成为各实验室必备的分析仪器。（图片来源：© Agilent Technologies, Inc. Reproduced with Permission, Courtesy of Agilent Technologies, Inc.）

> **为什么要学习色谱分析？**
>
> 　　色谱分析是仪器分析的一个重要分支，是分离分析多组分混合物的一种极有效的物理及物理化学分析方法。它是利用混合物中各组分在两相间分配系数的差异进行分离，分离后的各组分经检测器检测，由记录仪显示检测结果。通过本章的学习，可以掌握色谱分析法的基本原理、定性及定量分析方法；熟悉气相色谱仪和高效液相色谱仪的仪器结构、工作原理及操作条件的选择；掌握色谱固定相与流动相的选择原则及选择方法；并能根据实际样品的分析要求，结合学到的色谱知识，选择出最适宜的色谱分析方法及色谱分析条件。

> **学习目标**
>
> ○ 了解色谱分析法的特点及分类方法。
> ○ 掌握色谱法的基本理论。
> ○ 掌握色谱的定性及定量分析方法。
> ○ 熟悉气相色谱仪各组成部分的作用及要求。
> ○ 了解气相色谱检测器的性能指标，并熟悉常用 4 种检测器的结构及工作原理。
> ○ 掌握气固和气液色谱常用固定相的种类、性能、选择原则及分析对象。
> ○ 熟悉气相色谱操作条件选择的基本原则。
> ○ 了解毛细管气相色谱的特点及柱的种类，毛细管气相色谱仪的结构及进样技术。
> ○ 掌握 5 种主要类型高效液相色谱法的分离机制，固定相与流动相的种类及选择方法。
> ○ 熟悉高效液相色谱仪各系统的作用及要求，并熟悉常用 5 种检测器的结构及工作原理。
> ○ 了解高效毛细管电泳的基本原理、分离模式、仪器装置及进样方式。
> ○ 熟悉色谱－质谱联用技术及应用。

第一节　概述

　　色谱法（chromatography）是用以分离、分析多组分混合物的一种极有效的物理及物理化学分析方法。它利用混合物中各组分在两相间分配系数的差异，当两相作相对移动时，各组分在两相间进行多次分配，从而获得分离。目前色谱法已在石油化工、医药卫生、环境科学、能源科学、生命科学及材料科学等诸多领域获得广泛应用。

一、色谱法的进展

　　色谱法是俄国植物学家茨维特（M.S.Tswett）于 1906 年首先提出来的。他把植物色素的石油醚萃取液作为试样，加入一根预先填充好碳酸钙粉末的玻璃管中，并不断地用纯净石油醚淋洗，经过一段时间后，植物色素的各组分在柱内得到分离而形成不同颜色的谱带。Tswett 把这种分离方法叫做色谱法。虽然后来色谱法更多的是用于无色物质的分离和测定，但由于习惯，现仍沿用色谱这个名称。

　　随着技术的进步及石油化学工业的迅猛发展，各种色谱技术，如气相色谱、液相色谱、薄层色谱、体积排阻色谱、智能色谱、超临界流体色谱及各种联用技术得到了深入的研究及广泛应用,并获得迅速发展。以下对色谱进展作一简要介绍。

1. 色谱理论

色谱法的提出是从 Tswett 提出的经典色谱开始,但其理论发展是从气相色谱开始,并且在不断发展完善。色谱理论的本质是研究色谱热力学、色谱动力学以及将热力学与动力学有机结合来寻求色谱分离的最佳化途径。色谱热力学研究色谱峰间的距离,而色谱动力学研究的是色谱峰宽窄的问题。要达到多组分复杂混合物的理想分离,就必须从热力学及动力学两方面考虑,找出最佳分离条件,也就是达到优化的目的,这样就形成了较完善的色谱理论。

2. 微柱

由于人们对色谱理论的深入研究,高效填料的制造越来越受到重视,作为高效液相色谱填料的硅胶,国外很多厂家都在积极研制开发,并制造出超纯、颗粒均匀的高效硅胶,为高效微柱的发展奠定了基础。现在作为色谱的微柱长只有 3～5cm,内径仅 0.5～1.0mm,这样短而细的色谱柱必须使用高效填料。使用微柱的好处是节省流动相,减少污染,同时可快速分析。

3. 集束式毛细管柱

尽管毛细管柱柱效高,分离能力好,但是承载样品量非常少,有时还必须采用分流技术,以免柱子过载。为了克服单根毛细管柱的这种缺点,现在发展了集束式毛细管柱,它是由几十根甚至上百根毛细管组成的一根柱子,它既能体现出毛细管柱的高效性,又能体现出类似填充柱承载样品负载大的优点。

4. 超临界流体色谱

超临界流体色谱采用在临界温度和临界压力以上单一相态的流体作为流动相,这种流体既具有气体那样的低黏度和高扩散系数,又具有强的溶解样品的能力,且又参与溶质的分配作用。因此,超临界流体色谱同时具备气相色谱和液相色谱的优点。

5. 联用技术

气相色谱与质谱(GC-MS)、液相色谱与质谱(LC-MS)、气相色谱与红外(GC-FTIR)、液相色谱与质谱与红外(LC-MS-FTIR)等联用技术的应用,为复杂混合物的分离定性提供了简单、快捷、可靠的信息。

6. 智能色谱

由于大规模集成电路与计算机技术的发展,人们已把计算机技术应用到色谱仪上,使得色谱仪既具有专家的思想,又具有解决特定领域中实际问题的能力,故称之为色谱专家系统。人们在遇到问题时,可以直接应用色谱专家系统来找出解决问题的方法。智能色谱是人类智慧与先进技术的结晶。

二、色谱法的分类

色谱在其发展过程中不断完善,其分类方法也很多,而且各类方法还在不断扩展。现将色谱主要分类方法简述如下。

（1）按两相状态分类　以流动相状态分类，用气体作为流动相的色谱法称为气相色谱法，用液体作为流动相的色谱法称为液相色谱法，以超临界流体作为流动相的色谱法称为超临界流体色谱法。按固定相状态的不同，气相色谱又可分为气-固色谱法和气-液色谱法；液相色谱亦可分为液-固色谱法和液-液色谱法。

（2）按组分在两相间的分离机理分类　利用组分在流动相和固定相之间的分离原理不同可将色谱法分为吸附色谱法、分配色谱法、离子交换色谱法、体积排阻色谱法（又称凝胶渗透色谱法）、电色谱法和离子对色谱法等。

（3）按固定相形状分类　根据固定相在色谱分离系统中存在的形状，可分为柱色谱法、薄层色谱法、纸色谱法等。

（4）按仪器分类　气相色谱有填充柱气相色谱、毛细管气相色谱、裂解气相色谱和顶空气相色谱；液相色谱有高效液相色谱、高效毛细管电泳和毛细管电色谱等。

三、色谱法的特点

1. 高效能

由于色谱柱具有很高的塔板数，填充柱约为千块/m，毛细管柱可高达 $10^5 \sim 10^6$ 块/m，因此在分离多组分复杂混合物时，可以高效地将各个组分分离成单一色谱峰。例如，一根长 30m、内径 0.32mm 的 SE-30 柱，可以把炼油厂原油分离出 150～180 个组分。

2. 高灵敏度

色谱分析的高灵敏度表现在可检出 $10^{-14} \sim 10^{-11}$ g 的物质，因此在痕量分析中非常有用。例如，超纯气体中痕量杂质的检测，饮用水中痕量有机氯化物的检测，大气中污染物的检测，粮食、蔬菜、水果中农药残留物的检测等。

3. 高选择性

色谱法对那些性质相似的物质，如同位素、同系物、烃类异构体等有很好的分离效果。例如，一个 2m 长装有有机皂土及邻苯二甲酸二壬酯的混合固定相柱，可以很好地分离邻位、间位、对位二甲苯。

4. 分析速度快

色谱法，特别是气相色谱法分析速度是较快的。一般分析一个试样只需几分钟或几十分钟便可完成。

第二节　色谱法基本理论

一、色谱图及有关术语

1. 色谱流出曲线——色谱图

当组分进样后，经过色谱柱到达检测器所产生的响应信号随时间变化的曲线，称为色谱流出曲线，也叫色谱图，如图 12-1 所示。曲线上突起的部分就是色谱峰。

色谱流出曲线是色谱基本参数的基础，而色谱基本参数又是观察色谱行为和研究色谱理论的重要尺度，从谱图上可以获得以下信息。

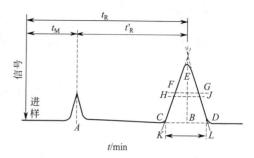

图 12-1 色谱流出曲线示意图

① 在一定的色谱条件下，可看到组分分离情况及组分的多少。

② 每个色谱峰的位置可由每个峰流出曲线最高点所对应的时间表示，以此作为定性分析的依据，不同的组分，峰的位置也不同。

③ 每一组分的含量与这一组分相对应的峰高或峰面积有关，峰高或峰面积可以作为定量分析的依据。

④ 通常在色谱分析中，进样量很少，因此得到的色谱峰多为对称的，呈正态分布的曲线。可以通过观察峰的分离情况及扩展情况，判断柱效好坏，色谱峰越窄，柱效越高，色谱峰越宽，柱效越低。

⑤ 色谱柱中仅有纯流动相通过检测器时的流出曲线称为基线，稳定的基线应该是一条水平直线。可以通过观察基线的稳定情况来判断仪器是否正常。

2. 色谱曲线常用术语

（1）色谱峰　组分随流动相通过色谱柱和检测器时，响应信号随时间的变化曲线。

（2）峰底　峰的起点与终点之间的连接直线，即图 12-1 中的 CD。

（3）峰高（h）　从峰最大值到峰底的距离，即图 12-1 中的 BE。

（4）峰底宽度（W）　峰两侧拐点处所作切线与峰底相交两点之间的距离，即图 12-1 中的 KL。

（5）半峰宽（$W_{1/2}$）　峰高一半处的峰宽，即图 12-1 中的 HJ。

（6）标准偏差（σ）　0.607 倍峰高处所对应的峰宽的一半，即图 12-1 中的 $\frac{1}{2}FG$。

二、色谱基本参数

1. 保留值

保留值是试样中各组分在色谱柱中保留行为的度量，可用组分在色谱柱中滞留时间或将组分带出色谱柱所需流动相的体积来表示。保留值反映了组分与色谱固定相作用力的类型和大小，是重要的色谱热力学参数和色谱定性依据。

（1）死时间（t_M）　不被固定相保留的组分从进样开始到柱后出现浓度极大值所需要的时间，单位为 min，即图 12-1 中 t_M。

（2）保留时间（t_R）　待测组分从进样开始到柱后出现浓度极大值所需要的时间，即图 12-1 中 t_R。

（3）调整保留时间（t'_R）　指扣除死时间后的保留时间，即图 12-1 中 t'_R。

$$t'_R = t_R - t_M \tag{12-1}$$

（4）死体积（V_M）　不被固定相保留的组分从进样开始到柱后出现浓度极大值时通过的流动相体积。相当于分离系统中除固定相外，流动相所占的体积，也可以说是色谱柱中所有空隙的总体积。

$$V_M = t_M F_c \tag{12-2}$$

式中，F_c 为流动相流速，mL·min^{-1}。

（5）保留体积（V_R）　待测组分从进样开始到柱后出现浓度极大值时所通过的流动相体积，单位为 mL。

$$V_R = t_R F_c \tag{12-3}$$

（6）调整保留体积（V_R'） 减去死体积的保留体积。

$$V_R' = V_R - V_M \tag{12-4}$$

（7）相对保留值（γ_{21}） 在同一色谱柱中，某组分 2 的调整保留值与组分 1 的调整保留值之比。

$$\gamma_{21} = \frac{t_{R_2}'}{t_{R_1}'} = \frac{V_{R_2}'}{V_{R_1}'} \tag{12-5}$$

在多组分混合物分析中，通常选择一对最难分离的物质对，将它们的相对保留值作为重要参数。在这种情况下，可用符号 α 表示，称为选择因子。

$$\alpha = \frac{t_{R_2}'}{t_{R_1}'} \tag{12-6}$$

式中，t_{R_2}' 为后出峰组分的调整保留时间，所以 α 总是大于 1 的。

2. 相比

色谱柱中流动相与固定相体积之比，称为相比，用 β 表示。

$$\beta = \frac{V_m}{V_s} \tag{12-7}$$

式中，V_m 为色谱柱中流动相体积；V_s 为色谱柱中固定相体积。

3. 分配系数

在一定温度下，当组分分配达到平衡时，组分在固定相与流动相中的浓度之比，称为分配系数，用 K 表示。

$$K = \frac{c_s}{c_m} \tag{12-8}$$

式中，c_s 为在平衡状态时，组分在固定相中的浓度；c_m 为在平衡状态时，组分在流动相中的浓度。

分配系数 K 由组分和固定相的热力学性质决定，它是每一个组分的特征值。不同组分分配系数的差异，是实现色谱分离的先决条件，分配系数相差越大，越容易实现分离。

4. 容量因子

也称分配比，是达到平衡状态时，组分在固定相与流动相中的质量之比，用 k 表示。

$$k = \frac{m_s}{m_m} = \frac{c_s}{c_m} \frac{V_s}{V_m} = K \frac{1}{\beta} = \frac{t_R'}{t_M} \tag{12-9}$$

容量因子 k 是衡量色谱柱对被分离组分保留能力的重要参数，k 值越大，说明组分在固定相中的量越多，相当于柱的容量大。

5. 色谱保留值和容量因子的关系

色谱保留值表示组分和固定相相互作用的能力，宏观上表现出峰时间的长短，以及耗用流动相体积的大小。组分保留时间或保留体积均能说明组分与固定相作用的强弱，这主要由组分在两相分配、分离过程中的热力学因素所决定。

根据保留时间的定义式，可以获得一系列推导公式。

$$t_R = t'_R + t_M = t_M\left(1 + \frac{t'_R}{t_M}\right)$$
$$= t_M(1+k)$$
$$V_R = V_M(1+k) \tag{12-10}$$

容量因子 k 值越大，组分保留值越大；当 $k=0$ 时，则表示该组分在柱中不被保留，即和固定相不发生作用，此时该组分的保留时间就是 t_M。当正常组分通过色谱柱时，可由 $k=\dfrac{t'_R}{t_M}$ 关系式较容易地求出任一组分的 k 值。

概念检查 12.1

○ 什么是容量因子（k）、分配系数（K）和相比（β）？简述三者的关系。

三、塔板理论

1941 年詹姆斯（James）和马丁（Martin）提出塔板理论，并用数学模型描述了色谱分离过程。他们把色谱柱比作一个精馏塔，借用精馏塔中塔板的概念、理论来处理色谱过程，并用理论塔板数作为衡量柱效率的指标。

塔板理论把组分在流动相和固定相间的分配行为看作在精馏塔中的分离过程，柱中有若干块想象的塔板，一个塔板的长度称为理论塔板高度。在每一小块塔板内，一部分空间被固定相占据，另一部分空间充满流动相。当组分随流动相进入色谱柱后，在每一块塔板内很快地在两相间达到一次分配平衡，经过若干个假想塔板的多次分配平衡后，分配系数小的组分先离开色谱柱，分配系数大的组分后离开色谱柱，从而达到彼此分离。虽然色谱柱中并没有实际的塔板，但这种半经验的理论处理基本上能与稳定体系的实验结果相一致。

在色谱法中，一般色谱柱的塔板数很大，约为 $10^3 \sim 10^6$，此时的流出曲线趋近于正态分布曲线，流出液的浓度 c 与流动相体积 V 的关系可用正态方程来描述。即

$$c = \frac{\sqrt{n}m}{\sqrt{2\pi}V_R}e^{-\frac{n}{2}\left(1-\frac{V}{V_R}\right)^2} \tag{12-11}$$

式中，c 为流动相体积为 V 时的组分浓度；m 为组分质量；V_R 为组分的保留体积；n 为理论塔板数。

（1）当 $V=V_R$ 时，c 值最大，即

$$c_{max} = \frac{\sqrt{n}m}{\sqrt{2\pi}V_R} \tag{12-12}$$

（2）当 $V_R - V = \dfrac{1}{2}W_{\frac{1}{2}}$ 时，式（12-11）可写成

$$c = c_{max}e^{-\frac{n}{2}\left(\frac{\frac{1}{2}W_{\frac{1}{2}}}{V_R}\right)^2}$$

$$\frac{c_{\max}}{c} = e^{\frac{n}{2}\left(\frac{\frac{1}{2}W_{\frac{1}{2}}}{V_R}\right)^2} = 2$$

$$\ln 2 = \frac{n}{2}\left[\frac{\frac{1}{2}W_{\frac{1}{2}}}{V_R}\right]^2$$

$$n = 2\ln 2\left[\frac{V_R}{\frac{1}{2}W_{\frac{1}{2}}}\right]^2 = 8\ln 2\left(\frac{V_R}{W_{\frac{1}{2}}}\right)^2 \tag{12-13}$$

由式（12-13）可得 n 与保留时间 t_R、半峰宽 $W_{\frac{1}{2}}$ 以及峰底宽 W 的关系为

$$n = 5.54\left(\frac{t_R}{W_{\frac{1}{2}}}\right)^2 = 16\left(\frac{t_R}{W}\right)^2 \tag{12-14}$$

从而可求得理论塔板高，即

$$H = \frac{L}{n} \tag{12-15}$$

式中，L 为色谱柱的长度；H 为理论塔板高。

由式（12-14）和式（12-15）可见，色谱峰越窄，理论塔板数 n 越大，理论塔板高度 H 就越小，则柱效能就越高，分离能力就越强。

在实际应用中，经常出现计算出来的 n 值尽管很大，H 很小，但色谱柱的分离能力却不高的现象。这是由于采用 t_R 计算时，并未扣除死时间 t_M，而死时间并不参与柱内的分配。因而提出了用扣除死时间后的有效理论塔板数 n_{eff} 和有效理论塔板高度 H_{eff} 作为柱效能指标。

$$n_{\text{eff}} = 5.54\left(\frac{t'_R}{W_{\frac{1}{2}}}\right)^2 = 16\left(\frac{t'_R}{W}\right)^2 \tag{12-16}$$

$$H_{\text{eff}} = \frac{L}{n_{\text{eff}}} \tag{12-17}$$

由于不同物质在同一色谱柱的分配系数不同，所以同一色谱柱对不同物质的柱效能是不一样的。因此，在说明柱效时，除注明色谱条件外，还应指出是用什么物质进行测量的。

塔板理论用热力学观点解释了溶质在色谱柱中的分配平衡和分离过程，导出了流出曲线的数学模型，提出了计算和评价柱效的参数。但是，色谱过程不仅受热力学因素影响，同时还与分子扩散、传质等动力学因素有关。因此，塔板理论只能定性地给出塔板高度的概念，却不能给出影响塔板高度的因素，因而无法解释造成色谱峰扩展使柱效能下降的原因及不同流速下可以测得不同理论塔板数的事实。

四、速率理论

1956 年荷兰学者范第姆特（Van Deemter）等人在研究气液色谱时，提出了色谱分离过程的动力学理论——速率理论。他们吸收了塔板理论中塔板高度的概念，同时考虑了影响塔板高度的动力学因素，指出理论塔板高度是色谱峰展宽的量度，导出了塔板高度与载气线速度的关系式。此关系式称为速率理论

方程式，简称范氏方程。范氏方程的数学简化式为

$$H = A + \frac{B}{u} + Cu \tag{12-18}$$

式中，u 为流动相的线速度；A 为涡流扩散项系数；B 为分子扩散项系数；C 为传质阻力项系数。

虽然速率理论是在研究气液色谱的基础上提出的，但作适当修改，也适用于其他色谱方法。

以下分别讨论式（12-18）中各项的物理意义。

1. 涡流扩散项（A）

在填充色谱柱中，载有组分分子的流动相碰到填充物颗粒时，不断地改变流动方向，使组分分子在前进中形成紊乱的类似"涡流"的流动，故称涡流扩散。

由于填充物颗粒大小的不同及其填充的不均匀性，使组分分子通过色谱柱时的路径长短不同，因而，同时进入色谱柱的相同组分在柱内停留的时间不同，到达柱子出口的时间有先有后，导致色谱峰变宽，其变宽的程度由下式决定

$$A = 2\lambda d_p \tag{12-19}$$

式中，λ 为填充不均匀因子，λ 小表示填充均匀；d_p 为填充物颗粒的平均直径。式（12-19）表明，使用颗粒细、粒度均匀的填充物且填充均匀，是减小涡流扩散和提高柱效的有效途径。对于空心毛细管，不存在涡流扩散，即 $A=0$。

2. 分子扩散项（B/u）

分子扩散项又称纵向扩散，是由浓度梯度造成的。组分进入色谱柱后，是以"塞子"的形式存在于柱的很小一段空间内，由于存在浓度梯度，"塞子"必然自发地向前和向后扩散，造成谱带展宽。分子扩散项系数为

$$B = 2\gamma D_g \tag{12-20}$$

式中，γ 为弯曲因子，是由固定相引起的，它反映了固定相颗粒的几何形状对分子纵向扩散的阻碍程度。对填充柱 $\gamma=0.5 \sim 0.7$，对毛细管柱 $\gamma=1$；D_g 为组分在流动相中的扩散系数，其大小与组分的性质、流动相的性质及柱温等因素有关。分子量大的组分，扩散不易，D_g 小。D_g 反比于流动相分子量的平方根，并随柱温的升高而增大。因此，在气相色谱中，为了减小分子扩散项，可采用较高的流动相线速度，使用分子量较大的流动相，采用较低的柱温等。组分在液体中的扩散系数约为气体的 $\frac{1}{10^5}$，故在液相色谱中，纵向分子扩散一般可忽略。

3. 传质阻力项（Cu）

由于气相色谱以气体为流动相，液相色谱以液体为流动相，它们的传质过程不完全相同，现分别讨论之。

对于气液色谱，传质阻力项中的系数 C 包括气相传质阻力系数 C_g 和液相传质阻力系数 C_l，即

$$C = C_g + C_l \tag{12-21}$$

C_g 是指组分分子从气相移动到固定相表面进行浓度分配时所受到的阻力。

$$C_g = 0.01 \frac{k^2 d_p^2}{(1+k)^2 D_g} \tag{12-22}$$

式中，k 为容量因子。由式（12-22）可见，气相传质阻力与填充物粒径 d_p 的平方成正比，与组分在

气相中的扩散系数 D_g 成反比。因此，采用粒径小的填充物和分子量小的气体（如 H_2）作载气，可减小 C_g，提高柱效。

C_l 是指组分分子从固定相的气液界面移动到液相内部进行质量交换达到分配平衡，又返回到气液界面的过程中所受到的阻力。

$$C_l = \frac{2kd_f^2}{3(1+k)^2 D_l} \tag{12-23}$$

由式（12-23）可见，固定相的液膜厚度 d_f 越薄，组分在液相中的扩散系数 D_l 越大，则液相传质阻力就越小。降低固定液用量或采用比表面积较大的担体，可以降低液膜厚度，提高柱效。

将式（12-19）、式（12-20）、式（12-22）和式（12-23）代入式（12-18）中，即可得到气液色谱的范氏方程，即

$$H = 2\lambda d_p + \frac{2\gamma D_g}{u} + \left[\frac{0.01 k^2 d_p^2}{(1+k)^2 D_g} + \frac{2kd_f^2}{3(1+k)^2 D_l}\right]u \tag{12-24}$$

由式（12-24）可知，塔板高度 H 与流动相的流速有关，此外还与柱的种类、柱填充的均匀性，载体的粒度，流动相的分子量，固定液的种类及液膜厚度，以及柱温等多种因素有关。因此，式（12-24）是指导选择色谱分离操作条件的依据，具有重要的实际意义。

对于液液色谱，传质阻力系数 C 包含流动相传质阻力系数 C_m 和固定相传质阻力系数 C_s，即

$$C = C_m + C_s \tag{12-25}$$

其中 C_m 又包含流动的流动相中的传质阻力［式（12-26）右边第一项］和滞留的流动相中的传质阻力［式（12-26）右边第二项］，即

$$C_m = \frac{\omega_m d_p^2}{D_m} + \frac{\omega_{sm} d_p^2}{D_m} \tag{12-26}$$

式中，ω_m 是与柱和填充性质有关的系数；ω_{sm} 是与固定相颗粒微孔中被流动相所占据部分的分数及容量因子有关的系数；D_m 为试样分子在流动相中的扩散系数；d_p 为固定相的粒径。由式（12-26）可知，固定相的粒径越小，试样分子在流动相中的扩散系数越大，传质速率就越快，柱效就越高。

液液色谱中固定相传质阻力系数 C_s 可用下式表示

$$C_s = \frac{\omega_s d_f^2}{D_s} \tag{12-27}$$

式中，ω_s 是与容量因子有关的系数；D_s 为试样分子在固定液中的扩散系数；d_f 为液膜的厚度。由式（12-27）可知，试样分子从流动相进入固定液内进行质量交换的传质过程与液膜厚度的平方成正比，与试样分子在固定液的扩散系数成反比，即液膜越薄，试样分子在固定液的扩散系数越大，传质速率就越快，柱效就越高。

综上所述，对液液色谱的范氏方程，可表示为

$$H = 2\lambda d_p + \frac{2\gamma D_m}{u} + \left(\frac{\omega_m d_p^2}{D_m} + \frac{\omega_{sm} d_p^2}{D_m} + \frac{\omega_s d_f^2}{D_s}\right)u \tag{12-28}$$

式（12-28）与气液色谱范氏方程式（12-24）的形式基本一致，主要区别是在液液色谱中纵向扩散项可以忽略不计，影响柱效的主要因素是传质阻力项。

4. 速率方程式讨论

根据速率方程式，测定不同流速下的塔板高度 H，做气相色谱（GC）和液相色谱（LC）的 H-u 曲线，如图 12-2 所示。

由图 12-2 可见，GC 和 LC 的板高 H 与流速 u 的变化关系有相同之处也有不同之处。LC 的纵向扩散非常小，u 与 H 的关系较简单。这是由于 LC 的纵向扩散系数和传质阻力系数都与 GC 有所不同。因纵向扩散 B/u 在 LC 中很小，故 H 主要由传质阻力项 Cu 决定，即流速 u 越大，板高 H 亦越大；而在 GC 中纵向扩散明显，在低流速时，纵向扩散尤为明显，在此区域，增大 u 可使 H 变小，如图 12-3 所示。但是随着 u 的继续增大，传质阻力也会增加，所以在高流速区，Cu 对 H 的影响更大一些。在 GC 的 H-u 曲线上存在一个最低点，即对应于 $u_{最佳}$ 和 $H_{最小}$ 的一点，而在 LC 的 H-u 曲线上很难找到这一点。

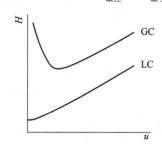

图 12-2　GC 和 LC 的 H-u 示意图

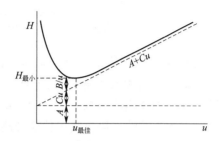

图 12-3　塔板高度 H 与载气线速 u 的关系

GC 的最佳流速可以通过实验和计算求出，将式（12-18）微分得

$$\frac{dH}{du} = -\frac{B}{u^2} + C = 0 \tag{12-29}$$

$$\frac{B}{u^2} = C \tag{12-30}$$

$$u_{最佳} = \sqrt{\frac{B}{C}} \tag{12-31}$$

$$H_{最小} = A + 2\sqrt{BC} \tag{12-32}$$

5. 速率方程中三个参数 A、B 和 C 的求法

① 选择 3 种相差较大的不同流速 u，测得 3 张色谱图。
② 在 3 张色谱图中选择某个峰，分别求出 3 种 u 及对应的板高 H。
③ 由已知的 u 和 H 建立 3 个速率方程，解联立方程求取 A、B 和 C。

例如，某有机化合物于 2m 长的色谱柱上，在 3 种不同的载气流速下，测得的数据如下表。

t_M/s	t_R/s	W/s	t_M/s	t_R/s	W/s
47.0	361	48.2	25.0	198	27.7
37.5	295	39.3			

求 $H=A+B/u+Cu$ 中的 A、B 和 C。

解：先求 u 和 n，后求 H。

如 $u_1 = \dfrac{L}{t_M^1} = \dfrac{2 \times 100}{47.0} = 4.26 \text{cm/s} \qquad n_1 = 16\left(\dfrac{t_R^1}{W_1}\right)^2 = 16 \times \left(\dfrac{361}{48.2}\right)^2 = 897$

$H_1 = \dfrac{L}{n_1} = \dfrac{200}{897} = 0.223 \qquad$ 则 $H_1 = A + \dfrac{B}{u_1} + Cu_1$

同理，可求取 u_2 和 u_3 下的 H_2 和 H_3，得另两个方程为

$H_2 = A + \dfrac{B}{u_2} + Cu_2 \qquad H_3 = A + \dfrac{B}{u_3} + Cu_3$

解此三元一次方程组，即可求得 A、B 和 C 的具体数值。

五、分离度

1. 分离度的定义

分离度也称分辨率,是指相邻两个峰的分离程度,用 R 表示,常用其作为柱的总分离效能指标。其大小为相邻两色谱峰保留值之差与两峰底宽度总和的一半的比值,即

$$R = \frac{t_{R_2} - t_{R_1}}{\frac{1}{2}(W_1 + W_2)} = \frac{2(t_{R_2} - t_{R_1})}{W_1 + W_2} \tag{12-33}$$

由式(12-33)可见,两峰保留值相差越大,峰越窄,R 值就越大,相邻两组分分离得就越好。一般来说,当 $R<1$ 时,两峰总有部分重叠;$R=1$,分离程度可达 95%,两峰基本分开;$R=1.5$,分离程度达 99.7%。通常用 $R=1.5$ 作为相邻两峰完全分离的标志。

相邻两组分保留时间的差值反映了色谱分离的热力学性质,色谱峰的宽度反映了色谱过程的动力学因素。因此,分离度包括了两方面的因素,并定量地描述了混合物中相邻两组分的实际分离程度。

2. 分离度与柱效能、选择性的关系

分离度 R 的定义并没有反映影响分离度的诸因素。实际上,分离度 R 受柱效 n、选择因子 α 和容量因子 k 三个参数的影响。若能找出它们之间的关系,便可借助于这些参数来控制分离度。对于相邻两组分,由于它们的分配系数差别小,可近似地取 $k_1 \doteq k_2 = k$,$W_1 \doteq W_2 = W$,由式(12-14)得

$$\frac{1}{W} = \frac{\sqrt{n}}{4} \times \frac{1}{t_R} \tag{12-34}$$

将式(12-34)和 $t_R = t_M(1+k)$ 代入式(12-33),整理后得

$$R = \frac{\sqrt{n}}{4}\left(\frac{\alpha-1}{\alpha}\right)\left(\frac{k}{1+k}\right) \tag{12-35}$$

式(12-35)即为色谱分离的基本方程式,它反映了分离度与柱效、选择因子和容量因子三者的关系。由式(12-35)知,可以通过提高塔板数 n、增加选择因子 α 和容量因子 k 来改善分离度。增加柱长,制备出性能优良的色谱柱可以提高 n 值;改善固定相,使各组分的分配系数有较大的差别,可增加 α;改变流动相(液相色谱)或固定相(气相色谱),改变柱温可使 k 改变,通常将 k 控制在 2~7 之间。

在实际应用中,往往用 n_{eff} 代替 n,此时 R 的表达式为

$$R = \frac{\sqrt{n_{eff}}}{4}\left(\frac{\alpha-1}{\alpha}\right) \tag{12-36}$$

于是可得柱长 L 为

$$L = n_{eff} H_{eff} = 16 R^2 \left(\frac{\alpha}{\alpha-1}\right)^2 H_{eff} \tag{12-37}$$

由式(12-37)可计算出达到某一分离度所需要的色谱柱长度。

第三节 定性定量分析

气相色谱和液相色谱的定性定量分析原理及方法都是相同的,在此一并阐述。

一、定性分析

色谱定性分析就是要确定色谱图中各个峰的归属。色谱法定性的依据是：在一定的固定相和一定的色谱操作条件下，每种物质都有确定的保留值，据此可进行定性分析。但在同一色谱条件下，不同的物质也可能具有近似或相同的保留值，故有时还需与其他仪器分析方法相配合，才能准确判断某些组分是否存在。

1. 纯物质对照法

对组成不太复杂的样品，若欲确定色谱图中某一未知色谱峰所代表的组分，可选择一系列与未知组分相接近的标准物质，依次进样，当某一物质与未知组分色谱峰保留值相同时，即可初步确定此未知峰所代表的组分。这是色谱定性分析中最方便最可靠的方法。如果未知样品较复杂，可将纯物质加到试样中，比较未知物中哪个峰增高，来确定未知物的成分。

2. 文献值对照法

当没有纯物质时，可利用文献提供的保留数据定性。许多科学工作者经过多年的努力，积累了大量有机化合物在不同柱子、不同柱温下的保留数据。如相对保留值 γ_{is}、柯瓦兹（Kovat's）保留指数 I 等，进行定性时可将实验测得的保留数据与文献记载的保留数据对照，即可确定被测组分。在使用文献数据时，要注意实验测定时所使用的固定液及柱温应和文献记载的一致。

（1）相对保留值定性　相对保留值是两组分调整保留值之比。采用绝对保留值定性时，必须严格控制操作条件，采用相对保留值定性避免了上述缺点。相对保留值测定方法：分别测出待测组分和基准物质的调整保留值，计算其比值，再将该比值与文献值比较，若相同则是同一物质。通常选择容易得到且与被测组分保留行为相近的物质作基准物。

（2）保留指数定性　保留指数是匈牙利人 Kovat's 1958 年提出来的。Kovat's 选定了一系列正构烷烃作为参考标准，把正构烷烃的保留指数规定为 100 乘以其碳原子数，如正己烷和正辛烷的保留指数分别为 600 和 800。在计算某组分的保留指数时，总能找到被分析组分的保留时间一定落在两个相邻的正构烷烃保留时间之间，这样对于任意组分的 Kovat's 保留指数都可以用下式计算

$$I = 100 \times \left[\frac{\lg t'_{R(i)} - \lg t'_{R(Z)}}{\lg t'_{R(Z+1)} - \lg t'_{R(Z)}} + Z \right] \qquad (12\text{-}38)$$

式中，I 为保留指数；Z 为正构烷烃碳原子数目。

例如，在阿皮松 L 柱上，柱温为 100℃时，测得某组分的调整保留时间为 310.0mm（以记录纸距离表示），又测得正庚烷和正辛烷的调整保留时间分别为 174.0mm 和 373.4mm，则该未知组分的保留指数为

$$I = 100 \times \left(\frac{\lg 310.0 - \lg 174.0}{\lg 373.4 - \lg 174.0} + 7 \right) = 775.64$$

从文献上查得在该色谱条件下，这个未知物是乙酸正丁酯。

3. 利用保留值的经验规律定性

大量实验结果证明，在一定柱温下，同系物调整保留时间的对数与分子中的碳原子数呈线性关系，即为碳数规律，可表示为

$$\lg t'_R = an + b \qquad (12\text{-}39)$$

式中，n 为碳原子数（$n \geq 3$）；a 为直线斜率；b 为截距。

另外，同一族具有相同碳原子数的异构体其调整保留时间的对数与其沸点呈线性关系，即为沸点规律，可表示为

$$\lg t'_R = a_1 T_b + b_1 \tag{12-40}$$

式中，T_b 为沸点；a_1 为直线斜率；b_1 为截距。

当已知样品为同一系列，可利用上述两个规律定性。

4. 联用技术

近年来联用技术迅速发展，其中的色谱-质谱联用、色谱-红外光谱联用已成为分离、鉴定复杂体系中各组分的最有效手段。将多组分混合物先通过色谱仪分离成单个组分，然后逐一送入质谱仪或红外光谱仪，获得质谱图或红外谱图，根据谱图所提供的特征信息，可对被测物定性并推出其分子结构，更方便的是用计算机对谱图进行自动检索，将未知物的谱图与标准谱图对照定性。

二、定量分析

色谱分析的重要作用之一是对样品进行定量分析。定量分析的依据是被测组分的量 W_i 与检测器的响应信号（峰面积或峰高）成正比，即

$$W_i = f'_i A_i \tag{12-41}$$

式中的比例常数 f'_i 称为定量校正因子，它是指单位面积（或峰高）所代表的某组分的量，主要由仪器的灵敏度所决定。由于 W 的单位可以用质量、物质的量或体积表示，故又有质量校正因子 f'_W，摩尔校正因子 f'_M 和体积校正因子 f'_V 之分。显然，要想得到准确的定量分析结果，必须作好以下工作：

① 准确测量峰面积（或峰高）；
② 得到准确的定量校正因子；
③ 选用合适的定量方法。

（一）峰面积的测量

测量峰面积的方法，可分为手工测量和机器自动测量两类。随着电子技术的发展，手工测量峰面积的方法逐渐被数据处理机、色谱工作站等代替。机器测量峰面积既简单又快速准确，但手工处理峰面积的方法仍然是机器处理峰面积的基础。

1. 对称峰面积的测量

对称峰面积可近似看作一个等腰三角形，按照三角形求面积的方法，峰面积为峰高乘以半峰宽，即

$$A_i = h_i W_{\frac{1}{2}(i)} \tag{12-42}$$

上述方法计算所得峰面积只有实际峰面积的 0.94 倍，作相对计算没有影响，如果要求真实面积，应乘以系数 1.065。

2. 不对称峰面积的测量

在色谱分析中，经常遇到不对称峰，多数不对称峰为拖尾峰。峰面积的计算方法为，取峰高 0.15 处和 0.85 处的峰宽平均值乘以峰高，求出近似面积。即

$$A = \frac{1}{2}(W_{0.15h} + W_{0.85h})h \tag{12-43}$$

目前，色谱仪大多带有自动积分仪或由计算机控制的色谱数据处理软件，无论是对称峰还是不规则峰，它们都能精确测定色谱峰的真实面积。此外，还能自动打印保留时间、峰高、峰面积等数据，并能以报告的形式给出定量分析结果。

（二）定量校正因子

事实证明，相同量的同一种物质在不同检测器上产生的响应信号是不相同的；相同量的不同物质在同一检测器上产生的响应信号也不相同。因此，为了使检测器产生的响应信号能真实地反映出物质的量，就要对响应值进行校正而引入定量校正因子。由于定量校正因子的绝对值不易准确测定，因此在实际工作中，以相对定量校正因子 f_i 代替定量校正因子 f_i'。

1. 相对定量校正因子

相对定量校正因子 f_i 定义为样品组分的定量校正因子与标准物的定量校正因子之比。

（1）相对质量校正因子（f_W）　相对质量校正因子系指某组分（i）与标准物质（s）的定量校正因子之比，这是一种最常用的定量校正因子。其表达式为

$$f_W = \frac{f'_{W(i)}}{f'_{W(s)}} = \frac{\dfrac{m_i}{A_i}}{\dfrac{m_s}{A_s}} \tag{12-44}$$

式中，$f'_{W(i)}$ 为组分 i 的定量校正因子；$f'_{W(s)}$ 为标准物 s 的定量校正因子；m_i 为组分 i 的质量；m_s 为标准物 s 的质量；A_i 为组分 i 的峰面积；A_s 为标准物 s 的峰面积。

在气相色谱中，相对质量校正因子，对于热导检测器，一般以苯为标准物；对于氢火焰离子化检测器，一般以正庚烷为标准物。

（2）相对摩尔校正因子（f_M）

$$f_M = \frac{f'_{M(i)}}{f'_{M(s)}} = \frac{\left(\dfrac{m_i}{M_i}\right)/A_i}{\left(\dfrac{m_s}{M_s}\right)/A_s} = f_W \frac{M_s}{M_i} \tag{12-45}$$

式中，M_i 和 M_s 分别为被测物质和标准物质的分子量。

（3）相对体积校正因子（f_V）　因为 1mol 的任何气体在标准状态下的体积均为 22.4L，故

$$f_V = \frac{22.4\left(\dfrac{m_i}{M_i}\right)/A_i}{22.4\left(\dfrac{m_s}{M_s}\right)/A_s} = f_M \tag{12-46}$$

式（12-44）~式（12-46）中，所用的都是峰面积，也可改用峰高。当需要区别称呼时，可分别称为相对面积校正因子与相对峰高校正因子。

2. 相对响应值

相对响应值（亦称相对灵敏度）是指组分 i 与等量标准物 s 的响应值之比，用 S_i 表示。当计量单位相

同时,它们与相对定量校正因子互为倒数。即

$$S_i = \frac{1}{f_i} \quad (12\text{-}47)$$

3. 相对定量校正因子的测量

相对定量校正因子一般由实验者自己测定,方法是:准确称取被测组分及标准物质,最好使用色谱纯试剂,混合后,在一定色谱条件下,准确进样,分别测量相应的峰面积(或峰高),可根据式(12-44)或式(12-45)计算出组分的相对质量校正因子或相对摩尔校正因子。

相对定量校正因子只与组分 i 和标准物 s 及检测器类型有关,与操作条件无关。当无法得到被测物的标准品时,也可利用文献值,但所选标准物及检准器类型必须与文献报道的一致。

(三)定量方法

1. 归一化法

归一化法是色谱中常用的一种简便、准确的定量方法。这种方法要求样品中所有组分都出峰,且含量都在相同数量级上。当测量参数为峰面积时,计算公式为

$$X_i = \frac{m_i}{\sum m_i} \times 100\% = \frac{f_i A_i}{\sum f_i A_i} \times 100\% \quad (12\text{-}48)$$

式中,A_i 为组分 i 的峰面积;f_i 为组分 i 的相对定量校正因子。f_i 分别为质量校正因子、摩尔校正因子、体积校正因子时,X_i 则相应地为质量分数、摩尔分数和体积分数。

归一化法的优点是不必知道进样量,尤其是进样量小而不能测准时更为方便,仪器及操作条件稍有变动对分析结果影响不大,特别适合多组分的同时测定;不足之处是样品中的组分必须都出峰并产生响应信号,所有组分的 f_i 值均需测出,否则此法不能应用。

2. 内标法

当被分析组分含量很小,不能应用归一化法,或者是被分析样品中并非所有组分都出峰,只要所要求的组分出峰时就可以用内标法。所谓内标法,是将一定量的纯物质作为内标物,加入准确称取的试样中,根据被测物和内标物的质量及其在色谱图上相应的峰面积比,求出被测组分的含量。内标法是一种常用的定量分析方法。

对内标物的要求:加入的内标物应是样品中不存在的,而且最好是色谱纯或者是已知含量的标准物;内标物的物理和化学性质应尽可能地与被测物相似;内标物加入量所产生的峰面积大致和被测组分峰面积相当;内标物出峰最好在被测物峰的附近,且能很好分离。

方法:准确称取样品,将一定量的内标物加入其中,混合均匀后进样分析。根据样品、内标物的质量及在色谱图上产生的相应峰面积,计算组分含量。计算公式为

$$\frac{m_i}{m_s} = \frac{f_i A_i}{f_s A_s}$$

$$m_i = \frac{f_i A_i m_s}{f_s A_s} \quad (12\text{-}49)$$

$$X_i = \frac{m_i}{m_{样}} \times 100\% = \frac{f_i A_i m_s}{f_s A_s m_{样}} \times 100\% \quad (12\text{-}50)$$

一般常以内标物为基准，则 f_s=1，此时计算式可简化为

$$X_i = \frac{f_i A_i m_s}{A_s m_{样}} \times 100\% \tag{12-51}$$

式中，X_i 为试样中组分 i 的质量分数；m_s 为内标物的质量；A_s 为内标物峰面积；$m_{样}$ 为试样质量；A_i 为组分 i 的峰面积；f_i 为相对质量校正因子。

内标法的优点是定量准确，测定结果不受操作条件、进样量及不同操作者进样技术的影响；其缺点是选择合适的内标物较困难，每次测定都需准确称量内标物与样品。

3. 外标法

外标法实际上是常用的标准曲线法。用待测组分的纯物质配成不同浓度的标样进行色谱分析，获得各种浓度下对应的峰面积（或峰高），作出峰面积（或峰高）与浓度的标准曲线。分析时，在相同色谱条件下，进同样体积分析样品，根据所得峰面积（或峰高），从标准曲线上查出待测组分的浓度。

外标法操作和计算都很简便，不必用校正因子，但要求色谱操作条件稳定，进样重复性好，否则对分析结果影响较大。该方法适用于大批量样品的快速分析。

第四节　气相色谱法

气相色谱法（gas chromatography，GC）是用气体作为流动相的色谱法。它具有高选择性、高效能、低检测限、分析速度快以及应用范围广等优点；不足之处是对沸点高、易分解、腐蚀性和反应性较强物质的分析较为困难。据统计，约有 20% 的有机物能用 GC 测定，因此 GC 的应用有一定的局限性，但仍是目前应用最广的一种色谱法。

一、气相色谱仪

以气体作流动相而设计的色谱仪称为气相色谱仪。

（一）气相色谱仪流程简介

图 12-4 是一台填充柱气相色谱仪的示意图。

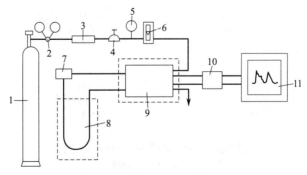

图 12-4　气相色谱仪流程图
1—载气钢瓶；2—减压阀；3—净化管；4—稳压阀；5—压力表；6—转子流量计；
7—进样器；8—色谱柱；9—热导池检测器；10—放大器；11—记录仪（虚线方框表示恒温室）

载气从高压钢瓶经减压阀流出，进入净化管、然后经稳压阀调节流量后，以一定的流量将进入进样器的组分带入色谱柱，组分在色谱柱中被分离后，依次进入检测器得到相应的响应信号，并在记录仪上记录下来。

（二）气相色谱仪各组成部分的作用及要求

由图 12-4 可知，气相色谱仪主要由载气系统、进样系统、分离系统、检测系统、记录系统和温度控制系统等 6 个部分组成。

1. 载气系统

载气系统包括气源、气体净化、气体流速控制和测量。其作用是提供稳定而可调节的气流以保证气相色谱仪的正常运转。

（1）载气选择　载气是气相色谱分析中的流动相。载气的性质、净化程度及流速对色谱柱的分离效能、检测器的灵敏度、操作条件的稳定性均有很大影响。可作为载气的气体很多，原则上没有腐蚀性且不与被分析组分发生化学反应的气体均可作为载气，最常用的是氦气、氢气、氩气、氮气。

（2）载气净化　载气净化的目的是保证基线的稳定性及提高仪器的灵敏度。净化程度主要取决于使用的检测器及分析要求（常量或微量分析），对于一般检测器，净化是使用一根装有硅胶、分子筛、活性炭的净化管，载气经过时可以除去微量的水分及油等。

（3）流速的控制与测定　在气相色谱中对流速控制的要求很高，主要是保证操作条件的稳定性。由稳压阀、针阀、稳流阀相互配合以完成流速的精确控制。柱前流速由转子流量计指示，柱后流速用皂膜流量计测量。

2. 进样系统

进样系统包括进样装置和汽化室，其作用是定量引入样品并使其瞬间汽化。

气相色谱可以分析气体、液体及固体。要求汽化室体积尽量小，无死角，以减少样品扩散，提高柱效。

对于液体样品，一般采用注射器、自动进样器进样。对于气体样品，常用六通阀进样（见图 12-5）。对于固体样品，一般溶解于常见溶剂转变为溶液进样；对于高分子固体，可采用裂解法进样。

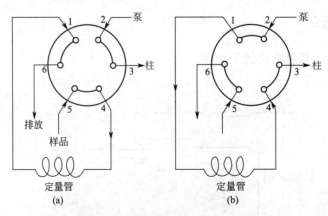

图 12-5　六通阀采样、进样示意图
（a）采样；（b）进样

3. 分离系统

分离系统由色谱柱和柱箱组成。

色谱柱可视为气相色谱仪的心脏，色谱柱的选择是完成分析的关键。

色谱柱可分为填充柱和毛细管柱两种。填充柱一般采用不锈钢、玻璃或聚四氟乙烯材料制成，内径为 2~6mm，长度为 1~10m，形状有 U 形、螺旋形等，内装固定相。毛细管柱通常为内径 0.1~0.5mm、长 25~300m 的石英玻璃柱，呈螺旋形，其固定相是涂在或键合在毛细管壁上。

对色谱柱箱的要求是：使用温度范围宽，控温精度高，热容小，升温、降温速度快，保温好。

4. 检测系统

检测系统由检测器与放大器等组成。检测器的作用是将经色谱柱分离的各组分，按其特性和含量转换成易于记录的电信号，再经放大器放大后输送给记录仪记录下来。检测器通常视为色谱仪的"眼睛"，是色谱仪的关键部件，以下将对其作重点介绍。

5. 记录系统

记录系统的作用是采集并处理检测系统输出的信号以及显示和记录色谱分析结果，主要包括记录仪，有的色谱仪还配有数据处理器。现代色谱仪多采用色谱工作站的计算机系统，不仅可对色谱数据进行自动处理和记录，还可对色谱参数进行控制。

6. 温度控制系统

色谱柱的柱箱、汽化室和检测器都要加热和控温，因三者要求的温度不同，故需三套不同的温控装置。为保证试样能瞬间汽化，通常汽化室温度比柱箱温度高 30~70℃；为防止组分在检测室内冷凝，检测器温度与柱箱温度相同或稍高于后者。

（三）气相色谱检测器

检测器是气相色谱仪的重要部件，它能感知到与载气性质不同的组分，并能指示出载气中各分离组分及其浓度的变化。对检测器的要求是，灵敏度高、线性范围宽、稳定性好，且操作简单。根据检测原理不同，气相色谱检测器分为浓度型和质量型两种类型。浓度型检测器的响应信号与组分在载气中的浓度成正比，而质量型检测器的响应信号则正比于单位时间内组分进入检测器的质量。

常用的浓度型检测器有热导检测器、电子捕获检测器等，质量型的有氢火焰离子化检测器、火焰光度检测器和氮磷检测器等。

1. 检测器的性能指标

（1）灵敏度　灵敏度是评价检测器性能好坏的重要指标。

单位量的物质通过检测器时所产生的响应信号，称为检测器对该物质的灵敏度，即响应信号对进入检测器的组分量的变化率。

$$S = \frac{\Delta R}{\Delta m} \quad (12\text{-}52)$$

如果 ΔR 取 mV，Δm 取 mg·mL^{-1}，则为浓度型灵敏度，适用于浓度型检测器，以 S_c 表示，单位：mV·mL·mg^{-1}。

$$S_c = \frac{C_1 C_2 F A}{m} \quad (12\text{-}53)$$

式中，C_1 为记录仪灵敏度，mV·cm^{-1}；C_2 为记录仪纸速的倒数，min·cm^{-1}；F 为载气流速，

mL·min^{-1}；A 为峰面积，cm^2；m 为进样量，mg。

如果 ΔR 为 mV，Δm 为 g·s^{-1}，则为质量型灵敏度，适用于质量型检测器，以 S_m 表示，单位：mV·s·g^{-1}。

$$S_m = \frac{60 C_1 C_2 A}{m} \tag{12-54}$$

式中，m 为进样量，g。

（2）基流（I_b） 在操作条件下，纯载气通过检测器时所给出的信号。

（3）噪声（R_N） 由各种偶然因素引起的基流起伏，表现为基线呈无规则毛刺状，如图 12-6（a）所示。

（4）漂移（R_d） 基线向一个方向有规律性的移动，如图 12-6（b）所示，单位为 mV·h^{-1}。产生漂移的原因可能是柱温或载气缓慢变化，电子元器件性质变坏，固定液的轻微流失等。

（5）线性范围　当检测器的响应信号与其中检测物质的浓度或质量呈线性关系时，最大进样量与最小进样量的比值叫作线性范围，该比值越大，在定量分析中可能测定的浓度或质量范围就越大。

（6）检测限　检测限（D）又称敏感度，其定义为当检测器恰能产生 3 倍噪声信号时，单位时间（s）或单位体积（mL）进入检测器的某组分的量。

浓度型检测器的检测限为

$$D_c = \frac{3 R_N}{S_c} \quad \text{mg·mL}^{-1} \tag{12-55}$$

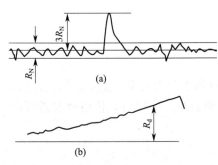

图 12-6　检测器噪声信号（a）和检测器漂移信号（b）

质量型检测器的检测限为

$$D_m = \frac{3 R_N}{S_m} \quad \text{mg·s}^{-1} \tag{12-56}$$

式中，R_N 为检测器噪声，mV。

（7）响应时间　气相色谱检测器响应时间，是指进入检测器的组分输出达到 63% 所需的时间，一般都小于 1s。检测器的响应时间越小越好。

2. 几种常用的气相色谱检测器

（1）热导检测器　热导检测器（thermal conductivity detector，TCD）是根据不同的物质具有不同的热导系数的原理制成的。TCD 是气相色谱中应用最广泛的通用型检测器，它结构简单、稳定、线性范围宽、不破坏样品，易于和其他检测器联用，适宜于常量及含量在 10^{-5}g 以上的组分分析。

① 结构。热导检测器由热导池与电路连接而成。热导池由池体和热敏元件组成，在不锈钢池体钻有两个或 4 个孔道，内装金属丝作热敏元件。为提高灵敏度，一般选用电阻率高、电阻温升系数大、机械强度好、对各种成分都呈现惰性的金属丝作热敏元件，如铂丝、钨丝、铼-钨丝、铂-铑丝等。对称孔道之一为测量臂，另一为参比臂，热导检测器结构如图 12-7 所示。

热导池电路采用惠斯顿电桥形式，如图 12-8 所示。电桥中 R_1、R_2 为热敏元件，其中 R_1 为测量臂，R_2 为参比臂，R_3、R_4 是等值的两固定电阻。此种热导池称为双臂热导池。

② 工作原理。热敏丝通电后温度上升，当载气同时通过测量臂 R_1 及参比臂 R_2 时，R_1 与 R_2 阻值的变化 ΔR_1 与 ΔR_2 是相同的。因此，在惠斯顿电桥中

$$\frac{\Delta R_1 + R_1}{R_3} = \frac{\Delta R_2 + R_2}{R_4}$$

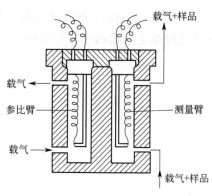

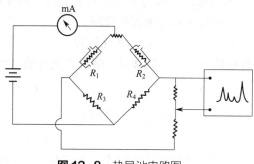

图 12-7 热导池基本结构　　　　图 12-8 热导池电路图

电桥平衡，没有电流输出，因此没有信号产生，记录的是一条平直的基线。当在测量臂通有载气和样品，而在参比臂只通过载气时，由于测量臂样品导热系数和参比臂载气不同，因此 ΔR_1 和 ΔR_2 不相等，则在惠斯顿电桥中

$$\frac{\Delta R_1 + R_1}{R_3} \neq \frac{\Delta R_2 + R_2}{R_4}$$

电桥失去平衡，有信号输出，记录仪上出现色谱峰。设电桥的总电流为 I，载气的热导率为 λ，组分与载气热导率之差为 $\Delta\lambda$，则产生的输出信号为

$$\Delta E \propto I^2 \frac{\Delta\lambda}{\lambda^2}$$

由此可见，输出信号的大小和组分的热导率有关，载气和组分的热导率差值越大，产生信号越大；组分浓度越大，产生信号越大；加在热丝上电流越大，产生信号越大。

在使用热导池检测器时，宜采用轻载气（氢气和氦气），且保持载气流速稳定；选用较大的桥电流，以便提高灵敏度。

（2）氢火焰离子化检测器　氢火焰离子化检测器（flame ionization detector，FID）几乎对所有的有机化合物都有响应，对载气要求不苛刻，载气中微量水及二氧化碳对载气无影响，受温度和压力的影响最小，线性范围宽，灵敏度高（比 TCD 高 100～1000 倍），稳定性好，响应快，因此氢火焰离子化检测器广泛应用于气相色谱分析中。

① 结构。氢火焰离子化检测器由离子室、离子头及气体供应三部分组成。其结构如图 12-9 所示。

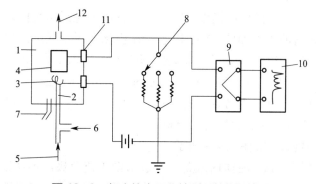

图 12-9　氢火焰离子化检测器结构示意图
1—离子室；2—喷嘴；3—极化极；4—收集极；5—载气＋组分入口；6—氢气入口；7—空气入口；
8—高电阻；9—放大器；10—记录仪；11—绝缘体；12—排气口

如图 12-9 所示，载气携带组分分子由 5 进入喷嘴，与 6 来的氢气混合。接电后极化极 3 燃红，点燃 H_2，在由 7 进入的空气的助燃下形成氢焰。在极化极 3 与收集极 4 间施加直流电压，形成一个静电场。

当载气中不存在试样组分时,两极间离子很少,基流很低。当载气中出现待测有机物时,于氢焰中燃烧、发生离子化反应,生成的正离子与电子在电场作用下向收集极和极化极做定向移动从而形成电流,此电流经放大,由记录仪记录得色谱图。

② 工作原理——火焰离子化过程。

a. 有机物进入火焰燃烧时,裂解产生含碳自由基（·CH）。

$$C_mH_n \xrightarrow[2100℃]{裂解} ·CH$$

b. 与火焰外面扩散进来的氧反应。

$$·CH + O \longrightarrow CHO^+ + e^-$$

c. 形成的 CHO^+ 与氢气燃烧生成的水蒸气相碰撞,生成 H_3O^+。

$$CHO^+ + H_2O \longrightarrow H_3O^+ + CO$$

火焰离子化产生的正离子 CHO^+、H_3O^+ 及电子 e^- 在外加直流电场作用下向两极移动而产生微电流,经放大后记录下色谱峰。

③ 操作条件对响应值 R 的影响

a. 氢气流速。当载气选定之后,随着氢气流速增加,响应信号逐渐增大而后慢慢降低,见图 12-10。由图 12-10 可知,当载气流速一定时,氢气流速对响应值的影响存在一个最佳值。

b. 空气流速。空气中的 O_2 和试样组分在燃烧过程中形成 CHO^+,因此离子化效率和空气的量密切相关。空气流速对响应值的影响如图 12-11 所示。当空气流速较低时,响应值随空气流速的增加而增大,而通常当空气流速增大到 400mL·min^{-1} 后,则响应值不受其影响。

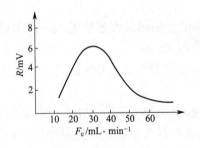

图 12-10 氢气流速对 R 值的影响

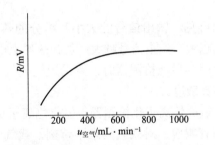

图 12-11 空气流速对 R 值的影响

氢火焰检测器要求富氧火焰,因此空气量较大,通常采用载气（N_2）、燃气（H_2）、助燃气（Air）的流量比为 1:(1~1.5):(5~10)。

c. 操作电压。施加电压在极化极与收集极之间,使组分离子化后尽快向两极移动,避免复合,形成较大离子流。施加电压对 R 值的影响如图 12-12 所示。在极化电压较低时,响应值随极化电压的增加而增大,增大到一定值后（一般为 50V）趋于稳定,通常极化电压的取值为 50~300V。

（3）电子捕获检测器　电子捕获检测器（electron capture detector, ECD）是一种高灵敏度、高选择性的放射性检测器,它只对具有电负性的物质产生响应,且电负性越强,灵敏度越高。目前已广泛用于环境样品中痕量农药、多氯联苯和多硫化合物等的分析。

① 结构。电子捕获检测器结构如图 12-13 所示。

检测器的离子室由不锈钢制成,池体内放置一个放射源 1 作负极,不锈钢棒 7 作正极。放射源 ^{63}Ni 或 ^3H 发射 β 射线,使载气电离成正离子及自由电子,在电场的作用下,向极性相反的电极运动,形成恒定的本底电流——基流。

当有电负性组分（如卤素、含氧基团）进入检测器时,电负性组分会捕获自由电子,形成稳定的负离子,负离子再与载气正离子复合成中性化合物,而使基流下降,产生负信号而形成倒峰,检测信号的大小与待测物质的浓度呈线性关系。ECD 的线性范围较窄,故进样量不可太大。

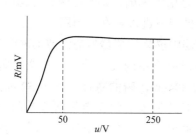

图 12-12　施加电压对 R 值的影响

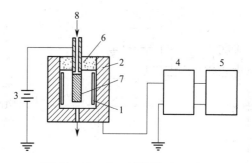

图 12-13　电子捕获检测器示意图

1—放射源；2—离子室；3—电源；4—放大器；5—记录仪；
6—绝缘体；7—不锈钢棒；8—载气+组分入口

② 工作原理。高纯氮气进入检测器后，在 β 射线轰击下电离

$$N_2 \xrightarrow{\beta 射线} N_2^+ + e^-$$

在电场中，形成的正离子和电子向两极移动形成基流，一般为 $10^{-9} \sim 10^{-8}$A。电负性组分 AB 进入后捕获自由电子，基流下降形成信号。其捕获过程为

$$AB + e^- \xrightarrow{较低温度} AB^- + E（非离解型）$$
$$AB + e^- \xrightarrow{较高温度} A \cdot + B^- - E（离解型）$$

生成的负离子与正离子碰撞形成中性分子

$$AB^- + N_2^+ \longrightarrow AB + N_2$$
$$B^- + N_2^+ \longrightarrow B + N_2$$

式中，E 代表能量。

由于组分捕获电子以及正负离子的复合，使带电体数目减少，基流下降，产生负信号而形成倒峰。被测组分浓度越大，捕获电子的概率就越大，结果使基流下降的就越多，倒峰就越大。

③ 操作条件对基流及响应值的影响。

a. 载气纯度对基流的影响。为保证检测器有足够大的基流，载气需要净化。氮气中微量氧气的存在，会使基流下降，影响检测器性能，因此需使用除去氧气的高纯度的氮气。载气中含氧量对基流的影响见图 12-14，可见随着载气含氧量的增加，基流迅速下降。

b. 脉冲周期的选择。脉冲周期的增加意味着正离子与自由电子结合概率的增加，结果使基流下降；同时又因增加了电负性组分捕获电子的机会，而使响应值提高。原则上只有在足够大的基流情况下捕获电子，才会有正常响应，因此不能一味追求增加响应而使基流不足，这样做不能得到正确响应。脉冲周期与基流、响应值（峰高）之间的关系，见图 12-15。

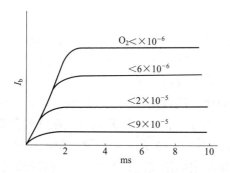

图 12-14　载气中含氧量对基流的影响

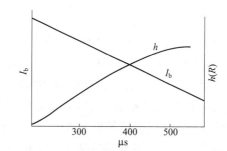

图 12-15　脉冲周期对峰高和基流的影响

（4）火焰光度检测器　火焰光度检测器（flame photometric detector，FPD）是一种对含硫、含磷有机化合物有高选择性、高灵敏度的检测器，其结构如图 12-16 所示。

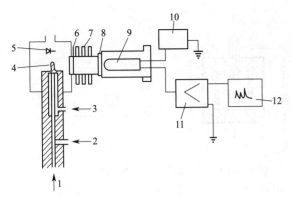

图 12-16 火焰光度检测器结构示意图

1—载气 + 组分入口；2—H₂ 入口；3—空气入口；4—喷嘴；5—收集极；6—石英窗；7—散热片；8—滤光片；9—光电倍增管；10—高压电源；11—放大器；12—记录仪

实际上 FPD 是由氢火焰和光度计两部分构成。含硫、磷化合物在载气携带下进入喷嘴，周围通入 H_2。点燃 H_2 后，组分在富氢焰中燃烧生成激发态 S_2^* 或 HPO^*，当它们返回到基态时便发射出不同波长的特征光谱。硫的特征光谱为 384nm 或 394nm，磷的特征光谱为 526nm。这些特征光谱通过滤光片后投射到光电倍增管的阴极，产生光电流，经放大器放大后，在记录仪上记录下含硫或含磷有机物的色谱图。

FPD 是一种质量型选择性检测器，用于测定含硫、含磷化合物时，其检测限比碳氢化合物几乎低 1 万倍，所以特别适用于大气中痕量硫化物、农副产品及水中纳克级有机硫和有机磷农药残留量的测定。

四种常用检测器的性能列于表 12-1 中。

表 12-1 常用 GC 检测器的性能

检测器	类型	选择性	检出限	最小定量限	线性范围	响应时间	适用范围
TCD	浓度	无	$10^{-8}\text{mg}\cdot\text{mL}^{-1}$	$0.1\mu\text{g}\cdot\text{g}^{-1}$	10^5	<1s	有机物和无机物
FID	质量	有	$10^{-13}\text{g}\cdot\text{s}^{-1}$	$1\text{ng}\cdot\text{g}^{-1}$	10^7	<0.1s	含碳有机物
ECD	浓度	有	$10^{-14}\text{g}\cdot\text{mL}^{-1}$ $10^{-13}\text{g}\cdot\text{s}^{-1}$（P）	$0.1\text{ng}\cdot\text{g}^{-1}$	$10^2 \sim 10^4$ 10^4（P）	<1s	含卤素、氧、氮化合物
FPD	质量	有	$10^{-11}\text{g}\cdot\text{s}^{-1}$（S）	$10\text{ng}\cdot\text{g}^{-1}$	10^3（S）	<0.1s	含硫、磷化合物、农药

二、气相色谱固定相

在气相色谱分析中，某一多组分混合物能否完全分离，主要取决于固定相的选择。气相色谱固定相分为两类：用于气固色谱的固体吸附剂及用于气液色谱的液体固定相（包括固定液和载体）。

（一）气固色谱固定相

固定相是固体吸附剂，流动相是气体的色谱称为气固色谱。

1. 吸附等温线

在气固色谱中，固定相是表面具有吸附活性的吸附剂，当含有多组分的样品随载气通过色谱柱时，因为吸附剂对各组分吸附能力不同，经过多次反复地吸附与脱附过程，最后组分彼此得到分离。

组分在吸附剂表面的吸附情况，可用吸附等温线描述。吸附等温线是在一定温度下，被研究组分在吸附剂表面上的浓度，随组分在流动相中的浓度而变化的规律。或者是说，在一定温度下，所研究组分达到平衡时，在吸附剂表面上的吸附量随该组分在流动相中的分压大小变化的规律。在气固色谱中，组分的吸附情况可用下述吸附等温线描述，即图 12-17 中（a）、（b）、（c）所示的三种类型，图中（a）为线性吸附等温线，即被研究组分在吸附剂上的浓度与它在流动相中的浓度之比是常数，则对应的色谱峰是对称的高斯峰，这是一种理想状态，只有在浓度很低时才会出现；（b）是向下弯曲的吸附等温线，对应的色谱峰是拖尾峰；（c）是向上弯曲的吸附等温线，对应的色谱峰是伸舌峰，后两种情况是不期望的。

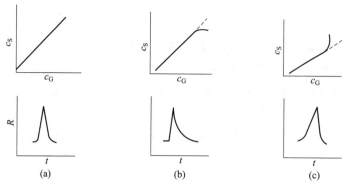

图 12-17 吸附等温线及相应色谱峰形
（a）对称型；（b）拖尾型；（c）伸舌型
c_S—组分在固定相中的浓度；c_G—组分在流动相中的浓度

2. 固定相

虽然吸附剂的种类很多，但能在气固色谱中作为固定相的却很少，一般只限于活性炭、硅胶、氧化铝和分子筛几种。由于这些吸附剂的品种不同，活化条件不同，甚至同一种但来源于不同批次的产品，其色谱行为也不同。这就给分析条件的选择造成了困难。随着合成技术的不断发展，许多新型合成固定相也可作为气固色谱的吸附剂，如苯乙烯和二乙烯苯交联共聚产物，简称 GDX；还有聚偏二氯乙烯热解产物，简称 TDX，又叫碳分子筛。这些优良的固体吸附剂广泛应用于气体、低沸点液体以及微量水的分析。气固色谱常用固体吸附剂的性能见表 12-2。

表 12-2 气固色谱常用固体吸附剂的性能

固体吸附剂	化学组成	最高使用温度	性质	分析对象
活性炭	C	<300℃	非极性	分离永久性气体及低沸点烃类，不适于分离极性化合物
硅胶	$SiO_2 \cdot xH_2O$	<400℃	氢键型	一般气体；$C_1 \sim C_4$ 烷烃；SO_2、H_2S、NO_2、CF_2Cl_2 等气体
氧化铝	Al_2O_3	<400℃	极性	分离烃类及有机异构物，在低温下可分离氢的同位素
分子筛 A 型 X 型	$Na_2O（CaO）-Al_2O_3-2SiO_2$；$Na_2O-Al_2O_3-3SiO_2$	<400℃	极性	特别适用于永久性气体和惰性气体的分离
GDX	苯乙烯、二乙烯苯交联共聚物	<200~300℃	极性随加入基团不同而不同	永久性气体；低碳数烃、醛、醇、酮等；微量水
TDX	聚偏二氯乙烯热解产物	<500℃	非极性	惰性气体；CO、CO_2、H_2、N_2 等；低碳数烃、醛、醇、酮、酯等

气固色谱固定相的化学稳定性和热稳定性好，容易操作；由于不存在固定液流失问题，故可获得较高柱效；特别适合分离分析永久性气体、无机气体和低分子碳氢化合物（气态烃类）。与气液色谱相比，由于可用作气固色谱固定相的吸附剂品种少，吸附剂性能重复性差，故气固色谱的应用范围仍比较局限。

（二）气液色谱固定相

气液色谱固定相由固定液和载体构成。涂渍在载体表面上使混合物获得分离且在使用温度下呈液态的物质，称为固定液。其分离原理是组分在载气和固定液中的溶解分配平衡，依不同组分溶解度或分配系数的差异而分离。由于固定液种类繁多，应用范围广，使气液色谱成为气相色谱的主流。

1. 气液色谱载体

载体（也称担体）是一种化学惰性、多孔性的固体颗粒，其作用是提供一个大的惰性表面，以承载固定液，使固定液在其表面展成薄而均匀的液膜。

对载体的要求是：适宜的比表面积；合适的表面能；合适的孔结构；较好的惰性；机械强度高；热稳定性好；形状规则，粒度均匀。

气液色谱中所用载体，分为硅藻土型和非硅藻土型两类，常用硅藻土又分为红色担体和白色担体两种，它们都是天然硅藻土经过煅烧而成，所不同的是白色担体在煅烧前加入大约2%的碳酸钠。

硅藻土表面含有相当数量的硅醇基（Si—OH）以及少量金属氧化物，故载体表面既有催化活性，又有吸附活性。改进的措施是，可用酸洗、碱洗、硅烷化、釉化等方法处理担体，掩盖其活性中心。

常用的国产担体见表12-3。

表12-3 国产担体

担体名称		特点	用途
红色硅藻土	6201担体 201担体 301担体 釉化担体	孔穴多，孔径小，比表面积大，可负载较多固定液，机械强度高；缺点是表面存在活性吸附中心，分析极性物质时易产生拖尾峰	适于涂渍非极性固定液，用于分析非极性、弱极性物质
白色硅藻土	101白色担体 102白色担体 101硅烷化白色担体 102硅烷化白色担体	孔径大，比表面积小，能负荷的固定液量少，机械强度较差，表面吸附作用与催化作用小	适于涂渍极性固定液，用于分析极性、碱性物质，分析高沸点、氢键型物质
非硅藻土	玻璃微球	比表面积很小，传质速度快，柱负荷太小，固定液含量小于1%，柱寿命短	适于分析高沸点物质
	氟担体	耐腐蚀性强，表面积小，机械强度差，固定液负荷在5%之内，柱效较低	适于腐蚀性组分的分离
多孔聚合物	GDX TDX	具有较大的比表面积；既可作担体，也可作吸附剂；装柱时，易出现静电效应而产生黏结、附壁现象	适于分析永久性气体及低分子量的烃、醇、醛、酮及微量水

2. 气液色谱固定液

（1）对固定液的要求　热稳定性和化学稳定性好，有较宽的温度范围，对样品有一定的溶解度和选择性，对要分离的各组分应具有合适的分配系数，易于在载体表面分布均匀，黏度低，挥发性小。

因此，固定液都是高沸点有机化合物，各有其特定的使用温度范围，特别要注意其最高使用温度。表12-4列出了部分常用色谱固定液的特性。

（2）组分和固定液分子间的作用力　在气液色谱分析中，组分的分离微观上是由于不同的组分与固定液分子间相互作用力不同引起的。分子间作用力是一种较弱的分子间吸引力，不像分子内化学键那么强，它包括色散力、诱导力、静电力和氢键作用力等。色散力是非极性分子之间的作用力，诱导力是极性分子与非极性分子之间的作用力，静电力是极性分子之间的作用力，氢键是一种特殊的分子间作用力，一般是活泼氢与含有氢键接受者原子（如N、O、F等）的分子间的作用力。组分的分离可能是由于一种或几种力共同作用的结果，究竟是属于哪种力，要具体分析组分与固定液分子的结构方可确定。了解组分与固定液之间的作用力，对推测组分在柱中的分配行为和流出顺序十分重要。

（3）固定液特性　用于色谱分析的固定液目前已有上千种，常用的也有几十种。为了选择和使用方便，需要对固定液进行分类。一般的分类原则是按固定液的极性进行分类，常用的有按固定液相对极性分类或按固定液的特征常数分类。

① 按固定液相对极性分类。1959年，罗什那德（Rohrschneider）提出用相对极性 P 来表征固定液的

表 12-4 常用气相色谱固定液的特性

固定液	英文名称	分子式或结构式	最高使用温度	常用溶剂	相对极性	分析对象	麦氏常数
异三十烷（角鲨烷）	Squalane	2,6,10,15,19,23-六甲基二十四烷	140℃	乙醚	0	是标准非极性固定液，分离烃类及非极性化合物	$x'=0$, $y'=0$, $z'=0$, $u'=0$, $s'=0$
阿皮松 M 阿皮松 L 阿皮松 N	Apiezon M Apiezon L Apiezon N	高分子量饱和烃混合物	240~300℃	苯、氯仿	+1	各类高沸点有机化合物	M-型: $x'=31$, $y'=22$, $z'=15$, $u'=30$, $s'=40$ L-型: $x'=32$, $y'=22$, $z'=15$, $u'=32$, $s'=42$ N-型: $x'=38$, $y'=40$, $z'=28$, $u'=52$, $s'=58$
硅油 I	silicone oil (OV-101)	Me−Si(Me)(Me)−O−[Si(Me)(Me)−O]ₙ−Si(Me)(Me)−Me	200℃	丙酮、氯仿	+1	各类非极性和弱极性有机化合物	OV-101: $x'=17$, $y'=57$, $z'=45$, $u'=67$, $s'=43$
聚硅氧烷弹性体 二甲基硅橡胶	silicone elastomer dimethyl silicon (SE-30, E-301)	Me−Si(Me)(Me)−O−[Si(Me)(Me)−O]ₙ−Si(Me)(Me)−Me, $n>400$	300℃	氯仿+丁醇 (1:1)	+1	各类高沸点弱极性有机化合物，如多核芳香族化合物，高级脂肪酸及酯、酚等	SE-30: $x'=15$, $y'=53$, $z'=44$, $u'=64$, $s'=41$ E-301: $x'=15$, $y'=56$, $z'=44$, $u'=66$, $s'=40$
邻苯二甲酸二丁酯	dibutyl phthalate (DBP)	邻-C₆H₄(COOC₄H₉)₂	100℃	甲醇、乙醚	+2	烃、醇、醛、酮、酯、酸、各类有机化合物	$x'=1.30$, $y'=2.53$, $z'=2.18$, $u'=3.57$, $s'=2.27$
邻苯二甲酸二壬酯	dinonyl phthalate (DNP)	邻-C₆H₄(COOC₉H₁₉)₂	130℃	乙醚、甲醇	+2	烃、醇、醛、酮、酯、酸、各类有机化合物	$x'=81$, $y'=183$, $z'=147$, $u'=231$, $s'=159$
磷酸邻三甲苯酯	tricresyl phosphate (TCP)	(C₆H₄CH₃O)₃PO	100℃	甲醇	+3	烃类、芳烃和酯类异构体、卤化物	$x'=176$, $y'=321$, $z'=250$, $u'=374$, $s'=299$
有机皂土-34	bentone-34	C₁₈H₃₇ C₁₈H₃₇>N(CH₃)₂-皂土	200℃	甲苯	+4	芳烃、二甲苯异构体分析有高选择性	
β,β'-氧二丙腈	β,β'-oxydipropionitrile (ODPN)	(CH₂)₂CN O<(CH₂)₂CN	100℃	甲醇、丙酮	+5	低级含氧化合物（如醇），伯胺、仲胺、不饱和烃、环烷烃、芳烃等极性化合物	$x'=5.88$, $y'=8.48$, $z'=8.14$, $u=12.58$, $s=9.19$
聚乙二醇（相对分子质量从 200~2 万）	polgethylene glycol (PEG 或 Carbowax)	HO(CH₂CH₂O)ₙH PEG6000, 20M 为聚环氧乙烷 (−CH₂CH₂−O−)ₙ	80~200℃	乙醇、氯仿、丙酮	氢键型	醇、醛、酮、脂肪酸、酯及其含氮官能团等极性化合物，对芳烃和非芳烃的分离有选择性	20M: $x'=322$, $y'=536$, $z'=368$, $u'=572$, $s'=510$
三乙醇胺	triethanolamine	N(−CH₂−CH₂−OH)₃	160℃	氯仿+丁醇 (1:1)	氢键型	分析低级胺类、醇类、吡啶及其衍生物	

分离特征。规定：强极性固定液 β,β-氧二丙腈的相对极性 $P=100$；非极性固定液角鲨烷的相对极性 $P=0$。

实验采用的物质对为苯和环己烷，分别测定它们在 β,β-氧二丙腈、角鲨烷及欲测固定液制成的 3 根色谱柱上的相对保留值，将其取对数后，得到

$$q = \lg \frac{t'_{R(苯)}}{t'_{R(环己烷)}} \tag{12-57}$$

被测固定液的相对极性值 P_x 可按下面的公式计算

$$P_x = 100 - 100 \frac{q_1 - q_x}{q_1 - q_2} \tag{12-58}$$

式中，q_1、q_2、q_x 分别为苯和环己烷物质对在 β,β-氧二丙腈、角鲨烷和待测固定液柱上测得的调整保留值之比的对数。显然被测固定液为角鲨烷时，$P_x = 0$；被测固定液为 β,β-氧二丙腈时，$P_x=100$。每种固定液都能测出其 P_x 值，结果分布在 0～100 之间。把 P_x 值从 0～100 分为 5 级，每 20 为 1 级，用"+"表示，P_x 值为 0 者称为非极性固定液，+1 至 +2 之间为弱极性固定液，+3 者为中等极性固定液，+4 至 +5 之间为强极性固定液。非极性亦可用"−"表示。固定液的级数越大，说明固定液的极性越强。

上述这种排列固定液极性的方法，只能反映组分（苯和环己烷）与固定液之间的诱导力和色散力，尚不能反映被测物与固定液分子间的全部作用力，后来罗氏和麦克雷诺又提出了改进方案。

② 按固定液特征常数分类。1966 年，罗氏对固定液的评价方法进行了改进，他选用了 5 种有代表性的试验物质，即苯、乙醇、2-丁酮、硝基甲烷和吡啶，它们分别代表了与固定液之间不同类型的作用力。分别测量这些试验物质在欲测定固定液和角鲨烷固定液上的保留指数，然后求出这 5 种试验物质在欲测定固定液及角鲨烷固定液上的保留指数差值，即

$$\Delta I = I_x - I_s \tag{12-59}$$

式中，I_x 为任一试验物质在欲测固定液的保留指数；I_s 为任一试验物质在角鲨烷固定液的保留指数。

用 5 个试验物质可得 5 个 ΔI 值，再分别除以 100，得

$$x = \frac{\Delta I_{苯}}{100} \tag{12-60}$$

$$y = \frac{\Delta I_{乙醇}}{100} \tag{12-61}$$

$$z = \frac{\Delta I_{2-丁酮}}{100} \tag{12-62}$$

$$u = \frac{\Delta I_{1-硝基甲烷}}{100} \tag{12-63}$$

$$s = \frac{\Delta I_{吡啶}}{100} \tag{12-64}$$

式中，x、y、z、u、s 是固定液各种作用力的极性因子，称为固定相常数，随固定液不同而异。在比较某一固定液的极性时，只要求得上述 5 种标准物质在该固定液的固定相常数后，就可以从这些数值进行判断，数值大表示极性强，这 5 种固定相常数称为罗氏常数。

1970 年，麦克雷诺（McReynolds）在罗氏方法的基础上提出了改进方案。他认为罗氏选定的试验物质中，乙醇、2-丁酮、硝基甲烷给出的保留指数接近 500，这样需要用 C_5 或 C_5 以下的气态烃作参比物，这些参比物易挥发，因此测得的数据准确度差。他选用了 10 种试验物质作为标准，于 120℃测定了 226 种固定液与角鲨烷之间的保留指数之差值（ΔI）。归纳后发现用苯、丁醇、2-戊酮、硝基丙烷、吡啶 5 种物质足以表达固定液的相对极性。为了与罗氏固定相常数相区别，用 x'、y'、z'、u' 和 s' 表示相应的麦氏固定相常数，并且将前者的数值分别乘以 100，即

$$x' = \Delta I_{苯} \tag{12-65}$$
$$y' = \Delta I_{丁醇} \tag{12-66}$$
$$z' = \Delta I_{2-戊酮} \tag{12-67}$$
$$u' = \Delta I_{硝基丙烷} \tag{12-68}$$
$$s' = \Delta I_{吡啶} \tag{12-69}$$

可用 5 种标准物质的麦氏常数或其总和（$\sum \Delta I$）的数值大小来表示固定液的相对极性。数值越大，固定液的极性就越大。现在已广泛地采用麦氏常数来比较固定液的性质。麦氏常数可由气相色谱手册查找。

（4）固定液的选择　固定液的选择是实现样品成功分离的关键，一般可按"相似相溶"的原则来选择固定液。具体来说，大致可分为以下 6 种情况。

① 分离非极性组分，一般选用非极性固定液。试样中各组分按沸点从低到高的顺序流出色谱柱。同沸点的极性组分先流出。

② 分离极性组分，选用极性固定液。试样中各组分按极性顺序分离，极性小的先流出，极性大的后流出。

③ 分离中等极性组分，选用中等极性固定液。组分按沸点顺序流出，沸点低的先流出，同沸点的极性小的组分先流出。

④ 分离非极性和极性混合物，一般选用极性固定液。非极性组分先流出，极性组分后流出。

⑤ 分离能形成氢键的组分，一般选用极性或氢键型固定液。试样中各组分按与固定液分子间形成氢键能力的大小流出色谱柱，不易形成氢键的先流出，易形成氢键的最后流出。

⑥ 复杂的难分离组分，可选用两种或两种以上的混合固定液。

对于样品极性情况未知的，一般可用表 12-5 中常用的几种固定液做试验。

表 12-5　几种常用固定液

序号	固定相名称	型号	麦氏常数和	最高使用温度 /℃
1	角鲨烷	SQ	0	150
2	二甲基聚硅氧烷	OV-1，SE-30	227	350
3	苯基（10%）甲基聚硅氧烷	OV-3	423	350
4	苯基（20%）甲基聚硅氧烷	OV-7	592	350
5	苯基（50%）甲基聚硅氧烷	DC-710，OV-17，SP-2250	827～884	375
6	聚乙二醇-20000	Carbowax-20M	2308	225
7	聚丁二酸二乙二醇酯	DEGS	3504	200

在固定液的选择上，应用较多的还有 Rohrschneider/McReynolds（R/M）系统。对于含不同官能团的化合物的分析，R/M 系统是有帮助的。例如，当需要对醇的保留作用大于对芳烃的保留作用时，应选用 y' 与 x' 之比值较高的固定相。又如，要得到对醇的保留作用比酮大的柱子，需选用 y' 与 z' 之比值较高的固定相。此外，如果试验过一种固定液但分离效果不好，则最好选 $\sum \Delta I$ 差异在 200 以上的固定液。

除上面介绍的方法外，还可以利用前人优选出的固定相。目前已有上千种固定相，而且还在不断增加。在前人优选出的固定相中，对填充柱而言，最受欢迎的是甲基硅氧烷（OV-101、SE-30）、50% 苯基甲基硅氧烷（OV-17）、Carbowax 20M、中等氰基含量的氰基固定相（OV-275、SP-2300）和 50% 三氟丙基硅氧烷（OV-202、SP-2401）等；对无机气体和轻烃，高分子多孔微球是优选固定相；对毛细管色谱，甲基硅氧烷、Carbowax 20M、氰丙基硅氧烷或二氟丙基硅氧烷为优选固定相。

3. 填充柱的制备

（1）色谱柱的选择、清洗　目前色谱用填充柱一般多采用不锈钢或玻璃柱，早期曾用过铜柱、铝柱，在使用较高的柱温下，铜或铝会发生催化作用破坏样品，现在已很少使用。当分析某些易分解或易发生结构转化的化合物时，如甾族化合物、氨基酸等，多使用更加惰性的玻璃柱。

柱的清洗：玻璃柱要用洗液浸泡洗涤，不锈钢柱则要用 5%～10% 的热碱（NaOH 或 KOH）水溶液洗涤，最后用去离子水冲洗至中性，烘干后备用。

选择合适的固定液和合适的担体对色谱分离仅仅是完成了第一步，固定液涂渍及填充是完成色谱分离的关键。

（2）固定液的涂渍　根据选择的固定液配比，称取一定量的固定液溶解在适当的溶剂中。对溶剂的要求是：

① 和固定液不发生反应；

② 有足够的溶解能力；

③ 有适宜的挥发度。待固定液全部溶解后，将其放入蒸发皿或烧杯中，把一定量的经过筛分好的担体慢慢均匀地加入蒸发皿中，以液面稍溢过担体为宜。将蒸发皿放在水浴上加热，温度控制在低于选用的溶剂沸点。慢慢搅拌或晃动蒸发皿，直至无明显液体存在为止。固定液涂渍过程不可图快，也不宜用玻璃棒猛烈搅拌，以免损伤担体。将涂渍好的固定液放在低温烘箱或稍远离红外灯下慢慢烘干备用。

（3）固定相的填充　通常是在柱后接一真空泵抽气，使固定相靠真空吸入柱管，为填充均匀，可用振荡器振动或用小木棒轻轻敲打柱管，使填料填充密实、均匀。在填充过程中不可剧烈敲打振动，以免造成固定相颗粒破碎。

（4）老化处理　装好固定相的柱子不能马上使用，需要进行老化处理。老化的目的是：①除去填充物中残余溶剂和挥发性杂质；②促使固定液均匀牢固地分布在载体表面；③促进填料均匀密实。老化温度应高于实际使用温度，而低于固定液最高使用温度。老化时柱一端接在进样器气路中，另一端悬空在柱箱中，通载气数小时至十几小时，以保证接入检测器后基线稳定。

三、气相色谱操作条件的选择

气相色谱操作条件选择的是否合适，常常决定分离的目的是否能够达到，而选择实验条件的主要依据是范氏方程和分离度与各种色谱参数的关系式。

1. 色谱柱的选择

色谱柱的选择包括固定相与柱长两方面，固定相的选择在前面已经叙述，此处仅介绍柱长的选择。从分离度与柱长的关系可知，柱长加长，分离度提高，但分析时间也随之延长，峰宽加大；权衡利弊，通常选择填充柱的长度为 0.5～6m。

2. 柱温的选择

柱温主要影响分配系数、容量因子以及组分在流动相和固定相中的扩散系数，从而影响分离度和分析时间。选择柱温的原则，一般是在使难分离物质对达到要求的分离度条件下，尽可能采用低柱温，其优点是可以增加固定相的选择性，降低组分在流动相中的纵向扩散、提高柱效，减少固定液的流失、延长柱寿命和降低检测器的本底。对于宽沸程样品，需采用程序升温法进行分离，即柱温按预先设定的程序随时间成线性或非线性增加，从而获得最佳分离效果。

3. 载气的选择

载气的种类主要影响峰展宽、柱压降和检测器的灵敏度。从范氏方程可知，当载气流速较低时，纵向扩散占主导地位，为提高柱效，宜采用分子量较大的载气，如 N_2；当流速较高时，传质阻力项占主导地位，为提高柱效，宜采用低分子量的载气，如 H_2 或 He。

载气流速主要影响分离效率和分析时间。为获得高柱效，应选用最佳流速，但所需分析时间较长。为缩短分析时间，一般选择载气流速要高于最佳流速，此时柱效虽稍有下降，却节省了很多分析时间。常用的载气流速为 $20 \sim 80 mL \cdot min^{-1}$。

考虑到对检测器灵敏度的影响，用热导检测器时，应选用 H_2 或 He 作载气；用氢火焰离子化检测器时，应选择 N_2 作载气。

4. 进样量的选择

进样量的多少直接影响谱带的初始宽度。因此，只要检测器的灵敏度足够高，进样量越少，越有利于得到良好分离。一般情况下，柱越长，管径越粗，组分的容量因子越大，则允许的进样量越多。通常填充柱的进样量为：气体样品 $0.1 \sim 1mL$；液体样品 $0.1 \sim 1\mu L$，最大不超过 $4\mu L$。此外，进样速度要快，进样时间要短，以减小纵向扩散，有利于提高柱效。

5. 汽化温度的选择

汽化温度取决于样品的挥发性、沸点范围及进样量等因素。汽化温度选择不当，会使柱效下降。通常汽化室的温度选择为样品沸点或高于沸点，以保证样品能瞬间汽化；但不要超过沸点 50℃ 以上，以防样品分解。对于一般气相色谱分析，汽化温度比柱温高 $10 \sim 50$℃ 即可。

以上介绍的是气相色谱操作条件选择的基本原则，对于实际问题还需结合具体情况灵活应用。

四、毛细管气相色谱法简介

毛细管气相色谱法（capillary gas chromatography，CGC）是采用高分离效能的毛细管柱分离复杂组分的一种气相色谱法，是 1957 年由美国学者戈雷（Golay）首先提出的，他用内壁涂渍一层薄而均匀固定液的毛细管代替填充柱，解决组分在填充柱中因涡流扩散所致柱效降低的问题。这种色谱柱的固定液涂布在内壁上，中心是空的，故称开管柱，习惯称毛细管柱。由于毛细管柱具有相比大、渗透性好、分析速度快以及柱效高等优点，因而特别适合分离分析组成极为复杂的混合物和痕量物质，现已广泛应用于石油化工、环境科学、食品科学及医药卫生等领域。

1. 毛细管柱的种类

毛细管柱指的是内径 $0.1 \sim 0.5mm$、长 $30 \sim 300m$ 的色谱柱。毛细管柱分为空心柱与填充柱两类，但由于填充毛细管柱制作困难，很难推广使用，所以通常说的毛细管柱，多指空心毛细管柱。根据柱内固定液涂渍情况不同，空心柱又可分为以下几种。

（1）涂壁空心柱（WCOT） 在玻璃柱的内壁上直接涂渍固定液，其特点是柱效高但柱容量低。

（2）多孔层空心柱（PLOT） 在毛细管内壁上涂一层多孔性吸附剂固体微粒，不再涂固定液。实际上是气固色谱空心柱。

（3）载体涂渍空心柱（SCOT） 先在毛细管内壁上涂覆一层硅藻土载体，然后再在其上涂渍一层固定液。涂覆硅藻土载体的目的是在柱内表面形成微孔层，增大表面积，在液膜厚度不增加的情况下，可提高固定液涂渍量，因此可增大进样量，适用于痕量分析。

（4）键合型空心柱 将固定液用化学键合的方法键合到涂敷硅胶的柱表面或经表面处理的毛细管内

壁上。这类柱子热稳定性好,抗溶剂冲洗,柱寿命长。

(5) 交联毛细管柱　采用交联引发剂,在高温处理下,将固定液交联到毛细管内壁上。这种柱子具有柱效高、耐高温、不易流失等特点,是目前发展迅速、较理想的一类毛细管柱。

(6) 集束毛细管柱　这是由许多支很小内径的毛细管柱组成的毛细管束。这种柱容量高,分析速度快,适于工业分析。

2. 毛细管气相色谱仪

毛细管气相色谱仪是在填充柱色谱仪基础上发展起来的,根据毛细管柱的特点,做了某些适当的改进。第一因为毛细管柱体积很小,柱容量小,柱承载的样品量很小,因此,柱前必须加分流装置,保证很少量的样品进入色谱柱。第二在柱后加装尾吹装置,因为毛细管柱中,体积流速很小,为了使在毛细管柱中分离很好的组分不会在检测器中发生混合,在毛细管柱出口加尾吹气,防止组分扩散,保证柱效。

商品化毛细管气相色谱仪包括专用毛细管色谱仪及毛细管与填充柱兼用色谱仪。其流程示意如图12-18 所示。

3. 毛细管色谱进样技术

毛细管柱由于柱容量很小,因此对进样系统的要求很严格。毛细管进样技术是近年来广大色谱工作者十分关心的重要课题之一。

(1) 分流进样　由于毛细管柱的柱容量很小,要在很短的时间里把极小的样品定量地引入毛细管柱中,一般只能采用分流法进样。即在汽化室出口分两路,绝大部分放空,极小部分进入毛细管柱,这两部分比例叫分流比,通常控制在 50:1 至 500:1。常见分流结构如图 12-19 所示。

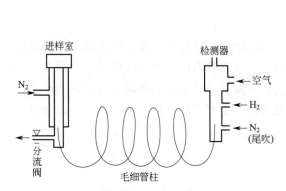

图 12-18　毛细管柱气相色谱仪流程示意图

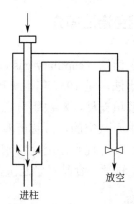

图 12-19　毛细管分流进样示意图

通常在气相色谱仪汽化室适当位置加装分流装置,由针阀手动控制或由电磁阀自动控制分流比。分流进样要求进入汽化室的样品迅速汽化,并且保证等比例分流,即进入色谱柱的组分比例应该和放空的组分比例相同。这样才能保证分流进样的组分不失真,对定性、定量工作才有意义。要做到等比例分流是很困难的,因此分流进样对痕量组分的定量分析需十分慎重。

(2) 格如伯(Grob)不分流进样　不分流进样技术是指由 Grob 等人利用溶剂效应锐化样品谱带,从而实现稀溶液中痕量分析的一种毛细管气相色谱进样技术。

溶剂效应是利用溶剂在载气携带下,在低的汽化室温度和较低的柱温下,稀释样品经进样器缓慢进样后,大量的溶剂向前滚动,形成临时液相,样品谱带前沿在越来越厚的液膜上移动,造成该区内相比 $\beta \left(\beta = \dfrac{V_G}{V_L} \right)$ 随着液膜厚度的增加而递减,而分配比 $\left(k = \dfrac{K}{\beta} \right)$ 却增加,因而造成组分谱带的前沿移动速度慢,而后沿却相反，移动的速度快。这样，由于溶剂效应使组分谱带锐化或聚焦，使组分分离成一个一个的尖锐的窄峰。

Grob 不分流进样，是专指那些借助于"溶剂效应"的 Grob 型不分流进样方式，其典型操作为：在暂时关闭系统分流阀和选用较低的汽化温度、较低的柱温条件下，缓慢地将若干微升稀样品注入进样器，利用溶剂效应来实现稀溶液样品直接注射，实现色谱带浓缩、锐化的进样技术。

4. 毛细管色谱法的特点

（1）分离效能高　由于毛细管柱的空心性，气体流路畅通，压降很小，和填充柱相比较，达到同样的压降，柱子可以很长，因此可以使用很长的柱子来增加板数，通常一根毛细管柱的柱效是填充柱的百倍。因此可用来分析极复杂的混合物，正是由于毛细管柱的高效性使其对固定液要求不苛刻，一般有 2～3 根不同极性的毛细管柱就可解决大部分分析工作。

（2）相比大　即 β 值大，填充柱的 β 值一般在 6～35 之间，而毛细管柱在 50～1500 之间。β 值大，液膜厚度小，传质快，有利于提高柱效和实现快速分析。

（3）操作条件严格　与填充柱相比，毛细管色谱进样要严格得多，不管是分流进样，还是不分流进样，都需满足进样条件的要求，因此操作要仔细、合理，否则会造成较大的分析误差。尾吹气流速要选择合适，否则会造成谱带展宽，严重的会造成柱效下降，分离效果变差。

第五节　高效液相色谱法

一、概述

高效液相色谱（high performance liquid chromatography，HPLC）是 20 世纪 60 年代末 70 年代初发展起来的一种分离分析技术。它是在经典液相色谱法的基础上，引入了气相色谱的理论，在技术上采用了高压泵、高效固定相和高灵敏检测器，使之发展成为具有高效、高速、高灵敏度的液相色谱技术，亦称为现代液相色谱法，目前已成为应用极为广泛的一种重要分离分析手段，特别是对高沸点、热不稳定性有机化合物、天然产物及生化试样的分析有着其他分析方法无法取代的地位。

与经典液相色谱法相比，HPLC 的突出特点见表 12-6。

表 12-6　高效液相色谱与经典液相色谱的比较

高效液相色谱	经典液相色谱	高效液相色谱	经典液相色谱
高压，40～50MPa	常压或减压	分析速度快	分析速度慢
填料颗粒小，2～10μm	填料颗粒大，≥100μm	色谱柱可重复多次使用	色谱柱只用一次
柱效高，40000～60000 块/m	柱效低	能在线检测	不能在线检测

高效液相色谱仪通常是在室温下操作，在特殊情况下，也可在 30～40℃ 的柱温下操作。样品一般不需处理，操作简便。

高效液相色谱柱制备要有较高技术，高效填料一直是各专业厂家严守的机密。在高效液相色谱中，组分的分离依赖于组分、固定相和流动相三者之间的作用力，即一旦合适的色谱柱选定之后，色谱分离的好坏就在于选择合适的流动相。可作为流动相的溶剂很多，因此分离操作的关键是流动相的选择。

高效液相色谱不仅用于分析目的，有时也应用制备色谱来制备少量纯样品。

目前，高效液相色谱发展集中在三个方面：①高效填料、高效柱在色谱领域备受关注，是专业厂商争夺的市场；②使用微柱（柱径小于 1mm）可使溶剂用量非常少，既降低成本，又减少污染，但为配合微柱使用，进样装置、检测器以及泵都要小，仪器制造困难；③发展更通用、灵敏度更高的检测器。

二、高效液相色谱法的主要类型

根据分离机制的不同，高效液相色谱法可分为液固吸附色谱法、液液分配色谱法、离子交换色谱法、体积排阻色谱法和离子对色谱法等几种主要类型。

1. 液固吸附色谱法

吸附色谱（adsorption chromatography），也称为液固色谱（liquid solid chromatography）。吸附一词可能更准确地反映这类分离过程的本质。

液固吸附色谱是利用不同组分的分子在固定相上吸附能力的差异而分离的。固定相是吸附剂，流动相是以非极性烃类为主的溶剂。当流动相通过固定相时，固定相表面的活性中心就要吸附流动相分子。同时，当试样分子被流动相带入柱内时，只要它们在固定相有一定程度的保留，就会取代数目相当的已被吸附的流动相分子。于是，在固定相表面发生了试样分子与流动相分子的吸附竞争，可用下式表示

$$X_m + nM_a \rightleftharpoons X_a + nM_m$$

当竞争吸附达到平衡时，吸附平衡常数 K 为

$$K = \frac{[X]_a [M]_m^n}{[X]_m [M]_a^n} \tag{12-70}$$

式中，X 为试样分子；M 为流动相分子；m 为流动相；a 为吸附剂；n 为 M 被 X 取代的分子数目；$[X]_a$ 和 $[M]_a$ 分别代表吸附剂中试样分子和流动相分子的平衡浓度，$[X]_m$ 和 $[M]_m$ 则分别代表它们在流动相中的平衡浓度。

不同组分分子与吸附剂分子间作用力不同，从而表现出不同组分的吸附平衡常数不同而得到最终分离。K 值大的强极性组分易被吸附，保留值大，难于洗脱；K 值小的弱极性组分难被吸附，保留值小，易于洗脱，试样中各组分据此得以分离。

液固吸附色谱由于传质快，装柱容易，重现性较好，20 世纪 70 年代前期曾得到广泛应用。其不足之处是试样容量小，需配用高灵敏度的检测器。液固吸附色谱适用于分离极性不同的化合物、异构体和进行族分离，不适于分离含水化合物和离子型化合物。

2. 液液分配色谱法

液液分配色谱（liquid-liquid partition chromatography）是根据组分在两种互不相溶的液体（即固定相与流动相）中溶解度不同而实现分离的方法。在液液色谱中，固定相是通过化学键合的方式固定在基质上。组分在互不相溶的两相中的溶解情况，可用下式表示

$$X_m \rightleftharpoons X_s$$

式中，X_m 为流动相中的组分分子；X_s 为固定相中的组分分子。

当分配达到平衡时，分配系数为

$$K = \frac{[X]_s}{[X]_m} \tag{12-71}$$

式中，$[X]_s$ 和 $[X]_m$ 分别代表组分分子在固定相和流动相中的平衡浓度。

不同组分的分配系数不同，这是液液分配色谱中组分之所以能被分离的根本原因。

液液分配色谱根据固定相和流动相的相对极性，可分为正相分配色谱和反相分配色谱两类。在正相

分配色谱中，固定相的极性大于流动相的极性，组分在柱内的洗脱顺序按极性从小到大流出。在反相色谱中，固定相是非极性的，流动相是极性的。组分的洗脱顺序和正相色谱相反，极性大的组分先流出，极性小的组分后流出。

在液液分配色谱中，流动相和固定相均为液体，作为固定相的液体是涂在或键合在很细的惰性载体上，可用于极性、非极性、水溶性、油溶性、离子型和非离子型等各种类型样品的分离和分析。

3. 离子交换色谱法

离子交换色谱（ion exchange chromatography）是以离子交换剂作固定相的一种液相色谱技术，它是利用被分离组分与固定相之间发生离子交换能力的差异而实现分离的。凡是在溶液中能够电离的物质通常都可以用离子交换色谱法进行分离，它不仅适用于无机离子混合物的分离，亦可用于有机物的分离（如氨基酸、核酸、蛋白质等生物大分子），因此应用范围较广。

离子交换剂上分布有固定的带电荷基团和与之平衡的可交换离子，当流动相带着组分离子通过固定相时，交换剂上的可交换离子与流动相中具有相同电荷的组分离子进行可逆交换。其过程可用下式表示

阳离子交换： $R-SO_3^-H^+ + M^+ \rightleftharpoons R-SO_3^-M^+ + H^+$

阴离子交换： $R-NR_3^+Cl^- + X^- \rightleftharpoons R-NR_3^+X^- + Cl^-$

对阳离子交换反应是流动相中的待测阳离子（M^+）与交换剂上的阳离子（H^+）进行交换，对阴离子交换是待测阴离子（X^-）与交换剂上的阴离子（Cl^-）进行交换。交换达到平衡时，以浓度表示的平衡常数（亦称离子交换反应的选择系数）为

$$K_M = \frac{[R-SO_3^-M^+][H^+]}{[R-SO_3^-H^+][M^+]} \tag{12-72}$$

$$K_X = \frac{[R-NR_3^+X^-][Cl^-]}{[R-NR_3^+Cl^-][X^-]} \tag{12-73}$$

平衡常数 K 值越大，表示组分的离子与离子交换剂的相互作用越强。由于不同的物质在溶剂中离解后，对离子交换中心具有不同的亲和力，因此具有不同的平衡常数。亲和力大的，在柱中的停留时间长，具有高的保留值。一般说来，待测离子的电荷数越大，水合离子的半径越小，平衡常数 K 就越大。

对于典型的磺酸型阳离子交换剂，一价离子平衡常数 K 的顺序为

$$Cs^+ > Rb^+ > K^+ > NH_4^+ > Na^+ > H^+ > Li^+$$

二价离子 K 的顺序为

$$Ba^{2+} > Pb^{2+} > Sr^{2+} > Ca^{2+} > Cd^{2+} > Cu^{2+}, Zn^{2+} > Mg^{2+}$$

对于季铵型强碱性阴离子交换剂，各阴离子 K 的顺序为

$$ClO_4^- > I^- > HSO_4^- > SCN^- > NO_3^- > Br^- > NO_2^- > CN^- > Cl^- > BrO_3^- > OH^- >$$
$$HCO_3^- > H_2PO_4^- > IO_3^- > CH_3COO^- > F^-$$

4. 体积排阻色谱法

体积排阻色谱（size exclusion chromatography）又称凝胶渗透色谱（gel permeation chromatography），以具有一定大小孔径分布的凝胶为固定相，以能溶解被分离组分的水或有机溶剂为流动相，依据被分析组分分子流体力学体积的大小，也就是按组分分子量的大小进行分离。分子量为 100 至 8×10^5 的任何类型化合物，只要在流动相中是可溶的，都可用体积排阻色谱法进行分离。

体积排阻色谱的基本原理是利用凝胶中孔径的大小不同而对大小不同的分子进行分离的。

当流动相携带组分进入色谱柱后，大于凝胶孔径的组分大分子，因不能渗入孔内而被流动相携带着沿颗粒间隙最先流出色谱柱；中等体积组分的分子能渗透到某些孔穴，但不能进入另一些更小的孔穴，

它们以中等速度流出色谱柱；小体积的组分分子可以进入所有孔穴，因而被最后淋洗出色谱柱。

柱流动相体积可分为两部分，一部分为粒间体积 V_o，另一部分为孔穴体积 V_p。其关系式为

$$V_e = V_o + K_d V_p \tag{12-74}$$

式中，V_e 为保留体积，也称洗脱体积；V_o 为粒间体积；V_p 为孔穴体积，且 $V_o+V_p=V_m$，V_m 是总的流动相体积；K_d 为分布系数。

根据式（12-74）可得

$$K_d = \frac{V_e - V_o}{V_p} = \frac{V_e - V_o}{V_m - V_o} \tag{12-75}$$

如果是大分子（大到所有的孔都进不去），则 $V_e=V_o$，$K_d=0$；
如果是小分子（小到所有的孔都能进去），则 $V_e=V_m$，$K_d=1$；
体积排阻色谱的分离情况，如图 12-20 所示。

图 12-20 中下部分为组分的洗脱曲线，上部分表示洗脱体积和组分分子量之间的关系。图 12-20 中 A 点为固定相凝胶的排斥极限，凡比此点分子量大的组分均被排阻，以保留体积为 V_o 的单一色谱峰 C 洗出，$K_d=0$。图 12-20 中 B 点为固定相凝胶的渗透极限，凡比 B 点分子量小的组分，均可自由进出所有凝胶孔，在保留体积 V_m 时一起被洗脱，并以单峰 F 出现，$K_d=1$。分子量介于两者之间的组分（如图 12-20 中峰 D 和 E 对应的组分），将按分子量由大到小的次序被洗脱。通常将 $V_o<V_e<V_m$ 这一范围称为分级范围。只有当样品中各组分的分子大小不同，而且又在此分级范围内，才可能被有效分离。

在排阻色谱中，组分和流动相、固定相之间没有力的作用，完全根据组分分子流体力学体积的大小进行分离。

体积排阻色谱法被广泛用于测定高聚物的分子量及分子量分布。它具有保留时间短、谱峰窄、易检测、可采用灵敏度较低的检测器、柱寿命长等优点。其缺点是不能分辨分子大小相近的化合物，分子量差别必须大于 10% 才能得以分离。

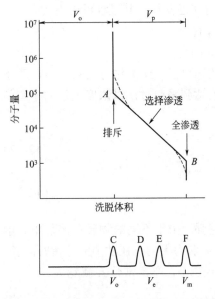

图 12-20 体积排阻色谱分离情况示意图

5. 离子对色谱法

离子对色谱（ion pair chromatography）是离子对萃取技术与色谱法相结合的产物，是与离子交换色谱分离机理完全不同的一种方法，特别适合分离分析强极性有机酸与有机碱。

离子对色谱法是将一种（或多种）与待测离子电荷相反的离子（称为对离子或反离子）加入流动相或固定相中，使其与待测离子结合形成疏水的离子对化合物，从而控制待测离子的保留行为。用于阴离子分离的对离子是烷基铵类，如四丁基铵盐等；用于阳离子的对离子是烷基磺酸类，如十二烷基磺酸盐等。关于离子对色谱法的机理，至今仍不十分明确，已提出的机理有离子对形成机理、离子交换机理、离子相互作用机理等，现以离子对形成机理说明之。假如有一离子对体系，其固定相为非极性键合相，流动相为水溶液，并在其中加入一种与待测离子 A^+ 带相反电荷的离子 B^-，A^+ 和 B^- 由于静电引力结合，形成离子对化合物 A^+B^-，此离子对易溶入有机相，并在两相间进行分配。

$$A^+_W + B^-_W \rightleftharpoons (A^+B^-)_O$$

式中，下标 W 为水相，O 为有机相。

当分配达到平衡时，其平衡常数 K_{AB} 可表示为

$$K_{AB} = \frac{[A^+B^-]_O}{[A^+]_W[B^-]_W} \quad (12\text{-}76)$$

由于待测离子的性质不同，与反离子形成离子对的能力不同，以及形成的离子对疏水性质的不同，导致待测的各离子在固定相中滞留时间不同，因而出峰先后不同而彼此分开。

现代离子对色谱是 20 世纪 70 年代初期发展起来的，它主要分为正相离子对色谱和反相离子对色谱两类。正相离子对色谱是以具有不同 pH 值的缓冲溶液为固定相、有机溶液为流动相，而反相离子对色谱是以有机相为固定相、水溶液为流动相。目前最常用的是反相离子对色谱，它兼有反相色谱的特点，如操作简便、柱效高、分析速度快，而且能同时分离分析离子型化合物和中性化合物，在许多领域获得应用，特别是一些难分离的生化试样如核酸及其降解产物、氨基酸及其衍生物、肽和多肽以及蛋白质混合物等都可用该法进行分离检测。

6. 高效液相色谱法的选择

在解决某一试样的分析任务时，如何正确地选择一种合适的液相色谱分离方法，是分析工作者需要解决的首要问题。通常是根据样品的性质，如分子量的高低、水溶性还是非水溶性、离子型还是非离子型、极性的还是非极性的以及分子结构如何等来选择，选择方法可参考图 12-21。

概念检查 12.2

○ 根据分离机制的不同，高效液相色谱法可分为哪几种主要类型？简述体积排阻色谱法分离的基本原理，并指出什么是固定相凝胶的排斥极限、渗透极限和分级范围？

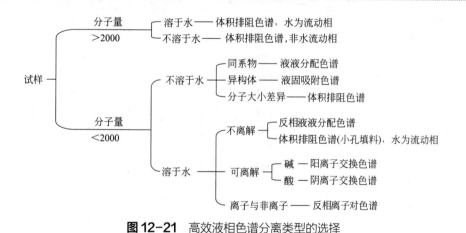

图 12-21 高效液相色谱分离类型的选择

三、高效液相色谱固定相及流动相

由于在液相色谱中，存在着组分与固定相和流动相三者之间的作用力，因此固定相与流动相的选择是完成分离的一个重要因素。

1. 液固吸附色谱法

（1）固定相　液固吸附色谱的固定相多为具有吸附活性的吸附剂，分为极性与非极性两大类。极性固定相主要有硅胶、氧化铝、硅酸镁分子筛等；非极性固定相主要有高分子多孔微球、高强度多孔活性炭微粒等，其中硅胶是应用最广泛的一种。

① 极性固定相。在极性固定相中，硅胶和硅酸镁为酸性吸附剂（表面 pH = 5），氧化铝和氧化镁为碱性吸附剂（表面 pH = 10～12）。若用酸性吸附剂分离碱性物质（如胺类），则可能造成色谱峰严重拖尾或永久性吸附，解决的办法是向流动相中加入少许碱性物质（如三乙胺），反之亦然。市售的商品硅胶吸附剂，表面皆为氢键型硅羟基，表现出很强的吸附活性，易发生化学吸附，造成色谱峰拖尾，解决的办法是向硅胶柱中加入少量极性改进剂，如在流动相中加入适量水，使其由氢键型硅羟基转化成对样品有适当吸附作用的游离型硅羟基。硅胶主要用于分离溶于有机溶剂的极性至弱极性的分子型化合物。由于硅胶的吸附活性中心具有一定的几何排列顺序，因此也用来分离某些几何异构体。

② 非极性固定相。在非极性固定相中，应用最多的是高分子多孔微球，也称为有机胶。它是高交联度的苯乙烯-二乙烯基苯共聚微球，可用于分离芳烃、杂环、甾体、生物碱、油溶性维生素、芳胺、酚、酯、醛、醚等化合物，还可分离分子量较小的化合物。其分离机制多数认为属于吸附作用，也有认为吸附与分配兼有，并具有小孔凝胶的作用。

（2）流动相　液相色谱中流动相的作用非常重要，对于特定的分离对象，分离选择性和分离速度主要通过选择合适的流动相来实现。在液固吸附色谱中常用斯奈德（L.R.Snyder）提出的溶剂强度参数 ε° 来表示溶剂的洗脱强度。ε° 定义为溶剂分子在单位吸附剂表面的吸附自由能，表示溶剂分子对吸附剂的亲和程度。ε° 值越大，表明溶剂与吸附剂的亲和能力越强，则越易从吸附剂上将被吸附的溶质洗脱下来，即对溶质的洗脱能力越强，从而使溶质在固定相上的容量因子越小。依据各种溶剂在吸附剂上的 ε° 值的大小，可判断其洗脱能力的差别。将洗脱溶剂按 ε° 值的大小顺序排列起来，则构成溶剂的洗脱系列。表12-7 列出了不同溶剂在硅胶和氧化铝上的 ε° 值。

表12-7　溶剂强度参数及其物理性质

溶剂	ε°（硅胶）	ε°（氧化铝）	黏度（20℃）/10^{-3}Pa·s	沸点/℃	折射率（20℃）	紫外截止波长/nm
正戊烷	0.00	0.00	0.23	33	1.358	195
正己烷		0.00	0.32	69	1.375	190
环己烷	0.05	0.04	0.98	80	1.426	200
二硫化碳	0.14	0.15	0.37	46	1.628	380
四氯化碳	0.14	0.18	0.97	77	1.460	265
二异丙醚		0.28	0.37	68	1.368	220
乙醚	0.38	0.38	0.23	34	1.353	218
氯仿	0.26	0.40	0.57	60	1.443	245
四氢呋喃		0.45	0.55	66	1.407	212
丙酮	0.47	0.56	0.32	56	1.359	330
乙酸乙酯	0.38	0.58	0.45	77	1.370	256
乙腈		0.65	0.37	82	1.344	190
甲醇		0.95	0.60	65	1.329	205
水		大	1.00	100	1.333	170

在液固吸附色谱中，若使用硅胶、氧化铝等极性固定相，应以 ε° 值小的弱极性戊烷、己烷、庚烷作流动相的主体，再适当加入二氯甲烷、氯仿、乙酸乙酯等中等极性溶剂，或四氢呋喃、乙腈、甲醇、水等极性溶剂作为改性剂，以调节流动相的洗脱强度，实现样品中不同组分的良好分离。若使用高分子多孔微球等非极性固定相，应以 ε° 值大的水、甲醇、乙醇等极性溶剂作为流动相的主体，可加入四氢呋喃、乙腈等改性剂，以调节流动相的洗脱强度，实现样品中各组分的良好分离。

在液固吸附色谱中，对复杂混合物的分离，难以用纯溶剂洗脱来实现，此时需要用二元或三元混合溶剂体系来提高分离选择性。在二元混合溶剂中，其洗脱强度随溶剂组成的改变而连续变化，更容易找到具有实用性的 ε° 值的混合物。某些二元混合溶剂的强度，如图12-22 所示。对于给定的 ε° 数值，可由图 12-22 提供几种不同的二元混合溶剂系统。此图最上端横线上的数字标明各种溶剂的溶剂强度参数 $\varepsilon°$，此线下面所有横线上标的数字，是与 $\varepsilon°$ 数值对应的强极性溶剂的体积百分数。从第二条横线开始，左端标记的为二元混合溶剂中极性弱的组分，横线右端标记的为极性强的组分。如欲获得 $\varepsilon°=0.30$ 的二元混合溶剂，则可由下述混合溶剂提供，如 76% 二氯甲烷/戊烷、2% 乙腈/戊烷、0.4% 甲醇/戊烷、50% 二氯甲烷/异氯丙烷、2% 乙腈/异氯丙烷、0.3% 甲醇/异氯丙烷。图 12-22 对指导如何选择具有确定 $\varepsilon°$ 值的二元混合溶剂，进行等强度溶剂洗脱来改善分离的选择性，具有重要的实用价值。

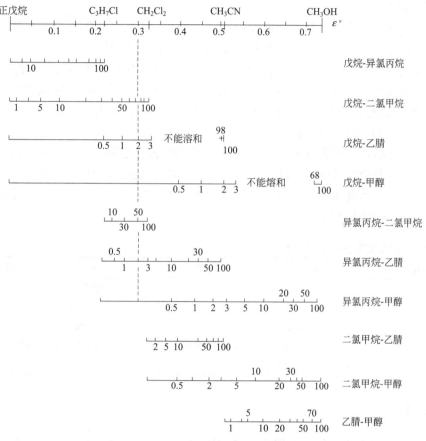

图 12-22 二元混合溶剂的强度与浓度的关系

使用二元混合溶剂的不足之处，是由于非极性溶剂（如戊烷）和极性溶剂（如甲醇）有时不能以任意比例混合而发生溶剂的分层现象。为此可加入分别能与这两种溶剂混溶的具有中等极性的第三种溶剂（如异丙醇、二氯甲烷、二氯乙烷、乙酸乙酯等），构成三元混合溶剂系统，而使混合溶剂强度发生改变，并可使用梯度洗脱操作。

2. 液液分配色谱法

（1）固定相　液液分配色谱的固定相由载体和固定液组成。最常用的载体材料是硅胶，可以将固定液直接涂渍或通过化学反应键合于载体表面，后者称为化学键合固定相，它具有耐溶剂冲洗、不流失、柱效高、寿命长，以及适于梯度洗脱等优点，在现代液相色谱中占有重要地位，是液液分配色谱的理想固定相。

涂渍法常用的固定液只有几种极性不同的物质，如 β,β'-氧二丙腈、聚乙二醇、聚酰胺、正十八烷和异三十烷等。极性固定液用于正相色谱法，非极性固定液用于反相色谱法。在化学键合固定相中，于硅胶表面键合氰基、氨基和二醇基等极性基团的固定相用于正相色谱法，键合 C_8、C_{16}、C_{18}、C_{22} 烷基和苯基等非极性基团的固定相用于反相色谱法。

（2）流动相　液液分配色谱法所用流动相的极性必须与固定相有显著不同，这主要是为了避免因固定液溶于流动相中而流失。为使组分获得良好的分离，通常希望组分的容量因子保持在 1～10 范围内，若组分的容量因子 >10，或 <1 时，可通过调节流动相的极性来获取适用的容量因子值。

在正相色谱中，流动相的主体为己烷、庚烷，可加入小于 20% 的极性改性剂，如异丙醚、二氯甲烷、四氢呋喃、乙酸乙酯、乙醇、甲醇、乙腈等，这样溶质的容量因子会随改性剂的加入而减小，表明混合溶剂的洗脱强度明显增加。

在反相色谱中，流动相的主体为水，再加入甲醇、乙腈、四氢呋喃等改性剂来调节极性，溶质在混合溶剂流动相中的容量因子会随改性剂的加入而减小，表明混合溶剂的洗脱强度增强。一般情况下甲醇-水系统已能满足多数样品的分离要求，且黏度小、价格低，是反相色谱中最常用的流动相。改性剂的性质及其与水的比例对保留值和分离效果有影响。例如，在分析有机弱酸时，常向甲醇-水流动相中加入 1% 的甲酸（或乙酸、磷酸、硫酸），就可抑制峰形拖尾并改善分离效果；对于弱碱性样品，向流动相中加入 1% 的三乙胺，也可达到相同的效果。

梯度洗脱时，正相色谱法通常逐渐增大洗脱剂中极性溶剂的比例；而反相色谱则与之相反，逐渐增大甲醇和乙腈的比例。反相色谱中溶剂极性越弱，其洗脱能力越强，溶剂强度越高；反之溶剂极性越强，其洗脱能力越弱，溶剂强度越低。水是极性最强的溶剂，也是反相色谱中溶剂强度最弱的溶剂。正相色谱法与反相色谱法的比较见表 12-8。

表 12-8　正相色谱法与反相色谱法的比较

项目	正相色谱法	反相色谱法
固定相	强极性	非极性
流动相	弱-中等极性	中等-强极性
出峰顺序	极性弱的组分先出峰	极性强的组分先出峰
保留值与流动相的关系	随流动相极性增强保留值变小	随流动相极性增强保留值变大
适于分离的物质	极性物质	弱极性物质

3. 离子交换色谱法

（1）固定相　离子交换色谱的固定相为离子交换剂。离子交换剂由基体和带电荷的离子基构成，根据离子基所带电荷的不同，分为阳离子交换剂与阴离子交换剂；根据离子基的酸度和碱度，阳、阴离子交换剂又有强弱之分，如强酸性阳离子交换剂常含有磺酸基（—SO_3H），而弱酸性阳离子交换剂则含有羧基（—COOH）或酚羟基（—OH）官能团；强碱性阴离子交换剂常含有烷基胺官能团，如—$N(CH_3)_3Cl$，而弱碱性阴离子交换剂则含有弱碱性的—NH_2 官能团。根据所用基体不同，离子交换剂又分为两种类型，即以交联聚苯乙烯为基体的离子交换树脂和以硅胶为基体的离子交换硅胶。前者交换容量大，pH 操作范围宽，但柱效低，遇水有溶胀现象，不耐高压；而后者机械强度高，不溶胀，耐压，高效，但交换容量小，pH 范围较窄。选择固定相时主要考虑离子基的性质，若样品是酸性化合物，需采用阴离子交换剂；若样品是碱性化合物，则采用阳离子交换剂。

（2）流动相　离子交换色谱的流动相一般采用盐类的缓冲水溶液。水是一种理想的溶剂，以水溶液为流动相时可以通过改变流动相的 pH、缓冲液的类型、离子强度以及加入少量有机溶剂、配位剂等方式来改变交换剂的选择性，使待测组分达到有效分离。在实际分析工作中，通常用钠、钾、铵的柠檬酸盐、磷酸盐、甲酸盐与其相应的酸混合成的酸性缓冲溶液或与氢氧化钠混合成的碱性缓冲溶液作为离子交换色谱的流动相。

4. 体积排阻色谱法

（1）固定相　体积排阻色谱的固定相为具有一定孔径分布的多孔性凝胶物质。对固定相的要求是：孔径分布应有确定的范围，能承受高压，吸附性极小等。其中孔径的大小和分布是固定相的最重要参数，它表明可分离组分的分子量范围。固定相根据其化学成分不同分为无机凝胶（如多孔硅胶、多孔玻璃等）和有机凝胶（如交联聚苯乙烯、交联葡聚糖等）两类，前者机械强度高，稳定性好，耐高温高压，但具有一定的吸附性；后者渗透性好、柱效高，在合成过程中，可通过控制交联剂用量，以得到不同交联度的凝胶，用于不同分子量物质的分离。

（2）流动相　与其他类型色谱的不同之处是，在体积排阻色谱中，选择流动相的目的不是为了控制分离，而只是作为待分离样品的运输工具，因而对其要求是黏度低、毒性小，对样品的溶解性好，对固定相能浸润，与所用检测器匹配。常用的流动相有四氢呋喃、甲苯、氯仿和水等。

5. 离子对色谱法

（1）固定相　在正相离子对色谱中，将含有离子对试剂的水溶液涂渍到硅胶表面和孔隙中作固定相。早期的反相离子对色谱是将固定液涂渍在载体上作固定相。20世纪70年代中期后，反相离子对色谱也同其他液相色谱一样，普遍采用了化学键合固定相，目前常用的是反相色谱中的ODS或C_8、C_{18}等化学键合固定相。

（2）流动相　正相离子对色谱常用有机溶剂作流动相，如丁醇-二氯甲烷-己烷、三氯甲烷和乙酸乙酯等。反相离子对色谱常用的流动相是甲醇-水、乙腈-水和以水为主体的缓冲溶液，增加甲醇或乙腈含量，容量因子减小。在流动相中增加有机溶剂的比例，应考虑离子对试剂的溶解度；流动相的酸度对保留值有影响，一般pH在2～7.4比较合适。

四、高效液相色谱仪

以液体为流动相，采用高压输液泵、高效固定相和高灵敏度检测器等装置的液相色谱仪称为高效液相色谱仪。高效液相色谱仪的种类很多，根据其功能不同，可分为分析型、制备型和专用型。不论何种类型的高效液相色谱仪，其基本组成是类似的，都是由输液系统、进样系统、分离系统、检测系统及数据处理系统5个部分组成。图12-23是高效液相色谱仪的示意图。其工作过程如下：高压泵将储液罐的溶剂经进样器送入色谱柱中，然后从检测器的出口流出。当样品从进样器注入时，流动相将其带入色谱柱中进行分离，分离后的各组分依次进入检测器，检测器输出的电信号供给数据处理及记录装置，得到色谱图。

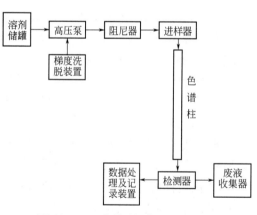

图 12-23　高效液相色谱仪示意图

1. 输液系统

输液系统包括溶剂储罐、高压泵、过滤器、阻尼器和梯度洗脱装置，其核心部分是高压泵。

（1）流动相净化

① 脱气。通常采用不锈钢或聚四氟乙烯瓶装溶剂，用真空泵或水泵脱除溶剂中的气体。为加快除气速度，也可使用超声波发生器脱气。

脱气的目的主要是消除流动相从色谱柱到达检测器时（即从高压到常压），由气泡释放产生的电噪声干扰。

②过滤。高压泵由于在高压力下操作，柱塞、密封垫必须精密配合才能保证不漏液。因此，流动相在使用之前必须过滤除去微小的固体颗粒，这种微粒可磨损泵的活塞、密封垫、单向阀，堵塞柱头垫片的微孔，损坏泵并降低柱效、缩短柱的寿命。除去机械杂质最简单的办法是使用真空泵的微膜过滤除去杂质。微孔滤膜具有不同孔径、不同材质，应用时可根据需要选用。

（2）高压输液泵　高压输液泵是高效液相色谱仪中最关键的部件，其作用是将流动相在高压下连续不断地送入色谱系统，使样品在色谱柱中完成分离过程。它应具备流量稳定，输出压力高，流量范围宽，耐酸碱和缓冲液腐蚀，压力变动小，易于清洗和更换溶剂等特性，并具有梯度洗脱功能。

高压输液泵分为恒压泵和恒流泵两类。恒压泵主要指气动放大泵，在系统中，泵的压力始终保持恒定，但流速随着系统压力的变化而变化，即不能保证在任何时刻的流速都保持不变。恒流泵有往复泵和螺旋柱塞泵，这类泵输出流量恒定。在液相色谱中应用最多的是往复泵，泵的柱塞在输液过程中前后往复运动。柱塞向后移动时，将溶剂吸入泵的腔体中；柱塞向前移动时，将液体排出腔体。柱塞的前后移动，是由一个偏心轮的旋转驱动的。液体的流向是由泵的一对单向阀控制。泵的结构示意如图12-24所示。

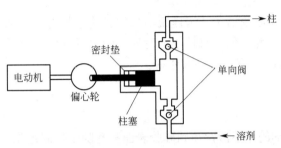

图12-24　往复泵结构示意图

（3）梯度洗脱装置　HPLC的洗脱方式有等度和梯度两种。等度洗脱是洗脱过程中保持流动相组成配比不变；梯度洗脱则是在洗脱过程中连续或阶段性地改变流动相组成，以使柱系统具有最好的选择性和最大的峰容量。

往复泵可以连续不断地以恒定的流量输送液体，更换溶剂方便，适合梯度洗脱。

梯度洗脱是根据组分的复杂程度，在组分的洗脱过程中，不断调整混合溶剂的组成，改变溶剂的强度或溶剂的选择性，使多组分复杂混合物得到满意分离。实现梯度洗脱主要依赖于泵系统，根据溶剂混合时所处的压力，一般分为两种类型，即低压梯度和高压梯度。

①低压梯度。低压梯度是溶剂在常压下混合，然后用高压泵将其送至柱系统中。这种方法简单，只需一个泵，经济实用。

实现低压梯度的最好方法是，使用时间比例电磁阀，通过微处理机控制溶剂输入电磁阀的开关频率，以控制泵输出的溶剂组成，低压溶剂梯度示意如图12-25所示。

②高压梯度。高压梯度一般使用两台高压输液泵，每台泵输送一种溶剂。两台泵输出的溶剂在一混合室内混合（见图12-26），每台泵的溶剂流量单独控制。

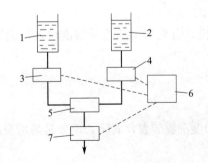
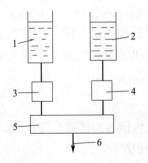

图12-25　低压溶剂梯度示意图
1—溶剂A；2—溶剂B；3,4—电磁阀；5—混合室；
6—电子控制系统；7—泵

图12-26　高压溶剂梯度示意图
1—溶剂A；2—溶剂B；3,4—高压泵；5—混合室；
6—溶剂出口

2. 进样系统

进样系统是将样品引入色谱柱的装置，包括取样与进样两个功能。在液相色谱中，进样方式有微量注射器进样、阀进样、自动进样器进样等。

（1）微量注射器进样　用 1～100μL 微量注射器将样品注入专门设计的与色谱柱相连的进样头内。这种进样方式简便快速，可获得比其他进样方式都要高的柱效，但压力不能超过 10MPa。

（2）阀进样　目前多采用六通阀进样，其结构与工作原理与气相色谱所用六通阀完全相同。进样阀可在高压下（35～40MPa）直接将样品送入色谱柱，不需要停留，进样量由固定体积的定量管严格控制，因此进样准确、重现性好。

（3）自动进样器进样　由计算机自动控制定量阀进行取样、进样、清洗等一系列操作，操作者只需将样品按顺序装入储样装置中。该法实现了全自动化操作，节省人力，适合大批量样品的分析。

3. 分离系统

分离系统包括柱管与固定相两部分，样品在此完成分离，是色谱仪的心脏。

柱管通常采用优质不锈钢制作，柱长 10～30cm、内径 4～5mm，柱接头的死体积应尽可能小，以减少柱外效应。高效液相色谱柱的获得，主要取决于固定相的性能（有关固定相的内容前面已详述，此处不再介绍），但也与柱床结构有关，而柱床结构直接受填充技术的影响。色谱柱的装填方法有干法和湿法两种。粒径大于 20μm 的固定相，可用干法装填，而粒径小于 20μm 的固定相，需用湿法装填，湿法也叫匀浆法，即以一合适的溶剂（或混合溶剂）作为分散介质，经超声波处理，使固定相微粒在介质中形成匀浆，然后在高压泵作用下将匀浆压入柱管中。

4. 检测器

检测器是用于连续监测柱后流出物组成和含量变化的装置。其作用是将色谱柱中流出的样品组分含量随时间的变化转化为易于测量的电信号。用于高效液相色谱的检测器应具有灵敏度高、线性范围宽、响应快以及死体积小等特点。

液相色谱检测器可分为两类：一类是测量样品和流动相的共有性质，也称总体检测器。它对试样和流动相总的物理或化学性质有响应，属于这类检测器的有示差折光检测器和蒸发光散射检测器等；另一类是测量样品中溶质所特有的性质，它仅对被分离组分的物理或化学特性有响应，属于这类检测器的有紫外检测器、荧光检测器和电化学检测器等。

（1）紫外吸收和光电二极管阵列检测器　紫外吸收检测器在液相色谱中应用最广，几乎是一切色谱仪的必备检测器，它噪声低、灵敏度高、结构简单。

紫外吸收检测器的工作原理是基于待测样品组分对特定波长紫外光的选择性吸收，组分浓度与吸光度的关系符合朗伯-比尔定律。

紫外吸收检测器有固定波长型和可变波长型两种，它们的代表性光路如图 12-27 和图 12-28 所示。

固定波长检测器用低压汞灯作光源，测定波长为 254nm 或 280nm。光源所发射其他波长的光经过滤光片消除。可变波长检测器采用氘灯和钨丝灯组合光源，波长在 190～800nm 范围可调，从而增加了检测器的灵敏度和选择性，扩大了检测器的应用范围。

紫外吸收检测器属于选择性检测器，凡是具有共轭 π 键和孤对电子的物质，如共轭烯烃、芳烃以及含有 $\rangle C=O$、$\rangle C=S$、$-N=O$、$-N=N-$ 基团的化合物，在紫外光区都有吸收，都可用紫外吸收检测器进行测定。如果某些化合物没有吸收，可以通过衍生化法转变成有紫外吸收的物质，以利于紫外检测。

光电二极管阵列检测器（photodiode array detector，PDA）是 20 世纪 80 年代发展起来的新型紫外检

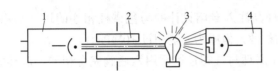

图 12-27 单波长紫外检测器
1—测量光电管；2—样品池；3—低压汞灯；4—参考光电管

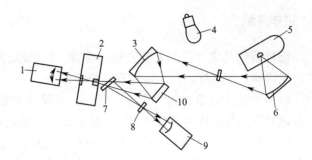

图 12-28 可变波长检测器光路图
1—测量光电池；2—流通池；3,6—非球面聚焦镜；4—钨丝灯；5—氘灯；7—光束分离器；8—孔阑；9—参比光电池；10—光栅

测器。PDA 由于采用计算机快速扫描采集数据，可获得组分的三维色谱-光谱图，所得信息为吸光度随保留时间和波长变化的三维图。因此，可利用色谱保留值规律及光谱特征吸收曲线综合进行定性分析。PDA 的检测原理与紫外吸收检测器相同，只是 PDA 可同时检测到所有波长的吸收值，相当于全扫描光谱图。它采用几百至上千个光电二极管组成阵列，检测波长范围达 190～800nm。混合光首先经过吸收池，被样品吸收，然后通过一个全息光栅经色散分光，并投射到光电二极管阵列检测器上，每个光电二极管输出相应的光强信号，得到吸收后的全光谱。PDA 的特点是不需要机械扫描就可瞬时获得全波长光谱，这种检测器不仅可以避免由于波长选择不合适而漏检被测组分，而且可快速地定性判别或鉴定不同类型的化合物。

（2）示差折光检测器 示差折光检测器（differential refractive index detector）又称折光指数检测器，其最大的特点是对所有的物质都有响应，只要被测组分与洗脱液的折射率有差别就可使用，因此是通用型检测器。

不同的物质具有不同的折射率，当样品组分随流动相从柱中流出，它的折射率与纯流动相不同。示差折光检测器是以纯溶剂作参比，连续监测柱后洗脱物折射率的变化，并根据变化的差值确定样品中各组分的量。

示差折光检测器按工作原理可分为反射型、偏转型和干涉型三种。

现以偏转型为例进行介绍。它是基于折射率随流动相中成分的变化而变化，如入射角不变，则光束的偏转角是流动相中成分变化的函数。因此，测量折射角偏转值的大小，便可得到试样的浓度。图 12-29 是偏转型示差折光检测器的光路图。

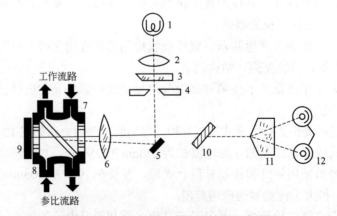

图 12-29 偏转型示差折光检测器光路图
1—光源；2,6—透镜；3—红外隔热滤光片；4—狭缝；5—反射镜；7—工作池；
8—参比池；9—平面反射镜；10—平面细调透镜；11—棱镜；12—光电倍增管

光源 1 发射出的光经透镜 2 聚焦后，从狭缝 4 射出一条细窄光束，经反射镜 5 反射后，经透镜 6 穿过工作池 7 和参比池 8，被平面反射镜 9 反射，成像于棱镜 11 的棱口上，然后光束均匀分解为两束，到达左右两个对称的光电倍增管 12 上。如果工作池和参比池通过的都是纯流动相，光束无偏转，左右两个光电倍增管的信号相等，此时输出平衡信号。如果工作池有试样通过，由于折射率改变，造成了光束的偏移，左右两个光电倍增管所接收的光束能量不等，因此输出一个代表偏转角大小，即反映试样浓度的信号。红外隔热滤光片 3 可阻止红外光通过，以保证系统工作的热稳定性。透镜 10 用于调整光路系统的不平衡。

使用示差折光检测器要注意以下事项：①流动相的组成一定要恒定，不能使用梯度洗脱；②不能使检测池带压工作，在与其他检测器串联使用时应放在最后；③流速要恒定，泵的流速波动要小于 0.5%，使用往复泵时要用阻尼装置；④温度应恒定，恒温控制要达 ±0.001℃。

示差折光检测器比紫外吸收检测器的应用面广，但灵敏度低（低两个数量级），价格较高。对于无紫外吸收的物质，如脂肪烷烃类以及生命科学中常遇到的各种糖类化合物等都可用示差折光检测器进行检测。

（3）荧光检测器　荧光检测器（fluorescence detector）是一种具有高灵敏度和高选择性的浓度型检测器，它是利用某些物质具有光致发光性质来检测的。荧光检测器的检测原理是，某些物质在受紫外光激发后，能发射荧光，并且在一定条件下，荧光强度与流动相中的物质浓度成正比。对不产生荧光的物质，可使其与荧光试剂反应，生成可发生荧光的衍生物再进行测定。

荧光检测器包括激发光源、选择激发波长用的单色器、流通池、选择发射波长用的单色器及用于检测发光强度的光电倍增管。通常采用氙灯为激发光源，流通池与紫外检测器类似。图 12-30 为单光路固定波长荧光检测器光路图。由光源发出的光，经激发光单色器后，得到所需要的激发光波长。激发光通过样品流通池，一部分光线被待测组分吸收。待测组分激发后，向四面八方发射荧光。为了消除入射光与散射光的影响，一般取与激发光成直角的方向测量荧光。荧光经发射光单色器分光后，单一波长的发射光被光电倍增管检测。荧光检测器按单色器的不同可分为固定波长荧光检测器和荧光分光检测器；按有无参比光路，又可分为单光路荧光检测器和双光路荧光检测器。图 12-31 为双光路固定波长荧光检测器示意图，其中的参比光路有利于消除流动相所发射的本底荧光以及光源波动的影响。

荧光检测器灵敏度高，检出限可达 10^{-12} g·mL^{-1}，比紫外检测器高出 2～3 个数量级，但其线性范围较窄，仅约为 10^3。荧光检测器对流动相脉冲不敏感，可用于梯度洗脱，缺点是仅对具有荧光特性的物质有响应，适用范围有一定的局限性。荧光检测器可用于多环芳烃、黄曲霉素、色素、卟啉类化合物、农药等的分析；很多与生命科学有关的物质，如氨基酸、胺类、维生素、蛋白质、甾族化合物及某些代谢药物等都可以用荧光法检测，尤其在生物样品痕量分析中很有用。

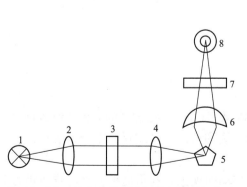

图 12-30　单光路固定波长荧光检测器光路图

1—光源；2,4,6—透镜；3—激发光单色器；5—流通池；
7—发射光单色器；8—光电倍增管

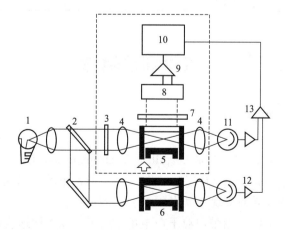

图 12-31　双光路固定波长荧光检测器示意图

1—光源；2—10% 反射棱镜；3—激发光滤光片；4—透镜；5—测量池；
6—参比池；7—发射光滤光片；8—光电倍增管；9—放大器；
10—记录器；11—光电管；12—对数放大器；13—线性放大器

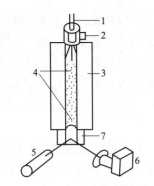

图 12-32 蒸发光散射检测器工作原理示意图

1—HPLC 柱；2—喷雾气体；3—蒸发漂移管；4—样品液滴；5—激光光源；6—光电倍增管；7—散射室

（4）蒸发光散射检测器　蒸发光散射检测器（evaporative light scattering detector）是一种新型的通用型检测器，其性能比示差折光检测器优越得多，主要适用于无紫外吸收，不能用紫外检测器检测的组分，如糖类、脂肪酸、甘油三酯及甾体等，其工作原理如图 12-32 所示。组分经色谱柱分离后随流动相流出，在通向检测器途中，被高速载气（N_2）喷成雾状颗粒，在受温度控制的蒸发漂移管中，流动相不断蒸发，溶质形成不挥发的微小颗粒，被载气携带通过检测系统。检测系统由激光光源和光电倍增管组成。在散射室中，光被散射的程度取决于散射室中溶质颗粒的大小和数量。粒子的数量取决于流动相的性质及喷雾气体和流动相的流速。当喷雾气体和流动相的流速固定时，散射光的强度与流动相中组分的浓度成正比。蒸发光散射检测器消除了溶剂的干扰和因温度变化而引起的基线漂移，利于梯度洗脱，死体积小、灵敏度高。其缺点是蒸发光散射检测器对有紫外吸收的组分检测灵敏度相对较低，且只适合流动相能完全挥发的色谱条件，若流动相含有难以挥发的缓冲剂，就不能用该检测器进行检测。

（5）电化学检测器　电化学检测器是根据电分析化学方法而设计的。电化学检测器主要有两种类型：一是根据溶液的导电性质，通过测定离子溶液电导率的大小来测量离子浓度；另一类是根据被测物在电解池中工作电极上所发生的氧化-还原反应，通过电位、电流和电量的测量，确定被测物在溶液中的浓度。

对那些无紫外吸收或不能发生荧光，但具有电活性的物质，都可用电化学检测器进行检测。目前电化学检测器主要有电导、安培、极谱和库仑 4 种。此外，电化学检测器所用流动相必须具有导电性，因此一般使用极性溶剂或水溶液，主要是盐的缓冲液作流动相。

常用高效液相色谱检测器的性能比较如表 12-9 所示。

表 12-9　高效液相色谱检测器的性能比较

检测器	测量参数	检出限 /g·mL^{-1}	线性范围	池体积 /μL	梯度洗脱	流速影响	温度影响	选择性
紫外	吸光度	10^{-10}	$2.5×10^4$	1~10	能	无	小	有
荧光	荧光强度	10^{-12}	10^3	7	能	无	小	有
折光	折射率	10^{-7}	10^4	2~10	不能	无	大	无
安培	电流	10^{-9}	10^4	<1	不能	有	大	有
电导	电导率	10^{-8}	10^4	0.5~2	不能	无	大	有

第六节　高效毛细管电泳

一、概述

毛细管电泳（capillary electrophoresis，CE）又称高效毛细管电泳（high performance capillary electrophoresis，HPCE），是指离子或带电粒子以毛细管为分离通道，以高压直流电场为驱动力，依据淌度的差异而实现分离的一种分离分析技术。

电泳是指带电粒子在电场作用下，以不同速度做定向移动的现象。利用这种现象对物质进行分离分析的方法称之为电泳法。电泳作为一种物理现象早已被人们发现，并逐渐发展为一种分离技术。1937 年，瑞典化学家提塞留斯（Tiselius）利用电泳技术首次从人血清中分离出白蛋白和 α、β、γ- 球蛋白，并研制成第一台电泳仪，使电泳作为分离分析技术有了突破性进展，因而获得 1948 年诺贝尔化学奖。经典电泳法由于存在焦耳热（在高电场下，毛细管中的电解质会产生自热现象，称该热量为焦耳热），只能在低电场强度下操作，直接影响了其分离效率和分析速度的提高。为解决这一问题，1981年，乔根森（Jorgenson）和卢卡奇（Lukacs）使用内径为75μm的石英毛细管进行区带电泳，采用激光诱导荧光检测器，在30kV电压下，理论塔板数超过40万/米，获得极高柱效和十分快速的分离。他们还进一步研究了影响区带展宽的因素，阐明了毛细管电泳的有关理论。这一开创性工作成为电泳发展史上一个里程碑，使经典的电泳技术发展为高效毛细管电泳。从此，毛细管电泳在理论研究、分离模式、商品仪器、应用领域等各方面均获得了迅猛发展。如今，HPCE可与GC、HPLC相媲美，成为现代分离科学的重要组成部分。

由于毛细管能抑制溶液对流，具有良好的散热性，克服了传统电泳技术中的焦耳热现象，可在很高的电场下使用，极大地改善了分离效果。与传统电泳技术和HPLC相比，HPCE具有灵敏度高、样品用量少、操作简便、分离效率高、分析速度快、成本低以及应用范围广等优点。

二、毛细管电泳基本原理

1. 电泳和电泳淌度

电泳是带电粒子在电场作用下作定向移动的现象，其移动速度 u_{ep} 由式（12-77）决定。

$$u_{ep}=\mu_{ep}E \tag{12-77}$$

式中，u_{ep} 为带电粒子的电泳速度（下标ep表示电泳），$cm \cdot s^{-1}$；E 为电场强度，$V \cdot cm^{-1}$；μ_{ep} 为带电粒子的电泳淌度，$cm^2 \cdot (V \cdot s)^{-1}$。

所谓电泳淌度（electrophoretic mobility）是指带电粒子在毛细管中单位时间和单位电场强度下移动的距离，也就是单位电场强度下带电粒子的平均电泳速度，简称淌度。表示为

$$\mu_{ep} = \frac{u_{ep}}{E} \tag{12-78}$$

淌度与带电粒子的有效电荷、形状、大小以及介质黏度有关，对于给定的介质，带电粒子的淌度是该物质的特征常数。因此，电泳中常用淌度来描述带电粒子的电泳行为。

由式（12-77）可以看出，带电粒子在电场中的迁移速度取决于该粒子的淌度和电场强度的乘积。在同一电场中，由于带电粒子淌度的差异，致使它们在电场中的迁移速度不同，而导致彼此分离。

带电粒子在无限稀释溶液中的淌度叫做绝对淌度，用 μ_{ab} 表示。在实际工作中，人们不可能使用无限稀释溶液进行电泳，某种离子在溶液中不是孤立的，必然会受到其他离子的影响，使其形状、大小、所带电荷、离解度等发生变化，所表现的淌度会小于 μ_{ab}，这时的淌度称为有效淌度，即物质在实际溶液中的淌度，用 μ_{ef} 表示。

$$\mu_{ef}=\sum a_i\mu_i \tag{12-79}$$

式中，a_i 为物质 i 的离解度；μ_i 为物质 i 在离解状态下的绝对淌度。

物质的离解度与溶液的pH值有关，而pH值对不同物质的离解度影响不同。因此，可以通过调节溶液pH值来加大溶质间 μ_{ef} 的差异，以提高电泳分离效果。

2. 电渗与电渗流

（1）电渗流的大小 电渗是一种物理现象，是指在电场作用下，液体相对于带电荷的固体表面移动的现象。电渗现象中液体的整体移动叫电渗流。在HPCE中，所用毛细管大多为石英材料。当石英毛细

管中充入的缓冲溶液的 pH 值大于或等于 3 时，管壁表面的硅羟基—Si—OH 部分离解成—SiO⁻，使管壁表面带负电荷。在静电引力作用下，—SiO⁻ 将把试液中的阳离子吸引到管壁附近，并在一定距离内形成阳离子相对过剩的扩散双电层（双电层与管壁间会产生一个电位差，叫作 Zeta 电势），看上去就像带负电荷的毛细管内壁形成了一个圆筒形的阳离子塞流。在外加电场作用下，带正电荷的溶液表面及扩散层的阳离子向阴极移动。由于这些阳离子是溶剂化的，当它们沿剪切面做相对运动时，将携带着溶剂一起向阴极移动，这就是 HPCE 中的电渗现象。在电渗力驱动下，毛细管中整个液体的流动，叫 HPCE 中的电渗流。电渗流的大小用电渗流速度 u_{eo} 表示。与电泳类似，电渗流速度等于电渗淌度 μ_{eo} 与电场强度 E 的乘积，即

$$u_{eo} = \mu_{eo} E \tag{12-80}$$

电渗流受双电层厚度、管壁的 Zeta 电势和介质黏度的影响。一般说来，双电层越薄，Zeta 电势越大，黏度越小，电渗流速度就越大。通常情况下，电渗流速度是一般离子电泳速度的 5～7 倍。

（2）电渗流的方向　电渗流的方向取决于毛细管内壁表面所带电荷的性质。一般情况下，石英毛细管内壁表面带负电荷，电渗流从阳极流向阴极。但如果将毛细管内壁表面改性，使其内表面带正电荷，产生的电渗流方向则变为由阴极流向阳极。

（3）电渗流的作用　在毛细管电泳中，同时存在电泳流和电渗流，在不考虑相互作用的前提下，带电粒子在毛细管内的实际迁移速度是电渗流速度与其电泳速度的矢量和，可表示为

$$u_{ap} = u_{eo} + u_{ef} = (\mu_{eo} + \mu_{ef})E = \mu_{ap}E \tag{12-81}$$

$$\mu_{ap} = \mu_{eo} + \mu_{ef} \tag{12-82}$$

式中，u_{ap} 为表观迁移速度；u_{ef} 为有效电泳速度；μ_{ap} 为表观淌度。

样品中的阳离子向阴极迁移，与电渗流方向一致，移动速度最快；阴离子向阳极迁移，与电渗流方向相反，但由于电渗流速度通常大于电泳速度，其结果是阴离子缓慢移向阴极；中性分子与电渗流速度相同。当把样品从阳极一端注入毛细管内时，各种带电粒子将按不同的速度向阴极迁移，电渗流将所有的阳离子、中性分子、阴离子先后带至毛细管另一端（阴极端）并被检测。溶质粒子的出峰顺序为：阳离子→中性分子→阴离子。因不同离子的表观淌度不同，则它们的表观迁移速度就不同，因而得以分离。不电离的中性分子总是与电渗流的速度相同，故可利用其出峰时间测定电渗流速度的大小。

由上述讨论可知，电渗流在 HPCE 的分离中起着非常重要的作用，改变电渗流的大小或方向，可改变分离的效率与选择性，这是 HPCE 中优化分离的重要因素。

三、毛细管电泳的分离模式

毛细管电泳有多种分离模式，根据分离原理可分为：毛细管区带电泳、毛细管凝胶电泳、胶束电动毛细管色谱、毛细管等电聚焦电泳、毛细管等速电泳和毛细管电色谱。

1. 毛细管区带电泳

毛细管区带电泳（capillary zone electrophoresis，CZE）是毛细管电泳中最简单、应用最广的一种模式，是其他各种分离模式的基础。CZE 不仅可以分离小分子，也可以分离蛋白质、肽、糖等生物大分子；毛细管经改性处理后，还可分离阴离子，但不能分离中性物质。CZE 的特征是整个系统都用同一种电泳缓冲液充满。缓冲液由缓冲试剂、pH 调节剂、溶剂和添加剂组成。通电后，溶质在毛细管中按各自特定的速度迁移，形成一个一个独立的溶质带，溶质离子间依其淌度的差异而得到分离。

2. 毛细管凝胶电泳

毛细管凝胶电泳（capillary gel electrophoresis，CGE）是用凝胶物质或其他筛分介质作为支撑物进行分离的区带电泳。CGE 是毛细管电泳的重要模式之一，它综合了毛细管电泳和平板凝胶电泳的优点，成为当今分离度极高的一种电泳技术，常用于蛋白质、寡聚核苷酸、核糖核酸、DNA 片段的分离和测序及聚合酶链反应产物的分析。

在 CGE 中，毛细管内填充有凝胶或其他筛分介质，它们具有类似于分子筛的作用。在电场力推动下，试样中各组分流经筛分介质时，其运动受到介质的阻碍。大分子受到的阻力大，在毛细管中迁移速度慢；小分子受到的阻力小，迁移快，从而使大小不同的分子得到分离。筛分介质是 CGE 中的关键，也是毛细管电泳研究的热点问题之一。CGE 所用的筛分介质主要是交联聚丙烯酰胺和琼脂糖凝胶等。由于在毛细管中灌制凝胶介质有很大的难度，近年来，研制出了新的筛分介质，即非胶筛分介质。它们主要是一些黏度低亲水线性或枝状高分子，如线性聚丙烯酰胺、甲基纤维素、羧丙基甲基纤维素、聚乙烯醇等。这些物质的溶液仍有分子筛的作用，与凝胶相比具有方便、简单、柱子寿命长等优点，缺点是分离能力略差于凝胶柱。

毛细管凝胶电泳所用缓冲液的可变性远小于 CZE。当使用非胶筛分介质时，缓冲液的选择与 CZE 类似。

3. 胶束电动毛细管色谱

胶束电动毛细管色谱（micellar electrokinetic capillary chromatography，MECC 或 MEKC）是以胶束为准固定相的一种电动色谱，是电泳技术与色谱技术相结合的产物，其突出特点是将只能分离离子型化合物的电泳变成不仅可分离离子型化合物，而且还可分离中性分子，从而大大拓宽了电泳技术的应用范围。

MECC 是在电泳缓冲液中加入表面活性剂，如十二烷基磺酸钠（SDS），当溶液中表面活性剂浓度超过临界胶束浓度（CMC）时，它们就会聚集形成具有三维结构的胶束，疏水性烷基聚在一起指向胶束中心，带电荷的一端朝向缓冲溶液。由于 SDS 形成的胶束表面带负电荷，它会向阳极迁移，而强大的电渗流使缓冲溶液向阴极迁移。由于电渗流的速度大于胶束迁移速度，从而形成了快速移动的缓冲液水相和慢速移动的胶束相。这里胶束相的作用类似于色谱固定相，称为"准固定相"。当被测样品进入毛细管后，中性溶质按其亲水性的不同，在胶束相和缓冲液水相之间进行分配。亲水性弱的溶质，分配在胶束中的多，迁移时间长；亲水性强的溶质，分配在缓冲溶液的多，迁移时间短。从而使亲水性稍有差异的中性物质在电泳中得到分离。在 MECC 中，"准固定相"作为独立的一相，对分离起着非常重要的作用。改变准固定相的种类，将改变分离选择性。目前常用的准固定相是表面活性剂，作为准固定相的表面活性剂可分为阴离子型、阳离子型、两性离子型和中性分子等不同种类。原则上凡能在水或极性有机溶剂中形成胶束的物质，都可用于 MECC，但在实际工作中，由于毛细管电泳分离及其检测等方面的限制，可选的表面活性剂数量相当有限，目前比较常用的几种表面活性剂有：十二烷基硫酸钠、十二烷基磺酸钠、十四烷基硫酸钠、癸烷磺酸钠等阴离子表面活性剂；十二烷基三（甲基）氯化铵、十二烷基三（甲基）溴化铵、十四烷基三（甲基）溴化铵、十六烷基三（甲基）溴化铵等阳离子表面活性剂；胆酰胺丙基二（甲基）氨基丙磺酸、胆酰胺丙基二（甲基）氨基 -2- 羟基丙磺酸等两性离子表面活性剂；辛基葡萄糖苷、十二烷基 -β-D- 麦芽糖苷等中性分子表面活性剂。MECC 中的缓冲液选择与 CZE 基本相同。

4. 毛细管等电聚焦电泳

毛细管等电聚焦电泳（capillary isoelectric focusing electrophoresis，CIEF）是根据等电点（两性物质以电中性状态存在时的 pH 值叫等电点，用 pI 表示）的差异分离生物大分子的电泳技术，也是一种采用涂层毛细管的分离分析技术。当使用有涂层的毛细管时，可以使电渗流降至很小，从而实现基于电迁移差异的分离。将样品与两性电解质混合，然后装入毛细管；施加高电压 3～4min，两性电解质沿毛细管形成线性 pH 梯度，各种具有不同等电点的样品组分按照这一梯度迁移到其等电点位置，并在该点停留，其所带净电荷为零，由此产生一条由不同组分排列得非常窄的聚焦区带；通过外力将此梯度溶液推出毛细管，这些聚焦谱带就被"电洗脱"使组分逐个通过检测器。

等电聚焦实际上是 pH 梯度 CZE，因为要构建 pH 梯度，所以电泳时正极与负极的缓冲液是不相同的，毛细管中的介质也与电极槽的不完全一样。分离之前，毛细管中先灌入含有样品和两性电解质的样液，正极槽灌入酸性溶液，负极槽灌入碱性溶液。当施加电压后，管内很快就会在两性电解质作用下建立 pH 梯度，样品组分按等电点迁移到各自的位置上。CIEF 中，正极溶液通常是 $20\sim50\text{mmol}\cdot\text{L}^{-1}$ 的磷酸溶液，负极溶液是 $10\sim50\text{mmol}\cdot\text{L}^{-1}$ 的 NaOH 溶液，两性电解质与传统的等电聚焦相同。通常选用 pH=3～9 的两性电解质溶液，若选用更窄的 pH 梯度试剂，则可获得更精细的分离结果。

毛细管等电聚焦过程是在毛细管内实现的，具有极高的分辨率，可以分离等电点差异小于 0.01 的蛋白质以及氨基酸等两性化合物。

5. 毛细管等速电泳

毛细管等速电泳（capillary isotachophoresis，CITP）采用两种不同的缓冲液体系，一种是前导电解质，另一种是尾随电解质。前者的淌度要高于试样中各被分离组分，后者则低于各被分离组合。在分离时，毛细管内首先导入前导电解质，然后进样，随后再导入尾随电解质。在强电场作用下，被分离组分按其不同的淌度夹在前导电解质与尾随电解质之间，以同一个速度移动，实现分离。例如，在进行阴离子分析时，阴离子按淌度大小的次序朝阳极泳动，前导电解质的离子淌度大，速度快，集中在最前面；紧接着是被分离组分中淌度最大的离子，然后由大到小以此类推；排在最后的是尾随电解质。于是所有的阴离子形成各自的独立区带，达到彼此分离。CITP 可以同时分析阴离子和阳离子，但更多的是用于样品的柱上浓缩。

在实际 CITP 分离中，电渗流可用 0.25% 的羟脯氨酸酰甲基纤维素抑制，理想的前导电解质是 $5\text{nmol}\cdot\text{L}^{-1}$ 的磷酸溶液；有效的尾随电解质是用伯胺调节适当 pH 的 $100\text{nmol}\cdot\text{L}^{-1}$ 的缬氨酸溶液。

6. 毛细管电色谱

毛细管电色谱（capillary electrochromatography，CEC）是将毛细管电泳的高柱效和 HPLC 的高选择性有机结合的产物，它开辟了高效微分离技术的新途径。CEC 的分离过程包含了电泳和色谱两种机制，溶质根据它们在流动相与固定相中的分配系数不同和自身的电泳淌度差异而得以分离。CEC 是采用内壁键合、涂渍固定液或管内填充固定相微粒的毛细管为分离柱，在毛细管的两端加高压直流电压，以电渗流代替高压泵推动流动相的色谱过程。目前，反相毛细管电色谱研究较多，毛细管填充长度一般为 20cm，填料为 C_{18} 或 C_8 烷烃，流动相为乙腈和甲醇。

CEC 的最大特点是分离速度快、分离效率高，选择性好于毛细管电泳。但由于柱容量小，其检测灵敏度尚不如 HPLC。CEC 的应用领域与 HPLC 一样广泛，它可采用 HPLC 的各种模式。

四、毛细管电泳仪

毛细管电泳仪通常是由高压电源、毛细管柱、缓冲液池、检测器和记录/数据处理等部分组成，如图 12-33 所示。

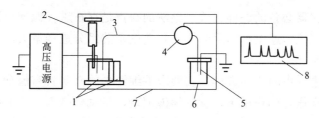

图 12-33 毛细管电泳仪示意图

1—高压电极槽与进样系统；2—填灌清洗系统；3—毛细管；4—检测器；5—铂丝电极；6—低压电极槽；7—恒温系统；8—记录/数据处理装置

毛细管柱两端分别置于缓冲液池中，毛细管内充满相同的缓冲溶液。两个缓冲液池的液面应保持在同一水平面，柱两端插入液面下同一深度。毛细管柱一端为进样端，另一端连接在线检测器。高压电源供给铂电极 5～30kV 的电压，被测试样在电场作用下电泳分离。

1. 高压电源

高压电源一般采用 0～30kV 稳定、连续可调的直流电源，具有恒压、恒流和恒功率输出。为保证迁移时间的重现性，输出电压应稳定在 ±0.1% 以内。为方便操作，电源极性要容易转换。工作电压是影响柱效、分离度和分析时间的重要参数，应合理选择。一般来讲，工作电压越大，柱效越高，分析时间越短。但升高电压的同时，柱内产生的焦耳热也增大，引起谱带展宽，使分离度下降。分离操作的最佳工作电压与缓冲溶液的组成、离子强度、毛细管内径及长度等许多因素有关。为了尽可能使用高电压而不产生过多的焦耳热，可通过实验做欧姆定律曲线（I-V 曲线）来选择体系的最佳工作电压。具体做法是：在确定的分离体系中，改变外加电压测对应的电流，做 I-V 曲线，取线性关系中的最大电压即为最佳工作电压。

2. 毛细管柱

理想的毛细管柱应是化学和电惰性的，能透过紫外光和可见光，强度高，柔韧性好，耐用且便宜。目前采用的毛细管柱大多为圆管形弹性熔融石英毛细管，柱外涂敷一层聚酰亚胺以增加柔韧性。降低毛细管内径，有利于减少焦耳热，但不利于对吸附的抑制，同时还会造成进样、检测和清洗上的困难。毛细管柱的常规尺寸为：内径 20～75μm、外径 350～400μm，柱长一般不超过 1m。毛细管柱尺寸的选择与分离模式和样品有关，CZE 多选用内径为 50μm 或 75μm 的毛细管，有效长度控制在 40～60cm 之间。进行大分子如红细胞的分离，则需要内径大于 300μm 的毛细管。当使用开管柱毛细管电色谱时，毛细管内径应在 5～10μm 之间。

3. 电极槽

电极槽内一般装有缓冲溶液，为电泳提供工作介质。要求电极槽化学惰性，机械稳定性好。缓冲溶液在所选择的 pH 范围内要有较强的缓冲能力，否则，电解引起的 pH 的微小变化将导致实验结果重复性的明显下降。另外，缓冲溶液的浓度也要合适，浓度过低使重复性变差，浓度过高又会降低电渗流，影响分析速度；一般选 20～50mmol·L^{-1} 的浓度较为合适，分析蛋白质和多肽时，浓度可高一些。

4. 进样

毛细管电泳所需进样量很小，一般为纳升级。为减小进样引起的谱带展宽，进样塞长度应控制在柱长的 1%～2% 以内，采用无死体积的进样方法。目前常用的进样方式有以下三种。

（1）电动进样　电动进样是将毛细管柱的进样端插入样品溶液中，然后在毛细管两端施加一定的电压，靠电渗流将样品带入毛细管，通过控制电压的大小和时间的长短来控制进样量。电动进样结构简单，易于实现自动化,是商品仪器必备的进样方式。该法的缺点是存在进样偏向,即组分的进样量与其迁移速度有关;在同样条件下,迁移速度大的组分比迁移速度小的组分进样量大,这会降低分析结果的准确性和可靠性,必须进行校正。

(2) 压力进样　压力进样也叫流动进样,它要求毛细管中的介质具有流动性。当将毛细管的两端置于不同的压力环境中时,在压差的作用下,管中溶液流动,将试样带入。使毛细管两端产生压差的方法有:在进样端加气压,在毛细管出口端抽真空,以及抬高进样端液面等。压力进样没有进样偏向问题,但选择性差,样品及其背景同时被引入管中,对后续分离可能产生影响。

(3) 扩散进样　扩散进样是利用浓差扩散原理将样品引入毛细管。当把毛细管插入样品溶液时,样品分子因管口界面存在浓度差而向管内扩散,进样量由扩散时间控制。扩散进样具有双向性,即样品分子进入毛细管的同时,区带中的背景物质也向管外扩散,因此可以抑制背景干扰,提高分离效率。扩散与电迁移速度和方向无关,可抑制进样偏向,提高了定性定量结果的可靠性。

5. 检测器

毛细管电泳的检测在原理上与液相色谱相似,由于 HPCE 进样量很小,所以对检测器灵敏度提出了很高的要求。为实现既能对溶质作灵敏检测,又不致使谱带展宽,通常采用柱上检测。目前,毛细管电泳仪配备的几种主要检测器有:紫外检测器、激光诱导荧光检测器和电化学检测器等。紫外检测器是目前应用最广的一种 HPCE 检测器。因多数有机分子和生物分子在 210nm 附近有强吸收,使得紫外检测器接近于通用检测器。该检测器结构简单,操作方便,如果配合二极管阵列检测,还可得到有关组分的光谱信息。激光诱导荧光检测器是 HPCE 最灵敏的检测器之一,可以检出单个 DNA 分子。采用激光诱导荧光检测器时,样品常需进行衍生化。电化学检测器也是 HPCE 中一类灵敏度较高的检测器,分为安培检测器和电导检测器。电化学检测器特别适用于那些吸光系数小的无机离子和有机小分子的分析检测。安培检测器因其灵敏度高、选择性好,可实现对单个活细胞的检测,因而在微生物和活体分析中占据优势,在生物医学研究中具有重要应用前景。随着科学技术的发展,将质谱仪用作 CE 检测器已成为可能,现在关于 CE-MS 联用的报道也很多。

五、高效毛细管电泳的应用

HPCE 因其分离效率高、速度快、样品用量少,已在化学、生命科学、药物学、临床医学、法医学、环境科学、农学、食品科学等领域得到了广泛应用。从小到无机离子大到生物大分子,从荷电粒子到中性分子均能用 HPCE 进行分离分析。目前,HPCE 已成为生物化学和分析化学中最受瞩目,发展最快的一种分离分析技术。

1. 在无机金属离子分析中的应用

与离子色谱相比,HPCE 在无机金属离子分离分析上具有许多优势,它能在数分钟内分离出四五十个离子组分,而且不需要任何复杂的操作程序。利用 HPCE 分离无机离子最关键的问题是检测,基本检测方式有两种,即直接检测和间接检测。少数无机离子在合适价态下有紫外吸收,可直接检出;绝大多数无机离子不能直接利用紫外吸收检测,但可以进行间接检测,即在具有紫外吸收离子的介质(称此介质为背景试剂)中进行电泳,可以测得无吸收同符号离子的倒峰或负峰。背景试剂可选择淌度较大的芳胺或胺等。芳胺的有效淌度随 pH 下降而增加,因此,改变 pH 可以改善峰形和分离度。采用胺类背景时,多选择酸性分离条件。杂环化合物如咪唑、吡啶及其衍生物等也是一类很好的背景试剂。图 12-34 是 27

种无机阳离子在对甲苯胺背景中的高速高效分离。

2. 在蛋白质分析中的应用

目前，HPCE 已广泛应用于蛋白质分离及其相关领域。因蛋白质在毛细管中具有强烈的吸附作用，导致分离效率下降、峰高降低甚至不出峰，所以用毛细管电泳分离蛋白质时，抑制和消除管壁对蛋白质（特别是碱性蛋白质）的吸附是分离的关键。有三种抑制蛋白质分子吸附的途径可供选择，即样品处理、管壁惰性化处理和缓冲液改性。

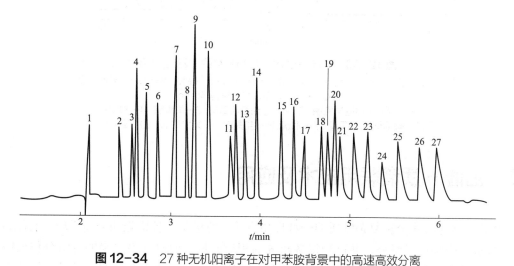

图 12-34 27 种无机阳离子在对甲苯胺背景中的高速高效分离
毛细管: 60cm×75μm；缓冲液: 15mmol·L^{-1} 乳酸 +8mmol·L^{-1}
4-甲基苯胺 +5% 甲醇, pH 4.25；工作电压: 30kV；检测波长: 214nm
峰: 1—K$^+$；2—Ba^{2+}；3—Sr^{2+}；4—Na$^+$；5—Ca^{2+}；6—Mg^{2+}；7—Mn^{2+}；
8—Cd^{2+}；9—Li$^+$；10—Co^{2+}；11—Pb^{2+}；12—Ni^{2+}；13—Zn^{2+}；14—La^{3+}；
15—Ce^{3+}；16—Pr^{3+}；17—Nd^{3+}；18—Sm^{3+}；19—Gd^{3+}；
20—Cu^{2+}；21—Tb^{3+}；22—Dy^{3+}；23—Ho^{3+}；24—Er^{3+}；
25—Tm^{3+}；26—Yb^{3+}；27—Lu^{3+}

利用样品蛋白质与变性剂如 SDS、尿素、甘油或其他表面活性剂形成复合物，消除或掩盖不同蛋白质之间自然电荷的差异，使其在凝胶中按分子大小进行分离。利用化学方法将甲基纤维素、聚丙烯酰胺、聚乙二醇及聚醚等在毛细管内壁形成亲水性涂层，消除或覆盖管壁上的硅羟基，也可使蛋白质得到很好的分离。

在缓冲液中加入聚乙烯醇、聚氧乙烯等非离子表面活性剂，进行电泳操作时，毛细管表面将形成一亲水表层，对生物大分子具有排斥作用。图 12-35 是聚乙烯醇添加到缓冲体系中蛋白质的分离谱图。

3. 在单糖分析中的应用

糖没有光吸收基团，检测非常困难；而且因其多不带电荷和强亲水性质，使其分离也很困难。利用 HPCE 分离糖首先要使糖带电，才能实现在电场中迁移。理论上，可以采用配合、解离、衍生等方法使糖带电。单糖的检测主要依赖于衍生，如 8-氨基芘 -1,3,6- 三磺酸钠（APTS）衍生，衍生产物用激光诱导荧光检测器检测。图 12-36 是标准单糖 APTS 衍生物的 CZE 分离结果。

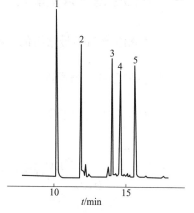

图 12-35 聚乙烯醇添加到缓冲体系中蛋白质的分离谱图
毛细管: 57/75cm×75μm；缓冲液: 20mmol·L^{-1} 磷酸盐 +30mmol·L^{-1} NaCl（pH 3.0）+0.05% PVA1500；工作电压: 5kV；电动进样: 5s
峰: 1—细胞色素；2—溶菌酶；3—胰蛋白酶；4—胰蛋白酶原；5—α-糜蛋白酶原 A

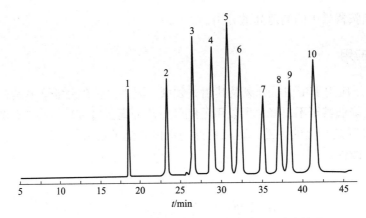

图12-36 标准单糖APTS衍生物的CZE分离结果

毛细管：35/60cm × 50μm；缓冲液：100mmol·L^{-1}硼酸；pH 10.6；电场强度：400V·cm^{-1}；激发光波长：448nm

峰：1—N-乙酰基半乳糖；2—N-乙酰基葡萄糖；3—鼠李糖；4—甘露糖；5—葡萄糖；6—果糖；7—木糖；8—岩藻糖；9—阿拉伯糖；10—半乳糖

第七节 色谱-质谱联用技术及应用

色谱-质谱联用是分离分析复杂物质的一种理想方法。色谱是一种极强的分离手段，它能将微量的多组分样品分离成一个个单一组分，并可测得各组分的相对含量，而对分离出来的各组分作出明确的鉴定却是很困难的。质谱则恰恰相反，它对混合物的分析很困难，而对纯化合物的定性及结构鉴定却是一种非常有效的手段。因此，色谱与质谱联用既能充分发挥两者的优势，又能弥补双方的不足之处。

目前，色谱-质谱联用是有机质谱研究的一个重要领域。利用联用技术的气相色谱-质谱（GC-MS），液相色谱-质谱（LC-MS）等，其主要问题是如何解决与质谱相连的接口及相关信息的高速获取与贮存。

一、气相色谱-质谱联用（GC-MS）

GC-MS是目前最常用的一种联用技术，在销售的商品质谱仪中占有相当大的一部分。

1. GC-MS的工作原理

GC-MS联用的工作原理如图12-37所示。

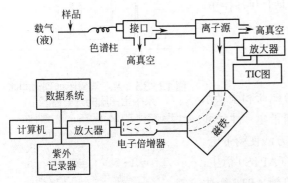

图12-37 气相色谱-质谱联用原理流程图

当一个混合物样品注入色谱仪后，在色谱柱上进行分离，每种组分以不同的保留时间离开色谱柱，经分子分离器除去载气，只让组分分子进入离子源，经电离后，分子离子和碎片离子被加速并射向质量分析器。在进入质量分析器之前，设置一个总离子检测极，收集总离子流的一部分，经放大后可得到该组分的色谱峰，该图称为总离子流色谱图（TIC）。当记录仪上开始画出某组分的色谱峰时，表明该组分正出现在质谱仪的离子源内。当某组分的总离子色谱峰的峰顶将要出现时，总离子流检测器发出触发信号，启动质谱仪开始扫描而获得该组分的质谱图。

2. GC-MS 联用仪的接口

GC-MS 联用仪由气相色谱仪—接口—质谱仪组成，接口通常称为分子分离器，是 GC 与 MS 联用的关键部件。分子分离器的作用一是降低压力，二是减少流量，排除过量的载气。分子分离器的种类很多，有隙透型、半透膜型、喷射型和开口分流型等，目前应用较多的是喷射式分子分离器。图 12-38 所示是二级喷射式分子分离器。它有两对喷嘴，第一组抽低真空，第二组抽高真空。当载气（氦）和样品分子从第一喷嘴射出时，由于样品的分子量总是大于氦的分子量，因此样品分子将以较大的惯性进入第二喷嘴，而氦由于扩散较快，优先被真空泵抽走。这样，经过一次喷射后，载气被部分抽走，样品得到浓缩。同样，再经过第二次喷射，样品进一步被浓缩，最后进入质谱仪的离子源。

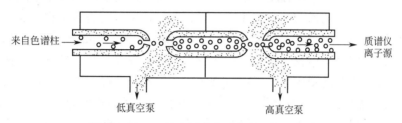

图 12-38 二级喷射式分子分离器的示意图

3. GC-MS 操作条件的选择

在 GC-MS 分析中，色谱的分离和质谱数据的采集是同时进行的。为了使每个组分都得到分离和鉴定，必须选择合适的色谱和质谱分析条件。

（1）在 GC-MS 中，气相色谱单元的功能是将混合物的多组分化合物分离成单组分化合物。在柱型的选择上，应根据具体的分析情况决定。一般情况下均使用毛细管柱，极性样品使用极性毛细管柱，非极性样品采用非极性毛细管柱，未知样品可先用中等极性的毛细管柱，试用后再调整。若分离效率是次要的，且样品中大部分为溶剂，则可选用内径为 2mm 的填充柱。

（2）用于 GC-MS 的载气，主要考虑其分子量和电离电位。气相色谱常用的载气为氮气、氢气和氦气，由于氮气的分子量较大，会干扰分子量低的组分的质谱图，不宜采用；氦气的电离电位比氢气的大，不易被电离，可形成大量的本底电流，利于质谱检测。因此，氦气是最理想的、最常用的载气。

（3）载气流量和线速度应选取在 GC-MS 仪接口允许的范围内。为减少载气总量，常采用较低的流量和较高的柱温（但要防止固定液的流失），载气的线速度应等于或略高于最佳线速度。

（4）最大样品量应以不使色谱柱分离度严重下降为宜，但是在进行痕量组分分析时，要使用超过极限的最大样品量。假若按最小色谱峰估算，样品总量仍不足时，则应进行样品预富集。

（5）必须维持色谱柱、分离器和质谱仪入口整个通路的温度恒定，并避免通路中有冷却点存在，否则会使一些高沸点流出物在中途冷凝而影响质谱定量结果。接口的温度过高或过低，常引起联机分析失败。一般来说，其温度可略低于柱温。

（6）根据分析要求和仪器能达到的性能指标来考虑质谱的质量范围、分辨率和扫描速度。在选定的色谱柱型和分离条件下，可知气相色谱峰的宽度，然后以 1/10 峰宽来初定扫描周期。由所需的质量范围、分辨率和扫描周期初定扫描速度，再实际测定，直至仪器性能满足要求为止。

在所有的条件确定之后，将样品用微量注射器注入进样口，同时启动色谱和质谱，进行 GC-MS 分析。总之，只有色谱、接口及质谱部分均处于良好的工作状态，才能成功地完成联机分析。

4. GC-MS 的操作模式

GC-MS 的操作模式有两种，即全扫描和选择离子扫描。

（1）全扫描模式　扫描的质量范围覆盖被测化合物的分子离子和碎片离子的质量，得到的是化合物的全谱，一般用于未知化合物的定性分析。这种质谱图可以提供未知物的分子量和结构信息，可以进行谱库检索。

① 总离子流色谱图（TIC）。总离子流色谱图又称重建离子色谱图（RIC）。在一般 GC-MS 分析中，样品连续进入离子源并被连续电离。分析器每扫描一次（比如 1s），检测器就得到一个完整的质谱并送入计算机存储。由于样品浓度随时间变化，得到的质谱图也随时间变化。一个组分从色谱柱开始流出到完全流出大约需要 10s，计算机就会得到这个组分 10 个不同浓度下的质谱图。同时，计算机还可以把每个质谱的所有离子相加得到总离子流强度。这些随时间变化的总离子流强度所描绘的曲线就是样品总离子流色谱图（TIC）。总离子流色谱图是由一个个质谱得到的，所以它包含了样品所有组分的质谱。它的外形和由一般色谱仪得到的色谱图是一样的。只要所用色谱柱相同，样品出峰顺序就相同，其差别在于，重建离子色谱所用的检测器是质谱仪，而一般色谱仪所用检测器是氢焰、热导等，两种色谱图中各成分的校正因子不同。总离子流色谱图相当于气相色谱图，图中每一个峰代表一个特定的组分。对 TIC 图中的每个峰，可同时给出对应的质谱碎片峰图，据此可推导出每个色谱峰的分子结构。另外，TIC 图还给出每个峰的保留时间，与气相色谱相似，峰面积和峰高可作为定量分析的依据。GC-MS 法可以利用总离子流色谱图进行定量分析。

② 质量色谱图（MC）。总离子流色谱图是将每个质谱的所有离子加合得到的。同样，由质谱中任何一个质量的离子也可以得到色谱图，即质量色谱图。质量色谱图是由全扫描质谱中提取一种质量的离子得到的色谱图，因此，又称为提取离子色谱图。假定做质量为 m 的离子的质量色谱图，如果某化合物质谱中不存在这种离子，那么该化合物就不会出现色谱峰。利用这一特点可以识别具有某种特征的化合物，也可以通过选择不同质量的离子做质量色谱图，使正常色谱不能分开的两个峰实现分离（图 12-39），以便进行定量分析。值得注意的是，质量色谱图由于是用一个质量的离子做出的，它的峰面积与总离子流色谱图有较大差别，在进行定量分析时，峰面积和校正因子等都要使用同一离子得到的质量色谱图。图 12-40 所示为质量色谱图和总离子流色谱图。

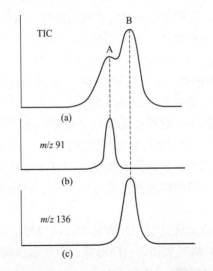 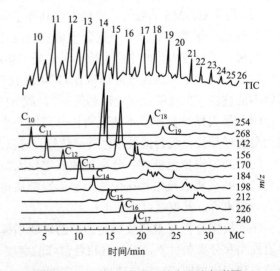

图 12-39　利用质量色谱图分开重叠峰
（a）总离子流色谱图；（b）以 m/z 91 做的质量色谱图；
（c）以 m/z 136 做的质量色谱图

图 12-40　质量色谱图和总离子流色谱图

（2）选择离子扫描模式　又称作选择离子检测（SIM）。它是在 GC-MS 联机时，对预先选定的某个或某几个特征质量峰进行单离子或多离子检测而获得的某种或几种质荷比的离子流强度随时间变化的情况。由于质谱仪仅对少数特征离子反复自动扫描，故可获得更大的信号强度，其检测灵敏度比总离子流检测高 2～3 个数量级。因为这种方法只记录特征的、感兴趣的离子，不相关的、干扰离子统统被排除，所以对色谱分离不完全或未分离的峰，利用其分子量或者碎片质量的不同，仍能被分别测定。

采用选择离子检测图也可对某些色谱混峰进行"分离"。如大麻中含有吗啡、蒂巴因和可卡因，它们的结构相似，极性又强，很不容易分离。已知它们的分子离子峰分别为 M^+=285、311、299。对这三个质荷比做多离子检测，即可在其选择离子检测图上将它们分离（见图 12-41）。

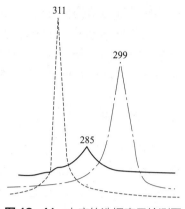

图 12-41 大麻的选择离子检测图

由于选择离子扫描只能检测有限的几个离子，不能得到完整的质谱图，因此不能用来进行未知物的定性分析，也不能进行库检索。但是如果选定的离子有很好的特征性，也可以用来表示某种化合物的存在。选择离子扫描方式最主要的用途是定量分析，由于它的选择性好，可以把由全扫描方式得到的非常复杂的总离子流色谱图变得十分简单，消除了其他组分造成的干扰，尤其适合复杂体系中某一微量成分的定量分析。利用选择离子扫描方式进行 GC-MS 联用分析时，得到的色谱图在形式上类似质量色谱图。但实际上二者有很大差别，质量色谱图是全扫描得到的，因此可以得到任何一个质量的质量色谱图；选择离子扫描是选择了一定 m/z 的离子，扫描时选定哪个质量，就只能有哪个质量的色谱图。如果二者选择同一质量，那么，用 SIM 灵敏度要高得多。

5. GC-MS 在定性定量分析中的应用

（1）GC-MS 定性分析　GC-MS 最主要的定性方式是库检索。目前的 GC-MS 联用仪有几种数据库，应用最广泛的有 NIST 库和 Willey 库，此外还有毒品库、农药库等专用谱库。由总离子流色谱图可以得到任一组分的质谱图，由质谱图可以利用计算机在数据库中检索。检索结果可以给出几种最可能的化合物，包括化合物名称、分子式、分子量、基峰及可靠程度。在利用数据库检索之前，应首先得到一张很好的质谱图，并利用质量色谱图等技术判断质谱中有没有杂质峰。得到检索结果之后，还应根据未知物的物理、化学性质以及色谱保留值、红外、核磁谱等综合考虑，才能给出准确的定性结果。

（2）GC-MS 定量分析　GC-MS 定量分析方法类似于色谱法定量分析。由 GC-MS 得到的总离子流色谱图或质量色谱图，其色谱峰面积与相应组分的含量成正比，若对某一组分进行定量测定，可以采用色谱分析法中的归一化法、外标法、内标法等不同方法进行。这时，GC-MS 法可以理解为将质谱仪作为色谱仪的检测器，其余均与色谱法相同。与色谱法定量不同的是，GC-MS 法除可利用总离子流色谱图进行定量之外，还可以利用质量色谱图进行定量，后者可以最大限度地去除其他组分的干扰。

为了提高检测灵敏度和减少其他组分的干扰，在 GC-MS 定量分析中也常采用选择离子扫描方式。对于待测组分，可以选择一个或几个特征离子，而相邻组分不存在这些离子。这样得到的色谱图，待测组分就不存在干扰，同时有很高的灵敏度。用选择离子得到的色谱图进行定量分析，其分析方法与质量色谱图类似。

二、液相色谱 - 质谱联用（LC-MS）

LC-MS 是以液相色谱作为分离系统，质谱作为检测系统的一种联用技术。样品在质谱部分与流动相分离，被离子化后，经质谱的质量分析器将离子按质荷比的大小依次分开，经检测器得到质谱图。LC-MS 联用体现了色谱和质谱的优势互补，并将色谱的高分离能力与质谱的高选择性、高灵敏度及能够提供分子量与结构信息的优点结合起来,成为复杂体系样品分析的一种重要手段。

LC-MS 分析样品的基本过程包括:样品经液相色谱进样口注入,由色谱柱分离后,进入接口。在接口中,样品由液相中的离子或分子转变成气相中的离子,其后离子被聚焦于质量分析器中,根据质荷比而分离。分离后的离子被检测器接收,并将离子信号转变为电信号,传送至计算机数据处理系统。

1. LC-MS 的接口技术

LC 分离要使用大量的流动相,如何有效地除去流动相而不损失样品,是 LC-MS 联用技术的难题之一。此外,LC 分离的样品多为极性大、难挥发、分子量大的化合物,如何使这些化合物电离成为离子后引入质量分析器内,也是一个困难的课题。现在广泛使用的电喷雾和大气压化学电离技术,有效地实现了 LC 与 MS 的连接。

(1) 电喷雾接口(ESI) 在 ESI 中,离子的形成是被测分子在带电液滴的不断收缩过程中喷射出来的,即离子化是在液态下完成的。图 12-42 是电喷雾接口的示意图。经液相色谱分离的样品溶液通过喷针进入雾化器,在辅助雾化气和高静电场的作用下,形成带电液滴,然后通过加热的毛细管除去溶剂。随溶剂的蒸发,带电液滴缩小,表面电荷密度不断增大,直至发生库仑爆炸,分散成更小的液滴,此过程不断重复,直至形成气相离子。气相离子进入质量分析器,按质荷比被测量并记录下来。ESI 适合于强极性、离子型和大分子化合物(如蛋白质)的分析。

(2) 大气压化学电离接口(APCI) 用于 LC-MS 的 APCI 技术与传统的化学电离接口不同,它并不采用诸如甲烷一类的反应气体,而是借助电晕放电启动一系列气相反应以完成离子化过程,就其原理而言,它也可被称为放电电离或等离子电离。从液相色谱流出的样品溶液进入一具有雾化气套管的毛细管,被氮气流雾化,通过加热管时被气化。在加热管末端进行尖端电晕放电,溶剂分子被电离,充当反应气,与样品气态分子碰撞,经过复杂的反应过程,样品分子生成准分子离子,准分子离子经筛选狭缝,进入质量分析器。整个电离过程是在大气压条件下完成的,图 12-43 为大气压化学电离接口的示意图。

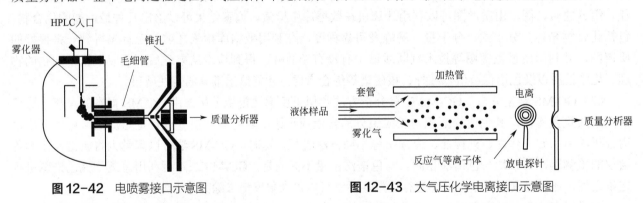

图 12-42 电喷雾接口示意图　　图 12-43 大气压化学电离接口示意图

APCI 适用于低和中等分子量有机化合物(<1600)、弱极性化合物(如多环芳烃、多氯联苯等),以及含杂原子化合物(如氨基甲酸酯、脲等)的分析。

2. LC-MS 实验技术

将 LC 方法转换为 LC-MS 时,要尽量选择与液质联机系统相匹配的色谱条件,应注意以下几点。

(1) 用可挥发性缓冲盐,如甲酸铵、乙酸铵、三氟乙酸、四丁基氢氧化铵等代替硫酸盐、磷酸盐和硼酸盐等不挥发性缓冲盐,并尽量采用低浓度的缓冲液。

(2) 用挥发性的添加物,如甲酸、乙酸、氨水等来调节流动相的 pH。

(3) 采用挥发性的离子对试剂(如三乙胺等)来代替不挥发性的离子对试剂(如四乙基碘化铵等),

尽量选择分子量较小的离子对试剂，避免产生较强的本底干扰。

（4）大多数有机溶剂都可以用于 LC-MS 分析，尽量采用色谱纯的有机溶剂，以减少噪声信号。ESI 所用的溶剂应能使样品在溶液中形成离子，要易于喷雾、有一定的极性、较小的溶剂化能。

（5）大多数 LC 所用的色谱柱均可用于 LC-MS 分析。但长期使用硫酸盐、磷酸盐、硼酸盐等缓冲液的色谱柱上可能残留有大量的 Na^+、K^+，应避免使用这样的色谱柱进行 LC-MS 分析。

（6）LC 流速的选择与柱内径密切相关，实际工作中应根据不同情况选择合适的柱内径和流速。在不影响分离效果的前提下，要获得高灵敏度，应尽可能选择最低流速和最小柱内径。

（7）进行 LC-MS 分析时，要求样品尽量"干净"，不含可能会引起干扰的基质（如过高浓度的不挥发酸及盐等），而且样品黏度不宜过大，以免堵塞喷口及毛细管入口。若样品处理不当，可能会导致质谱信号抑制或产生本底干扰。因此，进行 LC-MS 联机之前，必须根据样品的具体情况选择合适的处理方法。常用的样品处理方法有超滤、溶剂提取（除盐）、固相萃取和柱上浓缩等。

3. LC-MS 扫描模式的选择

（1）正、负离子模式　一般的商品仪器中，ESI 和 APCI 接口都有正、负离子测定模式可供选择。一般不要选择两种模式同时进行。选择的一般原则如下：

① 正离子模式。适合于碱性样品，可用乙酸或甲酸对样品加以酸化。样品中含有仲胺或叔胺时可优先考虑使用正离子模式。

② 负离子模式。适合于酸性样品，可用氨水或三乙胺对样品进行碱化。样品中含有较多的强电负性基团，如含氯、含溴和多个羟基时可尝试使用负离子模式。

（2）全扫描方式　全扫描数据采集可以得到化合物的准分子离子，从而可判断出化合物的分子量，用于鉴别是否有未知物，并确认一些判断不清的化合物。

（3）母离子扫描　母离子分析可用来鉴定和确认类型已知的化合物，尽管它们的母离子的质量可以不同，但在分裂过程中会生成共同的子离子，这种扫描功能在药物代谢研究中十分重要。

（4）选择离子扫描　也称为子离子扫描，不是连续扫描某一质量范围，而是跳跃式地扫描某几个选定的质量，得到的不是化合物的全谱。相对于其他扫描模式，选择离子扫描模式对于目标物质最为灵敏，干扰也最低，一般用于定量分析。

4. LC-MS 可提供的主要信息

（1）总离子流色谱图（TIC 图）　在选定的质量范围内，所有离子强度的总和对时间或扫描次数所做的图。

（2）质量色谱图　指定某一质量（或质荷比）的离子其强度对时间所做的图。利用质量色谱图来确定特征离子，在复杂混合物分析及痕量分析时是 LC-MS 测定中最有用的方式。

当样品浓度很低时，LC-MS 的 TIC 上往往看不到峰，此时，根据得到的分子量信息，输入 M+1 或 M+23 等数值，观察提取离子的质量色谱图，检验直接进样得到的信息是否在 LC-MS 上都能反映出来，以确定 LC 条件是否合适。

（3）选择离子检测图（SIM）　SIM 用于检测已知或目标化合物，比全扫描方式能得到更高的灵敏度。这种数据采集方式一般用在定量目标化合物之前，而且往往需要已知化合物的性质。若几种目标化合物用同样的数据采集方式监测，则可以同时测定几种离子。

（4）碰撞诱导解离 CID 质谱　选择一定质量的离子作为母离子，进入碰撞室，室内充有反应气体（如高纯氦），发生离子-分子碰撞反应，从而产生子离子，再经质量分析器及接收器得到子离子质谱，一般称做 CID 谱。

影响 CID 的因素有：所用碰撞气体的种类，压力，离子的能量，仪器的配置以及离子的电荷状态等。大气压电离技术中产生的离子为偶数电子离子，其主要的碎片应由化学键的诱导断裂和重排反应产生，所以在 EI 质谱解析中总结出的偶数电子离子的开裂规则一般可用于 CID 质谱的解释。

5. 液质联用技术的应用

（1）在药物及代谢物分析中的应用　采用 LC-MS 联用技术已成功地定性、定量分析了许多药物及其代谢物，如大分子抗生素、甾类化合物（类固醇类）、生物碱、磺胺药物、青霉素、前列腺素、麻醉药及其代谢产物等。

对热不稳定的除草剂、杀虫剂及其代谢物也适用于 LC-MS 分析，如三嗪类、氨基甲酸酯类、有机磷、有机氯、磺酰脲类等，检测限在 ng 级至 pg 级之间。

（2）在其他领域的应用　LC-MS 已成为蛋白质生物分子研究领域的一种重要手段，其高灵敏度使生物学家能够在分子水平上研究蛋白质转移修饰，如糖基化、磷酸化、脱酰胺基作用、蛋氨酸或色氨酸的氧化作用等，真正揭示结构与生物功能的关系；另外，还可进行蛋白质、多肽、核酸的分子量确认，氨基酸和碱基对的序列测定及翻译后的修饰工作等，这在 LC-MS 联用之前都是难以实现的。LC-MS 作为比较成熟的一种联用技术，目前已在生化分析、天然产物分析、药物和保健食品分析以及环境污染物分析等许多领域得到了广泛的应用。

三、毛细管电泳 – 质谱联用（CE-MS）

CE-MS 联用综合了毛细管电泳与质谱二者的优点，具有快速、高效、分辨率高、重现性好等特点，已成为分析生物大分子的有力工具，是近年来发展迅速的联用技术之一。

CE-MS 联用始于 20 世纪 80 年代末，但直到近年才有商品接口出现。CE 可以和电喷雾接口连接，也可以和其他类型的接口相连接。CE 与通常的质谱接口相连时要解决的主要问题是：①高电压的匹配问题，CE 在进行分离时的操作电压一般为几十千伏，如果采用电喷雾接口，其接口原本也有数千到一万伏的电压设置。要采用有效、安全的电连接方式，方能保证正常的联机工作。②在 CE 分离中，电渗流要参与。在 CE 的常用分离模式毛细管区带电泳中，组分的差速迁移与毛细管中的电渗流是叠加在一起的。进入质谱时，如果有很大的真空差，会对 CE 的电渗流产生扰动而影响分离效果。③CE 的进样方式（电动式进样和气动式进样）决定了它的进样量仅为 nL 级，如果以 mg·mL^{-1} 级的蛋白质样品浓度计算，进入质谱的样品组分量仅为 fmol 级。所以对配套质谱的灵敏度和信噪比有较高的要求。

商品化的接口如图 12-44 所示。

图 12-44 中所示的高电压连接方式是将施加于储液罐 J 和 A 之间的高电压 B 和施加在喷口上的高电压 C 共地连接，以使被测定的组分沿着分离方向进入 ESI 的离子化室。液体连接器的作用在于对毛细管电泳的馏出物进行流量补偿及组成调整，以适应离子化的需要。

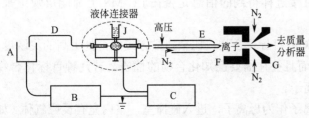

图 12-44 CE-ESI-MS 液体连接法接口示意图
A,J—缓冲液罐；B,C—高压源；D—毛细管电泳柱；E—电喷雾喷口；F—离子化室；G—质量分析器入口

CE-MS 接口设计中还可采用"套液"（sheath flow）技术，它是在一般电喷雾的喷口中使用了三层套管，最外层通入补偿液体，其作用与图 12-44 所示十字形接口相同。无论是采用套液技术还是采用十字形接口，毛细管的出口处都会带有高电压。因此良好的电接触对控制接口的工作电流乃至稳定的离子化过程都是很重要的，通常在联机前要把毛细管出口端的聚合物材料（聚酰亚胺类

清除掉。为解决 CE 进样量小，不足以在质谱上检出的问题，可以采用等速电泳对样品进行柱上浓缩，以提高进样浓度。

CE-MS 的应用虽然已经有许多报道，但相对于 LC-MS 而言，数量仍很有限。从报道的文献来看，CE-MS 主要应用在蛋白质组学、化学药物研究、临床实验诊断以及法医学等方面。CE-MS 与 LC-MS 的应用在方法和分析对象上有许多相似之处，如都适用于小分子和大分子的分析，适用于热不稳定、强极性分子乃至离子型化合物的分离和分析。在大多数情况下，凡可以用 LC-MS 分析的化合物，通过适当的分离溶剂和流速的调整都可以方便地使用 CE-MS。某些样品用 HPLC 进行分离很困难，如含卤素的除草剂、杀虫剂及其产品中的杂质，许多离子型药物在用 HPLC 进行分离时常常要加入离子对试剂方可很好地分离，而离子对试剂的加入往往会对离子化产生不利影响，此时可考虑采用 CE-MS 方法进行分析。

总结

- 色谱分析是分离、分析多组分混合物的一种极有效的物理及物理化学分析方法，它是利用混合物中各种组分在两相间分配系数的差异，当两相做相对移动时，各组分在两相间进行多次分配，从而使各组分得到分离。
- 色谱法基本理论：①柱效率可利用理论塔板数或理论塔板高度表示。柱效率的高低能反映组分在柱内两相间的分配情况和组分通过色谱柱后峰加宽的程度。②影响色谱峰扩展的因素包括流动相的线速度、涡流扩散、纵向扩散和传质阻力等，可用速率理论来解释。③分离度表示总分离效能，通常用 $R=1.5$ 作为相邻两峰完全分离的标志，它反映了色谱分离的热力学因素和色谱过程的动力学因素，并定量地描述了混合物中相邻两组分的实际分离程度。
- 色谱分析常用的定性方法有纯物质对照法、文献值对照法和联用技术等，常用的定量方法有归一化法、内标法和外标法等。
- 气相色谱法是用气体做流动相的色谱法，分为气-固色谱法和气-液色谱法。特别是毛细管色谱的出现，使气相色谱分离能力出现了巨大飞跃，一根毛细管色谱柱可同时实现上百个组分的分离，目前毛细管色谱在气相色谱中占据了主导地位。毛细管气相色谱与质谱或红外光谱联用，可对某些复杂体系样品中易挥发有机化合物同时进行分离、定性、定量与结构分析。
- 高效液相色谱法是以液体为流动相的色谱法，由于采用了高压泵、高效固定相和高灵敏检测器，故称为高效液相色谱法。按分离机理，分为液固吸附色谱法、液液分配色谱法、离子交换色谱法、体积排阻色谱法和离子对色谱法等。在液液分配色谱中，根据固定相与流动相的相对极性，又分为正相色谱和反向色谱两类。正相色谱固定相的极性大于流动相的极性，洗脱顺序按极性从小到大流出。反向色谱固定相是非极性的，流动相是极性的，组分的洗脱顺序与正相色谱相反。

思考题

1. 色谱分离的本质是什么？
2. 写出色谱流出曲线有关术语和色谱基本参数的代表符号及定义。
3. 色谱热力学、色谱动力学研究的对象是什么？它们有什么区别与联系？
4. 塔板方程式的成功与不足是什么？

5. 简述范氏方程式中 A、B、C 三个参数的物理意义及计算方法。
6. 气相色谱与液相色谱的 H-u 曲线有何不同？为什么？
7. 色谱定量分析为什么要引入定量校正因子？什么是相对定量校正因子？常用的相对定量校正因子有哪几种表示方式？
8. 在色谱分析中，常用的定性与定量分析方法有哪些？它们各有什么特点？
9. 什么是检测器的基流、噪声、漂移和线性范围？检测器的灵敏度与检测限有何区别？
10. 简述 TCD、FID、ECD、FPD 检测器的结构、基本原理及各自的特点。
11. 填充柱气相色谱仪与毛细管气相色谱仪的流程有何差异？
12. 高效液相色谱法可分为哪几种主要类型？分离的基本原理是什么？
13. 高效液相色谱仪有哪几个主要组成部分？各部分的作用是什么？它与气相色谱仪有何异同？
14. 简述高效液相色谱常用检测器类型、基本构造、工作原理及适用范围。
15. 在毛细管电泳分析中，组分是基于什么原理获得分离？
16. 毛细管电泳有哪些分离模式？各分离模式有何特点？
17. 毛细管电泳分析中的电动进样与压力进样各有什么优缺点？
18. GC-MS 和 LC-MS 联用仪常用的接口有哪些？各有什么特点？
19. 在色谱-质谱联用分析中，什么是全扫描模式？什么是选择离子扫描模式？各有什么特点？

课后练习

1. 按固定相状态的不同，气相色谱法可分为：（1）气-固色谱法；（2）裂解色谱法；（3）气-液色谱法；（4）顶空色谱法
2. 相对保留值是指在同一色谱柱中，某组分 2 与组分 1 的：（1）保留时间之比；（2）保留体积之比；（3）调整保留时间之比；（4）调整保留体积之比
3. 容量因子也称：（1）选择因子；（2）分配比；（3）相比；（4）分配系数
4. 范氏方程中涡流扩散相系数的大小，与下述哪些因素有关：（1）组分在流动相中的扩散系数；（2）填充物颗粒的平均粒径；（3）填充不均匀因子；（4）柱温
5. 分离度常用作柱的总分离效能指标，相邻两峰完全分离的标志是：（1）$R = 0.8$；（2）$R = 1.0$；（3）$R = 1.2$；（4）$R = 1.5$
6. 对某一组分而言，在一定的柱长下，色谱峰的宽或窄主要决定于组分在色谱柱中的：（1）保留值；（2）扩散速度；（3）分配比；（4）有效理论塔板数
7. 评价气相色谱检测器对物质敏感程度的指标是：（1）灵敏度；（2）线性范围；（3）响应时间；（4）检测限
8. 在气相色谱检测器中，通用型检测器是：（1）火焰光度检测器；（2）电子捕获检测器；（3）氢火焰离子化检测器；（4）热导检测器
9. 采用气液色谱分离极性组分，一般选用极性固定液，组分按：（1）沸点由低到高的顺序流出；（2）分子量由小到大的顺序流出；（3）极性由小到大的顺序流出；（4）形成氢键能力的大小流出
10. 在液相色谱中，既可用作固定相，又可用作键合相基体的物质是：（1）分子筛；（2）氧化铝；（3）硅胶；（4）活性炭
11. 液液分配色谱的固定相是由载体与固定液组成，用于反向液液分配色谱的固定液应是：（1）非极性固定液；（2）弱极性固定液；（3）中等极性固定液；（4）极性固定液

12. 在液相色谱检测器中，属于通用型检测器的是：（1）紫外吸收检测器；（2）示差折光检测器；（3）荧光检测器；（4）蒸发光散射检测器

13. DNA 片段的分离和测序，应采用下述哪一种毛细管电泳分离模式：（1）毛细管区带电泳；（2）毛细管等电聚焦电泳；（3）毛细管等速电泳；（4）毛细管凝胶电泳

14. 目前广泛用于 LC-MS 联用仪的接口是：（1）喷射型分子分离器；（2）电喷雾接口；（3）半透膜型分子分离器；（4）大气压化学电离接口

计算题

1. 在一根长 2m 的 OV-17 色谱柱上，分析一混合物。得到如下数据：苯、乙苯和二甲苯的保留时间分别为 1'10″、1'55″、2'50″；其中 $W_{\frac{1}{2}}$ 为 0.18cm、0.27cm、0.37cm。已知记录纸速度为 1200mm·h^{-1}。求该色谱柱对每个组分的理论板数和板高。

2. 一气液色谱柱长 1m，相当于有效塔板数 4200 块，对于两化合物碳十八烷和 2-甲基碳十七烷各自调整保留时间为 15.05min 和 14.82min。
计算：（a）两组分分离度；（b）若想得到 $R=1.5$ 的分离度，需要的柱长是多少？

3. 在液体石蜡（20%）柱上，柱温是 42℃，在不同线速度下，获得的理论板高为

u/cm·s^{-1}　　0.91，1.51，3.0，4.2，5.55，7.0，8.0
H/cm　　　　0.64，0.47，0.43，0.47，0.55，0.63，0.69

（a）计算范氏方程中的 A、B、C 值。
（b）计算最佳线速度和最小板高。

4. 测得石油裂解气的色谱图，前面四个组分经过衰减到 $\frac{1}{4}$ 而得到。经测定各组分的 f_i 值和峰面积列表如下：

出峰顺序	空气	甲烷	CO_2	乙烯	乙烷	丙烯	丙烷
峰面积 A	34	214	4.5	278	77	250	47.3
相对校正因子 f_i	0.84	0.74	1.00	1.00	1.05	1.28	1.36

试用归一化法计算各组分的百分含量。

5. 某试样含有甲酸、乙酸、丙酸、水及苯等物质。称取试样 1.055g，以环己酮作内标，称取 0.1907g 环己酮加到试样中，混匀后，吸取此试液 3μL 进样，从色谱图上测量出各组分的峰面积如下表所示：

组分	甲酸	乙酸	环己酮	丙酸
峰面积 A	14.8	72.6	133	42.4
相对响应值 S_i	0.261	0.562	1.00	0.938

试计算甲酸、乙酸和丙酸的百分含量各为多少？

第十三章　电子显微分析技术

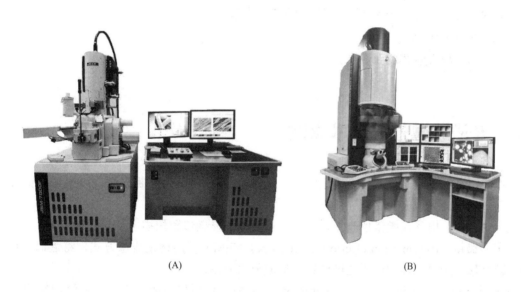

(A)　　　　　　　　　　　　　(B)

图（A）为 JSM-7800F 扫描电子显微镜，采用肖特基场发射电子枪，在 15kV 的工作电压下可实现 0.8nm 的分辨率；配备多个二次电子检测器和背散射电子检测器，可实现形貌衬度像和成分衬度像的观察；配备 X 射线能谱仪，可实现元素定性、定量及分布分析。图（B）为 JEM-ARM200F 透射电子显微镜，采用新型的冷场发射电子枪，配备聚光镜球差校正器，在扫描透射（STEM）模式下空间分辨率优于 80pm，可实现原子尺度的结构观察和元素分析。

🌸 为什么要学习电子显微分析技术？

电子显微分析是在微纳尺度观察和分析物质形貌及结构的一种重要方法。20 世纪电子显微技术的兴起，为人类获得新型材料以及促进各学科的发展创造了条件，例如应用广泛的纳米材料就是在电子显微分析技术的基础上发展起来的。毫无疑问，电子显微技术的进步为 21 世纪科学技术的飞速发展奠定了基础。通过本章的学习，可以初步掌握电子显微分析技术的基本理论，熟悉透射电子显微镜和扫描电子显微镜的基本结构与工作原理，掌握试样的制备方法，了解电子显微分析技术的应用及进展。

👁 学习目标

- 掌握有关电子光学的基础知识。
- 初步掌握透射电子显微分析与扫描电子显微分析的基本原理。
- 熟悉透射电子显微镜和扫描电子显微镜的基本结构与工作原理。
- 掌握试样的制备方法。
- 了解电子显微分析技术的新进展。

第一节 电子显微分析技术概述

电子显微镜（electron microscope）简称电镜，是以高能电子束为照明光源，以电磁透镜等电子光学器件构成光路，实现放大成像的显微分析仪器。

按成像原理分类，电子显微镜仪器主要可分为透射电子显微镜和扫描电子显微镜两大类。

透射电子显微镜（transmission electron microscope，TEM）采用透镜成像方式，将近似平行光照射到试样上的观察区域，透过试样的电子通过透镜，形成放大的图像。

扫描电子显微镜（scanning electron microscope，SEM）采用扫描成像方式，通过透镜将电子束会聚照射到试样上，激发二次电子等信号，逐点扫描试样观察区域，将采集信号的强度同步显示在显示器上，形成放大的图像。

此外，还有一种扫描透射电子显微镜（scanning transmission electron microscope，STEM），以扫描成像方式实现放大，通常采集透射电子和散射电子作为信号，获得放大图像。专门的 STEM 仪器较少，更常见的是在 TEM 仪器的基础上通过增加扫描线圈单元和相应的检测器实现 STEM 功能，作为 TEM 仪器的特殊工作模式，此时的成像原理和对图像的解读与常规 TEM 有本质区别。

电子显微分析技术使人类进入超微结构研究的新领域。随着技术的进步，电镜的分辨率不断提高，例如球差校正透射电镜的分辨率已经超过 80pm，可以获得原子尺度的图像。并且，电镜的功能也不局限于获得显微图像，而是发展出多种功能以满足不同的应用需求，具体如下：①电镜可配备能谱仪、波谱仪、阴极发光谱仪、电子能量损失谱仪等分析附件，在显微观察的同时，可进一步分析微区的组成和成分分布；②原位电镜或环境电镜不再只是观察真空中的试样，可以提供特定的液体、气体环境，甚至引入特定的力、热、电学条件，并可实时原位观察试样的变化；③离子显微镜和双束扫描电镜引入可聚焦的离子束，不仅可用于显微成像，而且可以进行微纳尺度的精细加工；④电子断层技术由大量的二维显微图像可以重构出样品中的三维结构，结合冷冻技术可以解析蛋白质分子、病毒体等生物质的精细结构。

第二节 电子光学基础

一、分辨率极限与有效放大倍数

分辨率是指显微系统恰能区分的两个物点的最小距离。分辨能力越高,分辨率数值越小。由于衍射,物点发出的光经过光学系统,所成的像并不是理想的几何点像,而是有一定大小的衍射光斑。当两个物点过于靠近,其像斑部分重叠,就可能分辨不出是两个物点的像,即光学系统中存在着一个分辨能力的极限。当仅考虑衍射因素时,这个极限相当于衍射光斑的尺寸,大约为光的波长的 1/2。

光学显微镜采用可见光照明,由于可见光的波长大致在 400~800nm,所以,最佳情况下,光学玻璃透镜的分辨本领极限值可达 200nm 左右。一般人肉眼的分辨率大约在 0.2mm,光学显微镜必须提供足够的放大倍数,把微观结构中的最小距离放大到人眼所能分辨的程度,这个放大倍数称为显微镜的有效放大倍数。对于可见光,分辨率极限大约为 200nm。光学显微镜有效放大倍数的极限一般为 1000 倍左右。由光学显微镜分辨率极限可知,要提高光学显微镜的分辨率,就必须减小照明光源的波长,使用更短波长的光。

根据德布罗意的物质波理论,运动的电子除了具有粒子性外,还具有波动性,这一点和可见光相似。由表 13-1 可见,高能电子的波长大约是可见光波长的十万分之一。采用电子束作为光源,理论上电子显微镜的分辨能力可以轻易突破光学显微镜的分辨率极限,甚至能观察亚原子尺度的结构。

表 13-1 不同能量电子的波长

电子能量 /keV	0.1	1	10	50	100	200	300	1000
波长 /nm	0.123	0.0388	0.0122	0.00536	0.00370	0.00251	0.00197	0.00087

二、电磁透镜与透镜成像

电子波与光波不同,不能透过玻璃透镜来会聚和发散。在电镜中,使用磁场或电场来实现这一功能。利用磁场来使电子波会聚成像的装置称为电磁透镜,利用电场形成的透镜称为静电透镜。现代主流电镜中用于放大成像的透镜基本都是电磁透镜,静电透镜则主要用于一些种类的电子枪和特殊功能部件中。

电磁透镜的核心是一组磁线圈,提供轴对称的磁场。电子带有负电荷,运动的电子形成电流,在穿过电磁透镜的磁场时受到洛伦兹力的作用发生偏转,最终形成螺旋会聚的行进轨迹。平行入射电子透镜的电子束会聚到焦点,焦距可以通过磁线圈中的电流(励磁电流)控制调节。电磁透镜对电子束的作用可以参照凸透镜进行光学分析。

三、电子与物质的相互作用

1. 电子的散射

高速运动的电子遇到原子,与原子核及核外电子间发生相互作用,从而发生运动方向或能量的改变,称为电子的散射。按照散射过程中电子的能量是否损失,可分为弹性散射和非弹性散射;按照散射角度是否小于 90°,可分为前散射和背散射;按照散射电子波是否相干,分为相干散射(衍射)和非相干散射。

非弹性散射过程中电子损失的能量可能转变为多种形式,包括二次电子、俄歇电子、X 射线、可见光（荧光）等。

电子显微分析中的各种技术，实际主要是对电子散射过程产生的各种信息进行分析。透射电子显微镜主要分析透射电子和前散射电子，以获取试样的结构信息；扫描电子显微镜主要分析二次电子和背散射电子，以获取试样的表面形貌；电子衍射分析电子的相干散射，以获取物质的晶体结构；电子探针（能谱仪、波谱仪）分析非弹性散射产生的特征 X 射线，以获取试样的元素组成和分布；阴极发光谱仪分析非弹性散射过程引发的可见光（包括一部分红外光和紫外光），以获取试样中价电子能级分布；俄歇电子谱仪分析俄歇电子，以获取试样表面元素组成、化学状态及分布。

2. 相互作用体积

当入射电子进入固体试样之后，每个电子通常会发生多次散射。随着深入试样内部，电子逐渐扩散，大量电子的运动轨迹形成一个液滴形的区域。区域内的体积称作相互作用体积。相互作用体积随入射电子能量增加而扩大；对于较重的原子，电子入射的深度较小，相互作用体积也相应减小。

 概念检查 13.1

○ 在电子显微分析中，何谓电子散射？如何对电子散射进行分类？

第三节　透射电子显微分析

透射电子显微镜（TEM）是以高能电子束做照明源，用电磁透镜会聚成像的一种具有高分辨率、高放大倍数的电子光学仪器。

一、基本原理

1. 放大成像

电子显微镜的成像基础是凸透镜成像原理。对于玻璃透镜，当物距介于一倍焦距与两倍焦距之间时，凸透镜的另一侧可以成一个放大的倒立实像，放大倍数等于像距与物距的比值。这也是电子显微镜成像的理论基础。稍有不同的是，由于电子是螺旋会聚的，所成的像不是简单的倒立实像，而是一种旋转像。

在实际的 TEM 系统中，通常通过物镜、中间镜、投影镜等多重透镜逐级放大，最终的表观放大倍数（M_r）是各级透镜组的放大倍数的乘积，即 $M_r = M_1 M_2 \cdots M_n$。

2. 分辨率

衍射效应产生的像斑限制了光学系统的分辨率极限。由于像散、色散、球差等像差的存在，使得像斑的尺寸进一步扩大，实际电子显微镜分辨率达不到由衍射决定的分辨率极限。目前主流 TEM 的分辨率为 0.1～0.2nm，球差校正透射电子显微镜等高端电镜的分辨率优于 80pm，可以分辨单个原子，但远未达到电子波长的量级。

3. 衬度

衬度是图像中两个相邻区域亮度的相对差值。衬度越大，意味着图像中不同区域的明暗对比越强烈，有利于分辨试样中的结构信息。

透射电子显微图像的衬度依据来源可分为三种，即质厚衬度、衍射衬度、相位衬度。

（1）质厚衬度　质厚衬度源于试样区域密度（平均原子序数）或厚度的差别。入射电子穿透薄试样的过程中，部分电子发生散射，改变运动方向偏离光路，被光阑孔挡住，不能参与成像。试样中密度越大或者越厚的区域，散射的强度也越大，参与成像的电子越少，相应的图像区域也越暗；反之，试样中密度较小或较薄的区域，相应的图像区域越亮。一般在 TEM 图像中，质厚衬度是最普遍最明显的衬度，通常用于中低倍数下的一般形貌观察。

（2）衍射衬度　试样中如果存在晶体，当满足布拉格衍射条件时，可使电子在特定方向上发生衍射。通过光阑孔选择透射束或者衍射束参与成像，形成的图像中，特定区域的亮度与对应试样区域中晶体对入射束的衍射强度有关。衍射衬度通常用于观察研究晶体的取向和缺陷，适于观察尺寸在几个纳米或更大的结构。

（3）相位衬度　质厚衬度和衍射衬度都属于振幅衬度。当试样厚度极薄，例如 10nm 以下，试样对入射电子波振幅的影响可以忽略，主要产生相位的改变。对于距离极近（通常小于 1nm）的相邻区域，由电子波透过试样后的相位存在微小变化，这两部分电子波发生干涉，在显微图像上形成干涉像，通常称为高分辨像。相位衬度是形成高放大倍数、高分辨率图像的主要机制，主要用来观察晶体试样的晶体结构。高分辨像的分辨率常作为评价透射电子显微镜分辨能力的指标。

二、透射电子显微镜的基本结构

透射电子显微镜的主体部分通常采用多级叠加的筒状结构，自上而下依次是照明系统、试样系统、成像系统、观察记录系统。图 13-1 是透射电子显微镜主体部分结构示意图。

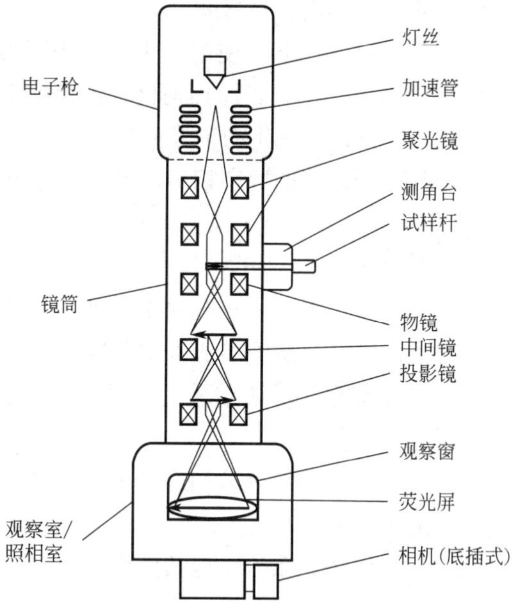

图 13-1　透射电子显微镜主体部分结构示意图

1. 照明系统

照明系统主要包括电子源（俗称电子枪）和聚光镜。常见的电子源包括热发射和场发射两类。其中，热发射是通过电流加热特制的灯丝，并施加电压使电子逸出。最简易的灯丝通常采用发卡形的钨丝，在灯丝上加六硼化镧（LaB_6）等晶体则可以进一步提高电子的发射量。场发射电子源又分为热场发射（肖特基发射）和冷场发射两种。发射出的电子由高压电场加速到特定的能量，形成高能电子束。TEM 的加速电压通常为 80～300kV。

TEM 通常有多级的聚光镜系统，逐级会聚电子束，使其均匀地照射到试样上的观察区域。最终照射在试样上的电子束会聚角较小，近似于平行光。

2. 试样系统

试样系统主要包括试样杆和测角台。最常见的是将试样夹持在试样杆的前端，从镜筒的侧面水平插入测角台，使试样处在主光轴上。测角台可精确控制试样杆的试样端平移、倾转，从而可以移动试样上的观察区域，并能实现在特定角度下的观察。

为减少试样及试样杆引入的可挥发污染物的影响，在这一段镜筒上通常还附加一个由液氮冷却的冷阱，以吸附固定挥发的气体分子。

3. 成像系统

典型的透射电子显微镜一般采用 4 至 6 级磁透镜，逐级放大成像，或者组合实现不同的工作模式。其中离试样最近的第一级磁透镜称作物镜，是成像系统的核心，对成像的分辨率和衬度起决定性作用。在其下方依次是各级的中间镜和投影镜。

4. 观察记录系统

镜筒下方的观察室上通常设置有观察窗，窗口为含铅玻璃材质。观察室内设置有荧光板，板上的荧光涂层可将投影在上面的电子转换为可见的荧光，操作者可以直接观察到影像。为避免外界光源影响观察，TEM 常需要较暗的房间。一些新型的 TEM 在观察室安装微型的数字摄像头，实时显示荧光板上的影像，从而不再需要暗房间。

荧光板可以抬起，使电子束投影到下方的照相室。过去的透射电子显微镜曾采用感光胶片作为图像采集记录材料，通过底片扫描仪将图像数字化。目前的主流设备一般采用基于 CCD（电荷耦合器件）或 CMOS（互补金属氧化物半导体）等电子器件的数字相机，直接采集数字图像。也有些 TEM 在观察室的上方安装可插入式的数字相机，可以获得更大的拍摄视野。

5. 其他系统

（1）真空系统　由于气体分子也会散射电子，因而镜筒中一般必须维持高度的真空。通常是由多台不同类型的真空泵组成多级真空系统。

（2）冷却系统　通常采用恒温水循环系统，用于冷却电磁透镜线圈和扩散泵，以及数字相机等其他需要恒温的部件。

（3）供电系统　除常规供电外，最关键的是为电子枪提供精确稳定的加速电压，为电磁透镜提供精确稳定的电流。

（4）操作控制系统　包括操作平台、计算机控制软件以及各部件之间的通信控制等。

三、试样的制备方法

电子束的穿透能力限定了透射电子显微镜可观察的试样厚度。能量为数百 keV 的电子束，可有效穿透的试样厚度大约在 100nm 以下。对于高分辨像的观察，则要求试样厚度更小，一般为 10nm。需要注意的是，这里所说的厚度是试样在观察角度下被电子束穿透的距离，与试样本身厚度的概念并不一致。例如，对于单个圆盘形的颗粒，如果垂直于盘面观察，则电子束需要穿透的"厚度"就是圆盘本身的厚度；如果从盘面的侧面观察，电子束需要穿透的最大"厚度"实际是圆盘的直径。

透射电镜样品通常分为纳米颗粒类样品和块状样品。单个纳米颗粒通常至少在一个维度上是电子束能有效穿透的，但固态的纳米颗粒粉末通常会形成更大尺寸的团聚体，不利于 TEM 观察分析。而宏观块状样品的厚度显然是电子束无法有效穿透的。因此，TEM 最常用的制样思路是分散和减薄。

1. 粉末样品制备——分散

（1）基本方法　将纳米颗粒构成的粉末样品加入适量的无水乙醇（或者其他易挥发溶剂，但不能溶解样品颗粒或与之发生反应），用超声清洗机充分分散。再将分散液滴加在合适的支持膜上，待干燥后用于 TEM 观察。

（2）支持膜　支持膜的基础是一片直径约 3mm 的圆片，最常见的材质是铜。圆片有孔，通常是大量的几十微米尺寸的网眼，称作"铜网"。根据测试要求也可选用金、钼、镍等其他金属，甚至是尼龙等有机材质。

最常用的支持膜是普通碳膜。首先在"铜网"上覆盖一层有机物薄膜，通常为聚乙烯醇缩甲醛薄膜（俗称"方华膜"或 Formvar 膜），厚度为 10～20nm。再蒸镀一层几纳米厚的无定形碳。对于一般纳米颗粒的形貌、尺寸观测，普通碳膜可以提供较为透明且稳定的支撑。

微栅碳膜的有机膜上制有微米级的小孔，蒸镀碳层后小孔部分仍然是空的。纳米管、纳米线、纳米片、纳米串珠等形貌的颗粒在分散制备时可以搭在孔上，提供完全没有支持膜背景的观察区域。

超薄碳膜的有机膜部分与微栅一样有微孔，而碳膜部分无孔且厚度仅为 2nm 左右，即使是完全分散的纳米颗粒也能较好地支撑，背景干扰极小。

微栅碳膜和超薄碳膜常用于高分辨像的观察。

2. 块状样品制备——减薄

对于块状样品，根据材质和分析目的的不同，有多种方法将样品减薄至≤100nm。对于薄膜、纤维、大颗粒或特定形状的颗粒样品，如果需要从截面角度进行观察，也可将样品包埋或镶嵌在树脂中，然后作为块状样品做减薄处理。

（1）超薄切片　在专门的超薄切片机上，用玻璃或钻石制的刀刃切削样品表面，得到 100nm 左右或更薄的超薄片，转移到支持膜上。对于常温下较软的样品，例如橡胶，需要在低温下切片，通常切片温度要远低于样品的玻璃化转变温度。

（2）聚焦离子束（focused ion beam，FIB）切片　在带有 FIB 的双束扫描电镜上，利用聚焦的 Ga 或 Ar 等元素的等离子体轰击样品，可以使样品中的原子被击出，实现切割、抛光等加工。可逐步加工出合适厚度的切片，并转移固定到专用的载网上。对于不耐热的样品，需要适当冷却。

（3）离子减薄　首先将块状样品用砂纸打磨成几十微米的薄片，截取 3mm 以下的小片粘接在钼环上，在离子减薄仪中，用大角度倾斜入射的等离子束逐渐击穿。穿孔的边缘存在一些较薄的区域可供电镜观察。一般用于金属、陶瓷和无机矿物样品。由于在研磨和等离子照射过程中产生高温，一般不适合有机材质和其他不耐热的样品。

（4）其他减薄方法　此外还有电解、解理等减薄方法，适用于某些特定的样品和分析目的。

第四节　扫描电子显微分析

扫描电子显微镜（SEM）主要用于观察样品的表面形貌。

一、基本原理

1. 扫描成像原理

从电子枪发出的电子束，通过若干电磁透镜，会聚照射到试样上；以扫描线圈控制会聚电子束的偏转，使电子束在试样的观察区域逐点扫描；入射到试样表面的电子束激发出二次电子、背散射电子等信号，对应的检测器采集信号，同步将信号强度显示在显示器上，形成放大的图像。

2. SEM 衬度

在 SEM 中，衬度反映的是试样表面不同区域间存在明暗程度的差异，按其反映的试样信息分为两种：一种是反映试样表面的起伏，即形貌衬度；另一种是反映试样表面组成元素的不同，即成分衬度。

高能入射电子作用于固体试样时发生电子散射，产生的二次电子、背散射电子、俄歇电子、透射电子等电子信号，X射线、荧光等光子信号，甚至热辐射、接地电流等信号，都可以作为 SEM 的信号源。用对应的检测器检测处理后，都能形成对应的图像。不同的信号形成的图像，衬度可能完全不同。最常用的成像信号是二次电子和背散射电子。

（1）二次电子像　入射电子与试样中弱束缚的价电子发生非弹性散射，试样中的电子被激发电离，形成二次电子。二次电子的显著特征是能量比较低，技术上把逸出试样表面能量小于 50eV 的电子都作为二次电子。由于二次电子能量较低，穿透能力较弱，只有在接近试样表面约 5～10nm 范围产生的二次电子才可能逸出试样表面，从而被检测器检测到。因此，产生二次电子的强度，主要取决于入射角度，也即入射点处试样表面的倾斜程度。试样表面局部斜率越大，则该点在图像上越亮，反之则越暗。图像上的明暗对比反映出试样表面的起伏。这种衬度是典型的形貌衬度。

（2）背散射电子像　较重的原子，对于入射电子具有更强的散射能力，有更大的概率使入射电子大角度地改变运动方向，以背散射电子的形式逸出试样表面。因此，试样表面元素相对较重的区域，会产生更多的背散射电子信号，在所得的 SEM 背散射电子像上，相应区域也更亮。因此背散射电子像也常被用作成分衬度像。

由于试样表面局部的倾斜角度也会影响背散射电子的产生概率，背散射电子像中也包含了一定的形貌信息。尤其是，由于能量较高，背散射电子在逸出表面后，可以认为是直线行进的，因而背散射电子像中有明显的阴影效应，对于表面形貌起伏较大的试样，立体感甚至优于二次电子像。

为获得更明确的成分衬度，常将块状样品表面（或断面）抛光，以避免形貌信息的干扰。

图 13-2 是铅锡合金表面结构的 SEM 图像。

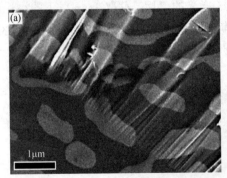 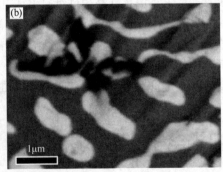

图 13-2　铅锡合金表面结构的 SEM 图像
(a) 二次电子像；(b) 背散射电子像

 概念检查 13.2

○ SEM 成像的基本原理是什么？在 SEM 分析中，衬度分为哪两种？

3. 分辨率

由于衍射，SEM 中的电子束不可能会聚成理想的点，而是以束斑的形式照射试样表面。由于透镜像差的存在，使束斑进一步扩大。束斑的尺寸是 SEM 分辨率的基础，实际分辨率还取决于试样中的信号来源体积。

对于二次电子像，由于信号来源于试样极浅表的部分，入射电子扩散程度极小，信号来源区域基本相当于入射电子束照射的束斑尺寸。对于一台 SEM，二次电子像的分辨率通常代表其最高分辨率，是最重要的评价指标。SEM 的二次电子像分辨率约为 1nm。

对于背散射电子像，由于背散射电子的能量接近于入射电子，信号来源深度可达 50nm，甚至更深。在此深度，电子相互作用区域已扩散至数十纳米的范围，所以背散射电子像的分辨率远低于二次电子像。

4. SEM 的放大倍数

（1）扫描放大倍数　基于扫描成像原理，SEM 的放大倍数是显示图像的宽度与电子束在试样表面对应扫描范围的宽度的比值。由于扫描电子显微镜显示的图像尺寸通常在显示器上是固定的，因此提高放大倍数实际是控制扫描线圈，减少电子的偏转幅度，从而减小扫描范围。

（2）有效放大倍数　基于以上定义，无限减小扫描范围，可以获得无限放大的图像。但实际上，超过有效放大倍数的放大，并不能提供更多的细节信息。与光学显微镜和透射电子显微镜一样，扫描电子显微镜的有效放大倍数取决于分辨率。对于最高分辨率 1nm 左右的 SEM，有效放大倍数约为 20 万倍。

二、仪器结构

扫描电子显微镜主体由电子光学系统、试样系统、检测系统和图像显示记录系统等组成。图 13-3 为扫描电子显微镜主体部分结构示意图。

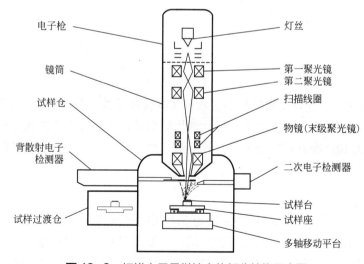

图 13-3　扫描电子显微镜主体部分结构示意图

1. 电子光学系统（镜筒）

SEM 的镜筒上部是电子枪，通过高压加速电子，提供具有特定能量的电子束。通常 SEM 的加速电压在 1～30kV。

镜筒中通常包括 2 至 3 个电磁透镜，逐级会聚电子束，最终形成尽可能小的电子束斑投射到试样表面。其中，最下端的一级称作物镜。SEM 的物镜并没有光学意义上的放大作用，原理上仍然是聚光镜，通过改变励磁电流改变透镜焦距，使电子束精确聚焦在试样表面。

扫描线圈控制电子束的整体偏转，使电子束照射到试样表面特定的位置。现代电镜用计算机程序控制偏转线圈与显示器上的显示同步。试样上被照射点的位置与显示器图像上的像素点的坐标一一对应，各点被激发的信号强度与图像上像素点的亮度一一对应，从而构成反映试样信息的图像。

2. 试样系统

镜筒下方是 SEM 的试样仓，通常明显比镜筒宽大。一方面是因为，SEM 进行表面观察，一般并不要求电子束穿透试样，试样尺寸可以比较大；另一方面也是为了给检测系统以及一些原位操控装置提供更多的空间。SEM 可以分析的试样尺寸最大可达数厘米。为避免进样时破坏试样仓的真空状态，通常会附加一个空间较小的气锁（airlock）过渡仓用于传送试样。

试样仓内的移动平台可以控制试样的平移、倾斜、旋转。通过加装一些原位附件，还可以对试样进行加热、冷冻、拉伸、通电等操作，实现特定条件下的观察和原位实验。

3. 检测系统

试样仓的外壳上一般预留了大量的法兰接口，可以安装多个检测器，例如二次电子检测器、背散射电子检测器、能谱仪、波谱仪、荧光谱仪等。不同检测器之间可以是独立工作的，必要时，可以在同一扫描过程中同步获得多种不同信号来源的图像。

4. 其他系统

包括真空系统、冷却系统、供电系统和操作控制系统等。

三、试样的制备

1. 干燥

SEM 内部的高真空条件，通常要求试样不含水分和其他挥发性成分。常用的干燥方法包括自然风干、高温烘干、真空干燥、冷冻干燥、临界点干燥等。选用原则是在干燥过程应能保留样品的原始微观形貌。

对于一些环境扫描电镜，允许试样仓内维持较低的真空甚至常压，一些含水试样也可以直接观察。

2. 试样粘接固定

SEM 试样通常需要用导电胶带或导电胶水固定在专用的试样台上，每个试样台可以固定一个或多个试样。不同厂家、型号的试样台形式、尺寸可能不同，一般采用铜、铝等纯金属或石墨材质。

① 对于一般粉末样品，可以先将导电的双面胶带粘在试样台上，再撒上样品粉末，用洗耳球或压缩气吹去粘接不牢的颗粒。

② 对于纳米颗粒样品，为减少颗粒团聚，可将粉末样品加入适量的无水乙醇（或者其他易挥发溶剂，但不能溶解样品颗粒或与之发生反应），用超声清洗机充分分散。再将分散液滴加在干净的硅片上，待完全干燥后将硅片用导电胶带固定到试样台上。

③ 对于原本就悬浮于液体中的颗粒样品，也可以用适当的滤纸（或滤膜）抽吸过滤，使颗粒沉积到

滤纸上，干燥后剪取部分滤纸用导电胶带固定到试样台上。

④ 对于块状样品可以直接粘接到试样台上，使观察表面朝上并尽可能水平。

3. 导电处理

在 SEM 中，入射电子的数量通常远大于逸出电子（主要是二次电子）的数量，如果试样不能有效接地，多余的电子就可能聚集在试样表面，形成荷电效应。聚集的电子推斥后续的入射电子束，造成图像扭曲和衬度异常；聚集电子的持续释放，造成图像上出现横条纹的扫描线；电子的聚集也会加剧对试样的损伤。

金属、硅锗等半导体材料、碳材料等样品的导电性通常足够扫描电镜直接观察。对于不导电的样品，通常需要在表面制备一层导电层。通常是利用离子溅射仪溅镀一层数纳米厚的铂、金等金属。对于一些成分分析（如能谱分析），也可以用真空蒸镀仪在试样表面镀碳。

由于入射电子能量较低时，例如在 1keV 以下，逸出二次电子的数量可能接近甚至超过入射电子，从而避免了荷电效应。一些 SEM 也可以借助极低的加速电压或额外的减速电压实现不导电试样的有效观察，而不需要表面导电处理。

4. 截面制备

有些样品需要观察内部结构，例如，纤维的皮芯结构、橡胶的填料分布，这时需要平整地"切开"样品。

① 对于脆性样品，可以直接掰断样品，找到相对平整无形变的部分观察。对于热不敏感的脆硬样品也可进行机械切割、研磨抛光制备截面。

② 对于弹性样品，常使用液氮，在深度冷却状态下掰断，以获得无形变的平整断面。

③ 超薄切片、等离子抛光等方法可以制备更平整的截面。

第五节　扫描探针显微镜简介

扫描探针显微镜（scanning probe microscope，SPM）是各种利用尖锐探针机械式地在试样表面进行扫描，探测试样有关的物理量（隧穿电流、原子间力、摩擦力、磁力等）特性，在微观尺度上表征试样表面形貌及进行电学、力学特性分析的设备总称。

扫描探针显微镜严格说并不属于电子显微镜，但因为其分辨能力与电镜相当，获得的图像常与电镜图像比较印证或者互为补充。

目前主流的扫描探针显微镜分为扫描隧道显微镜和原子力显微镜两类。

一、扫描隧道显微镜

扫描隧道显微镜（scanning tunneling microscope，STM）是通过测定导电探针与导电性材质试样间的隧穿电流变化，控制探针与试样间的距离，表征试样表面形貌的扫描探针显微镜。

当探针针尖和试样表面之间的距离接近 1nm 左右时，针尖原子的电子云和试样表面原子的电子云可能发生重叠，仅在探针和试样间加上微小电压（通常 2mV 至 2V），试样表面的电子就有一定概率克服逸出功而离开试样表面，进入探针，形成隧道电流。控制探针在试样表面扫描，记录各点的隧道电流强度，基于扫描成像原理，即可得到扫描区域的显微图像。由于隧道电流的强度对于距离特别敏感，STM 的纵向分辨率优于 0.01nm 量级，横向分辨率约为 0.2nm。

二、原子力显微镜

原子力显微镜（atomic force microscope，AFM）是通过检测探针和试样表面的相互作用力（吸引力或排斥力）来控制探针和试样间的距离，从而获得表面形貌和试样力学特征的扫描探针显微镜。

原子力显微镜的探针通常为硅或氮化硅，尖端曲率半径可达 1nm 量级，针尖制在微悬臂上。当针尖与试样之间产生作用力，微悬臂会发生轻微的形变，这一形变可以通过电学或光学方法检测定量，从而计算出相互作用力的大小。控制探针与试样相对运动（实际通常是试样运动），使探针扫描试样表面。在"恒力"模式下，可利用反馈系统控制探针高度，在扫描过程中保持作用力恒定，将探针高度作为成像信号，可以获得试样表面形貌起伏的图像。或者，在"恒高度"模式下，保持扫描过程中的探针高度恒定，将测定的相互作用力作为成像信号，也可获得表面形貌的显微图像。

为减少对试样表面的扰动，并获得较高的分辨率，AFM 常使用轻敲（tapping）模式，即在扫描过程中额外驱动微悬臂以特定频率振荡，振幅 5～100nm，使针尖间歇接触试样，既保持了与接触模式一样的分辨率，又减少针尖在试样表面侧向移动造成的破坏。当试样表面存在黏弹性差异时，微悬臂振动的相位可能发生变化。根据相位变化成像，得到相位图，可以分析试样表面的硬度、黏滞力等信息。

图 13-4 是三嵌段共聚物（PS-*b*-PB-*b*-PMMA）薄膜微相分离结构的 AFM 图像。

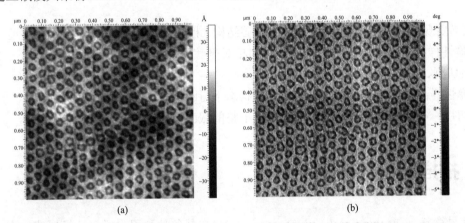

图 13-4 三嵌段共聚物（PS-*b*-PB-*b*-PMMA）薄膜微相分离结构的 AFM 图像
（a）高度图；（b）相位图

三、扫描探针显微镜的进展

SPM 也可以通过测定试样和探针之间其他的相互作用力、电流、电压等物理量，获得不同的分布像。例如，磁力显微镜（magnetic force microscope，MFM）通过测定磁性探针与磁性试样间的磁力作用，表征试样表面磁场分布；静电力显微镜（electrostatic force microscope，EFM）通过测定探针与试样间的静电力作用，表征试样表面电场分布；侧向摩擦力显微镜（lateral force microscope，LFM）在接触式原子力显微镜模式下，探针在试样表面做垂直于微悬臂方向运动时，利用微悬臂所产生的扭转角变化来测试试样侧向摩擦力分布；开尔文显微镜（Kelvin probe force microscope，KPM），检测分析微纳米范围内试样表面的接触电势差分布；压电力显微镜（piezoelectric force microscope，PFM），应用导电探针检测试样在外加激励电压下的电致形变量，适合用来研究压电、铁电和生物材料的机电耦合效应；扫描扩展电阻显微镜（scanning spreading resistance microscope，SSRM），用导电探针测试试样表面的微区电阻率分布；扫描电容显微镜（scanning capacitance microscope，SCM），表征表面区域的电容分布。

总结

- 电子显微分析是在微纳尺度观察和分析物质形貌及结构的一种方法。电子显微镜简称电镜,是以高能电子束为照明光源,以电磁透镜等电子光学器件构成光路,实现放大成像的显微分析仪器。按成像原理分类,电子显微镜分为透射电子显微镜和扫描电子显微镜两类。
- 透射电子显微镜采用透镜成像方式,将近似平行光照射到试样上的观察区域,透过试样的电子通过透镜,形成放大的图像。透射电子显微图像的衬度分为三种,即质厚衬度、衍射衬度和相位衬度。透射电子显微镜由照明系统、试样系统、成像系统和观察记录系统等组成。
- 扫描电子显微镜主要用于观察样品的表面形貌。从电子枪发出的电子束,通过若干电磁透镜,会聚照射到试样上;以扫描线圈控制会聚电子束的偏转,使电子束在试样的观察区域逐点扫描;入射到试样表面的电子束激发出二次电子、背散射电子等信号,对应的检测器采集信号,同步将信号强度显示在显示器上,形成放大的图像。扫描电子显微镜由电子光学系统、试样系统、信号检测系统和图像显示记录系统等组成。

思考题

1. 解释下列术语:分辨率极限、质厚衬度、衍射衬度、二次电子、背散射电子、电磁透镜。
2. 在电镜中,电子束的波长主要取决于什么?
3. 电子束与样品相互作用会激发出哪些物理信号?这些信号各有什么特点和应用?
4. 简述透射电镜的基本构造和各部分的作用。
5. 简述二次电子像与背散射电子像在成像衬度原理上的差异。

课后练习

1. 目前主流 TEM 的分辨率约为:(1)0.001~0.14nm;(2)0.1~0.2nm;(3)10~200nm;(4)1~2nm
2. 透射电子显微图像的衬度依据其来源可分为:(1)质厚衬度;(2)二次电子成像衬度;(3)衍射衬度;(4)相位衬度
3. 扫描电子显微镜主要分析二次电子和背散射电子,以获取试样的:(1)表面结构;(2)元素组成;(3)元素价态;(4)表面形貌
4. 扫描电子显微镜镜筒上部的电子枪,提供具有特定能量的电子束,其加速电压通常控制在:(1)0.1~0.3kV;(2)0.5~0.9kV;(3)1~30kV;(4)35~50kV

简答题

1. 在电子显微分析中,供电系统为什么要采用恒压源和恒流源,这对成像有何意义?
2. 试比较 SEM 和 STM 技术的异同。

第十四章　X射线光电子能谱法

(A)

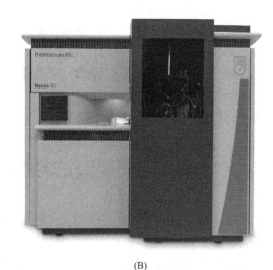
(B)

　　图（A）和图（B）为两种不同型号的X射线光电子能谱仪，其结构相似、功能相近；用于表面组成、表面元素原子化学环境的定性及定量分析，检测的元素范围 ^{3}Li ~ ^{92}U。图（A）类仪器可以扩展功能，而且灵敏度与分辨率相对较高，适合于科学研究和新材料开发。图（B）类仪器设计紧凑，自动化程度较高，分析效率高，更适用于样品常规检测分析。X射线光电子能谱仪是应用最为广泛的表面分析仪器，几乎覆盖所有领域。

❋ 为什么要学习 X 射线光电子能谱法?

X 射线光电子能谱（XPS）是瑞典 Uppsala 大学 K. M. Siegbahn（1981 年诺贝尔物理学奖获得者）及其同事经过近 20 年的潜心研究而建立的一种分析方法。XPS 主要用于材料表面组成分析，在为数不多的表面组成分析方法中，XPS 的应用最为广泛。材料表面组成与材料本体组成有很大不同，常用的材料组成分析方法，如原子吸收光谱、原子发射光谱和 X 射线荧光光谱等获得的是材料整体组成信息，无法从中分离出材料表面组成信息。材料表面组成决定材料的表面性质，获取材料表面组成信息对于认识材料表面性质至关重要。通过本章的学习，可以初步掌握 XPS 的基本原理，掌握 XPS 的定性及定量分析方法，熟悉 X 射线光电子能谱仪的基本结构和作用原理，了解 X 射线光电子能谱法的特点及应用。

K. M. Siegbahn（摘自诺贝尔基金会）

👁 学习目标

○ 初步掌握 X 射线光电子能谱法的基本原理。
○ 掌握 X 射线光电子能谱法的定性和定量分析方法。
○ 掌握 X 射线光电子能谱仪的结构及工作原理。
○ 了解 X 射线光电子能谱法的特点及应用。

第一节　X 射线光电子能谱法的基本原理

用电子能谱仪测量 X 射线激发出的光电子的能量分布的方法称为 X 射线光电子能谱法（X-ray photoelectron spectroscopy，XPS）。

XPS 是利用光电效应由 X 射线激发光电子，通过捕获、精确分析光电子的能量分布获取样品表面元素信息。X 射线光电子能谱法是一种非破坏性的表面分析方法。除氢、氦外，可对样品表面所有元素进行定性及定量分析。常见 X 射线光电子能谱仪的元素测试范围为 ^{3}Li ～ ^{92}U。

一、光电效应与 Einstein 光电效应理论

物质受光作用释放出电子的现象称为光电离，也称为光电效应。X 射线光电子能谱基于光电离作用，当一束 X 光子照射到样品表面时，X 光子可以被样品中某一元素的原子轨道上的电子所吸收，使得该电子脱离原子核的束缚，以一定的动能从原子内部发射出来而成为自由电子，这种电子称为光电子，这种现象称为光电离作用或光致发射，而原子本身则变成一个激发态离子。

X 射线光电子能谱法的理论依据是 Einstein 的光电效应理论。Einstein 认为光由粒子组成，每个光子有固定的能量，能量的大小取决于光的频率。即

$$E = h\nu \tag{14-1}$$

式中，E 为光子能量；h 为普朗克常数；ν 为光的频率。

光子照射在物质上时，当光子的频率大于某个极限频率，光子才拥有足够能量激发电子逃逸，产生

光电效应。不同材料光子的极限频率不同,与材料的成分有关。

不同元素的原子以及不同轨道上的电子发生光电效应的概率并不相同。同一原子中,光子从 K 层轨道上激发出光电子的概率最大,L 层次之,其他层依次降低。不同元素原子中,原子序数越大,光子激发出光电子的概率也越大。在 XPS 中,同一元素原子不同轨道上激发的光电子,信号强度有很大差别,K 层 1s 轨道电子激发产生的光电子信号最强。不同元素,即使在样品中的原子数量相同,相同轨道上电子激发产生的光电子信号也有很大差别,原子序数大的原子轨道发射的光电子信号强。

二、电子结合能及化学位移

光子照射引发电子发射分为三个独立的连续步骤:①电子吸收光子能量从一个占据轨道激发到一个高能空轨道;②光激发的电子到固体表面;③克服表面电位并逃逸到真空中。电子检测器可捕获逃逸的电子,并测定其能量。图 14-1 为光电发射示意图。光电发射的能量关系可用式(14-2)表示。

$$h\nu = E_b + \phi + E_k \tag{14-2}$$

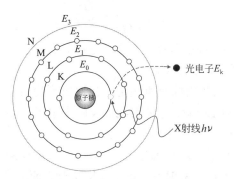

图 14-1 光电发射示意图

式中,E_b 为电子结合能,eV;ϕ 为材料的功函数,eV;E_k 为光电子动能,eV。

一定能量的光子碰撞原子核外电子后,电子吸收光子的能量。一部分能量用于克服原子核对电子的束缚,使电子脱离原电子轨道到最高能级中,这部分能量用电子结合能表达;还需要消耗一部分能量脱离固体表面,这部分能量用功函数表达;剩余的能量转化为光电子的动能。

式(14-2)中,电子结合能 E_b 为电子脱离原子所需要的最低能量。电子结合能的大小取决于原子及电子所占据的轨道。不同原子、不同电子轨道中电子的结合能不同,并且基本上是常数,即电子结合能具有原子特征和轨道特征,这是 XPS 的定性基础。

在 X 射线光电子能谱法中,用固定能量的 X 射线(通常为 AlK$_\alpha$ X 射线,能量 1486.6eV)照射样品,激发光电子,同时捕获检测光电子的动能,从而计算出电子结合能,见式(14-3)。通过电子结合能判定样品中所含元素的种类。

$$E_b = h\nu - \phi - E_k \tag{14-3}$$

虽然出射的光电子的结合能主要由元素的种类和激发轨道所决定,但是原子所处的化学环境不同,电子结合能会有一些微小的差异,这种结合能上的微小差异就是元素的化学位移,它取决于元素在样品中所处的化学环境。一般元素获得额外电子时,化学价态为负,该元素的结合能降低;反之,当该元素失去电子时,化学价态为正,XPS 结合能增加。利用这种化学位移可以分析元素在该物种中的化学价态和存在形式。元素的化学价态分析是 XPS 的最重要应用之一。

三、电子非弹性平均自由程与衰减常数

电子入射到固体中，电子在固体中穿行时会与固体物质发生碰撞，不断发生非弹性碰撞，电子能量不断损失，直到消失殆尽电子湮灭。电子非弹性平均自由程描述的是电子在物质中发生非弹性碰撞能量损失前所能穿行的距离。电子能量、物质性质决定电子非弹性平均自由程的大小。电子能量高，非弹性平均自由程大；物质致密、质量大，非弹性平均自由程小。同样，由 X 射线在物质内部激发出的光电子也有非弹性平均自由程。AlK_α X 射线激发的光电子的非弹性平均自由程只有几个纳米。换言之，AlK_α X 射线照射到固体样品上，只有表面几个纳米原子中激发出的光电子可以保持原有能量逃逸出固体，样品内部激发出的光电子湮灭在样品中。

电子在物质中穿行，发生弹性碰撞、非弹性碰撞，电子的运动轨迹是变化的，并不是一条直线。所以，电子非弹性平均自由程只是样品中光电子逃逸深度的极限，实际逃逸深度比非弹性平均自由程浅。逸出的光电子中也有部分因穿行轨迹不同，有些运行路径已经超过非弹性平均自由程，能量有损失，已经不具备原子的原有特征，电子能谱仪捕获分析这部分电子对分析样品元素原子贡献不大。电子穿过一定厚度的物质时只有部分电子可以保持能量不变，遵循朗伯-比尔定律。即

$$I_\mathrm{i}/I_0 = \mathrm{e}^{-\frac{d}{\lambda(E)}} \tag{14-4}$$

式中，I_0 为能量 E 的光电子强度；I_i 为能量 E 穿透厚度 d 到达表面的光电子强度；λ 为衰减常数，即光电子的强度衰减到原强度 $1/e$ 所穿行的距离。

λ 的大小由光电子能量、穿过的物质性质所决定。在逸出到物质表面的光电子中，63% 来自 1λ 厚度内 X 射线激发的光电子，86% 来自 2λ 厚度内 X 射线激发的光电子，95% 来自 3λ 厚度内 X 射线激发的光电子。由此可知，X 射线光电子能谱仪只能捕获、分析来自样品表面 3λ 深度的光电子。通常描述 X 射线光电子能谱法所分析的表面厚度为 3λ。尽管逸出的光电子 95% 来自 3λ 厚度的范围内，但超过 63% 的信息仅仅来自样品最表面 1λ 深度，所以，X 射线光电子能谱法对表面信息极其敏感。

 概念检查 14.1

○ 光电子是怎样产生的？与激发源能量有什么关系？

第二节 X 射线光电子能谱分析方法

一、X 射线光电子能谱图

X 射线光电子能谱图是以检测器单位时间内接收到的光电子数（光电子强度）对电子结合能作图。由于 X 射线能量大，所以 XPS 主要研究的是原子内层电子的结合能。内层电子不参与化学反应，保留了原子轨道特征，因此其电子结合能具有特征性。不同元素原子产生的电子谱线是彼此完全分离的，故相邻元素的识别不会发生混淆。在实际工作中，一般选用元素的最强特征峰来鉴别元素。图 14-2 和图 14-3 是两个常见 X 射线光电子能谱图。

习惯上，谱图横坐标起点结合能高，终点结合能低。图 14-2 为全扫描谱图，或全谱，横坐标覆盖全检测范围。常见 X 射线光电子能谱仪配置 AlK_α X 射线源，能量为 1486.6eV，结合能覆盖范围不会超过

1486.6eV。全扫描谱图主要用于样品表面元素的定性分析，因分辨率低，一般不用于定量分析。图 14-3 为高分辨率谱图或窄扫描谱或窄谱。其横坐标的结合能范围一般为 20eV，由于扫描范围窄，分辨率高，结合能的化学位移能清楚表达，可用于获取元素原子的化学环境信息。图 14-3 为 Al2p 轨道光电子高分辨率谱图，样品为铝箔。谱图中有 2 个峰，结合能 75.6eV 为铝箔表面铝氧化物中 Al2p 轨道上激发的光电子峰；结合能 72.6eV 为铝箔表面金属铝中 Al2p 轨道上激发的光电子峰。通过谱图解析可确知样品铝箔表面铝元素是以两种价态存在，一种是以氧化物形式存在，另一种是以金属形式存在。高分辨率谱图由于分辨率高，较易积分获取峰面积，故常用高分辨率谱图进行定量分析。

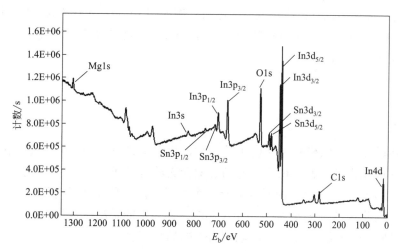

图 14-2　XPS 全扫描谱图

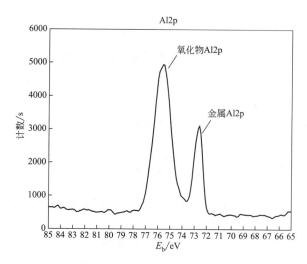

图 14-3　XPS 高分辨率谱图

二、定性分析方法

XPS 定性分析旨在获取样品表面所含元素的种类，以及分析元素在该物种中的化学环境，如价态和存在形式。

各种元素都有其特征的电子结合能，因此在能谱图中就出现特征谱线，可以根据这些谱线在能谱图中的位置来鉴定周期表中除 H 和 He 以外的所有元素。通过对样品进行全扫描，在一次测定中就可检出全部或大部分元素。

XPS 全扫描谱图的横坐标一般为电子结合能，只要确定信号峰在横坐标上的位置即可确定光电子峰的结合能。通过与各元素原子轨道上电子的特征结合能比对来指认光电子峰的归属，获取样品表面所含元素的信息。图 14-2 中，有 $Sn3p_{1/2}$、$Sn3p_{3/2}$、$Sn3d_{3/2}$、$Sn3d_{5/2}$、$In3p_{1/2}$、$In3p_{3/2}$、$In3d_{3/2}$、$In3d_{5/2}$、$In4d$、$Mg1s$、$C1s$、$O1s$ 轨道光电子峰，可以确定样品表面含有 C、O、Sn、In、Mg 元素。

目前 X 射线光电子能谱仪所带的软件中均有原子轨道结合能数据库及光电子峰指认模块，可以协助进行光电子峰指认及完成定性分析工作。

可用同样的方法获取元素原子所处化学环境的信息，确定 XPS 高分辨率谱图中峰的结合能，对比不同原子不同化学环境特征化学位移指认光电子峰归属。例如图 14-3 中 2 个光电子峰，虽然同为 Al2p 轨道激发的光电子，结合能 75.6eV 来自铝氧化物中 Al2p 轨道，结合能 72.6eV 来自金属铝中 Al2p 轨道，据此可知，样品表面含有氧化铝和金属铝。

三、定量分析方法

X 射线光电子能谱图中的纵坐标是光电子的计数，代表了光电子的信号强度。在一定条件下，谱图中光电子峰的强度（或光电子峰的面积）与样品表面元素的含量成正比关系，据此可对样品表面元素的含量进行定量分析。由于 XPS 所分析的对象只有几个原子层，而且成分极为复杂，几乎没有合适的标准物可用于定量分析。因此 XPS 定量分析方法无法溯源，它给出的是相对含量而不是绝对含量。XPS 提供的定量数据通常是以原子百分数表示，而不是常见的质量百分数。

光电子峰的信号强度可表示为

$$I_i = N_i \times \sigma_i \times \lambda_i \times T_i \tag{14-5}$$

式中，I_i 为元素 i 特征峰中的光电子计数；N_i 为元素 i 的原子数量；σ_i 为元素 i 原子某轨道光电离截面，表达该轨道光电效应发生的概率；λ_i 为元素 i 原子某轨道上激发的光电子衰减常数；T_i 为能谱仪对元素 i 原子某轨道上激发的光电子的传输函数。

已知 σ_i、λ_i、T_i，能谱仪测试获得 I_i，即可求出样品表面元素 i 的原子数量，见式（14-6）。

$$N_i = \frac{I_i}{\sigma_i \times \lambda_i \times T_i} \tag{14-6}$$

计算出样品表面全部元素原子的数量，即可定量计算出样品表面元素 i 的含量 C_i。

$$C_i = \frac{N_i}{\sum N_i} \times 100\% \tag{14-7}$$

计算中所需的 σ_i 参数，普遍采用 J. H. Scofield 所计算的不同元素、不同轨道的整套数据，已经被内置在 X 射线光电子能谱仪的软件中；λ 通常采用 TPP-2M 模型计算；T_i 一般由 X 射线光电子能谱仪制造商测试，内置在处理软件中。

 概念检查 14.2

○ 简述 X 射线光电子能谱法定量分析的依据及特点。

第三节　X射线光电子能谱仪

X射线光电子能谱法是一种仪器分析方法。X射线光电子能谱仪是X射线光电子能谱法的核心仪器，用于激发、捕获、分析光电子。

一、X射线光电子能谱仪的构造

图14-4的左部分为真实的X射线光电子能谱仪，右部分为对应部件的构造示意图。从图14-4可知，X射线光电子能谱仪是由X射线源（激发源）、电子透镜系统、电子能量分析器、检测器及分析室等组成。分析室与超高真空系统相连，使整个系统处在超高真空环境中。在分析室中，X射线源照射样品，激发出光电子。垂直方向的光电子被电子透镜系统收集、聚焦、减速，送入电子能量分析器。经过电子能量分析器后，特定能量的光电子被分离出来，由检测器记录光电子数量，生成光电子能谱图。

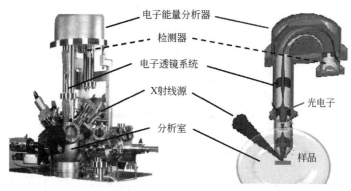

图14-4　X射线光电子能谱仪构造图

二、X射线光电子能谱仪的主要部件

1. 超高真空系统

样品中逸出的光电子极易与空气中的分子碰撞，使光电子能量损失，甚至湮灭。X射线光电子能谱仪配有超高真空系统，将样品、光电子传输、检测均置于超高真空下。真空系统的优劣是X射线光电子能谱仪的重要指标之一，一般仪器的真空系统压力要低于10^{-7}Pa。

图14-5是X射线光电子能谱仪真空系统的装置图。市售X射线光电子能谱仪的真空系统由外置机械泵和分子泵、内置钛升华泵或离子泵组成。机械泵和分子泵串联使用，启动机械泵，将系统压力降低到一定程度后，分子泵启动，并不停运行，将系统压力降低到10^{-7}Pa以下，并一直维持系统处于超高真空状态。早期X射线光电子能谱仪上使用的扩散泵已被分子泵取代。

图14-5　X射线光电子能谱仪真空系统

除了外置机械泵和分子泵维持仪器超高真空外，仪器还内置钛升华泵或离子泵。钛升华泵、离子泵是反应型真空泵，能够与体系中的少量残留气体分子发生反应，消耗掉残留气体，进一步提高系统的真空度。

2. X射线源（激发源）

X射线由高能电子轰击金属产生，金属称为靶材。靶材决定X射线的能量，目前市售X射线光电子能谱仪使用Al靶材的X射线管，提供1486.6eV能量的X射线。也有部分仪器还配置其他靶材的X射线管，用于特定用途。

电子轰击靶材产生多种能量的X射线，如图14-6所示。其中有能量连续的韧致辐射X射线，还有多个固定能量的特征X射线。这些X射线照射到样品上均会激发光电子。

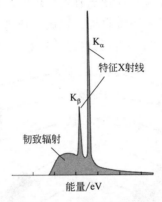

图14-6 X射线发射光谱

能量连续的韧致辐射X射线激发出的光电子谱能量也是连续的，没有特征性。而多个固定能量的特征X射线激发出多个光电子能谱，造成X射线光电子能谱图解读困难。目前的X射线光电子能谱仪均带有X射线的单色化装置，通过晶体衍射过滤掉不期望的X射线，保留目标X射线。因只有满足Bragg方程[见式（14-8）]才能发生晶体衍射，因此单色化装置的核心部件是特定晶体。选用特定晶面间距（d）的晶体，固定X射线的入射角，将X射线管发射的混合X射线射入晶体，只有目标波长（能量）的X射线发生衍射，其余波长X射线被过滤掉。X射线光电子能谱仪配置AlK$_\alpha$线单色化部件，滤掉Al靶材发射的其他X射线，只保留AlK$_\alpha$X射线。

$$n\lambda = 2d\sin\theta \tag{14-8}$$

式中，n为衍射级次，可以是0、1、2等整数；λ为入射X射线波长；d为晶体的晶面间距；θ为X射线入射角。

3. 电子透镜

电子透镜是一套复杂的静电场体系，电场可以干预电子的运动，可以像光学透镜一样聚焦电子，故称电子透镜。在X射线光电子能谱仪中，电子透镜用于收集、聚焦、传输、减速光电子。特别是光电子减速电场，将光电子能量减低到电子能量分析器设定的范围内。连续调节电场电压，将不同能量（不同速度）的光电子降低能量后送入电子能量分析器，分离出不同能量的光电子。

4. 电子能量分析器

电子能量分析器是X射线光电子能谱仪的核心部件，是测量电子能量分布的一种装置。通常采用半球形电子能量分析器,如图 14-7 所示。电子能量分析器由内外 2 个同心半球组成,球半径分别为 R_2、R_1。电子能量分析器的入口连着电子透镜,出口连着检测器。当电子能量分析器工作时,在内、外半球分别施加电压 V_2、V_1,电压连续扫描,但是压差保持不变。在半球形电子能量分析器的工作条件下,只有具有式(14-9)能量 E_p 的光电子可以到达出口,被检测器计数。能量大于或小于 E_p 的光电子轰击到电子能量分析器的内、外半球上湮灭。

$$E_p = \frac{R_1 R_2}{R_2^2 - R_1^2}(V_1 - V_2)q \tag{14-9}$$

式中,q 为电子电量。

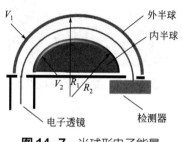

图 14-7 半球形电子能量分析器示意图

如果在球形半圆上施加连续改变的电压(扫描电压),则可以使不同能量的电子在不同的时间依次通过电子能量分析器。

5. 检测器

X 射线光电子能谱仪的检测器用于光电子计数,采用电子倍增器做检测器。电子倍增器的核心是倍增电极,当一定能量的电子射至倍增极 1 上,击出二次电子,此二次电子再射至倍增极 2 上,使二次电子得到倍增,以此类推,可以将电子的增益达到几个数量级。

检测器性能直接影响 X 射线光电子能谱仪的灵敏度。通常仪器配置的检测器有多个单通道电子倍增器和/或多通道板电子倍增器两种。单通道电子倍增器均选用 Channeltron 牌产品,增益高;多通道板电子倍增器是将多个微型单通道电子倍增器组合在一块板上,以提高仪器的灵敏度,虽然增益与单通道电子倍增器差距较大,但是可以获取信号的位置信息,对微区分析,特别对成像大有益处。

6. 电子中和系统

电子中和系统是 X 射线光电子能谱仪的必配部件。在 XPS 所分析测试的样品中很大一部分是绝缘体,样品激发出光电子后,样品表面带正电荷,会使光电子动能降低,使计算出的结合能增加,称为荷电效应。荷电效应是一种物理效应,与原子化学环境没有关系。荷电效应引起的结合能位移干扰对能谱图的解析。

消除荷电效应的原理是给样品补充电子,中和表面正电荷。一般有电子中和枪与电子发射板两种模式。电子中和枪有方向性,可以聚焦特定区域;电子发射板大面积发射电子。这两种中和正电荷的方式均有缺陷,会引发过中和,即样品表面带负电荷,致使光电子的动能提升,使计算出的结合能降低。由于中和枪可以聚焦,过中和区域较小,某些仪器上带有正电荷枪,定向对样品过中和部位补充正电荷,可以消除过中和现象。

7. Ar^+ 溅射枪

Ar^+ 溅射枪也是 X 射线光电子能谱仪的标配。X 射线光电子能谱法只能获得表面信息,收集信息的深

度最大为 3λ，而了解表面组成随深度变化的规律仍有重要意义，Ar^+ 溅射枪的配置正是为此目的。用 Ar^+ 轰击样品表面可以剥离样品表面的原子层，如图 14-8 所示。此时进行 XPS 分析虽然收集到仍是深度最大 3λ 的信息，但是相对于未刻蚀的样品深度已经超过 3λ。不断刻蚀、测试，即可获得元素组成及原子化学环境随深度变化的规律，见图 14-9。

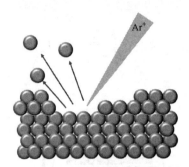

图 14-8 离子溅射示意图

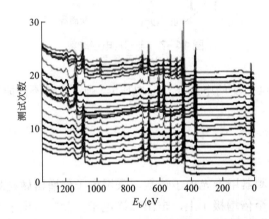

图 14-9 X 射线光电子能谱深度分析谱图

Ar^+ 溅射枪可以设置溅射面积与束流密度，以调控溅射速率，实现更加精细的深度分析。最近几年仪器配置 Ar^+ 团簇枪，将 Ar 原子聚集成团簇，只含一个 Ar^+，用于有机材料的深度分析。Ar^+ 团簇枪既可以产生单个 Ar^+，也可以产生带有 Ar^+ 的 Ar 原子团簇，突破了 Ar^+ 溅射的局限，应用更加广泛。

第四节 X 射线光电子能谱法的特点及应用

X 射线光电子能谱法是一种表面分析方法，可用于表面组成、表面元素原子化学环境的定性及定量分析。X 射线光电子能谱法在表面组成分析、表面性质研究、表面反应研究等方面都发挥着重要的不可替代的作用。

一、X 射线光电子能谱法的特点

① X 射线光电子能谱法是一种无损分析技术，可在不破坏表面的情况下，获取实际状态下表面组成、表面元素的化学价态和存在形式等信息。

② X 射线光电子能谱法是一种高灵敏度的表面分析技术，可获得表面深度几个纳米的信息。

③ X 射线光电子能谱法可进行定性及定量分析。定量分析重现性很好，但无法溯源。

④ X 射线光电子能谱法可检测 $Z \geqslant 3$（Li）的元素，并可实现多元素同时测定。

⑤ X 射线光电子能谱仪使用超高真空系统，任何在超高真空下稳定的样品均可以进行 X 射线光电子能谱分析。

⑥ 样品准备简单，实际样品可直接分析，只需要满足 X 射线光电子能谱仪所要求的尺寸即可。

二、X 射线光电子能谱法的应用

凡涉及表面性质、表面反应、表面改性、表面污染等众多领域，均可采用 X 射线光电子能谱法进行检测。可以说，X 射线光电子能谱法是研究表面及界面化学的最好方法之一。

1. 催化剂

催化剂是化学工业的核心。大多数催化剂的有效成分都位于表面，了解表面组成、表面状况是研究、开发催化剂的基础。X 射线光电子能谱法可用于催化剂表面组成分析、催化活性成分的确定、催化机理研究、催化剂失效分析及失效机理研究等。

2. 半导体工业

在半导体产品的生产过程中，制件表面组成的变化，特别是表面污染，将直接影响产品的性能与质量。目前，X 射线光电子能谱仪已成为半导体工业质量监控的重要手段之一。XPS 对半导体工业的发展起着至关重要的作用。

3. 材料腐蚀

材料的腐蚀与防腐蚀覆盖所有工业领域。材料的腐蚀与防腐蚀均发生在材料表面。腐蚀过程是表面反应，采用 X 射线光电子能谱法可以分析表面的元素组成、元素价态的变化，跟踪腐蚀过程，获取腐蚀产物以及腐蚀产物的演化信息，解读腐蚀机理。同样防腐蚀也是发生在材料表面，X 射线光电子能谱法通过表面成分分析以及成分变化分析，认识了解防腐蚀的活性物质，以及防腐蚀的机理。

4. 材料界面研究

复合材料、黏合剂的黏结层、涂层、多层材料等的界面组成，尤其是界面过渡层的组成及物种变化对材料性能起决定性作用，这些都可以用 XPS 来分析与表征。材料界面研究也是 X 射线光电子能谱法的一个重要应用领域。

5. 功能性材料表面研究

基于表面性质的功能性材料，例如，疏水（亲水）、亲油（疏油）、减阻、防污等均是表面组成赋予其功能。X 射线光电子能谱法可通过测试表面组成揭示其功能性的起因及变化规律。

6. 材料表面改性研究

表面改性是材料改性的重要途径。表面氧化、表面钝化、表面沉积、离子注入、表面聚合等均是表面改性的常用方法。在这些方法中均涉及材料表面组成的变化，可采用 X 射线光电子能谱法来研究及评价表面改性前后组成的变化。XPS 在材料表面改性中的应用非常广泛。

7. 碳材料表面基团表征

X射线光电子能谱法测试表面组成，并不能表征化学结构。然而，碳材料，如碳纤维、碳纳米管、石墨烯等均是黑色的，较难用红外光谱表征所含基团。X射线光电子能谱法中C1s轨道电子结合能的化学位移与基团有很强的关联性，可用作表面基团的表征方法。该方法已经获得学术界、工业界普遍认可和广泛应用。

总结

- 用电子能谱仪测量X射线激发出的光电子的能量分布的方法称为X射线光电子能谱法（XPS）。XPS主要用于材料表面组成分析，材料表面组成与材料本体组成有很大不同，常用的材料组成分析方法，如AAS、AES和XRF等获得的是材料整体组成信息，无法从中分离出材料表面组成信息。
- 在X射线光电子能谱法中，用固定能量的X射线（通常为AlK$_\alpha$ X射线，能量1486.6eV）照射样品，激发光电子，同时捕获检测光电子的动能，从而计算出电子结合能，通过电子结合能判定样品中所含元素的种类。
- 虽然光电子的结合能主要由元素的种类所决定，但由于原子所处的化学环境不同，电子结合能会有一些微小的差异，这种结合能上的微小差异就是元素的化学位移，它取决于元素在样品中所处的化学环境。利用这种化学位移可以分析元素在该物种中的化学价态和存在形式。元素的化学价态分析是XPS的最重要应用之一。
- X射线光电子能谱仪由X射线源、电子透镜系统、电子能量分析器、检测器及分析室等组成。在分析室中，X射线源照射样品，激发出光电子。垂直方向的光电子被电子透镜系统收集、聚焦、减速，送入能量分析器。经过能量分析器后，特定能量的光电子被分离出来，由检测器记录光电子数量，生成光电子能谱图。

思考题

1. X射线光电子能谱法为什么可以用来进行表面元素的定性及定量分析？
2. 由非单色X射线激发产生的X射线光电子能谱图有什么特征？
3. 简述X射线光电子能谱仪的主要部件及功能。
4. X射线光电子能谱法与X射线荧光光谱法在应用方面有何不同？

课后练习

1. X射线光电子能谱法测定样品表面组成所依据的科学原理是：（1）Bhor原子模型；（2）福井谦一前线轨道理论；（3）Einstein的光电效应理论；（4）朗伯-比尔定律
2. X射线光电子能谱仪可检测：（1）荧光X射线的能量；（2）荧光X射线的波长；（3）电子的结合能；（4）电子的动能

3. X射线光电子能谱中，下列哪种位移是化学位移：（1）荷电效应引起的光电子峰位置变化；（2）聚四氟乙烯样品与聚乙烯样品C1s光电子峰位置不同；（3）Au纳米团簇尺度不同，Au4f 7峰的位置有差异；（4）样品加偏压引起光电子峰位置变化

简答题

1. 简述光电子的逸出概率和逃逸深度。
2. X射线光电子能谱法与X射线荧光光谱法分析样品元素组成的原理有什么不同？

第十五章 热分析法

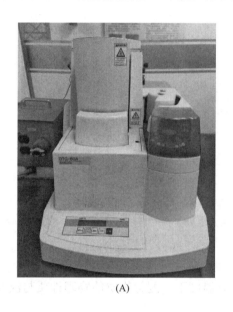

(A)

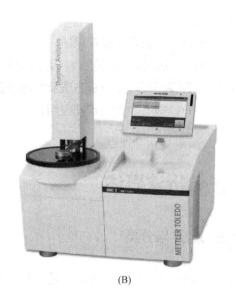

(B)

图（A）是差热分析（DTA）仪，图（B）是差示扫描量热（DSC）仪，DTA 测试的是样品与参比物之间的温差，DSC 测试的是样品与参比物之间的热流。两者的应用功能有很多相似之处，它们的应用可分为物理转变和化学反应两大类。物理转变包括结晶、熔融、升华、汽化、吸附、脱附、玻璃化转变等，化学反应包括氧化、还原、异构化、聚合、分解等。两者都可测定各转变的温度（例如玻璃化转变温度）、结晶度、纯度、热稳定性等，DSC 还可测试转变焓和反应焓。两者相比，DSC 比 DTA 具有更好的分辨率和更高的灵敏度，因而能定量测定多种热力学和动力学参数，且可进行晶体细微结构分析等工作。[图片（B）来源：梅特勒托利多科技（中国）有限公司]

> **为什么要学习热分析法？**
>
> 热分析是仪器分析的一个分支，是利用热学原理对物质的物理性能或成分进行分析的总称；是在程序控制温度下，测量物质的物理性能随温度变化的一类技术。本章将重点介绍热重法（TG）、差热分析法（DTA）和差示扫描量热法（DSC）的有关理论、仪器及应用。通过本章的学习，可以初步掌握 TG、DTA 和 DSC 的基本原理，熟悉 TG、DTA 和 DSC 仪器的结构及工作原理，掌握 TG、DTA 和 DSC 的分析方法及影响因素，了解 TG、DTA 和 DSC 的特点及应用。

> **学习目标**
>
> ○ 熟悉热分析法的定义与分类。
> ○ 掌握 TG、DTA 和 DSC 的基本原理。
> ○ 熟悉 TG、DTA 和 DSC 仪器的结构及工作原理。
> ○ 掌握 TG、DTA 和 DSC 的分析方法及影响因素。
> ○ 了解 TG、DTA 和 DSC 的特点及应用。

第一节　热分析法概述

一、热分析法的定义与分类

热分析法（thermal analysis methods）是在程序控制温度下，测量物质的物理性质与温度或时间关系的一类技术。

热分析法是仪器分析的一个重要分支，在无机、有机及高分子材料的表征中发挥着不可替代的作用。2004 年国际热分析和量热学协会（ICTAC）对热分析定义为"热分析是研究样品性质与温度间关系的一类技术"。相比而言，在 GB/T 6425—2008 中，对热分析的定义更为具体，表述为"在程序控温和一定气氛下，测量物质的某种物理性质与温度或时间关系的一类技术"。所谓"程序控温"是指线性升温或线性降温，也包括恒温或非线性升降温。所谓"物质"是指试样本身和（或）试样的反应产物。所谓"物理性质"包括物质的质量、温度、热焓、尺寸、力学、声学、光学、电学及磁学等物理量。依据所测物理量的不同，设计与制造了不同的热分析仪，建立了各种不同的热分析方法。具有代表性的热分析方法分类详见表 15-1。

二、热分析法的基本原理

物质在一定的温度范围变化时，会发生某种或某些物理变化或化学变化，这些变化会引起诸如系统温度和热焓不同程度的改变，并伴随有热量形式的吸收或释放，某些变化还涉及物质质量的增加或减少以及形状的变化，使用热分析技术可以研究这些与温度有关的物理性质的变化。热分析技术是在程序控制温度如升降温、等温或多段组合及一定气氛下，使用合适的传感器测定这些变化并转换成电信号加以采集和分析，得出某种物理参数随温度或时间变化的曲线。按测量的物理性质不同，分为不同的热分析技术。常用的有基于测量试样与参比物之间温差变化的差热分析法，基于测量体系热量速率或热流变化的差示扫描量热法和测量物质质量变化的热重法等。

表 15-1 热分析方法分类

热分析方法	简称	测量的物理量
热重法	TG	质量变化 ΔM
差热分析法	DTA	温度差 ΔT 或温度 T
差示扫描量热法	DSC	热量 Q，比热容 C_p
热机械分析	TMA	尺寸变化
热膨胀法		长度变化 ΔL 或体积变化 ΔV
针入度法		长度变化
动态热机械分析	DMA	模量 G，损耗因子 $\tan\delta$
热发声法		声学量
热传声法		
热光学法		光学量
热电学法		电学量
热磁学法		磁学量
联用技术		
热重法-差热分析法	TG-DTA	同时联用技术
热重法-差示扫描量热法	TG-DSC	同时联用技术
热重法/质谱分析	TG/MS	串接联用技术
热重法/傅里叶变换红外光谱法	TG/FTIR	串接联用技术
热重法/气相色谱法/质谱分析	TG/GC/MS	间歇联用技术

三、热分析仪器的组成

为热分析制造的各种仪器通称为热分析仪，仪器的具体名称因测试内容而异。它们的构造大致由下述四个基本系统组成：①温度控制系统；②测量系统；③显示系统；④气氛控制系统。

温度控制系统包括高温炉及控制炉温的程序控制单元，程序控制单元给出加热方式和速度程序信号，并按此控制炉子加热功率，使炉温按给定方式和速度对样品加热。

测量系统是热分析仪的核心部分，测量物质的物理性质与温度的关系。各种热分析仪所测量的物理性质各不相同，例如，热重分析仪的测量系统是热天平，测量的是样品质量的变化。测量系统还把测得的物理量转换成电信号。

显示系统把测量系统的电信号通过放大器放大并直接记录下来。通常采用的记录器为 X-Y 记录仪，可同时将电信号和温度记录下来。新型的显示系统已采用 CRT 监视器，直接把热分析曲线和实验结果显示出来，并由打印机打印出来。

气氛控制系统包括真空、静态和动态控制等部分，为样品提供所需反应和保护气体。

上述四个系统中变化最多的是测量系统，测量不同的物理性质有不同的测量原理和结构，其他三个系统变化不多，在不同类型的热分析仪器中往往是一样的。现代的热分析仪器都是由计算机控制，它有几个通道可分别连接 TG、DTA、TMA 等，实现了高度自动化。

第二节 热重法

一、热重法的基本原理

热重法（thermogravimetry，TG）是在程序控制温度和一定气氛下，测量物质的质量变化与温度或时间关系的一种热分析技术,其基本原理就是热天平。热天平分为变位法和零位法两种。

（1）变位法　变位法是根据天平梁的倾斜度与质量变化成比例的关系,用差动变压器等检知倾斜度,并自动记录。

（2）零位法　零位法是采用差动变压器法、光学法或电触点法测定天平梁的倾斜度,通过调整安装在天平系统和磁场中线圈的电流,使线圈转动,使天平梁的倾斜复原。由于线圈转动所施加的力与质量变化成比例,该力又与线圈中的电流成比例,因此,通过测量并记录电流的变化,便可得到质量随温度或时间变化的曲线。

二、热重分析仪

用于热重分析的仪器称为热重分析仪。热重分析仪一般由热天平、加热炉体、程序温度控制系统、测温传感器、气氛控制系统、样品支持器、数据记录系统以及辅助设备（如冷却装置、气体瓶或气体发生装置）等组成,其核心部件为热天平。

根据样品支持器与天平的相对位置,热天平分为下皿式天平、上皿式天平和水平式天平三种。三种类型仪器的结构如图 15-1 所示。

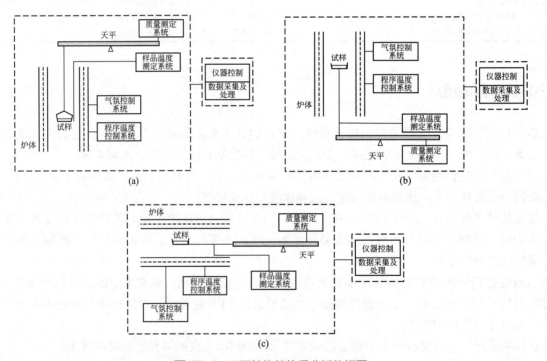

图 15-1　不同结构的热重分析仪框图

图 15-1（a）为下皿式天平,下皿式天平是一种悬挂式结构,天平位于炉体上方,坩埚和样品放在下垂的样品支持器上。下皿式天平一般适于单一的热失重测量,不适宜联用测量。图 15-1（b）为上皿式天平,天平位于炉体和坩埚下方,样品支持器垂直托起样品和坩埚。图 15-1（c）为水平式天平,天平与炉体处于同一水平位置,坩埚和样品支持器水平插入炉体中。上皿式和水平式热天平适用于同步联用技术,如 TG-DTA 等的测试。

热重分析仪的天平可分为半微量天平（10μg）、微量天平（1μg）和超微量天平（0.1μg）,性能较好的热重分析仪一般至少配置微量和超微量甚至更高等级的天平。

三、热重分析曲线

热重法所测结果的记录为热重曲线（TG 曲线），通常以质量或质量归一化的百分数作为纵坐标，以温度（线性加热/降温实验）或时间（含有等温条件实验）作为横坐标。热重曲线对温度或时间求一阶导数得到的曲线是微商热重曲线（DTG 曲线），可反映样品质量变化的速率。

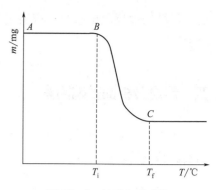

图 15-2 单阶失重曲线

（1）单阶失重曲线　单阶失重曲线如图 15-2 所示。图中的 AB 线段叫平直段，也就是常称的热重基线，是 TG 曲线上质量保持不变的区段。质量变化积累到热天平可以检测时（图中 B 点）的温度叫起始温度，以 T_i 表示；质量变化积累到最大值时（图中 C 点）的温度叫终止温度，以 T_f 表示。起始温度 T_i 与终止温度 T_f 之间的温差叫反应区间。

按式（15-1）计算以百分率表示的质量损失 M_L

$$M_L = \frac{m_s - m_f}{m_s} \times 100\% \tag{15-1}$$

式中，m_f 为在终止温度时的质量，mg；m_s 为在升温前的初始质量，mg。

（2）多阶失重曲线　样品实际测试中如果存在多个反应或不同物质失重，则会得到含有多个台阶的多阶失重曲线。此时各段的质量损失率与单阶失重曲线计算方法类似，并按式（15-2）计算残留质量百分数 R。

$$R = \frac{m_f}{m_s} \times 100\% \tag{15-2}$$

（3）增重曲线　有些样品在热失重测试中会出现质量增加现象，往往是由于发生化学反应（如氧化反应等）所致。质量增加百分数 M_G 可按下式计算

$$M_G = \frac{m_{max} - m_s}{m_s} \times 100\% \tag{15-3}$$

式中，m_{max} 为最大质量，mg。

（4）微商热重曲线（DTG）　微商热重曲线是以质量或质量百分数对温度或时间的一阶导数为纵坐标，温度或时间为横坐标所做的热分析曲线。图 15-3 是一水草酸钙（$CaC_2O_4 \cdot H_2O$）的 TG 与 DTG 曲线。$CaC_2O_4 \cdot H_2O$ 在约 100~200℃ 之间出现第一个台阶，这一步的失重约占试样总质量的 12.3%，正好相当 $CaC_2O_4 \cdot H_2O$ 失掉一个结晶水（$CaC_2O_4 \cdot H_2O \longrightarrow CaC_2O_4 + H_2O$）；在约 400~500℃ 之间出现第二个台阶，其失重约占试样总质量的 19.2%，相当于 CaC_2O_4 分解出一个 CO（$CaC_2O_4 \longrightarrow CaCO_3 + CO$）；在约 600~800℃ 之间出现第三个台阶，其失重约占试样总质量的 30.1%，相当于 $CaCO_3$ 分解为 CaO 和 CO_2 的过程（$CaCO_3 \longrightarrow CaO + CO_2$）。图 15-3 中 DTG 曲线记录的三个峰与 $CaC_2O_4 \cdot H_2O$ 三步失重过程相对应。图 15-3 中的 DTG 曲线与 TG 曲线相比，可以发现 DTG 曲线的峰顶点（$d^2W/dt = 0$，失重速率最大值点）与 TG 曲线的拐点相对应，DTG 曲线上的峰数与 TG 曲线的台阶数相等，DTG 曲线峰面积与失重量成正比。TG 曲线表达失重过程具有形象、直观的特点。与 TG 曲线相比，DTG 曲线能更清楚地区分相继发生的热重

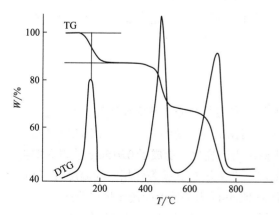

图 15-3　热重曲线与微商热重曲线

反应，精确地反映出起始反应温度、达到最大反应速率的温度和反应终止的温度，能更精确地进行定量分析。

四、热重分析的影响因素

热重分析是一种动态测试技术，在测试过程中，很多因素都可能对热重分析结果造成影响，主要包括实验和仪器两种因素。

1. 实验因素

（1）升温速率　升温速率越快，温度滞后越大，热重曲线上的起始温度和终止温度就越高，反应温度区间也越宽。对于高分子试样，建议采用的升温速度为 $5\sim10\text{K}\cdot\text{min}^{-1}$；对传热性好的无机物、金属类试样，升温速度一般为 $10\sim20\text{K}\cdot\text{min}^{-1}$。

（2）反应气氛　在热重分析中，根据实验目的的不同，常用的反应气氛有空气、O_2、N_2、He、H_2、CO_2、Cl_2 和水蒸气等。气氛不同，可能使热反应过程发生变化，使 TG 曲线形状受到影响。例如聚丙烯采用 N_2 气氛时，失重曲线无氧化增重现象；而当采用空气气氛时，在 $150\sim180℃$ 会出现氧化增重。

此外，气氛处于静态，还是动态，对试验结果也有很大影响。气氛处于动态时应注意气体流量对试样的分解温度、测温精度和 TG 曲线形状等的影响，反应气流速度通常为 $40\sim50\text{mL}\cdot\text{min}^{-1}$。

（3）样品用量　少量样品有利于气体产物的扩散，减小样品内部温度梯度，降低样品温度与环境线性升温的偏差；但样品用量过小，对热天平的灵敏度、重复性和信噪比要求变高。因此，应根据天平灵敏度选择适宜样品用量，一般有机样品用量为 $5\sim10\text{mg}$，无机样品 $10\sim50\text{mg}$，强放热材料样品 $0.5\sim1\text{mg}$；对于一些密度较大、热效应较小的样品用量可适度增加。

（4）样品的粒度及装样紧密程度　样品的粒度及形状对热传导和气体的扩散有影响，粒度不同会导致反应速率和热重曲线形状的改变。一般而言，粒度越小，单位质量的表面积越大，热传导和气体扩散速率越快，分解温度向低温偏移，反应温度区间变窄，如存在反应，会容易达到平衡，反应更完全。因此，样品粒度不宜太大，同批次样品应尽量保证粒度一致。

样品的装填紧密程度对热重曲线也有一定影响。一般来说，装填越紧密，空隙越少，越有利于热传导，但另一方面不利于气体向样品内的扩散及气体产物向外扩散和逸出。因此，装填紧密程度应适中为好，且应薄而均匀。

（5）试样容器（坩埚）　坩埚的材质有玻璃、铝、陶瓷、石英、金属等，应注意坩埚对试样、中间产物和最终产物应是惰性的。如聚四氟乙烯类试样不能用陶瓷、玻璃和石英类坩埚，因相互间会形成挥发性碳化物。白金坩埚不适宜含磷、硫或卤素的聚合物，因白金对该类物质有加氢或脱氢活性。在选择坩埚时，坩埚的形状以浅盘为好，以利于传热和生成物的扩散。

2. 仪器因素

（1）热浮力的影响　温度升高会使样品和天平部件周围的气体发生热膨胀，从而使密度减小，会造成表观增重现象。以 1mL 体积物品为例，在 101.3kPa 标准压力下，其在空气中受到的浮力为 1.184mg（$25℃$）和 0.269mg（$1000℃$），说明从 $25℃$ 加热到 $1000℃$ 过程中，由于热浮力的变化，造成了 0.915mg 的表观增重。在热重测试中，一般通过进行空白测试修正热重曲线的浮力效应，即采用与试验条件相同的温度程序和空坩埚测试得到空白曲线，然后用样品测量曲线减去空白曲线得到扣除热浮力等误差的最终热重曲线。

（2）对流和湍流的影响　除了浮力作用，由于在加热过程中受热气体具有向上运动的倾向，样品、坩埚、样品支持器还会受到垂直上升的对流热气流的影响，其作用力方向与浮力效应方向刚好相反，会造成表观减重现象。而空气湍流会引起增重。与浮力效应相似，通过扣减空白曲线也可最大程度降低气体对流和湍流对热重曲线结果的影响。

（3）挥发物冷凝的影响　在试验过程中挥发物的再冷凝不但污染仪器，而且使测得的样品失重量偏低。待温度进一步上升后，这些冷凝物可能再次挥发产生假失重。为此，应选择合适的吹扫气氛和通气量，使逸出的挥发物立即离开坩埚及其支持器。

 概念检查 15.1

○ 在热重分析中，对流和湍流会对分析结果带来什么影响？如何降低这种影响？

五、热重法的应用

热重法的应用十分广泛，只要物质受热时有质量变化，就可以用热重法来研究。最常见的应用包括热稳定性评价、某已知组分的含量测定以及热分解反应动力学研究。

1. 不同牌号丁苯橡胶热稳定性评价

热重分析法是测量物质热稳定性最直接和最常用的方法之一。通过比较不同样品初始分解温度或对应特定失重百分比的温度（如 $T_{0.05}$ 表示失重 5% 时对应的温度）以及 DTG 曲线中的峰值温度等来判断样品热稳定性能的优劣。图 15-4 是两种不同牌号的丁苯橡胶的 TG 曲线和 DTG 曲线。由图可以得到两种样品受热分解的起始温度、最大分解速率对应温度以及分解终止温度。可以发现 VSL5025-0 比 Krylene 1500 热稳定性能更好。

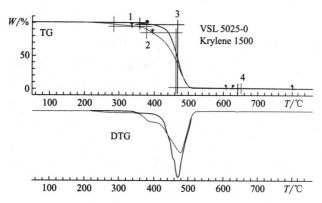

图 15-4　两种不同牌号丁苯橡胶的 TG 和 DTG 曲线

[图片来源：梅特勒托利多科技（中国）有限公司]

2. 反应动力学研究

用 TG 法可以研究热分解反应动力学、脱水反应动力学和化学反应动力学等。采用 TG 法研究反应动力学的优点是快速、样品用量少、不需要对反应物和产物进行定量测定，可在整个反应温度区间连续计算动力学参数。该方法的缺点是误差相对偏大，重复性较其他方法差。

第三节 差热分析法

一、差热分析法的基本原理

差热分析法（differential thermal analysis，DTA）是在程序控温和一定气氛下，测量试样和参比物温度差与温度或时间关系的技术。DTA 的基本原理是把在加热或冷却过程中，试样由于化学或物理变化产生热效应从而引起试样的温度变化以差示法进行测定和表示。通常将盛有试样和参比物的两只坩埚（或空坩埚）同时置于一个加热体系中，然后在相同程序控温和气氛条件下，利用热电偶测量试样与参比物之间的温差。由于参比物在受热过程中不会发生热效应，若试样在温度达到某一温度时发生热效应（如相变、分解、脱水、氧化、吸附等物理或化学反应），试样温度（T_s）和参比物温度（T_r）将会产生温差而不再相等，热电偶记录下反应温度差的差热电势，进而加以采集和分析并输入记录器，即可得到以温差为纵坐标、温度或时间为横坐标的差热分析曲线（DTA 曲线）。

二、差热分析仪

用于差热分析的仪器称为差热分析仪。差热分析仪一般由加热炉体、程序温度控制系统、支持器组件、温差检测器、差热放大器、气氛控制系统、数据记录系统以及辅助设备（如冷却装置、气体发生装置）等组成。差热分析仪结构框图如图 15-5 所示。

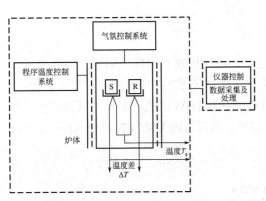

图 15-5 差热分析仪结构框图

经典差热分析仪是将热电偶直接插入试样和参比物中，直接测量两者的温差曲线来获得 DTA 信号。该装置虽然设计简单但存在明显缺点：①热电偶直接插入试样易造成污染，测试后需彻底清洁或更换热电偶；②试样用量多，会产生热阻，内部温度梯度大，因此会造成测试曲线基线漂移明显，重复性差。

博斯马（Boersma）型差热分析仪在炉体与放置试样和参比物的坩埚支架之间设置了热阻，通过测量两个坩埚支架间的温差得到 DTA 曲线。热电偶与试样不直接接触，大大改善了 DTA 曲线的重现性。博斯马设计原理使仪器热阻与试样无关，实现了定量测定热流，为热通量式差示扫描量热仪的诞生奠定了基础。

现代差热分析仪大多使用相互串联的多重热电偶或铂电阻，并采用低噪声、低漂移、高放大倍数的电子放大器来实现差热信号的提高。近年来，随着差示扫描量热仪（DSC）技术的发展，差热分析仪已基本被取代，但由于炉体结构的关系，DSC 很难实现高温（> 1450℃）测量，因此差热分析仪主要应用于高温段的测量以及与热重分析仪（TGA）等的同步测量。

 概念检查 15.2

○ 经典差热分析仪是将热电偶直接插入试样和参比物中，直接测量两者的温差曲线来获得 DTA 信号。这种设计制造的仪器存在哪些明显缺点？

三、差热分析曲线

差热分析法所测结果的记录为差热曲线（DTA 曲线），通常以试样和参比物的温度差（ΔT）或电压差（ΔV）作为纵坐标，以温度（T）或时间（t）作为横坐标。在 DTA 曲线上，试样发生的热效应主要以吸热峰或放热峰的形式来体现。典型的 DTA 曲线如图 15-6 所示。

图 15-6 中的 AB 和 DE 线段称为基线，在此区段试样没有发生热效应，即试样与参比物的温差 ΔT 不变。当试样和参比物间温差可以检测到时（图中 B 点）对应的温度叫起始转变温度，以 T_i 表示，表明此时试样发生热效应，试样温度开始变化；当所发生的热效应结束时（图中 D 点）对应的温度为终止转变温度，以 T_f 表示。试样和参比物间温差最大值时（图中 C 点）的对应温度叫峰值温度，以 T_p 表示。通常以峰值温度作为鉴定试样或其变化的定性依据。此时若试样温度高于参比物，则温差 ΔT 为正值，特征峰峰形向上（图中 BCD），为放热峰，表明试样发生放热反应。相反若试样温度低于参比物，ΔT 为负值，特征峰峰形向下，为吸热峰，表明试样发生吸热反应。

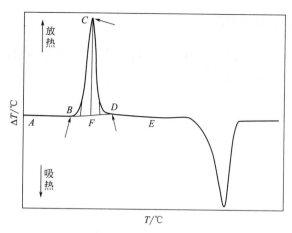

图 15-6 典型的非等温 DTA 曲线

四、差热分析的影响因素

（1）升温速率　升温速率越快，DTA 曲线峰温越高，峰幅变窄，峰形呈现尖高。升温速率变缓，对于多阶反应，多重峰越容易分离，但峰面积会略有减小。一般来说，无特殊要求，升温速率通常选用 $5 \sim 20\ ℃\cdot min^{-1}$。

（2）试样用量　试样用量越多，试样内部温度梯度越大，温度滞后越明显，会导致 DTA 峰形扩张，分辨率变差，峰值温度向高温移动。但样品量过小，热效应变弱，DTA 测试信噪比变差。

在实际应用中，由于 DTA 一般仅用来做定性分析，不适用于定量分析，其相对于 TG 和 DSC 很多因素的影响可以忽略。

五、差热分析法的应用

DTA 可用来研究绝大部分能产生热焓或热容变化的现象。但由于基于 DTA 测试原理发展起来的热流式 DSC，其精度、灵敏度更高，同时可做定量分析，因此在常规测试中 DTA 已基本被 DSC 所取代。DSC 设备由于不适用于高温测量，DTA 仅在高温测量或者与 TG 同步测量中还有应用。

1. 一水草酸钙分解反应

图 15-7 是在氮气气氛下一水草酸钙（$CaC_2O_4 \cdot H_2O$）热分解的 DTA 曲线。升温速率为 $15\ ℃\cdot min^{-1}$。DTA 曲线第一个吸热峰是一水草酸钙加热到 120℃ 以上后失去结晶水的反应。第二个吸热峰是加热到 450℃ 以上后草酸钙分解生成碳酸钙（$CaCO_3$）和一氧化碳（CO）的过程。当反应气氛为氧气时，此处 DTA 曲线将由吸热峰变成放热峰，生成物为 $CaCO_3$ 和 CO_2。第三个吸热峰为 $CaCO_3$ 继续分解成为 CaO 和 CO_2。

2. 成分定性

每种物质在加热过程都有它自己独特的 DTA 曲线，根据这些曲线可以把它们从未知多种物质的混合物中定性地识别出来。

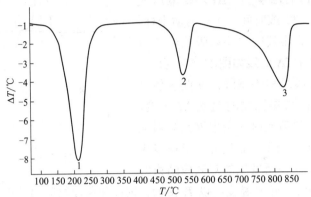

图 15-7 一水草酸钙分解的 DTA 曲线

图 15-8（a）是两种物质混合物的 DTA 曲线，在 120 ℃ 和 190 ℃ 的两个吸热峰与图 15-8（b）$CaSO_4 \cdot 2H_2O$ 的两脱水峰形状一致，240℃的吸热峰与图 15-8（c）的 Na_2SO_4 吸热峰形一样，由此可知，图 15-8（a）的混合物是由无水 Na_2SO_4 和 $CaSO_4 \cdot 2H_2O$ 两种物质组成。

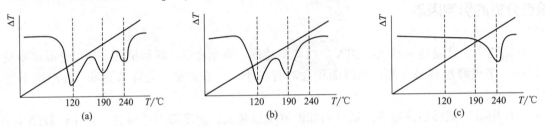

图 15-8 Na_2SO_4 和 $CaSO_4 \cdot 2H_2O$ 混合物及单一物质的 DTA 曲线

除上述应用之外，DTA 还广泛用于催化剂活性研究、燃料热性质、黏土和矿物热分解、相转变等研究。

第四节 差示扫描量热法

一、差示扫描量热法的基本原理

差示扫描量热法（differential scanning calorimetry, DSC）是在程序控温和一定气氛下，测量输入给试样和参比物的能量差（热流差或加热功率差）与温度或时间关系的一种技术。与 DTA 相比，DSC 具有更高的灵敏度和精确度，更适用于定量表征。常用的 DSC 仪主要有热流式（热通量式）和功率补偿式两种。

（1）热流式 DSC 热流式 DSC 是通过由热电偶测试装有试样与参比物的坩埚的温差，然后利用热流方程将 ΔT 换算成热流差，来获得热流差与时间或温度间的关系即热流式 DSC 曲线。热通量式 DSC 利用串接的多重热电偶来测量试样与参比物温差，灵敏度和精确度高，常用于精密热量测定。不过它与热流式 DSC 一样也是根据差热的原理测量温差，而不是直接测定热量的。

（2）功率补偿式 DSC 功率补偿式 DSC 与热流式 DSC 不同，它通过增加补偿加热丝，使试样无论产生任何热效应时，都可以通过功率补偿放大器和控制电路自动调节电流来提供相应电功率，使试样和参比物温度差趋于零（通常小于 0.01K）。该过程中输入给试样和参比物之间的加热功率（差）转换为热量即为试样的热效应,记录补偿的加热功率随时间或温度的变化即得功率补偿式 DSC 曲线。

二、差示扫描量热仪

用于差示扫描量热分析的仪器称为差示扫描量热仪。根据原理和功能不同主要包括以下几类:

(1) 热流式差示扫描量热仪　主要由加热炉体、程序温度控制系统、支持器组件、样品温度及温度差测量系统、数据采集记录系统以及气氛控制系统、冷却装置等组成。图 15-9 是热流式 DSC 仪结构框图。

(2) 功率补偿式差示扫描量热仪　主要由加热炉体、程序温度控制系统、支持器组件、样品温度及温度差测量系统、热量补偿系统、功率补偿系统、数据采集记录系统以及气氛控制系统、冷却装置等组成。与热流式差示扫描量热仪相比,主要区别在于增加了用于热量补偿的加热丝和功率补偿放大器。功率补偿式 DSC 其仪器常数 K 几乎与温度无关,无需对所测得的峰面积进行逐点校正,直接可从 DSC 曲线的峰面积中得到试样的放热量(或吸热量),在进行热量定量、化学反应动力学参数以及物质纯度计算等方面更为精确。其结构框图如图 15-10 所示。

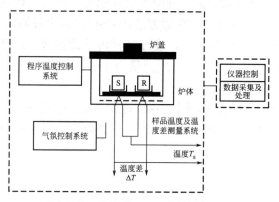

图 15-9　热流式 DSC 仪结构框图

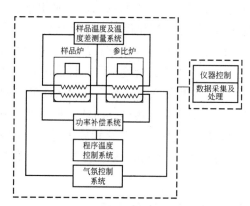

图 15-10　功率补偿式 DSC 仪结构框图

(3) 温度调制式差示扫描量热仪　普通 DSC 的温度程序是以恒定速率将试样升温或降温。温度调制式 DSC 则是在线性变温程序上叠加一个脉冲形式的升 - 降温振荡信号,其优势是除给出总的热流速率曲线外,还可区分出热容变化(可逆)部分,如玻璃化转变行为;以及动力学(不可逆)部分,如热焓松弛、热固化、热分解等化学反应行为。

(4) 超快速差示扫描量热仪　超快速 DSC 是最新发展起来的差示扫描量热仪,采用动态功率补偿电路,属于功率补偿式 DSC,升降温度速率最快可达 $10^6 K \cdot min^{-1}$。超快速 DSC 极快的升温速率可缩短测量时间,防止结构改变;极快的降温速率可制备特定结构性能的材料,可对常规 DSC 无法分析的物质结构进行测量,是研究结晶动力学的一种好工具。

三、差示扫描量热分析曲线

差示扫描量热分析法所测结果的记录为差示扫描量热曲线(DSC 曲线),通常以归一化后的热流(dH/dt)或功率(dQ/dt)作为纵坐标,常用的单位为 $mW \cdot mg^{-1}$ 或 $W \cdot g^{-1}$,以温度(T)或时间(t)作为横坐标,单位一般为℃(K)或 min。由差示扫描量热法得到的分析曲线与差热分析相同,只是更准确和更可靠。当补偿热量输入样品时,记录的是吸热变化;当补偿热量输入参比物时,记录的是放热变化。峰下面的面积正比于反应释放或吸收的热量,曲线高度则正比于反应速率。DSC 曲线可以确定各种转变过程中的特征温度和热量变化等信息。

四、差示扫描量热分析的影响因素

（1）升温速率　程序升温速率主要影响 DSC 曲线的峰温和峰形。一般升温速率越大，峰温越高，峰形则越大和越尖锐。

（2）反应气氛种类　反应气氛种类应根据测试目的进行选择。①氮气在 600℃ 以下是惰性的，一般作为 DSC 测试的标准气体；②研究与气氛发生反应的试样变化时，则因根据需要选择对应的气氛，如测试氧化诱导期时，需选择空气或氧气作为反应气氛；③在一些热效应峰位置接近的测试中，可选高热传导性的氦气代替氮气以减小 DSC 信号时间常数，提高热效应检测分辨率。反应气流速度通常为 $20 \sim 100 mL \cdot min^{-1}$。

（3）坩埚密封程度　坩埚密封程度会影响试样周围气体交换。①坩埚盖存在大孔（>1mm）时，坩埚内外气氛可自由交换，适用于与气氛反应的实验，如氧化诱导期测试，带孔的盖子可防止试样逸出或溅出污染传感器；②完全密封坩埚，内外不存在气体交换，一般用于高压实验，可抑制汽化，分解反应向高温方向移动；③当坩埚盖存在非常小的孔（50μm 左右）时，可在坩埚内形成自生成气氛，使坩埚内试样与其挥发产物处于平衡状态，同时坩埚内的压力没有明显增大，抑制了液体的提前挥发，使汽化过程推迟到沸点附近，汽化反应温度范围变窄，分辨率更好，因此该种密封方法在 DSC 测试中最为普遍。

（4）样品用量及装样紧密程度　通常样品量不宜过多，因为过多，会使试样内部传热慢，温度梯度大，导致峰形扩大和解析度下降。样品用量过小会影响测试灵敏度，一般用量为 $3 \sim 10 mg$。试样装填应尽量薄而平，与坩埚底部接触良好，保证良好的热传导性。

（5）热历史　聚合物试样的转变和松弛与其受热历史相关，因此其 DSC 曲线形状还受试样加工的温度和时间、加热速率以及贮存和放置时的温度和时间影响。可通过将试样以一定升温速率加热至熔点以上 30℃，保持 $5 \sim 10 min$，以消除热历史的影响。

五、差示扫描量热法的应用

差示扫描量热法在测量发生各种转变和反应的热焓和温度时，具有快速、灵敏、样品制备简单等优点，它能提供包括有关材料加工条件、质量缺陷、鉴别、结晶性能、热稳定性、反应性、纯度等方面的信息。

1. 样品焓变（ΔH）的测定

差示扫描量热曲线上吸热峰或放热峰面积实际上仅代表样品传导到温度传感装置的那部分热量变化，样品真实的热量变化与曲线峰面积的关系，可用式（15-4）表示。

$$m \times \Delta H = K \times A \tag{15-4}$$

式中，m 为样品质量；ΔH 为单位质量样品的焓变；A 为 ΔH 相应的曲线峰面积；K 为仪器常数。

若已测定仪器常数 K，按测定 K 时相同的条件测定样品的差示扫描量热曲线上的峰面积，则按式（15-4）可求得其焓变 ΔH。

2. 不同种类高分子材料的鉴别

可通过 DSC 曲线上熔融峰值对应的特征熔融温度，以及由峰面积大小计算得到的熔融焓来推测塑料的种类，如图 15-11 所示。图 15-11 中，加热速率为 $10.00℃ \cdot min^{-1}$，PP 和 POM 特征熔融温度均为 168℃ 左右，进一步通过对熔融峰面积积分，可得到两种试样的熔融焓分别为 $80.6 J \cdot g^{-1}$ 和 $158.9 J \cdot g^{-1}$，据此可准确区分出 PP 和 POM。需注意的是 DSC 测得的熔融温度与升温速率等条件密切相关，进行物质定性分析时需在明确的测试条件下进行。

3. 聚乙烯结晶度的测定

利用 DSC 曲线可以求得聚合物的结晶度 X_c，计算公式为

$$X_c = \frac{\Delta H}{\Delta H_{100\%}} \times 100\% \tag{15-5}$$

式中，ΔH 为 DSC 实际测得的熔融焓；$\Delta H_{100\%}$ 为试样 100% 结晶时理论熔融焓。对于绝大多数聚合物 100% 结晶样品的熔融焓，通常采用外推法求得或用每摩尔重复单元的熔融焓 ΔH_u 代替，实际计算时一般采用文献值。

图 15-12 为三种不同种类聚乙烯（PE）的 DSC 曲线（升温速率为 $10K \cdot min^{-1}$），对 DSC 曲线上吸热峰面积积分后即能得到各个试样对应的熔融焓，由于 100% 结晶聚乙烯理论熔融焓为 $293.6 J \cdot g^{-1}$，根据公式（15-5）可计算得到三种聚乙烯结晶度依次为 25.8%（LDPE）、35.3%（LLDPE）和 63.5%（HDPE）。

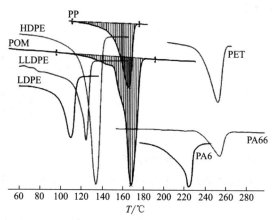

图 15-11　不同种类塑料的 DSC 曲线

图片来源：梅特勒托利多科技（中国）有限公司

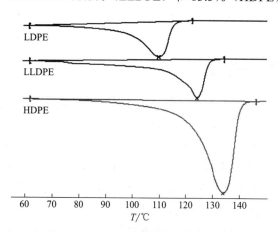

图 15-12　不同结晶度聚乙烯的 DSC 曲线

总结

- 热分析是利用热学原理对物质的物理性能或成分进行分析的总称；是在程序控制温度下，测量物质的物理性质与温度或时间关系的一类技术。本章重点介绍热重法（TG）、差热分析法（DTA）和差示扫描量热法（DSC）。
- 热重法是在程序控制温度和一定气氛下，测量物质的质量变化与温度或时间关系的一种热分析技术。其基本原理是热天平，热天平分为变位法和零位法两种。热重法的应用十分广泛，只要物质受热时有质量变化，就可以用热重法来研究。最常见的应用包括热稳定性评价、某已知组分的含量测定以及热分解反应动力学研究等。
- 差热分析法是在程序控温和一定气氛下，测量试样与参比物之间的温度差与温度或时间关系的技术。DTA 的基本原理是在加热或冷却过程中，试样由于物理或化学变化产生热效应从而引起试样的温度变化，以温差为纵坐标、温度或时间为横坐标得差热分析曲线。DTA 可用来研究绝大部分能产生热焓或热容变化的现象。

○ 差示扫描量热法是在程序控温和一定气氛下，测量输入给试样和参比物的能量差（热流差或功率差）与温度或时间关系的一种技术。常用的 DSC 仅有热流式（热通量式）和功率补偿式两种。DSC 能提供包括材料加工条件、质量缺陷、鉴别、结晶性能、热稳定性、反应性、纯度等方面的信息。DSC 具有快速、灵敏、可进行定量分析等优点，目前在常规测试中已基本取代了 DTA。

思考题

1. 热重分析法与微商热重分析法有何异同？
2. 差热分析中产生吸热峰和放热峰的主要原因有哪些？
3. 哪些物理和化学变化可以用 DTA 和 DSC 检测而不能用 TG 检测？
4. 影响热分析的主要因素有哪些？是如何影响的？
5. 热分析仪由哪些基本系统组成？简述各系统的组成与作用。

课后练习

1. 采用热重法测试聚四氟乙烯样品，需采用下述哪种材质的坩埚：（1）陶瓷坩埚；（2）玻璃坩埚；（3）镍坩埚；（4）石英坩埚
2. 在进行热重分析时，当温度从 25℃ 升高到 1000℃，由于热浮力的影响，对分析结果造成的影响是：（1）造成表观减重；（2）重量保持不变；（3）重量先减后增；（4）造成表观增重
3. 与差热分析法相比，差示扫描量热法的特点是：（1）灵敏度高；（2）分辨率好；（3）适合定量分析；（4）制样复杂，测试时间长
4. 功率补偿式差示扫描量热仪与热流式差示扫描量热仪相比，主要区别在于：（1）增加了用于热量补偿的加热丝；（2）热电偶直接插入样品与参比中；（3）仪器常数 K 几乎与温度无关；（4）增加了功率补偿放大器
5. 在进行 DSC 检测时，最适宜的样品用量为：（1）3～10mg；（2）0.3～0.9mg；（3）0.5～2mg；（4）10～15mg

简答题

1. 在热重分析中，白金坩埚为什么不适宜测试含磷、硫或卤素的聚合物？坩埚何种形状为好？为什么？
2. 采用差示扫描量热法测试聚合物时，为什么要消除热历史的影响？如何消除？

附　　录

附录一　原子量表

（2014年国际标准原子量）

元素	符号	原子量	元素	符号	原子量	元素	符号	原子量
银	Ag	107.8682	氦	He	4.002602	铂	Pt	195.084
铝	Al	26.9815386	铪	Hf	178.49	铷	Rb	85.4678
氩	Ar	39.948	汞	Hg	200.59	铼	Re	186.207
砷	As	74.92160	钬	Ho	164.93032	铑	Rh	102.90550
金	Au	196.966569	碘	I	126.90447	钌	Ru	101.07
硼	B	10.806	铟	In	114.818	硫	S	32.059
钡	Ba	137.327	铱	Ir	192.217	锑	Sb	121.760
铍	Be	9.012182	钾	K	39.0983	钪	Sc	44.955912
铋	Bi	208.98040	氪	Kr	83.798	硒	Se	78.96
溴	Br	79.904	镧	La	138.90547	硅	Si	28.084
碳	C	12.0096	锂	Li	6.938	钐	Sm	150.36
钙	Ca	40.078	镥	Lu	174.9668	锡	Sn	118.710
镉	Cd	112.411	镁	Mg	24.3050	锶	Sr	87.62
铈	Ce	140.116	锰	Mn	54.938045	钽	Ta	180.94788
氯	Cl	35.446	钼	Mo	95.96	铽	Tb	158.92535
钴	Co	58.933195	氮	N	14.00643	碲	Te	127.60
铬	Cr	51.9961	钠	Na	22.98976928	钍	Th	232.03806
铯	Cs	132.9054519	铌	Nb	92.90638	钛	Ti	47.867
铜	Cu	63.546	钕	Nd	144.242	铊	Tl	204.382
镝	Dy	162.500	氖	Ne	20.1797	铥	Tm	168.93421
铒	Er	167.259	镍	Ni	58.6934	铀	U	238.02891
铕	Eu	151.964	氧	O	15.99903	钒	V	50.9415
氟	F	18.9984032	锇	Os	190.23	钨	W	183.84
铁	Fe	55.845	磷	P	30.973762	氙	Xe	131.293
镓	Ga	69.723	镤	Pa	231.03588	钇	Y	88.90585
钆	Gd	157.25	铅	Pb	207.2	镱	Yb	173.054
锗	Ge	72.63	钯	Pd	106.42	锌	Zn	65.38
氢	H	1.00784	镨	Pr	140.90765	锆	Zr	91.224

附录二　标准电极电位表（18～25℃）

半反应	$\varphi^\ominus$/V	半反应	$\varphi^\ominus$/V
$F_2(气) + 2H^+ + 2e \Longleftrightarrow 2HF$	3.06	$HClO + H^+ + e \Longleftrightarrow \frac{1}{2}Cl_2 + H_2O$	1.63
$O_3 + 2H^+ + 2e \Longleftrightarrow O_2 + H_2O$	2.07	$Ce^{4+} + e \Longleftrightarrow Ce^{3+}$	1.61
$S_2O_3^{2-} + 2e \Longleftrightarrow 2SO_4^{2-}$	2.01	$H_5IO_6 + H^+ + 2e \Longleftrightarrow OI_3^- + 3H_2O$	1.60
$H_2O_2 + 2H^+ + 2e \Longleftrightarrow 2H_2O$	1.77	$HBrO + H^+ + e \Longleftrightarrow \frac{1}{2}Br_2 + H_2O$	1.59
$MnO_4^- + 4H^+ + 3e \Longleftrightarrow MnO_2(固) + 2H_2O$	1.695		
$PbO_2(固) + SO_4^{2-} + 4H^+ + 2e \Longleftrightarrow PbSO_4(固) + 2H_2O$	1.685	$BrO_3^- + 6H^+ + 5e \Longleftrightarrow \frac{1}{2}Br_2 + 3H_2O$	1.52
$HClO_2 + 2H^+ + 2e \Longleftrightarrow HClO + H_2O$	1.64		

半反应	$\varphi^{\ominus}$/V	半反应	$\varphi^{\ominus}$/V
$MnO_4^- + 8H^+ + 5e \rightleftharpoons Mn^{2+} + 4H_2O$	1.51	$2HgCl_2 + 2e \rightleftharpoons Hg_2Cl_2(固) + 2Cl^-$	0.63
$Au(Ⅲ) + 3e \rightleftharpoons Au$	1.50	$Hg_2SO_4(固) + 2e \rightleftharpoons 2Hg + SO_4^{2-}$	0.6151
$HClO + H^+ + 2e \rightleftharpoons Cl^- + H_2O$	1.49	$MnO_4^- + 2H_2O + 3e \rightleftharpoons MnO_2(固) + 4OH^-$	0.588
$ClO_3^- + 6H^+ + 5e \rightleftharpoons \frac{1}{2}Cl_2 + 3H_2O$	1.47	$MnO_4^- + e \rightleftharpoons MnO_4^{2-}$	0.564
$PbO_2(固) + 4H^+ + 2e \rightleftharpoons Pb^{2+} + 2H_2O$	1.455	$H_3AsO_4 + 2H^+ + 2e \rightleftharpoons HAsO_2 + 2H_2O$	0.559
$HIO + H^+ + e \rightleftharpoons \frac{1}{2}I_2 + H_2O$	1.45	$I_3^- + 2e \rightleftharpoons 3I^-$	0.545
$ClO_3^- + 6H^+ + 6e \rightleftharpoons Cl^- + 3H_2O$	1.45	$I_2(固) + 2e \rightleftharpoons 2I^-$	0.5345
$BrO_3^- + 6H^+ + 6e \rightleftharpoons Br^- + 3H_2O$	1.44	$Mo(Ⅵ) + e \rightleftharpoons Mo(Ⅴ)$	0.53
$Au(Ⅲ) + 2e \rightleftharpoons Au(Ⅰ)$	1.41	$Cu^+ + e \rightleftharpoons Cu$	0.52
$Cl_2(气) + 2e \rightleftharpoons 2Cl^-$	1.3595	$4SO_2(水) + 4H^+ + 6e \rightleftharpoons S_4O_6^{2-} + 2H_2O$	0.51
$ClO_4^- + 8H^+ + 7e \rightleftharpoons \frac{1}{2}Cl_2 + 4H_2O$	1.34	$HgCl_4^{2-} + 2e \rightleftharpoons Hg + 4Cl^-$	0.48
$Cr_2O_7^{2-} + 14H^+ + 6e \rightleftharpoons 2Cr^{3+} + 7H_2O$	1.33	$2SO_2(水) + 2H^+ + 4e \rightleftharpoons S_2O_3^{2-} + H_2O$	0.40
$MnO_2(固) + 4H^+ + 2e \rightleftharpoons Mn^{2+} + 2H_2O$	1.23	$Fe(CN)_6^{3-} + e \rightleftharpoons Fe(CN)_6^{4-}$	0.36
$O_2(气) + 4H^+ + 4e \rightleftharpoons 2H_2O$	1.229	$Cu^{2+} + 2e \rightleftharpoons Cu$	0.337
$IO_3^- + 6H^+ + 5e \rightleftharpoons \frac{1}{2}I_2 + 3H_2O$	1.20	$VO^{2+} + 2H^+ + e \rightleftharpoons V^{3+} + H_2O$	0.337
$ClO_4^- + 2H^+ + 2e \rightleftharpoons ClO_3^- + H_2O$	1.19	$BiO^+ + 2H^+ + 3e \rightleftharpoons Bi + H_2O$	0.32
$Br_2(水) + 2e \rightleftharpoons 2Br^-$	1.087	$Hg_2Cl_2(固) + 2e \rightleftharpoons 2Hg + 2Cl^-$	0.2676
$NO_2 + H^+ + e \rightleftharpoons HNO_2$	1.07	$HA_3O_2 + 3H^+ + 3e \rightleftharpoons As + 2H_2O$	0.248
$Br_3^- + 2e \rightleftharpoons 3Br^-$	1.05	$AgCl(固) + e \rightleftharpoons Ag + Cl^-$	0.2223
$HNO_2 + H^+ + e \rightleftharpoons NO(气) + H_2O$	1.00	$SbO^+ + 2H^+ + 3e \rightleftharpoons Sb + H_2O$	0.212
$VO_2^+ + 2H^+ + e \rightleftharpoons VO^{2+} + H_2O$	1.00	$SO_4^{2-} + 4H^+ + 2e \rightleftharpoons SO_2(水) + H_2O$	0.17
$HIO + H^+ + 2e \rightleftharpoons I^- + H_2O$	0.99	$Cu^{2+} + e \rightleftharpoons Cu^+$	0.159
$NO_3^- + 3H^+ + 2e \rightleftharpoons HNO_2 + H_2O$	0.94	$Sn^{4+} + 2e \rightleftharpoons Sn^{2+}$	0.154
$ClO^- + H_2O + 2e \rightleftharpoons Cl^- + 2OH^-$	0.89	$S + 2H^+ + 2e \rightleftharpoons H_2S(气)$	0.141
$H_2O_2 + 2e \rightleftharpoons 2OH^-$	0.88	$Hg_2Br_2 + 2e \rightleftharpoons 2Hg + 2Br^-$	0.1395
$Cu^{2+} + I^- + e \rightleftharpoons CuI(固)$	0.86	$TiO^{2+} + 2H^+ + e \rightleftharpoons Ti^{3+} + H_2O$	0.1
$Hg^{2+} + 2e \rightleftharpoons Hg$	0.845	$S_4O_6^{2-} + 2e \rightleftharpoons 2S_2O_3^{2-}$	0.08
$NO_3^- + 2H^+ + e \rightleftharpoons NO_2 + H_2O$	0.80	$AgBr(固) + e \rightleftharpoons Ag + Br^-$	0.071
$Ag^+ + e \rightleftharpoons Ag$	0.7995	$2H^+ + 2e \rightleftharpoons H_2$	0.000
$Hg_2^{2+} + 2e \rightleftharpoons 2Hg$	0.793	$O_2 + H_2O + 2e \rightleftharpoons HO_2^- + OH^-$	−0.067
$Fe^{3+} + e \rightleftharpoons Fe^{2+}$	0.771	$TiOCl^+ + 2H^+ + 3Cl^- + e \rightleftharpoons TiCl_4^- + H_2O$	−0.09
$BrO^- + H_2O + 2e \rightleftharpoons Br^- + 2OH^-$	0.76	$Pb^{2+} + 2e \rightleftharpoons Pb$	−0.126
$AgBr(固) + e \rightleftharpoons Ag + Br^-$	0.71	$Sn^{2+} + 2e \rightleftharpoons Sn$	−0.136
$O_2(气) + 2H^+ + 2e \rightleftharpoons H_2O_2$	0.682	$AgI(固) + e \rightleftharpoons Ag + I^-$	−0.152
$AsO_2^- + 2H_2O + 3e \rightleftharpoons As + 4OH^-$	0.68	$Ni^{2+} + 2e \rightleftharpoons Ni$	−0.246

续表

半反应	$\varphi^{\ominus}$/V	半反应	$\varphi^{\ominus}$/V
$H_3PO_4+2H^++2e \Longrightarrow H_3PO_3+H_2O$	-0.276	$AsO_3^{2-}+2H_2O+2e \Longrightarrow AsO_4+4OH^-$	-0.67
$Co^{2+}+2e \Longrightarrow Co$	-0.277	$Ag_2S(固)+2e \Longrightarrow 2Ag+S^{2-}$	-0.69
$Tl^++e \Longrightarrow Tl$	-0.3360	$Zn^{2+}+2e \Longrightarrow Zn$	-0.763
$In^{3+}+3e \Longrightarrow In$	-0.345	$2H_2O+2e \Longrightarrow H_2+2OH^-$	-0.828
$PbSO_4(固)+2e \Longrightarrow Pb+SO_4^{2-}$	-0.3553	$Cr^{2+}+2e \Longrightarrow Cr$	-0.91
$SeO_3^{2-}+3H_2O+4e \Longrightarrow Se+6OH^-$	-0.366	$HSnO_2^-+H_2O+2e \Longrightarrow Sn+3OH^-$	-0.91
$As+3H^++3e \Longrightarrow AsH_3$	-0.38	$Se+2e \Longrightarrow Se^{2-}$	-0.92
$Se+2H^++2e \Longrightarrow H_2Se$	-0.40	$Sn(OH)_3^-+2e \Longrightarrow HSnO_2^-+H_2O+3OH^-$	-0.93
$Cd^{2+}+2e \Longrightarrow Cd$	-0.403	$CNO^-+H_2O+2e \Longrightarrow CN^-+2OH^-$	-0.97
$Cr^{3+}+e \Longrightarrow Cr^{2+}$	-0.41	$Mn^{2+}+2e \Longrightarrow Mn$	-1.182
$Fe^{2+}+2e \Longrightarrow Fe$	-0.440	$ZnO_2^{2-}+2H_2O+2e \Longrightarrow Zn+4OH^-$	-1.216
$S+2e \Longrightarrow S^{2-}$	-0.48	$Al^{3+}+3e \Longrightarrow Al$	-1.66
$2CO_2+2H^++2e \Longrightarrow H_2C_2O_4$	-0.49	$H_2AlO_3^-+H_2O+3e \Longrightarrow Al+4OH^-$	-2.35
$H_3PO_3+2H^++2e \Longrightarrow H_3PO_2+H_2O$	-0.50	$Mg^{2+}+2e \Longrightarrow Mg$	-2.37
$Sb+3H^++3e \Longrightarrow SbH_2$	-0.51	$Na^++e \Longrightarrow Na$	-2.714
$HPbO_2^-+H_2O+2e \Longrightarrow Pb+3OH^-$	-0.54	$Ca^{2+}+2e \Longrightarrow Ca$	-2.87
$Ga^{3+}+3e \Longrightarrow Ga$	-0.56	$Sr^{2+}+2e \Longrightarrow Sr$	-2.89
$TeO+3H_2O+4e \Longrightarrow Te+6OH^-$	-0.57	$Ba^{2+}+2e \Longrightarrow Ba$	-2.90
$2SO_3^{1-}+3H_2O+4e \Longrightarrow S_2O_3^{2-}+6OH^-$	-0.58	$K^++e \Longrightarrow K$	-2.925
$SO_3^{1-}+3H_2O+4e \Longrightarrow S+6OH^-$	-0.66	$Li+e \Longrightarrow Li$	-3.042

附录三　部分贝农（Beynon）表

分子式	M+1%	M+2%	MW	分子式	M+1%	M+2%	MW
55				58			
CHN_3	2.24	0.02	55.0171	C_3H_6O	3.38	0.24	58.0419
C_2HNO	2.60	0.22	55.0058	C_3H_8N	3.75	0.05	58.0657
$C_2H_3N_2$	2.97	0.03	55.0297	C_4H_{10}	4.48	0.08	58.0783
C_3H_3O	3.33	0.24	55.0184	72			
C_3H_5N	3.70	0.05	55.0422	N_4O	1.56	0.21	72.0073
C_4H_7	4.43	0.07	55.0548	CN_2O_2	1.92	0.41	71.9960
58				CH_2N_3O	2.30	0.22	72.0198
N_3O	1.18	0.21	58.0024	CH_4N_4	2.67	0.03	72.0437
H_2N_4	1.56	0.01	58.0280	C_2O_3	2.28	0.62	71.9847
CNO_2	1.54	0.41	57.9929	$C_2H_2NO_2$	2.65	0.42	72.0085
CH_2N_2O	1.91	0.21	58.0167	$C_2H_4N_2O$	3.03	0.23	72.0324
CH_4N_3	2.29	0.02	58.0406	$C_2H_6N_3$	3.40	0.44	72.0563
$C_2H_2O_2$	2.27	0.42	58.0054	$C_3H_4O_2$	3.38	0.44	72.0211
C_2H_4NO	2.65	0.22	58.0293	C_3H_6NO	3.76	0.25	72.0449
$C_2H_6N_2$	3.02	0.03	58.0532	$C_3H_8N_2$	4.13	0.07	72.0688

分子式	M+1%	M+2%	MW	分子式	M+1%	M+2%	MW
72				129			
C_4H_8O	4.49	0.28	72.0575	$C_4H_5N_2O_3$	5.28	0.72	129.0300
$C_4H_{10}N$	4.86	0.09	72.0814	$C_4H_7N_3O_2$	5.66	0.54	129.0539
C_5H_{12}	5.60	0.13	72.0939	$C_4H_9N_4O$	6.03	0.36	129.0777
C_8	6.48	0.18	72.0000	$C_5H_5O_4$	5.64	0.93	129.0187
99				$C_5H_7NO_3$	6.01	0.75	129.0426
$C_2HN_3O_2$	3.40	0.44	99.0069	$C_5H_9N_2O_2$	6.39	0.57	129.0664
$C_2H_3N_4O$	3.77	0.26	99.0308	$C_5H_{11}N_3O$	6.76	0.40	129.0903
C_3HNO_3	3.76	0.65	98.9956	$C_5H_{13}N_4$	7.14	0.22	129.1142
$C_3H_3N_2O_2$	4.13	0.47	99.0195	$C_6H_9O_3$	6.74	0.79	129.0552
$C_3H_5N_3O$	4.51	0.28	99.0433	$C_6H_{11}NO_2$	7.12	0.62	129.0790
$C_3H_7N_4$	4.88	0.10	99.0672	$C_6H_{13}N_2O$	7.49	0.44	129.1029
$C_4H_3O_3$	4.49	0.68	99.0082	$C_6H_{15}N_3$	7.87	0.27	129.1267
$C_4H_5NO_2$	4.86	0.50	96.0320	C_6HN_4	8.03	0.28	129.0202
$C_4H_7N_2O$	5.24	0.31	99.0559	$C_7H_{13}O_2$	7.85	0.67	129.0916
$C_4H_9N_3$	5.61	0.13	99.0798	$C_7H_{15}NO$	8.22	0.50	129.1154
$C_5H_7O_2$	5.59	0.53	99.0446	$C_7H_{17}N_2$	8.60	0.33	129.1393
C_5H_9NO	5.97	0.35	99.0684	C_7HN_2O	8.38	0.51	129.0089
$C_5H_{11}N_2$	6.34	0.17	99.0923	$C_7H_3N_3$	8.76	0.34	129.0328
$C_6H_{11}O$	6.70	0.39	99.0810	$C_8H_{17}O$	8.96	0.55	129.1280
$C_6H_{13}N$	7.07	0.21	99.1049	C_8HO_2	8.74	0.74	128.9976
C_7H_{15}	7.80	0.26	99.1174	$C_8H_{19}N$	9.33	0.39	129.1519
C_7HN	7.96	0.28	99.0109	C_8H_3NO	9.11	0.57	129.0215
C_8H_3	8.69	0.33	99.0235	$C_8H_5N_2$	9.49	0.40	129.0453
110				C_9H_5O	9.84	0.63	129.0340
CH_6N_2O	2.10	0.82	110.0328	C_9H_7N	10.22	0.47	129.0579
$C_3N_3O_2$	4.46	0.48	109.9991	$C_{10}H_9$	10.95	0.54	129.0705
$C_3H_2N_4O$	4.84	0.30	110.0229	133			
C_4NO_3	4.82	0.69	109.9878	$C_3H_5N_2O_4$	4.24	0.87	133.0249
$C_4H_2N_2O_2$	5.20	0.51	110.0116	$C_3H_7N_3O_3$	4.62	0.69	133.0488
$C_4H_4N_3O$	5.57	0.33	110.0355	$C_3H_9N_4O_2$	4.99	0.50	133.0726
$C_4H_6N_4$	5.94	0.15	110.0594	$C_4H_7NO_4$	4.97	0.90	133.0375
$C_5H_2O_3$	5.55	0.73	110.0003	$C_4H_9N_2O_3$	5.35	0.72	133.0614
$C_5H_4NO_2$	5.93	0.55	110.0242	$C_4H_{11}N_3O_2$	5.72	0.54	133.0852
$C_5H_6N_2O$	6.30	0.37	110.0480	$C_4H_{13}N_4O$	6.10	0.36	133.1091
$C_5H_8N_3$	6.68	0.19	110.0719	$C_5H_9O_4$	5.70	0.94	133.0501
$C_6H_6O_2$	6.66	0.59	110.0368	$C_5H_{11}NO_3$	6.08	0.76	133.0739
C_6H_8NO	7.03	0.41	110.0606	$C_5H_{13}N_2O_2$	6.45	0.58	133.0978
$C_6H_{10}N_2$	7.41	0.24	110.0845	$C_5H_{15}N_3O$	6.83	0.40	133.1216
$C_7H_{10}O$	7.76	0.46	110.0732	C_5HN_4O	6.98	0.41	133.0151
$C_7H_{12}N$	8.14	0.29	110.0970	$C_6H_{13}O_3$	6.81	0.80	133.0865
C_8H_{14}	8.87	0.35	110.1096	$C_6H_{15}NO_2$	7.18	0.62	133.1103
C_8N	9.03	0.36	110.0031	$C_6HN_2O_2$	7.34	0.63	133.0038
C_9H_2	9.76	0.42	110.0157	$C_6H_3N_3O$	7.72	0.46	133.0277
129				$C_6H_5N_4$	8.09	0.29	133.0515
$C_3HN_2O_4$	4.18	0.87	128.9936	C_7HO_3	7.70	0.86	132.9925
$C_3H_3N_3O_3$	4.55	0.69	129.0175	$C_7H_3NO_2$	8.07	0.69	133.0164
$C_3H_5N_4O_2$	4.93	0.50	129.0413	$C_7H_5N_2O$	8.45	0.51	133.0402
$C_4H_3NO_4$	4.91	0.90	129.0062	$C_7H_7N_3$	8.82	0.35	133.0641

续表

分子式	M+1%	M+2%	MW	分子式	M+1%	M+2%	MW
133				142			
$C_8H_5O_2$	8.80	0.74	133.0289	$C_6H_{10}N_2O_2$	7.48	0.64	142.0743
C_8H_7NO	9.18	0.57	133.0528	$C_6H_{12}N_3O$	7.86	0.47	142.0981
$C_8H_9N_2$	9.55	0.41	133.0767	$C_6H_{14}N_4$	8.23	0.30	142.1220
C_9H_9O	9.91	0.64	133.0653	$C_7H_{10}O_3$	7.84	0.87	142.0630
$C_9H_{11}N$	10.28	0.48	133.0892	$C_7H_{12}NO_2$	8.22	0.70	142.0868
$C_{10}H_{13}$	11.01	0.55	133.1018	$C_7H_{14}N_2O$	8.59	0.53	142.1107
$C_{11}H$	11.90	0.64	133.0078	$C_7H_{16}N_3$	8.96	0.36	142.1346
134				C_7N_3O	8.75	0.54	142.0042
$C_3H_6N_2O_4$	4.26	0.87	134.0328	$C_7H_2N_4$	9.12	0.37	142.0280
$C_3H_8N_3O_3$	4.63	0.69	134.0566	$C_8H_{14}O_2$	8.95	0.75	142.0994
$C_3H_{10}N_4O_2$	5.01	0.51	134.0805	$C_8H_{16}NO$	9.32	0.59	142.1233
$C_4H_8NO_4$	4.99	0.90	134.0453	C_8NO_2	9.10	0.77	141.9929
$C_4H_{10}N_2O_3$	5.36	0.72	134.0692	$C_8H_{18}N_2$	9.70	0.42	142.1471
$C_4H_{12}N_3O_2$	5.74	0.54	134.0930	$C_8H_2N_2O$	9.48	0.60	142.0167
$C_4H_{14}N_4O$	6.11	0.36	134.1169	$C_8H_4N_3$	9.85	0.44	142.0406
$C_5H_{10}O_4$	5.72	0.94	134.0579	$C_9H_{18}O$	10.05	0.65	142.1358
$C_5H_{12}NO_3$	6.09	0.76	134.0817	$C_9H_2O_2$	9.84	0.83	142.0054
$C_5H_{14}N_2O_2$	6.47	0.58	134.1056	$C_9H_{20}N$	10.43	0.49	142.1597
$C_5N_3O_2$	6.63	0.59	133.9991	C_9H_4NO	10.21	0.67	142.0293
$C_5H_2N_4O$	7.00	0.41	134.0229	$C_9H_6N_2$	10.58	0.51	142.0532
$C_6H_{14}O_3$	6.82	0.80	134.0943	$C_{10}H_{22}$	11.16	0.56	142.1722
C_6NO_3	6.98	0.81	133.9878	$C_{10}H_6O$	10.94	0.74	142.0419
$C_6H_2N_2O_2$	7.36	0.64	134.0116	$C_{10}H_8N$	11.32	0.58	142.0657
$C_6H_4N_3O$	7.73	0.46	134.0355	$C_{11}H_{10}$	12.05	0.66	142.0783
$C_6H_6N_4$	8.11	0.29	134.0594	158			
$C_7H_2O_3$	7.71	0.86	134.0003	$C_5H_6N_2O_4$	6.42	0.98	158.0328
$C_7H_4NO_2$	8.09	0.69	134.0242	$C_5H_8N_3O_3$	6.79	0.80	158.0566
$C_7H_6N_2O$	8.46	0.52	134.0480	$C_5H_{10}N_4O_2$	7.17	0.63	158.0805
$C_7H_8N_3$	8.84	0.35	134.0719	$C_6H_8NO_4$	7.15	1.02	158.0453
$C_8H_6O_2$	8.82	0.74	134.0368	$C_6H_{10}N_2O_3$	7.52	0.85	158.0692
C_8H_8NO	9.19	0.58	134.0606	$C_6H_{12}N_3O_2$	7.90	0.68	158.0930
$C_8H_{10}N_2$	9.57	0.41	134.0845	$C_6H_{14}N_4O$	8.27	0.50	158.1169
$C_9H_{10}O$	9.92	0.64	134.0732	$C_7H_{19}O_4$	7.88	1.07	158.0579
$C_9H_{12}N$	10.30	0.48	134.0970	$C_7H_{12}NO_3$	8.25	0.90	158.0817
$C_{10}H_{14}$	11.03	0.55	134.1096	$C_7H_{14}N_2O_2$	8.63	0.73	158.1056
$C_{10}N$	11.19	0.57	134.0031	$C_7H_{16}N_3O$	9.00	0.56	158.1295
$C_{11}H_2$	11.92	0.65	134.0157	$C_7N_3O_2$	8.79	0.74	157.9991
142				$C_7H_{18}N_4$	9.38	0.40	158.1533
$C_4H_2N_2O_4$	5.27	0.92	142.0014	$C_7H_2N_4O$	9.16	0.58	158.0229
$C_4H_4N_3O_3$	5.65	0.74	142.0253	$C_8H_{14}O_3$	8.99	0.96	158.0943
$C_4H_6N_4O_2$	6.02	0.56	142.0491	$C_8H_{16}NO_2$	9.36	0.79	158.1182
$C_5H_4NO_4$	6.00	0.95	142.0140	C_8NO_3	9.14	0.97	157.9878
$C_5H_6N_2O_3$	6.38	0.77	142.0379	$C_8H_{18}N_2O$	9.73	0.63	158.1420
$C_5H_8N_3O_2$	6.75	0.60	142.0617	$C_8H_2N_2O_2$	9.52	0.81	158.0116
$C_5H_{10}N_4O$	7.13	0.42	142.0856	$C_8H_{20}N_3$	10.11	0.46	158.1659
$C_6H_6O_4$	6.74	0.99	142.0266	$C_8H_4N_3O$	9.89	0.64	158.0355
$C_6H_8NO_3$	7.11	0.82	142.0504	$C_8H_6N_4$	10.27	0.48	158.0594

分子式	M+1%	M+2%	MW	分子式	M+1%	M+2%	MW
158				178			
$C_9H_{18}O_2$	10.09	0.86	158.1307	$C_{12}H_2O_2$	13.08	1.19	178.0054
$C_9H_2O_3$	9.87	1.04	158.0003	$C_{12}H_{20}N$	13.67	0.86	178.1597
$C_9H_{20}NO$	10.47	0.69	158.1546	$C_{12}H_4NO$	13.45	1.03	178.0293
$C_9H_4NO_2$	10.25	0.87	158.0242	$C_{12}H_6N_2$	13.83	0.88	178.0532
$C_9H_{22}N_2$	10.24	0.53	158.1784	$C_{13}H_{22}$	14.40	0.96	178.1722
$C_9H_6N_2O$	10.62	0.71	158.0480	$C_{13}H_6O$	14.18	1.13	178.0419
$C_9H_8N_3$	11.00	0.55	158.0719	$C_{13}H_8N$	14.56	0.98	178.0657
$C_{10}H_{22}O$	11.20	0.77	158.1671	$C_{14}H_{10}$	15.29	1.09	178.0783
$C_{10}H_6O_2$	10.98	0.95	158.0368	230			
$C_{10}H_8NO$	11.35	0.79	158.0606	$C_{10}H_{18}N_2O_4$	12.01	1.46	230.1267
$C_{10}H_{10}N_2$	11.73	0.63	158.0845	$C_{10}H_{20}N_3O_3$	12.39	1.31	230.1506
$C_{11}H_{10}O$	12.09	0.87	158.0732	$C_{10}H_{22}N_4O_2$	12.76	1.15	230.1744
$C_{11}H_{12}N$	12.46	0.71	158.0970	$C_{11}H_{20}NO_4$	12.74	1.55	230.1393
$C_{12}H_{14}$	13.19	0.80	158.1096	$C_{11}H_{22}N_2O_3$	13.12	1.40	230.1631
$C_{12}N$	13.35	0.82	158.0031	$C_{11}H_6N_2O_4$	12.90	1.57	230.0328
$C_{13}H_2$	14.08	0.92	158.0157	$C_{11}H_{24}N_3O_2$	13.49	1.24	230.1870
178				$C_{11}H_8N_3O_3$	13.28	1.42	230.0566
$C_6H_{14}N_2O_2$	7.63	1.06	178.0954	$C_{11}H_{26}N_4O$	13.87	1.09	230.2108
$C_6H_6N_3O_3$	8.00	0.88	178.1193	$C_{11}H_{10}N_4O_2$	13.65	1.27	230.0805
$C_6H_{18}N_4O_2$	8.38	0.71	178.1431	$C_{11}H_{22}O_4$	13.48	1.64	230.1518
$C_7H_{16}NO_4$	8.36	1.11	178.1080	$C_{12}H_{24}NO_3$	13.85	1.49	230.1757
$C_7H_{18}N_2O_3$	8.73	0.94	178.1318	$C_{12}H_8NO_4$	13.63	1.66	230.0453
$C_7H_2N_2O_4$	8.52	1.12	178.0014	$C_{12}H_{26}N_2O_2$	14.22	1.34	230.1996
$C_7H_4N_3O_3$	8.89	0.95	178.0253	$C_{12}H_{10}N_2O_3$	14.01	1.51	230.0692
$C_7H_6N_4O_2$	9.26	0.79	178.0491	$C_{12}H_{28}N_3O$	14.60	1.19	230.2234
$C_8H_{18}O_4$	9.09	1.17	178.1205	$C_{12}H_{12}N_3O_2$	14.38	1.36	230.0930
$C_8H_4NO_4$	9.25	1.18	178.0140	$C_{12}H_{30}N_4$	14.97	1.05	230.2473
$C_8H_6N_2O_3$	9.62	1.02	178.0379	$C_{12}H_{14}N_4O$	14.76	1.22	230.1169
$C_8H_8N_3O_2$	10.00	0.85	178.0617	$C_{13}H_{26}O_3$	14.58	1.59	230.1883
$C_8H_{10}N_4O$	10.37	0.69	178.0856	$C_{13}H_{10}O_4$	14.36	1.76	230.0579
$C_9H_6O_4$	9.98	1.25	178.0266	$C_{13}H_{28}NO_2$	14.96	1.44	230.2121
$C_9H_8NO_3$	10.35	1.08	178.0504	$C_{13}H_{12}NO_3$	14.74	1.61	230.0817
$C_9H_{10}N_2O_2$	10.73	0.92	178.0743	$C_{13}H_{30}N_2O$	15.33	1.30	230.2360
$C_9H_{12}NO_3$	11.10	0.76	178.0981	$C_{13}H_{14}N_2O_2$	15.11	1.47	230.1056
$C_9H_{14}N_4$	11.48	0.60	178.1220	$C_{13}H_{16}N_3O$	15.49	1.32	230.1295
$C_{10}H_{10}O_3$	11.08	1.16	178.0630	$C_{13}N_3O_2$	15.27	1.49	229.9991
$C_{10}H_{12}NO_2$	11.46	1.00	178.0868	$C_{13}H_{18}N_4$	15.86	1.18	230.1533
$C_{10}H_{14}N_2O$	11.83	0.84	178.1107	$C_{13}H_2N_4O$	15.64	1.35	230.0229
$C_{10}H_{16}N_3$	12.21	0.68	178.1346	$C_{14}H_{30}O_2$	15.69	1.55	230.2247
$C_{10}N_3O$	11.99	0.86	178.0042	$C_{14}H_{14}O_3$	15.47	1.72	230.0943
$C_{10}H_2N_4$	12.36	0.70	178.0280	$C_{14}H_{16}NO_2$	15.84	1.57	230.1182
$C_{11}H_{14}O_2$	12.19	1.08	178.0994	$C_{14}NO_3$	15.63	1.74	229.9878
$C_{11}H_{16}NO$	12.56	0.92	178.1233	$C_{14}H_{18}N_2O$	16.22	1.43	230.1420
$C_{11}NO_2$	12.35	1.10	177.9929	$C_{14}H_2N_2O_2$	16.00	1.60	230.0116
$C_{11}H_{18}N_2$	12.94	0.77	178.1471	$C_{14}H_{20}N_3$	16.59	1.29	230.1659
$C_{11}H_2N_2O$	12.72	0.94	178.0167	$C_{14}H_4N_3O$	16.38	1.46	230.0355
$C_{11}H_4N_3$	13.09	0.79	178.0406	$C_{14}H_6N_4$	16.75	1.32	230.0594
$C_{12}H_{18}O$	13.29	1.01	178.1358	$C_{15}H_{18}O_2$	16.58	1.69	230.1307

续表

分子式	M+1%	M+2%	MW	分子式	M+1%	M+2%	MW
230				230			
$C_{15}H_2O_3$	16.36	1.85	230.0003	$C_{16}H_8NO$	17.84	1.70	230.0606
$C_{15}H_{20}NO$	16.95	1.55	230.1546	$C_{16}H_{10}N_2$	18.21	1.56	230.0845
$C_{15}H_4NO_2$	16.73	1.71	230.0242	$C_{17}H_{26}$	18.79	1.67	230.2036
$C_{15}H_{22}N_2$	17.32	1.41	230.1784	$C_{17}H_{10}O$	18.57	1.83	230.0732
$C_{15}H_6N_2O$	17.11	1.57	230.0480	$C_{17}H_{12}N$	18.94	1.69	230.0970
$C_{15}H_8N_3$	17.48	1.44	230.0719	$C_{18}H_{14}$	19.67	1.83	230.1096
$C_{16}H_{22}O$	17.68	1.67	230.1671	$C_{18}N$	19.83	1.86	230.0031
$C_{16}H_6O_2$	17.46	1.83	230.0368	$C_{19}H_2$	20.56	2.00	230.0157
$C_{16}H_{24}N$	18.06	1.54	230.1910				

参考文献

[1] 许国旺等编著.现代实用气相色谱法.北京：化学工业出版社，2004.
[2] 于世林编著.高效液相色谱方法及应用.北京：化学工业出版社，2000.
[3] 杜斌，张振中主编.现代色谱技术.郑州：河南医科大学出版社，2002.
[4] 孙毓庆主编.分析化学.4版.北京：人民卫生出版社，2002.
[5] 刘志广主编.仪器分析.北京：高等教育出版社，2007.
[6] 邓勃主编.应用原子吸收与原子荧光光谱分析.北京：化学工业出版社，2003.
[7] 刘虎生，邵宏翔编著.电感耦合等离子体质谱技术与应用.北京：化学工业出版社，2005.
[8] 叶宪曾，张新祥等编著.仪器分析教程.2版.北京：北京大学出版社，2007.
[9] 张寒琦等编.仪器分析.北京：高等教育出版社，2009.
[10] 武汉大学主编.分析化学：下册.5版.北京：高等教育出版社，2007.
[11] 罗庆尧，邓延倬，蔡汝秀，曾云鹗编著.分光光度分析.北京：科学出版社，1998.
[12] 李昌厚著.紫外可见分光光度计.北京：化学工业出版社，2005.
[13] 刘约权主编.现代仪器分析.2版.北京：高等教育出版社，2006.
[14] 魏福祥主编.仪器分析及应用.北京：中国石化出版社，2007.
[15] 吴谋成主编.仪器分析.北京：科学出版社，2003.
[16] 徐秉玖主编.仪器分析.北京：北京大学医学出版社，2005.
[17] 孙毓庆主编.仪器分析选论.北京：科学出版社，2005.
[18] 宁永成编著.有机化合物结构鉴定与有机波谱学.2版.北京：科学出版社，2000.
[19] 邓芹英，刘岚，邓慧敏编著.波谱分析教程.2版.北京：科学出版社，2007.
[20] 朱淮武编.有机分子结构波谱解析.北京：化学工业出版社，2005.
[21] 张华主编.现代有机波谱分析.北京：化学工业出版社，2005.
[22] 常建华，董绮功编著.波谱原理及解析.北京：科学出版社，2001.
[23] Pretsch E，Bühlman P，Affolter C著.波谱数据表-有机化合物的结构分析.荣国斌译.上海：华东理工大学出版社，2002.
[24] 姚新生，陈英杰等编著.超导核磁共振波谱分析.北京：中国医学科技出版社，1991.
[25] 吴刚主编.材料结构表征及应用.北京：化学工业出版社，2002.
[26] 王光辉，熊少祥编著.有机质谱解析.北京：化学工业出版社，2005.
[27] 袁存光，祝优珍，田晶，唐意红主编.现代仪器分析，北京：化学工业出版社，2012.
[28] 孙凤霞主编.仪器分析.2版.北京：化学工业出版社，2011.
[29] 柯以侃，董慧茹主编.分析化学手册：3B.分子光谱分析.3版.北京：化学工业出版社，2016.
[30] 董慧茹，王志华主编.复杂物质剖析技术.3版.北京：化学工业出版社，2020.
[31] 孙宁宁，张可佳，耿婉丽，鄂秀辉，高雯，何毅，李萍.基于UPLC-Q-TOF-MS的加参片提取物化学成分分析.中草药，2018，49(2)：293-304.
[32] 胡坪，王氢编.仪器分析.5版.北京：高等教育出版社，2019.
[33] 武汉大学主编.分析化学：下册.6版.北京：高等教育出版社，2018.
[34] 苏彬主编.分析化学手册：4.电分析化学.3版.北京：化学工业出版社，2016.
[35] 刘振海，张洪林主编.分析化学手册：8.热分析与量热学.3版.北京：化学工业出版社，2016.
[36] 杨睿，周啸，罗传秋，汪昆华主编.聚合物近代仪器分析.3版.北京：清华大学出版社，2010.
[37] 刘振海，陆立明，唐远旺主编.热分析简明教程.北京：科学出版社，2012.
[38] 马毅龙主编.材料分析测试技术与应用.北京：化学工业出版社，2017.
[39] 刘振海，徐国华，张洪林编著.热分析与量热仪及其应用.北京：化学工业出版社，2010.
[40] JY/T 0589—2020 热分析方法通则.北京：中华人民共和国教育部发布，2020.